「十四五」国家重点图书出版规划项目

中国化纤简史

端小平 周宏 陈新伟 主编

中国化学纤维工业协会 组织编写

中国纺织出版社有限公司

内 容 提 要

《中国化纤简史》是一部中国化学纤维工业的发展史。全书全面、系统地记载了中华人民共和国成立70余年来中国化学纤维工业的发展历程以及各细分行业的大事件，以翔实的资料和统计数据再现了化学纤维行业70余年翻天覆地的变化和重点领域取得的丰硕成果；同时融汇了众多重要企业的发展历程及行业众多项目、人才获得的各类荣誉和奖项；书中还简要阐述了化学纤维工业的起源和早期的发展及探索。为便于读者查考，书末附有中国化纤产量统计资料等。

本书主要面向纺织、化纤行业广大从业人员和纺织、化纤产业链院校相关专业的师生，也可供工业、农业及经济研究等领域的管理人员、技术人员阅读参考。

图书在版编目（CIP）数据

中国化纤简史 / 端小平，周宏，陈新伟主编；中国化学纤维工业协会组织编写．--北京：中国纺织出版社有限公司，2023.3

“十四五”国家重点图书出版规划项目

ISBN 978-7-5229-0411-5

Ⅰ．①中…　Ⅱ．①端…　②周…　③陈…　④中…　Ⅲ．①化学纤维工业—技术史—中国　Ⅳ．①TQ34-092

中国国家版本馆CIP数据核字（2023）第040519号

责任编辑：孔会云　范雨昕　朱利锋　陈怡晓

责任校对：寇晨晨　　责任印制：王艳丽

中国纺织出版社有限公司出版发行

地址：北京市朝阳区百子湾东里A407号楼　邮政编码：100124

销售电话：010—67004422　传真：010—87155801

http://www.c-textilep.com

中国纺织出版社天猫旗舰店

官方微博http://weibo.com/2119887771

北京华联印刷有限公司印刷　各地新华书店经销

2023年3月第1版第1次印刷

开本：889×1194　1/16　印张：29.5

字数：679千字　定价：580.00元

凡购本书，如有缺页、倒页、脱页，由本社图书营销中心调换

根植民生

纤动世界

祝贺中国化纤协会创建卅周年

杜钰洲

二〇二二夏之月

编　委　会

主持单位　中国化学纤维工业协会

顾　　问　高　勇　孙瑞哲　杜钰洲　许坤元　任传俊　王天凯　孙晋良　蒋士成
俞建勇　王玉忠　朱美芳　陈文兴　徐卫林　卢卫生　何亚琼　王　伟
曹学军　王超鲁　贺燕丽

主　　编　端小平　周　宏　陈新伟

执行主编　郑俊林　关晓瑞　吕佳滨

组织策划　张冬霞　吴文静

特邀参编　（以姓氏笔画排序）
万　雷　王立诚　王华平　王鸣义　车宏晶　孙常山　孙湘东　严　红
吴福胜　何卓胜　宋冠中　张曙光　陈　龙　陈　平　陈　烨　易春旺
季柳炎　封其都　赵庆章　柳巨澜　桑向东　黄翔宇

特邀审稿　蒋士成　朱美芳　叶永茂　罗文德　赵庆章

编　　委　（以姓氏笔画排序）
王一淳　王永生　王军锋　王　祺　邓　军　史巧观　付文静　宁翠娟
戎中钰　刘世扬　刘丽华　刘　青　刘莉莉　杨　涛　杨菲菲　李东宁
李增俊　李德利　吴文静　张子昕　张冬霞　张远东　张凌清　张　涛
张　嘉　郑世瑛　姜俊周　袁　野　崔家一　黄　静　靳昕怡　靳高岭
窦　娟　薄广明

执行编委　吴文静　张冬霞　宁翠娟　王军锋

支持单位　吉林化纤集团有限责任公司
新乡化纤股份有限公司
神马实业股份有限公司
福建永荣锦江股份有限公司

序一

自2021年春天获悉中国化学纤维工业协会正在组织编写《中国化纤简史》时，我就感到很惊喜、很欣慰。中国化学纤维工业（简称化纤工业）历经70多年的发展，从零开始，一步步从小到大，从弱到强，发展到全球第一大化纤生产国和出口国，再到成为世界化纤工业发展的引领者，我们倍感自豪和骄傲。这其中有很多事情都是应该被好好地整理和记录的，更是值得被铭记和传播的。

作为纺织工业的基础原料，化纤工业的发展有力支撑我国纺织工业取得了辉煌成就。中华人民共和国成立初期，面对纺织纤维原料严重不足的难题，我国化纤工业的建设艰辛起步，从艰难恢复两家人造丝厂生产开始，到逐步发展粘胶纤维、引进和发展维纶，再到发展锦纶、腈纶、丙纶、涤纶、氨纶等，再到芳纶、碳纤维、超高分子量聚乙烯纤维、聚酰亚胺纤维等的持续攻关、研发突破和产业化。改革开放为我国化纤工业的发展注入活力，1986年，我国成为继美国、日本、苏联之后，产量达百万吨的第4个化纤生产大国；1998年，我国化纤产量达510万吨，已成为世界第一大化纤生产国。进入21世纪，特别是加入世界贸易组织以后，我国进一步开放，融入全球经济一体化，通过经营机制带动、高新技术推动、国内国际两个市场拉动，我国化纤工业实现了“黄金十年”的跨越式发展。到2021年，我国化纤产量达到6524万吨，已占全世界化纤产量的70%以上，占我国纺织纤维总量的85%以上，化纤成为我国最主要的纺织纤维原料。同时，产业用纺织品在纺织中的占比快速增加，已经达到三分之一，随着产业用纺织品高速发展，中国化纤成为重要的高新科技材料，在航空航天、国防军工、新能源、医疗卫生、交通运输、土工建筑、环保过滤、结构增强、安全防护等新领域有了新的突破和贡献，实现了从最初的弥补棉花不足到全方位提供纺织原料，再到为国民经济诸多行业的高质量发展做出新贡献的不断跃变。

历史车轮滚滚向前，时代潮流浩浩荡荡。我一辈子从事纺织工业，更是化纤工业发展的一名亲历者，每当想到我国化纤工业从无到有、从弱到强的艰难奋斗历程，看到行业取得的一项项辉煌业绩，都不禁感慨万千，倍感自豪。站在每一个重要的历史结点，中国化纤工业的管理者、企业家们，都能勇立潮头、勇担使命，不断为满足人民的美好生活需要而不懈奋斗，这种勇气、这种精神、这种历程、这种成就都是非常值得铭记的。

一、依靠自己的技术力量建起一个新兴工业部门

中华人民共和国成立之初，纺织工业的主要原料为棉花、羊毛、麻、蚕丝等天然纤维，远远不能满足纺织工业的加工需要和人民的衣被需求，1949年，全国仅能生产18.9亿米棉布，人均3.5米。为从根本上解决大规模发展纺织工业所需的原料问题，解决人民的衣被问题，纺织工业部提出了自主创建化学纤维工业的设想，形成了“以创建人造纤维工业起步建设我国化学纤维工业”的发展战略，得到了国家的高度重视和支持。从丹东、上海两家人造丝工厂恢复生产，到1965年，我国自主创建的一批人造纤维工厂全部投产，人造纤维工业的年产能达到了5万吨，国产粘胶短纤维（人造棉、人造毛）和粘胶长丝制成的织物深受消费者欢迎。纺织人艰苦奋斗，筚路蓝缕，终于依靠自己的技术力量，建起了一个新兴工业部门，为我国纺织工业开辟了新的原料来源。

二、建设“四大化纤”，是中华人民共和国发展史上具有重要意义的一项工程

20世纪70年代中期开始，国家下大决心、投入大量资金建设了上海、辽阳、天津和四川四大化纤基地，后来又投资新建和改建、扩建了一批重大化纤项目，奠定了日后我国化纤工业飞速发展的基础，也开启了我国自主解决纤维原料短缺问题的新篇章。自1974年，我国用了整整10年时间来建设“四大化纤”，其建设规模、技术复杂程度和资源投入水平，是纺织工业建设史上前所未有的。10年的建设，使我国的化纤生产能力得到了极大的提升，合成纤维的年产量一下子增加了50万吨。就在“四大化纤”建设接近尾声的1983年底，布票取消，宣告纺织品计划供应的短缺经济时代正式结束，标志着有史以来一直困扰我国的粮棉争地、纺织原料长期不足和人民衣被需求无法满足的问题得到了根本性的解决。现在看来，建设“四大化纤”，是中华人民共和国发展史上具有重要意义的一项工程。

三、仪征化纤借贷建设、负债经营，开辟了国企发展与运行管理的改革先河

在建成“四大化纤”后，需要再尽快建设一个50万吨/年产能的特大型化纤基地，才能使我国的化学纤维工业具备年产百万吨的能力。当时，年产53万吨聚酯和涤纶的仪征化纤厂的兴建让建设者们充满了期待和必胜的信念。但是，经历了3年的筹建工作后，由于资金不足，项目进入缓建。而能否筹措到足额的建设资金是决定仪征化纤复建成败的关键。纺织工业部领导意识到，要救活仪征化纤项目，就必须突破单纯依靠财政拨款搞基建的传统建设模式，以改革开放的精神，寻求新的资金筹措途径。经过充分论证研究，形成了由纺织工业部和中信集团联合建设仪征化纤的方案，即组建仪征化纤工业联合公司，通过国内集资和国外融资、借贷建设、负债经营。在当时的形势下，这种想法和做法是国有企业建设经营模式的一个创举，开辟了国企管理的改革先河。经过一期、二期

建设，至1990年，仪征化纤已形成了年产50万吨聚酯及涤纶的生产能力，一举成为当时我国最大的特大型化纤企业。通过打赢大型国有化纤生产基地的建设决战，我国化纤工业筑牢了更好、更快发展的坚实基础。

四、改革开放促使民营经济成为化纤工业建设发展的主体力量

经济体制机制的根本性改变和对外开放所带来的市场机遇与优质资源，给行业带来了巨大的生机和活力。随着改革开放的不断深入，以国有纺织和石化工业为代表的国有资本、以乡镇集体经济为代表的民营资本以及境外资本，都先后较大规模地融入我国化纤工业的建设发展中，形成了多主体参与建设发展的格局。尤其是民营化纤经济快速发展，成为我国化纤工业建设发展的主体力量。体制改革所释放的发展活力使纺织行业在20世纪90年代中后期超越美国、日本和欧洲等国家和地区，实现了出口总额、纤维加工总量、化纤产量位居世界第一。现在，民营经济依然在我国化纤工业的发展中发挥着主要力量，以恒力、荣盛、恒逸、盛虹、桐昆、新凤鸣等为代表的民营企业，是我国化纤行业的龙头企业，通过实施炼化一体的全产业链发展战略，打造出一批千万吨级大型炼化一体化项目，为我国化纤工业提供成本更低、更稳定的原料供应，并逐渐改变我国乃至世界石油炼化产业格局。

五、化纤工业实现了“黄金十年”的跨越式发展

在21世纪的第一个十年里，充分利用加入世界贸易组织带来的机遇，凭借国企改革、非公有制崛起带来的利好和大容量聚酯技术等自主创新成果的推广应用，我国化纤工业实现了跨越式发展。2010年，中国化纤产量达到3090万吨，已占世界化纤产量的近60%，中国纺织纤维加工量中化学纤维占比超过2/3，纺织品服装出口总额中化纤制产品占40.4%。中国化纤产品不仅满足了国内需求，出口量也快速增加，于2007年就实现了化纤净出口。中国化纤产业已成为我国国民经济中充满活力、不可或缺的优势产业之一，中国已成为世界化纤产业大国，为满足中国人民及世界人民的美好生活需求做出了巨大贡献。而先进的国产化工程技术和装备为化纤工业的快速发展提供了有力的支持。2000～2009年，化纤行业新增产能的主要技术、装备及工程建设的国产化率就已达到80%以上。与此同时，化纤差别化率迅速提高，高性能纤维产业化进程、技术进步加快，我国化纤行业登上了新的发展台阶。

六、化纤行业发展加快，从规模速度型向质量效益型转变

2010年以来，我国化纤行业进入结构调整和转型升级时期，产业规模增长速度明显减缓，年均增长率从21世纪头十年的17.5%下降到7.0%。化纤行业发展方式逐渐从规模速度型转向质量效益型，更加注重产品研发，注重品牌建设，注重可持续发展。这期间，我国高性能纤维取得突破性进展和重大成就，纤维质量以及系列化、差别化水平、生产稳定性等有了显著提高，碳纤维、芳纶、聚酰亚胺纤维等产品达到国际先进水平，超高分子量聚乙烯纤维等品种进入国际市场。化纤行业持

续推进节能减排，提高清洁生产水平，加快制造方式的绿色转型，单位产品综合能耗显著下降，行业能耗水平已达到国际领先水平。循环再利用纤维、生物基纤维、原液着色纤维等绿色纤维，推动了纺织产业从纤维到终端产品全产业链的绿色化进程。此外，“中国纤维流行趋势”的发布，持续引导化纤企业改善产品供给、注重品牌建设，为行业推进供给侧结构性改革、实施“三品”战略、依靠软实力驱动转型升级指明了方向。化纤企业加大了差异化、绿色化、高附加值产品的开发力度，研发投入不断提高，行业盈利能力也得到提高。“中国纤维流行趋势”已成为中国化纤产业进入品牌化发展阶段的标志之一，让“中国纤维”这一公共品牌在国际市场上的整体竞争力大幅提高。

春华秋实，中国化纤工业在曲折中奋斗，在传承中创新，一步一个脚印，终有今日之壮丽与辉煌。所有这些成绩的取得，与国家的大力支持、化纤业界的共同努力是分不开的，这些巨大的进步，也为我国化纤工业在新时期的发展打下了良好的基础。作为重要的历史记录和存史资政的文献资料，由中国化学纤维工业协会牵头编撰的《中国化纤简史》的出版是一件很有意义的事情。该书以翔实的资料和统计数据记载了中国化纤工业70多年来翻天覆地的变化，不仅铭记了行业发展的历史进程，供行业、企业、院校和科研机构及后来者参考、学习和借鉴，也必将能够进一步激励我们热爱化纤工业、建设化纤工业、发展化纤工业的自觉性和创造性。

“十四五”期间，我国化纤工业将全力构建高端化、智能化、绿色化现代产业体系，全面推进化纤强国建设。只要我们坚定不忘“满足人民美好生活需求”的初心，坚持以新发展理念引领高质量发展，以不断进取的精神，抓住机遇，迎接挑战，中国化纤工业的发展就一定能取得更大的成就，我们可以永远相信中国化纤工业！借此机会，我衷心地祝愿中国化纤工业行稳致远，再创辉煌！

纺织工业部原副部长
中国化学纤维工业协会原会长
许坤元
2022年12月

序二

少年之时，我的理想是到祖国最需要的地方去；之后的岁月，转战大江南北，和化纤结下不解之缘，历经风雨洗礼，参与并见证了我国化纤工业从小到大、从大到强的辉煌发展历程；今时今日，我心中最牵挂、最眷恋的依然是化纤，化纤事业已成为我的“永生之恋”。

回望中华人民共和国成立之初，纺织工业的主要原料为棉花、羊毛、麻、蚕丝等天然纤维，远远不能满足纺织工业的加工需要和人民的衣被需求，1949年，全国仅能生产18.9亿米棉布，人均3.5米。当时纺织原料、纺织品服装等贫乏、供应不足，国家只能发行布票，实行限量供应，那时，衣服、被褥、鞋袜等“新三年，旧三年，缝缝补补又三年”是常态。于是，党中央提出了两大民生问题，一是吃饭问题，二是穿衣问题。当时国内棉、毛、麻、丝等天然纤维产量有限，耕地也有限，要种棉花就要“粮棉争地”，解决穿衣问题唯一的出路就是生产化学纤维。在20世纪50年代后期，钱之光就提出必须实行“发展天然纤维与化学纤维同时并举”的方针，并得到党中央批准。这对中国化纤工业在其后来半个多世纪的快速持续发展起到了决定性的指导作用，也促使我的化纤事业迎来一次次宝贵的契机。

20世纪50年代后期开始，通过陆续学习欧洲、美国、日本等国家和地区的先进经验，我国逐步具备了发展化纤工业的条件。60年代，我国开始发展石油化工，建设了兰州腈纶厂、北京维尼纶厂，之后上马三线建设项目之一——贵州有机化工项目，同时上马福建、江西、安徽、湖南、广西、云南、山西、甘肃、石家庄九个维尼纶项目。当时，我的大部分精力都奉献给了我国的维尼纶工业建设，特别是作为国家大型工程贵州有机化工厂设计负责人之一，在我国第一套万吨级的醋酸乙烯和聚乙烯醇装置的工程设计和建设上，和同事们一道闯出了一条国产化的新路，并成功地在广西维尼纶厂等同类装置上推广使用。在此期间，我们也经受住了政治上的打击、三线生活的艰辛、工程技术上的挑战等诸多考验，在高强度的工作锻炼中，我的思想、专业也逐渐趋于成熟。

20世纪70年代，我国开始筹建四大合成纤维生产基地——上海石化、辽阳石化、天津石化、四川维尼纶，我国合成纤维工业开始由煤化工、乙炔为主要原料生产维尼纶转入以石油、天然气为主要原料生产涤纶、锦纶、腈纶、维尼纶等合成纤维，创建了合成纤维和化纤机械等工业基础，初步形成了化纤工业技术体系，奠定了我国化纤工业的基石。幸运的是，我参与了我国四大化纤基地的规划、引进技术的谈判及国内配套工程的设计工作。“四大化纤”的建设规模为年产化学纤维35万吨。其中涤纶18万吨，腈纶4.7万吨，锦纶4.5万吨，维尼纶7.8万吨。所需投资相当于建设1000万棉纺锭的投资总和，大约是从中华人民共和国成立到1971年这23年间国家给纺织工业的投资总和，建成后，其合成纤维产量相当于500万吨棉花，可以织布13.3亿米，由此可以说，“四大化纤”初步解决了人民穿衣问题，这是最值得每一个参与者引以为傲的。从国家和行业层面来看，引进成套设备的“四大化纤”在我国纺织工业建设史上是空前的，不仅拓宽了我国化纤工业的视野，更促进了我国与西方国家之间的第一次亲密接触，无论从经济发展角度，还是技术发展角度，意义都十分重大，甚至可以说，“四大化纤”的建设为20世纪70年代后期波澜壮阔的中国改革开放开辟了先河。

令我印象深刻的是，“四大化纤”在庞大的引进计划制订之初，轻工业部就秉承党中央“能自己制造的不引进”的原则，一方面尽量节省来之不易的外汇，另一方面通过学习、消化、吸收外国先进技术促进国产设备的配套生产能力。所以，“四大化纤”的进口设备主要集中在化纤原料的生产装置以及聚合和纺丝工艺的关键设备。有大量的配套设备需要进行国产化技术攻坚和制造配套，通过这些工作的实践，国家培养和锻炼了专业队伍，我和同事们学习了新知识，开阔了眼界。对我自己来说，最重要的是在实践中越来越明确自己的梦想，那就是要用我们自己的技术和装备解决人民的穿衣问题。我深知，如果总是期望购买别人的技术和设备，就只能跟在别人后面走，过几年研制出新的设备，我们还要继续购买，这对国家无益，对行业无益，这不是我们最终要走的路，我们最终还是要在消化吸收引进技术装备的基础上走自主创新之路。之后的岁月，我都在为实现此梦想而努力、奋斗。

1978年，受纺织工业部委派，我来到仪征化纤，作为项目的工艺设计总负责人之一，参与我国最大的现代化化纤和化纤原料基地——仪征化纤工程的总体规划，担任总工程师。作为项目设计总负责人之一，我亲历了该项目从总体规划、设计、技术和商务谈判到工程施工建设、安装、投料试车、生产、技术管理和开发等全过程。在该项目遭遇规模调整、停建缓建时，我和团队并未因之前的规划设计变成无效劳动而停滞不前，我们积极想办法，调整心态适应该项目的规模调整、停建缓建、起死回生、分期建设、快速发展的起伏波澜，以自己的智慧、胆识与汗水为仪征化纤项目建设贡献我们的力量。

当时，仪征化纤工程项目规划要达到每年50万吨的纤维产量，同期美国著名的一家企业年产量仅20万吨。仪征化纤承担的使命可以用一句形象的口号来描绘——为全国人民每人添一身新衣裳。经过考察，项目组最后从德国购买了聚酯装置的技术和设备，从日本购买涤纶装置的技术和设备。1980年，仪征化纤项目正式启动，1984年建成一期工程，完成了20万吨的年产量。1990年建成二期工程，终于实现了“为全国人民每人添一身新衣裳”的目标。

仪征化纤一期和二期工程共8条生产线，每条生产线的年产量为6万吨。因心中始终把创新放在重中之重，经过慎重考量，我拿出一条生产线搞改革，进行聚酯增容改造。我把对聚酯装置的基础研究工作委托给华东化工学院（现华东理工大学），并由纺织工业部设计院专攻设计方面的难题，由南化机械厂承担装备制造攻关，仪征化纤作为企业承担生产软件开发，形成了产学研三结合的开发模式。正是这条全新的路，让我们找到了中国自主创新的新模式，最后这条生产线通过增容，使日产能由200吨提高到330吨，实际年产量达到10万吨。于是我想更进一步，既然一条生产线聚酯增容成功，可否实现聚酯装置全流程工艺、装备国产化开发呢？幸运的是，我再一次得到了全面践行自己想法的机会。1992年，我正式从北京调至仪征化纤，全面负责公司的技术管理、科技开发，参与组织推进公司三期、四期工程建设。1996年，我在仪征化纤聚酯八单元技改成功的基础上，提出了开发当时世界上最大规模的10万吨/年（300吨/天）聚酯技术和成套设备的设想，1997年，该项目列入国家“九五”重点科技攻关项目，也同时列入中国石化“十条龙”科技攻关项目。2000年12月，这条大规模的国产生产线正式建成投产，各类考核指标达到当时的世界先进水平。

令我印象深刻的还有两件事：一件是增容改造聚酯生产线以及国产化聚酯生产线正式运行第二年，就为国家新增效益2亿多元；另一件是国产大型聚酯装置除用于中国石化集团公司自身老旧聚酯装置的改造外，因其大幅降低了聚酯项目建设的技术门槛和投资成本，还很快应用于大批民营化纤企业的聚酯工程建设。民营企业虽借改革开放之东风已逐渐进入化纤制造领域，但民营化纤企业真正的快速发展是在聚酯国产化之后。可以说，聚酯装置国产化对我国聚酯和化纤工业的发展起到了极大的推进作用，极大地促进了中国化纤工业的跨越式发展，不仅提供了当时紧缺的“的确良”面料的原料，解决了中国人民的穿衣问题，而且在此后的发展中，提供了品种多样的纤维新材料，应用在生命健康、能量转换、航空航天、智能感应等领域。同时，也改变了涤纶在化纤工业体系中的地位，改变了世界化纤的竞争格局，我国涤纶占化纤产量的比重由2000年的74.4%很快提高到80%以上，我国化纤产量占全球的比重由2000年的22%提高到目前的超过70%。这些成绩的取得，离不开聚酯装置国产化和仪征化纤的无私奉献，他们为繁荣民族纺织工业做出了自己的重要贡献，而我也在其中贡献了自己的力量。但由此被业界誉为“中国的确良之父”，我是受之有愧的。

进入21世纪，我国化纤行业经历了黄金十年的快速发展，已进入新时代新常态下的稳步高质量发展阶段。这一阶段，特别是最近十年以来，在国家相关政府部门的大力支持下，在行业科研人员和企业家的共同努力下，我国的高性能纤维发展取得了许多重大技术突破和产业化发展。我有幸参与了许多高性能纤维技术装备的研发和技术成果鉴定，中国工程院组织了许多重大调研项目、院士论坛等活动，形成了一系列研究报告和政策建议，有力推动了高性能纤维的产业化发展。目睹了我国高性能纤维行业取得的一项项技术突破和产业化成果，我倍感欣慰，倍感振奋，也更加自豪。

自 1957 年参加革命工作六十余年来，虽有坎坷，但我始终觉得自己是幸运的，特别是我参与并见证了中国化纤工业创新发展的重要历史进程。化纤行业从贫穷落后、缺衣少穿的弱小产业，到依靠科技创新发展成为今天具有国际竞争优势的纤维材料制造产业以及我国乃至世界新材料产业的重要组成部分。

中国化纤行业波澜壮阔的发展历史值得被铭记，值得被传播，更值得行业工作者参考，值得后来者学习和借鉴。阅读《中国化纤简史》的过程中，我常常被感动，既感动于组织者和作者高度的化纤情怀和历史责任感，将70余年的化纤工业发展脉络、各细分行业的大事件、众多重要企业的发展历程等融汇其中，脉络清晰，内容翔实；又时时感动于书中描述的诸多细节，有党和国家领导人的亲切关怀，有行业奋斗者的青春奉献，有许多重要的科技成果，非常引人入胜，不由得让人深入文中，不断追寻，细细品味；我也常常陷入对往事的深深回忆中，时而激动，时而兴奋，甚至又唤回了久违的壮志豪情……

是以，择其中记忆最深刻的化纤往事和一些切身感受为序。更多中国化纤工业发展的精彩过往及汇聚于其中的化纤人的智慧和昂扬向上、凝聚人心的强大精神力量，敬请读者通过细读来慢慢品味，仔细体会。借此机会，我要向本书的组织者——中国化学纤维工业协会、主编和所有参编者以及关心、支持本书出版的编辑、审稿、校对、出版等同志表达我由衷的敬意和感谢，感谢你们共同为行业做了一件很有意义的大好事！

中国工程院院士
[signature]
2022年12月

序三

纺之重器凝万古之志，纤之典籍汇千载之思。中国是世界上最早生产纺织品的国家之一，中国纺织经历了2500多年漫长而辉煌的历史。中华人民共和国成立以来，纺织行业与民族复兴同频共振，中国纺织工业在纺织人一点一滴的耕耘下，从一穷二白，到有限供应，再到衣被天下；从蹒跚起步，到快速前进，再到高质量发展，现已形成全球最完备的纺织产业链，成为全球最大的化纤、纺织品服装生产国、消费国和出口国，中国化学纤维产量已占据全球70%以上。如今的中国纺织业，继续初心如磐，正以“科技、时尚、绿色”的新定位，谱写新的时代锦绣！

70多年来，中国化纤行业从无到有，从小到大，从弱到强，现已发展成为世界化纤生产大国，取得了全方位、开创性的辉煌成就，这正是几代纺织人筚路蓝缕、栉风沐雨艰辛创业的结果，正是几代化纤人的接续奋斗、勇往直前，才能在波澜壮阔的历史画卷中创造一个又一个奇迹。

中国化纤行业的发展起步于粘胶纤维行业，20世纪50年代，首先逐步恢复了安东、安乐两家老的人造丝厂，随后引进设备创建了保定化纤厂。在恢复两家老厂和创建保定化纤厂的基础上，为进一步解决原料不足的问题，1960年下半年，纺织工业部向国家提出了实行“发展天然纤维与化学纤维同时并举”的方针，建议加快发展化学纤维工业，并拟定了“大力发展化学纤维工业”的一系列得力举措。在获得国家的批复后，纺织工业部把自主建设人造纤维工厂作为1961年基建计划和设备制造安排的必保重点。当年纺织工业部共计安排了12个基建项目，其中7个是人造纤维项目，包括新建的新乡、南京、吉林、浙江、广东5家人造纤维厂，续建的保定化纤和安东（丹东）化纤2个老厂。

国营河南第一化学纤维厂（后改为国营新乡化学纤维厂）是新乡化纤股份有限公司（简称新乡化纤）的前身，就是在这样的大背景下，为了尽快解决人民穿衣问题应运而生。经过四年的上下求索和艰苦努力，新乡化纤顺利建成投产，实现了中国自己建设化纤厂从“0”到“1”的历史性突破，迈过外国技术专家的偏见，串起一条白鹭再生纤维素纤维之路，也证明了中国化纤这朵迟开的花一样会灿烂绽放。改革开放后的“白鹭人”怀揣“规模强企梦”，一心一意搞建设，凝心聚力谋发展，在发展的征途上迈开了崭新步伐，借助国内首家连续纺生产企业的技术优势，新乡化纤迅速发展成再生纤维素长丝领军企业；随着现代企业制度的建立，新乡化纤成功上市，走上了快速发展的轨道。

进入21世纪，基于40多年坚实的发展基础，伴随中国加入世界贸易组织带来的良好机遇，中国化纤行业迎来了黄金发展阶段。"白鹭人"始终不忘初心，践行"领航梦"，继续加快体制机制改革，励精图治、谋求长远，积极谋划并迅速拉开了"二次创业"的序幕。一方面，2003年积极涉足氨纶行业，果断采用当时刚刚实现国产化的大容量连续聚合生产技术，2004年9月一期项目顺利建成投产，单线产能3500吨/年，公司一跃成为国内氨纶生产大厂；另一方面，积极建设第二生产基地，并不断研发升级粘胶长丝生产技术装备，持续扩大生产规模，提升竞争力，实现了产量和质量的双飞跃，奠定了企业可持续发展的基础。进入新时代以来，自强不息的"白鹭人"谋划"引领科技时尚梦"，开启了高质量发展的新征程，真正实现了从"一根丝"发展到"一匹布"的转变，形成了以纤维素长丝、氨纶双轮驱动，集浆粕生产、高端织造、高档印染、新型绿纤研发于一体的新业态、新模式蓬勃发展的新格局。新乡化纤紧随中国纺织和中国化纤工业的发展步伐，不断发展壮大，基本完成了由化纤大企向化纤强企的转变。

党的二十大绘就了中国人民更加美好的宏伟蓝图，阐明了以中国式现代化全面推进中华民族伟大复兴的使命任务，为纺织行业、化纤行业的高质量发展提供了行动指南。作为纺织产业链稳定发展和持续创新的核心支撑、国际竞争优势产业、新材料产业的重要组成部分，化纤行业的高质量发展与中国梦、复兴梦、强国梦同频共振，必定会成为推进和实现中国式现代化的重要参与者和实践者。

化纤强国之路，正在中国化纤人的脚下延伸。在新时代新征程上，化纤行业要打造绿色可持续发展的产业链，推动纤维新材料高端化、绿色低碳化发展。再生纤维素纤维要发挥科技引领作用，不断提升产业链创新发展水平。作为行业领军企业的新乡化纤，为保证产业链条的安全、绿色低碳发展，新乡化纤开展了菌草绿色纺织技术及综合利用的首创研究，掌握了从一株草到一件衣的全套工艺技术。目前，从菌草制备溶解浆到多种纺丝技术已申报了5项国家发明专利，为推动改变中国乃至世界溶解浆产业格局找到了可能。

振长策，击长空，举目已是山河绿，且随东风冲九霄。在党的二十大精神指引下，我国化纤行业正立足新起点，迈向新征程，创造新辉煌。新乡化纤愿携手上下游伙伴继续书写倾情奉献的不凡，创造更加美好的明天，为推动化纤行业加快构建高端化、智能化、绿色化现代产业体系，为把我国全面建成化纤强国不懈努力，为发展国民经济和创造人民美好生活发挥更大的作用。

新乡化纤股份有限公司党委书记、董事长

2022年12月

第一篇
中国化学纤维工业发展历程

第五章　维纶工业的创建

第六章　石油化纤工业的创建

第七章　大型石油化纤生产基地的建设

第八章　国有大型化纤生产基地建设的决战

第九章　多主体投入建设化纤工业

第十章　世纪之交的总结与展望

第十五章　快速发展的中国高性能化学纤维

第十六章　全面进入炼化时代

第十七章　先进化纤产业集群的高质量发展

第十八章　先进的行业组织——中国化学纤维工业协会

第三篇
中国化学纤维企业璀璨风采

第十九章　涤纶企业

第二十五章　其他细分行业企业

第二十六章　化学纤维工程装备企业

附录

后记

本书撰稿及支持人员

第一篇

中国化学纤维工业发展历程

第一章

化学纤维工业的起源和早期发展

我国化纤工业的绝大部分品种的起步均是始于引进国外的技术和装备，因此本章简要梳理世界化纤工业的起源和早期发展，有助于更清晰地理解中国化纤工业的发展脉络。

硝酸纤维素纤维是人类历史上的第一个化学纤维产品，从其实现工业化生产的1891年起计至今，世界化学纤维工业已走过130多年的历程。进入20世纪后，随着化学工业特别是高分子材料科学技术的发展，性能优异、功能各异的化学纤维不断被发明并产品化，不仅彻底解决了人类的基本衣被需求，更为世界文明进步提供了重要的物质基础。无疑，化学纤维是人类最伟大的发明之一。

依原料来源、生产技术和产品特性，化学纤维被分为再生纤维、合成纤维和无机纤维三大类。

第一节　再生纤维素纤维的发明与工业化

纤维素属生物高分子（Biopolymer），它存在于植物中，经化学处理后，得到纤维素聚合物或其衍生物，再经纺丝工艺处理纺制而成的纤维，即再生纤维素纤维。根据美国专利与商标局（USPTO）的定义，人造丝（Rayon）是以纤维素为主要原料，经化学改性、制浆后，纺制而成的一种人造纤维产品[1]，因此早期的再生纤维素纤维称为人造纤维或人造丝。

一、人工制丝的早期探索

在漫长的进化历程中，人类发现、发明了天然纤维的应用技术，并不断利用其服务、改进自己的生产和生活。

纺织起源距今约7000年，是人类自使用兽皮御寒后的一项重要发明。从那时起，人类就开始了利用麻、葛、竹、树皮和毛等天然纤维捻线、织布、印染、制衣的历程。进入17世纪后，人类萌发了人工制丝的构想。这一构想源于人类数万年来利用天然纤维的经验，以及人类对昆虫造丝机理的研究、实验与仿生。

1667年，英国科学家胡克（Robert Hooke）博士就在其著作《微生物论》（*Micrographia*）中阐释了蝶蛾类昆虫的造丝机制：这类昆虫的头部两侧各有一个贮丝囊，其中的丝液经吐丝管被挤压进入空气中，多丝管流出的丝合并且凝固成丝。据此，他提出了可仿照蝶蛾类昆虫的吐丝机制人工制造纤维的构想。但此后的67年间，他的这个构想并没能得到接续的深入研究。直至1734年，法国科学家邦（François Xavier Bon de Saint Hilaire，1678—1761）才将胡克这一构想的研究继续向前推进。邦（Bon）研究了蜘蛛器官的构造，搞清了其造丝机理。

1738年，法国科学家雷奥米尔（René Antoine Ferchault de Réaumur，1683—1757）在他出版的著作《昆虫史》（*Mémoir per servire á l'histoire des Insectes*）中指出，蚕丝和蜘蛛丝都是凝固的胶质丝，而树胶类物质与其有相似之处，只要能使其与适当成分发生反应并溶解于溶液中，就可以将其纺制成丝。雷奥米尔明确地预言，人造纤维一定会出现。

此后约100年里，虽然理论与实验研究并未停滞，但人造纤维技术并没有明显的实质性进展。直到1839年法国科学家佩因（Anselme Payen，1795—1871）在提取植物成分的过程中发现了纤维素；1840年，德国科学家凯泽（Christian Friedrich Schönbein，1799—1868）和德裔英国人施瓦本（Louis Schwabe, 1798—1845）分别发明了用机械制造木浆的方法和可把熔融的玻璃挤压纺制成丝的机器，人造纤维的研究才又重新活跃起来[2-3]。

二、硝酸纤维素纤维

1845年，德国化学家尚班（Christian Friedrich Schönbein，1799—1868）用硝酸和硫酸的混合液处理纯净的纤维素，得到了纤维素三硝酸酯，即硝酸纤维素（Nitro-Cellulose），又称火棉（Gun-Cotton）。1855年，瑞士化学家奥德马尔（Georges Audhemars）用硝酸处理桑树皮，将制得的纤维素硝酸酯溶于乙醇—乙醚溶液中，制成一种胶状溶液；将这种胶状溶液通过毛细针管挤出到空气中，溶剂蒸发后，挤出的胶状物就凝固成为光亮、柔韧的丝，人类发明的第一根人造纤维（Artificial Silk）由此诞生[4]。

最初的纤维素硝酸酯非常易燃、易爆，第一次世界大战中一直被用作无烟火药。因此，它还不能作为人造纺织纤维的原料。1884年，英国科学家斯万爵士（Sir Josegh Wilson Swan，1828—1914）发明白炽灯泡时，尝试将硝酸纤维素纤维炭化后用作灯泡的发光灯丝，解决了制备硝酸纤维素纤维的关键技术问题[5]。

法国人杜内（Count Hilaire de Chardonnet，1839—1924）发明了硝基纤维素纤维的产业化技术。1884年，杜内借鉴斯万的脱硝技术，创立了以乙醇—乙醚为溶剂溶解纤维素硝酸酯，并通过细孔抽丝的生产技术，并于1885年获得专利。1891年，世界第一个人造纤维工厂在杜内的家乡贝桑松（Besançon）建成投产，日产纤维50公斤；这是人类首次工业化生产人造纤维，世界化学纤维工业由此诞生，至此，人类祈望了200多年的人工制造纤维的梦想终于实现了。

特别值得强调的是，当注意到脱硝后的硝酸纤维素纤维强度明显下降后，随后的研究就发现，对刚刚纺出、还具有可塑性的纤维进行拉伸，不仅可以制备出更细的丝，还能提高纤维的强度。由此，纺丝和拉伸这两项工艺就成为现代化学纤维工业的核心生产技术。

尽管由于自身存在本质性的性能缺陷，加之其他新型人造纤维的快速出现，硝酸纤维素纤维的生命周期非常短，但是，其开创现代化学纤维工业先河的历史性贡献是不可磨灭的。

三、铜氨人造纤维

1857年，瑞士苏黎世大学（University of Zurich）的化学教授施韦泽（Eduard Schweizer，1818—1860）发明了以他名字命名的施韦泽溶剂（Schweizer-Reagens），即氨水过量的硫酸铜溶液。将纤维素溶解于施韦泽溶剂中，可形成纤维素铜氨络合物[6]。基于此机理，法国化学家德斯帕西斯（Louis Henri Despaissis）发明了铜氨纤维素纤维的生产技术，并于1890年获得法国专利，但德斯帕西斯英年早逝，未能使其技术商业化。1892年，德国化学家弗雷默里（Max Fremery，1859—1932）和工程师乌尔班（Johann Urban）在寻找白炽灯发光体灯丝材料的研究中发现，当遇到水、酸或碱时，溶解在纤维素铜氨溶液中的纤维素可以凝固再生；据此发现，他们将纤维素铜氨溶液喷射到水或稀酸中，纤维素凝固成丝，再经分离酸或碱，纤维素以纤维形态再生；采用这种工艺制造的人造纤维称为铜氨人造纤维。1899年，德国开始工业化生产铜氨人造纤维，早期的纤维被用于织造袜子和制造白炽灯灯丝；后经改进，铜氨人造纤维具有纤细、柔软和高强度的特性，一时成为制造高级丝织物的原料，并经历了一段时间的黄金发展期。但其以棉短绒为原料，加工中需要消耗大量铜和氨，导致成本奇高[7]。很快，铜氨纤维就被随即出现的性能优异且性价比高的粘胶纤维所替代。

四、粘胶纤维

粘胶纤维是再生纤维素纤维中最经典的产品之一。

1843年，莫瑟（John Mercer，1791—1866）发明了碱液处理法（Mercerization）。运用这一方法，1892年，英国分析化学家克洛斯（Charles Frederick Cross，1855—1935）、拜凡（Edward John Bevan，1856—1921）和比德尔（Clayton Beadle，1868—1917）发明了纤维素黄酸酯（Cellulose Xanthate），因其黏度很大，所以被称为粘胶（Viscose）。他们用碱处理从木浆中提取的纤维素，并用得到的碱纤维素与二硫化碳发生反应，生成纤维素黄酸钠。引入黄酸基的纤维素，可溶于稀碱溶液中，这种溶液具有可纺性，纺丝孔中流出的溶液细流遇酸即凝固成型，与此同时纤维素黄酸钠分解，纤维素再生出来（图1-1）。他们最初研制粘胶纤维的目的，只是想制作电灯泡的发光灯丝。敏感的产业界迅速发现了他们这一发明的商业价值，1893～1900年，其知识产权通过世界著名中介机构被转让到世界各地。1893年，三人与英国电灯泡商人斯泰恩（Charles Henry Stearn，1844—1919）共同创办了粘胶纤维公司（Viscose Spinning Syndicate）。1899～1901年，英国玻璃吹制工匠托法姆（Charles F Topham）发明了粘胶“纺丝箱”这一关键生产设备，并与斯泰恩一起发明了“凝固浴”，实现了粘胶纤维中试规模的连续纺丝，奠定了粘胶纤维的产业化技术基础[8-12]。

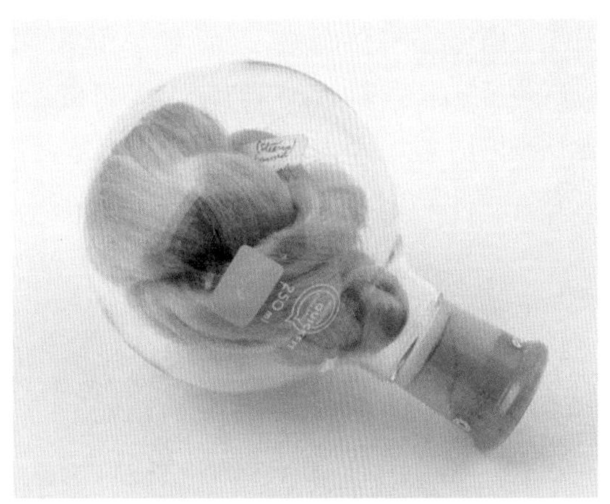

图1-1　英国科学博物馆（UK Science Museum Group）收藏的1898年克洛斯和拜凡制备的粘胶人造纤维样品[13]

1904年，英国考陶尔斯公司（Samuel Courtaulds & Company Ltd.）购买了克洛斯三人的专利，并于1905年在考文垂（Coventry）建厂生产粘胶纤维，到1913年，该厂可年产粘胶纤维1362吨（300万磅）。1909年，考陶尔斯公司购买了克洛斯专利的美国使用权。1910年，美国粘胶纤维公司（American Viscose Corporation）在宾夕法尼亚州马卡斯胡克市（Marcus Hook，Pennsylvania）建厂并投产。美国杜邦人造丝公司（Dupont Rayon Company）也于1921年在纽约州水牛城（Buffalo，New York）建厂生产粘胶纤维[14]。

粘胶纤维以木浆为原料，原料来源广泛。实现工业化生产后，工艺技术特别是凝固浴技术得到持续改进，硫酸盐和硫酸锌凝固浴技术先后出现，显著改进了粘胶纤维的质量，提升了性价比，使其获得了快速发展，1920年粘胶纤维的产量就超过了1.5万吨。

1930年后，粘胶短纤维开始兴起，生产短纤维可采用孔数达数千个的喷丝板，大幅提升了产能，成本降到与棉花相同；粘胶短纤维可与棉、毛混纺，丰富了纺织品的花色品种。20世纪50年代，粘胶纤维的产量超过了同期天然羊毛的产量。

1940年起，粘胶纤维的应用开始走向工业领域，粘胶帘子线在汽车和飞机轮胎中得到了应用。此前，帘子线都是用优质棉纤维制作的。为适应轮胎帘子线断裂强度高、耐热、耐疲劳的要求，特别是第二次世界大战的军事需求，高强粘胶纤维技术应运而生并持续发展。20世纪40年代，强力粘胶帘子线出现并得到快速应用。到20世纪50～60年代，粘胶纤维几乎占领了帘子线市场。20世纪60

年代，以波里诺西克纤维（Polynosic）和变化型高湿模量粘胶纤维为代表的第二代高性能粘胶纤维实现工业化生产；70年代，以Viloft®高卷曲、高湿模量粘胶纤维为代表的第三代高性能粘胶纤维问世。这些技术进步都为粘胶纤维性能的持续提升和品种更加多样化打下了基础。

五、醋酯纤维

1865年，法国化学家舒森伯格（Paul Schützenberger，1829—1897）发现了纤维素醋酸酯。1894年，发明粘胶纤维技术的英国化学家克洛斯和拜凡又发明了可溶于氯仿的三醋酸纤维素技术并获得了专利；此后，他们又研发出了醋酯纤维技术，并于1912年实现了小批量生产；其后，醋酯纤维业务被出售给了英国塞拉尼斯公司（British Celanese Company）以与粘胶纤维形成竞争，1921年该公司开始工业化生产醋酯纤维，商品名为“塞拉尼斯（Celanese）”[15]。

醋酯纤维手感柔软，具有真丝的风格，服用效果非常好。此外，醋酯纤维具有过滤烟气中有毒物质苯酚的能力，且不吸收吸烟人群感兴趣的烟碱，既可去除有毒物质，又能保持香烟的味道，这种独特的功能迄今都未有更好的替代物出现。

第二节　合成纤维的发明与工业化

高分子聚合物的发现、纺丝方法的发明、新溶剂的发现、机电一体化装备、环保等技术的进步，是合成纤维工业发展的科学技术基础。

在高分子学说提出之前，早期的高分子材料产业就已经存在。1920年酚醛树脂、1925年聚醋酸乙烯酯、1928年聚甲基丙烯酸甲酯、1930年聚苯乙烯等高分子材料分别实现了工业化。

高分子化学创始人、德国化学家施陶丁格（Hermann Staudinger，1881—1965，1953年度诺贝尔化学奖得主）于1930年从分子量角度正式提出了高分子学说并获得广泛认同。

1913年，德国化学家克拉特（Friedrich Klatte）纺制出世界上的第一种合成纤维，但并没有商业价值。1934年，德国染料工业公司（I.G. Farbenindustrie，Germany）生产销售氯化聚氯乙烯纤维，并于1938年建成5000吨/年的生产线，世界首家合成纤维工厂由此诞生，但这种纤维服用性能不好，故其存在时间不长。

此后，高分子的物理性质、化学性质以及技术理论和工程问题都得到了广泛、深入、系统的研究，并进而建立起高分子化学与结构理论，为以塑料、橡胶与弹性体以及纤维、膜、涂料等为主要产品的高分子工业的发展奠定了科学技术基础。高分子化学与高分子材料技术的快速发展，推动化学纤维工业进入了合成纤维时代。今天，全球已拥有涤纶、腈纶、锦纶、丙纶、维纶、氨纶等主要大宗通用纤维，以纳米纤维为代表的功能性纤维，以碳纤维、对位芳纶、超高分子量聚乙烯纤维为代表的高性能纤维等性能优异、功能各异、品种难以计数的合成纤维产品。

一、聚酰胺纤维

20世纪初，历经16世纪60年代以来300多年科学革命、18世纪60年代以来100多年工业革命的洗礼，欧美发达国家已基本实现工业化，并进入以企业实验室建设为先导的创新发展时期。合成纤

维工业的起步就是在这样的时代背景下发生的。美国杜邦公司于1902年建立的研究实验基地成为世界合成纤维工业技术的策源地。

聚酰胺纤维（尼龙），源于20世纪30年代美国杜邦公司高分子聚合物化学的早期研究。1928年，32岁的卡罗瑟斯（Wallace Hume Carothers，1896—1937）博士，受聘担任美国杜邦公司基础有机化学领域的研究负责人，领导高分子聚合物化学研究。此时，正值国际上对德国化学家施陶丁格提出的高分子理论展开了激烈的争论，卡罗瑟斯赞扬并支持施陶丁格的观点，决心通过实验来证实这一理论的正确性。

卡罗瑟斯和他的同事们选择不同的原料进行不断的实验，合成了多种聚酯和聚酰胺，并且发现，当某种物质分子聚合度大于一定数值后，它可以纺成丝，再冷却后就可得到有一定韧性的可以拉长好几倍的纤维状细丝。然而这些物质的性能并不太理想，都不具备实际应用价值。

1935年2月28日，卡罗瑟斯以己二胺和己二酸进行缩聚反应，成功合成了聚酰胺66，这种聚合物不溶于一般溶剂，具有263摄氏度的高熔点、分子量非常大，用其制成的纤维强力、耐热和耐溶剂性能均非常好。至此，尼龙这项伟大的发明诞生了。

随后，杜邦公司决定进行商品生产开发。1938年7月完成中试，首次生产出聚酰胺纤维，同月以聚酰胺66作牙刷毛的牙刷开始投放市场。10月27日杜邦公司正式宣布世界上第一种合成纤维正式诞生，并将聚酰胺66纤维命名为尼龙（Nylon），这个词后来在英语中变成聚酰胺类合成纤维的通用商品名称。1940年5月15日，杜邦公司采用尼龙制成的长筒丝袜在美国正式销售，即刻取得空前成功，人们排起长龙购买这种稀有商品（图1-2）。杜邦公司迅速增扩了尼龙产量，到1942年已有两间生产工厂，年产量达到7200吨（1600万磅）。即便如此，早期民用尼龙消费期还是十分短暂。第二次世界大战期间，尼龙的生产转向了军用，用于气球布、滑翔机拖曳绳、飞机轮胎橡胶增强体和军服等军需品的生产。同期，美国、英国、法国等国家的企业纷纷购买了杜邦公司的专利，开始大量生产尼龙66。

尼龙6与尼龙66几乎是同时问世的。19世纪末20世纪初，一些德国化学家就合成了ε-氨基己酸，并将其加热至熔点以上，有20%～30%的ε-氨基己酸转化成己内酰胺。1937年，德国化学家施拉克（Paul Schlack，1897—1987）利用己内酰胺缩聚合成了聚己内酰胺；1938年1月，他成功纺制出聚己内酰胺纤维，即尼龙6纤维。1940年，尼龙6工厂建成投产，商品名为贝纶（Perlon-l）。由于1941年第二次世界大战的爆发，贝纶的生产被延误，直到战后才开始大规模生产。

图1-2　1940年尼龙长筒丝袜在美国上市时被消费者追捧的场景

尼龙6的性能和用途与尼龙66相似，只是熔点比尼龙66低，但其生产工艺更简单。因战争的原因，尼龙6的生产技术在战中和战后被迅速转移到德国、意大利、日本和苏联等国家[16]。

尼龙问世的最初10年里，产量快速增长，相当于人造丝30年发展起来的增长量。主要原因有两个，一是与尼龙一同诞生的熔融纺丝法，生产流程简化，既降低了成本，又大幅提升了生产效率；二是尼龙独具的高强、耐磨和抗变形等特性，能适应大众消费和工业应用等诸多领域的性能需求。

尼龙问世后，几乎所有新发现的高分子聚合物都会被制成纤维以测试其性能，因此，尼龙的诞生是合成纤维技术和合成纤维工业真正的开端。

二、聚对苯二甲酸乙二醇酯纤维

英国科学家温菲尔德（John Rex Whinfield，1901—1966）曾是粘胶纤维发明人克洛斯（Charles Frederick Cross）和拜凡（Edward John Bevan）的研究助手，并由此对纺织纤维产生了兴趣。1941年，温菲尔德与合作者迪克森（James Tennant Dickson）开始研究聚酯合成与纺丝。他们借鉴了美国杜邦公司的研究经验，设想用对苯二元酸代替脂肪族二元酸，有可能制得高分子量的聚对苯二甲酸乙二醇酯（PET）。他们采用对苯二甲酸与乙二醇进行缩聚，得到了高分子量的聚对苯二甲酸乙二醇酯，这种聚合物的熔点为264摄氏度，可熔纺并冷拉伸成结晶度高、耐水解性好的纤维。温菲尔德和迪克森将此类以对苯二甲酸为基体的聚合物命名为特丽纶（Terylene），并于1941年申请了专利，但由于第二次世界大战的原因，到1946年，他们才获得了专利授权。1947年，英国帝国化学工业公司（Imperial Chemical Industries）购买了温菲尔德和迪克森的专利，并建立了中试工厂，陆续突破了中间体制备、聚合物合成及纺丝等生产技术；1954年初，年产5000吨聚酯纤维的工厂建成投产[17]。

同期，美国杜邦公司也独立开展了聚酯的研究，并于1945年发明了聚对苯二甲酸乙二醇酯，但由于温菲尔德和迪克森已在美国提交了PET的专利申请，故杜邦公司购买了他们的专利，并于1953年在北卡罗来纳州金斯顿市（Kinston）建成投产了世界首家生产达可纶（Darcon）品牌聚酯纤维的工厂。

此后，还有许多不同性质的聚酯纤维被研发出来并得到了广泛应用，如美国伊斯特曼化学制品公司（Eastman Chemical Products，Inc.）发明并于1958年投产、商品名为科代尔（Kodel）的聚-1,4-环己二烯对苯二甲酸酯。

20世纪60年代，高速发展的石油化学工业为聚酯提供了充足的初始原料——对二甲苯，使聚酯纤维的产能和产量得以持续快速提升。到1972年，聚酯纤维的产量就超过尼龙，占据合成纤维产量的首位。

三、聚丙烯腈纤维

基于丙烯酸的聚合物是较早被发现的高分子聚合物，1880年，瑞士化学家卡尔鲍姆（Georg W.A. Kahlbaum）就制备出了聚丙烯酸甲酯。1893年，法国化学家穆鲁（Charles Moureu，1863—1929）首次制得了丙烯腈。但没有合适的溶剂能够溶解聚丙烯腈，也没有合适的增塑剂可以对其增塑，故难以被加工和应用。受1935年美国杜邦公司采用丙烯腈与丁二烯共聚合成丁腈橡胶的启示，德国颜料工业公司的雷恩（Herbert Rein）博士开始研究制备聚丙烯腈纤维，1942年雷恩发现了合适的溶剂——二甲基甲酰胺，这种溶剂制备的纺丝液凝固较缓慢，纺制的纤维质量较好，但当时德国的聚丙烯腈纤维（腈纶）没能进入工业化生产。20世纪40年代同期，美国杜邦公司也开展了一项旨在解决溶剂问题的研究，1950年胡兹（R. C. Houtz）发现了包括二烷基酰胺在内可用于干法或湿法纺丝的一系列

溶剂，从而奥纶品牌的腈纶得以很快投入工业化生产。

腈纶问世的最初几年，由于原料价格高，纤维难染色且质脆易原纤化，故未能得到有效应用。20世纪50年代初，德国和法国分别投产了以丙烯腈与丙烯酸酯、丙烯腈与甲基丙烯酸甲酯等共聚物为原料的聚丙烯腈纤维，纤维的耐光性和染色性显著提高。1961年，美国俄亥俄州标准石油［Standard Oil of Ohio（Sohio）］公司的科学家发明了氧化丙烯氨制备丙烯腈的方法（Sohio法），大幅降低了原料成本[18]。

腈纶短纤维酷似羊毛，既具有羊毛蓬松、柔软的手感，强力又比羊毛高，相对密度还比羊毛小，用它制成的面料和制品手感近乎羊毛且保暖性好。聚丙烯腈加热到230摄氏度以上时，不熔融，只分解，基于这种特性，聚丙烯腈纤维还有一个重要的用途，其长丝可被用作制备碳纤维的前驱体。

随着二甲基甲酰胺、二甲基乙酰胺、二甲基亚砜、碳酸酯等有机溶剂，以及浓硝酸水溶液、硫氰酸钠、氯化锌等无机盐水溶液等溶剂的问世，腈纶的性能有了更大的提升，应用得到了更好的扩展。1980年，腈纶产量就超过了200万吨，占当年合成纤维总产量的20%左右，在聚酯纤维、聚酰胺纤维之后位居第三。

四、聚丙烯纤维

聚丙烯纤维是20世纪50年代实现工业化生产的。1953～1955年，德国化学家齐格勒（Karl Ziegler，1898—1973）和意大利化学家纳塔（Julio Natta，1903—1979）发明了新型催化剂，以及可催化形成分子链且可使分子链的各个部分朝向特定方向的方法，从而发明了全同立构固态聚丙烯。等规物比无规物的熔点要高70～100摄氏度，对材料性能而言，这是一种跨越。齐格勒和纳塔接着又发明了等规聚丙烯纺丝技术。二人共同获得了1963年度诺贝尔化学奖[19-20]。意大利蒙特卡蒂尼联合公司（Montecatini Societa Generale）于1957年开始生产等规聚丙烯树脂，1959年开始生产等规聚丙烯纤维（丙纶）。

聚丙烯熔点165摄氏度，分解温度320摄氏度，故采用熔融纺丝。聚丙烯纤维相对密度小（0.92），且疏水、耐光和耐化学腐蚀，经特殊加工还可制成高强纤维，但初期其染色性、吸水性较差，服用性能不佳，故多用作产业用纺织品的材料。此外，等规聚丙烯具有薄膜成型和原纤化的独特性质，受到高倍拉伸的聚丙烯薄膜可撕裂成纤维。膜裂纤维广泛应用于绳索和网、汽车内饰、防水帆布等产业用纺织品领域，因其工艺简单、投资少、产量高、易操作等优势，膜裂纤维技术在聚丙烯纤维生产中一直占有较重要的地位。

五、聚乙烯醇纤维

聚乙烯醇于1924年由施陶丁格首先合成。1931年，已经有了商品名为Synthofil的聚乙烯醇纤维和树脂，并曾被作为名噪一时的非吸收性创伤缝合材料得到应用。但聚乙烯醇是水溶性的，这限制了聚乙烯醇纤维和薄膜的应用。1939年，日本京都大学（Kyoto University）樱田一郎（Ichiro Sakurada）教授与朝鲜化学家李升基合作研究成功热处理和缩醛化处理方法，制得的维纶具有很好的耐热和耐水性。20世纪40年代初，日本钟渊纺织公司和仓敷绢丝公司建立了百吨级的中试生产线，但因第二次世界大战而搁置。1948年5月，日本合成纤维学会［Gosei-senni Kenkyu Kyokai（Society of Synthetic Fibers）］将聚乙烯醇纤维命名为维尼纶（Vinylon）。1950年，日本可乐丽株式会社（Kuraray

Co., Ltd.）最先开始工业化生产商品名为KURALON的聚乙烯醇纤维。

早期的维纶弹性差，不易染色，也不耐热水，故其织物易折皱，色彩单调，缩水率大，服用性能不佳。1975年以后，输送带、自行车轮胎帘子线、胶管胶布增强体、帆布等工业应用开始加速并形成趋势。

六、聚氨酯纤维

19世纪初叶，人们将橡胶薄片切成细长条，用于弹性织物的生产。20世纪30年代，开始将橡胶乳液挤压成型、硫化生产橡胶纤维，但橡胶纤维不能制得细度足够细的纤维，且性能方面存在很大局限性，满足不了弹性织物生产的需要，于是人们开始寻找新的纺丝聚合物。

1849~1884年，德国化学家沃尔茨（A.Wützr）首次合成聚氨酯的重要原料——异氰酸酯，为聚氨酯的合成奠定了基础，氨纶的研究真正取得突破是在20世纪30年代。1930年，德国化学家奥托·拜耳（Otto Bayer）等合成了具有聚氨酯链状结构的纤维，但由于合成成本高、技术繁杂等原因，没有引起纺织界重视。直到1937年，奥托·拜耳等又研究出新的纺丝化合物——聚氨酯，德国拜耳公司首次开发出聚氨酯纤维并申请了专利。

1959年，美国杜邦公司研制出自己的技术并开始工业化生产，1962年正式开启商业化生产，产品注册商标为Lycra（莱卡）。与此同时，美国橡胶有限公司推出由聚酯—聚氨基甲酸酯制成的粗支圆形单丝，商标名为Vyrene。

1963年，日本东洋纺公司开始商标名为Espa的氨纶生产。1964年德国拜耳公司和日本富士纺公司分别开始Dorlastan和Fujibo Spandex品牌氨纶的生产。1966年，杜邦公司与日本东丽公司合资的Toray-DuPont也开始Lycra的生产。直到20世纪80年代，我国有了氨纶生产企业——烟台氨纶厂。由于杜邦公司在早期的氨纶领域中占据市场垄断地位，很长一段时期，莱卡几乎就成了氨纶的代名词。

七、高性能合成纤维

20世纪50~60年代运载火箭和卫星等航天器的发展，对合成纤维提出了轻质、高强、高模、耐热、阻燃、抗烧蚀等特殊的性能要求；同时，工业应用的多样化需求，对纤维功能性提出了诸多需求。随着相关基础科学和纤维制备技术研究的深入，种类多样、性质各异的高性能纤维相继出现，如间位芳纶、对位芳纶、聚四氟乙烯纤维等，具有耐热阻燃、高强高模、耐腐蚀等特性。

（一）聚四氟乙烯纤维

1938年4月，美国杜邦公司科学家普朗科特（Roy J. Plunkett，1910—1994）使用氟利昂混合气体做实验时发现了聚四氟乙烯。1945年，杜邦公司为聚四氟乙烯注册了特氟龙（Teflon®）商标。它最先用于炮弹无线电近炸引信的鼻锥；第二次世界大战期间，在研制原子弹方面发挥了重要作用。

1954年，杜邦公司采用湿纺技术，将聚四氟乙烯分散体与少量纤维素黄原酸酯（粘胶）混合物纺制成前驱体纤维，再经热处理，制成了聚四氟乙烯纤维，这种纤维具有出色的耐腐蚀性能，其几乎耐任何化学试剂腐蚀，即使在浓硫酸、硝酸、盐酸甚至王水中煮沸，重量及性能都不变化；只在300摄氏度以上稍溶于全烷烃（约0.1克/100克）。此类纤维主要用于过滤强腐蚀性的气体和液体，因其摩擦系数极小又非常耐燃，也可作无油润滑材料和航天服材料。

（二）芳香族聚酰胺纤维

1953年，美国颁布了禁止出售和消费易燃织物的《易燃织物法案》（Flammable Fabrics Act of 1953），从而促进了阻燃纤维的研究。

1961年，美国杜邦公司依托其低温缩聚技术优势，发明了一种芳香族聚酰胺纤维（芳纶）——聚间苯二甲酰间苯二胺纤维（间位芳纶），1963年该公司完成了中试并以诺梅克斯（Nomex）为商品名试销，1967年实现工业化生产。260摄氏度持续工作1000小时后，间位芳纶的强度保持率为65%，这样的性能使其很快就被应用于耐高温输送带和高端帘子线等领域。

1965年，美国杜邦公司女科学家克沃莱克（Stephanie Kwolek，1923—2014）团队成功开发出另一种芳纶——对位芳纶，商品名为Kevlar，这种纤维具有很高的强度和模量。1971年，杜邦公司建成了年产6800吨对位芳纶的工厂。由此，对位芳纶开始被广泛应用于人员防弹装备、绳缆、橡胶制品增强体等领域。

在Kevlar纤维的商品化取得巨大成功后，日本帝人公司于20世纪80年代成功开发出对苯二甲酰氯（TPC）—对苯二胺（PPD）—3,4′-二氨基二苯醚（ODA）三元共聚纤维，商品名为Technora，并在1987年实现了工业化生产。与杜邦的Kevlar相比，这种共聚芳纶具有更好的柔性，这也为芳香族共聚酰胺纤维的开发提供了思路。

美国杜邦公司、德国颜料工业公司、日本东丽公司和苏联人造纤维科学研究院等企业和研究机构，在高性能和功能性合成纤维技术发展与产业建设方面都做出了独特的贡献。

第三节　无机纤维的发明与工业化

无机纤维具有有机纤维难以替代的轻质、高强、高模、耐高温等特性，作为先进复合材料增强体的无机纤维主要用于尖端军民用领域[21]。

一、玻璃纤维

玻璃纤维是最早工业化生产和应用的无机纤维。1938年，美国欧文思·科宁（Owens Corning，OC）公司发明了连续玻璃纤维的生产技术，由此诞生了玻璃纤维工业。1939年，无碱玻璃纤维（即E-玻璃纤维）问世，迄今为止它仍是最重要的玻璃纤维品种之一。第二次世界大战之后，世界各主要国家都相继形成了自己的玻璃纤维工业体系，并一直推动着玻璃纤维技术向高性能化发展。比较突出的有：20世纪50～60年代，法国圣戈班（Saint-Gobain）集团公司发明了R-玻璃纤维；OC公司发明了强度和模量更高的S-玻璃纤维，并于1968年实现工业化生产。20世纪70～90年代，日本日东纺织株式会社发明了T-玻璃纤维；俄罗斯玻璃钢联合体发明了BMП高强玻璃纤维；我国南京玻璃纤维研究院发明了HS2和HS4高强玻璃纤维。

历经含碱、无碱和特种三个阶段的发展，玻璃纤维工业已发展得非常成熟。玻璃纤维技术正朝着超高强和与高分子复合方向发展[22]。

二、碳纤维

碳纤维是纤维形态的碳材料，分子结构介于石墨与金刚石之间。它作为树脂、金属和陶瓷等基体材料的增强体制成的碳纤维增强复合材料（CFRP）性能优异，是制造尖端军民用装备无可替代的关键材料。

1879年，美国发明家爱迪生发明了碳纤维，用作白炽灯泡的发光体，但那时的碳纤维力学性能极差，只具有耐热、发光的性能。碳纤维能拥有如今的高性能，源于20世纪50年代末对碳纤维技术的“再发明（Reinvented）”。1958年，美国联合碳化物公司帕尔马技术中心（Parma Technical Center）的年轻科学家贝肯（Roger Bacon，1926—2007）研究发现：在较低压力下，直流碳弧炉负极上的气态碳生长成了石笋状的长丝。这些长丝就是呈稻草状嵌入沉积物中的“石墨晶须（Graphite Fiber）”。石墨晶须最长1英寸（2.54cm），直径只有人头发丝的十分之一，可承受弯曲和扭结而不脆断，特性令人惊奇。石墨晶须的发现，开辟了高性能碳纤维技术的研究方向。20世纪60～70年代，科学家以石墨晶须的性能为目标，经过不懈的努力，先后研究并突破了以纤维素、聚丙烯腈（PAN）和石油或煤焦油沥青等前驱体材料、再经碳化加工制备高性能碳纤维和石墨纤维的技术。

1950年，美国莱特-帕特逊空军基地（Wright-Patterson）发明了粘胶基碳纤维。1959年，美国联合碳化物公司（UCC）开始生产以“Thornel-25”为牌号的低模量粘胶基碳纤维；1965年，又发明了石墨化过程中的牵伸技术，用于生产高模量粘胶基碳纤维。粘胶基碳纤维具有一些不可替代的特性，如密度小、耐烧蚀、导热系数小、断裂伸长大、生物相容性好等性能。此外，粘胶纤维多孔，经活化可制成特殊用途有吸附活性的碳纤维。

1959年，日本大阪工业试验所的近藤昭男（Akio Shindo，1926—2016）发明了聚丙烯腈（PAN）基碳纤维。1963年，英国皇家航空研究所（RAE）的瓦特（William Watt，1912—1985）发明了在预氧化过程中施加张力制造高性能PAN基碳纤维的技术。1971年，日本东丽公司开始工业化生产PAN基碳纤维。

1965年，日本群马大学的大谷杉夫（Sugio Otani，1925—2010）发明了沥青基碳纤维。1970年，日本吴羽化学公司用各向同性沥青生产通用级沥青基碳纤维。1975年，大谷杉夫和美国联合碳化物公司的辛格（Leonard S. Singer，1923—2015）几乎同时发明了中间相沥青基碳纤维。1987年，日本三菱化学建成了年产500吨的中间相沥青基碳纤维生产装置。

20世纪80年代起，碳纤维的产业化生产和应用进入快车道。

三、陶瓷纤维

陶瓷纤维是特种无机纤维的一个重要品类，其具有高强、高模、低密度、耐高温、导热系数低、抗震性能好等特性。飞机发动机和航天器等空天尖端装备的发展，要求材料具备在高温和易氧化环境中保持强度和模量的苛刻要求，这才有了陶瓷纤维的诞生。硅酸铝纤维、氧化铝纤维、碳化硅纤维、氮化硅纤维和氮化硼纤维均是重要的陶瓷纤维。

1941年，美国巴布考克·维尔考克斯公司（BW）发明了以天然高岭土为原料，经熔纺制成硅酸铝陶瓷纤维的技术。20世纪50年代，硅酸铝纤维实现了工业化生产。

1972～1976年，英国帝国化学工业（ICI）公司、美国3M公司、日本住友化学（Sumitomo）公司

先后研制并生成出了氧化铝纤维。

碳化硅纤维最早由美国泰斯特朗系统（Textron Systems）公司于1973年发明。1985年，日本碳材料公司以1吨/月的规模生产连续碳化硅纤维。

氮化硅纤维的综合性能与碳化硅纤维相近，但某些指标优于碳化硅纤维，并且它与多种基体都能很好地复合，是金属基和陶瓷基复合材料的增强体。1974年，德国拜耳公司首次制得了氮化硅纤维，但纤维中碳化硅含量过高。1987年，美国道康宁（Dow Corning）公司的勒格罗（Gary E. LeGrow）发明了无定形氮化硅纤维，综合性能良好。

氮化硼纤维高温下力学性能优异。1967年，美国金刚砂（Carborundum）公司的伊科诺米（J. Economy）等发明了以B_2O_3纤维为前驱体制备氮化硼纤维的技术，但其制得的氮化硼纤维均质性不佳。此后，多种采用不同前驱体的氮化硼纤维制备技术被相继开发出来。

四、硼纤维

硼纤维是经化学加工使硼元素均匀沉积在钨丝、碳纤维和石英纤维等芯材表面，而形成的连续纤维形态的复合材料，其弹性模量比玻璃纤维高5～7倍，拉伸强度和压缩强度更高。

1963年，美国空军材料实验室（AFML）发明了硼纤维，并于1966年在航天领域得到应用。此后，美国泰斯特朗系统公司发明了硼纤维的工业化生产技术。硼纤维既可以纤维形式使用，也是树脂基和金属基复合材料的增强体。硼纤维增强复合材料可用于制作战斗机、航天飞船的结构部件、半导体冷却基板、车轮、切割轮刀、核废料贮存容器等。

参考文献

[1] DARBY W D. 人造丝与其他人造纤维[M]. 张泽垚，译. 北京：中国科学图书仪器公司，1936.

[2] SJOSTROM. Wood Chemistry, Fundamentals and Applications [M]. Orlando: Academic press, 1993: 293.

[3] Louis Schwabe (1798—1845), The Man & Other Families [EB/OL]. 2021-1-12.

[4] Rayon [EB/OL]. 2021-1-12.

[5] 余飒声. 纤维素化学工业［M］. 北京：中华书局，1936：83.

[6] Michael Hummel. Cellulose: Regeneration [PPT/OL]. Aalto University(Finland): 10. 2021-1-12.

[7] MEMIM Encyclopedia, Cuprammonium rayon [EB/OL]. 2021-1-11.

[8] Cross, Charles Frederick(1855—1935)[EB/OL]. 2021-1-12.

[9] Bevan, Edward John(1856—1921)[EB/OL]. 2021-1-12.

[10] Clayton Beadle(1868—1917)[EB/OL]. 2021-1-12.

[11] Charles F Topham [EB/OL]. 2021-1-12.

[12] Charles Henry Stearn [EB/OL]. 2021-1-12.

[13] Earliest Existing Specimen of Vicose Rayon, 1898 [EB/OL]. 2021-1-12.

[14] Courtaulds plc [EB/OL]. 2021-1-13.

[15] Cellulose Acetate-History [EB/OL]. 2021-1-13.

[16] Paul Schlack [EB/OL]. 2021-2-8.

[17] John Rex Whinfield Biography (1901—1966) [EB/OL]. 2021-2-14.

[18] ACS, Sohio Acrylonitrile Process [EB/OL]. 2021-3-23.

[19] Karl Ziegler, The Nobel Prize [EB/OL]. 2021-2-17.

[20] Giulio Natta, The Nobel Prize [EB/OL]. 2021-2-17.

[21] 王德刚，仲蕾兰，顾利霞. 高性能无机纤维 [J]. 化工新型材料，2001 (10)：23-26.

[22] 刘克杰，朱华兰，彭涛，等. 无机特种纤维介绍（一）[J]. 合成纤维，2013，42 (5)：32-37.

第二章

中国近代对人造纤维工业的求索

中华人民共和国成立之前直至20世纪50年代，中国尚处在刚刚开始学习和应用西方科学技术的时期，由于最早的合成纤维产品在20世纪40年代初才出现于美国的消费市场，故当时的中国还未进入最新的科技工业领域。取而代之，20世纪30年代渐已成熟的人造丝工业，就成为那个时期我国的有识之士立志建设中国化学纤维工业的追求目标。

第一节　人造丝输入对中国近代纺织工业的影响

一、早期的人造丝输入

人造丝最早输入我国的时间没有确切的资料记载。1914年，人造丝进口首次被列入当时海关的统计报告，当年的进口量仅为683.57米；至1922年，人造丝及制品的进口量并未有很大增长；但自1923年起，人造丝及其制品的进口量开始骤增，并很快成为国内纺织厂不可缺少的新型纺织原料。表2-1为1925～1935年人造丝及其制品的进口量统计情况[1]。

表2-1　1925～1935年人造丝及其制品的进口量

年度	人造丝线/吨	人造丝织品/千米	人棉混纺织品/千米	人毛混纺织品/千米
1925	1647	1019	2004	168
1926	2587	1053	3350	337
1927	4969	795	4691	203
1928	7486	1600	6488	723
1929	8736	2621	10192	1296
1930	7530	2296	3930	844
1931	7916	1235	893	423
1932	6281	—	—	58
1933	4182	—	—	15
1934	2656	—	—	12
1935	3855	—	—	11

二、中国近代纺织工业的挑战与求索

以1878年左宗棠筹设甘肃织呢局和李鸿章筹设上海机器织布局，以及1888年张之洞筹设湖北织布局为标志，中国近代纺织工厂开始建设兴起。主要原因，一是西方廉价纺织品大量输入，活跃了我国的城乡经济；二是技术落后，手工纺织业者大量破产，形成了庞大的劳动力市场；三是西方先进纺织技术与工厂管理绩效，促使业界的有识之士起而学之。

尽管动力纺织机器工业在中国产生的时间比西方晚了近百年，但一经觉醒和行动，近代中国纺

织工业历经半个世纪的发展后，到了中华人民共和国成立前，已经形成拥有纺织职工75万人、500万棉纺锭、13万毛纺锭、年产棉纱245万件、年产棉布28亿米的规模，是上海、天津、武汉、重庆和青岛等地的支柱经济，也是当时支撑我国国民经济最重要的支柱产业[2]。

中华人民共和国成立之前的70多年的发展历程中，西方新技术、新产品和新管理模式的引入，曾给初创的中国近代纺织工业带来过多次产生过重大冲击的挑战，人造丝的输入给20世纪30年代我国纺织工业特别是缫丝业带来的危机就是其中之一。

20世纪20年代末，西方国家已开始向中国推销其人造丝制造设备。1929年，人造丝制造设备广告已进入我国北方市场。国家图书馆现存最早的民国时期的纺织技术期刊，是创刊于1929年6月的《北平纺织染研究会季刊（创刊号）》，该研究会是以北平大学第一工学院机织系为骨干组成的学术组织。当时的社会贤达和北洋政府高官，如张继和熊希龄等都为该刊创刊号题词。尽管《北平纺织染研究会季刊（创刊号）》已是该刊的孤本，但通过其文章内容还是可以管窥到当时我国北方纺织工业技术界的问题关注和学术水平。该创刊号共162页，刊发了17篇文章，标题和内容主要涉及棉毛纺织、制呢、染色、颜料和原料短缺等问题，其中无一提及人造丝。但在该刊的广告部分，则刊登了天津新民洋行代理进口的德国产人造丝织机和人造丝卷丝机的广告。可见，在欧美企业已经在中国北方拓展其人造丝生产设备市场的时候，我国北方的纺织技术界并未对人造丝技术引起重视[3]。

20世纪30年代，由于成本低、光泽度好、色彩丰富和易于仿制等优势，人造丝已在中国市场扎下了根基。大量输入的人造丝极大地冲击了国产蚕丝原料的应用，有识之士为此感到非常焦虑。

著名化学工程专家顾毓珍先生（1907—1968）在20世纪30年代初（约1930年）就发表了《我国急应自制人造丝》一文。文中列出了1923～1929年的人造丝进口数据并分析认为，人造丝进入中国已有15年，其色彩丰富艳丽、耐洗耐用且价格低，备受百姓青睐，近5年开始畅销；如果4亿城乡同胞都能消费到人造丝，则年消费需求超过1万吨都不止。至于如何解决人造丝输入对当时蚕丝业的冲击这一问题，顾先生认为，不能以抵制人造丝这一新生事物为手段，而应采取改进桑蚕养殖加工技术与建设国产人造丝工业并举之策；只有这样才能提升自身的竞争力，适应国内外市场的新需求。顾先生还着重分析了创设人造丝工厂的原料、工艺路径和资本等实际问题并指出，自主建设人造丝工厂是拯救民族丝织业的紧迫且必须之举，且其对生丝业还有助力之效[4]。

国家图书馆馆藏1933年出版的《最新人造丝毛工业》一书，是目前已知最早由中国人撰写的人造丝技术编著。该书作者是吉林大学化学系奠基人之一的化学家关实之先生（1897—1990）。该书写道："近年来，经不断改良，其强度、光泽、触感等物理性质，皆近于天然丝。而价格却只是蚕丝市价的五分之一左右。现已成为一种重要的织造纤维，产量逐年急剧增加。使蚕丝业受到极大的威胁。今年中国的丝绸业几乎完全破产。""蚕丝不但输出不易，又遭遇外来的大批人造丝的强压，所以动转不得。这不单是丝业的死活问题，实是中国国民经济的死活问题。""无论何人或何种势力，都无法阻止人造丝毛工业的发展。人造丝毛工业是现代化学工业的宠儿，平民的福星。吾人只有热望本国人造丝工场的建设和奋斗。"就如何应对进口人造丝对当时我国产业和经济的冲击，关实之教授提出：一方面改进丝绸加工技术、提高品质一致性，以保持竞争力；另一方面，"更须注意奖励建设人造丝毛工业，用以抵制舶来品，挽回利权。"[5]

自此，建设人造丝工业就成为那个时代有前瞻意识的化学家、化工工程师和纺织工业界人士共同推进的事业。

第二节 人造丝工厂的创建

一、上海安乐人造丝厂

邓仲和（1904—1983），江苏江阴人；无锡第三师范学校肄业后，到上海协泰棉布号当学徒；出师后，筹资500银圆，于1922年在上海开设了大庆棉布庄。1931年，他独资创办了安乐布厂，艰苦创业，特别是曾成功研发了骆驼绒纱线并创立了英雄牌绒线，还在与英商产品的竞争中大获全胜，占领了国内市场；至1949年前，共创办了包括安乐毛纺棉织厂、安乐人造丝厂、安乐纱厂和汇中饭店等在内的7家企业。

经营中，邓仲和很注重产业链建设，以降低成本，并避免受制于人。1936年，为解决棉纱被人“卡脖子”的问题，他计划添购2万枚纱锭创办安乐二厂。其时，国人十分青睐进口人造丝制品，但由于进口量持续攀升，严重冲击了国内的真丝业。当时国内还没有人造丝工厂，经调研，他决定将安乐二厂创建成人造丝厂。正巧德商礼和洋行向他推荐，法国里昂有一家人造丝厂因故愿廉价出让。1937年1月，他亲赴法国里昂实地考察了该厂，确认这是一间可日产人造丝15箱的全新完整的工厂。该厂售价100万美元，全套设备总重约1361吨，比定制全新设备便宜150万美元，故邓仲和决定购买这套二手设备。1937年6月，邓仲和回国后，即将购买设备款项分期付给了该法国厂商；但其后，遭遇“八·一三”事变，日军侵华战争进一步升级，汇率飞涨，1938年底货款付清时，已超出预算4～5倍。更糟的是，最后一批设备抵沪时，少了一件漂白去硫设备。

购地建厂也遭遇诸多不顺。1937年6月，邓仲和购得法华路观音寺西首约30亩（1亩=666.67平方米）地，并于1938年春开始建厂。期间，邻近住户以人造丝工厂危害健康为由，反对在该处建厂，但邓仲和还是坚持建起了工厂。建厂期间，邓仲和也在一直延揽技术人才。由于当时国内没有人造丝技术专才，几经周折才在1946年聘请到了三位英国工程师。三位英国工程师采用挪威木浆，在小试设备上纺制出了洁白坚韧的高品质人造丝，品质优于日本进口产品，每天产量十多公斤；三位工程师认为，订购美国柯享人造丝机器厂的漂白去硫机是争取尽早开工最稳妥的解决方案。然而，国民党政府在进口结汇上百般刁难，故订购的漂白去硫机未能按时到货。故至中华人民共和国成立，工厂仍无法开工[6]。

二、安东人造纤维工厂

该厂位于现辽宁省丹东市（中华人民共和国成立前称“安东”），1939年由当时占据我国东北的日本企业筹建；原名东洋人纤株式会社，建设目标日产短纤维为主的人造丝10吨，1941年投产。1943年，该厂与日企天满纺织株式会社和东洋精麻加工株式会社合并，更名为满洲东洋纺织株式会社，是日本东洋纺织株式会社的分公司；合并后，该厂拥有人造丝、纺织和精麻三项业务，人造丝是核心业务。由于战乱，该厂设施设备遭受到严重破坏，至1945年都无法正常生产，处于歇止状态。1946年11月，中国纺织建设公司接收了该厂。为恢复生产，1947年任职于中国纺织建设公司、曾留学德国学习人造丝技术的孙君立被派往该厂调研并拟制了恢复生产计划。1949年9月，孙君立在《染化月刊》上发表了题为《安东人造纤维厂概况和复工拟议》一文，详细介绍了该厂的情况[7]。

安东人造纤维厂位于原安东市郊外15公里的帽盔山脚下，南边是鸭绿江，西邻铁道，东接公路，地理位置优越。厂区占地约750亩，尚有约300亩的职工生活区，规模之大，当时在国内是名列前茅的。厂区建筑面积为5万多平方米，留有大片空地。为赶时间投产，建筑都是砖木结构的简陋平房，设计与质量并不符合工厂建设规则，给操作带来不便且造成不少浪费。

该厂于1943年扩大了人造丝的产能，理想状态下可达20吨/天。全部设备计重5000多吨，生产1吨人造丝需250吨重的设备做支撑。由此判断，该厂规模在当时的世界人造丝工厂中也属大型的。该厂设有日产5吨二硫化碳和2吨硫化钠的车间，可满足自身生产需要；其他原料则靠外购。

中国纺织建设公司接管时，该厂人造丝制造设施整体比较完整，没有受到严重破坏，除电动机拆除单独存放外，其他机械部件都处于安装状态。但各种管道内部多存有硫酸、烧碱和粘胶等液体的残液，需要尽快清理。零部件缺货不多，大多可以购得。比较麻烦的是，由于战乱，关键部件喷丝嘴基本都丢失了。

无论是从满足国内对人造丝的需求，还是尽早让这家当时比较先进的工厂能够获得利润的角度考虑，尽快恢复生产都是最急迫的选项。根据当时的情况，提出的复产目标有两个：一是发挥该厂的设备优势，首先恢复短纤生产，以供国内对人造羊毛的迫切需求；二是添配设备，为生产长丝做准备。当时，国内每年合法进口的人造丝已超过1万吨，纺织业和消费者都对人造长丝有着强烈的需求，而该厂的设备和技术生产长丝是可能的，只是需要较大的资金投入加以适当扩充和改造。

根据孙君立的建议，中国纺织建设公司组织人力于1947年将该厂各种管道内的腐蚀性残液进行了清理。但由于战乱，该厂直至1949年中华人民共和国成立时也没能恢复生产。

参考文献

[1] 全国经济委员会．人造丝工业报告书：全国经济委员会经济专刊第六种，1936.

[2]《中国近代纺织史》编辑委员会．中国近代纺织史［M］．北京：中国纺织出版社，1997.

[3] 北平纺织染研究会．北平纺织染研究会季刊（创刊号），1929（6）：109.

[4] 顾毓珍．我国急应自制人造丝［J］．工程，1930（8）：252-262.

[5] 关实之．最新人造丝毛工业［J］．1933（7）：9-10.

[6] 江苏文史资料研究委员会．江苏文史资料选辑．第十一辑［M］．南京：江苏人民出版社，1983：118-126.

[7] 孙君立．安东人造纤维厂概况和复工拟议［J］．染化月刊，1949（9）.

第三章

化学纤维工业的初步建立

从1949年10月1日中华人民共和国成立到1965年的15年时间里，中国从零起步，历经三年恢复时期（1950～1952年）和“一五”（1953～1957年）、“二五”（1958～1963年）、“三五”（1964～1968年）四个经济社会发展阶段，经过一代人的艰苦奋斗和努力拼搏，初步建立起新中国的化学纤维工业。

1965年7月8日《人民日报》刊发题为《依靠自己技术力量建起一个新兴工业部门》的文章，宣告我国已初步“补齐了一个工业部门——化学纤维工业”。

第一节　建设新中国纺织工业的宣言

1949年10月，中共中央决定组建纺织工业部。11月1日，纺织工业部正式成立，是新中国首批设置的工业部门之一，曾山被任命为首任部长，钱之光任党组书记兼副部长[1]。

1949年12月25日上午，在中国纺织染工程学联合会筹备会第一次学术讲座上，以新中国“纺织事业的前途是非常伟大光明的”为主题，曾山部长发表了演讲。这篇演讲是中国共产党领导建设新中国纺织工业的政治宣言，它为新中国化学纤维工业的创建指明了方向。

演讲中，曾山部长指出：李鸿章时代创建的中国纺织工业，一直被帝国主义所掌控。抗战胜利后，纺织工业虽回到了中国人手中，但在国民党统治下却发展缓慢甚至停顿。

他誓言，新中国纺织工业的“前途一定是伟大光明的”。一是，政治环境发生了根本性变化，中国彻底结束了半殖民地半封建社会的历史，“中国的纺织事业是完全按照自己的需要而建设了”。二是，人民“与纺织事业发生着血肉相连的关系”；人民要有衣穿、要穿好，而纺织事业还不能够满足人民的需要，故纺织事业责任重大、极为重要，须尽快恢复和发展。三是，发展纺织事业能促进相关工业技术和活跃区域经济[2]。

历经70多年的建设和发展，我国纺织工业今天所铸就的卓越成就，最好地印证了曾山部长当年的誓言。

从零起步建设起来的如今规模水平的化学纤维工业，正是“伟大光明的”中国纺织事业中耀眼的一颗明星。

第二节　发展化学纤维工业的必然性

化学纤维工业产生和发展的根本原因，不只在于其技术如何先进、性价比如何有优势，而更在于一个基本事实：仅依靠天然纤维，人类无以保证“衣被天下”的基本生存需求。

一、粮棉争地制约纺织工业发展

天然纤维的生产需要占用大量自然资源，特别是对耕地的占用，直接影响着粮食的生产。而对人类的生存而言，粮食的重要性永远是排在第一位的。

中华人民共和国成立后，纺织原料长期依赖棉花，然而我国人多地少，粮棉争地，造成纺织用棉花原料长期供不应求，无法满足人民敞开消费棉布的需求。为鼓励棉花产地多产棉花，1962～1979年国务院每年召开的“全国棉花工作会议”，周恩来总理都亲自主持，鼓励多产棉花。即便如此，我国棉花年产量也都长期保持在4000万担（200万吨）左右，距纺织工业的需要和人民的衣被需求相去甚远。为保证人民基本的衣被需求，1954年9月国务院颁布《关于棉布计划收购和计划供应的命令》，实施了棉布的计划供应，开始按每人每年16～20尺（1尺＝0.333米）的标准给城市人口发放布票。棉布限购是当时解决棉花产出不足的无奈之策[3]。

二、发展化学纤维工业可有效解决纺织原料短缺的问题

要解决广大人民的穿衣问题，关键要解决原料问题。根据各国工业化的经验，增加纺织原料的供应不能全靠农业原料，必须大力发展工业原料。工业化生产的化学纤维，极大地降低了纺织品生产对土地和水等自然资源的占用与消耗。粘胶纤维的原料主要来自林木，林木基本不会在粮食产区的耕地上种植，而且世界林木资源丰富，用作人造丝原料的木材只占世界木材产量的0.2%左右；合成纤维的基础原料是煤或者石油，虽然建造工厂也需要占用土地，但它对土地的位置和质量并没有特殊的要求，占用的土地面积相比种植棉花更是九牛一毛。因此，化学纤维生产不会与粮食生产争占耕地，而且化纤生产效率比种植棉花高很多，化纤工厂还可以设置在靠近目标市场的地方，进而便利纺织品的就近加工与消费，这样能大幅节约运输费用。

20世纪50～60年代，周恩来开始关注发展化学纤维工业。1966年5月6日，周恩来陪同外宾参观纺织工业部在上海举办的“全国纺织工业技术革命展览会”时表示，“化学纤维太少了”[4]。1970年7～8月，在轻工业部成立后不久的一次会议上，周恩来就明确提出：“全国重点抓轻工，轻工重点抓纺织，纺织重点抓化纤。”[5]

第三节　发展化学纤维工业的早期筹划

中华人民共和国成立后，棉纺织业发展迅速，导致本就捉襟见肘的棉花产量更加难以满足纺织工业的加工需要。20世纪50年代，纺织纤维原料严重不足的难题，迫使当时的纺织工业部领导做出了这样的战略选择：“必须迅速地发展化学纤维工业，并加强资源的综合利用，以扩大原料资源，更好地满足民用、工业和国防建设等方面的需要。”[6]

一、纺织原料是纺织工业的基础

近代机器工业，起源于机器纺织工业的创立和发展，故纺织工业被誉为“母亲工业”。纺织工业不仅要满足人民的衣被需求，更要为把国家建设成为工业化国家提供资金积累，这是发达国家都走过的工业化路径。

纺织工业是近代中国工业中最大的产业部门，是国民经济的支柱产业。新中国成立时的全国工业总产值中，纺织工业占35%；消费品零售总额中，服装商品占20%。

1949年，棉花产量890万担（44.5万吨），比历史最高产量1936年的1700万担（85万吨）减少了约48%。1951年5月，因棉花供应不足，当时的中央财政经济委员会决定全国纱厂于6月6日起停

工一个半月。这意味着，没有了棉花原料，整个纺织工业就只能停摆。“一五”期间，我国棉花生产“两丰、两欠、一平”，纺织工业时常面临“无米下锅”的窘境。

严酷的事实，警示了新中国纺织工业的领导者们：纺织原料是纺织工业基础的基础。他们意识到，要保证纺织工业长盛不衰，必须彻底摆脱对农业纺织原料的单纯依赖，要尽快建设坚实、可靠的纺织原料工业；而出路只有两条，一是千方百计地协调好棉、麻、丝、毛等天然纤维的生产，二是自主创建化学纤维工业。

二、从人造纤维起步创建化学纤维工业

从技术属性上分类，化学纤维无疑是化工产品。所以，中华人民共和国成立之初，化纤工业的建设发展是由重工业部化工局和后来成立的化学工业部负责的。但那一时期基础化学化工产业的建设是重中之重，故按重要性和需求急迫程度论，化纤在当时的13个化工行业的建设优先顺序中排位最后，因此发展较慢。

而作为用户，纺织工业部面对纺织原料长期供不应求的困境，急迫地希望尽快把化纤纺织原料工业建设起来。国民经济三年恢复时期（1950～1952年），刚刚起步的新中国纺织工业的主要任务是组织好棉花原料的筹措和大力发展棉纺织业，目的是满足人民的衣被需求和为国家建设提供尽可能多的积累。但与此同时，纺织工业部的领导也注意到，当时化学纤维正成为发达国家加速发展和应用的新型纺织原料。因此，纺织工业部在这一时期曾投入相当力量组织领导了上海安乐人造丝厂和安东人造纤维工厂的生产恢复。

“一五”计划期间（1953～1957年），我国发展国民经济的主要任务是，建设好苏联援建的156个大型建设项目。这是新中国成立以来第一次大规模成套技术设备的引进，其核心目标是要快速为中国极端薄弱的基础重工业奠基。客观来说，相对于基础重工业而言，当时的纺织工业不仅比较发达且有一定规模，还是当时的支柱工业。因此，“一五”计划下达给纺织工业的核心指标主要是棉布产量，化学纤维还没达到能纳入国民经济建设层面加以筹划的程度。但是，通过应对近几年棉花供应的波动和基于对化学纤维必将成为重要纺织原料的趋势判断，纺织工业部主要领导提出了纺织系统自己建设化纤工业的设想并得到了部党组的赞同。1953年，纺织工业部党组向中央报告了牵头发展化纤工业的设想，并于1954年秋成立了“纺织工业部化学纤维工业筹备小组”；该小组设在纺织工业部毛麻丝局，因此化学纤维工程师孙君立和化纤工艺工程师周玉瑄都隶属该局；该小组领导了丹东、上海两家人造丝工厂恢复生产和首批自主创建的人造纤维工厂的建设。

1951年，纺织工业部批准，由多校合并成立华东纺织工学院（即后来的中国纺织大学和现在的东华大学的前身），1954年，钱宝钧、方柏容两位教授创建了新中国第一个化学纤维专业，主要进行化学纤维纺丝工艺及纤维结构性质的研究。

1956年9月，时任中共纺织工业部党组书记、副部长的钱之光在中国共产党第八次全国代表大会上的发言中提出：“人造纤维工业是一个新兴的纺织工业部门，世界各国都发展很快，在纺织工业比较发达的国家，人造纤维约占他们各种纤维总产量的30%～35%，但目前我国还在试验阶段，必须努力赶上。我国木浆产量虽然不多，但棉绒资源是很丰富的，这是发展人造纤维工业的有利条件。在第二个五年计划期内，应当为发展人造纤维工业打下基础。”[7]所以，纺织工业部规划在“二五”期间（1958～1962年），从苏联引进一个尼龙、两个粘胶短纤维和一个粘胶长丝四个大型化纤厂，为发

展化学纤维工业打基础[8]。

1956年10月10日的《人民日报》第二版刊发了题为《纺织工业部召开座谈会研究发展化学纤维工业》的通讯称：纺织工业部最近召开了化学纤维座谈会，参加座谈会的有中国科学院、化学工业部、轻工业部、食品工业部等十几个单位。会上，介绍了纺织工业部建立化学纤维工业方面的工作规划；安东人造纤维厂正在恢复修建中，预计1957年下半年可以投产，年产人造毛约4000吨；合成纤维中间工厂将在1958年投产，将生产短纤维和一部分长丝；第一人造纤维厂将在1959年投产，可年产人造丝长丝1万吨。会议特别强调化学纤维研究工作的重要性，尤其要结合国内资源实际，寻找发现各种可利用的天然纤维素原料来源[9]。

综上可见，纺织工业部已基本形成“以创建人造纤维工业起步建设我国化学纤维工业”的发展战略。而这一时期，我国纺织工业所称的“人造纤维”，实际上就是“粘胶纤维”的代名词。

第四节　两家人造丝工厂恢复生产

一、安东化学纤维厂

1957年，生产人造羊毛的安东化学纤维厂（原安东人造纤维厂）于7月8日开始连续试生产；同年7月10日的《人民日报》刊发了题为《为我国纺织业开辟新纤维资源安东化学纤维厂生产人造羊毛》的通讯称，生产的首批人造羊毛，跟最细的天然羊毛相似，其强度、拉力、色泽都很好[10]。据此，安东化学纤维厂成为新中国第一家恢复生产的人造丝工厂。

安东化学纤维厂恢复生产的过程受到了极高的关注。1947年6月，安东解放。东北纺织管理局接收了安东人造丝厂，并更名为东北第三纺织厂。1949年后，纺织工业部决定尽快恢复该厂的人造丝生产，并将其建成新中国化纤工业的先驱。1949年9月，一批上海工程技术人员响应东北南下招聘团的招聘，放弃上海的工作和生活条件，奔赴当时的安东市（今丹东市），投身到该厂的生产恢复中。但1950年6月朝鲜战争爆发，该厂暂时关闭，职工被疏散到其他城市。

1956年1月，纺织工业部决定，在东北第三纺织厂基础上新建人造纤维工厂并即刻开始筹建[11]。鉴于丹东技术力量薄弱，纺织工业部从上海安乐人造丝厂调派了10名工程技术人员，支援该厂的恢复生产和新建工程。

从1956年1月开始筹建到1957年5月投产，技术人员和工人师傅摸爬滚打，只用了一年多的时间，就把遭战争破坏已荒废多年，机器设备残缺不全的旧厂改造建设成为我国第一家人造纤维厂，生产出我国第一批人造丝短纤维（人造毛），日产人造丝短纤维12吨。建厂初期，该厂只有原液车间和纺练车间两个车间[12]。1957年，该厂产量230吨，正式拉开了新中国化纤工业发展的序幕。

1956年7月至1957年7月的一年时间里，《人民日报》共刊发三篇通讯，报道这一过程的进展。除上述1957年7月10日刊发的新华社讯外，《人民日报》还于1956年7月2日和1957年3月1日，分别刊发了题为《安东化学纤维厂动工恢复》和《安东化学纤维厂加紧改建》的新华社讯，报道该厂已开始动工恢复的新闻，介绍该厂生产恢复的进展[13-14]。这表明，化学纤维工业建设在当时受到的

重视非同一般，党和政府对人造纤维工业的建设发展寄予了厚望。

安东化纤厂作为有一定建设与生产技术基础的厂家，为后续国内自主创建人造纤维工厂提供了诸多技术支持。滕玉琦和周玉瑄是该厂两位最早支援保定化纤厂建设的技术人员。

二、上海安乐人造丝厂

上海刚一解放，纺织工业部就派人与邓仲和协商，希望安乐人造丝厂能够公私合营，邓仲和表示同意。1950年10月21日，纺织工业部华东纺织管理局私营企业管理处方克强处长与邓仲和签订了公私合营合同：安乐第二纺织厂（即安乐人造丝厂）资产作价，纺织工业部出资部分现款并委派方克强为董事长、孙君立为筹建处副主任、邓仲和为副董事长；新厂名为“公私合营安乐人造丝厂股份有限公司”。该厂是上海纺织系统第一家公私合营企业[15]。

据当年该厂实习生孔行权（后曾任纺织工业部化纤产品测试中心负责人）回忆，孙君立曾告诉他们几个年轻的实习生：纺织工业部希望尽快实现该厂复工，并达到年产人造丝300吨的目标；陈维稷副部长嘱托他，要把该厂建成研究化纤技术与培养人才的平台，为发展化纤工业做准备。陈维稷早年留学英国，学习纺织印染专业，是新中国纺织工业早期领导人中极为了解化学纤维重要性的专业人士。

孙君立到任后马上着手实验车间的开工。当时该厂技术人员奇缺，只有一位工程师。他从社会上招录了三四位大学毕业的工程师和十来个高中毕业、学习人造丝生产技术的实习生。一年后，这些技术人员都能独当一面了。1951年，安乐人造丝厂纺制出新中国的第一根人造丝，样品在上海市土产交流会上展出。试验成功后，中央很快拨付了合营款，工厂进入改建阶段。

因朝鲜战争爆发，安东化纤厂的技术人员先被转移到中国科学院长春应用化学研究所，后被调到安乐人造丝厂参加筹建。这些技术人员包括：原安东化纤厂厂长、日本人坂野威夫，日文翻译林则夫，纺丝车间技工王福安，还有两位日藉技师等共五人；坂野能讲中文，担任总工程师并负责技术培训。

那时，大家十分努力，都希望能早日开工生产。该厂与上海宏文造纸厂合作试制了3吨棉绒浆粕，并顺利纺出了人造丝，解决了木浆无法进口的难题。虽然具备了生产条件，但由于必用化学品二硫化碳毒性很强，上海市卫生系统坚持不同意在市区生产。期间，尽管研究了包括迁厂在内的解决方案，但1953年还是最终决定停建。1957年，再次筹建，通过建造70米高的排毒烟囱缓解了二硫化碳污染问题[16]。

1958年4月30日，安乐人造丝厂开工投产，是国内首家能生产133分特/30根（75公支/30根）有光粘胶长丝的人造丝厂，当年产量136.30吨。至1963年，该厂所用浆料是上海华丰棉纺织厂利用废棉制成的棉浆，所用二硫化碳等化学品由成都等地的化工厂供应。至此，安乐人造丝厂终于成为完整的人造丝工厂（图3-1）[17]。

图3-1 上海安乐人造丝厂

第五节 中国第一座现代化人造丝工厂的创建

1959年9月28日，《人民日报》刊发题为《我国第一座人造丝工厂保定化学纤维厂部分建成兴建过程中得到德意志民主共和国的援助》的新华社电称，我国第一座现代化人造丝工厂——保定化学纤维联合厂（简称保定化纤厂），第一期生产普通人造丝的原液车间和纺丝、纺织整理车间等主体工程部分投入生产，并且已经生产出30多吨色泽光亮洁白、质地柔软的人造丝，向中华人民共和国成立十周年献礼。该厂占地面积约60万平方米，全部设备都是德意志民主共和国制造的最新型的机器；生产过程都是机械化的，而且有良好的自动控制设备。兴建过程中，从厂址的选择到动工兴建，德意志民主共和国给予了技术援助，派专家进行了具体帮助，还为我国培养训练了技术人员和技术工人[18]。

这表明，我国引进成套设备建设的首家人造纤维工厂建成投产。

一、建设规划阶段

原本，保定化学纤维厂应是“一五”期间苏联援建的156个重点建设项目之一，但由于它该隶属于化学工业部还是纺织工业部来领导这一问题一直未有定论，故未被列入。考虑到丝绸产品是重要的创汇工具，丝绸工业每年需进口大量人造丝作为原料，为节约外汇，必须建设自己的工业体系。因此，1954年国务院决定由纺织工业部负责该厂的建设；并要求尽快与苏联签订合同，选好厂址，做好建设计划，安排好施工队伍，选派人员出国培训等。

1955年，纺织工业部派计划司司长罗日运和化纤专家孙君立等人，参加李富春副总理率领的“二五”计划代表团赴苏联谈判。纺织工业部党组书记、副部长钱之光给罗日运交代的主要任务是：谈好化纤设备进口问题，粘胶纤维要对标苏联在远东新建的大厂，要一样的规格和设备。但由于种种原因，经进一步研究后决定：从民主德国引进5000吨/年的粘胶长丝成套生产设备建设保定化纤厂，同时引进380吨/年的锦纶长丝实验设备建设北京合成纤维实验厂。纺织工业部于1955年初即启动了此项建设的筹备工作[19]。

二、建厂初期的重要事件

1955年初，新中国首家化学纤维工厂、“纺织工业部第一人造纤维厂”的筹建工作正式展开；1月，纺织工业部报请国家计划委员会（简称国家计委），委托民主德国援建一家粘胶人造丝厂；3月，纺织工业部在北京成立筹建组，并开始了历时10个月、在全国20多个地区的选址工作；8月，项目获国家计委批准（图3-2），筹建处正式成立，令吾任主任。

1956年2～4月，德国专家组与筹建处共同研究，依水质条件，确定在保定西郊建厂，并开始设计方案会谈；5月19日，国家计委以（56）计轻彭字第26号文批准了《第一人造纤维厂计划任务书》，规定生产规模为年产普通人造丝1万吨；11～12月，德方交付初步设计，并经双方协商，生产规模调整为年产普通人造丝和强力人造丝各5000吨，建设工程分为两期，一期建设普通人造丝，二期建设强力人造丝；12月，国务院批准该修改方案。

1957年7月，德方开始交付第一期施工图纸；7月13日，筹建处由北京迁至保定。

1958年1月28日，首批28名工程技术人员赴民主德国学习；10月，正式进行设备安装。

1959年7月1日，纺丝第一纺区试产；12月，第二纺区试产。

1960年3～4月，纺丝第三、第四纺区分别试产；6月，国家验收委员会对河北省保定化学纤维联合厂进行了验收；7月1日，举行了开工典礼，德方正式向中方移交了一期工程；10月，进行了建厂总结，评选出了56名“三年建厂功臣”。

1964年该厂人造丝年产量达5357吨，突破了设计能力，“天鹅”牌人造丝被纺织工业部命名为“先进产品”。1965年6月，国家收回了全部建设投资。

图3-2　国家计委批准保定化纤厂建厂计划任务书

1966年2月，“纺织工业部人造纤维研究所”在保定化纤厂成立，主要研究力量是由北京迁来的原中国纺织科学研究院化纤研究室浆粕研究组和粘胶纤维研究组；11月20日，定名为“纺织工业部第一化纤研究所”，王煜亮任所长。

1966年，完成人造丝产量6049吨，达建厂以来最高峰。至此，保定化纤厂的初建工程基本结束，进入后续运行阶段（图3-3）。

图3-3　保定化纤厂

随着需求的增长，所有生产工艺技术装备都经历了多轮的技改和升级，保证了生产技术的进步和产品质量的稳定提升。保定化纤厂“天鹅”牌人造丝曾获1979年度国家质量奖银奖，获1987年度纺织工业部和河北省“优质产品奖”。

三、二期工程建设情况

强力丝，是具有高强力、耐热、耐用等特点的粘胶纤维，在工业上用途广泛。由于民主德国的强力人造丝生产技术并不过关，故二期工程未能如期建设。1961年，该厂曾与捷克斯洛伐克共和国的企业签署过强力人造丝设备引进合同，但因国际政治原因未能生效。

1965年下半年，纺织工业部决定建设500吨/年规模的强力人造丝中试装置。要生产强力丝，首先必须造出纺丝机。1966年，引进了一台日本柯宏式样机，经剖析与试验，研制出“自更Ⅰ型”和“自更Ⅱ型”强力丝机，并经运行，基本实现了中试目标。此后，纺织工业部批准将该中试车间扩建到2000吨/年的规模，1970年，此项工程恢复建设。厂里组建了“三结合”小组，进行强力丝技术攻关和工程建设会战，经自主设计建设、设备研制、安装调试，于1971年2月15日比计划提前一年投产，为国家节约投资1000多万元[20]。该车间运行至近9年时，因技术和职业安全健康等问题，经纺织工业部同意，于1979年3月10日停产。9年间，该车间共生产强力人造丝5607吨，并为强力人造丝机国产化研究积累了技术数据和经验，为创建专业生产强力人造丝的湖北化纤厂培养和输送了技术人才[21]。

四、保定化学纤维厂创建的作用与意义

保定化纤厂的建成投产，加之安东化纤厂和上海安乐人造丝厂的恢复生产以及化学工业部锦纶装置的建成，使中国化学纤维的年产量首次突破了1万吨。1960年，中国化纤以年产量1.06万吨第一次被计入“世界化纤产量统计”[22]。

作为新中国创建的首家化学纤维工厂，保定化学纤维厂的建成投产为自主创建我国化学纤维工业提供了三个方面有益的经验借鉴。

（一）培养了优秀的技术队伍

为建设好新中国首家化学纤维工厂，纺织工业部在技术队伍培养方面下了非常大的功夫。

因最初拟从苏联引进人造丝全套生产技术设备，故1955年初纺织工业部派出了8名技术人员赴苏培训。同年夏季，考虑到将改由民主德国引进技术设备，纺织工业部又派出了季国标、诸祥坤等6名青年技术人员赴民主德国培训。这两批留学人员均于1956年回国。

该厂开工建设中，纺织工业部又于1958年初增派了具备五年以上工厂工作经验的多名工程师和技术员，赴民主德国泼莱姆尼兹市（Premnitz）的弗里德里希·恩格斯人造丝工厂（VEB Kunstseiden Werk ‘Friedrich Engels’ Premnitz）培训实习。其中，胡永裕、王煜亮、邱有龙等8名工程师在德学习1年（1958年1月至1959年1月），回厂后，他们都担任了车间干部；赵永德、刘如琴等10名技术员在德学习9个月（1958年3月至1958年11月），回厂后，他们都从事基层技术工作。

上述赴苏、德学习的技术人员回国后，都成为该厂的建设骨干。其中，季国标、诸祥坤、杜从贵、孙绍安、于树林、张洪臣6人被授予“三年建厂功臣”称号。季国标还被评为1959年度“河北省工业交通、基建系统先进生产者”[23]。

除派技术人员出国学习外，纺织工业部还委托华东纺织工学院开办了两年制的人造纤维技术干部培训班，抽调了原天津纺织工业学校现1956年夏季毕业的80余名学生和人民大学的10余名学生，共计100名学员。该班学员1958年夏季毕业后，充实到工厂担任基层技术干部。

（二）为自主设计制造成套生产设备提供了示范

自主创建人造纤维工业的前提是，能自主设计制造人造丝成套生产设备。但在人造纤维工业领域，我国当时与发达国家约有四五十年的差距，要弥合这一差距，首当其冲就是要突破成套生产设备国产化这道屏障。

1958年8月开始，纺织科研和纺机制造相关单位深入剖析研究了引进的民主德国设备，发现其材质、构造、传动和精度等性能水平都很高。例如，古典式浸渍压榨机的油压机的辊轴为铸钢，直径3米，长6米；老成鼓和冷却鼓直径3米，长24米，鼓体带倾斜度旋转，鼓内有夹套调节温水；碱纤维素输送带是不沾橡胶制成的；黄化机是整体铸铁制造、有夹套的压力容器，工作容积6.4立方米，机内有捏和式两个Z形搅拌翼和一个上搅拌翼，每批投料量为600千克甲纤；纺丝机（HKZ202005/1型）为半连续离心式纺丝机，生产中性丝饼，其凝固辊和去酸辊的传动全是用滚珠轴承，辊体材质为耐酸塑料[24]。这些剖析研究，为我国自主设计制造人造丝成套生产设备提供了有益的参照。

（三）为自主创建人造纤维工厂提供了建设与管理经验

保定化纤厂的建设和运行，是典型的"以生产设备可靠运转为中心、以'工厂办社会'为保障机制"的计划经济体制下的工厂管理模式。

1961年底，中央决定实行"调整、巩固、充实、提高"的方针，对国民经济实施为期五年的调整（1961～1965年）。针对工业企业的问题，制定了《国营工业企业工作条例（草案）》（即《工业七十条》），对企业的计划、技术、劳动、工资福利、财务、责任制度和党的工作等管理活动做出了比较细致的规范。

1961年初，保定化纤厂党委制定实施了"一手抓生产，一手抓生活"的工作方针。一方面，依照《工业七十条》，规范企业生产运营秩序；另一方面，建设了子弟学校、卫生所等设施，并发动群众自己动手搞农副业生产，解决职工的生活问题。这些依据实际办企业的经验，对后续自主创建的人造纤维工厂都有着很好的借鉴作用。

第六节　自主创建一批人造纤维企业

在恢复两家老厂和创建保定化纤厂的基础上，为进一步解决原料不足的问题，1960年下半年，纺织工业部向国家提出了加快发展化学纤维工业的建议。

一、确立纺织工业发展方针

1960年8月23日，纺织工业部党组向中央上报了《关于纺织工业发展方针的请示报告》。报告阐明了一个根本认识，提出了一项重要方针，拟定了一系列得力举措。

一是揭示了"根本问题在于原料"这一制约纺织工业发展的根本问题。报告指出："10年多来，纺织工业……无论是生产还是建设都有相当大的跃进。但是，仍然不能适应国内人民消费和国家出口的需要。目前的问题仍然是：生产不能满足市场需要，原料不能满足生产需要，根本问题在于原料。"[25]这是纺织工业部党组向中央报告的文件中，首次提出对制约我国纺织工业发展的根本问题的明确判断。

二是提出了"实行发展天然纤维与化学纤维同时并举"的方针。报告指出，"今后发展纺织工业的基本任务和总的方针应该是：更好地贯彻执行党的社会主义建设总路线和'两条腿走路'的方针，实行发展天然纤维与化学纤维同时并举，……”[25]这一方针的确立与贯彻，迅速凝聚了建设化学纤维工业的力量，大幅加快了发展步伐。

三是拟定了“大力发展化学纤维工业”的一系列得力举措。报告明确，“我们打算在今后三年（1960～1962年）新建人造纤维总规模为20万吨，即在现有的1.4万吨基础上增加约13倍。大体计算，20万吨人造纤维可制各种纺织品12亿米。以全国7.3亿人口计算，平均每人可增加纺织品5市尺……建设这样的工厂，设备可以完全由国内制造，原料也可以解决……这是一件大有可为，大有前途的事情。”“要围绕扩大原材料资源的要求……大办浆粕、硫酸、烧碱、二硫化碳等来解决发展人造纤维工业的需要。”[26]“根据中央的指示，把已经决定停建、缓建的项目坚决停下来，迅速腾出力量增添改进产品质量的设备，发展人造纤维工业。”[27]

1960年9月1日，中共中央批转了纺织工业部党组的这份请示报告，并指出，报告中提出的今后纺织工业发展的方针，即实行发展天然纤维与化学纤维同时并举的方针，是正确的、必要的。执行这个方针，就可以大幅增加纺织工业原料的来源，加速纺织工业的发展。今年纺织工业的基本建设计划已经经过调整，把腾出的资金和材料，用于发展人造纤维。人造纤维所需的原材料，国家经济贸易委员会（简称国家经委）应该进一步安排落实，按时拨给。对大量利用棉秆纤维急需解决的棉秆剥皮机，各地应该抓紧时机，迅速赶制[28]。

纺织工业部党组的请示报告，实事求是地反映了从根本上制约纺织工业发展的纺织工业原料来源单一的问题，展望了解决问题的方向，制定了发展化学纤维工业的行动策略。党中央对这一报告的批复表明，发展人造纤维工业已成为党和政府重点关注和促进的事业。

1961年开始，纺织工业部把主要资源由纺织加工建设转移到了人造纤维工业建设上[29]。

二、关于自主创建人造纤维工业的一系列批示

自主创建人造纤维工业的初期，党中央国务院高度重视，当时主管纺织工业的国务院副总理李先念多次做出批示[27]。

纺织工业部把自主建设人造纤维工厂作为1961年第一季度基建计划和设备制造安排的必保重点。1961年第一季度，纺织工业部安排了12个基建项目，其中7个是人造纤维项目，包括：新建新乡、南京、吉林、浙江、广东5家人造纤维厂，续建保定和安东2个老厂。当时可生产1万吨人造纤维的主体设备已经基本加工完成，但国家计划分配给这些主体设备配套的钢材、有色金属、化工原料和协作配件的数量不足，导致主体设备不能在一季度实现整体配套，影响后续生产。对此，李先念于1961年1月23日在听取纺织工业部汇报时指示，今年5万吨人造纤维的建设，一定要争取搞上去，不能放弃，在当前原料不足、设备改装、生产维修更为紧要的情况下，在第一季度先集中力量搞好几个人造纤维厂。他还指示，纺织工业部和轻工业部所需的化工原料，化学工业部仍须继续支持，同时必须自力更生，自己动手搞；今后建厂，一定要同时考虑到化工原料的生产建设，在人员和技术设备上请化学工业部帮助[30]。

1961年8月22日，纺织工业部向国务院汇报：1961年纺织工业基建投资原定1.95亿元，其中人造纤维1.12亿元。由于1961年起开始国民经济调整，国家计委拟减少纺织工业投资，人造纤维只保留安东化纤厂一个项目。如此，人造纤维基建项目几乎都要停止，人造纤维工业的建设进度就要推迟。纺织工业部建议，1961年基建投资应定为1.4亿元，继续新乡（5400吨/年）、南京（5400吨/年）、

安东（2000吨/年）和顺德（3400吨/年）4个新厂的建设，并解决建设所需木材、水泥和钢材等材料。对此，李先念指示：解决穿衣问题，要积极稳步地发展化学纤维；人造纤维基本建设一定要注意先搞原料，原料是基础的基础，没有原料就不要搞纺丝基建。原料和设备有了，才能搞基建，不能本末倒置。同意新乡、南京、安东、顺德4个人造纤维厂的基建继续搞。制造人造纤维光靠木浆一种原料是不行的。这4个厂使用的浆粕原料都是当地富有的，新乡厂用棉秆，南京厂用棉短绒，安东厂用木浆，顺德厂用甘蔗渣。而棉短绒和甘蔗渣也有限，恐怕得让棉秆成为浆粕的主要原料。他还指示国家计委、经委，协调解决人造纤维建设所需的材料[30]。

三、人造纤维工业的创建成果

1958年2月17日的《人民日报》刊登了第一代纺织工业管理专家、中国纺织学会创始人朱仙舫在第一届全国人民代表大会第五次会议上的发言——《发展化学纤维大有前途》。发言中，朱先生简要概述了"一五"期间新中国化学纤维工业的建设成果和"二五"期间的建设目标："目前已有上海安乐和辽宁安东人造纤维厂，又有保定人造纤维厂和北京合成纤维厂的新建，并且在第二个五年计划期内，新建化学纤维厂，年产量共达10万吨。这是人民生活中的一件大喜事。必须信心百倍，鼓起干劲，争取超额完成。但是这类技术专家极少。亟应一面在相当的大学内增设化学纤维系科一面在大学毕业生中选派若干人到这些工厂，有计划、有步骤，分别实地钻研，另选派若干人送德意志民主德国的化学纤维厂实习。这样内外双管齐下，多方设法进行，在第二个五年计划期间，定能培养一批又红又专的技术干部，积极努力，想尽办法，贯彻勤俭建国，勤俭办企业，又多又快又好又省的方针，来为人民发展化学纤维工业服务。"[31]

1963年3月20日，纺织工业部向国务院报告了1962年工作总结和1963年工作安排。其中，对人造纤维工业建设情况的汇报：纺织工业部是从1960年下半年开始启动人造纤维工业的建设，时间比较短，一共新建了8个项目，总规模2.26万吨，浆粕1.4万吨；上海安达人纤厂于1962年10月开始试生产，其余厂将于1963年建成投产；这些工厂都是靠自己的力量建设的，自己设计、自己制造成套生产设备；投产后证明，建设效果比较好，浸压粉碎机等一些自主设计制造的技术设备的性能达到了国际同类先进设备的水平。人造纤维工业能在几乎零基础的条件下较快地建设起来，根本原因是坚决贯彻执行了中央集中力量、保证重点的方针；纺织工业部统一分配投资、材料、设备和技术力量等资源，以保证重点，避免"撒胡椒面"分散力量；在提高产品质量方面，人造纤维的正品率提高了10%；纺织机械工业近两年集中力量试制和生产人造纤维成套设备，技术水平有了明显提升。同时，"积极发展化学纤维工业"又成为1963年纺织工业的主要任务之一，具体要求是，抓好基建，保证人造纤维厂按计划建成并投入试产；当年国家给纺织工业下达的基建投资额1.13亿元，主要用于已经动工的9个化纤项目，其中，保定、广州和哈尔滨3个厂在二季度投料试车；吉林、安东、杭州3个厂在三季度投料试车；南京、新乡2个厂的短纤装置在四季度投料试车，2个厂的长丝装置年内完成安装。

经过几年的努力，人造纤维工业已经有了一定的基础，培养了自己的工程技术力量，积累了设计、施工和生产管理经验，可以自主设计制造成套生产设备，主要经济技术指标已接近国际水平。在此基础上，本来可以发展得快一些。但是，原料又成为制约人造纤维工业发展的一个因素。木材是制约浆粕产量的一个重要因素。纺织工业部向中央建议：尽管木材资源比较紧张，但是只要拿出

1963年计划木材产量2205万立方米的3.5%，就可以建设年产量达10万吨的人造纤维工业[32]。

在中央鼓励建设人造纤维工业的政策引领下，各地方政府也依托自己的力量兴办了一批小型的人造纤维工厂。其中，以上海市搞的“小化纤”最具成效。由于工业基础和配套条件均较好，自1960年起上海陆续建成投产了一批采用土设备生产毛型粘胶短纤维的化纤厂。例如，1961年3月，上海第一家生产粘胶短纤维的工厂——上海第一化学纤维厂投产，产品主要是5.5分特克斯×（65~70毫米）毛型粘胶短纤维（人造毛），年产量2000吨；1964年，该厂采用硫化染料，以原液着色工艺，研制成功灰、藏青等颜色的毛型粘胶短纤维。1965年3月，上海第二家人造纤维厂建成投产，产品主要是5旦×（65~70毫米）毛型粘胶短纤维，年产量2000吨（图3-4）。1965年，上海第三化纤厂研发出了强力粘胶纤维（又称富强纤维），其强力较高、耐穿、耐磨，1966年2月正式投产，产品质量达到国家科委颁发的二级标准。1968年，上海第十二化纤厂（安达第一棉纺织厂化纤分厂）研制成功1.67分特克斯×38毫米棉型粘胶短纤维（人造棉），开创了国产人造棉的生产历史[33]。

施工现场

工程技术人员在安装设备现场

图3-4　上海第二化学纤维厂

在加快人造纤维工厂建设和开发人造纤维产品的同时，纺织工业部也非常重视提高人造纤维产品的质量。1962年人造纤维产品的正品率比1961年提高了10%，产品的物理指标和外观质量都有了很大改进[34]。

四、人造纤维设备的国产化

国内科研设计单位对保定化纤厂从民主德国进口的人造纤维成套生产设备，进行了充分研究后认为，民主德国这套设备的材质和加工工艺水平都非常高，我国尚不具备完全仿制的条件。研究人员建议，苏联当时的设备技术水平要比民主德国整体落后一些，比较适合作为我国当时自主设计制造人造纤维成套生产设备的范本。纺织工业部领导采纳了这一意见，并于1959年派技术组赴苏联303工厂考察其粘胶纤维生产线。技术组深入研究了该厂设备的机械构造和材质后认为，其工程设计和设备技术都可作为参考。经与苏方商谈，苏方同意将该厂全套工程设计资料和设备图纸卖给我方。

购得技术资料和图纸后，纺织工业部做出了如下安排：郑州纺机厂负责消化原液车间、酸站和二硫化碳车间使用的技术设备；经纬纺机厂负责消化纺丝机和后处理机等技术设备；邯郸纺机厂负责消化切断机和打包机等技术设备；青岛纺机厂负责消化电动机制造技术；沈阳纺机厂负责消化人造丝络筒机技术。

以消化苏联技术为基础自主设计制造成套生产设备的道路并不平坦，原以为一年内能制造出样机，但遇到了重重困难，直到1960年底才造出了日产10吨粘胶短纤维生产线的样机和1台苏（пц250–и$_2$型）式77锭酸性丝饼纺丝机样机。

纺织工业部领导要求，首套国产成套生产设备必须经过生产鉴定，并决定由保定化纤厂负责做生产鉴定试验，并成立了由毛麻丝局局长洪沛然任主任的纺织工业部化纤设备鉴定委员会。1961年1月开始安装后，又遇到了不少技术问题，于是边安装、边修改、边试验验证，7月24日最终完成了该套设备的生产鉴定。因为问题较多，那台苏（пц250–и$_2$型）式77锭酸性丝饼纺丝机直到1962年9月才完成生产鉴定。

苏联303厂的全套工程施工图纸交给了纺织工业部设计院，经过学习、消化，最终确定了首批自主创建的人造纤维工厂的设计方案：由两条生产线构成，一条是年产3400吨粘胶短纤维的生产线，另一条是年产2000吨长丝的生产线，合计5400吨，即南京化纤厂和新乡化纤厂的建设规模。此外，采用这套生产设备在上海安达化纤厂建设了年产3400吨粘胶短纤维的生产装置；在安东化纤厂扩建了年产2000吨长丝的生产装置；在杭州化纤厂建设了年产1000吨长丝的生产装置[35]。

五、钱之光与化学纤维工业的创建

钱之光（1900—1994），1949年中华人民共和国成立后，任政务院财经委员会委员，参与领导新中国的经济恢复工作，并任纺织工业部副部长、党组书记（图3–5）。1970年任纺织、一轻和二轻三部合并而成的轻工业部部长、党组书记；1978年任纺织、轻工分开后成立的纺织工业部部长、党组书记；钱之光是新中国纺织工业主要领导人之一，是新中国现代纺织工业的主要奠基人。为了克服粮、棉争地的矛盾，解决十多亿人口的穿衣问题，他提出了发展天然纤维与化学纤维并举的方针，引进国外先进技术，建设了上海金山、辽宁辽阳、天津、四川长寿和江苏仪征等大型化纤生产基地，使我国一跃成为世界化学纤维大国之一[36]。

图3–5　钱之光率中国纺织工业代表团赴苏联考察

1960年5月，中央批准人造纤维工业由纺织工业部负责统一归口管理；同年7月，中央又批准了纺织工业部继续建设一批粘胶纤维厂的建议。为了把首批自主创建的人造纤维工厂建设好，钱之光亲力亲为，指导建设工作。他选择了南京化纤厂作为重点，曾在该厂常驻近半年时间，调查研究，指导建设，总结经验。

钱之光把南京化纤厂的设计任务交给了纺织设计院。接受任务后，该院一方面派出设计力量前往建设工地进行现场设计；另一方面组织力量开展技术研究。设计人员深入化纤、化工、造纸生产一线，吃透每个工艺技术细节；全程参加每一项技术鉴定和设备定型，深化对粘胶纤维生产特性的认识；收集已建成投产工厂的生产工艺及公用工程的数据；学习、消化了保定化纤厂和苏联化纤厂的设计文件资料；经全面、深入地分析和整理，形成了对建设粘胶纤维工厂所需设计参数的系统认识：原材料种类与数量，水电气公用工程用量，污水废气处理及排放，建筑物及构筑物特性与面积等；在此基础上，用一年时间完成了总图和各单项工程的研究设计和施工图纸设计。经紧张筹备，南京化纤厂建设于1961年4月动工。

1961年9月，我国首套自主设计制造的采用浸压粉联合机工艺、年产3400吨粘胶纤维的成套生产设备在安达第一棉纺织厂化纤分厂（原上海第十二化学纤维厂）建成投入试生产[37]。不久，钱之光即到现场进行了为期一周的调研。当发现纺丝机的喷丝头进行了设计改进但未经验证后，他要求将新喷丝头拿到安东化纤厂去进行试验验证，试纺出的纤维要拿到保定化纤厂进行检验，再经鉴定后，方可正式投产。经过这样的严格试验、鉴定，首批自主设计制造的纺丝机装备引入几家新建的人造纤维工厂后，都在实际生产中表现出了良好的性能。

为实时发现和解决首批自主创建的人造纤维工厂建设中的问题，1964年4月南京化纤厂投产前，时年64岁的钱之光带队到该厂进行了为期两个月的蹲点。他住在办公室，吃在职工食堂，经常夜间去原液车间看投料，到纺丝车间看纺丝；去地处南京郊外的化工厂了解原料生产情况，晚上返回时误了班车，他就坐着三轮车返回了驻地；由于当时正处三年国民经济恢复时期，为了照顾他的身体，南京市特批了三斤白糖供他补养身体，被他严厉地拒绝了。据亲身经历的老同志回忆，钱之光严于律己、艰苦朴素、平易近人的优良作风足以垂鉴后人。

1964年4月21日晚7时，原液车间开始投料，钱之光在现场掐着手表观看。第一批50公斤原料花费24分准时完成投料后，他对车间主任说："你们按照工艺要求，干得不错。"

蹲点期间，他与厂领导一起总结了四条建厂的基本经验：一是，自力更生与引进国外先进技术相结合，集中力量打歼灭战；二是，按基建程序办事，一丝不苟地抓好工程质量，确保一次投料成功；三是，协调好各种关系，充分调动各方的积极性；四是，抓好领导班子建设和职工培训，建设能打硬仗、艰苦奋斗的职工队伍。

1964年5月下旬，南京化纤厂建成投产（图3-6）。该厂的建设得到了国务院领导的高度肯定，国家经委在该厂组织召开了"全国基本建设现场会"，推广南京化纤厂建设工作的经验，14个部委和50个重点建设项目的负责人参加了会议，有力地推动了各重点建设项目特别是其他首批自主创建的人造纤维工厂的建设。

与此同时，钱之光也总结了首批新厂建设中的教训，主要是规模和原料两个方面的问题。在规模方面，生产运营实践证明，5000吨/年规模的工厂不够经济合理，而国外1万～2万吨/年的规模更具经济合理性。在原料方面，甘蔗渣制浆技术不过关，故顺德工厂建设停产；棉秆皮的收购、运输，以及酸碱供应和环境污染等问题都难以解决，结果使新乡化纤厂的浆粕原料又只能改成棉短绒。钱

图3-6　1964年南京化纤厂建成投产

之光认为，这些教训必须汲取，引以为戒。

六、强力人造丝工业的初步建立

我国强力人造丝的发展，在规划上是与普通人造丝同步考虑的。建设5000吨/年强力人造丝的生产装置，原本是保定化纤厂二期建设的任务。但由于民主德国的技术并不过关，加之其他原因，我国强力人造丝产业的建设被延后。

1965年，我国强力人造纤维工业的建设开始起步。首先，上海化纤三厂于1965年研制成功了强度较高的富强纤维，建设了500吨/年的装置并于1966年投产；同年，保定化纤厂开始扩建年产2000吨的强力人造丝车间。

最重要的是，年产1万吨强力人造丝的湖北化纤厂，于1969年5月在湖北省襄樊市太平店镇动工兴建。时值“三五”计划期间，国家开展了大规模的三线建设，作为三线建设的重点工程——第二汽车制造厂在湖北省十堰市开始建设。湖北化纤厂是第二汽车制造厂的配套工程，主要任务是生产当时比较先进的强力人造丝和帘子布，替代性能已经严重落后的棉帘子布，作为橡胶增强体，制造性能更好的汽车轮胎。湖北化纤厂是完全依靠自己的力量建设起来的，从工厂设计到设备制造、工艺技术，直至后加工所用的油剂，都是借鉴了北京、上海、保定等工厂的技术参数与运行经验，经过反复优化后，自主完成的。特别是关键设备——强力丝纺丝机，由于充分借鉴了国外设备的优势，依照已建好工厂的生产作业特点，通过自主设计研制，取得了很好的使用效果。1973年投产后，经过持续的技术革新和工艺改进，湖北化纤厂生产的强力人造丝帘子布的质量达到了国际同类产品的性能水平[38]。

初创的强力人造丝工业取得的成绩，标志着我国人造纤维工业的科研、设计、建设、生产、设备、管理等整体能力跃升到了更高的水平，为大力发展我国化学纤维工业奠定了更加坚实的基础[39]。

第七节　化学纤维工业的初步建立

1957年7月8日国营安东化学纤维厂率先恢复生产，1958年4月30日上海安乐人造丝厂开工投产，1958年12月12日北京合成纤维实验厂建成交付生产，这三个化学纤维工厂的建成和恢复生产，是我国纺织工业“一五”建设成就的组成部分[40]。

1963年12月12日，纺织工业部决定成立化学纤维工业管理局，这是我国首次设立管理化学纤维工业的政府部门[41]；1964年2月12日，任命李正光为纺织工业部化学纤维工业管理局局长，令吾为副局长[42]。

至此，我国化学纤维工业的计划管理职权已明确由纺织工业部负责，后续化学工业部也按国务院要求将合成纤维工业的计划职责移交给了纺织工业部。1965年2月15日，国家计委通知，从1966年起，合成纤维的生产改由纺织工业部归口安排，合成纤维生产企业的隶属关系不变；合成纤维原料（单体或树脂）的生产计划，仍由化学工业部归口安排[43]。由此，合成纤维工业的技术与生产被分成了两段，化学工业部负责合成纤维原料工业，纺织工业部负责纺丝工业。化学纤维工业管理局负责化学纤维工业的具体领导和管理。

1965年4月27日，新乡化纤厂长丝生产装置投产，标志着我国自主创建的首批8家、规模2.26万吨的人造纤维工厂全部投产（图3–7）[44]。这些建厂实践证明，我国自主设计制造的成套生产设备、自主设计建设的工厂都达到了预期目标。至此，我国人造纤维工业的年产能达到了5万吨，国产人造棉、人造毛和粘胶长丝制成的各类织物深受消费者欢迎。

施工现场

生产车间

20世纪90年代风貌

图3–7　新乡化纤厂

1965年7月8日《人民日报》刊登了题为《依靠自己技术力量建起一个新兴工业部门》的新华社讯称，我国新建的一批化学纤维厂已陆续建成投产，它们都是依靠我国自己的技术力量和原材料建设起来的；这批化学纤维厂都是生产粘胶纤维的，所用原料是木材或棉短绒，一年的产量可供织造成十亿多尺的纺织品；如果用天然纤维作原料，织造同样多的纺织品，就需要占用600多万亩棉田和桑田。为建设这批化学纤维工厂，我国自主设计制造了由170多种专用设备组成的粘胶纤维成套生产装置；该成套装置加工工艺复杂，其中，纺丝泵、喷丝头、电锭、无极变速器等关键设备的加工精密要求非常高；喷丝头采用金钼合金制造，在比手表还小的面积上加工有数千个直径比头发丝细得多的喷丝孔，且每个孔都非常光洁圆整；科研人员攻克了金钼合金冶炼、轧片、制帽、冲孔、抛光和硬化等技术难关，研制成功了质量良好的喷丝头；该成套装置采用了不锈钢、铅、橡胶、聚氯乙烯等多种防腐蚀材料，具有很好的耐腐蚀性。建设中克服了许多技术难题，如砌筑80多米高的排气塔，敷设17多公里长的各种管道等。投产后，这批工厂的设计、设备、建设和技术都经受住了生产考验，产品产量、质量和消耗都达到了较好的水平。这批化学纤维厂的诞生，标志着我国又补上了一个新兴的工业部门，为我国纺织工业开辟了新的原料来源[45]。

特别需要强调的是，自主创建人造纤维工业的初期，正是国家遭遇三年自然灾害、生产和生活条件都极端困难的时期，全体参加建设的人员，从领导到工程技术人员，到普通职工无不以国家建设为重，舍小家，顾大家，克服一切艰难困苦，坚持奋战在各自的工作岗位上，保证了各项建设任务的如期完成。

参考文献

[1] 新中国纺织工业难忘60年60事[N]. 中国纺织报（新中国60华诞纪念特刊），2009-10-1.

[2] 曾山. 曾山部长讲中国纺织业的前途[J]. 纺织建设月刊，1949，3（1）：1-3.

[3]《钱之光传》编写组．钱之光传 [M]．北京：中共党史出版社，2011：334.
[4] 许坤元．大事记篇（1966年）和重要文件、讲话篇：辉煌的二十世纪新中国大纪录（纺织卷）1949—1999 [M]．北京：红旗出版社，1999：983，984，1253.
[5]《钱之光传》编写组．钱之光传 [M]．北京：中共党史出版社，2011：440.
[6] 许坤元．中共化学工业部党组、纺织工业部党组关于将人造纤维工业划归纺织工业部管理的报告（1960年4月28日）：辉煌的二十世纪新中国大纪录（纺织卷）1949—1999 [M]．北京：红旗出版社，1999：961.
[7]《钱之光传》编写组．钱之光传 [M]．北京：中共党史出版社，2011：558.
[8]《钱之光传》编写组．钱之光传 [M]．北京：中共党史出版社，2011：425-426.
[9] 本报讯．纺织工业部召开座谈会，研究发展化学纤维工业 [N]．人民日报，1956-10-10（2）.
[10] 新华社．为我国纺织业开辟新纤维资源，安东化学纤维厂生产人造羊毛 [N]．人民日报，1957-7-10（6）.
[11] 束缚．老照片—丹东化学纤维厂 [EB/OL].
[12] 张万新．一位中国化学纤维工业开路先锋的生平——忆父亲张书绅 [EB/OL]．豆丁网.
[13] 新华社．安东化学纤维厂动工恢复 [N]．人民日报，1956-7-2（2）.
[14] 新华社．安东化学纤维厂加紧改建 [N]．人民日报，1957-3-1（2）.
[15] 上海市地方志办公室．地方志资料库・市级志书・上海专业志・上海纺织工业志・大事记 [EB/OL]．2021-4-25，上海地方志办公室（shtong.gov.cn）.
[16] 新华社．寻求多种化学肥料保证农业增产，制造优良化学纤维减轻农业负担，上海科学研究人员大动员，1957-11-14（3）.
[17] 上海市地方志办公室．地方志资料库・市级志书・上海专业志・上海纺织工业志・第二编产品第十二章化学纤维 [EB/OL]．2021-11-15，上海地方志办公室（shtong.gov.cn）.
[18] 新华社．我国第一座人造丝工厂，保定化学纤维厂部分建成，兴建过程中得到德意志民主共和国的援助 [N]．人民日报，1959-9-28（5）.
[19]《钱之光传》编写组．钱之光传 [M]．北京：中共党史出版社，2011：426.
[20] 保定化学纤维联合厂建成强力丝车间 [N]．人民日报，1971-7-9.
[21] 保定化纤厂编纂委员会．保定化纤厂厂志．中国地图制印厂印刷，1991：38-39.
[22] 中国化学纤维工业协会．2021年中国化纤经济形势分析与预测 [M]．2021.
[23] 保定化纤厂编纂委员会．保定化纤厂厂志．中国地图制印厂印刷，1991：393.
[24] 邱有龙．保定人造纤维厂的筹建（内部资料），2021-3-28.
[25] 许坤元．中共纺织工业部党组关于纺织工业发展方针的请示报告（1960年8月23日），辉煌的二十世纪新中国大纪录（纺织卷）1949—1999 [M]．北京：红旗出版社，1999：963.
[26] 许坤元．中共纺织工业部党组关于纺织工业发展方针的请示报告（1960年8月23日），辉煌的二十世纪新中国大纪录（纺织卷）1949—1999 [M]．北京：红旗出版社，1999：964.
[27] 许坤元．中共纺织工业部党组关于纺织工业发展方针的请示报告（1960年8月23日），辉煌的二十世纪新中国大纪录（纺织卷）1949—1999 [M]．北京：红旗出版社，1999：965.
[28] 许坤元．中共中央批转纺织工业部党组“关于纺织工业发展方针的请示报告”（1960年9月1日），辉煌的二十世纪新中国大纪录（纺织卷）1949—1999 [M]．北京：红旗出版社，1999：963.
[29] 许坤元．大事记篇（1962年），辉煌的二十世纪新中国大纪录（纺织卷）1949—1999 [M]．北京：红

旗出版社，1999：1248.

[30] 许坤元．李先念副总理在听取纺织工业部汇报1961年人造纤维基本建设问题时的指示（1961年8月22日），辉煌的二十世纪新中国大纪录（纺织卷）1949—1999［M］．北京：红旗出版社，1999：965-966.

[31] 朱仙舫．发展化学纤维大有前途［N］．人民日报，1958-2-17.

[32] 许坤元．纺织工业部关于1962年的主要工作情况和1963年的主要工作安排的报告（1962年3月20日），辉煌的二十世纪新中国大纪录（纺织卷）1949—1999［M］．北京：红旗出版社，1999：978.

[33] 上海市地方志办公室．地方志资料库・市级志书・上海专业志・上海纺织工业志・大事记 [EB/OL]. 2021-5-19，上海地方志办公室（shtong.gov.cn）.

[34] 许坤元．纺织工业部关于1962年的主要工作情况和1963年的主要工作安排的报告（1962年3月20日），辉煌的二十世纪新中国大纪录（纺织卷）1949—1999［M］．北京：红旗出版社，1999：972.

[35] 邱有龙．粘胶纤维设备国产化（内部资料），2021-3-30.

[36] 新华社．钱之光同志生平［N］．人民日报，1994-2-18.

[37] 上海市地方志办公室．地方志资料库・市级志书・上海专业志・上海纺织工业志・大事记 [EB/OL]. 2021-5-18，上海地方志办公室（shtong.gov.cn）.

[38] 许坤元．大事记篇（1960年），辉煌的二十世纪新中国大纪录（纺织卷）1949—1999［M］．北京：红旗出版社，1999：1255.

[39] 许坤元．第二篇行业篇，第八章化学纤维工业，辉煌的二十世纪新中国大纪录（纺织卷）1949—1999［M］．北京：红旗出版社，1999：111.

[40] 许坤元．第十一篇大事记篇，辉煌的二十世纪新中国大纪录（纺织卷）1949—1999［M］．北京：红旗出版社，1999：1241.

[41] 许坤元．第十二篇领导机关及历届领导名录篇，辉煌的二十世纪新中国大纪录（纺织卷）1949—1999［M］．北京：红旗出版社，1999：1329.

[42] 中华人民共和国国务院．中华人民共和国国务院公报［R］．1964-2-12：74.

[43]《中国化学工业大事记》编辑部．中国化学工业大事记（1949—1994）［M］．北京：化学工业出版社，1996：94.

[44] 许坤元．大事记篇（1965年），辉煌的二十世纪新中国大纪录（纺织卷）1949—1999［M］．北京：红旗出版社，1999：1252.

[45] 新华社．依靠自己技术力量建起一个新兴工业部门［N］．人民日报，1965-7-8.

第四章

合成纤维工业的起步

中华人民共和国成立后，党和国家对发展合成纤维工业非常重视。1960年7月，纺织工业部向中央呈报了《关于发展人造纤维工业的报告》，自主设计制造成套生产设备，继续建设一批粘胶纤维厂。时任国务院副总理邓小平批示："我看是值得的，还有合成纤维也必须考虑。"[1]陈云还算过一笔账：补袜子对多子女家庭来说，是件耗时耗力的事儿。如果每年花400万美元进口1000吨尼龙，就能生产4000万双袜子。尼龙袜可以卖到几块钱一双，消费者愿意买，国家还能回笼几个亿的货币，这是公私两利的[2]。

第一节　合成纤维及其工业特性

合成纤维是以石油、天然气和煤为初始原料，经一系列化学反应和分离、提纯制得的高纯度小分子原料（单体），再经聚合、纺丝而成的纤维态材料；它是人类采用化学化工技术合成的五大类高分子材料之一（橡胶、纤维、塑料、涂料和胶黏剂）。按其用途，合成纤维划分为通用合成纤维和特种合成纤维两大类。通用合成纤维主要包括涤纶（单体为对苯二甲酸乙二醇酯）、尼龙（单体为己内酰胺或己二酸与己二胺）、腈纶（单体为丙烯腈）、维纶（单体为醋酸乙烯）和丙纶（单体为丙烯）等品种；特种合成纤维包括高性能纤维和功能性纤维。

合成纤维在生活消费品（服装和家纺）、工业应用（橡塑增强体和土工布等）和高端装备制造（航空航天器主承力结构件等核心部件）等领域有着非常广泛的应用。

相较于再生纤维素纤维，合成纤维的发展需求更强烈、技术难度也更大。合成纤维原料来源丰富，生产设施不受地域和气候影响，其性能形成和产能规模依靠的是科学技术和工程实力。

1949年前，我国从未探索过生产合成纤维，甚至连介绍国外合成纤维技术和工业发展的文献资料都几乎没有。合成纤维的初始原料，如焦油苯酚、萘、糠醛和蓖麻油，都是煤粮化工制品。中华人民共和国成立初期，我国这些粮煤化工制品的产量和性能远不能满足合成纤维工业对原料的要求，加之电力匮乏、专用设备和仪器仪表技术水平很低，故不具备大规模发展合成纤维工业的条件，所以，只能是建设一些中小型的装置来研究发展技术。

我国今天这样规模的合成纤维工业完全是新中国成立后，从零起步自主建设发展起来的。它起源于20世纪50年代初开始的合成纤维技术探索。

早期，化学工业部和纺织工业部对发展合成纤维工业分别有过考虑。1955年9月15日，中央同意纺织工业部在"一五"期间建设年产100吨合成纤维中试工厂——北京合成纤维实验厂[3]。这些今天看来并不起眼的"小动作"，实际上就是孕育新中国化学纤维工业的种子。

第二节　化学工业系统合成纤维技术的早期探索

按照计划经济的管理分工，中华人民共和国成立以来，合成纤维工业的建设发展起初是由化学工业部负责的。化学工业部成立于1956年5月12日，由原重工业部化学工业管理局、轻工业部医药管理局和橡胶工业管理局合并而成。

1958年5月17日，国务院批准，化学工业部负责合成纤维工业的建设发展；同年6月20日，化学工业部、纺织工业部商定，经中央批准，原纺织工业部管理的粘胶纤维工厂和北京合成纤维实验厂移交给化学工业部管理。

20世纪50年代，我国石油工业还未起步，石油化工技术也属空白。因此，那时只能利用焦油苯酚、萘、电石、糠醛、蓖麻油等源于煤炭和粮食的化工原料来研制合成纤维。1957年11月14日，《人民日报》第三版刊登了题为《寻求多种化学肥料保证农业增产制造优良化学纤维减轻农业负担上海科学研究人员大动员》的新华社讯称：当国家开始大力发展化学纤维的时候，作为我国化学工业基地之一的上海，几百名科研人员正在进行几十项有关化学纤维的科学研究；塑料实验室里，正在试制尼龙11和尼龙66；试制化学纤维的原料多是利用农产废品；尼龙66和尼龙11是以苞米芯、棉花梗、棉籽壳、砻糠和蓖麻油等来做原料的[4]。虽然该文的科学性值得商榷，但它反映了当时化工系统研究合成纤维技术的热情是非常高的。

1957年9月，根据国家计委提出的"二五"计划基本任务，化学工业部制定了《发展化学工业第二个五年计划纲要（草案）（1958—1962）》，提出以尽可能快的速度发展化学肥料和合成纤维工业[5]，酝酿"二五"计划时，把合成纤维列入我国化学工业的发展要点之一，说明化学工业部已准备在合成纤维工业建设上积极作为。

1958年3月4日，化学工业部党组向党中央呈送的《关于第二个五年计划有机合成工业几种重要产品发展的报告》中提出，我国有机合成工业几乎还是空白，必须做出更大的努力，重点要发展塑料、合成纤维、合成橡胶。1959年11月，化学工业部党组提出的《1958—1967年化学工业远景初步规划》指出，化学工业的主要任务是为农业服务，大力发展基本化工和有机化工，发展塑料、合成纤维、合成橡胶、合成洗涤剂、高级染料、油漆、离子交换树脂等产品，为尖端技术和开展综合利用服务。

为落实中央书记处"加速发展维尼纶纤维，尽快较好地解决人民穿衣问题"的指示，化学工业部党组于1963年9月25日提出了更大的设想：依据我国资源和技术的可能，以乙炔为原料，发展维尼纶、聚丙烯腈、卡耐卡纶（腈氯纶）；以苯为主要原料，发展卡普纶（锦纶）；以石油、石油气分解出的丙烯、二甲苯为原料，发展聚丙烯、聚丙烯腈、聚酯纤维等产品[6]。

上述，就是化学工业部对创建我国合成纤维工业的一些早期设想[7]。

1960年4月26日，为加强合成纤维科学研究，化学工业部决定成立北京合成纤维研究所。1963年11月召开的第二届全国人大第四次会议上，化学工业部部长高扬做了题为《我国化学肥料、农药和合成纤维生产发展情况》的报告，报告中对我国合成纤维技术的早期探索作了总结。

1963年12月2日，中共中央、国务院批准了《1963—1972年科学技术规划》，其中，要求化学工业掌握以石油为原料制取合成纤维、合成橡胶、合成塑料的生产建设技术，建设一批样板工厂。1964年1月7日，在全国工业交通会议上，李富春副总理讲道"三五"计划的三个目标：5亿亩基本农田、20万吨化学纤维、1000万吨化肥；同年9月，国家科委印发的《赶超世界先进水平的一批项目（草案）》中确定，化工原材料主要赶超包括合成纤维、橡胶、塑料在内的合成材料，打好合成纤维的生产技术基础[8]。这些文献证明，中央此时非常期待化学工业部能尽快把合成纤维工业的建设搞上去。

1965年4月24日，化学工业部明确北京合成纤维研究所的研究方向为合成纤维单体、聚合和纺丝；北京合成纤维实验厂的研究方向为合成纤维纺丝工业性试验[9]。

一、锦纶

锦纶6（尼龙6），是我国第一种自主研制生产的合成纤维。20世纪50年代起，化学工业部和纺织工业部分别开展了锦纶的自主研制。

图4-1 锦州合成纤维厂

锦纶技术研究和工业化装置的建设，开创了我国自主建设合成纤维工业的先河。20世纪50年代初，中国科学院上海有机化学研究所以苯酚为原料在实验室合成了己内酰胺，并研究了己内酰胺的聚合机理和分子量分布规律。在此基础上，沈阳化工研究院于1954年开始建设100吨级的中试装置。由于当时锦西化工厂能够提供所需的苯酚和氢气，故该装置建在该厂并开展了实验。依据该装置获得的实验数据并参照国外技术文献，化学工业部第一设计院为锦西化工厂设计了一套1000吨/年的工业化试验装置，于1958年12月建成投产，这是我国首次建成千吨级规模的合成纤维单体生产装置。1959年，锦州合成纤维厂（图4-1）以该装置生产的己内酰胺为原料，经聚合、纺丝，首次纺制出我国第一种合成纤维——尼龙6纤维；当年，我国首次年产合成纤维100吨。由于单体、聚合、纺丝等纤维生产过程都是在锦州的企业完成的，因此，时任化学工业部副部长的著名化学家侯德榜将其命名为“锦纶”[10]。20世纪50年代末，南化磷肥厂也建成一套1000吨/年的装置，采用苯酚法生产己内酰胺。由于当时技术条件差、工业基础薄弱，上述两套装置的运行技术状态始终不理想，导致优质品率始终不高，很长时间都停留在21%～23%，无法满足聚合和纺丝中试装置的试验生产。

1958年9月30日，黑龙江省化工研究所研制出了尼龙66纤维的中试样品。1962年下半年，由上海化工研究院、上海医药工业设计院和上海天原化工厂等单位组成的联合设计组，研制了一套以苯酚为原料、间歇法工艺的100吨级尼龙66盐中试装置，在上海天原化工厂建成投产后，产品被用作了降落伞织物的原料。此后，又相继在太原化工厂和太原合成纤维厂建成投产了尼龙66盐和聚合纺丝中试装置。但上述两套尼龙66盐装置，规模太小，技术不够成熟，产品成本太高[11]。

当时，化工系统所属单位还研究探索过以糠醛为原料制取尼龙66盐、以苯酚为原料制备己二酸和以糠醛为原料制备己二胺等生产尼龙66单体的技术路线。

20世纪60年代中后期，是我国锦纶工业发展史上的一个非常重要的时期。这期间锦纶行业迎来了第一次发展契机，其对锦纶6产业链的布局产生了深远影响。1963年，以从捷克引进的熔体纺丝技术设备为基础创建的天津合成纤维厂，是我国最早引进锦纶成套生产设备的企业；该厂于1969年投产，年产600吨锦纶6长丝和400吨渔网丝。1965年，太原合成纤维研究所从德国引进一套300吨/年锦纶66长丝生产装置。1966年，为加强三线建设，上海第九化纤厂103名职工与部分生产设备迁往重庆，筹建重庆合成纤维厂。

二、涤纶

我国的聚酯单体研究始于20世纪50年代，当时走的是煤化工技术路线，氧化煤焦油副产的萘，以得到的苯酐为起始原料，或直接以煤焦油副产的甲苯为起始原料，制取对苯二甲酸单体。1956年，沈阳化工研究院以上海染化七厂生产的苯酐为原料，采用苯酐转位法制备对苯二甲酸，1958年具备了样品制备能力。

1959年，上海涤纶厂研发成功对苯二甲酸乙二醇酯（PET）树脂，并建成25吨/年中试装置；1962年，该厂采用上海染化七厂提供的对苯二甲酸，聚合、纺制出了聚酯纤维；1964年，该厂自主设计建成了500吨/年DMT间歇法PET聚酯装置，生产PET切片供涤纶短纤维和长丝纺丝用；1965年，该厂从联邦德国引进了350吨/年聚酯间歇法生产装置[12]；1972年，该厂建成对苯二甲酸二甲酯精制车间，使原料配套成龙，为我国聚酯涤纶原料工业建设做出了探索性贡献。

1958年，旅大市合成纤维研究所成立，其任务就是研制聚酯纤维。1960～1964年，为解决混合二甲苯的分离技术难题，在北京召开的“聚酯技术路线分析会”上，该所提出了“吃粗粮”的建议：混合二甲苯不经分离直接氧化转位制备对苯二甲酸；这一建议得到了采纳，此后即建成15吨/年小试装置，经不断改进，转位收率达到了82%。1965年，旅大氯酸钾厂建成了300吨/年中试装置；此后，参照这一装置，各地陆续建设了20套装置。但由于苯酐供应紧张，且转位连续化和钾盐内循环技术不成熟等问题，上述装置都未能正常生产。

1965年11月，化工部召开聚酯生产交流会，研讨了以松节油和樟脑油副产品双戊烯为原料经氨氧化制备对苯二甲腈，再经甲酯化、酯交换制取聚酯的技术。1966年，北京合成纤维研究所开展了对二甲苯合并氧化，以微球硅胶为催化剂，采用沸腾甲酯化工艺制备聚酯的技术研究，并在北京化工厂建立了中试车间。同年，北京化工研究院研发了乳化精馏和低温结晶分离二甲苯的技术；北京石油科学研究院研发了混合二甲苯常压催化异构化技术，并在济南向阳石油化工厂建立了500吨/年对二甲苯中试装置。有关单位还探索过固定床分子筛气相分离二甲苯、模拟移动床分子筛吸附分离二甲苯，以及二甲苯精制和酯化等方面的技术。

20世纪50～70年代，20多家科研生产单位开展了多种工艺路线的探索，建立了上百个中试装置；但聚酯生产流程长、环节多、设备复杂、控制要求高，故到1970年仅生产了1546吨聚酯。尽管这一时期的工业化建设之路不太顺畅，但它为后续建设培养了队伍，积累了技术经验[13]。

三、腈纶

20世纪50年代初至60年代末，是我国自主研发腈纶技术的时期。此间，先后探索了硫氰酸钠、硝酸、二甲基甲酰胺和二甲基亚砜等溶剂的湿法工艺技术路线。

（一）自主研制丙烯腈装置

1953年，沈阳化工研究院开始探索采用乙烯法制备丙烯腈的技术，并在吉林化学工业公司电石厂建立了中试装置；研制出适合的催化剂后，于1962年试制出了合格样品。1963年，该技术成果通过化学工业部的鉴定后，化学工业部第九设计院为吉林电石厂设计研制了一套1000吨/年的中试装置，并于1966年投产，为我国自主生产毛型合成纤维提供了原料[14]。20世纪60年代初，北京化工研究院和上海石油化学研究所分别开展了丙烯氨氧化催化剂，以及固定床和流化床丙烯氨氧化催化剂制备技术的研究；化学工业部于1963年在上海组织了新型催化剂攻关会战，使副产物大幅减少，流程大为简化，并在上海高桥化工厂建设了以流化床反应器的丙烯氨氧化法生产丙烯腈的技术装置；此后，在各地又建设了10多套装置，从而淘汰了乙炔法丙烯腈生产工艺。经持续改造，这些装置的能力得到了不断扩展，并在20世纪70～80年代都发挥了作用[15]。

（二）引进首个石油化纤产品（腈纶）成套设备

1960年9月20日，化学工业部决定，由兰州化肥厂、兰州合成橡胶厂等单位组建成立兰州化学工业公司（简称兰化），统一领导兰州化工区的生产建设。时任化学工业部技术司司长的林华，1960年11月主动要求到兰化参加建设。到1976年4月回京参加“四大化纤”建设，他在兰化工作了16年，任副经理兼总工程师，为把兰化建设为我国第一个拥有合成橡胶、合成纤维和合成塑料三大合成材料生产能力的石油化工基地做出了卓越贡献，是我国化学工业由“粮煤化工”转型为“石油化工”的最先倡导者和实践者。

兰化的前身，兰州化肥厂和兰州橡胶厂，原隶属于重工业部化工局，都属苏联“一五”期间援建的156个项目；1952年9月动工兴建，采用的是20世纪40年代以粮煤为原料的化工技术[16]。

到兰化不久，林华就发现，由于原料不足，丁苯橡胶装置生产难以为继。他首先提出应开辟其他原料来源，以轻质油、重油或柴油为原料，裂解为烯烃，再制成酒精来生产合成橡胶。他率先在国内提出中国化学工业应从“粮煤化工”向“石油化工”转型。1961年起，他多次为此事向化学工业部党组和领导提出意见和建议，建言“粮煤化工”与民争粮之弊以及世界石油化工技术勃兴的大势所趋。与此同时，他在兰化内部开办“石油化学讲座”普及石油化工知识，破除职工对石油化工的“神秘感”，培养了大批技术骨干；同时，把兰化的科研方向调整到了石油化工技术领域。在他的带领下，以兰州炼油厂（也为“一五”期间苏联援建项目）干气为原料，兰化于1962年1月建成了5000吨/年乙烯管式裂解炉装置。由此，兰化迈出了建设中国石油化工工业的第一步，踏上了向石油化工转型的征程[17]。

林华的建议受到了高度重视。1962年，国务院指示国家科委派出了以林华为团长、5名高级专家组成的赴欧洲石油化工技术考察团；考察团10月回国后，形成了建议国家引进16套石油化工成套生产设备的报告；10月上旬，化学工业部副部长李苏和林华一起向周恩来、聂荣臻等领导同志汇报；经政治局常委会同意，1963年8月国务院批准化学工业部引进这16套以天然气、轻油、重油为原料，制造合成氨、有机原料和合成材料的石油化工装置[17]。由于兰化已基本具备了发展石油化工的条件，国务院决定将16套引进装置中的5套放在兰化建设，即3.6万吨/年乙烯沙子炉裂解装置、3.4万吨/年高压聚乙烯装置、1万吨/年丙烯腈装置8000吨/年腈纶装置，5000吨/年聚丙烯及2000吨/年丙纶装置。1963年10月6日，林华再次写信给化学工业部党组建议，我国化学工业应向石油化工方向转型发展[18]。

1965年，兰州化纤厂引进了英国考陶尔兹（Courtaulds）公司8000吨/年硫氰酸钠一步法腈纶成套生产装置。早期因原料丙烯腈不足等原因，该厂只能以四分之一负荷开车，所有技术参数均需重新计算和试验，工程技术人员夜以继日连续奋战数月，完成了安装调试、软件编写、技术培训和生产运行等工作，掌握了这套当时国际最先进的技术装置。1969年建成投产后，产品质量和产量均达到英国同类工厂的水平，我国腈纶工业由此进入了小规模生产时期。

四、丙纶

1962年，我国开始研究聚丙烯原料制备技术。至1965年底，北京化工研究院建成了聚丙烯中试装置。1970年，兰化引进的5000吨/年聚丙烯装置投产，我国的聚丙烯工业开始起步。

20世纪70年代，在北京和上海成立了丙纶会战组。1973年，燃料化学工业部提出以国产聚丙烯树脂为原料，制造适合服用的丙纶长丝，国产丙纶工业化生产技术研究由此起步[19]。兰州石化303厂、上海国棉三十一厂和北京化工六厂等企业是早期的国产丙纶生产企业。1976年，上海国棉三十一厂在自制纺丝机上纺制出了纤度20旦的丙纶长丝，并成功用于制造地毯和工业滤布[20]；北京化学纤维研究所开展了膜裂丙纶的工艺设备与应用研究[21]；上海市纺织科学研究院研发了熔喷生产技术，试制出了丙纶吸油毡[22]；当年，我国丙纶产量0.16万吨。

五、维纶

1958年3月，化学工业部在天津召开了“化学纤维研究工作协调会”。会上，确定建设维纶试验工厂——天津有机化工试验厂。1960年，该厂建成了60吨/年醋酸乙烯中试装置，采用电石乙炔气相法，系统研究了工艺条件、原料消耗和催化剂制备等方面的生产技术。

1959年11月，化学工业部在天津举办“全国维纶会议”，确定吉林省工业技术研究所为“全国维纶研究中心”，该所1957年起开展过以电石乙炔为原料合成醋酸乙烯、聚合、双螺杆高碱醇解和聚乙烯醇缩醛化等工艺技术的研究。1961年，该所建成了15吨/年聚乙烯醇中试车间，1962年建成维纶短纤维湿法纺丝车间并试车成功。

1960年，上海高桥化工厂建立了乙炔气相法合成醋酸乙烯固定床装置。1963年，重庆天然气化工研究所建立了醋酸乙烯沸腾床中试装置。

第三节　纺织工业系统合成纤维技术的早期探索

1958年4月26日的《人民日报》以《上海筹建七个化学纤维厂小型氮肥厂五一前投入生产》为标题刊载的新华社讯称：上海正在加紧筹建3万吨/年粘胶纤维厂、1万吨/年卡普隆（锦纶）拉丝厂、3600吨/年聚丙烯腈拉丝厂，以及涤纶、醋酸纤维和尼龙66拉丝厂等6个化学纤维厂；各厂筹备处已成立；工程技术人员正在紧张开展技术研究、设计试验和岗前培训等工作；这些工厂将在1960年前建成[23]。

作为纺织原料的用户，纺织工业部对尽早建设合成纤维工业有着更加紧迫的追求。在党和国家领导人的关心支持下，纺织工业部也自主开展了合成纤维单体、纺丝工艺和生产装置技术的早期探索。

1956年，纺织工业部从民主德国引进了380吨/年熔栅法纺丝聚酰胺长丝（Pelon-6）实验生产装置，该装置含12个短纤维纺丝锭位、16个单复丝锭位和2个强力丝锭位。依托该装置，1957年10月动工建设北京合成纤维实验厂，1958年12月12日建成并交付生产（图4-2）[24]。该厂原计划由苏联援建，1955年改由民主德国承担设计和提供全套设备。厂址位于北京市，西临中国纺织科学研究院；1958年1月，该厂派出易成武、乐嗣传等6名技术人员赴民主德国学习。

图4-2　北京合成纤维实验厂

由于己内酰胺由化学工业部锦西化工厂供给，化学工业部坚持要求该厂归属化学工业部管理，后国务院同意该厂改由化学工业部领导[25]。

1957年11月，上海纺织工业局成立了化纤筹建处。1958年3月，上海合成纤维实验工厂开始筹建，1959年10月建成投入运行。

一、锦纶

上海合成纤维实验厂于1958年4月和9月研纺出了锦纶6长丝和锦纶66长丝，采用长丝织成的渔网在1959年庆祝中华人民共和国成立十周年成就展上展出；1961年，研纺出了锦纶1010综丝和锦纶11综丝。

1961年11月，上海合成纤维实验工厂锦纶车间成立。1962年，该厂引进了一套小型锦纶66试验设备（120升小聚合釜，2个纺丝位）。1964年4月，该厂锦纶车间与纺机厂合作，自主设计制造了第一套国产锦纶6生产设备，建成了500吨/年短纤维和100吨/年长丝的锦纶6生产装置；并开始了批量生产，主要产品有3旦毛型短纤维、294分特克斯复丝和22分特克斯单丝；同年，试纺出了锦纶6异形纤维、锦纶10和锦纶6616共聚纤维等新品种；锦纶长、短纤维逐步形成系列化。

1964年10月，以上海合成纤维实验工厂锦纶车间为基础，建成了上海合成纤维厂（后更名为上海第九化纤厂）。上海工业用呢厂利用其生产的锦纶短纤维制成了造纸用毛毯，上海丝绸厂利用其生产的锦纶长丝制成了尼丝纺及伞面绸，针织厂利用其生产的锦纶加弹长丝织袜或缝制针织内外衣。其生产的锦纶综丝，主要被用来编织渔网和制造拉链。

这一时期，自主创建的锦纶中试装置生产的纤维很大一部分满足了军用需求。1962年初，纺出了50分特克斯/12根、156分特克斯/39根、294分特克斯/48根等规格的纤维，上海第六丝织厂和上棉二十厂分别采用这三种纤维织成了歼击机救生伞伞衣绸、绳带和飞行员代偿服面料。此后，经过持续改进，粗纤度锦纶6长丝强度≥5.3厘牛/分特克斯，278分特克斯长丝强度≥6.2厘牛/分特克斯，满足了军用降落伞绳带对锦纶丝性能和质量的要求。1965年，先后研制出了33分特克斯/9根、133.3分特克斯和100分特克斯锦纶66长丝，上海第六丝织厂用其织成了多型伞衣绸并制成降落伞，部队实际使用后给予了很好的评价。

1967年，上海第十四化纤厂采用自制的纺丝机和织机，试制出了锦纶6帘子布，供上海大中华橡胶厂浸胶后作为汽车轮胎的骨架材料。

二、涤纶

1950～1973年的20多年里，与化学工业部领导的聚酯合成技术研究并行，纺织系统也突破了切片纺丝中试生产技术，初步建立了涤纶短纤维工业化生产体系。

1959年10月，上海合成纤维实验厂试纺出我国第一根涤纶长丝，当年涤纶长丝产量340公斤[26]。1962年，该厂开始研制3旦涤纶短纤维，1964年4月完成。1963年，我国自主设计的VD401型涤纶短纤维纺丝机研制成功。

1964年10月，上海合成纤维实验厂改建为上海合成纤维研究所，成为国产合成纤维技术的核心研究机构。利用我国首次引进的联邦德国螺杆纺丝机及后处理小型装置（规模1000千克/旦）[27]，至1966年底，该所已试制出涤纶短纤维和涤纶综丝。1966年初，该所还完成了涤纶长丝提高强力的研究[28]。同期，纺织工业部组织上海、郑州和邯郸等纺织机械厂开展了真空干燥器、螺杆挤压纺丝机、卷曲机和切断机等关键设备的消化吸收，并自主设计制造了VD403、VD404和VD405等型号的涤纶短纤维设备和VC403型涤纶长丝设备。国产涤纶生产装置的诞生，大幅加快了我国涤纶工业的发展。

1965年6月，上海第二合成纤维厂动工兴建，该厂是我国自主创建的第一家涤纶短纤维厂，年产涤纶短纤维500吨，1968年建成投产。后经两次扩建，该厂1989年年产能超过了1万吨。

1970年12月，常州绝缘材料厂和上海合成纤维研究所合作研发了DMT法连续聚合直接纺丝技术。采用该技术，1971年分别在上海国棉二厂和上海第四印绸厂建成了300吨/年和1000吨/年连续缩聚直接纺丝生产线[29]。1973年6月，中国技术进口总公司邀请日本帝人公司专家来我国进行技术交流，重点是聚酯纤维抽丝。期间，介绍了聚酯纤维生产技术的发展过程、技术水平和发展趋向等[30]。

1973年7月，轻工业部颁布了上海化纤公司起草的《涤纶短纤维》标准。

参考文献

[1]《钱之光传》编写组. 钱之光传[M]. 北京：中共党史出版社，2011：631.

[2] 许坤元. 陈云同志在国务院部、委党组成员会议上的讲话（1962年2月），辉煌的二十世纪新中国大纪录（纺织卷）1949—1999[M]. 北京：红旗出版社，1999：970.

[3] 许坤元. 第十一篇大事记篇，辉煌的二十世纪新中国大纪录（纺织卷）1949—1999[M]. 北京：红旗出版社，1999：1239.

[4] 新华社. 寻求多种化学肥料保证农业增产，制造优良化学纤维减轻农业负担，上海科学研究人员大动员[N]. 人民日报，1957-11-14（3）.

[5] 杨光启，陶涛. 当代中国的化学工业[M]. 北京：中国社会科学出版社，1986：622，624，629.

[6]《中国化学工业大事记》编辑部. 中国化学工业大事记（1949—1994）[M]. 北京：化学工业出版社，1996：235，237，240，473.

[7]《中国化学工业大事记》编辑部. 中国化学工业大事记（1949—1994）[M]. 北京：化学工业出版社，

1996：217，219，225.

[8]《中国化学工业大事记》编辑部．中国化学工业大事记（1949—1994）[M]．北京：化学工业出版社，1996：22-27.

[9]《中国化学工业大事记》编辑部．中国化学工业大事记（1949—1994）[M]．北京：化学工业出版社，1996：87，225，469，539.

[10]《中国化学工业大事记》编辑部．中国化学工业大事记（1949—1994）[M]．北京：化学工业出版社，1996：222，226，463，625.

[11] 杨光启，陶涛．当代中国的化学工业 [M]．北京：中国社会科学出版社，1986：217.

[12] 上海市地方志办公室．地方志资料库·市级志书·上海专业志·上海对外经济贸易志·第五卷技术贸易·第一章技术进口·第一节现代技术设备引进 [EB/OL]．2007年3月5日，上海地方志办公室（shtong.gov.cn）.

[13] 杨光启，陶涛．当代中国的化学工业 [M]．北京：中国社会科学出版社，1986：221-223.

[14] 杨光启，陶涛．当代中国的化学工业 [M]．北京：中国社会科学出版社，1986：634.

[15] 杨光启，陶涛．当代中国的化学工业 [M]．北京：中国社会科学出版社，1986：213-223.

[16] 孟繁华，杜永生．兰州石化公司史话 [M]．兰州：甘肃文化出版社，2008：7.

[17] 杨光启，陶涛．当代中国的化学工业 [M]．北京：中国社会科学出版社，1986：631.

[18]《中国化学工业大事记》编辑部．中国化学工业大事记（1949—1994）[M]．北京：化学工业出版社，1996：235.

[19] 广州合成材料老化研究所．聚丙烯纤维防老化研究及丙棉布试制试穿总结 [J]．老化通讯，1977（Z1）：50-77.

[20] 佚名．丙纶长丝试制小结 [J]．合成纤维通讯，1976（3）：14-18.

[21] 潘廉志，周绍琪．关于膜裂纤维工艺设备的研究 [J]．合成纤维工业，1979（3）：21，26-34.

[22] 佚名．丙纶吸油毡 [J]．合成纤维通讯，1977（3）：87.

[23] 新华社．上海筹建七个化学纤维厂，小型氮肥厂五一前投入生产 [N]．人民日报，1958-4-26.

[24] 许坤元．第十一篇大事记篇，辉煌的二十世纪新中国大纪录（纺织卷）1949—1999 [M]．北京：红旗出版社，1999：1241.

[25] 邱有龙．我参加了粘胶纤维工业建设 [R]．2021-3-28.

[26] 汪时维．上海纺织工业一百五十年：1861—2010年大事记 [M]．北京：中国纺织出版社，2014：8-10.

[27] 范泽红．沧桑不倦——经纬绸缪写春秋——记我国著名化学纤维专家郁铭芳院士 [J]．科学中国人，2007（4）：66-69.

[28] 余荣华，柴爱宝．上海市合成纤维研究所三十五年的历程 [J]．合成纤维，1993，1（6）：2-15.

[29] 佚名．聚酯连续缩聚试验研究报告 [J]．合成纤维通讯，1972（2）：1-17.

[30] 佚名．日本帝人公司聚酯纤维抽丝技术座谈资料 [J]．合成纤维通讯，1973（S1）：1-49，60-62.

第五章

维纶工业的创建

“二五”期间，我国遭遇严重自然灾害，棉花大幅减产，棉布供应量大幅萎缩。1961～1963年，全国平均每人每年纺织品消费只有7市尺，三年仅为21市尺，还不足过去一年消费量的75%。国家统计局资料显示，对500户湖南农户的调查，20%～25%的人衣着困难。据国务院河南灾情调查组的报告，南阳地区约有3%的劳动力因缺乏衣着而无法参加劳动[1]。为解决人民的穿衣问题，迫切需要寻求一种原料来源丰富、生产技术成熟、成本低、投入少、见效快的合成纤维。

我国的煤炭资源非常丰富，“一五”期间又建立起了较先进的煤化工工业，且“二五”初期就已开始了以乙炔为原料制备维纶的生产技术研究，因此，以创建维纶工业为突破口，建设我国合成纤维工业就成为必然选择。

第一节　维纶工业创建的时代背景

维纶工业的创建，历时十多年，跨越“三五”（1966～1970年）和“四五”（1971～1975年）。

一、“三五”计划期间

1964年1月7日，国务院召开工业交通长期规划会议，李富春副总理就制定长期计划的方针方法问题讲到，“三五”计划的三个目标：5亿亩基本农田、20万吨化学纤维、1000万吨化肥[2]。

1965年9月，国家计委草拟的《关于第三个五年计划安排情况的汇报提纲》明确提出：“化学纤维1.23万吨”的指标。这是国民经济五年计划中首次列入化学纤维的产量指标。“三五”结束的1970年，我国化学纤维的总产量仍突破了10万吨，其中，粘胶纤维约7万吨，合成纤维约3.62万吨[3-4]。

二、“四五”计划期间

1969年，国家曾提出要把化纤年产量发展到40万～50万吨的设想。

1970年8月，中共九届二中全会通过了国务院制定的《第四个五年计划纲要（草案）》。1971年3月，中共中央在批转1971年计划时，将《“四五（1971—1975）”计划纲要（草案）》的部分指标作为附件下发[5]。1975年，中共中央制定了《1976—1985年发展国民经济十年规划纲要（草案）》，在其中安排了“五五（1976—1980）”计划[6]。

1970年6月22日和7月1日，中共中央分别做出决定，石油工业部、煤炭工业部和化学工业部三部合并，成立燃料化学工业部（简称燃化部）；第一轻工业部、第二轻工业部和纺织工业部三部合并，成立轻工业部，钱之光任部长[7]。

在前期纺织工业部、化学工业部和石油部共同论证的基础上，新成立的轻工业部和燃化部认为，基于当时的客观条件，着重发展维纶是比较现实的选择，并最终确立了以创建维纶工业为突破口，建设我国合成纤维工业的发展策略。其理由：一是当时我国石油化学工业刚刚起步，基础很薄弱，不足以支撑石油化纤工业建设所需的资源保障和技术能力，而我国煤化学工业是“一五”期间在苏联援建的基础上建设起来的，已经有了一定基础，有支持创建维纶工业的基本能力；二是维纶生产过程中所需要的化学品品种较少，比较容易自主解决；三是维纶生产技术已有一定积累，有自主建设吉林四平维尼纶实验厂和依托引进成套设备建设北京有机化工厂、北京维尼纶厂的经验。

第二节 自主创建维纶工业的前期准备

相较其他合成纤维，维纶原料来源较可靠，生产技术较简单，成套技术设备制造难度较小；棉型维纶吸湿性好、价格便宜，适应20世纪60年代的国内消费水平，是当时我国最有条件和能力自主建设的合成纤维产业。

一、煤化学工业与维纶原料

煤化学工业是新中国化学工业的开端。这是因为，20世纪50年代以前，我国一直没有发现可供大规模开采和利用的石油资源，而当时对煤炭资源的发现和利用已有了一定的基础。所以，我国选择了走以煤炭为资源发展化学工业的道路。

煤化学工业是以煤为初始原料，经化学加工生产基本化工原料和合成材料的工业。对煤进行汽化、液化和炼焦等一次化学加工，可制得合成气、煤气、燃料气、液态烃、焦炭、焦炉气和煤焦油等产品；对这些产品进行二次化学加工，可制得合成氨、甲醇、电石、油料、芳烃等基本化工原料；再经三次化学加工，这些基本化工原料就被制成了化肥、农药、染料、药品，以及三大合成材料。

煤化学工业主要由合成氨、甲醇、煤焦油和电石及乙炔四大支柱产业组成。合成氨工业以无烟煤或焦炭为初始原料，制造生产化肥等化工产品用的合成氨。甲醇工业采用煤气化工艺制备甲醇；甲醇是用来生产一系列有机化工产品的重要基础化工原料。煤焦油工业从煤焦油中提炼苯、甲苯、萘和酚等有机化工原料。电石及乙炔工业是以焦炭为原料生产电石，再以电石为原料生产乙炔；乙炔是基本化工原料，可用于生产合成材料和有机化工品。

我国主要以电石（碳化钙）为原料生产乙炔。1949年以前，我国只有一些小型电石工厂，而没有乙炔化工。中华人民共和国成立后，通过苏联援建和自主扩建，到1956年时，我国的电石产能达到10万吨，为发展乙炔化工奠定了基础。1956年，锦西化工厂开始以乙炔为原料试生产氯乙烯。

我国焦炭和石炭资源丰富，为发展乙炔化工提供了原料保证，而且，乙炔化工技术相对容易掌握且投资比较小，故创建乙炔化工工业就成为我国发展化学工业的突破口。为发展乙炔化工，化学工业部化工设计院于1956年就设计研制成功了10000千伏安、年产18000吨电石的生产装置。此后，借鉴引进设备的特点，又自主设计研制了多型技术较成熟的电石炉。

20世纪70年代初，我国自主设计研制了12座10000～16500千伏安的电石炉，装备了9座自主创建的维尼纶厂，为我国维纶工业的建设提供了技术装备保证[8]。

二、早期建设的探索

1957年12月，化学工业部副部长侯德榜率我国化学工业代表团赴日本，进行了为期58天的考察；期间，与日本维纶生产商进行过技术交流，对维纶的服用性、原料和生产技术有了一定了解。

1960年6月7日至7月8日，化学工业部和纺织工业部联合组成合成纤维考察团出访朝鲜，考察朝鲜的维尼纶工业，当时朝鲜的维纶工业是比较成熟的[9]。考察结果确认，当时我国建设维纶工业是可行的。

1962年3月，纺织工业部和化学工业部联合向中央上报了《关于发展维纶工业的请示报告》，提出参照朝鲜维纶工业技术，先在吉林省四平市建设一套千吨级的中试装置，待技术成熟时，在吉林市建设万吨规模维纶工厂。化学工业部负责原料装备技术，纺织工业部负责聚合纺丝装备技术。

1962年6月5日，周恩来视察吉林化学工业公司时，听取了公司副经理杨浚关于以电石为原料生产维尼纶和建设维尼纶工厂的汇报，周恩来要求杨浚写一份建设维尼纶工厂的材料[10]。

1962年9月11日，国务院批准建设吉林四平维尼纶实验厂，其以吉林省工业技术研究所自主设计研制的1000吨/年聚乙烯醇合成与纺丝装置为基础，年产聚乙烯醇1000吨、维纶1000吨。依据吉林省工业技术研究所提供的数据，以电石为原料合成醋酸乙烯的工艺路线，化学工业部第一设计院为该厂设计研制了成套装置。吉林四平维尼纶实验厂于1962年10月4日动工建设，1964年4月30日建成投产，是我国第一套以国产技术为主的维纶生产装置。

1963年6月28日，周恩来在化学工业部副部长张珍访问朝鲜的报告上批示，四平厂的设计和施工要加速进行，以便拿四平做样板厂，更快地多翻出几个2000吨的维尼纶厂[11]。李富春副总理批示，化学工业部应加强四平厂建设经验的积累，并把朝鲜和日本的工艺学透[12]。

上述努力，为我国创建维纶工业做了前期经验准备。

三、引进维纶成套生产设备

为在高起点上启动维纶工业建设，纺织工业部与化学工业部又于1962年12月共同组团赴日本，考察日本的维尼纶工业。回国后，考察团建议，从日本仓敷人造丝公司引进年产1万吨规模的维尼纶成套生产技术设备，产品主要是维纶短纤和牵切纱；其中聚乙烯醇生产装置的能力为10362吨/年；以该套装置为基础，在北京建设维尼纶工厂[13]。中央批准了这一建议。决定将该项目划分为两部分，分别由化学工业部和纺织工业部负责；化学工业部负责建设生产聚乙烯醇的北京有机化工厂，纺织工业部负责建设从事聚合纺丝生产的北京维尼纶厂。

图5-1　北京维尼纶厂

北京维尼纶厂（图5-1）和北京有机化工厂分别于1963年8月和11月动工兴建，化学工业部和纺织工业部分别与北京市共同组建了两个厂的联合建设指挥部。纺织工业部和化学工业部对这两个工厂的建设都给予了高度重视，各自从自己所辖的全国各企业抽调了数百名工程技术骨干来京参加建设。北京市安排了最好的建筑队伍进行土建施工。在三方共同努力下，北京有机化工厂和北京维尼纶厂分别于1965年8月13日和8月31日建成投产，均一次试车成功，所有技术指标均达到了设计验收标准，比合同规定时间提前8个月完成了建设任务，受到了日方参建人员的赞赏。

北京有机化工厂以北京化工二厂的电石为原料，采用“电石—乙炔—醋酸乙烯—聚乙烯醇”工艺路线，年产聚乙烯醇1万吨，供北京维尼纶厂纺丝。北京有机化工厂和北京维尼纶厂生产的维纶，可织造成7300多万米的布料。

北京维尼纶厂投产之后，党和国家领导人先后到厂考察。邓小平考察该厂时，问陪同他考察的钱之光，1万吨维尼纶可以顶多少棉花？钱之光告诉邓小平：相当于20万担（20000吨）。邓小平听后马上说：这个厂可以扩建，一个厂1万吨，可以办它10个厂，以解决棉花不足的问题[14]。

这两个厂的建设，培养了一大批熟练掌握了维纶生产技术与管理的人才，为自主设计制造维纶成套生产设备、创建维纶工业积累了经验。同时，借鉴引进的技术设备，四川维尼纶实验厂电石法年产1000吨规模的维尼纶装置于1965年4月30日建成投产。北京有机化工厂与化学工业部机械研究所、化学工业部第九设计院合作对引进装置进行了技改，使聚乙烯醇产能在1968年达到了2万吨/年。

第三节　自主建设九家维纶工厂

虽然“四五”计划文件里并没有明确化纤工业建设的指标，但在规划酝酿过程中，曾有过1975年化学纤维产量达到38万吨的设想。为此，1971年的“全国计划工作会议”上，维纶工业被定为了“四五”期间化学纤维工业的建设重点：建设9个年产量万吨规模的维尼纶工厂，每个厂投资不超过5000万元，两年时间建成投产；9个厂中，福建、江西、安徽、湖南、广西、云南、山西、甘肃8个厂的建设规模均为年产量1万吨，只有石家庄维尼纶厂的建设规模为年产量5000吨。

钱之光和主管基建的副部长焦善民，为这9个维尼纶厂的建设倾注了极大的心血。为做好工厂设计和维纶成套设备的研制等先期基础工作，两位领导商请燃化部从其所属第二、第五、第八、第九设计研究院抽调了100多名工程设计人员，与北京有机化工厂和北京维尼纶厂的工程技术人员、操作工人和管理干部一起，研制了一套维尼纶工厂的通用设计方案（例如采用卧式纺丝机取代立式纺丝机，用维纶短纤用热水卷缩取代热风卷缩工艺等创新技术），以便9个工厂的建设能遵循统一的基本建设规范。同时，调集了全国化工和纺织机械系统的技术骨干，集中力量研制维纶成套生产设备。

1971年上半年，9个维尼纶工厂的建设同时铺开。在各地方党委和政府的支持下，工程建设进展均较好。福建、江西、安徽3个维尼纶厂的主体工程于1972年7月即已基本完工，具备了设备安装条件。1972年8月17日，国家计委、国家基本建设委员会（简称国家建委）、轻工业部、第一机械工业部联合发出通知，决定集中力量加快建设主体工程基本完成，具备安装条件的福建、江西和安徽3个维尼纶厂，力争1972年建成投产。为此，第一机械工业部连续抓了半年的进展，解决了设备安装调试所需配套机械和电工设备的问题。轻工业部则立即通知9个工厂按通知要求，派人前往有关企业办理订货手续，落实交货日期。1972年9月，轻工业部召开了9个工厂的基建座谈会，要求做到“九家变一家，首先保三厂”。根据这一要求，另外6家工厂共支援福建、江西和安徽3家工厂设备48台、仪表阀门103台件、金属材料65.8吨。但由于非标设备配套等问题影响了安装调试，福建、江西、安徽3家工厂并未能在1972年建成。

为尽快解决问题，1973年召开了设计工作座谈会，会议认为，9家工厂的通用设计规范是在充分消化吸收引进设备的技术和操作使用经验的基础上研究制定的，科学依据是充分的。经过反思，对不成熟的设计做了修改，如醋酸乙烯装置的精馏塔从4个增加到5个、设备材质设计改为不锈钢。轻工业部把会议情况向国务院做了汇报，国务院同意这些技术修正并批示给每个厂70万美元，用于进口所需要的不锈钢和仪器仪表[15]。

1973年，全国计划会议把维纶工厂建设列为重点项目，并规定了每个厂的具体目标。为保证完成本年度国家计划目标的实现，1973年5月下旬，轻工业部召开了“化纤工业基本建设经验交流会”。

焦善民副部长在会上强调：有机车间是维纶工厂的关键，一定要抓好有机车间的建设；要过细地做好设备单机台试运转的鉴定和安全生产等工作。在各方面的不懈努力下，1975年10月，福建永安维尼纶厂率先建成投产，年产维纶1万吨，建设工期4年2个月，总投资8800万元[16]。福建维尼纶厂建成后，生产一直比较正常，产品质量也比较稳定，并形成了合理利润。

此后，这批维纶工厂都相继建成投产。1976年3月，兰州维尼纶厂年产3.3万吨电石生产装置建成，投料试车成功，其1万吨聚乙烯醇生产装置也随后投产。1983年4月，甘肃省建委组织了该厂的竣工验收。1978年11月，湖南维尼纶厂建成投产并由省建委组织了竣工验收，该厂年产电石2.85万吨、聚乙烯醇1万吨、维尼纶短纤维7260吨、甲醛5000吨[17]。1979年，山西维尼纶厂建成投产，年产电石3.72万吨、聚乙烯醇1万吨、维纶短纤维7200吨。1979年12月，石家庄维尼纶厂通过了河北省建委组织的竣工验收，交付生产。1980年1月，福建维尼纶厂通过了省建委组织的竣工验收[18]。同年10月，广西维纶厂建成投产，年产电石3.3万吨、聚乙烯醇1万吨、维纶短纤维1万吨、甲醛4000吨[19]。1983年4月，安徽维尼纶厂通过了安徽省建委组织的验收。同年12月，云南维尼纶厂通过了云南省的验收[20]。

历史地看，我国维纶工业的创建，无论是工厂设计建设，还是化工化纤成套装备技术研发，都是非常有意义的。整体来说，我国早期维纶工业发展是十分必要的，在相当长的一段时间内为缓解纺织工业的原料不足做出了重大贡献。特别应该指出的是，维纶产业链中的醋酸乙烯、聚醋酸乙烯（乳液黏合剂）、多品类的聚乙烯醇及其衍生物都是国内外市场应用十分广泛的重要化工产品，具有良好的经济效益和社会效益。而且，随着后期（上海石化、川维等）石化天然气化工项目的投产，使我国聚乙烯醇及其纤维生产工艺中除电石乙炔法外，又增加了石油乙烯法和天然气乙炔法，共计3条工艺路线，使我国一跃成为全球技术装备先进、工艺路线最为完整的聚乙烯醇和维纶生产大国。

参考文献

[1] 许坤元. 纺织工业部关于1962年的主要工作情况和1963年的主要工作安排的报告（1962年3月20日），辉煌的二十世纪新中国大纪录（纺织卷）1949—1999 [M]. 北京：红旗出版社，1999：976.

[2]《中国化学工业大事记》编辑部. 中国化学工业大事记（1949—1994）[M]. 北京：化学工业出版社，1996：142.

[3] 吴鹤松，张国和，薛庆时. 风雨七十载——焦善民革命生涯 [M]. 北京：中共党史出版社，2007：254.

[4] 中华人民共和国中央人民政府官网. 中华人民共和国第三个五年计划（1966—1970年）[EB/OL]. 2021-8-26，中华人民共和国第三个五年计划（www.gov.cn）.

[5] 中华人民共和国中央人民政府官网. 中华人民共和国第三个五年计划（1971—1975年）[EB/OL]. 2021-8-26，中华人民共和国第四个五年计划（www.gov.cn）.

[6] 中华人民共和国中央人民政府官网. 中华人民共和国第三个五年计划（1976—1980年）[EB/OL]. 2021-8-26，中华人民共和国第五个五年计划（www.gov.cn）.

[7] 黄时进. 新中国石油化学工业发展史（1949—2009）[M]. 上海：华东理工大学出版社，2012：702.

[8] 杨光启，陶涛. 当代中国的化学工业 [M]. 北京：中国社会科学出版社，1986：161-179.

[9]《中国化学工业大事记》编辑部. 中国化学工业大事记（1949—1994）[M]. 北京：化学工业出版社，1996：538.
[10]《中国化学工业大事记》编辑部. 中国化学工业大事记（1949—1994）[M]. 北京：化学工业出版社，1996：19.
[11]《中国化学工业大事记》编辑部. 中国化学工业大事记（1949—1994）[M]. 北京：化学工业出版社，1996：21.
[12] 杨光启，陶涛. 当代中国的化学工业 [M]. 北京：中国社会科学出版社，1986：218，636.
[13]《中国化学工业大事记》编辑部. 中国化学工业大事记（1949—1994）[M]. 北京：化学工业出版社，1996：241.
[14]《钱之光传》编写组. 钱之光传 [M]. 北京：中共党史出版社，2011：436.
[15] 吴鹤松，张国和，薛庆时. 风雨七十载——焦善民革命生涯 [M]. 北京：中共党史出版社，2007：250.
[16]《中国化学工业大事记》编辑部. 中国化学工业大事记（1949—1994）[M]. 北京：化学工业出版社，1996：382.
[17] 许坤元. 第十一篇大事记篇，辉煌的二十世纪新中国大纪录（纺织卷）1949—1999 [M]. 北京：红旗出版社，1999：1266.
[18] 许坤元. 第十一篇大事记篇，辉煌的二十世纪新中国大纪录（纺织卷）1949—1999 [M]. 北京：红旗出版社，1999：1269.
[19]《中国化学工业大事记》编辑部. 中国化学工业大事记（1949—1994）[M]. 北京：化学工业出版社，1996：383，388，389.
[20] 许坤元. 第十一篇大事记篇，辉煌的二十世纪新中国大纪录（纺织卷）1949—1999 [M]. 北京：红旗出版社，1999：1280-1284.

第六章

石油化纤工业的创建

20世纪50～60年代，石油化学工业和高分子材料工业的技术日臻成熟，产业规模快速扩张，越来越多的石油馏分被制成质优价廉的基本化工原料，合成橡胶、合成纤维和合成塑料三大合成材料越来越多地采用石油化工的生产技术路线。基于石油、天然气为初始原料的合成纤维，特别是尼龙、腈纶和涤纶得到快速发展，很快就取代了人造纤维的市场地位。

第一节　石油化学工业与石油化纤原料

以石油、天然气为初始原料，经石油化工加工制成基本有机化工原料后，采用化学单体聚合成为具有成纤性质的聚合物，再经纺丝成型和后处理制得的合成纤维，简称“石油化纤”。

石油和天然气都是多种碳氢化合物的混合物。人类有着悠久的石油天然气发现、开发和利用的历史。20世纪20年代开始，化学工程技术开始快速发展，石油馏分开始成为质优价廉的化工原料，并逐渐形成了成熟的石油化学工业，进而取代了煤化学工业原有的地位。

石油化学工业包括石油炼制工业和以石油、天然气为原料的化学工业（简称石油化工）。石油炼制工业是将原油经过常减压蒸馏、催化裂化、加氢精制、冷冻脱蜡、催化重整等工艺处理，生产包括各种燃料油（汽油、煤油、柴油等）、润滑油、石油焦炭、石蜡、沥青等产品的产业部门。石油化工工业是以轻质油品（凝析油、石脑油、轻柴油等）、天然气、石油气为主要原料，经过裂解、分离、合成等工艺处理，生产以乙烯、丙烯、丁二烯、苯、甲苯、二甲苯为代表的基本化工原料的产业部门。

石油炼制工业的发展分为四个阶段：第一阶段（1850～1900年），主要提炼照明用油，近代人类开始广泛使用煤油灯照明，促进了采油、炼油的发展；第二阶段（1900～1939年），主要提炼燃料用油，建成了常压、减压蒸馏石油的技术装置，炼厂气副产品用作了化工原料，石油化学工业开始起步；第三阶段（1940～1946年），主要大量生产高辛烷值汽油和甲苯，油品催化裂化和催化重整技术获得突破；第四阶段（1947年至今），精细化炼制各种馏分，作为石油化工原料。至此，石油炼制从蒸馏为主的加工方法发展到了以重质油裂化和石脑油重整为核心的化学处理技术，从而可以工业化生产烯烃和芳烃等基本化工原料了。由此，石油炼制与石油化工技术的发展渐趋一体化。

烃裂解工业是石油化学工业中最基础、最重要的部门之一。以乙烯、丙烯为代表的低级烯烃是最重要的基本化工原料，它易于氧化和聚合，可与许多物质发生加成反应并生成很多重要产物。烯烃不存在于自然界中，裂解石油馏分和天然气是获得烯烃的最佳途径，裂解技术的进步使石油得以被更好地综合利用，为生产三大合成材料持续不断地提供着高性价比的原料。

热裂解技术的原理研究发现，加工过程中，短时间内给物料提供大量热量，使其快速生成烯烃，并急速冷却物料停止反应，从而可获得高浓度和高收率的乙烯。由此，乙烯生产装置技术得到不断改进，其运行时间、乙烯收率、裂解产物分布、原料利用和节能等指标获得了持续优化。

20世纪20年代，烯烃衍生物产业开始兴起。第二次世界大战结束后，高分子材料工业的发展更加需要性能各异、品种多样的有机化工原料。由此，乙炔被乙烯和丙烯所替代，形成了以乙烯、丙烯为原料的烯烃化工体系。当今，乙烯的消耗主要用于生产聚乙烯，其余的产量主要用于生产氯乙烯、环氧乙烷、乙醇、乙醛、醋酸、醋酸乙烯、丙烯、丙烯腈、丙烯酸（酯）和乙炔等基本化工原料。

以苯、甲苯、二甲苯为代表的芳烃是另一类重要的基础化工原料，是生产石油化纤的主要原料。煤焦油分离、粗汽油催化重整和裂解汽油分离，是芳烃工业的三种技术途径。19世纪下半叶以来，芳烃都是从炼焦副产的粗苯和煤焦油中提取获得的。而第二次世界大战期间，制造炸药对甲苯的需求量猛增，煤焦油甲苯已无法满足需求。油品裂化过程中，虽有芳烃生成但收率低，且混有大量烯烃，难以分离。由此，引发了以芳构化为主要反应的催化重整技术研究。1949年美国建成第一套铂重整装置后，催化重整能力和水平不断进步，苯的产量大幅提高。苯是产量仅次于乙烯、丙烯的重要基础化工原料，苯与二甲苯是合成材料、染料、药品和农药的重要原料。全球芳烃产量的70%以上被用于生产合成纤维[1]。

第二节　中国石油化纤技术的早期探索

1940年，尼龙丝袜作为第一个尼龙纤维产品上市后，当即就引发了全球关注。我国社会对石油化纤制品的最初认识始于尼龙丝袜。抗日战争胜利后，美国商品大量涌入我国，尼龙丝袜是其中很紧俏的商品。当时，我国知识界和消费者还都不知道尼龙丝袜到底是什么材料制成的，因其质感轻薄而透明，就称其为“玻璃丝袜”。目前所能检索到的文献资料显示，1949年前，我国还没有关于尼龙纤维的技术文献。这说明，那时国人对于石油化纤的认识，仅限于“玻璃丝袜”而已[2]。

一、石油化纤技术文献

20世纪50年代初，我国就采用电石乙炔技术路线开始研制尼龙6。可以相信，当时的科研人员有关注到国外的石油化纤技术路线，只不过那时我国还不具备这方面的技术条件，从而只能选择乙炔技术路线。

目前，国家图书馆馆藏文献中，最早关于合成纤维的著述是1958年出版的四本书（表6–1）。这四本书中，除维纶外，还介绍了聚酰胺纤维（尼龙）、聚丙烯腈纤维（腈纶）和聚酯纤维（涤纶）等合成纤维的发展历程、基本原理与性能及工艺技术路线等内容，主要参考的是20世纪20～50年代欧美、苏联和日本等发表的技术文献。据此，可以判断，20世纪50年代中期，我国科学技术界开始了对石油化纤技术的关注。

表6–1　国家图书馆馆藏最早的合成纤维图书

序号	著作书名	作者	出版单位	出版时间	总页数
1	合成纤维工业	唐赛珍（编）	化学工业出版社	1958年	24
2	塑料及合成纤维工业	张珍等（整理）		1958年	212
3	维尼龙合成纤维聚氯乙烯树脂及加工：塑料加工	化学工业部有机化学工业设计院（编）		1958年	30
4	合成纤维	巫万居等（编）	科学技术出版社	1958年8月	112

二、石油化纤技术探索

1960年，由于农业受灾，工业用粮断供，以粮食酒精为原料的丁苯橡胶装置停产，迫使兰化将原料改为兰州炼油厂的干气，通过建设气体分离装置和改造从苏联引进的管式裂解炉，于1961年底形成了年产5000吨乙烯的能力。由此，揭开了我国石油化工工业建设的序幕。

20世纪60年代，通过引进成套生产装置，建设基本化工原料、合成纤维单体与聚合纺丝生产工厂，我国开始走上了石油化纤的道路。

1963年8月，国务院批准从意大利、德国、英国、法国、日本、荷兰和瑞士等国家引进了16套以天然气、轻油、重油为原料的石油化工成套装置。主要包括：兰化砂子炉裂解制乙烯3.6万吨/年、丙烯3.2万吨/年、高压聚乙烯3.4万吨/年、聚丙烯8000吨/年、丙纶3000吨/年、丙烯腈单体1万吨/年、腈纶8000吨/年，以及丁苯橡胶后处理装置1.5万吨/年；其他装置分别配置在抚顺炼油厂、泸州天然气化工厂、陕西兴平化肥厂、北京化工二厂、吉林化学工业公司和常州绝缘材料厂等单位[3]。这是我国化学工业从粮煤化工向石油化工转型的第一步，也是我国石油化纤工业迈出的第一步。

1965年，以从联邦德国引进的砂子炉重油裂解装置为头，下游产品生产装置为其配套的年产3.6万吨乙烯工厂在兰化投入建设。其中，以重油裂解副产物丙烯为原料，年产1万吨丙烯腈的装置是从联邦德国引进的，采用硫氰酸钠一步法工艺、8000吨/年腈纶装置是从英国引进的。

1965年10月19日，纺织部派团去英国与考陶尔茨公司就引进8000吨/年腈纶生产装置进行设计会谈，该装置以石油为初始原料，采用了硫氰酸钠一步法工艺技术[4]。同年11月，中央批准了该成套设备的引进，并决定以其为基础建设的兰州化学纤维厂由纺织工业部负责筹建。纺织工业部随即决定，崔志农和季国标为该厂筹建负责人[5]。1966年3月26日，国家建委决定，纺织工业部兰州化学纤维厂并入兰化，由化学工业部管理[6]。1969年9月26日，兰化化学纤维厂腈纶装置建成投产，纺出了我国第一批腈纶。

同一时间，上海高桥化工厂以自主研发的丙烯氨氧化法工艺建设的2000吨/年丙烯腈生产装置也于1969年投产。以同一技术路线，1970年又在大庆、淄博和茂名等地建成了不同规模的腈纶纺丝装置。

第三节　“的确良”：中国最早的石油化纤织物

涤纶的服用性能好，涤纶织物穿着挺括，耐磨、耐撕裂、耐穿，易洗快干，性价比高，因而一直以来都受到消费者的喜爱，成为中国合成纤维发展最快的品种。

一、“的确良”的问世

1962年11月12日，《人民日报》第一版刊登了题为《适应城乡人民多种需要　上海生产化学纤维新织物》的新华社电，这是“的确凉”的名字首次登上权威官方媒体。电文介绍了当时上海化学纤维技术的发展状况：上海当时生产的化学纤维织物有30多个花色品种，其中合成纤维品种有涤棉混纺的“的确凉”棉布、毛涤混纺的“的确凉”呢绒、卡普隆和棉花混纺织成的汗衫等；棉“的确凉”和毛“的确凉”，是1960年左右才在发达国家出现的高级织物，用它做成的衣服，易洗涤、保形性好、耐穿用；上海当年已可批量生产。化学纤维织物增加了上海纺织品的产量，以便适应不同爱好者的不同需要。毛“的确凉”的试制成功耗时近一年。1961年初，上海毛麻工业公司组织裕民、建华、裕华和第二毛纺织厂好几家工厂同时试制，集中了这几家工厂的技术力量，成立统一的技术组，共同协作，研究纺、织和印染的新工艺、新技术。毛“的确凉”的染色是比较复杂的工艺，为了选择一种色泽新颖、坚牢度好的灰色染料，裕民毛纺织厂的技术人员先后使用了四组染料进行对比分析。染料选定了，又试验染色和后整理工艺，以适应毛“的确凉”的特性。上海生产的毛“的确凉”，染色坚牢度全部符合国家规定的标准，透气性能、免烫程度和弹性也都达到先进的水平[7]。

我国最早的涤棉织物，是1962年3月上海天益染织厂纺制成功的45×45支色织涤棉府绸[8]，它就是后来称为“的确凉”或“的确良”的一种服装面料。同年，上海第一印染厂和上海第二棉纺织厂合作试制出了涤棉印染布，这两项产品发明都填补了国内空白[9]。1963年3月25日，国务院批转的纺织工业部《关于1962年的主要工作情况和1963年的主要工作安排的报告》中，在“1962年的主要工作情况”一节里专门提到：设计和试制了一部分利用化学纤维和用特种工艺处理的新品种，如聚酯纤维和棉毛混纺的棉“的确凉”和毛“的确凉”[10]。

上海市纺织工业局1964年发布的企业标准《沪Q/FJ003-64棉的确凉纱质量分等规定》中有这样的解释：“兹为满足出口的需要，采用棉35%，涤纶65%，进行混纺成棉的确凉，经过较长时期的研究和试纺现已投入生产。为更进一步达到纱的质量要求，根据实际情况拟定棉的确凉纱的质量企业内部考核办法。”这说明，当时的“的确凉”布料主要是用来出口的。由于该标准是用来替代《纺上海 1102-62》号标准的，因而可知，1962年上海纺织企业就已经开始生产出口“的确凉”纱线甚至“的确凉”布料了。当然，那时出口“的确凉”纱或布所用的涤纶肯定是进口的。据《上海地方志》记载，截至1963年6月30日，上海市已有65家纺织厂开始成批生产各种化纤织物。

二、“的确良”名字的由来

1962年11月，被《人民日报》首次报道的“的确凉”，是如何得名的呢？我国的语言学学者考证过“的确凉”这个名字的由来，并把它当作了音意结合的外来词的典型代表。

的确凉，其称谓源自织造这种织物的一种合成纤维的商品名，这种合成纤维就是美国杜邦公司于1953年率先开始工业化生产的聚酯纤维（涤纶），杜邦公司为其注册了英文商品名Dacron（中文译名达克纶）。20世纪50年代末60年代初，西方国家发明并开始批量生产涤棉混纺布料，因涤纶在其中占了65%的比例，故这种布料也就被称作“达克纶”。由于当时西方对我国实施了严格的技术封锁，而香港是内地联通外部世界的窗口，所以达克纶布料是先经香港再进到内地的。可以想象，这种综合服用性能优于传统纤维的新型服装面料在香港一面市，就引发了良好的市场反响，精明的香港商人马上给它取了一个很有感召力的粤语名字——“的确靓”。“靓”，在粤语中是时髦、漂亮、好看的意思。所以，粤语“的确靓”，既是“达克纶”的粤语音译，又是中文“确实凉快”（或“确实优良”“确实好”）、“确实漂亮”“确实时髦”等意思的意译。进入内地后，参照粤语“的确靓”的发音，将这种涤棉混纺布料定名为“的确凉”或“的确良”，官方媒体最先是以“的确凉”这一名字来传播相关信息的。但后续官方文件中都将其正式称为“的确良”，其改名原因并未见到有权威文献对此加以记载[11]。

三、的确凉（的确良）：几代中国人的时尚记忆

“的确凉”或“的确良”，这种现代人看来普通得不能再普通的涤棉混纺布料，不仅对促进中国化学纤维工业发展发挥了重要的历史性作用，更是20世纪出生的几代中国人永远的时尚记忆和情感记录。对此，现代人或者再后来者可能永远也无法理解。

“的确良”，真正引起普通民众的追捧是20世纪60年代中期的事情。当时的人们是何等钟爱“的确良”，从一些文献记载中我们可以略知一二。60年代初期，一些干部和知识分子开始穿上了出口转内销的“的确良”衣服；人们很快就发现，这些人穿的衣服挺新奇，不易起褶，特别挺括，而且洗后还不用熨烫。后来还发现，这种服装的面料还具有“色彩纯正、不褪色，耐磨、耐刮、好清洗，易干、括阔、不走样，滑爽”等特性，这让穿烦了色调灰暗单一、质地粗厚、难洗难干、皱皱巴巴粗布衣服的国人眼前一亮。

当时，最受人们宠爱的就是“的确良”军装。1965年6月1日取消军衔制后，中国人民解放军官兵一律穿着65式军服。全军干部和战士的款式基本相同，区别在于，干部的军服上衣有四个口袋，士兵的军服上衣只有两个口袋。夏服面料最初为纯棉府绸，冬服面料为纯棉卡其。1970年后，因解放军总后勤部建设的我国首个自主创建的石油化纤基地“2348工程”的投产，我军装备了涤纶、锦纶、棉花三元混纺布料制成的71式军服[12]。71式军服沿用了65式军服质朴、鲜艳的设计风格，加之其挺括、时尚的“的确良”布料，使其成为20世纪60～70年代青年人梦寐以求的追崇。

2004年第三期的《纵横》杂志，刊登了刘心格撰写的题为《我的第一件“的确良”衬衣》的文章，朴实、生动、感人地记述了他求购一件的确良军服而不得，而后又为求购6尺“的确良”布料而费尽周折的往事，这篇文章是关于那段历史一个十分鲜活的记录[13]。

“的确良”之所以备受青睐，还有一个重要原因，就是它不需要凭布票就可以购买。但在初期，由于供不应求，“的确良”是非常紧俏的商品。只要某商店要卖“的确良”的消息一传出，一定会引来大规模的排队抢购。

必须说，人民群众对“的确良”的钟爱是撬动中国石油化纤工业大规模建设的一根有力杠杆，“的确良”的历史作用必须被铭记。亲历这段历史的人们留下的许多回忆都证明：正是由于人民群众对“的确良”的热切渴求，并引进“的确良”原料生产工厂，才有了20世纪70年代中期开始的“四大化纤”建设，才为创建中国石油化纤工业开辟了道路，才为从根本上满足中国人的衣被需求扫除了纺织原料长期不足的障碍。

第四节　自主建设首个石油化纤生产基地

1970年，在国内“的确良”服装面料已经有了较好的生产技术基础的条件下，中国人民解放军准备采用“的确良”布料，替代65式军服所用的纯棉府绸和纯棉卡其布料，以提高军服的耐穿和保形性，提升色牢度，减轻重量，增强军威。为此，解放军总后勤部向中央军委报告：拟在湖南岳阳和湖北蒲圻建设石油化工联合企业，生产涤纶、锦纶、腈纶等化纤原料和军服布料。经中央军委同意，国务院批准了这项建设工程。解放军总后勤部就此成立了“2348工程”筹建处，组织国内权威

的石油化工科研、设计和生产单位，进行工艺、设备、产品、厂房及配套公用设施的研究设计[14]。

一、建设背景

20世纪60年代，发达国家的石油化工工业就已进入了以大型管式炉裂解工艺和馏分油原料为技术特征、以大型石油化工联合企业为生产单位的发展时期。而当时我国以炼油厂干气和原油为原料的石油化工工业开始起步。由于当时炼油厂的能力小、加工深度浅、干气资源有限，故石油化工装置都很小。

1960年发现大庆油田后，胜利、华北、辽河和大港等油田相继开发投产，我国石油产量和炼油能力开始大幅提升。与此同时，我国石油化工技术也有了长足进步，新型催化裂化、铂重整、延迟焦化等技术渐趋成熟，生产装置不断建成投产，可以生产品种更为丰富的基本有机化工原料。

20世纪60年代末70年代初，我国自主建设了两个新型石油化工基地，北京石油化工总厂和岳阳石油化工联合企业。北京石油化工总厂由东方红炼油厂和胜利、东风和曙光三个化工厂组成，是综合利用油气资源的石油化工联合企业，1968年5月动工，20世纪70年代初期建成投产。而岳阳石油化工联合企业的历史则极其独特，该企业的前身就是我国首家石油化工化纤纺织联合企业——“2348工程”。

二、建设概况

有关“2348工程”的建设，中石化巴陵石化公司李茂春撰写的《湘北三线，2348的岁月》一文记载得比较详细。

1965年5月25日，中共中央决定取消中国人民解放军军衔制，由总后勤部统一筹措供应65式新军服。关于军服布料，总后勤部的领导很自然地就想到了那时已深受民众欢迎的“的确良”。1969年9月7日，经中央军委同意、国务院批准，在“三线”地区建设一家集炼油、化工、化纤和纺织为一体的联合企业——岳阳石油化工联合企业，生产“的确良”军服布料。“中国人民解放军总后勤部第2348工程指挥部”随即在北京成立，隶属于总后勤部企业部领导；工程地址选定在岳阳市临湘县（现临湘市）的云溪。

1969年10月31日，化学工业部军管会下达通知：1969年11月1日起，化学工业部北京合成纤维研究所（综合车间除外）的全部人员、设备、仪器、仪表以及有关合成纤维的研究资料等，均交由总后勤部企业部2348工程指挥部管理。时任北京合成纤维研究所所长的张西蕾接到通知后，她当即率全所400余人分三批开赴工程工地。1969年11月至1972年10月，张西蕾任工程指挥部生产组组长兼设计研究院院长，负责“十大项目”（即以炼厂气和芳烃为原料，生产“三纶两酯三橡胶”）的工程设计研究[15]。

1969年12月13日，“2348工程指挥部第二筹建处（蒲纺）”成立。1970年11月，“2348工程指挥部第三筹建处（长岭炼油厂）”成立，长岭炼油厂是1965年1月25日中共中央决定建设的当时我国第三套大型炼油装置，年加工原油150万吨，厂址在岳阳市临湘县长岭地区。

1969年9月至1974年，是“2348工程”建设的高峰期，在相距百里的三个工地上，化学工业部第四化工建设公司、交通部第二港务工程局、大庆炼建队、上海纺织安装公司、湖南省安装公司、广东工程建设总队和岳阳电厂等单位的职工以及部队官兵、民兵和民工近10万人参加了建设[16]。

1970年9月20日和10月25日，涤纶短纤维和棉型锦纶短纤维两条生产线先后竣工并试车成功。1971年4月30日，锦纶长丝装置生产出了第一批锦纶切片；5月7日，炼油、锦纶长丝、弹力丝、己内酰胺等装置均试车成功。当年，在岳阳云溪的锦纶厂、涤纶厂、橡胶厂、环氧树脂厂，在湖北蒲圻的纺织厂、针织厂、织绸厂，以及配套的水电气汽和机械维修等公用设施均基本建成。

1971年4月，“2348工程”指挥部改称“中国人民解放军总后勤部化工生产管理局”；同年6月，总后勤部决定，将该局所属工厂列入军需企业序列：长岭炼油厂为3101厂、锦纶厂为3102厂、涤纶厂为3103厂、腈纶厂为3104厂、橡胶厂为3105厂、环氧树脂厂为3106厂、供排水厂为3107厂、热电厂为3108厂、机械厂为3109厂、蒲圻纺织厂为3110厂。其他如设计院、试验研究所、基建大队、运输大队和职工医院等单位直属指挥部或所属工厂管辖。

1971年5月15日，“2348工程”的炼油、化工、化纤和纺织等整个工艺流程全部打通；当天，总后勤部政委张池明、轻工业部部长钱之光、冶金部副部长林泽生、燃化部副部长徐今祥等领导到现场祝贺。

1971年9月20日，总后勤部向军委呈报的报告中称，岳阳石油化工联合企业由炼油、化工化纤、纺织三部分组成。炼油和化工化纤基地，分散建在湖南岳阳长岭和云溪的十几条山沟里；纺织基地建在距化工基地60公里的湖北蒲圻山区；厂区布局“靠山、分散、隐蔽”，符合战备要求。该联合企业的规模为：年炼制原油250万吨；用炼厂气提取20多种化工原料15万吨；年产3种合成纤维2万吨（涤纶5000吨、锦纶5000吨、腈纶1万吨）；涤纶和锦纶的年产量，可年产4000万米“涤、锦、棉三元混纺”军服布料，供应全军官兵每人两套军服（包括单衣和罩衣）；年产3种合成橡胶（丁腈、顺丁、异戊）2.8万吨，其中顺丁、异戊两种合成橡胶的产量可用于生产全军所需的解放胶鞋及17万辆汽车用的内外轮胎；另还可生产合成材料2万吨；总投资约7亿元，定员职工3万人，建成后年产值可达17亿元。

三、运行情况

3102厂拥有当时全国最大的锦纶6生产装置，具有年产5000吨锦纶6的聚合纺丝能力。但由于那时的工艺技术尚不成熟，该装置生产中时常出现问题。1975年起，燃化部组织了历时3年的己内酰胺装置技术攻关，发明了以焦磷酸钠涂壁解决氧化过程中的结渣，并突破了两段苯加氢、二次皂化、逆流连续肟化、转位外循环、连续蒸馏等诸多关键技术，改进完善了64项技术，改造了技术设备，使环己烷氧化工艺得以成熟。

采用旅大市合成纤维研究所“混合二甲苯不经分离直接氧化转位制备对苯二甲酸”技术路线，3103厂建设了年产5000吨的聚酯生产装置。由于该技术不够成熟且部分设备材质达不到技术要求，故建成后没有形成连续稳定的生产能力[17]。

四、移交管理

因国家决定要统一规划和综合利用石油化工资源，故1973年12月16日国务院、中央军委批准，将总后勤部化工生产管理局及其所属企事业单位移交给燃料化学工业部和轻工业部管理。移交燃化部的3101厂更名为“长岭炼油厂”，3102、3103、3104、3105、3106、3107、3108、3109等工厂组建成了“岳阳化工总厂”[18]。湖北蒲圻地区的3110工厂更名为“湖北省蒲圻纺织总厂”，轻工业部接收后，移交给了湖北省纺织局管理。1975年3月8日，移交工作全部完成[19]。

五、“2348工程”的意义

“2348工程”对我国石油化纤工业的建设有三个方面的积极意义：

一是，1971年工程建成投产后，所生产的涤纶和锦纶被纺制成了涤、锦、棉三元混纺布料，并陆续供应给服装工厂，保证了“的确良”71式军服的生产和部队换装，结束了我军官兵穿着纯棉质布料军服的历史[14]。

二是，探索了现代大型石油化工化纤联合企业全过程的自主建设和运营管理，积累了宝贵的经验和教训。

三是，为党中央、国务院决定大规模引进成套技术装备，建设大型石油化工化纤生产基地（即“四大化纤”）的战略决策提供了具有坚实实践基础的决策支持。

参考文献

[1] 北京化工学院化工史编写组. 化学工业发展简史［M］. 北京：科学技术文献出版社，1985：241-265.

[2] 黄时进. 新中国石油化学工业发展史（1949—2009）［M］. 上海：华东理工大学出版社，2012：702.

[3]《中国化学工业大事记》编辑部. 中国化学工业大事记（1949—1994）［M］. 北京：化学工业出版社，1996：362，539.

[4] 许坤元. 大事记篇（1960年），辉煌的二十世纪新中国大纪录（纺织卷）1949—1999［M］. 北京：红旗出版社，1999：1252.

[5]《钱之光传》编写组. 钱之光传［M］. 北京：中共党史出版社，2011：438.

[6]《中国化学工业大事记》编辑部. 中国化学工业大事记（1949—1994）［M］. 北京：化学工业出版社，1996：95，372.

[7] 新华社. 适应城乡人民多种需要，上海生产化学纤维新织物［N］. 人民日报，1962-11-12（1）.

[8] 上海市地方志办公室. 地方志资料库・市级志书・上海专业志・上海纺织工业志・大事记［EB/OL］. 2021-11-17，上海地方志办公室（shtong.gov.cn）.

[9] 上海市地方志办公室. 地方志资料库・市级志书・上海专业志・上海纺织工业志・大事记 [EB/OL]. 2021-6-7，上海地方志办公室（shtong.gov.cn）.

[10] 许坤元. 国务院批转纺织工业部关于1962年的主要工作情况和1963年的主要工作安排的报告，辉煌的二十世纪新中国大纪录（纺织卷）1949—1999［M］. 北京：红旗出版社，1999：972.

[11] 北水，陈新. 聚酯纤维的确凉［J］. 科学大众，1964（8）：287-288.

[12] 孟红. 中国人民解放军军服演进史话 [EB/OL]. 中国共产党新闻—资料中心—史海回眸—文博之窗，2021-6-7，中国人民解放军军服演进史话—中国共产党新闻—中国共产党新闻网（people.com.cn）.

[13] 刘心格. 我的第一件“的确良”衬衣［J］. 纵横，2004（3）：48-49.

[14] 军需生产史料丛书编委会. 军需生产史料丛书. 军需生产综述（1949—1993）［M］. 北京：解放军出版社，1995：112-113.

[15] 李茂春. 张西蕾的"三线建设"往事 [J]. 中国石化，2016 (10)：54-57.

[16]《中国化学工业大事记》编辑部. 中国化学工业大事记 (1949—1994) [M]. 北京：化学工业出版社，1996：97.

[17] 黄时进. 新中国石油化学工业发展史 (1949—2009) [M]. 上海：华东理工大学出版社，2012：718.

[18]《中国化学工业大事记》编辑部. 中国化学工业大事记 (1949—1994) [M]. 北京：化学工业出版社，1996：100.

[19] 许坤元. 第十一篇大事记篇，辉煌的二十世纪新中国大纪录 (纺织卷) 1949—1999 [M]. 北京：红旗出版社，1999：1261.

第七章

大型石油化纤生产基地的建设

20世纪70年代中期，我国大规模引进了合成纤维成套生产装置，建设了四个以石油天然气为原料的大型合成纤维生产基地，极大地缓解了我国纺织原料长期不足的矛盾，初步解决了无法满足人民衣被需求的历史性难题。

第一节　建设大型石油化纤生产基地

1970年，新组建的轻工业部成立不久，钱之光部长就带领机关有关负责人到兰州化纤厂调研。兰州化纤厂是我国第一个石油化纤工厂，其年产量8000吨的腈纶装置是1963年8月国务院批准引进的16套石油化工装置之一。1965年下半年，国务院批准建设兰州化纤厂，由纺织工业部负责建设，同年11月启动筹建。1966年3月，国家建委决定，兰州化纤厂划归兰化，由化学工业部负责。1969年9月26日，兰州化纤厂投料试产。钱之光现场考察了这套从英国引进的腈纶短纤维装置的生产运行情况，并参观了兰化正在建设的以石油为原料的乙烯和丙烯生产装置。

此次调研后，经思考及与有关人员交流，钱之光形成了由纺织工业牵头建设我国大型石油化纤生产基地的设想。其理由是：1965年引进的维纶成套生产设备，原本是供建设一个合成纤维工厂的，结果却硬是被划分成了两个工厂；化学工业部建设了生产原料的北京有机化工厂，纺织工业部建设了生产纤维的北京维尼纶厂；这是因计划管理体制原因造成的，把原本一体化的纤维原料和聚合纺丝生产硬生生地割裂开来，给生产运行和质量管理带来了许多问题，导致高成本、低效率。石油化纤的生产过程、技术装备、运行管理都很复杂，不能再像1965年引进维纶成套设备那样搞分段分块建设了。国家应该建设几个大型石油化纤联合企业，这样才能系统地消化吸收全套技术，提高运行效率、产品质量和成果效益[1]。

20世纪70年代初，我国采油工业开始崛起，石油工业发展较快，合理利用油气资源已提上议事日程。1959年，我国石油产量只有373万吨，自给率40.6%；1965年大庆油田建成后，石油产量达到1131万吨，完全实现了自给。1972年，原油产量已达4567万吨，出现了剩余，已可以供应石油化纤工业作为原料[2]。

基于这些分析，钱之光意识到了机遇，他开始筹划，要以合理利用国产油气资源为契机，建设几个大型石油化纤生产基地，在20世纪70年代把化纤年产量提升到50万吨，然后再搞50万吨，使总量达到100万吨，就可以替代100万吨（2000万担）棉花，那样，既可基本满足纺织工业的原料需求，又可大幅缓解粮棉争地问题。对于应该由谁来领导大型石油化纤生产基地的建设这一触及计划管理体制痛点的问题，钱之光做出了实事求是的分析。他认为，发展化肥工业、服务农业是化学工业一如既往、贯穿始终的核心任务，这样石油化纤工业就不可能在化学工业领域处于首要位置，难以得到最高程度的重视和支持，而当时的纺织工业则会把发展石油化纤工业放在核心和关键的地位，因此，应该由纺织工业系统领导我国石油化纤工业的建设发展。经过比较充分的交换意见，钱之光的这一设想被提交给了轻工业部党组进行研究。经过两次认真交流讨论，轻工业部党组就由纺织工业系统牵头建设我国大型石油化纤工业的设想形成了一致意见。钱之光就此向时任国家计委主任余秋里和国务院副总理李先念做了汇报，得到了两人的支持[3]。由此，牵头发展石油化纤工业就成为纺织工业系统为之努力的目标。

1971年1月7日，轻工业部和燃料化学工业部（简称燃化部）联合向中央报告，要以综合利用石油资源为主，集中力量分期分批打歼灭战，发展合成橡胶、合成纤维和合成塑料。同年12月30日召开的“全国轻工业计划座谈会”再次强调，要把化学纤维等原料工业促上去[4]。

在此背景下，1972年初，党中央、国务院启动了以“切切实实地解决国民经济中的几个关键问题”为目的的新中国历史上第二次大规模成套技术设备引进。

第二节 “四三方案”与“四大化纤”

一、时代背景

从1949年中华人民共和国成立到1978年改革开放，我国有过两次大规模的成套技术装备引进，第一次大规模成套技术装备引进，是“一五”期间从苏联引进成套技术装备建设156个重工业项目，依托这次引进的成套设备建成的156个大型工矿企业，成为我国工业化建设的开端；第二次是“四五”期间（1971～1975年）引进价值43亿美元的26项大型成套生产技术装备，史称“四三方案”。

二、“四三方案”的形成过程

“四三方案”的雏形是花4亿美元引进4套化纤和2套化肥成套生产设备的最初方案。其目的是，解决纺织原料长期不足的问题，满足人民衣被需求；提升化肥生产技术水平，提高粮食产量。

中华人民共和国成立20多年里，纺织工业的发展实践证明，只有发展化学纤维工业特别是石油化纤工业，才能满足中国人民的衣被需求。当时，我国石油工业已初具规模，可以拿出一部分石油来生产石油化纤了。但我国的石油化纤技术尚不成熟，难以在短时间内自主创建大型石油化纤生产基地，而进口成套化纤生产技术装备则是一种可以快速见效的选择。而恰在此时，毛泽东听到一个实情，促使他本人亲自提出了进口涤纶生产设备的动议[5]。

事情是这样的。毛泽东有一个搞社会调查的方法，就是让身边外出过周末的工作人员回来后，都要跟他唠唠家常，他要听听这些工作人员周末在社会上的所见所闻，借此，他可以了解一些真实的社会生活。1971年8月，毛泽东到南方视察。在长沙，一位女工作人员过完周末回来，兴冲冲地告诉毛泽东，她千辛万苦地排了半天队，终于买到了一条“的确良”裤子。对此，毛泽东非常惊讶。事后，他问周恩来、李先念：为什么不能多生产一点？不要千辛万苦，百辛百苦行不行？周恩来说：我们没有这个技术，还不能生产。毛泽东又问：能不能买？周恩来说：当然可以[6]。于是，周恩来让自己的工业秘书顾明，请李先念、余秋里立即研究引进化纤生产设备之事，并要通盘研究其他急需引进的项目，搞个完整的规划报给他[7]。

1972年1月初，国家计委组织轻工业部（此时的轻工业部是1970年7月由纺织工业部和第一轻工业部、第二轻工业部合并而成，1978年1月，纺织工业部又重新分离出来）、燃化部、商业部和对外贸易部商议了引进化纤化肥成套生产设备之事。随即，时任国家计委副主任的顾秀莲即通知时任轻工业部计划组副组长的陈锦华：中央决定引进化纤成套生产技术设备，须起草个给中央的请示报告。

陈锦华立即向钱之光做了汇报。钱之光召集曹鲁、焦善民、李正光和王瑞庭等同志研究认为：此事对发展纺织工业意义重大，要尽快办。报告起草前，李先念、华国锋专门组织了讨论，在此基础上，陈锦华起草了《关于进口成套化纤、化肥技术设备的报告》。1972年1月16日，国家计委将修改充实后的正式报告呈报国务院。报告建议：进口4套化纤装置和2套生产化肥的30万吨大型合成氨装置，约需4亿美元。报告专门提到，投产后可年产“的确良”布料19亿市尺，能更好地满足城乡人民对“的确良”的需求；“的确良”是这份重要报告中唯一提及的具体问题，以直接回应毛泽东的关切[6]。

1972年2月5日，李先念要求余秋里、钱之光和外贸部部长白相国等加紧组织实施。轻工业部、燃料化学工业部会同外贸部随即组成两个化学纤维技术考察组，分别于1972年2月中旬和3月初出发，到西欧、日本进行了为期两个月的考察。考察团4月中下旬回国后，于1972年5月向国务院呈报了引进化纤设备方案的报告[8]。5月24日，李先念批准同意后，对外经济贸易部（简称经贸部）同外商进行多轮谈判。在听取谈判情况汇报后，周恩来9月2日批示同意，并问“能否提前先搞一套日本化肥设备、一套三菱油化设备、一套日本‘旭化成’（公司）”。9月10日，李先念批准了国家计委和外贸部提出的《关于提前从日本进口化肥、化纤设备的报告》，确定了首批化纤、化肥设备的引进方案[9]。

由于这次引进引发了所有工业部门的参与热情。冶金、燃化、机械、电讯、民航、水电、铁道、三机、四机等政府部门都提交了报告，要求引进本部门所需的先进生产设备。1972年8月6日，国家计委提出了《关于进口一米七连续式轧板机问题的报告》，8月21日周恩来报毛泽东批准，从联邦德国、日本引进。1972年11月7日，国家计委又提出《关于进口成套化工设备的请示报告》，建议进口23套化工设备。这时其他工业部门也各自提出了项目。周恩来指示国务院把这些项目合并起来，将“关于进口33亿美元第一方案的报告各送我一份”[10]。1973年1月5日，国家计委正式向国务院提交了《关于增加设备进口、扩大经济交流的请示报告》，由于报告中计划用外汇43亿美元，故后被称为“四三方案”；经修改，3月22日国务院原则上批准了这个报告。

三、引进原则、领域及项目规模

“四三方案”对引进工作有六条原则要求：第一，坚持独立自主、自力更生的方针。集中力量切实解决国民经济中几个关键问题，不能全靠进口，不能分散力量，以免解决不了重大问题。第二，学习与独创相结合。重点引进一批新技术，把我国当时还处于20世纪40～50年代的生产技术水平提高到接近当时的世界先进水平。第三，有进有出，进出平衡。进口设备投产后，从新增加的产品中拿出一部分来扩大出口，做到外汇收支平衡。第四，新旧结合，节约外汇。以引进新技术为主，但只要国内急需且性价比好，也可以买些二手设备。第五，兼顾当前与长远。进口设备，增加国内生产，比进口成品合算。第六，进口设备大部分放在工业基础好的沿海地区，可尽快产生效益。这些原则不仅是当时引进技术设备的指导方针，而且对以后乃至改革开放时期的对外开放都有重要的借鉴意义。

引进的技术领域与项目规模：石油、煤炭、冶金、电力、交通运输等基础工业27.5亿美元，占64%；农业5.65亿美元，占13.1%；轻工业9.85亿美元，占22.9%。“四三方案”最终安排了26个项目，都是人民币投资额1亿元以上的项目；人民币投资额10亿元以上的项目有：辽阳石油化纤总厂（29亿元）、武钢的一米七轧机（27.6亿元）、大庆化肥厂（26.7亿元）、上海石油化工总厂（20亿元）

和天津石油化纤厂（13.5亿元）。

四、“四三方案”的意义

第一，决意解决吃穿问题。按“四三方案”，此次成套技术设备引进所需的43亿美元，加上利息，总额达50亿美元；而1972年全国基本建设投资总额是412亿元，这26个引进项目就占了214亿元，占当年全国基本建设投资总额的51.9%，用汇相当20世纪50年代引进规模的2倍。由此可见，党中央、国务院对这次大规模成套技术设备引进下了多么大的决心。其中，化肥和化纤项目占了用汇总额的50.7%，冶金及能源工业各占20%左右，降到了次要位置，尽快解决好人民吃穿需求的意志已无须解释。第二，生产能力大幅提高。成套设备大幅度地提高了产能和产量，如1979年的化纤产量比1977年增加了70%以上。第三，技术水平快速提升。引进的技术设备基本上是发达国家20世纪60~70年代的产品，极大地促进了石油化纤工业的技术进步。第四，引进和建设效益较高。1979年26个项目的合同执行完毕，合计用汇39.6亿美元，比计划用汇少了3亿多美元；平均建设工期3年零8个月，最长不过5年；而当时国内自建大中型项目的平均建设周期为11年半；总体目标实现程度约92%，这样的建设效果已是成功。第五，产业布局和投资导向开始扭转。开展“三线”建设以来，过分强调战备的产业政策得以调整，沿海和东北等一线地区又一次大规模地补充了新型技术设备[11]。

第三节 “四大化纤”建设方案

1972年1月初，陈锦华起草《关于进口成套化纤、化肥技术设备的报告》的时候，正值全国经济会议在京召开，消息不胫而走，各地省市的领导开始争取将引进项目放到他们那里落地。经过研究，初步确定，引进的4套化纤成套生产设备分别放在纺织工业比较发达、纺织原料短缺且人口较多的地区，如上海、天津、辽宁和四川（表7-1）。随即，轻工业部、国家建委、燃化部、交通部、水电部等部门组成联合工作组，由轻工业部焦善民副部长带队，赴辽宁、上海、天津、四川等省市实地考察。经预选和评估，确定在上海市金山县（现金山区）、辽宁省辽阳市、天津市北大港和四川省长寿县（现重庆市长寿区）各放一套引进装置。经批准，最终决定建设四个石油化工化纤工业基地，即上海石油化工总厂、辽阳石油化纤总厂、四川维尼纶厂和天津石油化纤厂，史称“四大化纤”[12]。

化工生产设备以成套引进为主，化纤纺丝设备以及配套公用工程以国内自主设计制造和建设为主。

表7-1 “四三方案”决定引进的四套石油化工化纤成套生产设备一览表[13]

序号	项目名称	建设地点	引进国家	产品品种与生产规模	签约时间
1	上海石油化工总厂	上海金山卫	日本，德国	乙烯11.5万吨/年 聚乙烯醇3.3万吨/年 丙烯腈5万吨/年 丙烯腈废液处理0.8万吨/年 聚酯2.5万吨/年 芳烃抽提10万吨/年 高压聚乙烯10万吨/年 乙醛3万吨/年	1973年

续表

序号	项目名称	建设地点	引进国家	产品品种与生产规模	签约时间
2	辽阳石油化纤总厂	辽宁辽阳	法国，意大利，德国	乙烯7.3万吨/年 催化重整进料15.5万吨/年 芳烃抽提12.3万吨/年 乙二醇4.4万吨/年 对二甲苯5.8万吨/年 对苯二甲酸二甲酯8.8万吨/年 聚酯8.7万吨/年 环氧乙烷4.5万吨/年 尼龙66盐4.6万吨/年 制氢4×10.6万立方米/年 硝酸5.4万吨/年 汽油加氢4万吨/年 聚丙烯3.5万吨/年	1973年
3	四川维尼纶厂	四川长寿	法国，日本	醋酸乙烯9万吨/年 甲醇9.5万吨/年 乙炔2.8万吨/年	1973年
4	天津石油化纤厂	天津	日本，德国	对二甲苯6.4万吨/年 苯2万吨/年 对苯二甲酸二甲酯9万吨/年	1975年

第四节　“四大化纤”建设领导机构

经国务院批准，“四大化纤”的工程建设由轻工业部负责。国务院下达文件，将“四大化纤”列为国家级的建设重点，要求建设项目所在省市和全国相关部门对其给予关心支持。国家计委、国家建委、轻工业部与相关省市研究商定，工程建设采取“以块为主、条块结合”的管理体制。具体做法是：项目所在省市按国家批准的建设方案统一领导和实施项目规划，负责炼厂、电站、港口、码头、铁路、厂区等的工程建设和生产准备等工作；国家计委负责设计任务书和年度建设计划的审批，平衡项目建设的投资和资源后列入燃化、水电和交通等部门的基建计划；国家建委负责扩初设计、施工力量和安装机具的审批与供应；轻工业部负责安排进口装置与国内配套设备的分交；对外经济贸易部（简称外经贸部）负责对外谈判、合同签订与执行，轻工业部参加；燃化部负责按国家计划供应燃料和原料用油；省市、轻工业部和燃化部根据职责分工分别负责配套化工原料的供应。

根据以上安排，轻工业部成立了专职机构——轻工业部成套设备进口办公室（简称进口办），全权负责“四大化纤”工程建设的运行管理事务。

一、设置统管机构与确立办事准则

1973年2月1日，轻工业部成套设备进口办公室正式成立，焦善民副部长兼任办公室主任。1974年春，兰州化学工业公司副经理兼总工程师林华任进口办专职副主任。

按轻工业部党组确定的职责，进口办负责对外谈判、计划安排、工程建设、生产准备、纺丝设备配套，以及部管统配物资的申请订货和供应等工作，并代表轻工业部与相关国家部委及省市协调处理工作。钱之光部长要求，对上对下、对内对外，都由进口办统一抓。

进口办内设综合组、对外组（后为生产准备组）、计划组、基建组、物资组和机械组7个机构；编制100人，借调50多人，主要来自原纺织工业部的计划、外事、化纤、基建、物资、纺机和情报翻译等部门；1974年又从兰化调来了10位工程技术人员。

进口办成立后，首先着力抓引进谈判、合同签约、厂址选择与确定等工作。对引进工作，钱之光要求，必须坚持自力更生为主的原则。谈判过程中，进口办坚决贯彻这一原则：凡国内能生产并适用的设备都采用国产设备；进口的设备必须技术先进、成熟，适合我国国情，性价比好；对未经过工业化生产考验的技术设备，慎之又慎；对技术成熟但价格过高的设备，力争通过谈判把价格压下来，如不行，就自己设计制造。例如，上海石化总厂的腈纶设备，原本打算从日本进口，但日方要价过高且不肯让步，故决定放弃进口，由国内自主设计制造。这样下来，“四大化纤”进口装置的总支出占基建投资总额的40%，主要用于进口化工装置和新技术设备；其他的生产装置和配套公用工程设施都是由国内自主设计制造的，占基建投资总额的60%。“四大化纤”的土建设计，总体上是由国内设计力量自主完成的，只有辽阳石油化纤总厂引进装置的土建设计委托给了两家法国公司；引进设备的安装调试也主要是靠国内技术力量完成的，只聘请了为数不多的外国专家到现场指导。1972年下半年至1973年9月，经过耗时耗力的细致谈判，签订了41套生产装置的订货合同；其中，上海金山项目9套、四川项目7套和辽阳项目25套；因水源落实滞后，天津项目1976年3月才开始谈判签约。

除“四大化纤”项目外，进口办还负责了南京烷基苯厂引进项目的建设[14]。

二、理清思路，排除干扰，建强队伍，奋力实施

根据党中央、国务院领导关于进口设备工作的批示，轻工业部于1973年底召开了“进口成套设备基本建设工作座谈会”。经座谈讨论，会议形成了一些基本认识：首先，要坚持党的社会主义建设总路线，要有大干精神，要吃大苦、流大汗，以革命加拼命的精神，打争气仗，反对“等、靠、要”；同时，要坚持“多、快、好、省”“百年大计、质量第一”“独立自主、自力更生”的建设方针；要发扬“艰苦奋斗、勤俭建国”和“精打细算、厉行节约”的工作作风。参加会议的同志一致表示，中央下如此大的决心引进化纤成套生产设备，就是为了要“洋为中用”，为了能更好地、更高水平地自力更生；因此，国内能解决的问题一定要自己解决。参会的省市领导都表示，不当伸手派，地方能解决的问题绝不出省市。会议要求，对“四大化纤”项目建设从头开始就狠抓、紧抓。这次会议对“四大化纤”的建设发挥了积极的指导作用。

“四大化纤”建设的年代，受到的干扰和破坏非常严重，特别是上海和辽宁这两个重灾区。尽管如此，“四大化纤”项目所在地的省市领导都非常重视，主管经济工作的书记、省长、市长都亲自挂帅，抽调经验丰富的干部组成建设指挥部，选调最好的设计和施工单位承担设计施工任务。上海市的各项工作做得最好，上海石化总厂成为“四大化纤”建设的标杆工程。

为完成好石油化工化纤工厂的工程设计任务，和燃化部协商后，燃化部贵阳第九设计院的一个设计所成建制地调划给了纺织工业设计院，组建成了化学纤维设计室，该室出色地完成了许多重要的工程设计任务。

三、倾力解决核心关键问题，力保建设过程科学、合理、有序

“四大化纤”项目的选址都是由焦善民副部长带领选厂组到备选厂址，与省市及相关部门领导共同进行实地考察，再经多方案综合论证评估后才确定的。选址过程中，存在一些不同意见，上海石化总厂的选址是最突出的例证。上海石化总厂的最初选址是浦东的高桥，但项目论证过程中，工厂的建设规模远远超出了最初的设想。上海市考虑该厂的长远发展，将厂址更改为离市区近百公里远的金山卫，并且要先围海造地，还要多建设一条上海市区到金山卫的铁路专用线、一座黄浦江大桥、一座油码头及相关的公用工程，这要多花2亿多元的投资。就此，产生了不同意见，多方争执不下。钱之光派焦善民带队前往现场，反复论证评估，最后同意了上海市的意见，将上海石化总厂的厂址定在了金山卫。事实证明，这样的选址注重了长远发展理念。

进口办的日常工作主要是：制定好工程建设计划，监督中外双方认真履约，做好部管统配物资的订货供应，及时发现和解决困难与问题。为把这些日常工作处理好，进口办组建了由李正光、牛迪义、马彦、张乐山和高乃志等分别负责的联络组，负责具体对接各自所负责的对口项目。联络组必须深入建设现场，掌握第一手情况，按时汇报请示工作。遇紧急情况，可直接电话汇报。进口办定期编报工程进展情况简报，上报给钱之光和有关部委。一旦发现建设进程中存在需要协调解决的问题，进口办就会主动派人员专责帮助具体项目解决实际困难与问题。

在各个项目建设的关键阶段，进口办都会组织工作组到工程建设现场督导检查，协助项目指挥部解决建设过程中出现的具体问题。例如，采用国产纺丝装置的上海金山石化总厂腈纶分厂，虽于1975年四季度试产出了“争气丝”，又于1976年上半年建成了5条生产线，但生产很不正常、产品质量差。由于无法消耗其不合理的成本，下游纺织厂不愿采用其生产的纤维，进而严重影响了金山石化总厂的正常生产。当时，对是否继续采用国产纺丝装置产生了较大的分歧，有人主张重新考虑从国外引进。此时，钱之光意识到，解决腈纶分厂国产纺丝装置的问题是影响上海石化总厂一期工程建设的核心关键。为此，钱之光要求李正光驻扎在腈纶分厂，与职工一起研究解决问题。经过一系列的工艺技术改进和装置设备改造，纺丝生产效率和产品质量有了大幅提高，原料成本和能源消耗大幅降低，创立了具有自主技术基础的腈纶纺丝工艺与设备技术体系。在此基础上，通过加强管理和改善经营，腈纶分厂很快走出了困境，产能超过了设计能力，产品质量达到了国际水平，实现了较好的利税收益。

在四川维尼纶厂的建设中，对四川省化工研究所研制的天然气脱硫装置的技术性能存在质疑。钱之光知悉了此事，经研究认为，此事是关系该厂能否顺利投产的关键问题。故钱之光要求进口办对这一存疑问题做出科学研判。进口办组织专门技术力量，充分、细致地核实了该装置的设计依据和过程资料，确认此项设计可以达到脱硫的技术标准要求。装置建成后的实际生产效果证明，进口办组织的分析研判结论是科学的。

四、倾力抓好工程质量，确保生产安全

能否规避高温、高压、易燃、易爆等不安全因素，是石油化工化纤企业必须妥善处理好的安全生产问题，而处理好这一重要问题的基础，就是要确保工程的建设质量达到高标准、高要求。为此，轻工业部领导和进口办倾注了极大的心血。为了贯彻“四大化纤”建设必须遵循“百年大计、质量

第一”的方针，进口办建立了严格的质量管理制度和专职质量检控机构，建立健全了涵盖自检、互检、专检等方法的质量检查体系。建设过程中，进口办组织了项目间的对口互检和巡回检查，并与国家建委机关组成联合工作组下沉到建设工地，与职工一起进行质量大检查。例如，1977年4月上旬至9月中旬，进口办派出了3个检查组，分赴上海石油化工总厂、四川维尼纶厂和辽阳石油化纤总厂建设工地，开展了历时3个月的工程质量互检[15-16]。

第五节　“四大化纤”建设过程

“四大化纤”的建设规模、技术复杂程度和资源投入水平是纺织工业建设史上前所未有的。从1974年元旦上海石油化工总厂率先开工建设开始，到1983年天津石油化纤厂通过国家验收交付投产为止，“四大化纤”的建设耗费了整整10年的时间。

一、上海石油化工总厂（一期工程）

上海石油化工总厂一期工程是“四大化纤”中最先启动建设的项目，因厂址位于上海市金山县金山卫，故被称为“金山工程”。金山一期工程是中华人民共和国成立以来，上海建设的最大的一个工业企业项目。

（一）项目概况

1972年6月，国家计委初步拟定在上海市建设一个石油化纤项目。1972年7月16日，当时的上海市革命委员会向中共中央、国务院呈报了《关于筹建上海石油化工总厂的请示报告》，汇报了关于建厂规模和厂址选择这两个问题的想法和建议。1973年3月9日国家计委、国家建委、轻工业部签发的《关于上海石油化工总厂筹建工作汇报会议纪要》，1973年9月24日国家计委签发的《关于上海石油化工总厂设计任务书讨论纪要》，1973年11月16日国务院批准的《上海石油化工总厂设计任务书》，1975年12月22日国家建委批复的《关于上海石油化工总厂总体设计》等文件中，确定的此项工程的主要指标是：上海石油化工总厂是一个以石油为原料，采用煤柴油管式炉裂解工艺等生产烯烃和芳烃，再经聚合和纺丝等工艺，生产化学纤维、塑料和化工产品的大型石油化纤联合企业；设计规模为合成纤维10.2万吨/年（其中：涤纶和切片2.2万吨/年，维纶3.3万吨/年，腈纶4.7万吨/年）、低密度聚乙烯树脂6万吨/年（其中：聚乙烯薄膜1.4万吨/年）；原油加工能力250万吨/年；基本化工原料品种及年产能：乙烯11.5万吨、丙烯5.6万吨、对二甲苯1.7万吨、丙烯腈5万吨、聚乙烯醇3.3万吨、乙醛3万吨、醋酸3万吨，以及硫氰酸钠0.5万吨等。

一期工程计划建成18套生产装置，其中，从日本引进8套，从德国引进1套，国内配套9套；建设化工一厂、化工二厂、维纶厂、腈纶厂、涤纶厂和塑料厂6个生产工厂，并建有给排水、热电、机修、污水处理4个公用工程工厂，以及科研、设计、道路、码头、铁路专用线、桥梁、电讯和消防等配套工程，还有宿舍、医院、商店、文娱和市政等生活设施。其中，桥梁是上海黄浦江上的第一座铁路公路两用桥，码头是两座2.5万吨级的岛式卸油码头（图7-1）。

总厂夜景

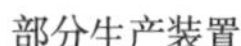

部分生产装置

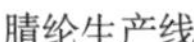

腈纶生产线

二号泊位丙烯腈卸船

图7-1 上海石油化工总厂

上海石油化工总厂在原金卫盐场滩地上围海造地万亩，征地3800余亩，一期工程占地5992亩，建筑面积159.7万平方米（生产用面积94.7万平方米，市政生活用面积65万平方米）；安装设备27008台件（其中引进设备6998台件），含阀门142586只，仪表69748台件，电气6998台件；工艺物料管道1530千米，现场组装大型球罐、油罐1.5万吨；至1978年底，耗用钢材27.2万吨，木材19.98万立方米，水泥62.48万吨。建设投资总额20.888亿元[17]。

（二）“一气呵成多快好省”的“大会战”

“大会战”，是计划经济时代我国大型工程建设通常采用的资源组织和运行管理模式。它充分发挥了“集中力量办大事”的社会主义制度优越性，以政府为主体，组织建设所需的各种资源，并加以投入、推进、协调和管控。我国“一五”时期156个苏联援建的工业建设项目，以及同期的“两弹一星”等重大国防工程都是采用这种模式运作的。在当时的历史条件下，“大会战”模式符合国家“多、快、好、省”的建设要求，适应人民“大干快上”的建设激情，创造了新中国最初的工业和国防基础。“四大化纤”建设，也是“大会战”模式的经典运用和杰出成果。

1979年6月29日的《人民日报》刊发了题为《一气呵成多快好省——上海石油化工总厂第一期工程的建设经验》的长篇报道。

一期工程于1972年6月启动筹建，12月28日开始围海造地。1973年起，用一年半的时间，完成了勘察、设计、填海造地和“三通一平”等前期准备；1974年元旦正式动工兴建，进入土建高峰；1975年上半年，6个工厂的土建基本完成，进入设备安装高峰。

为确保引进装置一次投产成功，一直在现场指导建设工作的李正光副部长提出了“单机试车要早，联动试车要全，投料试车要稳”的十八字方针，确保了各装置的平稳试车和后续的达标运行。1976年上半年开始，所有装置均进入单机试车、联调联试和模拟运行阶段。从1976年7月15日乙烯装置投料试车，到1977年7月3日三条生产线全流程贯通并全部产出合格产品，设备调试与试生产共历时1年。一期工程从1974年1月动工至1979年1月1日正式交付生产，共历时5年。

上海市党政领导对这项工程建设的意义认识得非常清楚，下决心要高速度、高质量、高水平地将其建设好。全市16个政府厅局机构、24个工业公司、23个设计单位、5个勘察部门和500多家工厂，都接到了对口包建任务。从筹建组织、人员配备、技术培训、生产准备，直至建成投产，采取一包到底、定点支援等措施，参加建设工程“大会战”。“大会战”中，围海造地阶段，5万农民工战风雪、斗严寒，仅用32天，就完成120万土方的筑堤工程，填海造出了1万多亩建设用地，为保证1974年元旦打下第一根基础桩，全面拉开金山工程建设序幕，打下了基础。自此，5万多名建设员工开始日夜奋战在金山工程的建设现场，发挥我国工人阶级“自力更生、艰苦奋斗”的优良传统，运用聪明才智，以“越是艰险越向前”的大无畏勇气，书写了可歌可泣的时代篇章。例如，仅用74天就建成了150米高的大烟囱、40天建成了34000平方米的厂房、4个月建成5万吨/天规模的水处理工厂，都比正常工期至少提前了半年至一年的时间。

进入设备安装的关键阶段时，人力、物力、运力都显得非常紧张，上海市调集了纺织、机电、仪表、冶金等行业的3000多名机修工和保全工给予支援，从工厂、机关、学校筹集了价值600多万元的物资送到建设工地；运输紧张时，黄浦江隧道定时专供金山工程使用。还有10个区的退休工人和家庭妇女参加了辅助工种作业，以此支援金山工程建设。

最值得铭记的，有两件事。

第一件是岛式卸油码头的建设。把石油从油轮上卸下来，需要有专用的卸油码头。经综合考量，确定在杭州湾的陈山建设卸油码头和陈山油库。但陈山所处的杭州湾是强潮海湾，风大、浪高、流急、潮差大，水文地质情况十分复杂。1917年，孙中山在《建国方略》中曾设想在这一带建设“东方大港”，但被从技术上否定了。金山工程卸油码头选址确定在陈山后，上海市组建了由院校、港务、航务等领域的专业科研技术人员，以及经验丰富的筑港工人和本地渔民组成的技术团队，团队连续12个昼夜在风大浪高的海面上勘测当地地质、地貌，采集大风大浪中的水文气象数据，并分析其规律。设计团队进驻现场后，仅用两个月就完成了原本需要半年才能完成的设计任务；航道局科研所、复旦大学和第三光学仪器厂的科研人员通力合作，研制出了激光经纬仪，用新技术取代了靠“摇旗呐喊”定位的传统方法，保证了在地形复杂的陈山能够开展夜间作业。上海的6个造船厂、3个钢铁厂、钢铁研究所以及港务工程局密切合作，在风高浪大的浩瀚海面上昼夜施工一年半时间，建成了两座能经受7米大浪的2.5万吨级外海岛式码头，之前，国内还没有这样性能和规模的码头。

图7-2　上海石油化工总厂一期工程使用木排运输大件设备

第二件是将特大型设备经内河运送到工地（图7-2）。引进装置中有不少“超高、超长、

超重”的大型部件，最重的200多吨，最长的60多米，体积最大的直径超过7米。将这些庞然大物毫发无损地从黄浦江码头运到金山工程工地，在当时是一件非常考验智商和能力的事情。海运和陆运，就需要先行修建码头或改建加固公路和桥梁，不仅要耗用大量时间，还要增大基建投资，显然不能满足建设进度的需要。为了用最少的投资和时间解决大件装置的运输安装问题，上海的工人师傅依据自己的经验，制定了用木排走内河浮运的方案，在许多经验丰富的老师傅们的精心操作下，这些庞然大物被顺利运送到了工地码头，再用简单的扒杆装置做起重机械，将它们起吊到经过改装的大型专用运输车上运送到安装现场；在安装现场，再次使用扒杆原理的简易起重装置将它们整体吊装到安装位置上。大型装置运输安装的一系列操作，没有照搬国外的方法，完全靠工人师傅们的聪明才智和精妙设计、操作取得的成果。1975年6月27日，邓小平在上海送别外宾后，再次来到上海石油化工总厂建设现场视察；当总厂领导向他汇报，老师傅们设计空心木排，经黄浦江转张泾河把进口特大设备运到了工地时，邓小平连声称赞：“老工人了不起！他们有经验。”[18]

上海石油化工总厂腈纶厂的建设具有典型意义。1973年4月，上海市纺织局成立了包建的该厂筹建领导小组；5月，上海市纺织局合成纤维筹建组、纺织工业设计院、工业建筑设计院、纺织机械厂以及腈纶厂筹建组共同组建了技术组，与日本爱克斯兰（Exlan）公司展开了腈纶生产装置引进谈判；因价格等原因，谈判最终破裂。同年12月，轻工业部决定，除引进部分仪表阀门等核心部件外，腈纶生产装置建设立足国内，自主设计、制造、配套、安装、运行。1974年2月，上海市纺织局合成纤维筹建组、腈纶厂筹建组以及设备设计制造单位组成“三结合”设计组，赴兰州化纤厂开展现场调研和设计；仅用40天就完成了《腈纶厂扩产设计方案》;7月，腈纶厂破土动工；1978年7月，生产装置建成投产；10月，通过了竣工验收；至年底，生产腈纶2.9万吨、腈纶毛条8508吨，一等品率分别为39.78%和66.85%。该厂的建设为我国腈纶产业发展走出了新路（图7–3）。

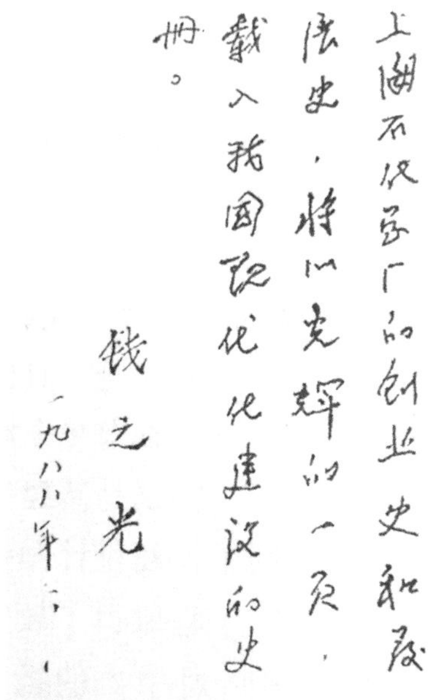

图7–3　钱之光为上海石化总厂题词

（三）召开“金山会议”，促进全国基本建设工作

党和国家领导人对金山工程建设给予了高度关心和支持。关于引进项目的对外履约，周恩来强调，一定要重合同。日本商人曾向他反映，上海石油化工总厂建在填海造地的软土层上，担心地基不够坚固，怕引发事故。周恩来听后很重视，专门批示并安排专人当面转达要求，一定要采取措施确保工程质量，保证不出安全问题[19]。

1973年6月29日，邓小平来到金山工地，他听取了筹建指挥部的汇报，考察了围海造地施工现场，对工程建设情况表示满意。他尤为关注正常生产后的“三废”处理问题，询问陪同视察的厂领导：“污水怎么处理？”“污水可回收吗？污染怎么样？”邓小平的这次考察，体现了党中央、国务院对金山工程建设的高度重视，给了全体建设者极大的鼓舞[18]。

1975年6月27日，邓小平再次考察正处于设备安装高峰期的金山工地。他冒雨考察了化工一厂、化工二厂等单位。时隔两年，面对眼前发生的巨大变化和热火朝天的奋战场景，他称赞说："我来看看，你们搞得很快，看看高兴。"临别时，邓小平对陪同的厂领导说，26个引进项目中，你们做得好，国务院得来开个现场会，推动一下引进项目的建设[18]。

1975年8月8～16日，根据邓小平指示，国务院金山工程基本建设现场会议在金山建设现场召开。各省、直辖市、自治区和国务院有关部委主管基本建设工作的领导，26个成套设备引进项目及国家重点建设项目的负责人，以及工人和技术人员代表共332人参加了会议。国务院副总理谷牧主持会议，并做了重要指示。

谷牧强调，用这么短的时间，完成这么多的投资，建成这么复杂的现代化企业，这么高的速度，在我国基本建设史上还从来没有过，所以要总结经验，探索一条社会主义制度下搞大型建设项目的基本规律，在全国推而广之，促进全国的基本建设工程[18]。他进而肯定了金山工程建设的四点经验：一是调动千军万马进行社会主义大协作、"大会战"。上海市进行了广泛深入的政治动员，一千万上海市民都动员了起来，掀起了"人人关心金山建设，个个争为金山做贡献"的热潮，全市上千个单位采用对口包建和定点支援等形式参加"大会战"，为金山工程建设提供了有力的支援；二是工程建设现场指挥部领导班子坚强团结、有战斗力；三是发动、支持和依靠群众，发动群众群策群力攻克难关，支持群众中涌现出的新生事物，依靠群众的革新创造；四是坚持"独立自主，自力更生"的方针，凡时间来得及、自己又能办的事，坚持自己办；整个工程建设中电气设备共12万吨，其中7万吨是国内制造的。

会上，上海市和金山工程筹建指挥部领导分别介绍了经验，大庆油田、开滦煤矿和沧州化肥厂等先进单位也交流了经验。

会议结束后，新闻媒体纷纷报道。《人民日报》刊发了记者述评《金山工程为什么上得快搞得好》，以及题为《一个又快又好的典型》的短评指出，金山工程的一些主要经验，不仅适用于重点工程建设，也适用于整个基本建设战线。党刊《红旗》杂志（《求是》杂志的前身）、《光明日报》和《工人日报》等权威媒体都发文加以宣传。上海《解放日报》和《文汇报》连续半个月报道金山工程的建设经验。与此同时，全国迅速掀起了"学金山、赶金山、超金山"的热潮。这次会议，极大地鼓舞和鞭策了参加建设的全体职工。

此次会议还起到了一个重要作用：参会的技术人员和工人代表发现了工程建设中存在的一些质量问题，有的还很严重，有可能影响安全生产；比如，管道焊接质量没有全部进行X射线检查，有些阀门未经研磨就安装了，这些问题都可能造成事故隐患。会议总结中，如实反映和上报了这些问题。1975年9月20日，国家建委向国务院汇报时，再次提出这些问题并希望在试车前加以解决。李先念副总理对此高度重视，决定派陈锦华为组长的工作组去金山工地专门检查工程质量[20]。工作组成员来自国家建委、轻工业部和燃化部，并特别按李先念的要求，带上了大庆的老工人师傅和技术人员。这是为了提示金山工程建设者们，在重视抓工程建设进度的同时，更要重视工程建设的质量，而大庆"三老四严"（当老实人、说老实话、做老实事；严格的要求、严密的组织、严肃的态度、严明的纪律）的经验，正是值得他们学习借鉴的。这两个重要举措仍对提高金山工程建设质量和加速重点项目的基本建设发挥了积极作用。

（四）一期工程的验收

1979年6月27日，上海石油化工总厂一期工程正式通过了国家验收。

验收委员会由来自国家计委、国家建委、国家经委、国家统计局、纺织工业部、财政部、国务院环境保护办公室、对外贸易部、第一机械工业部、化学工业部、石油工业部、交通部、轻工业部、铁道部、公安部、电力工业部、卫生部、国家劳动总局、国家物资总局和国家机械设备成套总局20个中央国家机关的代表，以及上海市对口单位的代表，共52人组成；主任委员是当时的国家建委副主任李超伯，时任国家计委副主任顾秀莲、纺织工业部副部长李正光、上海市革命委员会副主任陈锦华三人为副主任委员。

验收结论：必需的生产项目均已建成。一年半的试生产证明，生产情况正常，多数装置达到了设计能力；生产流程合理，产品质量稳步提升，消耗持续下降；辅助工程、环境保护和生活设施适应投产需要。工程基本建设、试生产及竣工验收等各项准备已经完成，符合国家基建项目验收规定的要求；同意对上海石油化工总厂一期工程正式验收，并确定1979年1月1日为正式交付生产日期[21]。

二、四川维尼纶厂

四川是人口大省，粮棉争地问题突出。考虑到四川拥有非常丰富的天然气资源，时任轻工业部部长的钱之光积极主张在四川建设以天然气为原料的化纤厂。1970年秋季，钱之光派轻工业部生产司司长刘瞻来川，与四川省有关领导商定，以重庆天然气化工研究所年产100吨维尼纶的中试装置为基础，将其扩建成年产1万吨维纶的工厂，并很快成立了“重庆维尼纶厂筹建处”。当时选定的工艺路线是，以天然气为原料，先制成乙炔，再制成醋酸乙烯和聚乙烯醇后，纺制成维纶；其优点是，原料丰富，生产成本低。但当时以天然气为原料生产维纶的技术尚不成熟，建设过程并不顺利。

“四三方案”酝酿初期，1972年初轻工业部和燃化部组织的赴欧洲考察团，考察了法国以天然气为原料制乙炔生产维纶的技术，回国后初步拟定引进。

1973年4月13日，四川省计委向国家计委、国家建委、轻工业部上报了四川维尼纶厂计划任务书。1973年6月国家计委〔1973〕计字225号文《关于四川维尼纶厂计划任务书批复意见》同意，四川省在重庆市长寿县建设四川维尼纶厂（简称川维）。设计生产规模：以天然气为原料，年产维尼纶4.5万吨，其中短纤维4.2万吨，牵切纱3000吨，建设一座装机容量1.2万千瓦的热电站。乙炔、制氧、甲醇和醋酸乙烯设备从法国引进，聚乙烯醇设备从日本引进，其他设备由国内配套。

川维位于西南经济中心重庆市长寿县朱家镇，该镇地处天然气资源丰富的川东地区，川东气矿就在长寿县云台乡。水路、公路交通便利，且有11万伏输电网覆盖。

川维建设由四川省负责，轻工业部给予业务指导和支持，原属四川省的重庆市负责派出干部组建建设指挥部。化学工业部第八设计院承担了川维的总体设计任务。四川省建委组织了来自北京、武汉、成都和重庆等地的18家设计院所，与外商进行了36次大型设计会商；同时，组织开展了国内单项工程的设计与扩初设计；召开各类会议251次，完成最终设计审查65次，形成图纸和设计资料65万多张。

1974年8月30日，主厂区化工分厂制氧装置打下第一根桩基，标志着川维建设正式启动。来自省内外22个建设单位的施工队伍展开了大会战，高峰时工地上的施工人员多达3万人。在顽石堆、污泥坝里，建设者削平了23个山头，土石方施工量达150万立方米；双曲线自然通风冷却塔，热电厂一、二号锅炉，机械厂土建，以及污水处理厂设计等工程先后被评为样板、全优和优秀工程。全

体建设者们做到了土建质量好、主体工程优、安装调试精，1979年12月全流程一次投料成功，生产出了合格的维纶（图7-4）。

厂区风貌

设备调试

图7-4　四川维尼纶厂

到1982年底，川维建设历时7年4个月竣工。1983年5月17～19日，国家验收委员会对工程进行了验收，工程建设质量总评为良好，同意验收，并决定于1983年7月1日正式交付生产[22]。

三、辽阳石油化纤总厂

辽阳石油化纤总厂（简称辽化）在“四三方案”确定引进的26个项目中，是规模最大、装置最多、基建投资额最高的工程，投资总额达29亿元人民币。

辽化的主要原料是石脑油，由鞍山炼油厂通过34千米的地下管线供应；大庆油田也向其输送原油，供其自己炼制石脑油。辽化的主体由炼制、聚酯、尼龙66盐、塑料、涤纶和锦纶六个部分组成。炼制部分由国内配套的常压蒸馏与引进的催化重整、蒸汽裂解、芳烃抽提、汽油加氢和对二甲苯等装置组成，主要产品是对二甲苯、苯、乙烯和丙烯；聚酯部分是引进的环氧乙烷、乙二醇、对苯二甲酸二甲酯和聚酯等装置组成，主要产品是聚酯切片；尼龙66盐部分由引进的制氢、硝酸、环已烷、醇酮、己二酸、己二腈、己二胺、尼龙成盐、结晶等装置组成，主要产品是尼龙66盐；塑料部分由引进的聚乙烯、聚丙烯及国内配套的已烷、链烷烃、1-丁烯和烷基铝等装置组成，主要产品是高密度聚乙烯树脂和聚丙烯树脂；涤纶和锦纶部分由国内配套及少量引进装置组成，用自产的聚酯切片和尼龙66盐生产涤纶短纤维和锦纶长丝。

辽化的建设规模为：年产乙烯7.3万吨，聚酯切片8.6万吨，尼龙66盐4.5万吨，聚乙烯、聚丙烯各3.5万吨，涤纶短纤维3.2万吨，锦纶长丝0.8万吨；年消耗石脑油14.3万吨。

辽化于1973年8月开始筹建。1974年8月国内配套工程，1975年3月引进装置工程先后动工兴建。纺织工业设计院和东北工业建筑设计院等28家单位承担国内配套工程的勘察设计任务，引进装置的设计委托法国公司负责。来自省内外和解放军基建工程兵的38个施工单位参加了建设，高峰时有6.5万人同时在工地施工。

海城大地震给辽化建设带来较大干扰。1975年2月4日19时36分，辽宁省海城县（现海城市）发生了强度里氏7.3级的大地震，给地处辽东半岛西南部的鞍山、营口和辽阳三座经济发达、人口稠

密的城市带来了巨大的人员伤亡和经济损失。辽阳震级达6.5级，建设中的辽化受到波及。辽化最初的防震设计参数远远低于本次地震的强度。就此，钱之光立即指示，提高辽化抗震标准，重新修改工程设计；进口办立即组织设计单位夜以继日地修改设计，用最短的时间完成了任务。1975年7月4～6日，国务院副总理谷牧视察了辽化建设工地，并在随后形成的17号文件中，指出了其存在的问题；毛泽东圈阅了这份文件。随之，辽宁省当时的领导开始重视辽化建设，采取了一系列措施，才使建设走上了快车道[23]。

由于参加辽化建设大会战的施工队伍中缺少经验丰富的老工人，整体技术水平偏低，因而工程建设质量存在一些问题。1978年6月中旬至7月中旬，国家建委、纺织工业部、辽宁省委组建了170人的联合检查组，开展了为期一个月的工程质量现场检查，为保证试车投产成功奠定了好的基础[24]。

1979年10月，辽化第一套引进装置——蒸汽裂解装置投料试车成功。此后，陆续贯通了烯烃、芳烃和聚酯生产装置；1981年8月尼龙66盐装置最后一个贯通，转入全面试生产。辽化的建设历经1年准备、5年土建安装、2年投料与试运行，于1982年11月24～26日通过了国家验收并确定1983年1月1日正式移交生产（图7–5）[25]。1980年7月17日，辽宁省人民政府与纺织工业部商定，将辽化更名为“辽阳化学纤维工业总公司”，实行省部双重领导，以省领导为主[26]。

厂区风貌

建设现场

部分生产装置

图7-5 辽阳石油化纤总厂

20世纪90年代，该厂进行了二期工程建设，规模为：年产对二甲苯（PX）40万吨，精对苯二甲酸（PTA）25万吨，聚酯（PET）20万吨，涤纶短纤维6万吨和涤纶长丝1万吨。

四、天津石油化纤厂

天津石油化纤厂建设投资总额13.75亿元，由化工、涤纶、热电、给排水和机修5个工厂组成，

主要装置从日本和联邦德国引进。建设规模为：年产聚酯8万吨，其中，引进日本帝人公司DMT法聚酯装置，聚酯切片产能2.59万吨/年；引进日本东洋纺直纺技术装备，配套4条国产涤纶短纤维生产线，涤纶短纤维5.2万吨[27]；此外，还有苯、二甲苯、DMT结片和重芳烃等产品[28]。

天津市委非常重视天津石油化纤厂的建设，因为该厂是中华人民共和国成立后天津最大的基本建设项目。天津市委成立了化纤工程领导小组，组建了以专业技术干部为基础的工厂和建设指挥部领导班子，并要求全市各行各业支援化纤建设。纺织工业部设计院、化学工业部第一设计院和北京石油设计院等15家勘察设计单位，以及中石化四建公司和电力部天津电建公司等22家施工单位参加了该厂建设，高峰时现场施工人员多达2.5万人。

1976年6月6日，该项目举行了动工典礼。但由于落实水源耗时较长且受到1976年6月28日唐山大地震的影响，该厂于1977年9月20日才正式动工兴建。但由于汲取了其他几个工程建设的经验教训，建设的全过程中，全体建设者都做到了组织管理精细、合理加快进度、高度关注工程质量。因此，1980年主体工程建设基本完成后，11月18日，引进的对苯二甲酸二甲酯装置就最先投料试车。1981年6月，全流程投料试车；1981年6月11日重整加热炉点火，到8月25日生产出涤纶短纤维，只用了75天，创下了同类引进设备投料生产的最佳水平。1983年12月25日，该工程通过了国家验收，并确定1984年元旦正式交付生产（图7-6）[29]。

20世纪90年代，该厂又建设了二期工程，规模为：年产聚酯20万吨（2套年产10万吨的聚合装置），涤纶长丝9万吨，涤纶短纤维4.5万吨[30]。

图7-6　晨曦中的天津石油化纤总厂

第六节　彻底解决了人民衣被需求难以满足的历史性难题

中华人民共和国成立后，化学纤维工业从零起步，尽管纺织工业和化学工业都为加快化纤工业的建设发展做出了诸多的努力，但到1972年，我国化学纤维产量也才只有13.7万吨，仅占纺织纤维加工总量的5.5%；而当时西方发达国家化学纤维占纺织纤维加工总量的比例已经达到了40%。因此，无论是从满足人民衣被需求的客观要求，还是与世界化学纤维工业发展水平相比，我国当时化学纤维工业的建设发展都存在较大的差距。

从1974年元旦上海石油化纤总厂建设打下第一根桩开始，到1984年元旦天津石油化纤厂正式交付生产止，“四大化纤”建设历时整整10年。10年的建设，使我国的化纤生产能力得到了极大的提升，合成纤维的年产量一下子增加了50万吨。20世纪80年代初，我国聚酯和涤纶的年产能都扩大到了20万吨；腈纶和锦纶及其原料的生产技术水平和产能规模都上了一个很大的台阶；维纶年产能增加到了16万吨，并形成了电石乙炔法、天然气乙炔法和乙烯法三种不同的原料路线，其中电石乙炔法占57.1%，实现了聚乙烯醇合成和纺丝一体化[31]。

与此同时，由于引进的技术装置都是当时国际上比较先进的，从而大幅缩短了我国合成纤维工业与发达国家的差距。引进技术装置还促进了国产配套技术装备研发、设计和制造能力的大幅提升。在20世纪60年代自主研制成功VD401型、VD402型、VD403型和VD404型等型号的涤纶纺丝机及配套干燥和后处理设备的基础上，为保证“四大化纤”的配套需求，我国自主研制了年产涤纶短纤维4000吨和7500吨的VD405型和VD406型纺丝机，以及相应的LVD801型和LVD802型后处理生产装置，上述装置在辽化和天津石油化纤总厂的使用中发挥了不错的功效。此后，我国又自主设计研制了涤纶长丝和弹力丝成套生产装置，装备了20世纪80年代初建设的一批年产2000吨涤纶长丝的工厂，使我国涤纶产能和产量得到快速发展，成为我国化学纤维工业最重要的发展领域之一。

1983年12月1日，“四大化纤”建设接近尾声，商业部发布通告：从本日起，全国临时免收布票、絮棉票，对棉布、絮棉敞开供应；1984年不发布票和絮棉票[32]。自此，我国实施了整整30年的布票制度正式终结。它标志着，有史以来一直困扰我国的粮棉争地、纺织原料长期不足和人民衣被需求无法满足的问题，得到了根本性的解决。“四大化纤”建设起止时间与投资见表7-2。

表7-2　“四大化纤”建设起止时间与投资

项目名称	开始建设时间	建成投产时间	自开始建设到建成累计投资
上海石油化工总厂	1974年1月	1978年5月	209175万元
辽阳石油化纤总厂	1974年8月	1981年9月	290423万元
四川维尼纶厂	1974年8月	1979年12月	96131万元
天津石油化纤厂	1977年9月	1981年8月	135819万元
“四大化纤”投资总计	731548万元		
“四大化纤”投资占26个项目总投资的比例	34.14%		

建设“四大化纤”，是中华民族历史上具有划时代意义的一项伟大事业。没有“四大化纤”的建设，就不会有我国今天世界领先的化纤工业，就不会有我国今天如此伟大光明的纺织工业，更不会有我国人民今天享有的对衣被需求的满足感。

参考文献

[1]《钱之光传》编写组．钱之光传［M］．北京：中共党史出版社，2011：440.

[2] 陈锦华．国事忆述［M］．北京：中共党史出版社，2005：8.

[3] 吴鹤松，张国和，薛庆时．风雨七十载——焦善民革命生涯［M］．北京：中共党史出版社，2007：254-255.

[4]《钱之光传》编写组．钱之光传［M］．北京：中共党史出版社，2011：639.

[5]《钱之光传》编写组．钱之光传［M］．北京：中共党史出版社，2011：443.

[6] 陈锦华. 国事忆述 [M]. 北京：中共党史出版社，2005：9.

[7] 顾明. 周恩来和他的秘书们 [M]. 北京：中国广播电视出版社，1992：18.

[8] 许坤元. 第十一篇大事记篇，辉煌的二十世纪新中国大纪录（纺织卷）1949—1999 [M]. 北京：红旗出版社，1999：1258.

[9] 陈锦华. 国事忆述 [M]. 北京：中共党史出版社，2005：3-10.

[10] 陈东林. 开放的前奏："四三方案"及其对改革开放的影响 [J]. 中国国家博物馆馆刊，2019（1）：13.

[11] 陈东林. 开放的前奏："四三方案"及其对改革开放的影响 [J]. 中国国家博物馆馆刊，2019（1）：10-18.

[12]《钱之光传》编写组. 钱之光传 [M]. 北京：中共党史出版社，2011：444.

[13] 陈锦华. 国事忆述 [M]. 北京：中共党史出版社，2005：17.

[14] 许坤元. 第十一篇大事记篇，辉煌的二十世纪新中国大纪录（纺织卷）1949—1999 [M]. 北京：红旗出版社，1999：1263.

[15] 许坤元. 第十一篇大事记篇，辉煌的二十世纪新中国大纪录（纺织卷）1949—1999 [M]. 北京：红旗出版社，1999：1262.

[16] 吴鹤松，张国和，薛庆时. 风雨七十载—焦善民革命生涯 [M]. 北京：中共党史出版社，2007：255，259-264.

[17] 上海石油化工总厂厂史编委会. 上海石油化工总厂厂志 [M]. 上海：上海社会科学院出版社，1995：726-727.

[18] 上海石油化工总厂厂史编委会. 上海石油化工总厂厂志 [M]. 上海：上海社会科学院出版社，1995：700.

[19]《钱之光传》编写组. 钱之光传 [M]. 北京：中共党史出版社，2011：454.

[20]《钱之光传》编写组. 钱之光传 [M]. 北京：中共党史出版社，2011：457.

[21] 上海石油化工总厂厂史编委会. 上海石油化工总厂厂志 [M]. 上海：上海社会科学院出版社，1995：726-730.

[22] 李肇勋，杨颂. 川维厂志（1970—1986）[R]. 1988：1-14.

[23]《钱之光传》编写组. 钱之光传 [M]. 北京：中共党史出版社，2011：459.

[24] 许坤元. 第十一篇大事记篇，辉煌的二十世纪新中国大纪录（纺织卷）1949—1999 [M]. 北京：红旗出版社，1999：1264.

[25] 辽阳石油化学纤维工业总公司. 化纤城 [R]. 1982.

[26] 许坤元. 第十一篇大事记篇，辉煌的二十世纪新中国大纪录（纺织卷）1949—1999 [M]. 北京：红旗出版社，1999：1270.

[27] 宋文英，路有恭. 天津石油化纤总厂工程国家正式验收 [J]. 合成纤维，1984（3）：37.

[28] 中国石油化工总公司天津石油化纤总厂. 天津化纤 [R]. 1983：1-2.

[29]《钱之光传》编写组. 钱之光传 [M]. 北京：中共党史出版社，2011：452.

[30] 许坤元. 第二篇行业篇，第八章化学纤维工业，辉煌的二十世纪新中国大纪录（纺织卷）1949—1999 [M]. 北京：红旗出版社，1999：114.

[31] 王喜仁. 我国维纶生产现状和今后科研与生产方向 [J]. 合成纤维工业，1982（5）：32.

[32] 许坤元. 第十一篇大事记篇，辉煌的二十世纪新中国大纪录（纺织卷）1949—1999 [M]. 北京：红旗出版社，1999：1284.

第八章

国有大型化纤生产基地建设的决战

1977年12月5日，中央决定原轻工业部划分为轻工业部和纺织工业部，钱之光任纺织工业部党组书记、部长。1978年1月1日新组建的纺织工业部刚刚正式工作，就把化学纤维工业的发展作为当务之急。

1978年1月22日，时任国务院副总理谷牧陪同法国总理巴尔视察了辽阳石油化纤公司（简称辽化）工程建设，提出了进一步加快辽化工程进度和加强建设质量管理的要求。纺织工业部即于1978年1月25日至2月1日在北京召开全国化学纤维生产工作会议加以落实。2月26日至3月7日，纺织工业部又在山西太原召开的全国纺织工业局长会议上专题讨论了多用化学纤维等问题[1]。

1978年12月18～22日召开的中国共产党第十一届三中全会，做出了把党和国家的工作重心转向“经济建设为中心”的历史性决策，开辟了我国改革开放的崭新历史时期。

从我国历史上第三次大规模成套生产技术装备引进启动的1978年开始，到仪征化纤股份有限公司（简称仪征化纤）三期工程最后一个项目——6万吨/年聚酯九单元建成为止的1995年[2]，这18年里，纺织工业开展了计划经济时代国有大型石油化纤生产基地建设的决战，建成了仪征化纤、上海石油化工总厂二期工程和平顶山锦纶帘子布厂三个大型石油化纤生产基地，以及一批中型合成纤维生产企业。

仪征化纤的孕育、难产、诞生和健康成长，是我国改革开放初期国有企业建设、发展和改革史上值得记录的一页。

第一节　背景

1978年2月5日，中央批转的国家计划委员会（简称国家计委）《关于经济计划的汇报要点》中提出：2000年前，要建设10个大油气田、10个大钢铁基地、9个大有色金属基地、10个大化纤基地和10个大石化厂，全面实现现代化，使国民经济走在世界前列。当时要实现这个目标，就必须引进大量国外先进的成套技术装备。当时引进项目几乎覆盖所有工业部门。上海石油化工总厂二期工程、仪征化纤、平顶山锦纶帘子布厂和上海宝山钢铁总厂等22个项目，是1978年实际对外签约的首批成套引进项目，史称“22项大工程”。

与此同时，为借鉴当时其他国家的发展经验，党中央、国务院决定，由谷牧副总理率领代表团赴西欧国家考察，这是中华人民共和国成立后我国派出的第一个政府经济代表团。1978年5月2日至6月6日，代表团访问了法国、德国、瑞士和比利时的15个城市，与众多政经界人士和企业家进行了交流，考察的重点有三个：一是西欧国家工业、农业和科技的现代化水平，二是其20世纪50～60年代经济高速发展的原因，三是西欧国家组织管理社会化大生产的经验[3]。

1978年4月20日至6月22日，纺织工业部王瑞庭副部长率中国石油化纤技术代表团，赴联邦德国（西德）、英国、美国和日本考察化学纤维和中间体的生产技术，为上海石油化工总厂二期工程和仪征化纤项目的对外谈判做准备[4]。

1978年，经纺织工业部批准，华东纺织工学院（现东华大学）建立化学纤维研究所，主要研究以化学纤维应用科学的基础理论和新工艺技术，为化纤工业发展提供技术支持和培养技术人才力量。

1978年12月召开的党的十一届三中全会决定，从1979年起今后的几年中，要着力解决国民经济

比例失调、经济秩序混乱和人民生活困难等一系列问题；1979年4月，中央经济工作会议决定，依照“调整、改革、整顿、提高”的原则，对当时国民经济建设中存在的问题进行整改。

这一时期，为了尽快改善人民生活，国家对轻纺工业实施了一系列改革和支持政策。其中，1980年1月7日，国家计委、纺织工业部等六部委发出通知，辽化和四川维尼纶厂（简称川维）等一批大中型企业的建设项目资金由拨款改为贷款；同年1月8日，国家决定对轻纺工业实行“六个优先”原则，即：原材料、燃料、电力供应优先；挖潜、革新、改造的措施优先；基本建设、银行贷款、外汇与新技术引进、交通运输优先；确保轻纺工业加快发展[5]。这些内部机制与外部环境的改革，有力地促进了在建项目的建设。

第二节　建设过程

1978年签约引进的22个项目，成为1979年经济调整的重点。由于当初引进规模过大，远远超出了国力所能承受的程度。22个引进项目的问题逐渐显现出来，不得不缩小规模、终止部分合同、推迟建设或停止引进。

经中央批准，22个引进项目分四类进行调整：第一类，1978年已签约且开始执行合同，1979年调整中未受影响的9个项目；第二类，1978年基本完成签约，因调整而推迟开工建设的3个项目；第三类，1978年完成部分签约，因调整而推迟引进签约和基建的9个项目；第四类，因条件不具备，直接撤销的1项目。

一、平顶山锦纶帘子布厂

平顶山锦纶帘子布厂1.3万吨/年锦纶帘子布项目属第一类调整范围。该项目是辽化的配套项目，以辽化的尼龙66盐为原料，生产浸胶帘子布，一种当时国际市场上刚出现不久的新型橡胶增强骨架材料。

1978年12月，该厂与日本旭化成公司和蝶理公司签订了成套设备引进合同，并于1980年4月1日动工兴建。1981年12月下旬，该厂引进的成套生产设备投料试车成功，生产出了合格的浸胶帘子布（图8-1）。

1982年2月25日至3月5日，纺织工业部在该厂召开全国纺织工业大中型项目建设工作会议，贯彻全国基本建设工作会议精神。会议强调，要加快进度、注重质量，抓好前期规划和验收准备，以提高基建投资效益。

1982年10月8日，《人民日报》报道，该厂1980年4月动工兴建，经过18个月的建设，于1981年10月底完成土建施工与设备安装，一次投料试车成功，生产出合格产品。1983年8月20日，《人民日报》刊登题为《引进设备与掌握管理同步》的报道，表扬该厂认真消化和掌握从日本引进的先进技术设备，

图8-1　平顶山锦纶帘子布厂的捻织车间

管理井井有条，经济效益显著；当年头7个月生产帘子布7483吨，总产值1.27亿元，实现利税3200万元；产品质量达到国际标准，一等品率稳定在98%以上。

1983年10月13～15日，该厂以“全优”成绩通过国家验收并被评为此次引进的成功典型之一。

1986年3月1日，该厂二期工程动工兴建，规模与一期工程相同[6]。

二、上海石油化工总厂二期工程

上海石油化工总厂20万吨/年聚酯的二期工程属第三类调整范围。

1978年10月15日，国家计委批准了该项目的计划任务书。1980年3月11日，国家计委批准该项目列入本年度基建计划；同年11月20日，国家基本建设委员会（简称国家建委）批准了该项目的总体设计。项目经费总概算为23.5亿元，建设规模：涤纶聚酯20万吨/年，折合纤维18万吨/年，本厂纺长丝1万吨/年、短纤维9万吨/年（包括毛条5000吨/年），其余为商品聚酯切片。

主要引进装置：从德国鲁奇公司引进90万吨/年加氢裂化装置（含制氢）、40万吨/年催化重整装置（含芳烃抽提等）和15万吨/年对二甲苯装置；从日本三井公司引进22.5万吨/年精对苯二甲酸装置和20万吨/年聚酯装置（6条生产线。其中3条线生产切片，从日本钟纺株式会社引进）。

国内配套装置（含引进单机配套）：280万吨/年常减压装置的减压部分和空分装置；1万吨/年涤纶长丝装置；9.6万吨/年直纺涤纶短纤维装置，由6台国产设备组成，其中2套后处理单机（村田、川崎等）和5000吨/年涤纶毛条装置（OKK）从日本引进。

配套公用工程：水厂、水质净化厂、热电厂、海运码头、铁路、仓储，等等。

该项目1980年7月1日开工，1985年2月打通全流程，进入全面试生产。从1983年11月第一套聚酯装置投料试产到1985年底，共生产聚酯切片16.4万吨，涤纶短纤维6.8万吨，毛条26万吨，长丝和弹力丝1.1万吨，完成产值21.05亿元，实现利税6.64亿元，经济效益较好。

1986年12月13日，上海石油化工总厂二期工程通过了国家验收，整体工程质量等级为“优良”。验收委员会特别强调，为该项目研制成功的单线年产能1.5万吨涤纶短纤维成套设备，是“六五”国家重点科技攻关项目，它加速实现了大型纺丝设备的国产化[7]。

三、仪征化纤

仪征化纤53万吨/年聚酯和涤纶的工程属第三类调整范围。国家计委原拟将该项目列为停建项目。征求轻工业部的意见时，钱之光表达了一定要保证该项目上马的坚定态度，进而争取到了国家计委的支持。最终，国家计委将该项目列为缓建项目。

（一）决策背景

中央对发展化学纤维工业解决纺织原料长期不足的问题，寄予了非常大的期望。1970年12月12日，时任国务院副总理李先念在听取轻工业部汇报后强调，轻工业要搞原料；不搞原料，脚跟不稳，心是虚的；真正要是搞到60万～70万吨化纤，穿的问题就解决了[8]。1975年8月29日，李先念在接见“全国轻工业抓革命促生产会议”代表时的讲话中，进一步强调了对化纤工业能力建设的新要求。他说：进口的石油化工、化纤装置，要是搞得好的话，市场会起变化，可能会改变面貌；我对钱老说过几次，化纤不搞到100万吨，就不让你到八宝山去见马克思[9]。

中央的期望与自身的责任感，驱使钱之光下定决心，建成“四大化纤”后，一定要再尽快建设一个50万吨/年产能的特大型化纤基地，那样，就能使我国的化学纤维工业具备年产百万吨的能力了。因此，钱之光对兴建年产53万吨聚酯和涤纶的仪征化纤充满了期待和必得的信念。因此，在1977年6～7月，轻工业部派出以焦善民副部长为组长、7名成员组成的化纤新点调查组，按照“座油田，沿输油管线，近原料基地”的原则，到山东和江苏所属多地进行厂址初选。在此基础上，同年10月，又派出15人组成的选点组，对地理位置、地形地貌、工程地质、断层地震、社会经济、占地搬迁、交通运输、供水排水、供电、原料供应、销售市场、地方建材、区域发展规划和协作条件等因素，进行了综合分析研究。依据综合分析研究的结果，择优将这个特大型石油化纤基地的厂址选定在当时的江苏省仪征县胥浦公社（现称仪征市胥浦镇）。此处距南京66公里，距扬州30公里，占地约9.7平方公里。1978年4月22日，钱之光向李先念汇报了仪征化纤的选址结果，并获得了批准。

（二）筹建

1978年7月，仪征化纤筹建指挥部成立，纺织工业部副部长王瑞庭兼任总指挥；从纺织工业部有关司局和江苏省抽调来的一批骨干负责相关领域的工作。1978年10月，国家计委同意仪征化纤的建设总规模暂定为年耗用原油260万吨，年产化纤45万吨。但此后，南化公司❶认为，应将仪征化纤的原油炼制装置归到该公司的引进项目中一并建设，有利于合理利用原油。故1978年11月，对原有方案进行了修改，将仪征化纤的单体装置，包括常减压、加氢裂化、催化重整、芳烃抽提、精对苯二甲酸（PTA）、乙烯、乙二醇（EG）、丙烯腈、环己烷、尼龙66盐等的生产装置，改由南化公司建设。1980年6月，经论证最终确定了建设方案，即南化公司先上一套乙烯及配套装置，保证金山化纤和仪征化纤两厂36万～54万吨/年的化纤生产；仪征化纤1984年、1985年、1986年每年建设一个分厂。

与此同时，经考察发达国家的石油化纤技术，按“引进主机和软件、国内配套”的方案，中国技术进口总公司于1978年12月21日与德国吉玛（ZIMMER）公司签订了引进53.3万吨/年聚酯生产装置的合同。该装置采用吉玛公司专利，以PTA和EG为原料，以醋酸锑为催化剂直接酯化生产纤维级聚酯。全套装置共8个单元，每个单元含2个立式酯化反应器、2个立式预缩聚反应器、并列2个日本产的100吨聚酯熔体的卧式后缩聚釜，每个单元产能200吨/天[10]。1979年4月到1980年11月，双方完成了技术协议的磋商。1981年3月，第一套引进设备运抵仪征化纤。同期开展的征地搬迁工作于1980年7月完成。

（三）缓建与复建

1980年11月27日，国家计委、国家建委等部门联合发出通知，决定仪征化纤缓建。在做好思想教育、拟定缓建措施、做好善后工作的同时，筹建指挥部积极研究缩短缓建期、争取尽快复建的方案。

1981年3月，纺织工业部上报了《关于仪征项目缩小规模利用外资贷款建一个分厂的报告》。同年8月6日，国务院批准，仪征化纤缩小规模，借用境外资本，利用已到货的引进装置，配套国产设备，先建设涤纶一分厂。

---

❶ 南化公司是中国化工的摇篮，1988年并入中国石化集团公司，2005年与南京化工厂合并重组，成立中国石化南化公司。

能否筹措到足额的建设资金，是决定仪征化纤复建成败的关键。建设者们意识到，要救活仪征化纤，就必须突破单纯依靠财政拨款搞基建的传统投资模式，以改革开放的精神，寻求新的资金筹措途径。经过充分学习研究，建设者们提出了“一次规划，分期建设；借贷建厂，负债经营”的创建企业的新思路。在当时的形势下，这种想法做法是国有企业建设经营模式的一个创举，开辟了国企管理的改革先河。

钱之光召开纺织工业部党组会，听取了仪征建设指挥部关于借贷建厂的汇报，并安排部机关对建成投产后的还贷能力进行测算。在获得肯定的支持意见后，钱之光亲自出面，争取到了时任中国国际信托投资集团公司（简称中信集团）董事长荣毅仁的支持，形成了由纺织工业部和中信集团联合建设仪征化纤的方案，即组建仪征化纤工业联合公司，通过国内集资和国外融资，借贷建设，负债经营。

1981年12月，经批准，纺织工业部与中信集团组建成立仪征化纤工业联合公司，建设经营仪征化纤涤纶一厂，王瑞庭任董事长、总经理。

一期工程规模：建设涤纶一厂及热电厂、给排水厂、动力厂和生活区等配套工程，总建筑面积72.32万平方米；涤纶一分厂由3套聚酯装置和8条纺丝生产线组成，生产规模为涤纶短纤维12万吨/年、聚酯切片6.3万吨/年；其中，聚酯装置从德国吉玛公司引进，采用直接酯化和连续缩聚工艺，单套装置产能200吨/日，在当时同类引进装置中是非常大的；8条纺丝生产线中，2条从日本东洋纺公司引进，6条是引进图纸、国内厂家制造；每条纺丝生产线产能50吨/日。投资规模10亿元；其中，国家拨款3亿元，中信集团向国外借款4899.42万美元，国内借款3.9亿元（浙江、江苏两省各1亿元，中国工商银行2.9亿元）。期间，中信集团于1982年1月首次发行100亿日元（约2773.8亿元人民币）的私募债券，其中80%用于仪征化纤建设。

涤纶一厂破土动工

建设中的涤纶一厂

图8-2　建设中的仪征化纤涤纶一厂

1982年1月动工兴建一期工程（图8-2）。1984年12月30日，涤纶一厂首套聚酯装置投料试车一次成功。1985年4月，第二套聚酯装置投料试车成功；同月，第一套纺丝装置接受熔体开始试车。1987年2月，涤纶一厂所有装置全部打通，进入全面试生产；期间，引进的聚酯和短纤维纺丝装置与同时期的国际水平相当，国产1.5万吨/年涤纶短纤维纺丝装置的综合性能达到了引进样机的水平（图8-3）。1987年12月，一期工程竣工，当年生产涤纶短纤维和聚酯切片17.56万吨，超过了年产17万吨的目标，产品质量优良[11]。

图8-3　仪征化纤1.5万吨涤纶短纤维成套设备通过国家鉴定

1984年，国家计委批准了该厂的二期工程建设。规模为：建设涤纶二厂、三厂、四厂和相应配套工程；以精对苯二甲酸（PTA）和乙二醇为主要原料，以三醋酸锑为催化剂，采用直接酯化和连续缩聚工艺路线，生产聚酯切片；采用熔体直纺工艺生产涤纶短纤维；年产聚酯切片18.9万吨，涤纶短纤维12万吨，中空立体卷曲纤维4000吨，共计31.3万吨；装备5套引进聚酯装置，8条引进技术、国内制造的纺丝装置，1套引进的多品种聚酯和涤纶中空纤维生产装置，以及配套公用工程。1985年5月21日，纺织工业部批复，二期工程实行投资总包干，投资总额14.87亿元。1990年10月13日，涤纶三厂6.3万吨/年聚酯切片的聚酯八单元投料试车一次成功，生产出了合格产品，标志着仪征二期工程比国家计划提前14个月全面建成（图8-4）。

图8-4　仪征化纤二期工程

此后，仪征化纤又进行了三期工程建设。1995年9月28日，仪征化纤三期工程最后一个项目——6万吨/年聚酯九单元一次投料成功，并顺利实现满负荷生产。

仪征化纤项目由纺织工业部设计院承担总体设计和国内配套工程的勘察设计，引进装置承担详细设计。

（四）建设成果

1988年9月15～17日，由国家计委、纺织工业部和江苏省人民政府等机关组成的国家验收委员会，对一期工程建设进行了检查验收；时任国家计委副主任郝建秀任验收委员会主任委员，时任纺织工业部副部长季国标和时任江苏省副省长张绪武任副主任委员；验收意见认为，一期工程建设速度快、质量好、投资省，实际投资额99961.15万元，年产涤纶短纤维12万吨、聚酯切片6.3万吨，是我国首次依靠国内筹资和利用境外资本兴建的大型化纤企业。

仪征化纤二期工程竣工不久，1990年11月12日，纺织工业部、江苏省人民政府和中信集团联合召开“仪征化纤工程全面建成投产庆祝大会”，这标志着仪征化纤已形成了年产50万吨聚酯的生产能力，成为我国的特大型化纤企业[12]。

1992年11月9日，仪征化纤二期工程通过国家验收。至此，仪征化纤形成的产能为：8套6.8万吨/年聚酯装置，16套1.5万吨/年涤纶短纤维纺丝装置，1套4000吨/年中空纤维装置；生产13个品种的产品，其中，年产聚酯切片25.2万吨、涤纶短纤维24万吨、螺旋型立体卷曲涤纶中空纤维4000吨。其能力已位列当时世界涤纶生产企业排行榜第4位[13]。

1997年1月18日，仪征化纤三期工程通过国家验收。工程总概算41.87亿元，建成了25万吨/年精对苯二甲酸、6万吨/年聚酯切片和2万吨/年差别化涤纶长丝三项产能[14]。此时，仪征化纤的聚酯产能已达67万吨/年。

第三节　化纤工业开始向新目标迈进

20世纪80年代，是我国国民经济“六五”（1981～1985年）和“七五”（1986～1990年）两个五年计划的发展时期。“六五”期间，借助改革开放初期迸发的活力，通过打赢大型国有化纤生产基地的建设决战，我国化纤工业筑牢了更好更快发展的基础。“七五”期间，我国化纤工业进入了新升级发展时期。

1978年新的纺织工业部成立时，设置有化纤局，负责化纤工业的发展和管理，1980年纺织工业部内部机构调整时仍设置了化纤局；1988年再次调整内部机构时，化纤局改称化纤工业司。

一、筑牢更高更快发展的基础

20世纪80～90年代，是国家改革开放初期，也是计划经济向市场经济的过渡期。按照中央的战略部署，纺织工业部及时调整发展策略，以顺应国内国际政治经济形势的变化，为促进化纤工业的发展创造了大量有利的机遇。

1980年1月23日至2月2日，在北京召开的全国纺织工业厅局长会议确定当年工作的重点是，抓好内部调整和大力发展化纤生产。

1980年10月16日，我国政府和联合国开发计划署正式签订了建立纺织工业部纺织科学研究院合成纤维研究中心的项目文件。该项目一期工程的主要目标是建设高速纺丝实验室，联合国投资50万美元。经过一年多的努力，合成纤维研究中心全面完成了项目文件中规定的各项任务，建成了高速纺丝实验室和弹力丝车间。项目受到了联合国工业发展组织、项目技术总顾问和联合国开发计划署驻京代表的赞誉。

在成功完成一期项目的基础上，1982年又签订了二期项目文件，联合国同意再投资350万美元，目标是建设一个聚合、纺丝、变形加工的小、中试实验室。合成纤维研究中心先后引进了切片干燥机、高速纺丝机、牵伸加捻机、弹力丝机、空气变形机、双组分纺丝机、溶液纺丝机、缩聚聚合釜和溶液聚合釜等26台/套先进设备，建成了初具规模的实验室和中试车间。与此同时，合成纤维研究中心高度重视人才培养，利用联合国资助的经费，先后向美国、德国和日本派遣了十余名研究生和进修生。进修生学成回国后，成为科研一线活跃的新生力量。期间还多次邀请国外化纤行业著名专家来华讲课和技术交流，为我国化纤行业了解国外先进技术提供了有益的帮助。合成纤维研究中心在建设实验室过程中，同时开展了多个科研项目，设立了9个课题组和2个中试车间，在涤纶细旦高速纺丝、国产涤纶切片可纺性、涤纶注射染色工艺、混纤变形纱及其产品、复合纺喷丝板研究等方面开展了卓有成效的研究，并有多项科研成果在工业生产中得到了推广应用。

1981年10月12～16日，纺织工业部化纤局在辽宁丹东召开涤纶短纤维生产厂技术与管理会议，交流提高涤纶短纤维产品质量、降低成本的经验，并研讨了开展涤纶短纤维行业活动的办法[15]。

1982年9月29日，纺织工业部发出的《关于安排以国产化纤替代进口化纤工作的通知》指出，近几年几大化纤厂的相继投产，化纤产量大大增加，有些品种将逐步立足国内，出口化纤织物也将采用国产化纤。从使用进口化纤过渡到使用国产化纤，是我国纺织工业取得重大进步的标志之一。从1983年起，涤纶和粘胶短纤维将基本停止进口[16]。

1982年12月10日，第五届全国人民代表大会第五次会议批准的《中华人民共和国国民经济和社会发展第六个五年计划》，是中华人民共和国第二个有正式文本的五年计划。此前的五个五年计划，除"一五"计划有正式文本外，"二五"至"五五"的四个五年计划均因各种原因未能形成正式文本。那些年，国民经济是国家计委以文件方式下达计划指标，各政府部门据此来操作运行。党的十一届三中全会后，国民经济建设成为全党全国的核心工作，从"六五"开始，五年计划的研究制定重新走上正轨。

"六五"计划中，首次提出了化纤工业的明确发展目标："1985年生产化纤78万吨。五年内，新增化纤生产能力38万吨。重点是新建上海金山化纤二期工程，江苏仪征化纤一厂，大庆腈纶厂，北京、天津、浙江绍兴涤纶长丝厂，平顶山锦纶帘子布厂；扩建河北保定、湖北太平店、浙江杭州和湖南邵阳等人造丝厂。到1985年，化纤原料可以基本立足国内。化纤长丝可由现在的6万吨增加到12万吨，为扩大化纤织物的新花色、新品种，提供多品种的纺织纤维……五年内，纺织工业要加强老厂技术改造和设备更新，积极采用新技术，解决涤纶长丝、涤纶制条、化纤织物整理、真丝绸染整、特种纤维纺织的关键技术问题。要搞好各种化纤织物印染整理能力的配套建设。首先把现有的涤纶混纺布的印染整理能力完善起来，在这个基础上，适当增加各种化纤织物染整生产线。"[17]

这是中华人民共和国成立以来化纤工业发展目标首次被正式列入国民经济五年计划中，说明党和政府对化纤工业是极为关注和重视的。虽然"三五"期间国家计委下达过化学纤维的产量指标，但由于"三五"规划并没有正式文本，且只有一个产量指标，故其还算不上是化学纤维工业的五年发展目标。

到1985年，我国实现化纤产量94.78万吨，其中，粘胶纤维17.73万吨，涤纶51.60万吨，维纶8.03万吨，腈纶7.29万吨，锦纶7.09万吨，丙纶2.27万吨；比1980年增长了117%，年均增长率16.8%；是"六五"规划目标78万吨的121.5%。"六五"期间，合成纤维得到飞速增长，1985年比1980年增长了145%[18]。党和政府长期希望解决而没能得到很好解决的一些经济问题，在"六五"期间得到了较好的解决。由于工农业生产大幅度增长，消费品货源供应充足，基本取消了除粮、油外的所有票证，敞开供应；"人民吃得比过去好了，衣着向多样化发展"[19]。

二、产量突破百万吨大关，转入注重建设质量的发展时期

20世纪80年代末，我国国民经济发展逐渐退出计划经济模式，向"前市场经济""商品经济"模式转换。这一时期，市场的作用开始显现，消费的多样化、高质化需求，促使我国化纤工业开始从注重"量"的建设走上了追求"质"的发展升级之路。"七五"时期，是我国化纤工业步入新的发展时期的开端。

1986年4月12日颁布的《中华人民共和国国民经济和社会发展第七个五年计划》提出，衣着方面要提倡多穿棉织品和化纤混纺织物[19]，并将化纤工业放在纺织服装工业六个组成部门（化纤、棉纺、毛麻、丝绸、针织、服装）的首位，要求"1990年生产化纤145万吨，比1985年增加50万吨。

五年内增加化纤生产能力87万吨”[20]；提升企业产能规模；采用新工艺、新技术和新装备，促进各类化纤成品生产技术的进步；1990年将差别化纤维的比例由“六五”期间的3%提高到10%，产量达14万吨；完善标准、加强检验检测，提高化纤产品质量等工作，成为“七五”期间化纤工业的主要任务[21]。

1986年6月25～29日，纺织工业部化纤局在安徽铜陵召开全国化纤计划座谈会。会议明确提出，我国化纤工业的发展重心将由大规模、大批量生产通用型品种产品转向发展品种、提高质量的轨道。按“七五”规划，到1990年，化纤产量将达到145万吨，其中将有11万吨新品种；差别化纤维的比重将从3%提高到10%，即5年内从3万吨发展到14.5万吨。会议要求，纺织工业今后增加花色品种的途径，很大程度上要依靠化纤新品种的研发。因此，要不失时机地抓好、抓紧、抓实此项工作，以保障纺织工业发展的需求[22]。这次会议明确提出了我国化纤工业发展重心由量向质转移、技术由低向高升级的方向与目标。

1986年12月20日，《人民日报》报道，纺织工业部新闻发言人发布消息称：我国用16年时间，将化纤产量从1970年的10万吨提升到了100万吨；成为继美国、日本、苏联之后，产量达百万吨的第四个化纤生产大国[23]。

经过五年的努力，到“七五”计划收官的1990年，我国化纤产量达到了164.8万吨，居世界第四位。其中，粘胶纤维21.6万吨（其中短纤维16.7万吨、长丝4.9万吨），合成纤维143.2万吨，各品种产量分别为涤纶104.2万吨（其中短纤维62.2万吨、长丝42万吨），腈纶12.2万吨，锦纶11.2万吨（其中民用及工业用丝10.2万吨、短纤维及棕丝1.06万吨），维纶5.5万吨，丙纶7.5万吨，其他2.3万吨。化纤原料产量为113.6万吨（其中化纤浆粕为22万吨、涤纶树脂91.6万吨）[24]。

化纤工业的发展，有力地支撑了我国纺织工业取得的辉煌成就。对于这样的成就，20世纪80～90年代，党和国家领导人曾给予了高度评价。邓小平明确指出，我国已经基本解决了温饱问题，“温”讲的就是纺织工业[25]。时任国务院副总理谷牧曾讲道：中国有个词叫“衣食住行”，这四个字概括了人类生活的必需要素。本来，“吃”应该是第一位的。但这四个字却把“穿”摆在最前面。这种排列是人类发展到了比较高的文明程度之后，才能够产生的。衣服，不仅可以蔽体御寒，还可以美化生活，反映自己的精神面貌。如果一个人连肚子都吃不饱，还能讲究穿什么衣服吗？所以，穿衣问题确实是物质文明和精神文明的一个重要方面。而这个问题谁来解决，要靠纺织工业来解决。因此，纺织工业有一个很重要的任务，就是要满足我国人民不断改善衣着面貌方面的需要。过去，外国人说我们，是“一片蓝色海洋”“一片灰色海洋”。今天情况不同了，人们穿着方面的花色品种选择多了，但不能评价过高。用价廉物美的产品满足国民的需要，是纺织工业长期的任务[26]。

参考文献

[1] 许坤元. 辉煌的二十世纪新中国大纪录（纺织卷）1949—1999：第十一篇大事记篇［M］. 北京：红旗出版社，1999：1264-1265.

[2] 许坤元. 辉煌的二十世纪新中国大纪录（纺织卷）1949—1999：第十一篇大事记篇［M］. 北京：红旗出

版社，1999：1321.

[3] 谷牧. 谷牧回忆录 [M]. 北京：中央文献出版社，2014：308-330.

[4] 许坤元. 辉煌的二十世纪新中国大纪录（纺织卷）1949—1999：第十一篇大事记篇 [M]. 北京：红旗出版社，1999：1265.

[5] 许坤元. 辉煌的二十世纪新中国大纪录（纺织卷）1949—1999：第十一篇大事记篇 [M]. 北京：红旗出版社，1999：1269.

[6] 许坤元. 辉煌的二十世纪新中国大纪录（纺织卷）1949—1999：第十一篇大事记篇 [M]. 北京：红旗出版社，1999：1295.

[7] 徐金华. 上海石油化工总厂志 [M]. 上海：上海社会科学院出版社，1995：730-735.

[8] 许坤元. 辉煌的二十世纪新中国大纪录（纺织卷）1949—1999：李先念副总理、余秋里主任在轻工业部汇报计划时的指示（1970年12月12日）[M]. 北京：红旗出版社，1999：986.

[9] 许坤元. 辉煌的二十世纪新中国大纪录（纺织卷）1949—1999：李先念副总理、余秋里主任在轻工业部汇报计划时的指示（1970年12月12日）[M]. 北京：红旗出版社，1999：992.

[10] 江苏石油化纤厂聚酯装置简介 [J]. 合成纤维，1979（5）：67-68.

[11] 许坤元. 辉煌的二十世纪新中国大纪录（纺织卷）1949—1999：第十一篇大事记篇 [M]. 北京：红旗出版社，1999：1303.

[12] 任传俊. 全国百家大中型企业调查仪征化纤 [M]. 北京：当代中国出版社，1994：19-22.

[13] 许坤元. 辉煌的二十世纪新中国大纪录（纺织卷）1949—1999：第十一篇大事记篇 [M]. 北京：红旗出版社，1999：1315.

[14] 许坤元. 辉煌的二十世纪新中国大纪录（纺织卷）1949—1999：第十一篇大事记篇 [M]. 北京：红旗出版社，1999：1323.

[15] 许坤元. 辉煌的二十世纪新中国大纪录（纺织卷）1949—1999：第十一篇大事记篇 [M]. 北京：红旗出版社，1999：1274.

[16] 许坤元. 辉煌的二十世纪新中国大纪录（纺织卷）1949—1999：第十一篇大事记篇 [M]. 北京：红旗出版社，1999：1277.

[17] 中华人民共和国国民经济和社会发展第六个五年计划（1981—1985）.

[18] 贝聿泷. 中国纺织工业年鉴1986—1987：化纤工业概况 [M]. 北京：纺织工业出版社，1988：18-21.

[19] 国务院. 关于第七个五年计划的报告：一九八六年三月二十五日在第六届全国人民代表大会第四次会议上 [N]. 人民日报，1986-3-24.

[20] 许坤元. 辉煌的二十世纪新中国大纪录（纺织卷）1949—1999：第十一篇大事记篇 [M]. 北京：红旗出版社，1999：1295.

[21] 卞士荣. 化纤工业的发展形势及方向 [J]. 广东化纤技术通讯，1987（2）：2-5.

[22] 许坤元. 辉煌的二十世纪新中国大纪录（纺织卷）1949—1999：第十一篇大事记篇 [M]. 北京：红旗出版社，1999：1296.

[23] 许坤元. 辉煌的二十世纪新中国大纪录（纺织卷）1949—1999：第十一篇大事记篇 [M]. 北京：红旗出版社，1999：1299.

[24] 王佐才. 中国纺织工业年鉴1991：化纤工业概况[M]. 北京：纺织工业出版社，1992：38-39.

[25] 许坤元. 辉煌的二十世纪新中国大纪录（纺织卷）1949—1999：李岚清副总理在听取中国纺织总会工作汇报时的讲话要点（1993年12月24日）[M]. 北京：红旗出版社，1999：1044.

[26] 许坤元. 辉煌的二十世纪新中国大纪录（纺织卷）1949—1999：谷牧同志在全国纺织工业厅局长会议闭幕时的讲话（1987年12月26日）[M]. 北京：红旗出版社，1999：1027.

第九章

多主体投入建设化纤工业

党的十一届三中全会后，随着改革开放的逐步深入，各地方以及纺织、石化、化工、农林等行业和部门，都有非常高的建设化纤企业的积极性，进而上马了很多化纤项目。特别是20世纪80年代中后期，境外投资和乡镇经济也迅速进入化纤工业领域。由此，产生了一波多主体投资建设化纤工业的浪潮。

第一节　背景

这一时期，跨越了“六五”“七五”“八五”和“九五”四个五年，也是计划经济体制向市场经济体制的转轨时期（1976~2002年）。在改革开放之初（1976~1982年），经历了思想解放，确立了以经济建设为中心的党的战略重心的转移，启动了农村生产方式改革，实施了对外开放和建设经济特区的举措。在改革开放全面探索期（1983~1992年），1987年10月召开党的第十三次全国代表大会，首次阐明了社会主义初级阶段理论，确立了“三步走”（温饱、小康、富裕）的发展战略；全面展开了以扩大企业自主权为重点的城市经济体制改革；推行财政、计划和价格管理体制改革，进行经济秩序整顿。在向社会主义市场经济体制转轨期（1993~2002年），初步探索了社会主义市场经济体制；1992年10月召开党的第十四次全国代表大会，确立了邓小平建设有中国特色社会主义理论在全党的指导地位，明确了建立社会主义市场经济体制的改革目标，建立了现代企业制度，鼓励和引导非公有制经济的发展，建立了市场经济条件下的政府宏观调控机制，构建了全方位对外开放格局。

20世纪的最后10年，跨越了“八五”和“九五”两个五年计划，也跨越了我国计划经济体制向社会主义市场经济体制转轨期（1993~2002年）的绝大部分时间。这样重大的历史变革，对我国化纤工业的建设发展产生了两个重大影响。一是形成了多主体参与建设发展的格局。以国有纺织和石化工业为代表的国有资本、以乡镇集体经济为代表的民营资本，以及外国资本，都先后较大规模地融入了我国化纤工业的建设发展中。资本结构的变化，继而引发的竞争，导致了产业技术与结构的优化。二是民营经济成为化纤工业建设发展的主体力量。20世纪90年代中期开始，民营化纤经济快速发展，竞争优势突显；同时，国外高性价比的产品大量涌入，国有化纤企业腹背受敌，市场垄断地位面临前所未有的挑战。

第二节　地方政府主导的化纤工业建设

1980~2000年，在中央政府集中力量建设大型国有化纤生产基地的同时，一些有条件的地方政府也发挥各自的积极性，采取争取国家投资和地方自主投资等方式，建设了一批大中型化纤企业。这一阶段建设的比较有代表性和影响力的企业如下。

一、黑龙江龙涤股份有限公司

黑龙江龙涤股份有限公司的前身是黑龙江涤纶厂，黑龙江涤纶厂1974年开始筹建，1975年破土

动工，经过4年多的建设和1年的试生产，1980年7月16日通过省建设管理委员会组织的验收，正式交付生产[1]。

该厂位于阿城县（现哈尔滨市阿城区）西北方向，距哈尔滨25公里，与黑龙江纺织印染厂和黑龙江省纺织工业学校相邻，占地面积47万平方米，有各种设备3845台，建设总投资约1.13亿元。产品有涤纶短纤维、涤纶长丝和针织物。从1980年投产到1984年末，实现利税9845万元，不仅回收了全部建设投资，还为国家多收入33万元[2]。1993年9月，该厂总投资6.9亿元的8万吨/年聚酯技改项目开工建设，1996年4月建成投料试车，经过一年多的试生产，1997年9月通过国家验收[3]。

该厂是黑龙江省唯一的聚酯纤维生产基地，是当时的国家大型一档企业，曾连续6年进入全国500家最佳经济效益企业行列。后来，以黑龙江涤纶厂为基础，组建成立国有独资的黑龙江龙涤实业集团总公司。1993年3月25日，黑龙江龙涤股份有限公司成立；到1995年，已拥有5.5亿元固定资产，5550名职工；年产涤纶短纤维4.2万吨（其中三维卷曲中空短纤维8000吨，涤纶毛条3000吨、涤纶长丝1.3万吨，针织面料200万米），聚酯切片8000吨；年产值6.8亿元，年利税6000万元。1998年8月25日，龙涤股份有限公司在深圳证券交易所上市。2002年6月，公司引进日本东丽公司1万吨/年的涤纶工业丝项目投产，由此，我国涤纶工业丝领域进入了高速扩容期。此后，由于石油涨价、原料价格上涨、1998年金融危机导致市场下滑，以及我国加入世贸组织导致化纤进口关税下调等诸多不利因素的综合影响，公司的经营形势一路走低，2006年退市。

二、济南化纤总公司

济南化纤总公司的前身是济南化学纤维厂。1985年，在济南化学纤维厂基础上建设年产6.6万吨的涤纶工程，这是“七五”期间的国家重点建设项目。1988年10月开工兴建，1991年7月投入试生产。总投资12.2亿元（其中外汇1.1亿美元），拥有7.5万吨/年精对苯二甲酸、6.6万吨/年聚酯、1.5万吨/年涤纶短纤维和1万吨/年涤纶长丝四套生产装置及配套设施。一期工程1995年7月1日通过国家验收[4]。该公司还是“八五”期间国家重点建设的大型纺织原料骨干生产企业，是山东省最大的化纤企业之一。

项目建设期间，1986年9月，济南市首次由银行代理发行了“山东济南涤纶厂建设有奖保息债券”的企业债券，济南市民积极认购债券，大力支持工程建设。涤纶工程建成投产后，济南市制定了“建设锦纶重点工程，实现涤纶、锦纶齐飞”的目标。1996年10月，济南化学纤维厂更名为“济南八方锦纶集团”。涤纶、锦纶两大工程的建设，壮大了济南的纺织工业。当年，两个厂的职工达1万多人。20世纪90年代中期，该公司产值、利税达历史高点。

由于济南化纤厂是靠银行全额贷款建设的，所以其资产负债率过高。为减轻负债压力，2000年10月，经国家经济贸易委员会（简称国家经贸委）推荐，东方资产管理公司牵头对该公司进行了“债转股”改革，转股金额24.3亿元。转股后，企业资产负债率下降到33%。同时，地方政府也帮助企业剥离了非经营性资产和安置下岗职工。通过资产重组、减员增效，企业摆脱了高负债压力，生产经营步入良性循环[5]。进入21世纪，因多重复杂原因所致，济南市的纺织工业逐渐衰退，先是印染、染织，后是棉纺，最后波及化纤；2010年，在妥善安置了企业员工后，涤纶、锦纶兴旺一时的济南化纤总公司销声匿迹[6]。

三、广东开平春晖股份有限公司

广东开平春晖股份有限公司的前身是广东开平涤纶企业集团公司，是始建于20世纪80年代的国有化纤企业，建设规模是年产涤纶5000吨。20世纪90年代中后期，该公司直面市场竞争，锐意改革，迅速走上了规模化发展道路，建设成为产能60万吨/年的大型化纤企业。其中，主导产品涤纶长丝15万吨，聚酯切片42万吨，锦纶1万吨，涤纶帘子线/布1万吨，色母粒2500吨；形成了原辅料与最终产品相配套的生产布局，产品品种达300多个。1993年，该公司进行股份制改造，成立了广东开平春晖股份有限公司，并于2000年6月1日在深交所上市。21世纪初中期，该公司曾名列"2005～2006年度中国化学纤维行业竞争力前10强企业"和广东省企业100强[7]。21世纪初，该公司还与美国联信（Allied Signal）公司合资成立了开平联信工业纤维公司，引进联信公司技术，建设了10吨/年工业丝中试生产装置（其中5吨为高模低收缩型工业长丝）[8]。

但由于未能适应市场形势变化，及时调整企业的经营策略和发展战略，企业的产品品种和性能、质量未能很好地适应市场的需求变化，导致产能过剩，主营化纤业务严重亏损，不得不于2016年12月31日停工停产[9]。

四、广东新会美达锦纶股份有限公司

广东新会美达锦纶股份有限公司（简称新会美达）始创于1984年，是我国最早引进锦纶6生产设备的厂家之一。历经30多年的发展，公司已形成了以高分子聚合物为龙头、纤维新材料为主体的产业结构布局，成为一家集锦纶6聚合、纺丝、织造和印染为一体的大型现代化化纤生产企业。1997年，公司在深圳证券交易所挂牌上市，成为国内首家上市的锦纶生产企业。2003年底，国有资本退出，民营企业广东天健集团有限公司入主控股美达锦纶公司，改善了公司的资本结构，并确立了"立足主业，技改扩配，建设中国最大最强的锦纶基地"的发展战略[10]。在后续的经营发展中，公司始终以这一战略为引导，不断适应市场形势的变化，适时地实现了转型升级。

进入21世纪，公司致力于研究聚酰胺及纤维新产品，开发出了细旦纺丝专用料，高性能全消光锦纶6切片，耐久性抗菌、抗静电聚酰胺母粒，耐热抗氧化切片，以及非纤用增强增韧、阻燃等高附加值工程塑料和薄膜等的切片基料，实现了依托创新促进企业成长的技术升级。

目前，公司有员工3500多人，年产锦纶6切片近20万吨、长丝11万吨、高档针织布0.48万吨，年产值逾50亿元。"美达"牌锦纶6切片主要用于民用纺丝、工业纺丝、包装薄膜、改性基料、注塑粒料等；长丝主要用于针织、机织、花式纱和织布、织带、花边、经纬编等；针织物主要用于高档内衣、时装、泳衣和运动服等[11]。

五、上海金阳腈纶厂

上海金阳腈纶厂是以上海石化腈纶厂为基础扩建续建而成的，是上海石油化工股份有限公司的下属企业。扩建续建工程建成后，形成了年产2万吨腈纶、1万吨腈纶毛条的生产规模。此次扩建续建总投资近1亿美元；主要生产装置均从日本、意大利和美国等引进。该项目是1992年上海市的重点工程，建设资金利用上海市的专项贷款，故该厂成为一个具有独立法人地位的地方全民所有制企业。

腈纶是“七五”期间纺织工业重点发展的化纤品种。腈纶的生产工艺有多种。当时，国内已有年产10多万吨的腈纶生产能力，工艺技术路线以20世纪60年代引进英国考陶尔公司的NaSCN一步法为主。当时，纺织工业部共支持了6个腈纶项目，有美国杜邦公司的DMF干法纺丝、意大利蒙特公司的DMAC湿法纺丝和日本伊思蓝公司的NaSCN二步湿法纺丝3种工艺技术路线可供选择。除上海金阳腈纶厂外，其他5个项目均选择了杜邦公司的DMF干法工艺。上海金阳腈纶厂拥有丰富的生产经验，已掌握了腈纶湿法一步法和二步法工艺，故对技术更先进、产品质量性能更好、经济效益更佳的日本伊思蓝公司的工艺更加青睐，并最终选定了该工艺路线。

此次扩建续建工程，采用了只引进关键工艺设备、不引进工艺技术软件、国内配套建设的新方法，即由日本川崎重工承担工程基础设计并提供关键工艺设备，我方提供工艺技术软件并承担详细工程设计。扩建和续建两项工程同步建设，1991年1月8日动工兴建，1993年3月2日同步建成投产。此项工程的重点在于，研制了一套结合金阳装置特点的包括各类工艺参数、操作法、分析手册、测试方法及质量考核指标的工艺技术软件，即“金川技术”的最初蓝本。因此，基建过程也是生产准备和“金川技术”软件的研制过程。1993年6月25日，建设方对金阳装置进行了72小时性能考核，以170米/分的纺速生产3.33分特克斯纤维，装置达到年产2万吨腈纶的设计生产能力；继而，又成功地进行了装置最大生产能力日产66吨的确认试验。装置性能考核的顺利通过，再次证明了设备性能是可靠的，自主研制的技术软件是成功的，“金川技术”是完全具有国际先进水平的。经过5年的努力，金阳腈纶厂建成了具有国际先进水平、与日本伊思蓝公司同一类型、国内唯一的一套全新腈纶生产装置[12]。

从试生产的第一天起，该厂就面临着难以想象的困难。还本还息的巨大压力，1994年仅还息就达5500万元；建设期与还贷期的汇率差就达3亿多元；原料丙烯腈和其他五种辅助原料依赖进口，年用外汇需1500多万美元。概括地说，就是借外债建厂、依赖进口原料维持生产、产品与进口腈纶竞争、生产经营基本与国际接轨。该厂的经营者采取“优质优价”的经营策略，1994年3月试生产后的一年时间里，实现销售收入约30亿元、无产品积压、无销售欠款的经营佳绩。事实表明，该厂是国内较早确立以市场为导向、适应和参与竞争、追求经济效益、富有创新精神、按市场经济规律发展的化纤企业[13]。

石油化工是我国的支柱产业，合成纤维是石油化工的三大重要产业之一。上海金阳腈纶厂自主研发的腈纶湿法二步法工业化技术，是上海石油化工股份有限公司自主发展支柱产业的一个成功范例。

金阳工程的经验表明，国产化技术才是我国建设大化纤的基础。成套引进新工艺，如未能吃透，就会有很大风险[14]。

六、浙江涤纶厂

浙江涤纶厂是中等规模的涤纶长丝工厂。该厂是引进日本钟纺公司成套设备建设的，采用POY-DTY和UDY-FDY工艺，年产能5000吨，其中，POY原丝2000吨，DTY2000吨，FDY复丝1000吨。厂区占地99亩（6.6万平方米），厂房建筑面积2.5万平方米。引进主要设备有：气送干燥装置1套、纺丝卷绕机3套（其中高速纺2套），以及油剂配制、组件清洗等辅助装置等；后纺有拉伸机1台，单机引进弹力丝机4台；另配置拉伸机3台。公用工程由国内配套[15]。该厂1983年5月23日破土动工，

1984年11月7日建成投料试产。

20世纪80～90年代，浙江涤纶厂经营管理很好，曾被评为“全国经济效益最佳企业”。1988年，国家取消了涤纶长丝指令性生产计划，国家分配原料、调配产品的经营模式不复存在。面对原材料价格暴涨，全年将减利700多万元的险境。厂领导带领职工转变观念，积极适应市场需求变化，研发适销对路的新产品，消化了减利因素。开发成功的68旦牵伸网络丝是当时仿真丝绸的最佳原料，所开发的130旦低弹网络丝、50旦低弹丝、无线电专用丝和喷水织机专用丝等新产品，在市场上供不应求。1988年，该厂生产的“晶花”牌涤纶低弹丝被评为部优产品，“晶花”牌50旦涤纶牵伸丝达到部优级标准。这样的成绩，遥遥领先国内同行。浙江涤纶厂被批准为国家二级企业和纺织工业部质量管理奖企业[16]。

步入市场经济的初期，该厂致力于由生产型向经营型转换，不断提高市场应变能力；大力强化技改投入，增强企业发展后劲；狠抓内部管理和人员技术素养的提高，倾力打造“晶花”品牌。产品销售额曾多年以年均15%的幅度递增；1992年销售额达2.29亿元，实现利税4800万元。20世纪90年代初，该厂所在地绍兴市已成为全国最大的涤丝市场之一，经市场调节的涤丝价格，时而巅峰，时而低谷，而“晶花”牌涤纶丝则具有在这个市场中稳定价格的能力[17]。

1993年11月，该厂年产6万吨聚酯的工程（包括1万吨直接纺POY长丝）被列入国家新开工大中型项目。1994年1月动工兴建；1995年1月28日，聚酯装置投料试车，2月5日生产出切片；1996年1月长丝装置投料试产。该工程是纺织工业部“八五”计划建设6个6万吨/年聚酯工程之一，总投资10.44亿元；工程设计由上海纺织工业设计院承包，从瑞士引进全套设备。该项目的建成填补了浙江省聚酯切片产业的空白，对缓解国内化纤原料紧缺、平抑南北切片市场价格、促进浙江省纺织工业和经济发展发挥了重要作用[18]。该项工程是该厂所在地绍兴市中华人民共和国成立以来投资额最大的项目之一，为确保工程建设成功，浙江省于1993年7月批准，浙江涤纶厂改制成立浙江化纤联合股份有限公司（简称浙化联）。1994年开始，公司实施“上下延伸、外引内联、多元经营、形成集团”的发展战略，先后与日本钟纺株式会社和日本丸红株式会社等企业建立了3家合资企业，实现了跳跃式发展。

20世纪90年代末，我国化纤工业的发展进入了一个新阶段。主要任务是大力发展化纤原料工业，扩大化纤生产规模，提高化纤产品的性能和质量，形成系列化和差别化。此间，浙江省规划在“九五”期间建设10个年产能在万吨以上的大化纤项目，使浙江省在2000年时具有50万吨化纤的年产能；浙化联的聚酯二期工程年产16万吨聚酯切片项目和年产3万吨涤纶短纤维项目又列入此规划中[19]。借此，浙化联进一步确立了“大基地、大集团、大市场，高技术、高档次、高效益”的“三大三高”发展战略，目标是实现2000年年产24万吨聚酯切片、6万吨涤纶长丝、9万吨涤纶短纤维、0.5万吨涤纶细旦丝、1200万码织造、1200万码印染和服装加工的生产规模；发挥地处绍兴轻纺城的市场优势，通过改制改组，把公司建设成为国家的重要化纤基地、国家级化纤集团[20]。

但我国加入世贸组织后，聚酯化纤行业遭遇了极为严峻的市场形势。面对挑战，浙化联没有适时做出战略性转型，而是选择了进行内部管理改革的战术性调整，从而错失了发展机遇[21]。

七、丹东化纤厂

20世纪70～80年代，在粘胶纤维业务的基础上，丹东化纤厂建设了涤纶短纤维和涤纶长丝生产

能力。1976年5月，该厂1.6万吨/年涤纶短纤维车间扩建工程动工兴建，1979年8月投料试车，1981年1月1日投入试生产；1982年4月，通过辽宁省建设管理委员会组织的验收并正式交付生产。1983年10月14日，该厂采用国产设备建设的涤纶长丝生产车间建成投产[22]。

20世纪90年代初，该厂年产2万吨粘胶短纤维的老厂房已十分破旧，设备设施腐蚀严重、超期服役，职工操作环境恶劣，必须报废，而当时粘胶纤维的国内国际市场都非常好。经充分论证，1992年4月，该厂确定了难度极大的技改方案：在不停产、确保当年经济效益的前提下，对老厂实施就地改造；目标是，汇集国内外技术、设备、工艺的精华，达到当时的国际先进水平；4条生产线每条由年产5000吨改造成1万吨，形成4万吨总产能；总投资不超过3亿元。1992年7月27日，老厂技改工程正式破土动工。

当时，国产粘胶短纤维生产设备的技术水平相比发达国家的设备还有一定差距。辽宁省纺织工业厅与省机械工业委员会决定联合研发技术先进的万吨生产线：丹东化纤厂负责设备选型，提供技术参数，组织安装调试；省机械工业委员会所属的沈阳飞机制造公司、渤海造船厂、航空部606所、兵器工业部741厂、沈阳真空所与丹东化纤厂共同设计、研制。此后，上海中新自动化成套公司、哈尔滨飞机制造公司、富拉尔基重型机械厂等一批国内机械仪器权威制造单位也相继加入了研发。以自身的丰富经验为基础，借鉴国内外先进技术，研制队伍联合攻关，实现了粘胶短纤维国产成套设备技术水平的历史性跨越。1994年3月31日，丹东化纤厂万吨粘胶短纤维生产线全线贯通。

该线采用了比老设备提高工效10倍以上的黄化机、组合式干燥机和组合喷丝头纺丝机等国产化技术装备，都是国内首次。自主研制的万吨级生产线，加之引进高效能筛滤机取代了老式框板式过滤机，该厂生产装备的主要技术性能达到了当时的国际先进水平。

通过此次技改，该厂既拓宽了化纤产品市场，还开辟出了化纤成套设备市场；既实现了自身的历史性跨越，也收窄了我国与发达国家间该领域的技术差距[23]。

1996年6月23日，以丹东化纤厂为基础，成立丹东化学纤维（集团）股份有限责任公司。1997年6月9日，丹东化学纤维股份有限公司在深圳证券交易所上市。此后，公司经营出现持续困难，虽于2003年5月12日进行了国有股权的转让和经营机制的转换[24]，但公司始终未能摆脱多重不利因素的影响，最终于2018年9月11日宣告破产注销[25]。

八、其他大型化纤企业

除上述重点企业外，20世纪80～90年代初，化纤行业是地方政府投资的重点领域，各地的投资积极性很高，比较重要的项目还有湖南金迪化纤、湖北宜昌化纤、海南兴业聚酯、四川聚酯等。同时，在全国还上马了一批国有年产1000～2000吨的涤纶长丝、丙纶长丝工厂，在浙江萧山、绍兴地区和苏南地区上马了一些集体所有制的乡镇或村办化纤企业。

第三节 石油化工部门主导的化纤工业建设

1978年，我国原油产量达到1亿吨。20世纪80年代初，国家开始着手研究如何用好这1亿吨石油的问题。

一、背景

由于管理体制的原因，1亿吨原油由3个政府部门和20个省市自治区分头管理，依照各自的需求和能力来开采和使用，期间造成了很大的浪费，产业链发展明显不均衡。石油工业部所属的炼油厂只生产油品等燃料，化学工业部所属的化工厂只需要生产基础化工原料的炼油产品，纺织工业部只考虑生产化纤所需的基础化工原料。例如，当时上海石油化工总厂的原油利用率非常低，只有26%；该厂主要生产合成纤维和合成塑料，因此只需要乙烯和丙烯就够了，即“只要二三（C_2、C_3），不要四五（C_4、C_5）”，而C_4、C_5是生产合成橡胶的原料。所以，该厂炼油得到的C_4、C_5掺到汽油里，就当燃料烧掉了，十分浪费。

1981年9月，国务院成立了石油化工、化纤综合利用规划小组，国务院副总理康世恩任组长，国家科学技术委员会（简称国家科委）副主任杨浚和国家计委副主任林华任副组长，成员包括石油工业部、化学工业部和纺织工业部等部委的负责人。经研究论证，提出了“把大型的炼油厂和以石油为原料的化工厂、化纤厂组织起来，实行统一领导、统一指挥、统一销售、统一外贸、统一劳动工资的‘五统一’设想”。据测算，按“五统一”方案综合利用原油，可为国家增加财政收入（比1981年）115亿元，而1981年的国家财政收入仅为1175亿元。

作为试点，1981年11月，上海炼油厂、高桥化工厂、上海第二化学纤维厂、上海合成洗涤剂厂、上海石油化学研究所、上海热电厂等企业合并成立了上海高桥石油化工公司，这是一个跨部门、跨行业的大型联合企业，为石油化学工业的重组开辟了道路。1982年1月7日，经国务院批准，南京炼油厂、栖霞山化肥厂、南京烷基苯厂、南京化工厂、中山化工厂、南京塑料厂、南京长江石油厂等企业合并成立金陵石油化工公司。此后不久，位于辽宁抚顺的抚顺石油一厂、石油二厂、石油三厂、化学纤维厂、化工塑料厂等企业，合并成立了抚顺石油化工公司。在试点的基础上，中央决定，彻底破除条块分割的行政领导体制，合并分散在各部门、各地区的39个大中型石油化工企业，组建我国最大的石油化工企业。1983年7月12日，中国石油化学工业总公司（简称中国石化总公司）成立。

中国石化总公司的成立，使上游的油田勘探采油、中游的原油炼制、下游的基础化工原料和三大合成材料制造，以及庞大的市场网络，汇聚成了全产业链生产力，极大地提高了我国的原油利用率和综合效益[26]。

二、中国石油化工总公司建设的化纤装置

中国石化总公司成立后开展的一项重要工作就是，自筹资金，救活1978年确定的8个成套引进项目。1978年的第三次成套生产装备引进浪潮中，决定引进10套大型石油化工成套生产设备。1981年以后，国家改革了基本建设的投资管理模式，由财政拨款改为银行贷款。而引进这些项目的石油工业部、化学工业部、纺织工业部贷不到款，导致引进项目建设处于停滞状态。中国石化总公司成立时，接收了这10个项目中的8个，即4套30万吨/年乙烯、3套30万吨/年合成氨、52万吨/年尿素，以及1套上海石化总厂20万吨/年聚酯。另有2个项目此次未划归中国石化总公司，一个是归属化学工业部的吉林化学工业公司11.5万吨/年乙烯项目，另一个是归属纺织工业部的仪征化纤。

为了建设好接收过来的8个项目，中国石化总公司按照中央提出的“用经济办法办好经济事情”的要求，自谋出路、自筹资金，投入了大规模的资金和极大的管理力量。第一次完成固定资产投资

440亿元，用于4套大型乙烯项目的投资就达250亿元，占比56.8%。与此同时，还采取了多重经营策略，推动中国石化总公司在市场机制中走向健康发展。其中的一项经营策略是，1985年6月制定并经国务院批准的“利用外资加快发展塑料、合成纤维，‘以产顶进’”策略[27]。据此，中国石化总公司在1986～1995年建设了一批化学纤维生产装置（表9-1）[28]。

表9-1　1986～1995年中国石化总公司建设的化学纤维生产装置

<table>
<tr><th>生产企业</th><th>品种</th><th>技术来源</th><th>工艺路线</th><th>生产能力/（万吨/年）</th><th>投产年份</th></tr>
<tr><td rowspan="13">上海石化股份有限公司</td><td>对二甲苯（PX）</td><td>德国鲁奇公司</td><td>吸附分离</td><td>16.5</td><td>1986</td></tr>
<tr><td>乙二醇（EG）</td><td>美国科学设计公司</td><td>纯氧氧化</td><td>12.0</td><td rowspan="2">1990</td></tr>
<tr><td>聚对苯二甲酸乙二醇酯（PET）</td><td>美国杜邦公司</td><td>直接酯化</td><td>5.3</td></tr>
<tr><td>预取向涤纶长丝（POY）</td><td rowspan="2">德国巴马格公司
日本村田公司</td><td>高速纺</td><td>1.0</td><td rowspan="2">1986</td></tr>
<tr><td>涤纶低弹丝（DTY）</td><td>高速纺</td><td>1.0</td></tr>
<tr><td>维纶改预取向涤纶（POY）</td><td>意大利雷迪斯集团</td><td>紧凑型纺丝</td><td>0.45</td><td rowspan="3">1988</td></tr>
<tr><td>维纶改涤纶低弹丝（DTY）</td><td>英国斯克拉格公司</td><td></td><td>0.25</td></tr>
<tr><td>维纶改涤纶（DT）</td><td>日本石川公司</td><td>牵伸加捻</td><td></td></tr>
<tr><td>维纶预取向丝（POY）</td><td rowspan="2">美国杜邦公司</td><td rowspan="2">直接纺</td><td rowspan="2">2.776</td><td rowspan="2">1990</td></tr>
<tr><td>涤纶牵伸丝（FDY）</td></tr>
<tr><td>腈纶</td><td>金川技术</td><td></td><td>2.0</td><td>1993</td></tr>
<tr><td>涤纶短纤维</td><td>国产</td><td></td><td>3.0</td><td rowspan="2">1995</td></tr>
<tr><td>涤纶工业丝</td><td></td><td></td><td>0.6</td></tr>
<tr><td rowspan="7">辽阳石油化纤工业总公司</td><td>丙纶牵伸丝（FDY）</td><td>美国波里尼公司</td><td>纺牵变形一步法</td><td>0.2</td><td>1989</td></tr>
<tr><td>膨体长丝（BCF）</td><td>意大利费尔特科公司</td><td></td><td></td><td></td></tr>
<tr><td>丙纶短丝</td><td>德国奥托马蒂克公司</td><td>短程纺</td><td>0.14</td><td>1987</td></tr>
<tr><td>丙纶短丝</td><td>意大利莫登公司</td><td></td><td>0.7</td><td>1988</td></tr>
<tr><td>涤纶低弹长丝（DTY）</td><td>英国斯克拉格公司</td><td></td><td>0.288</td><td rowspan="2">1987</td></tr>
<tr><td>空气变形涤纶丝（ATY）</td><td>日本伊藤忠商事会社</td><td></td><td>0.112</td></tr>
<tr><td>预取向涤纶长丝（POY）</td><td>意大利雷迪斯集团</td><td>高速纺</td><td>0.44</td><td>1988</td></tr>
</table>

续表

生产企业	品种	技术来源	工艺路线	生产能力/（万吨/年）	投产年份
天津石油化工公司	涤纶长丝	日本帝人公司	低速纺—拉伸加捻变形两步法（UDY—DT） 高速纺—拉伸加捻变形两步法（POY—DTY）	0.8	1987
	聚酯	德国卡尔费休公司		0.1	1991
燕山石化公司	丙纶膨体长丝（BCF）	意大利SCAM公司	纺牵变形一步法	0.45	1987
大庆石油化工公司	丙烯腈（AN）	美国俄亥俄标准石油公司专利，英国石油公司设备	流化床丙烯氨氧化	0.5	1988
	腈纶	美国氰胺公司	二步湿法	5.0	
	腈纶毛条	国产	拉断梳毛	2.45	
抚顺石油化工公司	丙烯腈	英国石油公司	流化床丙烯氨氧化	5.0	1994
				5.0	1990
	腈纶	美国杜邦公司	DMF干法	3.0	1991
	腈纶毛条	德国、意大利	拉断法	0.8	
兰州化学工业公司	丙烯腈（AN）	美国俄亥俄标准石油公司专利，英国石油公司设备	流化床丙烯氨氧化	2.5	1992
巴陵石化公司	涤纶低弹长丝	德国巴马格公司	切片高速纺	0.375	1987
	尼龙6聚合	意大利雷迪斯集团		0.5	1993
	锦纶拉伸加捻变形丝（DTY）	德国巴马格公司	切片纺	0.14	1993
	锦纶预取向丝（POY）	意大利雷迪斯集团	切片纺	0.17	1994
	己内酰胺（CPL）	荷兰能源化学公司	羟胺（HPO）	5.0	1993
	涤纶细旦长丝	德国巴马格公司	切片纺	0.25	1995
扬子石化公司	乙二醇（EG）	美国科学设计公司	乙烯纯氧氧化	20.0	1987
	精对苯二甲酸（PTA）	美国国际石油公司	低温氧化	45.0	1989
林源炼油厂	丙纶膨体长丝（BCF）	德国巴马格公司		0.2	1990
	丙纶拉伸加捻变形纱（DTDTY）	德国巴马格公司 日本日绵公司		0.06	
乌鲁木齐石油化工总厂	聚酯（PET）	法国德西尼布公司公司 日本钟纺公司	直接酯化	4.2	1993

续表

生产企业	品种	技术来源	工艺路线	生产能力/（万吨/年）	投产年份
乌鲁木齐石油化工总厂	精对苯二甲酸（PTA）	英国帝国化学工业公司		7.5	1995
	涤纶长丝			2.0	1993
安庆石化总厂	丙烯腈	英国石油公司	流化床丙烯氨氧化	5.0	1995
	腈纶	美国氰胺公司	湿纺		
四川维尼纶厂	涤纶微细旦预取向丝（POY） 全牵伸丝（FDY）	意大利雷迪斯集团		0.25	1995

1985年，我国化纤产量达到94.78万吨，其中合成纤维总产量77.05万吨，腈纶产量7.29万吨，仅占9.5%；进口腈纶约15万吨，以满足国内需求。所以，“七五”和“八五”期间，腈纶成为化纤工业的建设重点。其间，中国石化总公司在大庆石油化工公司和抚顺石油化工公司分别建设了5万吨/年和3万吨/年的腈纶生产装置，还在巴陵石化公司建设了锦纶和涤纶原料及纺丝装置，在燕山石化建设了丙纶膨体纱装置。

（一）大庆石油化工公司腈纶厂

20世纪70～80年代，我国自行设计建设了一批中小型腈纶生产企业，并以此为基础，开展了NaSCN一步法工艺技术研究（仅山西榆次化纤厂采用二甲基亚砜一步法工艺），为我国腈纶工业的大规模建设打下了一定基础。

大庆石油化工公司腈纶厂（简称大庆腈纶厂）5万吨/年腈纶成套生产设备引进工程，是“六五”期间计划重点建设项目，是大庆30万吨/年乙烯工程的主要配套设施。1984年，该厂从美国氰胺公司（ACC）引进了水相聚合硫氰酸钠二步法5万吨/年腈纶成套生产装置。该装置采用水相悬浮聚合、转向高速纺丝、连续汽蒸定型和五效降膜蒸发的先进工艺。主要配套装置从美国康泰斯公司和日本日绵株式会社、川崎重工株式会社引进。

该套聚丙烯腈装置以丙烯腈为主要原料，甲基丙烯酸甲酯为第二单体；采用$NaClO_3$—$NaHSO_3$氧化还原体系作引发剂；在pH为1.9、60摄氏度的水溶液中进行二元水相悬浮聚合。这是我国首次采用二步法水相悬浮聚合工艺，它具有转化率高、纺丝液纯度高、溶剂回收与净化工序简单、工序间相互影响小等特点。聚合物经脱单、水洗、脱水后，采用NaSCN溶解制成纺丝液，再经过滤、脱泡后送至纺丝装置纺丝。

美国康泰斯公司和上海纺织工业设计院分别承担该工程的基础设计和工程设计。1985年5月，该工程开工建设，1988年7月投入运行，生产出了合格产品。这是我国首次引进ACC腈纶二步湿法装置专利技术，其投产改变了我国腈纶工业工艺路线单一的局面[29]。

后经多次技改，该厂形成了以高附加值产品为特色的技术与市场。其中，高收缩、高分子量纤维，5.55分特克斯、7.77分特克斯、11.11分特克斯和16.66分特克斯扁平腈纶，以及抗起球性能达4

级的1.66~3.33分特克斯抗起球腈纶等产品，非常受市场欢迎[30]。

（二）抚顺石油化工公司腈纶厂

1987年，我国从美国杜邦公司引进了二甲基甲酰胺（DMF）干法腈纶生产装置，先后在抚顺、淄博、秦皇岛、宁波和茂名等地建厂，1991年起陆续建成投产。这5个厂的合计年产能为16.5万吨，除了淄博厂年产能为4.5万吨外，其余厂均为年产能3万吨。

干法纺丝腈纶工艺为：丙烯腈（AN）、丙烯酸甲酯（MA）和苯乙烯磺酸钠三种单体，以水相悬浮方式，以自由基链式机理发生三元共聚反应，合成聚丙烯腈；再以二甲基甲酰胺（DMF）为溶剂，经纺丝制成腈纶[31]。

与NaSCN湿法纺丝相比，DMF干法纺丝腈纶工艺具有一些明显的优势。一是干法纺丝纤维截面为犬骨状，结构紧密，柔软，光滑，毛型感强；而湿法纺丝纤维截面为圆形，结构较松散，皮层与芯层结构差异较大。二是干法纺丝腈纶工艺流程短，纺速快，后处理不需要热定型工序；而湿法纺丝流程长，纺速低，后处理需热定型加工。三是干法纺丝使用DMF为溶剂，腐蚀性小，不需要昂贵的特种钢材制造设备，设备维护保养简单；而湿法纺丝多数设备需用特种钢材制造，造价高且难维修。四是干法纺丝腈纶三种单体的总用量为每吨纤维1000千克；而湿法则每吨纤维需耗用三种单体1080千克，因而干法更具成本优势。五是干法纺丝液浓度（约34%）较湿法高，故溶剂去除和回收量均较少。六是干法纺丝工艺废水较少，且DMF废水较湿法NaSCN废水好处理。干法纺丝工艺的缺点是，DMF消耗量较大（每吨纤维约需50千克），能耗较高，且DMF向大气排放较多。

抚顺石油化工公司腈纶厂的3万吨/年腈纶装置，是“七五”期间我国以技贸结合方式从杜邦公司引进的一套干法腈纶装置。但由于技术和管理等多重不利因素影响，该装置建成后的两年试生产期间，装置运行非常不理想。1991年12月到1993年9月，累计生产腈纶10417吨，仅为设计能力的20%，而且亏损十分严重。

为摆脱困境，1994年，中国石化总公司领导带队到现场解决问题，做出了停产攻关的决定。此后4年里，该厂认真消化吸收杜邦公司的技术，经两轮攻关改造，解决了163项工艺技术、172项设备和96项管理问题，使装置实现了满负荷、超设计能力稳定运行，设备完好率达到98%以上；开创了日供100吨合格聚合物、日产100吨腈纶、日运行100个纺位、一级品率100%和废品回收率100%等“五个一百”佳绩，技术经济指标走在了国内五套同类装置建设的前列。能耗、物耗、环保、产量、质量5项主要经济技术指标接近杜邦公司奥纶产品的水平，自有的“顺邦”牌腈纶产品在国内外市场都有较好的声誉[32]。

“八五”计划收官的1995年，我国腈纶年产能已达38万吨，其中干法腈纶年产能16.5万吨，约占44%。至此，我国腈纶工业形成了多种技术路线并存的良性格局。

（三）巴陵石油化学工业公司

为综合利用石油化工资源、优化组合生产要素、便利规模化生产、搞好深加工、提高企业素质和效益，中国石化总公司和湖南省人民政府决定，1988年10月11日，长岭炼油化工厂、岳阳石油化工总厂和洞庭氮肥厂联合组建成立巴陵石油化学工业公司（简称巴陵石化），隶属中国石化总公司，

是独立核算的全民所有制特大型企业。巴陵石化拥有职工近3万名，固定资产原值13亿元，大型炼油、化工、化纤、化肥装置70多套，各类生产设备3万5千多台。

岳阳石油化工总厂液态烃用量9万吨/年。因原料不足，该厂不得不用几百台火车槽车从外地运原料。而长岭炼油化工厂年产液态烃6万吨，除供岳阳石化总厂外，还有2.5万吨被本厂或外单位白白烧掉了，其中有5千吨的化工原料因烧掉而未能抽提利用。巴陵石化成立后，决定从1989年起将长岭炼油化工厂生产的液态烃全部送岳阳石化总厂，待该厂从中提出化工原料后，再返送长岭炼油化工厂供民用或外销。仅这一项就使岳阳石油化工总厂和长岭炼油化工厂都大大受益。1989年，巴陵石化投入400万元，用于岳阳石油化工总厂7000吨/年锦纶短纤维等装置技改[33]。

岳阳石油化工总厂5万吨/年己内酰胺工程，是巴陵石化成立后诸多重要建设工程之一。该工程是“八五”期间国家重点建设项目，由中国石化总公司与湖南省政府合资兴建，投资总额13.4亿元。那时，我国己内酰胺年产量不到1万吨，每年约需进口10万吨[34]。

该装置1990年开工建设，是我国当时最大的己内酰胺装置之一，经过两年多的奋战，于1993年7月18日打通全流程，生产出了符合国际质量标准的己内酰胺切片和副产品硫胺。这套装置的工艺流程和技术水平是当时国际上比较先进的，它的建成投产，大大缓解了我国长期以来大量进口己内酰胺的状况[35]。与该装置配套的1.3万吨/年锦纶6帘子布工程也获国务院批准，于1993年底动工建设；该工程的聚纺、织布、浸胶三个工序的专利技术、主要设备和自控系统分别从德国和瑞士引进；捻线技术设备主体由自主研制，只引进少量德国阿尔玛直捻设备；巴陵石化设计院承担工程总体设计[36]。

（四）燕山石化公司

20世纪70年代，室内装饰纺织品市场旺盛，簇绒地毯的主要原料——膨体长丝（BCF）需求大幅增长。膨体长丝多采用锦纶6、锦纶66和聚丙烯为原料制成，特别是锦纶膨体长丝在耐磨性、弹性回复性以及色泽鲜艳等方面独具优势，是地毯绒头纱的首选原料。但由于聚丙烯的价格只有聚酰胺的一半，故丙纶膨体长丝在地毯纱的应用上也开始大幅增加。“七五”期间，通过引进设备，除燕山石化公司和辽阳石油化纤公司（简称辽化）外，上海、无锡、天津、杭州、青岛、汕头、秦皇岛、蚌埠等地，还投资建设了多套膨体长丝生产装置。而燕山石化公司建设的膨体长丝装置主要是生产丙纶膨体长丝的[37]。

1976年5月，我国引进的首套30万吨乙烯成套生产装置在北京石油化工总厂建成投产。其副产的丙烯大部分被送往向阳化工厂生产聚丙烯。为利用好自产的聚丙烯，总厂开始向下游搞塑料深加工。1979年，燕山石化采用补偿贸易方式从意大利斯梯普公司引进了聚丙烯化纤地毯生产装置，包括年产0.45万吨丙纶膨体长丝、背衬、栽绒地毯和机织地毯4套装置。1982年6月，化纤地毯装置开工兴建；1985年4月，长丝装置建成；6月，背衬装置建成；10月，机织地毯装置建成；12月，栽绒地毯装置建成。1987年10月，原东风化工厂正式更名为燕山石化公司化纤地毯厂。2003年4月，按主辅分离、改制分流的要求，地毯厂改制为民营股份制企业——北京双泉燕山地毯有限公司；后由于长期效益不好，该企业2013年底破产[38]。

第四节　境外投资化纤企业的建设

一、背景

1979年6月，党中央和国务院决定成立中华人民共和国外国投资管理委员会。由此，我国摒弃了“一无内债、二无外债”的陈旧观念，学习和运用国际通行的经济合作作法，向发达国家借贷，吸引境外企业在我国境内投资创办企业[39]。为尽可能多地利用境外资金，吸收国际先进技术与管理经验，在利用境外资金的各种方式中，把吸引境外资金直接投资创办合营企业作为优先采用的方式。1979年，我国颁布《中外合资经营企业法》及其《实施细则》，为独资、合资、合作“三资”业的发展提供了法律保证。

二、化纤工业利用境外资金情况

在纺织产业链中，终端的服装工业是境外资金进入较早的领域，而前端的化纤工业则境外资金进入稍晚。资料显示，化纤工业领域的“三资”企业最早出现于1983年。1983年9月27日，广东省新会县（现江门市新会区）与中国香港永新公司以补偿贸易方式合作兴建的广东新会涤纶厂建成投产。该厂全部采用进口设备，自动化程度较高，年产能5000吨[40]。此后，“三资”化纤企业开始放量生长。

1984年，境外投资建设化纤企业的项目为9个，协议投资金额1321万美元。20世纪90年代开始，境外资金直接投资化纤工业的力度持续加大，化纤工业成为境外投资非常热门的纺织工业领域。1990年，境外投资建设化纤企业的项目为42个，协议投资金额7776万美元。1995年，境外投资建设化纤企业的项目为163个，协议投资金额39936万美元。此后，这一形势开始趋于稳定。

截至1995年底，我国共有363家“三资”化纤企业，工业总产值105.6亿元，工业增加值20.3亿元，资产总额189.6亿元，职工人数5.2万人，利税总额3.5亿元；实收资本66亿元，其中，中国内地投资占49%，境外资金占51%（其中港澳台投资占39.3%）。

一定程度上，“三资”化纤企业的建设，发挥了缓解国内纺织原料紧张、建设资金不足、技术更新迭代缓慢的积极作用，对化纤工业的发展具有促进作用。当然，“三资”化纤企业的发展也加速和加强了国内化纤市场的竞争[41]。1979～1995年化纤工业利用境外资金情况见表9-2。

表9-2　1979～1995年化纤工业利用境外资金情况[42]

批准年份	“三资”化纤企业		合资化纤企业		合作化纤企业		独资化纤企业	
	项目数	境外资金金额/万美元	项目数	境外资金金额/万美元	项目数	境外资金金额/万美元	项目数	境外资金金额/万美元
1979～1982	0	0	0	0	0	0	0	0
1983	1	—	—	—	—	0	0	0
1984	9	1821	8	1146	1	175	0	0
1985	8	1500	8	1500	0	0	0	0

续表

批准年份	“三资”化纤企业		合资化纤企业		合作化纤企业		独资化纤企业	
	项目数	境外资金金额/万美元	项目数	境外资金金额/万美元	项目数	境外资金金额/万美元	项目数	境外资金金额/万美元
1986	10	1804	9	1461	1	343	0	0
1987	16	1756	15	1629	1	127	0	0
1988	36	6596	32	4725	3	1801	1	70
1989	46	5904	34	3238	8	2221	4	445
1990	42	7776	33	4243	8	3438	1	100
1991	189	27293	162	15322	18	3474	9	8003
1992	163	39936	144	15689	6	2144	13	22103
1993	161	37131	129	15290	9	1614	23	20227
1994	159	34326	114	14891	12	1084	33	18351
1995	165	94082	92	26415	14	7646	59	60021
累计	1005	259431	780	106049	82	24057	143	129320

三、重点行业的一些典型境外投资企业

20世纪80～90年代，是境外资金进入中国化纤行业的高峰阶段，世界领先的化纤企业如美国杜邦、日本东丽、日本帝人、韩国晓星、韩国高合等，看到中国改革开放带来的巨大商机，纷纷进入中国化纤领域。初期的化纤项目特别是一些重大项目主要以境外企业独资为主，一些较小的化纤纺丝项目或化纤及配套下游的织造服装等项目以合资合作为主。

（一）涤纶行业

1.广东省新会合成纤维纺织厂

广东新会毗邻港澳，可就近利用国家的进口棉花和化纤，且原就有一定的轻纺工业基础。早在20世纪70年代末至80年代初，当地政府较早地引进境外资金建设先进化纤生产装置，在全国率先建成了以合成纤维工业为引领的县域纺织工业基地[43]。

1983年，中国香港永新公司投资1000万元，从联邦德国引进设备，在新会合成纤维纺织厂建成投产了5000吨/年涤纶高速纺丝装置，使该厂成为当时国内最大的涤纶纺丝厂之一，投产当年即上缴税利1400多万元。该装置生产过程全部采用自动控制，产品质量达到了国际同类产品的水平。20世纪80年代末，该厂拥有“双纶”牌涤纶长丝（FDY）、涤纶预取向丝（POY）、涤纶低弹丝（DTY）、仿真丝（FDY）和各色丙纶长丝（DT）等系列产品。

2.厦门翔鹭化纤股份有限公司

1989年9月9日，厦门翔鹭化纤股份有限公司（简称厦门翔鹭）成立，注册资本19.6亿元，是当时我国最大的境外企业投资化纤企业之一。该公司的前身是厦门翔鹭涤纶纺纤有限公司，1989年5月经国务院批准成立，是中国台湾翔鹭实业有限公司设立的独资企业。

同年，公司开工建设36万吨/年直纺涤纶短纤维及涤纶长丝项目，投资总额4.75亿美元。1995年3月，项目建成投产，主要生产聚酯切片、涤纶长丝、涤纶预取向丝及涤纶短纤维，当年实现产值约30亿元，是当时全国第二大的大型聚酯涤纶生产企业（仅次于仪征化纤），也是纺织领域最大的境外投资项目[44]。

厦门翔鹭非常重视企业发展的战略抉择，当化纤业务发展到一定阶段时，选择向产业上游——石化产业发展的战略转型。2000年10月，经国务院批准，成立翔鹭石化企业（厦门）有限公司，并动工兴建90万吨/年精对苯二甲酸（PTA）项目，其单线产能是当时的世界之冠，2002年10月建成投产。同时，公司计划投资150亿元继续向上游产业发展，拟建设80万吨/年对二甲苯（PX）项目[45]。后因种种原因，该项目推迟了建设进度。

3.上海联华合纤有限公司

上海联华合纤有限公司是1984年10月由上海市纺织工业局经营公司、上海市化学纤维工业公司、中国国际信托投资公司、上海市投资信托公司、中国银行上海信托咨询公司、上海市工商界爱国建设公司和泰国利安投资有限公司投资成立，公司注册资本960万美元，主要生产销售聚酯切片，各种不同品种的合成纤维及深加工产品。1988年10月，合营者泰国利安投资有限公司改为香港佳运有限公司，占合营公司总投资的30%。1992年7月，公司进行增资，注册资本从960万美元增加到1461.01万美元。1992年6月，上海联华合纤有限公司被批准为股份制试点企业，经中国人民银行上海分行批准于上海证券交易所发行人民币A种股票728.86万股。上海联华合纤股份有限公司是一家在中国上市的中外合资化纤企业。

4.珠海碧辟化工有限公司

该公司成立于1997年，注册资本1.44亿美元，投资总额3.6亿美元，是一家生产和销售精对苯二甲酸（PTA）产品的中外合资企业，英国BP公司占85%股份，珠海港股份有限公司占15%股份。公司位于珠海市高栏港经济区。PTA一期装置于2003年1月成功投产，年产能50万吨。2007年底，PTA二期扩建工程年产90万吨PTA装置投料生产，单台氧化反应器PTA装置的产能在当时世界有名，在当时的中国也是规模最大、效率最高的PTA装置之一。公司两期装置的PTA年总产量可达140万吨以上，成为当时中国和世界上最大的PTA生产基地之一。

5.青岛高合有限公司

该公司于1997年10月成立，属韩国独资企业。公司最初的投资额就已达1.3亿美元，后陆续追加投资达到1.53亿美元，注册资本5300万美元。公司主要生产半消光级聚酯切片、涤纶短纤维、涤纶长丝等，年产聚酯切片14万吨、涤纶长丝4.5万吨、涤纶短纤维3万多吨，以及多种差别化涤纶产品。

（二）氨纶行业

1.连云港钟山氨纶有限公司

1987年，连云港氨纶厂与中国香港钟山公司合资成立连云港钟山氨纶有限公司。1990年8月，从日本东洋纺引进干法纺丝生产技术与设备，1993年2月正式投产。随后公司二、三、四期扩建工程继续引进和吸收日本东洋纺工艺技术，到2000年，公司总产能达到3500吨。

2.广东鹤山氨纶实业有限公司

1992年，广东鹤山海山集团氨纶实业有限公司与中国香港合资，从意大利莱茵公司NOY引进设

备，采用美国Peters公司湿法氨纶生产技术，设计产能600吨/年，该项目于1994年投产。由于工艺线路及其他技术上的原因，生产始终不顺利，产品质量差，滞销严重，1999年已处于完全停产状态。

3.上海杜邦纤维（中国）有限公司

美国杜邦公司是较早进入中国氨纶市场的外资企业，与中国华源实业公司合资成立上海杜邦纤维（中国）有限公司，投资1亿美元在上海青浦纺织科技城建设氨纶厂，设备全部进口，1998年正式投产，一期工程年产氨纶长丝2000吨。

4.晓星氨纶（嘉兴）有限公司

1999年，韩国晓星集团在嘉兴市经济开发区独资成立晓星氨纶（嘉兴）有限公司，2001年投入生产，一期工程年产氨纶长丝1000吨。2001年和2002年又分别投资成立了晓星化纤（嘉兴）有限公司和晓星特种纺织品（嘉兴）有限公司。2004年，成立了晓星薄膜（嘉兴）有限公司，并于当年年底投产。

同时，韩国的东国公司、泰光公司以及中国台湾的薛永兴公司等也在中国大陆投资建设氨纶工厂。

（三）锦纶行业

1.青岛中达化纤有限公司

青岛中达化纤有限公司由青岛中泰集团与青岛经济开发区、中国香港中银集团合资成立，成立于1991年3月。企业总投资4800万美元，设备和工艺技术全部由国外成套引进，工艺精良，技术雄厚，具有国际先进水平。1996年，中银集团退出，又与法国罗地亚合资新建了锦纶66生产线。公司拥有1条日产量20吨的聚合切片生产线和6条纺丝生产线，24台加弹机及其辅助设备，年产锦纶6及锦纶66长丝12000吨。

2.营口营龙化学纤维有限公司

营口营龙化学纤维有限公司由辽宁银珠化纺集团有限公司与法国罗地亚公司合资组建，1999年1月成立，是尼龙66树脂和长丝专业生产商。公司引进欧洲先进的机器设备、生产工艺，具有两条连续缩聚生产线和直接高速纺丝机设备，年生产能力1.4万吨，其中可年产尼龙66树脂切片6000吨。

（四）腈纶行业

吉林奇峰化纤有限公司创建于1995年12月，是吉林化纤集团有限责任公司、中国香港伦仕有限公司和中国香港信领投资有限公司组建的合资企业。1998年5月，引进当时国际一流水平意大利蒙特湿法两步法工艺、采用DCS控制的6万吨/年腈纶装置建成投产。

第五节　乡镇化纤企业的建设

20世纪80年代开始，伴随着农业改革的发展，乡镇企业成为农村建设的一支新生力量，其中乡镇化纤企业异军突起，并成为中国化纤工业建设的一支生力军。

一、背景

1984年3月，中共中央、国务院转发了农牧渔业部《关于开创社队企业新局面的报告》，该报告将社队企业、社员联营合作企业、其他形式的合作企业和个体企业，正式改称为“乡镇企业”。

20世纪70年代末到21世纪初，乡镇企业历经了复苏、发展、整顿、二次发展、调整改革和超越攀升六个阶段的发展历程，成为国民经济的重要组成部分；对充分利用自然与社会资源、促进乡村经济繁荣和提高农民物质文化生活水平，发挥了重要作用。

（一）复苏期（1978～1983年）

这一时期，既是国民经济的恢复和整顿期，也是经济体制改革的探索期。改革率先从农业部门开始，1982年，家庭联产承包责任制确立，农村改革的大幕拉开。联产承包，唤起了长期被束缚的农村经济发展潜力，农业生产经营空前活跃，为乡镇企业的诞生做了铺垫。党的十一届三中全会后，突破了“以粮为纲”观念的束缚，农村发生了一系列的深刻变革，乡镇企业异军突起，强力激活了农村经济，开启了史无前例的农村工业化尝试，吸纳了1.3亿农村剩余劳动力。

（二）发展期（1984～1991年）

这一时期，国家政策对乡镇企业的发展提供了必要的制度保证。1987年8月5日，国务院颁布《城乡个体工商户管理暂行条例》和《私营企业暂行条例》，为个体私营经济的健康发展提供了法制保障；中央颁布“5号文件”，去掉了对雇工数量的限制，私营企业的雇工人数被彻底放开；10月，党的十三大首次确立了“私营经济是社会主义公有制经济必要的和有益的补充”的论断。1988年4月，七届全国人大一次会议通过了宪法修正案，确立了私营经济在我国的合法地位；紧接着，国务院颁布了《中华人民共和国私营企业暂行条例》。这一时期，是乡镇企业发展的第一次高潮期。到1988年，乡镇企业数量达到1888.2万家，实现4764.3亿元产值，吸纳9545.5万农村剩余劳动力就业。

（三）整顿期（1989～1991年）

这一时期，国民经济出现过热现象，国家整顿经济秩序，乡镇企业发展放缓；发展速度放慢，引发了乡镇企业对技术进步的追求，研究显示，有近70%的乡镇企业启动了不同层次的技术创新活动。

（四）二次发展期（1991～1997年）

邓小平南方谈话和党的第十四次代表大会后，国民经济再次进入高速增长期；乡镇企业积极采用高新技术，经营实力大大增强，开启了从数量扩张型向质量效益型发展的转变，出现了新的发展热潮。1996年，乡镇企业就业人员达1.35亿人，实现出口和利税均为6千多亿元。

（五）调整改革期（1997～2001年）

1997年1月实施的《中华人民共和国乡镇企业法》，为乡镇企业的良性发展提供了根本遵循。同期，受亚洲金融危机和国民经济由卖方市场向买方市场过渡的影响，乡镇企业发展放缓；为更好地应对环境变化与积极参与竞争，159万家乡镇企业进行了产权制度的改革；其中，20万家转制为股份

制和股份合作制企业，139万家转制为个体私营企业；乡镇企业的产权制度改革，使其成为企业法人和市场竞争主体，为其进一步建立现代企业制度奠定了基础。

（六）超越攀升期（2001年后）

其间，乡镇企业的生产能力和出口规模不断扩大，其中的佼佼者超越了同行国有企业，并向国际一流企业的目标攀升。2006年，乡镇企业数量达到2314.5万家，从业人员约1.47亿人，总产值约25万亿元，市场化和国际化程度大大提高；创新意识极大增强，对技术研发赋予了前所未有的重视，2005年乡镇企业已建立研发机构25541个；产业集群开始成形，2008年建成各类园区7879个，入园企业67.5万家，总产值98411.5亿元。

至此，以提高发展质量为目标，乡镇企业步入了从“各自为战”转型升级为“产业集群”的发展轨道[46]。

二、乡镇化纤企业的发展特点

早期的乡镇企业都是劳务输出型企业和加工型企业。有学者用计量经济学的分析方法测算了1988年乡镇工业的参与度，其中，非常适宜的产业是建筑材料及其他非金属矿物制品业，其参与度在所有产业门类中最高，达67.62%；而化学纤维工业的参与度只有7.16%，在36个参与测算的工业行业中排名倒数第7，被认为是乡镇企业不宜进入的11个产业之一[47]。

早期创立的乡镇企业，很大程度上是学习城市工业的成果，利用城市工业的二手设备，聘用城市工业的退休技术人员或“星期日工程师”，收购城市工业的边角余料作原材料加工自己的产品，以及在低端市场以极低的价格销售产品，乡镇企业由此起步。因此，城市工业的优势产业也就自然而然地成为城郊乡镇的优势产业，城市工业就是乡镇产业的学习样板。

纺织工业与农业有着天然的关联关系，是乡镇企业最早进入的一个工业领域之一。通过经营先期建立的服装加工等劳动密集型企业，一些有企业家天赋的乡镇企业经营管理者，很快就认准了纺织工业中技术密集的化纤工业，并开始整合各种资源建设乡镇化纤企业。

面对化纤工业知识、技术、投资和管理的四个高门槛，精明的乡镇企业家们并不畏惧，而是大胆走上了学习城市化纤企业的艰难之旅，创立起首批乡镇化纤企业。在我国化纤工业持续20年时间的大规模产能建设时期，作为早期乡镇化纤企业顶礼膜拜的对象，五大国有化纤生产基地向民营企业转移了大量的人才、知识、技术和管理资源，发挥了无可替代的孵化作用，成功培育出了以“六大聚酯”为代表的民营化纤企业。

乡镇化纤企业的快速发展，为我国化纤工业发展提供了巨大动力。

三、典型案例

1.非国有经济成为浙江化纤工业的主角

应该说，早期的乡镇化纤企业并不是国有化纤企业的“好学生”。以浙江化纤工业为例，1990年，绍兴、杭州、宁波、桐乡、湖州、德清等地的国有化纤企业，以今天的眼光看，虽然生产规模并不大，最大的涤纶纺丝能力也只有1万吨；但同期，当地的乡镇化纤企业都只是生产装备十分陈旧、年产量只有几百吨的小化纤工厂。

1992年后，完成了产权制度改革的浙江乡镇化纤企业，较早地进入了乡镇企业的超越攀升期。到1995年，浙江化纤工业中，国有企业的比重持续缩小，乡镇、混合型股份制和私营经济成分的比重强劲增长；年度化纤产能的变化显示，当时当地国有化纤企业的产能已不到当地化纤工业产能总量的20%，而非国有经济则占了当时当地化纤工业产能的80%以上。1997年后，私营经济逐渐占据了浙江化纤工业的主导地位，比如，萧山市（现杭州市萧山区）当时的几家涤纶厂和在建的聚酯厂都是私营企业。

当时，浙江的化纤企业已开始将规模效益视为企业发展的重要动力，都在努力筹集资金，投资兴建聚酯切片、加弹机和纺丝机等聚合纺丝装置，力图快速提升化纤产能和开拓新的化纤产品品种。当时，一些混合所有制化纤企业已经具有相当规模；其中，远东化纤公司、桐昆化纤集团、大普化纤公司、赐富化纤公司4家化纤企业达到或接近10万吨/年涤纶的产能，莱盛化纤厂、超同化纤厂、凤鸣化纤厂、道远化纤厂4家化纤企业达到或接近5万吨/年的产能，另有10家左右的化纤企业达到或接近了1万～5万吨/年的产能。

同期，浙江非国有经济所有制化纤企业也非常重视技术进步，快速更新换代生产技术装备，特别是纺丝设备，如卷绕机和拉伸假捻变形机等主要设备均采用了从日本和德国进口的先进装置[48]。

至此，浙江乡镇化纤企业已证明自己，不仅已经成为“好学生”，而且逐步超越了自己的“老师”——国有化纤企业。

2.乡镇化纤企业发展的典型代表——无锡江阴

乡镇化纤企业发展的另一个典型案例就是江苏省无锡市的江阴县（现江阴市）。江阴县化纤工业的发展就是当时重要的乡镇企业发展模式——苏南模式的一个典型代表。

苏南模式，最早见于1983年费孝通教授撰写的《小城镇·再探索》：“苏、锡、常、通的乡镇企业发展模式是大体相同的，我称之为苏南模式。”其主要特征是：农民依靠自己的力量发展乡镇企业，乡镇企业的所有制结构以集体经济为主，乡镇政府主导乡镇企业的发展，市场调节为主要手段。

中国改革开放后，苏南地区利用毗邻上海等发达的大工业城市和市场、水陆交通便利等有利条件，加上当地近代中国民族资本主义工商业的发展经验和计划经济时期搞集体经济的传统和基础，通过大力发展乡镇企业，走出了一条先工业化再市场化的发展路径，成为中国县域经济发展的主要经验模式之一。

江阴化纤工业的发展起源于20世纪80年代初，当时主要是发展切片纺的涤纶短纤维。1980年，江阴合成纤维厂、江阴涤纶纤维厂、江阴第一化纤厂三家企业先后成立并投产，都是切片纺涤纶短纤维，前道是扬州惠通的聚酯设备，后纺采用的是上海二纺机的纺丝设备，单线产能为每天20～30吨，原料采用的是正规聚酯切片。至1993年，以江阴合成纤维总厂为核心的江苏三房巷集团公司、以江阴第二化纤厂为核心的江苏金达来集团宣告成立省级集团公司。

另外，再生涤纶短纤维行业也是江阴较早发展起来和形成产业规模的。逐步成长起来的有金达莱集团、霞客环保、长隆化纤等一批再生涤纶行业内的骨干企业。

1982年，切片纺涤纶短纤维企业的大块聚酯废料堆积如山，这些企业就试着将这些废料粉碎掺入正规切片中，一起聚合纺丝，生产毛绒玩具填充料和人造毛皮用原料。这应该是我国最早开始的聚酯废料再利用的项目之一。

1986年，江阴市第二化纤厂开始应用涤纶废丝造粒生产再生涤纶短纤维。从此，江阴开启了再生纺涤纶短纤维产业的大发展。

1990年，江阴市第二化纤厂开始应用色母粒生产有色涤纶短纤维，从单一的黑色开始起步，所用色母粒主要依赖外购。

1997年，江阴南阳色母粒厂投产，并从单纯的黑色发展到各种颜色。从此，江阴的再生涤纶短纤维进入了多彩时代，能够生产各种色彩的涤纶短纤维，有力引领和推动了我国有色纤维的发展。

2000年，江苏三房巷集团率先进军熔体直纺涤纶短纤维领域，第一期工程为20万吨聚酯聚合，配套10万吨瓶级切片、10万吨短纤维。紧接着华西村、华宏、倪家巷三家陆续进入熔体直纺涤纶短纤维行业。

20世纪90年代，由于国内化纤市场短缺，产品供不应求，涤纶生产、销售形势一片大好，再生涤纶短纤维产业进入快速发展时期，特别以周庄镇（原来的周庄镇、长寿镇），徐霞客镇（原来的马镇镇、璜塘镇、峭岐镇）为代表。到2000年，江阴生产再生涤纶短纤维及相关材料的企业已有30多家，合计再生涤纶短纤维年产能已超过30万吨，占当时全国总产能的60%以上。

进入21世纪，江阴的化纤发展也进入了快速发展阶段，三房巷、华西村等骨干企业加速扩充，三房巷在2003～2006年，每年投资40万吨聚酯聚合、20万吨瓶级切片和20万吨涤纶短纤维生产线，随后又投资上马了涤纶长丝生产线、大容量PTA生产线；华宏、倪家巷纷纷进入熔体直纺涤纶短纤维行业，澄星集团投资聚酯瓶片，等等。除此之外，双良集团投资建设双良氨纶公司，年产9000吨氨纶长丝；强盛化纤投资锦纶纺丝和锦纶聚合领域等。到2010年，江阴化纤总产能已超过300万吨，其中再生涤纶短纤维已超过120万吨，相关生产企业已有60多家。江阴已成为我国化纤行业特别是聚酯涤纶行业的一个非常重要的产业基地。

参考文献

[1] 许坤元．辉煌的二十世纪新中国大纪录（纺织卷）1949—1999：第十一篇大事记篇［M］．北京：红旗出版社，1999：1270.

[2] 汪嘉泽．黑龙江涤纶厂厂志（1974—1984）［Z］．1984：27.

[3] 王晓华．黑龙江龙涤集团8万吨聚酯项目通过国家验收［J］．黑龙江纺织，1997（4）：15.

[4] 王永奇．中国济南化纤总公司一期工程正式通过国家竣工验收［J］．聚酯工业，1995（4）：29.

[5] 陈文彬，吕文．中国东方资产管理公司、中国信达资产管理公司与中国济南化纤总公司签定债转股协议［N］．厂长经理日报，2000-10-5.

[6] 佚名．化纤厂路还在济南化纤厂却早已走进历史 [EB/OL]．大众网，2021-7-8.

[7] 戴红梅．潭江侧畔一串明珠：广东开平纺织企业巡礼［J］．纺织信息周刊，2004（45）：10-12.

[8] 周文志．聚酯工业用长丝生产现状［J］．金山油化纤，2003（4）：37.

[9] 广东开平春晖股份有限公司董事会．广东开平春晖股份有限公司关于整体出售化纤业务相关资产及债务的补充公告［N］．证券时报，2017-5-17.

[10] 张勇法．建设一流的生产基地：记广东新会美达锦纶股份有限公司［N］．中国纺织报，2004-9-9.

[11] 王玉萍，张远东，赵永霞．转型升级时期中国化纤行业发展的新特点（一）："十一五"中国优秀化纤企业巡［J］．纺织导报，2011（8）：71.

[12] 杜重骏. 明智的选择精诚的合作：上海金阳腈纶厂成功路之一 [J]. 金山油化纤，1994（1）：58-62.
[13] 张禄根. 探索经营新路适应市场竞争：上海金阳腈纶厂成功路之二 [J]. 金山油化纤，1994（2）：57-60.
[14] 张贵彬. 加速腈纶国产化是增加企业效益的有效途径 [J]. 合成纤维工业，1996，19（3）：42-44.
[15] 曹幼生. 浙江涤纶厂投料试车成功 [J]. 合成纤维，1985（3）：49.
[16] 赵建华. 发展品种提高质量浙江涤纶厂提高经济效益 [J]. 经济工作通讯，1988（24）：21.
[17] 赵建华. 浙江涤纶厂经济效益显著 [J]. 宏观经济管理，1993（5）：45-46.
[18] 林家骥. 浙江涤纶厂筹建的6万t/a聚酯工程进展顺利 [J]. 合成纤维工业，1995（4）：58.
[19] 佚名. “九五”期间浙江拟建十大化纤项目 [J]. 纺织导报，1995（6）：8.
[20] 何京，赵建华. 深入转制狠抓发展——记浙江化纤联合股份有限公司 [J]. 市场观察，1997（12）：36.
[21] 佚名. 孙之光：浙江化纤联合集团有限公司总经理 [EB/OL]. 浙江企联网，2021-7-10.
[22] 许坤元. 辉煌的二十世纪新中国大纪录（纺织卷）1949—1999：第十一篇大事记篇 [M]. 北京：红旗出版社，1999：1276，1282.
[23] 魏伯奇，余世昌，孙万科，等. 历史性跨越：丹东化学纤维集团总公司老厂技术改造纪实 [J]. 中国企业家，1994（11）：3.
[24] 王化成，孙健，卢闯. 控制权转移的微观市场反应：基于丹东化纤（000498）的实证分析 [J]. 管理世界，2008（8）：138-144.
[25] 国家企业信用信息公示系统（2018-09-11）.[2020-08-26].
[26] 陈锦华. 国事忆述 [M]. 北京：中共党史出版社，2005：154-168.
[27] 陈锦华. 国事忆述 [M]. 北京：中共党史出版社，2005：180.
[28] 陈锦华. 国事忆述 [M]. 北京：中共党史出版社，2005：178-179.
[29] 佚名. 大庆石油化工总厂（Ⅱ）[J]. 石油化工，1989，18（8）：574-575.
[30] 唐振波. 中国腈纶工业进展与发展 [J]. 现代化工，2011，31（9）：1-3.
[31] 于泉润，等. DMF干法纺丝腈纶 [J]. 纤维标准与检验，1996（12）：28-34.
[32] 辛潮，谷环洲. 抚顺干法腈纶靠技改渐入佳境 [J]. 中国石化，1998（6）：9-10.
[33] 李兴. 振兴湖南经济，发展石化事业 [J]. 经济工作通讯，1989（2）：18.
[34] 倪保利. 我国最大的己内酰胺装置已建成 [J]. 湖南化工，1992（4）：50.
[35] 聚酰胺开发中心. 岳阳5万t/a己内酰胺工程建成投产 [J]. 合成纤维工业，1993（5）：10.
[36] 解兰亭，黄彬彬. 1.3万t/a锦纶帘子布工程即将在岳阳破土动工 [J]. 合成纤维工业，1993（5）：10.
[37] 卢尝椿. 膨体长丝（BCF）技术及簇绒地毯 [J]. 合成纤维，1987（3）：31-35.
[38] 陈鹏羽. 东风化工厂建厂回忆 [EB/OL]. 2021-8-1.
[39] 谷牧. 谷牧回忆录 [M]. 北京：中央文献出版社，2014：331.
[40] 许坤元. 辉煌的二十世纪新中国大纪录（纺织卷）1949—1999：第十一篇大事记篇 [M]. 北京：红旗出版社，1999：1283.
[41] 施禹之. 化纤工业利用外资现状与特点：化纤工业利用外资专题研究（之一）[J]. 中国纺织经济，1997（10）：14-15.
[42] 施禹之. 化纤工业利用外资现状与特点：化纤工业利用外资专题研究（之一）[J]. 中国纺织经济，1997

（10）：15.

[43] 梁文宇，林钟达．关于小城镇工业发展的几个问题：以南海、中山、新会等县为例［J］．热带地理，1985（2）：116-122.

[44] 高建会．纺织行业招商引资的特点政策前景［J］．中国纺织，1995（6）：31-34.

[45] 罗肇华．追求卓越的现代儒商：对翔鹭集团总裁俞新昌博士的管理访谈［J］．管理科学文摘，2005（5）：6-8.

[46] 邹晓涓．1978年以来中国乡镇企业发展的历程回顾与现状解析［J］．石家庄经济学院学报，2011，34（2）：64-65.

[47] 杨伟民．乡镇企业产业结构分析［J］．经济科学，1991（4）：48.

[48] 宋子龙．绍兴柯桥引领市场浙江化纤发展迅速［N］．中国纺织报，2001-1-23（3）.

第十章

世纪之交的总结与展望

20世纪的最后10年里，化纤工业历经“八五”和“九五”两个五年计划的发展，在量与质两个方面又有了长足的进步，为即将进入21世纪的化纤工业打下了更好的发展基础。

这一时期，也是化纤行业管理机构变化较大的时期。1993年8月，第八届全国人民代表大会第一次会议通过了国务院机构改革方案，撤销纺织工业部，组建中国纺织总会（图10-1）。中国纺织总会设有办公厅、规划发展部、经济贸易部、科技发展部、经济调节部等10个部门，撤销了化纤工业司。同年11月，经民政部批准，成立中国化学纤维工业协会。1994年，中国纺织总会又增设了化纤办公室，化纤办公室与中国化学纤维工业协会合署办公。1998年3月，第九届全国人民代表大会第一次会议批准了国务院机构改革方案和《国务院关于部委管理的国家局设置的通知》，撤销中国纺织总会，设置了国家纺织工业局，局内不再设置独立的化纤工业管理部门。同年，中国化学纤维工业协会正式独立办公，这也是化纤行业由部门管理向行业管理过渡的重要举措，标志着我国化纤行业管理步入新的轨道。

图10-1 撤销纺织工业部，组建中国纺织总会（徐国营 摄）

第一节 “八五”和“九五”期间的建设成果

一、“八五”期间：总量世界居前，产业构成完备，结构趋合理

“八五”期间，国民经济持续快速增长，提前五年完成了到2000年实现国民生产总值比1980年翻两番的战略目标。此间，化纤工业贯彻总量控制、结构调整的纺织工业发展战略，加快了由计划经济体制向社会主义市场经济体制转型发展的步伐，加强技术改造，大力建设化纤和化纤原料工业[1]。

经过五年努力，到“八五”收官的1995年，我国化纤年产量由1990年的165万吨，提高到了320万吨；新增化纤年产能150万吨，年均增长率达11.5%[2]；化纤工业的产能产量已稳居世界第二位；化纤在纺织纤维加工总量中的占比，从1990年的32.4%提高到了55.3%。

二、“九五”期间：首次制定实施“化纤工业五年发展专项规划”

“九五”前期，我国化纤工业面临的主要矛盾，一是总量严重不足，无法满足需求；二是原料发展滞后，产品结构失调；三是产能分散、企业规模小，缺乏竞争力；四是技术装备水平参差不齐，总体水平偏低；五是新技术、新产品研发能力较弱。针对这些问题，“九五”期间（1996～2000年），按照国家计委要求，中国纺织总会首次制定了“化纤工业五年发展专项规划”。

依据纺织工业对化纤的需求和化纤工业当时的现状，该专项规划提出了“九五”期间化纤工业的发展目标和任务：一是发展总量。到2000年化纤产能要提升到450万吨；同时，要保证各品种协调发展，以满足衣着、产业和装饰等领域对纤维不同的增长需求。二是调整存量。按产业政策、市场经济规律和中央对提高经济运行质量的要求，重组、改造和提高产能，兼并重组，集约经营，淘汰、改造落后产品和企业，提高化纤工业的整体水平。三是突出重点。重点发展缺口较大的聚酯和聚酯原料（PTA、PX、MEG），以及丙烯腈、己内酰胺和粘胶浆粕等，运用资金、政策支持，建成几个大型生产基地。四是强调规模。要实现效益最大化，各个化纤品种都要有合理的规模；按规模标准，建设增量，改造和调整存量。五是着重老基地扩建改造。不再铺新摊子，扩建改造老基地，可以省投资、快见效。六是注意软硬件配套发展。既重视引进先进技术，更重视消化吸收和再创新；促进涤纶长丝纺丝机、加弹机、1.5万吨/年涤纶短纤维成套设备等优质国产装置的应用，提高装备技术的国产化水平[3]。

经过五年努力，到“九五”收官的2000年，我国化纤年产量达到695万吨，总量比1995年的320万吨增加了约117%；其中，粘胶纤维54.18万吨，合成纤维639.85万吨；合成纤维中，涤纶517.5万吨（涤纶短纤维150.27万吨、涤纶长丝367.23万吨）、锦纶40.36万吨、腈纶47.37万吨、丙纶29.44万吨[4]。

第二节　细分行业的构成与发展

历经近半个世纪的发展，特别是“四大化纤”的建设，建起了一批走“炼化一体”技术路线、拥有从石油炼化至合成纤维大型成套生产装置的石油化工化纤联合企业；这些化纤企业的建立，为涤纶、锦纶和腈纶等合成纤维细分行业的形成奠定了基础。加之我国从20世纪50年代开始建设的粘胶纤维工业，以及后续发展起来的高性能纤维和功能性纤维等产业，我国化学纤维工业现已经发展成为拥有10个细分行业的完备工业体系。尽管这10个细分行业的规模差异非常大，但从技术性质和应用前景看，它们都具备独立发展的必要性。

一、再生纤维素纤维行业

由于这一时期我国的莱赛尔纤维尚未实现产业化，故再生纤维素纤维行业的主体产品就是粘胶纤维。20世纪70年代后，我国化纤工业建设重点转向合成纤维工业，故基本上没再新建粘胶纤维厂。

“六五”至“九五”的20年间（1981～2000年），以“严格控制布点，原则上不建新厂，利用老厂的基础进行技术改造”为指针，我国粘胶纤维工业主要依靠技改、革新和扩建获得了有序发展。此间，粘胶纤维的产量增长、品种增加和质量提高均尤为显著。1982年，我国粘胶纤维总产量达14万吨，比1966年的5.8万吨增长1倍以上。

经过20世纪70年代技改升级后，80～90年代，我国粘胶纤维工业已在全国开花结果，是生产工艺、产品品种较为丰富多彩的时期（图10-2）。

这期间，我国粘胶纤维生产全面实现了长丝连续纺丝。此前，我国一直采用自主研制的R535系

列纺丝机，以半连续离心纺丝工艺（包括配套的原液和酸站技术）生产粘胶长丝。1996年，保定化纤厂从意大利和瑞士引进了101台连续纺丝机，建成了约5000吨/年的平行无捻丝筒产能。1999年，新乡化纤厂引进意大利斯奈克公司FCT3000型纺丝机，建成了约3000吨/年连续纺产能。

同期，粘胶短纤维工艺技术装备也取得了可观的进步。20世纪80年代后期，粘胶纤维行业开始引进先进生产技术，典型的有：1989年九江化纤引进瑞士毛雷尔2万吨/年生产线；1994年唐山三友引进奥地利兰精2万吨/年生产线。通过消化和吸收先进技术，邯郸纺织机械有限公司和郑州纺织机械有限公司研制成功了国产粘胶短纤维生产设备。

图10-2 粘胶纤维设备

二、涤纶行业

这一时期，自主研发和引进技术设备并举，我国涤纶工业主要采用PTA工艺，建设规模更大、成本更低、质量更稳定的成套生产装置；实现了熔体直纺短纤维、涤纶长丝和工业丝的产业化生产（图10-3、图10-4）；纤维产品质量大幅度提升，相关催化剂、油剂、设备备件、生产消耗品等国内配套产业也得到了有序发展。

图10-3 涤纶短纤生产线

（一）主要建设项目

1974年7月，上海第五化纤厂采用我国自主设计制造的第一台LVD801型涤纶短纤维后加工联合机进行实物试车（涤纶未牵伸丝来自上海第十化纤厂），经过三个多月的试验，取得了一定的成效，涤纶短纤产能达到4000吨/年，为“四大化纤”建设提供了工程设计依据[5]。上海石油化工总厂（简称上海石化）一期工程，引进日本东丽公司的连续酯交换（DMT法）合成技术装备，年产聚酯2.5万吨；引进日本帝人公司的直纺涤纶短纤维纺丝和部分后处理装备；涤纶长丝为切片纺。辽化引进了法国隆波利公

图10-4 涤纶长丝生产线

司的原料制备、年产8.7万吨聚酯（DMT法）和纺丝生产装置。

1984年，上海第十四化纤厂从美国波洛尼公司引进的2000吨/年一步法二手设备投产，标志着我国涤纶工业丝生产起步。1987年4月，在上海合成纤维研究所的研究基础上，常熟涤纶厂突破切片转鼓固相增黏、低速纺丝和热板拉伸等关键技术，采用两步法工艺生产出国内第一批高强涤纶长丝（缝纫线，强度6.17厘牛/分特克斯），建成100吨/年装置，开启了我国国产涤纶工业丝的产业化进程。

1987年1月20日，上海石化引进美国杜邦公司原设计能力5.27万吨/年聚酯二手成套设备及直纺POY和FDY装置，1990年10月建成投产。1998年起，对该聚酯装置进行技改增容，2002年其产能提高到10万吨/年；同年，建成1万吨/年柔性生产线，并研发出阻燃、全消光、光学增白、阳离子染料可染、抗紫外线等共聚、共混改性聚酯。同年，北京燕山石化公司1.3万吨/年瓶用聚酯投产。基于该装置，燕山石化与美国文氏公司合作开发聚酯固相增黏生产技术，使其成为国内首个年产能超过万吨的多用途聚酯生产装置，产品可用于瓶、胶带、薄膜和高强工业丝[6]。

1989年，无锡合成纤维总厂引进德国卡尔·费舍尔/里特公司1200吨/年一步法工业丝成套装置投产，标志着我国涤纶工业长丝生产技术水平上了一个新台阶。同年12月，上海化纤公司和上海第十三化纤厂承担的重大科研项目“永久性立体卷曲中空涤纶短纤维”通过部级鉴定。

1992年，上海石化引进日本东丽公司6000吨/年“连续固相增黏—高温熔融纺丝—纺丝拉伸一步法”成套生产设备，生产出断裂强度大于8.5厘牛/分特克斯的涤纶工业丝；产品出口美国、英国等，主要用于汽车安全带、缆绳和橡胶骨架等，是我国最早出口的涤纶产品之一。

1993年11月8日，上海石化成为我国第一家股票在上海、香港和纽约三地同时上市的股份有限公司[7]。

1994年起，仪征化纤分别成功进行了三、六、七、八聚酯单元增容30%的技改，单套装置产能由220吨/天提高到了300吨/天，产品质量、原材料消耗等技术经济指标以及装置运行的稳定性均显著提升，为发展国产聚酯成套生产技术装置奠定了基础（图10-5）。1994年3月29日，仪征化纤H股在香港联交所挂牌上市[8]。

图10-5　仪征化纤聚酯装置30%增容投产现场

1995年8月，仪征化纤引进美国Amoco公司技术设备建设的25万吨/年PTA装置建成投产，后经两次扩容改造，到2000年底，其产能达到35万吨/年[9]。1996年1月，仪征化纤第二条1.2万吨/年中空纤维生产线投产，其总产能达到2.8万吨/年，是全国最大的中空纤维生产基地[10]。1997年，仪征化纤牵头，与华东理工大学、中国纺织工业设计院联合攻关，完成年产10万吨聚酯成套技术软件和装备的研发，为我国PTA法聚酯合成技术的产业化建设奠定了基础。1998年，仪征化纤引进的9万吨/年直纺涤纶长丝生产装置建成投产，标志着我国涤纶长丝直纺能力进入高速发展阶段，该装置是国务院批准的仪征化纤第四期工程中规模最大的装置[11]。

（二）技术特点

1. 涤纶短纤维

涤纶短纤维的生产，采用熔体直纺或切片熔融纺两种路线，纺丝成型与拉伸定形卷曲等后处理分开实施的两段法工艺。

2. 涤纶民用长丝

涤纶民用长丝是一大类相对独特的纺织用纤维纱。20世纪60年代开始，使涤纶长丝性能更接近天然纤维纱，成为技术追求的一个重要目标。20世纪70年代，涤纶长丝直接进入织造工序，包括机织物的经线（POY-DT、FDY）和纬纱（DTY、FDY）以及针织物的长丝纱（FDY、DTY）。80年代，模仿天然织物用纱的性能、外观成为涤纶长丝技术发展的主要方向，出现了模仿蚕丝、棉纱、麻和羊毛的种类繁多的产品。90年代，涤纶长丝基本摆脱了仿造天然纤维的观念，而是研发原料改性、物理改性和表面改性等技术，开发出各种差别化涤纶长丝；基于高分子化工技术，聚酯熔喷和纺粘等非织造布工艺的发明，跨越了传统的织造和整理工序；这些技术进步极大地拓展了涤纶长丝的应用领域，使其得到了高速发展，产能产量已是短纤维的数倍。

从纺丝技术的发展来看，大容量熔体直纺纺丝技术，由于省去切片熔融过程，因此能耗大幅度下降，聚合物热降解程度降低，纤维的力学性能提高。单线产能提高的根本是提高纺丝位数，以及丝饼数量。最初是一个纺位对应一个卷绕丝饼，1990年以后，随着卷绕机制造技术水平的提高，一台卷绕机可以达到12个丝饼。德国巴马格公司和日本TMT公司均推出了“双腔独立计量”的二合一双腔组件技术，应用该技术可以大幅减少厂房使用面积，成倍提高细旦品种的产能，经国内企业应用并改进优化后，该技术已非常成熟。

从拉伸变形技术的发展来看，20世纪70年代，上海合成纤维研究所在改装的VC414型双区热拉伸机上，小批量生产60支涤纶长丝，用于加工滤布。1977年，上海石化涤纶厂从日本帝人公司引进的DT-4C型拉伸加捻机（类似国产VC434A型）和FW-SB型假捻机等设备投产，采用UDY-DT技术生产涤纶长丝和涤纶弹力丝。1981年，苏州振亚丝织厂采用国产成套涤纶长丝设备，建成年产1000吨的涤纶低弹丝车间（UDY-DT技术）[12]。1987年，佛山化纤联合总公司1万吨/年直纺长丝装置投产，纺丝卷绕装置从德国和瑞士引进，纺丝热辊、牵引辊、拨丝装置和卷绕机都是当时国际上比较先进的。1995年起，德国和瑞士设备制造企业在国内成立合资公司，生产加热辊、牵引辊。

3. 涤纶工业丝

涤纶工业丝生产需要有高黏度的聚合体。获得高黏度的聚合体的途径有两种，一是采用熔体增黏，即所谓液相增黏（Liquid State Poly-condensation，LSP），即在缩聚流程中增加后缩聚釜。二是采用常规黏度的大有光切片固相缩聚增黏（Solid State Poly-condensation，SSP），其又分为连续式和间歇式两种工艺路线。20世纪70～80年代，美国Ailed公司和Celanese公司采用熔体增黏工艺，日本帝人公司和东丽公司、韩国晓星和科隆公司采用固相增黏工艺，生产涤纶工业丝。

4. 辅料助剂技术

（1）油剂技术。纤维成型工艺所需的表面涂层油剂技术经历了三次大的改革。

第一阶段，涤纶工业化初期（20世纪60～70年代），油剂的主要成分源自天然矿物、动物和植物，通过不同的配方解决聚酯纤维在纺丝过程产生的静电，增加纤维间的抱合力，并能像棉花一样进行纺织加工[13]；第二阶段（1980～2000年），采用化学合成油剂替代天然油脂，开发工艺技术满足对油剂的更高要求，并适应纤维多品种的需求[14-15]；第三阶段（1990～2010年），针对高速纺长丝、高温定型、细旦化等特点，开发耐高温、高油膜强度、亲水与润滑性能平衡的油剂[16]，以及可用于不同应用领域的专用油剂，例如水刺法非织造布、涤纶工业丝、超短纤维、复合纤维专用油剂等[17]。

（2）染色技术。20世纪50年代中期，染整行业开始研究合成纤维的染色问题，认为只有分散染料才具有对PET纤维可测量的亲和力，纤维与分散染料之间的结合力是范德瓦耳斯力和氢键[18]。碱减量法可提高上染率，并可减重达到10%，使织物具有悬垂感和舒适的手感。由于水洗过程耗用大量的水，碱减量物以及其中的锑系催化剂还对水体、土壤环境造成污染[19]。因此，采用新工艺取代碱减量法是重要的技术升级。1998年以来，等离子体处理和施加光敏剂紫外线处理是有希望替代碱减量的两种方法[20]。

三、锦纶行业

20世纪60～80年代，我国自主建设了锦州合成纤维厂、营口化纤厂、江苏省清江合成纤维厂和重庆合成纤维厂等一批锦纶生产企业，为我国锦纶工业的发展奠定了基础。20世纪80年代起至20世纪末，锦纶工业进入全面发展阶段。

1976年，辽宁营口人造丝厂扩建成立营口化纤厂。1981年，该厂采用国产设备建成了民用锦纶66聚合纺丝生产装置，同年12月生产出第一束锦纶66丝；1982年5月，该装置全流程投料试车一次成功，年产能8000吨；同年，建成45000吨/年尼龙66盐装置，之后又扩建了一条5万吨/年尼龙66盐装置，成为当时国内最大的尼龙66盐生产企业之一 。

20世纪70年代后期，通过引进国外技术设备，沿海地区涌现出一批中小型聚合和纺丝企业，如广东高要锦纶厂、青岛中达化纤公司等；其中，1986年陈文凤创办了文凤集团的前身——吉庆镇黄海纺机配件厂，是一家锦纶民营企业。

这期间，锦纶6企业生产规模普遍较小，单线产能基本在20吨/天以下。由于技术更新速度快，锦纶6行业经历了几次洗牌。山东威海华旺锦纶化工有限公司、山西锦纶厂、广东高要锦纶厂等名噪一时的锦纶企业永远退出了化纤行业；而山东青岛中达化纤有限公司、广东新会美达锦纶股份有限公司、江苏海安文凤化纤集团、浙江义乌华鼎锦纶股份有限公司等企业，通过资本运作、自主创新和构建全产业链竞争力等多重努力，至今仍是我国锦纶行业的主角。其中，广东新会美达锦纶股份有限公司非常具代表性。

20世纪80年代，受制于原料己内酰胺供应不足和价格过高等因素，锦纶6产业发展受限。1985年后，我国大量引进了具有国际先进水平的己内酰胺、POY-DTY、HOY、FDY等锦纶原料及制品成套生产装置，新（扩）建了一批原料和锦纶生产企业。同一时期，中石化巴陵公司岳化研究院开始研究浇铸型尼龙（MC尼龙），由此拉开了我国差别化、功能性尼龙的发展序幕。1988年，清江合成纤维厂使用荷兰帝斯曼公司的切片开始纺制半消光纤维。

1990年，我国锦纶6产量首次突破100万吨，达到117万吨，产能达153万吨。20世纪90年代初，我国锦纶生产企业规模较小且分散，产业链不完整。新会美达和青岛中达当时只有聚合和纺丝生产装置。1996年9月，中石化巴陵公司鹰山石油化工厂锦纶6帘子线聚合装置建成投产，年产浸胶锦纶

6帘子线用切片1.3万吨；由此，巴陵公司建成了当时非常完整的“己内酰胺—锦纶切片—纺丝—捻线—织布—浸胶”帘子线产业链；国内锦纶6聚合装置单线产能跨入了“万吨”时代。1997年，我国锦纶6产量突破300万吨大关，达到346万吨。

1998年，中国神马集团引进日本旭化成公司成套设备，建成6.5万吨/年尼龙66盐生产装置，结束了原料长期依赖进口的历史。

这期间，只有锦纶帘子布企业能够同时生产锦纶和切片。

四、氨纶行业

氨纶即聚氨酯纤维，是一种聚氨基甲酸酯高弹性纤维，其分子结构由柔性链段和刚性链段交替构成。柔性链段可延伸弯曲，给纤维提供伸缩性；刚性链段刚直，给纤维提供拉伸张力。1937年，德国拜耳公司发明氨纶，杜邦公司于1959年率先将其实现产业化。20世纪60年代，日本旭化成、东洋纺等公司也先后开发出氨纶生产技术；70年代，中国纺织大学（现东华大学）与松江手套十厂合作研发过湿纺氨纶技术，但由于原料来源及“三废”问题难以解决，未能实现产业化生产；80年代，我国引进氨纶，研发其在手套和螺纹等中的应用技术[21]。

1983年5月，“六五”计划重点工程、我国首个MDI项目——烟台合成革厂建成投产，奠定了我国发展氨纶工业的原料基础。拟定“六五”规划时，纺织工业部就有意向在山东省烟台市建设氨纶厂。1983年11月，烟台地区纺织工业局向山东省纺织工业厅上报了“烟台氨纶纤维厂建设年产300吨氨纶生产装置可行性研究报告”。1985年起，烟台市政府组织多次赴美国、日本、意大利等国进行企业考察，并确定引进以生产细旦丝为主的日本东洋纺干法纺丝技术设备和意大利OMM公司氨纶包缠后加工设备。1987年3月，烟台氨纶厂与日本东洋纺株式会社签订了聚醚型干法氨纶全套生产设备的引进合同，该项目由纺织工业部设计院承担设计，设计生产能力为300吨/年，1987年10月动工兴建，1989年10月建成投产，我国氨纶生产由此起步（图10-6）。1993年，烟台氨纶厂采用“自主研发工艺技术软件、进口关键设备、国产设备配套”方案建设的500吨/年二期工程开工，1995年5月建成投产。同年，该厂申报的“氨纶产业化技术”项目列入“九五”国家重大科技攻关计划。此后，

1987年动工兴建

1989年氨纶一期工程投产

图10-6 烟台氨纶纤维厂

烟台氨纶股份有限公司连续进行第三、第四、第五期技改扩建，到2000年，年产能达到4500吨。

1987年，连云港氨纶厂与香港钟山公司合资成立了连云港钟山氨纶有限公司，引进日本东洋纺干法氨纶成套生产设备，于1990年8月开工建设，1993年2月建成投产，产品定名“奥神”。之后，其二、三、四期扩建工程继续引进日本东洋纺设备，2000年产能达到3500吨/年。

20世纪90年代中期，广东鹤山化工制布厂、香港粤海发展有限公司和广东省纺织工业总公司合资建成了氨纶湿法生产装置；由意大利雷迪斯集团总承包，美国彼得斯公司提供工艺技术软件；其设计聚合能力1000吨/年，配有两条纺丝生产线（264头 ×2），可生产22分特克斯、44分特克斯、77分特克斯和154分特克斯氨纶；但1994年建成投产后，由于工艺技术问题较多，生产始终不顺利，产品质量差且无销路，1999年停产。此间，美国杜邦公司也进入我国氨纶市场，其与中国华源实业公司合资成立了上海杜邦纤维（中国）有限公司，投资1亿美元在上海青浦纺织科技城建设了氨纶厂，设备全部进口，1998年建成投产，一期工程产能2000吨/年。

1998年，大连合成纤维研究所立项研究熔纺氨纶技术。1999年，该所与美国B.F.Goodrich公司（现NOVEON特种化学品公司）合作研发了熔纺氨纶技术，并自主设计制造了10吨/年聚合和40吨/年纺丝试验装置。同年，江苏南黄海实业股份有限公司将其涤纶生产装置改造成熔纺氨纶装置，1999年投产，年产能300吨。

1999年，全国首家民营干法氨纶生产企业——浙江华峰氨纶股份有限公司成立，投资1.6亿元，成套引进日本东洋纺1000吨/年氨纶生产设备，2000年建成投产，产品名“千禧”。

2000年，郑州中原差别化纤维有限公司建成500吨/年干法氨纶装置，采用自主技术，除卷绕头从日本村田机械株式会社进口外，其余配套设备全部国产。

2000年底，中国大陆已有5家干法氨纶厂、2家湿法氨纶厂、2家熔法氨纶厂；当年，我国氨纶产量达9281吨[22]。至此，氨纶已不再是我国纤维市场上的“贵族”，变成普通产品[23]。

五、腈纶行业

从20世纪50年代开始研制起计，至20世纪末，我国腈纶工业已走过了近50年的历程。20世纪80年代起，我国腈纶工业进入扩张发展期；通过引进消化、吸收，在上海、淄博、大庆和茂名等地自主设计建设了一批腈纶生产厂，腈纶工业初步成形。此期间，各腈纶生产厂、科研单位、设备制造企业紧密协作，对硫氰酸钠一步法工艺涉及的共聚物组成、聚合纺丝工艺原理、溶剂回收净化工艺、设备仪表控制等技术，进行了逐项攻关与改进，奠定了我国腈纶工业的技术基础。

图10-7　腈纶成套设备

“七五”期间，我国采用“技贸结合”方式，引进五套美国杜邦公司二甲基甲酰胺（DMF）为溶剂的两步法干法腈纶成套生产装置，先后在淄博、抚顺、秦皇岛、宁波和茂名等地，建成了总量16.5万吨/年的5个腈纶工厂，使我国腈纶生产技术进一步多样化（图10-7）。其中，中石油齐鲁分公司腈纶厂的前身，即1985年依托该五套引进装置之一建设的山东淄博化学纤维总厂，1993年4月建成投产，是当时亚洲最大的干法腈纶厂之一，年产腈纶4.5万

吨、毛条2万吨。

20世纪90年代后，我国腈纶产业进入快速发展期。1995年安庆5万吨/年腈纶装置投产。1998年5月，吉林奇峰化纤有限公司引进当时国际一流水平意大利蒙特湿法两步法工艺、采用DCS控制的6万吨/年腈纶装置建成投产；该公司创建于1995年12月，是吉林化纤集团有限责任公司、香港伦仕有限公司和香港信领投资有限公司组建的合资企业。同期，一些老腈纶企业也进行了技改扩产。1999年，我国腈纶装置总产能达到55万吨。

这一时期，基于环保、劳动力成本和远离下游产业聚集地等原因，美国Monsanto公司和Sterling公司、日本Asahi公司和西班牙Fisire Barcelona公司等的腈纶企业纷纷关停，并加速向亚洲等地区转移其合成纤维工业。由此，民营和境外资本进入腈纶行业，行业投资主体呈现多元化。如杭州湾6万吨/年腈纶装置和宁波三菱丽阳（日资）5万吨/年装置先后建成投产，意大利Montefiber公司与吉林化纤集团合资成立吉林吉盟腈纶有限公司等。

六、丙纶行业

1980年起，全球丙纶产业进入高速发展期。美国、欧洲等国家和地区研制出阻燃、抗静电、导电、电热、生物吸收降解等新型功能性聚丙烯纤维，极大地拓展了丙纶的应用领域。同期，我国丙纶技术研发能力和生产技术水平显著提高（图10-8），丙纶产业步入高速发展期。

图10-8　丙纶生产线

20世纪80年代，采用自主研发的间歇法液相本体聚丙烯技术和引进技术装置，我国建成了40万吨/年聚丙烯产能；90年代，我国聚丙烯产业空前发展，采用国产催化剂技术建成了8套7万～10万吨/年环管聚丙烯生产装置；到1999年，我国聚丙烯产能已达305万吨，当年产量268万吨[24]。

我国丙纶长丝生产始于20世纪80年代，燕山石化和辽化引进了生产设备，我国开始工业化生产丙纶膨体长丝。以引进膨体长丝设备为基础，辽化自主研制了纺丝拉伸变形机[25]。1986年，浙江上虞化纤厂引进了流程短、结构紧凑、占地小的丙纶FDY纺机[26]。1995年，我国丙纶长丝生产线70条，总产能约2万吨[27]；1999年底时，产量近30万吨；2000年后增速放缓。

我国丙纶短纤维生产始于20世纪70年代。1974年，上海第三十一棉纺织厂利用日本进口原料，采用两步法工艺首次制备了33毫米仿棉型聚丙烯短纤维，填补了国内空白。1976年，参加“丙纶大会战”的北京棉纺厂，也采用纺涤纶的VD403型纺机纺出了聚丙烯短纤维；并获得了原料质量要求、前纺和后纺工艺、制备仿棉型短纤维时的最高卷绕速度450米/分等工艺参数；其产能500～600吨/年[28]。1980年，上海第三十一棉纺织厂又开发了丙纶中空中长异形短纤维，拓展了丙纶应用领域。1983年，中国科学院广州化学研究所开发了PET共混改性可染聚丙烯短纤维的工艺。20世纪70年代，短程纺丝和高速纺丝技术步入成熟，短程纺向多孔化、高效化、设备专用化发展。1984年，辽化丙纶厂引进德国Automatik/Fleissner公司一步法1400吨/年聚丙烯短纤维生产装置，喷丝板孔数最高21312孔，可生产规格6～15旦丙纶短纤维。1988年，辽化引进意大利Moderne公司7000吨/年丙纶短纤维生产装置，该装置采用低速、多孔、原液着色、内环吹骤冷成型技术，喷丝板孔数最高73800孔，可生产规格1.5～17分特克斯丙纶短纤维；基于该装置，1993年辽化自主开发出可控流变聚丙烯原料和有色细旦棉型短纤维（1.7～2.2分特克斯）的生产工艺。1995年，连云港市连润纺针化纤有限公司引进了英国PFE工程有限公司3000吨/年丙纶短纤维生产装置，该装置采用低速、多孔、短程、纺丝牵伸及后处理一步法等技术，可生产线密度6～30分特克斯、长度25～105毫米的丙纶短纤维；同年，温州合成纤维厂（现温州立业纤维有限公司）试生产了小于20毫米的丙纶超短纤维，纺速480米/分。1996年，上海石化股份有限公司引进意大利法瑞公司8500吨/年丙纶装置，孔数8万，可生产1.7～3.3分特克斯非织造用丙纶细旦短纤维[29]。1997年，中国纺织大学（现东华大学）等通过添加具有熔体润滑作用的复合添加剂，基于两步法制备了0.85分特克斯的聚丙烯短纤维。1999年，中国纺织科学研究院采用复合纺丝工艺开发了线密度小于0.3分特克斯的聚丙烯短纤维。基于这些先进装置，国内厂家开发出包括抗静电、阻燃、远红外、闪光型、同板异形、烟草滤材、可染等功能聚丙烯短纤维在内的诸多新技术、新产品。

20世纪90年代起，国内相继研制出中空硬弹、发泡、烟用聚丙烯单丝，并逐渐向高强、大直径、差别化和功能性等方向发展。此阶段，卫生用丙纶的研发兴起；1997年，上海石化发明了卫生非织造布用高渗水、高柔软型细旦丙纶短纤维制备工艺，还开发了低强高伸、抗菌的卫生用聚丙烯短纤维。同期，国内市场对舒适性、功能性、卫生安全性丙纶及制品的需求骤增，国内厂家积极应对，大力研发新技术、新产品。

产量增长的同时，我国丙纶应用也取得了较好进展。20世纪70年代，我国丙纶产业起步时的应用目标是服用，但由于其细度较大，故当时的丙纶不适合服用。而粗旦单丝、复丝和短纤维为主的丙纶，非常适用于家纺（地毯）、绳索和编织袋等领域。20世纪80年代，丙纶应用研究转向产业应用领域，纺丝成网非织造技术受到重视，丙纶非织造布需求逐渐增大[30]。1986年，浙江上虞化纤厂基于引进的FDY纺机，摸索了丙纶一步法生产工艺[31]。20世纪90年代起，随着细旦丙纶的研发生产取得突破，服用丙纶开始受到关注，我国开展了细旦丙纶生产技术研究，陆续开发了细旦丙纶专用料，并取得了工艺技术成果；1994年，中国纺织大学与富华集团化纤公司等利用高速纺技术开发了单丝线密度0.7～1.2分特克斯丙纶细旦丝；1995年，兰化石油化工厂改造普强装置生产的高强丙纶丝，强度达7.06厘牛/分特克斯；1997年，无锡太极公司采用国产切片和进口生产设备开展试验研究，获得了细旦丙纶全拉伸丝（FDY）的工艺参数[32]。中科院化学所和中国纺织大学曾率先推出了丝普纶和蒙泰丝两大系列超细旦丙纶，是国产服用丙纶的重大突破。同期，岳阳石化总厂开发出超细旦剥离型抗菌丙纶长丝，上海石化股份公司开发了抗菌、远红外、芳香型等系列功能性丙纶长丝[33]。

纤维空气变形技术是20世纪50年代初由美国杜邦公司发明的。丙纶变形丝分空气变形丝（ATY）和膨体纱（BCF）等，主要用于制造地毯和装饰织物。我国1982年开始引进喷气变形机，开展空气变形丝（ATY）研究和生产。1985年，常熟丙纶厂引进美国EMAD-1型空气变形机，初步掌握了ATY生产工艺，可以制备620～950旦的变形丝。1986年，上海第三十一棉纺厂也掌握了丙纶空气变形丝（ATY，899～1111分特克斯）的加工技术。20世纪90年代至21世纪初，我国空气变形丝技术研究取得突破，研发出针对不同纤维及其不同刚度和摩擦性能纤维的变形工艺，ATY的生产工艺日趋成熟。20世纪60年代以来，膨体长丝加工工艺和设备发生了巨大变革。较早的BCF生产工艺为"螺杆挤出纺丝—拉伸—膨体化"三步法，后发展成"纺丝拉伸—变形"或"纺丝—拉伸变形"两步

法；由于纺丝拉伸连续化的需求，进而形成了高速、高效、自动化水平高的“纺丝—拉伸—变形”一步法工艺。随着三色BCF长丝生产技术进步，其在变形丝加工中的应用越发重要。20世纪90年代至今，BCF技术持续进步，纤维强度、丝束外观和线密度范围等指标有很大提升；我国企业对意大利PLANTEX公司BCF设备技改后，制备出5000分特克斯以上的BCF纱。

20世纪90年代初起，国内开始研究丙纶增强混凝土以改善混凝土抗裂、抗渗等性能的应用技术，相继研发出多孔、异形、表面改性等聚丙烯短纤维，并在我国基础设施建设施工中得到了应用。

七、维纶行业

“四大化纤”建设中，上海石油化工总厂1973年引进日本可乐丽公司石油乙烯法醋酸乙烯和低碱醇解法3.3万吨/年聚乙烯醇装置，建设化工二厂和维纶厂；四川维尼纶厂1974年引进了法国罗纳·普朗克公司9万吨/年天然气乙炔法醋酸乙烯合成装置及日本可乐丽公司4.5万吨/年低碱醇解法聚乙烯醇装置。这些当时技术水平非常先进的生产装置的投产，奠定了我国维纶工业的基础。

20世纪80年代，受涤纶和腈纶快速发展的冲击，维纶退出了服用领域，市场大幅萎缩。为求生存，有些企业走上了拓展产业应用之路。1985年4月26日的《经济日报》报道，我国维纶年产量已达16万吨，居世界前列。根据维纶的特性，我国主要将其用于四个产业纺织品领域：一是采用有色纤维，生产线绳和鞋面布；采用维纶基布作为骨架材料增强橡胶，生产工业用输送带和管材。二是研制试生产了防水、阻燃、防油污的维纶篷盖布。三是研制试生产了维纶水泥包装袋和维棉混纺面粉袋。四是研制试生产了维纶水泥瓦及其他新型建材[34]。

1992年，皖维集团开始了产业用维纶的研究，投资近3亿元，先后研发成功并建成了3.5万吨/年硼交联湿法纺高强高模维纶和冻胶湿法纺低温水溶纤维等新产品产能，拓展了应用领域。

由此，始建于20世纪70～80年代的13家聚乙烯醇生产企业也纷纷扩大产能。这一时期，行业没有新进入者，行业产能产量的增长全部来自这13家企业的改（扩）建。行业开始形成了品种多、应用广的新发展局面。

八、高性能纤维行业

高性能纤维是衡量一个国家化纤工业发展水平的核心指标。20世纪60年代，先进复合材料技术的发展，对增强纤维性能提出了更高的要求，强度超过20克/旦的高强纤维和模量超过500克/旦的高模纤维，成为纤维高性能化的追求方向。20世纪70年代中后期起，我国高性能纤维技术研究开始取得初步成果。

（一）碳纤维

1. 聚丙烯腈基碳纤维

20世纪60年代起，我国开始研究聚丙烯腈碳纤维技术，与国外基本同步，但一直未能实现关键技术突破。1962年，中国科学院（简称中科院）长春应用化学研究所和金属研究所，就开始了碳纤维的研究，这是我国碳纤维技术发展的起点。1974年，中科院设计建立了我国第一条自主研发的碳纤维生产线，1976年建成投产，碳纤维拉伸强度为2.8GPa。20世纪70年代，美国在战略导弹和作战飞机中开始使用碳纤维增强树脂材料，使武器性能大幅提高。同期，“两弹一星”是我国国防建设的重点，碳纤维是其中不可或缺的关键材料，同时我国战略武器和军用飞机采用树脂基复合材料代替金属也要提前布局，解决国防军工急需的碳纤维成为当务之急。

在此背景下，1975年11月召开了全国碳纤维会议（即“7511会议”），经过12天的交流研讨，确立了我国战略武器发展所需聚丙烯腈（PAN）基碳纤维的研制目标，部署了相关科研和生产任务。国家计委安排了500万元专用资金支持此项研发。“7511会议”还制定了我国第一个碳纤维十年发展规划，成立了原丝、碳纤维、结构材料、防热材料和测试检验5个技术攻关组，覆盖了碳纤维生产和应用的全产业链，20多家科研和生产单位参加攻关。这次会议虽是为解决军用碳纤维而召开的一次专门会议，但它也是我国第一次全国性的碳纤维学术技术交流会，对促进我国碳纤维科学研究、技术研发和产业建设发挥了极为重要的作用。1976年起，来自全国的科技力量，探索了几乎所有可能的溶剂工艺技术路线，陆续试制出了碳纤维原丝和碳纤维，取得了实验室工程小试成果，虽性能质量不理想，但仍用于了某些型号的非结构件，基本解决了军用碳纤维的有无问题。

1978年4月，中科院山西煤炭化学研究所研究了聚丙烯腈基碳纤维及原丝技术，建成了聚丙烯腈基碳纤维中试生产装置。同期，中科院长春应用化学研究所研制出了小试规模高强度Ⅰ型碳纤维；吉林化学工业公司进行了聚丙烯腈原丝的实验室制备研究[35]；1980年，吉林省辽源特种纤维实验厂完成了“60束中强度粘胶基碳纤维制备工艺技术”研究[36]。

由于碳纤维及原丝技术高度复杂，靠“大会战”模式难以系统地解决其科学和产业化技术问题。当时，我国也曾尝试引进国外技术，但效果均不理想。1984年，上海碳素厂拟引进美国Hitco碳化设备，但其出口许可遭美国国防部否决；同年，吉林化学工业公司引进了英国RK公司100吨/年大丝束（12K）预氧化炉、炭化炉和相关测试仪器，但多次试车，其炭化炉都无法正常运行。1986年，联合国相关组织援助的“碳纤维及其复合材料开发应用”项目落地北京化工学院（现北京化工大学），并委托英国RK公司制造一套预氧化、碳化中试线；然而，原定3年完成的项目，延续了7年都未能正常运行。

20世纪90年代开始，为应对国外对我国的碳纤维技术封锁，国家组织科研单位进行过攻关，但依旧未能实现关键技术的实质性突破。1990～2004年，只有吉林化学工业公司、吉林碳素厂、中国纺织大学和北京化工学院在维持实验室级或工程试验级的小批量供货，其他研发单位陆续退出了该领域。

20世纪80年代起，国外低端碳纤维进入并占据了我国市场。由此，国产碳纤维技术研发陷入困境，这种状态一直持续到20世纪末。

2.粘胶基碳纤维

粘胶基碳纤维由于其在断裂伸长率、传热系数及耐烧蚀性等方面的独特性能，在洲际导弹的头部防热层等部位的应用上目前仍具有不可取代的地位，因此作为极其重要的战略物资而受到各国的重视，该产品的制造技术被列入高度保密的材料技术。“六五”“七五”期间，中国纺织大学、湖北化纤厂、上海碳素厂三单位共同承担了粘胶基碳纤维的研制任务。由于型号要求的提高和工艺路线的局限性，粘胶基在质量和数量上长时期无法满足航天部门的技术要求。直至20世纪80年代末，粘胶基碳纤维的质量提高工作仍毫无转机，严重影响了型号的研制进度。中国纺织大学经过多年的摸索，解决了国产原丝的束丝碳化工艺及成品碳丝的可织性问题，于1992年2月通过了中国纺织总会主持的小试鉴定。1993年5月，在北京岭南饭店通过了中国纺织大学“300千克/年粘胶基碳纤维扩试线”可行性方案论证，国家计委国防司支持研究经费，从小试到中试，从工艺、分析检验到设备设计定型全面实施。1997年11月，通过了中国纺织总会主持、国家计委国防司参加的“300千克/年

粘胶基碳纤维扩试线”阶段鉴定。1998年4月，根据国家计委国防司计司国防函〔1998〕第010号文，中国纺织大学将前处理技术及有关软件无偿转让给山西煤化所。山西煤化所将原有的10吨级PAN基碳纤维生产线成功改造为吨级粘胶基碳丝生产线，并于当年提供合格丝400千克，从而使国内粘胶基碳纤维供应严重短缺问题基本解决。中国纺织大学独创了高纯粘胶基碳纤维生产技术，填补了国内空白，使我国成为世界上第三个掌握该技术的国家，为国防安全发挥了重大作用。2003年，东华大学“航天级高纯粘胶基碳纤维的研制及应用”获得国家科技进步二等奖。

（二）芳纶

1.间位芳纶

我国间位芳纶研发始于19世纪60年代。1965年3月，上海合成纤维实验工厂“6401”小组，研究突破了界面聚合干法纺丝工艺技术，纺制出了宇航服、降落伞、高温滤布需要的芳香族聚酰胺耐高温特种纤维。这是我国在有机高性能纤维研究应用领域所做的较早也是非常有成效的一次探索。在20世纪70～80年代也曾组织重点攻关，但由于种种原因并未实现产业化。1995年，山东烟台氨纶股份有限公司开始组织专门力量进行芳纶项目考察。1999年，烟台氨纶与国内有关科研院所的合作开发进入实质性阶段，成功完成小试。2000年9月，当时国家计委批复了烟台氨纶的《芳纶1313项目可行性研究报告》，该项目被列入国家“十五”科技攻关计划。经过多年技术攻关，烟台氨纶终于在2003年3月建设了具有自主知识产权的500吨/年间位芳纶生产线，2004年5月正式投产。2000年，广东新会彩艳纤维母粒公司在国外专家协助下建设了200吨/年间位芳纶生产线。

2.对位芳纶

1974年，上海市市长红塑料厂与广州机床研究所组成的聚砜酰胺研制协作小组，以对苯二甲酰氯与二氨基二苯砜为原料，试制出600千克聚砜酰胺纤维纸，上海直流电机厂用其制造了几百台1～500千瓦交直流电动机。1978～1981年，中科院化学所、清华大学、华东纺织工学院（现东华大学）和上海市合成纤维研究所等单位，相继开展了聚对苯二甲酰对苯二胺（PPTA）合成和纺丝工艺的基础研究，并完成了间歇法制备PPTA的小试。同期，岳阳化工研究院也开展了PPTA连续缩聚工艺的研究。上述研究成果为PPTA的工程化设计提供了重要依据。1984年，化学工业部晨光化工研究院在江苏南通建成了PPTA连续缩聚试验装置，通过了72小时连续运转考核，制得的PPTA树脂特性黏度大于5.0；经上海市合成纤维研究所试纺得到的对位芳纶，强度20克/旦、初始模量500克/旦、断裂伸长率3.0% ～3.5%。1985～1995年，PPTA的研制列入了“七五”和“八五”科技攻关计划；晨光化工研究院承担了二元共缩聚技术攻关，建设了30吨/年连续缩聚中试装置；东华大学和上海市合成纤维研究所承担纺丝技术攻关，建设了5吨/年对位芳纶纺丝中试装置；上述攻关均实现运行并通过了国家鉴定。1996～2005年，我国启动了杂环芳纶的研制，但PPTA纤维的研发几近停滞。

3.芳砜纶

芳砜纶是具有科学发现意义的高性能纤维。1984年12月19日，国家科委下达给上海第八化纤厂的“芳砜纶短纤维中试”专项攻关项目，通过了纺织工业部组织的技术鉴定。结果表明，中试纺丝生产线和二甲基乙酰胺（DMAC）回收设备运转正常，其产能和DMAC的回收率均达到指标要求；与美国杜邦公司诺梅克斯（Nomex）品牌的间位芳纶相比，芳砜纶品质稳定，力学性能与之相当，抗热氧老化和阻燃性能更优；研制的F-811型油剂，符合纺纱工艺要求；用其制成的纺织品，已用于生产飞行员阻燃通风服、耐200～250摄氏度高温燃气滤料、森林防火服和涂氟橡胶基布等产品，均能满足使用要求；芳砜纶短纤维投入中试生产，使我国拥有了基于自主技术的耐200～250摄氏度高温的合成纤维新材料[37]。

（三）超高分子量聚乙烯纤维

超高分子量聚乙烯（UHMWPE）纤维是我国第一个实现了产业化的、自主研发的高性能纤维科研成果之一。

20世纪40年代，有学者提出，如果高聚物大分子中所有的共价键均沿纤维轴取向，则能获得极限强度；聚乙烯分子中C—C键的键强可达25兆帕。20世纪80年代中后期，超高分子量聚乙烯纤维研究取得突破，中试产品的模量达到了1100克/旦。

1984年，钱宝钧教授在华东纺织工学院建立了冻胶纺丝实验室，开始了冻胶纺超高分子量聚乙烯纤维的研究；1985年，承担了中石化“高强高模聚乙烯纤维”项目研究；1986年，承担国家自然科学基金项目——聚乙烯冻胶纺。1991年11月，中国纺织大学完成了上海市科委立项支持“改性聚乙烯纤维”课题研究。采用北京助剂二厂及上海化工研究院生产的分子量150万～450万的UHMWPE为原料，以十氢萘为溶剂，历经5年研究，初步掌握了聚乙烯冻胶纺丝技术，制得了强度25～26厘牛/分特克斯、模量900厘牛/分特克斯的高强高模聚乙烯纤维，与荷兰DSM公司Dyneema SK60型产品的性能相近；1986年起改用国产煤油溶剂、汽油萃取剂，探索高强聚乙烯纤维中试技术；后续的产业化建设中，采用石蜡油溶剂，二甲苯、碳氢清洗剂和二氯甲烷等为萃取剂。

1986年8月，纺织工业部给中国纺织科学研究院下达了超高分子量聚乙烯纤维研究任务。历经三年努力，该院系统研究了较高浓度（5%～20%）UHMWPE冻胶原液制备、冻胶纺丝和拉伸等工艺技术，建成了以十氢萘为溶剂的1吨/年高强聚乙烯纤维中试装置，纺制的纤维强度20～30克/旦、模量800～1100克/旦，填补了国内空白。1989年8月，纺织工业部组织的科研成果鉴定认为，与当时国内外技术相比，该项目发明的较高浓度冻胶纺丝液制备技术具有独创性；开展的UHMWPE冻胶体流动行为、用定长紧张状态下DSC测试技术评价UHMWPE超拉伸效果、UHMWPE纤维加工过程中形态结构变化等基础研究有学术意义[38]。

1994年8月，中国纺织大学与中纺投资发展股份有限公司旗下无锡华燕化纤有限公司合作，研发了具有自主知识产权的超高分子量聚乙烯纤维中试工艺技术。1995年，中国纺织大学承担的上海市“八五”攻关项目“3吨/年改性高强高模聚乙烯纤维研究”，通过技术鉴定。

基于丰硕的研究成果，中国纺织大学相继与多家企业合作，建设了多套产业化生产装置，为建设我国超高分子量聚乙烯纤维产业提供了技术支持。1996年起，中国纺织大学与宁波大成新材料股份有限公司（原宁波大成化纤集团公司，简称宁波大成）联合进行高强高模聚乙烯纤维中试工业化及其市场开发，建成了60吨/年中试装置；1999年，宁波大成承担了国家科技攻关项目“高强高模聚乙烯纤维”，研制了高强聚乙烯纤维复合无纬布、防弹头盔、防弹板材、防弹衣等产品；据此，科技部支持其建设国家新材料成果转化及产业化基地。1999年，东华大学（原中国纺织大学）与湖南中泰特种装备有限责任公司（原湖南昇鑫高新材料股份有限公司）合作建成了100吨/年生产线；该装置采用连续均匀定量输送、液面恒定和快速循环等工艺技术，制得的冻胶液浓度均一性好；自主设计的螺杆结构，可在2～7兆帕间调控螺杆压力；采用多级恒定输出技术，维持纺丝组件压力均匀，纤维成形性好，产品品质稳定[39]。

同期，聚酰亚胺纤维和聚苯硫醚纤维的技术研发也已启动。以上的早期探索，为我国在21世纪初取得高性能纤维产业建设的突破奠定了基础。

九、循环再利用纤维行业

20世纪70年代，锦纶聚合单线产能达到了千吨/年，出于成本考虑，国内企业开始采用连续萃取和蒸馏工艺回收单体。1970年，上海合成纤维一厂报道对切片萃取水尝试回收利用。

1987年，吉林省纺织技术开发公司引进了一条再生聚酯纤维生产线。1988年，在江苏江阴已经形成了比较集中的再生聚酯短纤维生产企业集群；1989年，在江苏仪征出现了以废旧聚酯瓶片为原料生产再生PET长丝的企业。

20世纪90年代，再生聚酯生产装备主要以中国台湾和韩国转移过来的单螺杆纺丝设备为主，用泡泡料生产低档的针刺非织造布和棉型纱线等。1995年，江苏江阴的企业开始工业化生产仿大化产品。1995年是我国再生涤纶短纤维企业做大做强的发展元年，当年，宁波大发化纤有限公司、广东秋盛资源股份有限公司等后来的行业龙头企业，进入了废弃资源循环再利用行业，开始生产再生涤纶短纤维。

十、生物基纤维行业

莱赛尔纤维、壳聚糖纤维和海藻纤维等生物基纤维的技术研究，开启了我国生物基纤维行业的发展之路。

（一）莱赛尔纤维

20世纪80年代，我国启动了莱赛尔纤维的研究。1987年，成都科技大学率先开展了NMMO溶剂法纤维素纤维的小试研究，同年被列入“八五”科技攻关滚动项目，在宜宾化纤厂建设了50吨/年试验装置。

1994年，中国纺织大学开始了莱赛尔纤维的实验室研究；1997年下半年，成立了莱赛尔纤维研究开发中心，进行了大量的基础理论研究。

1998年3月，中国纺织科学研究院、中国纺织大学和纺织科技开发中心三家单位合作，在中国纺织科学研究院建立了纺丝实验线，对溶液制备、喷丝组件、凝固成形等莱赛尔纤维工艺技术问题进行了基础研究。

1999年6月，东华大学承担了上海市科技攻关重点项目“年产100吨莱赛尔纤维的国产化工艺和设备的研究”，采用全混式溶解工艺（LIST），建成了100吨/年小试装置。东华大学与上海纺织控股集团、德国TITK研究所合作开展的“千吨级莱赛尔纤维半工业化生产技术研究”，2001年被列入国家“十五”高技术产业化新材料专项，2004年被列入上海市首批29个“科教兴市”重大产业攻关项目。2004年，上海纺织控股集团、北京高新公司和上海大盛公司共同投资1.4亿元，组建了上海里奥企业发展有限公司，建设1000吨/年莱赛尔纤维生产装置；2006年，该装置建成投产，其生产的商品名为“里奥竹”的莱赛尔竹纤维产品长期出口日本。

（二）壳聚糖纤维

壳聚糖纤维是以壳聚糖为主要原料，通过湿法、干湿法、静电和液晶等纺丝方法制备的生物质再生纤维；其具有良好的抗菌性和生物相容性，壳聚糖可被人体吸收利用，能有效促进伤口愈合，具有消炎抗菌作用。壳聚糖纤维可制备成长丝、短纤维和纳米纤维膜。

我国从1952年开始研究甲壳素及衍生物的制备方法，但进展较为缓慢。20世纪80年代末～90年代初，我国启动了壳聚糖的医用研究，这一时期也是我国甲壳素和壳聚糖研究的全盛时期。1989年，中国纺织科学研究院（简称中纺院）开始研究甲壳素和壳聚糖纤维，并建立了一条10吨/年的实验线，1992～1995年获得了多项专利；其后，一直有小批量甲壳素纤维生产，供医用实验。北京大学人民医院的"可吸收周围神经套接管"项目就使用了中纺院提供的壳聚糖纤维。1991年，中国纺织大学研制成功甲壳素纤维和壳聚糖纤维，建成5吨/年生产线，其后又研发了甲壳素系列混纺纱线和各种保健服装及生物医用纺织品等。

（三）海藻纤维

海藻纤维，是以海洋中蕴含量巨大的海藻为原料，经精制提炼出海藻多糖后，再通过湿法纺丝深加工技术制备得到的天然生物质再生纤维。海藻纤维最值得关注的是它的阻燃性，抗辐射性和吸湿抗菌性。

1981年，福建师范大学高分子研究所发表了海藻酸纤维技术的研究综述，介绍以褐藻酸钠为原料、经湿法纺丝得到了海藻酸钙纤维的技术研究[40]。

1989年，中国纺织科学研究院开始海藻酸纤维生产工艺的研究，采用湿法纺丝工艺制得了海藻纤维，并建成了一条10吨/年医用海藻酸盐纤维生产线[41]。

第三节　世纪之交的中国化学纤维工业

从20世纪60年代初自主创建人造纤维工业开始，到2000年世纪之交之时，从零起步的中国化学纤维工业已经走过了40年的建设发展历程。面对已经到来的21世纪，中国化纤工业取得了怎样的成绩，又对21世纪有怎样的期待呢？

2000年10月24日的《中国纺织报》，刊发了时任国家纺织工业局副局长、兼任中国化学纤维工业协会会长许坤元撰写的题为《走向21世纪的中国化纤工业》一文。此文对上述问题，给出了权威答案。

一、总体特征

（一）化纤行业持续高速发展，产能产量位居世界前列

40年来，我国化纤工业持续以两位数的年增长率发展，至1998年化纤产量510万吨，成为世界领先的化纤生产大国；2000年的年产量达到695万吨，与1980年的45万吨年产量相比，20年间产量增长14.4倍；特别是"九五"期间，化纤年产量从1995年的320万吨增加到了2000年的695万吨，增

加375万吨，5年间翻了一番多。但这样的产量，也无法满足国内纺织工业对化纤原料的需求，我国每年仍需大量进口化纤。仅1997年进口量就超过180万吨以上，占当年国内市场总消费量的29.2%。表10-1为1981～2000年我国化纤产量年平均增长率。

表10-1 1981～2000年我国化纤产量年平均增长率

五年计划时间段	平均增长率/%
“六五”（1981～1985年）	16.1
“七五”（1986～1990年）	11.7
“八五”（1991～1995年）	14.2
“九五”（1996～2000年）	16.8
年平均值	14.7

从全球产业趋势看，化纤在纺织纤维的占比处于不断提高的趋势，20世纪90年代中期超过了50%；到2000年，化纤占全球纺织纤维应用量的比重超过了55%。这方面，我国的趋势更加明显，1990年，化纤在我国纺织纤维中的占比仅为32.4%，到2000年达到61%。化纤已成了我国主要的纺织纤维原料。

（二）化纤已从卖方市场过渡到了买方市场

1998年，我国化纤进口量占世界化纤出口总量的47.7%，是世界较大的化纤进口国。我国化纤市场与国际市场高度接轨，国际国内市场的供求变化和化纤产业链的市场波动，都会产生相互影响。1997年亚洲金融危机时，我国化纤进口量达到了高峰，1997～1999年的3年间，共进口化纤497万吨，几乎占到世界化纤总产量的1/4；同时，我国化纤产品价格持续下降，降幅在30%～60%，全行业经济效益大幅下滑，1998年时已接近全行业亏损。这意味着，我国化纤市场已从卖方市场转变成了买方市场。

二、我国化纤行业的结构特点

（一）品种齐全，比例合理，布局适宜

经过40年的建设发展和持续调整优化，到2000年时，我国化纤工业已形成了品种基本齐全、比例基本合理、布局总体适宜，能满足纺织工业需求的产业结构。2000年，我国化纤总产量695万吨，其主要包含粘胶纤维、涤纶、锦纶、腈纶、丙纶和维纶六大类产品，以及氨纶和超高分子量聚乙烯纤维等开始规模生产的小品类产品；六大类产品的产量在总量中的占比，基本与国际水平相当；其中，涤纶占比较世界平均水平偏高，其原因是适应我国强大的棉纺能力的配套需要。

按国际公认的指标衡量，到20世纪末，我国化纤工业的产业结构与全球化纤工业的整体结构比例基本一致。这意味着，我国化纤工业的结构总体是合理的[42]。

“八五”和“九五”的10年，是我国化纤产能发展非常快的时期；此间，化纤工业较早地走上了市场经济的发展之路，行业布局依靠的是市场配置资源。到2000年，我国化纤产能基本集中在东部地区

经济发达的12个省市；1999年，东部地区人均国民生产总值9483元，社会消费总额2.34万亿元（占全国的53.6%），化纤产能531.4万吨（占全国的80.8%）；中部地区化纤产能28.5万吨（占全国的约5%）。

（二）大型骨干企业初步形成，规模效益显现

由于政府高度重视培育大型化纤企业，并制定落实了相应的政策措施，我国化纤企业的生产规模不断提高，5万吨/年规模及以上的企业，由1995年的10家增加到2000年的36家，其产能由118.3万吨增长到340万吨，平均年产能达到了近10万吨/家，行业竞争能力得到明显提升。

（三）投资结构呈多元化趋势

由于民营和三资资本大量进入，行业资本结构得以优化，资产负债率显著下降。由于开放了资本市场，国家债转股政策的实施，国有资本比重进一步下降。1998年底时，国有和国有控股化纤企业的产能已降到58.4%；按实收资本计，国有资本占比已降至48.5%。

20世纪90年代，我国化纤行业仍有大批中小化纤型企业。其中，大部分企业的市场和经济效益较好，解决了城镇和农村就业，增加了乡镇财政收入。从长远来看，政府应引导其向规模效益型企业发展。到2000年底时，我国年产能小于1万吨规模的中小型化纤企业有230家，占全国化纤企业总数的52%，产能102万吨，仅占全国化纤总产能的12.7%。

（四）生产技术装备主要依靠进口

2000年时，我国化纤工业相当比例的生产技术装备是引进的。化纤工业总能力中，引进技术装备占比为55%；涤纶长丝工业引进技术装备占比达60%。

三、化纤行业存在的主要问题

（一）行业结构性矛盾仍很突出

当时，我国化纤工业的产业结构存在着两个主要问题：一是企业平均规模偏小、规模效益偏低。虽有仪征化纤这样的大型生产企业，但数量太少，不足发达国家大型化纤企业数量的1/10；二是品种单一、缺乏研发能力，产品以常规品种为主，规格少，附加值低，质量欠稳定；研发能力弱，差别化纤维比例仅约为20%，与发达国家比，差距较大。

（二）合成纤维原料发展滞后

长期以来，我国合成纤维原料主要依赖进口，且进口量和对国际市场的依存度呈增强趋势；1998～2000年3年里，进口依存度分别为35%、44%和50%。其中，聚酯原料最为突出，以精对苯二甲酸（PTA）为例，1997～2000年，进口量分别为43万吨、72万吨、154万吨和250万吨。合成纤维原料发展滞后，严重影响了我国化纤工业的生产运营和经济效益。

（三）化纤市场急需加以规范

“八五”和“九五”期间，由于我国化纤需求量很高，走私化纤的问题严重，扰乱了我国化纤市

场的正常经营秩序，给当时的化纤工业造成了巨大冲击。海关相关资料显示，化纤是那个时期的重点走私商品之一，主要是利用加工贸易的方式变相走私。

1999年初，中国化学纤维工业协会在认真研判国际、国内市场形势的基础上，在春季的理事会上，明确提出了规范国内化纤市场的三条措施——打击走私、规范加工贸易、开展对外反倾销。并据此开展了大量卓有成效的工作。

到2000年，化纤走私形势已经明显受到遏制，加工贸易进口秩序初步得到规范，化纤行业也正式启动了对进口聚酯切片和涤纶短纤维的反倾销工作。

四、纺织棉纺压锭与国有企业债转股

在世纪之交的时候，纺织化纤行业还有两件大事值得铭记：一是1998～2000年的三年纺织国企脱困，其中最重要的一项就是压缩淘汰落后纱锭，分流安置下岗职工；二是1999年开始的重点纺织化纤行业国有企业债转股。

（一）纺织国企三年脱困——纺织压锭

据中国经济网（2009年1月23日）报道：经过近20年的改革开放，我国绝大部分制造业已经置于竞争的市场环境中。竞争能促进效率改进、技术进步和产业组织结构的改善。我国已有部分制造行业呈现出上述趋势，效率水平不断提高，产品与技术迅速升级，生产向少数优势企业集中，国际竞争力明显增强。然而，在另外一些制造行业中，竞争的推动作用不是很大。这些行业中长期存在着生产分散、重复建设、效益下降、企业大范围亏损甚至全行业亏损等现象，而且尚未看到明确的改善趋势。

纺织行业是我国制造业中持续亏损时间最长、效益最差、产业组织结构改善最不明显的行业之一。1996年，纺织工业有4758户国有企业，亏损面44.3%，亏损额达106亿元，其中棉纺行业较为突出。此时纺织行业已经连续4年出现全行业亏损。

政府管理部门和研究者都提出，生产能力过剩是棉纺织行业效益持续下降的主要原因。所以压锭减产成为相关主管部门的工作重点，并被看作摆脱困境的唯一出路。但是，国有棉纺织企业特别是大中城市的棉纺织企业，面临着资产专用性强、存量调整困难、长期效益低下的局面，导致存在着现实的退出困难问题。企业压锭减产首先面临职工安置问题，处置不当，会影响社会安定。不过这个问题，1997年初国务院在北京召开全国国有企业职工再就业会议上就已经提到并提出了具体的解决方案。朱镕基在会上强调，解决国有企业困难要走减员增效、下岗分流、规范破产、鼓励兼并的路子，建立社会主义市场经济体制下的优胜劣汰新机制。

1997年11月3日，据新华社报道，朱镕基在上海考察纺织行业时指出，要把亏损严重的纺织行业的压锭、减员、增效作为国有企业改革和解困的突破口。同年11月6日，中国纺织总会提出，必须在三年内淘汰1000万锭棉纺锭。1997年12月29日召开的中央经济工作会议决定，明年要以纺织行业为突破口，推进国有企业改革。1998年2月27日，国务院发布《关于纺织工业深化改革调整机构解困扭亏工作有关问题的通知》（国发〔1998〕2号），明确提出，自1998年起，用三年左右的时间压缩淘汰落后棉纺锭1000万锭棉纺锭，分流安置下岗职工120万人，到2000年实现全行业扭亏为盈。

经过政府有关部门、地方政府和纺织全行业两年多的艰苦努力，提前半年多完成了这一艰巨任务。总计压缩淘汰落后棉纺锭936万锭、落后毛纺锭28万锭、落后丝绸设备100万绪，分流安置下岗职工120多万人。通过这种收缩产能式的大规模调整，使整体纺织行业在这之后获得了健康发展的蓬勃动力。1999年，系统内国有纺织企业就已经摆脱困境，实现扭亏为盈，到2000年纺织全行业更是实现利润291亿元，创造历史新高，其中较困难的棉纺行业实现利润79亿元。

纺织压锭是我国纺织行业的一件大事，对于今后整个纺织行业的运行与发展都意义重大，对于化纤行业而言，也是如此，主要体现在几个方面：第一，纺织压锭和下岗分流有效调整了棉纺行业的经营结构，有些国企淘汰了落后产能、甩掉了许多包袱和沉重债务，获得了重生；一些企业进行了破产重组或债转股，顺利完成了经营机制的转换，增强了经营活力。第二，纺织压锭有效改善了国内市场的供需结构，一方面淘汰了许多落后产能，提升了行业的运行质量；另一方面减少了产品供应，改善和提升了企业经营效益，更为随后发展先进产能和民营企业发展创造了市场空间；第三，化纤短纤维绝大部分都是要经过纺制成纱线才能进入后续的织布环节，因此纺纱领域的这种优化调整会直接影响和推动化纤短纤维（主要是粘胶短纤维、涤纶短纤维、腈纶短纤维）行业的发展。

（二）纺织化纤企业债转股

所谓债转股，是指国家组建金融资产管理公司，收购银行的不良资产，把原来银行与企业间的债权、债务关系，转变为金融资产管理公司与企业间的股权、产权关系。

债权转为股权后，企业原来的还本付息就转变为按股分红。国家金融资产管理公司实际上成为企业阶段性持股的股东，依法行使股东权利，参与公司重大事务决策，但不参与企业的正常生产经营活动，在企业经济状况好转以后，通过资产重组、上市、转让或企业回购等形式回收这笔资金。

债转股是国务院推进国企三年脱困的重要措施。1999年7月，国家经贸委、中国人民银行发布《关于实施债权转股权若干问题的意见》(简称《意见》)。《意见》指出：为支持国有大中型企业实现三年改革与脱困的目标，金融资产管理公司作为投资主体实行债权转股权，企业相应增资减债，优化资产负债结构。《意见》对参与债转股企业的条件提出了许多定性的要求。

《意见》下发以后，中国化学纤维工业协会积极配合国家经贸委相关司局，加快推动行业内的重点企业的债转股工作。经过细化备选企业条件、设计量化评价指标体系、宣传动员重点企业参与，及后续的回收企业申报资料、组织专家打分等过程，最终于1999年四季度形成了推荐报告，向国家经贸委推荐了30多家重点化纤企业参与第一批债转股。2000～2001年，陆续有仪征化纤、黑龙江龙涤、济南化纤、浙化联、四川聚酯、湖北昌丰、湖南金迪、丹东化纤、新乡化纤、山东海龙、吉林化纤、陕九棉等近20家化纤企业进行了债转股。中纺集团旗下的郑州纺机、邵阳纺机、经纬纺机等几家主要的化纤机械生产企业也进行了债转股。

据王少敏的《国有企业债转股问题研究》中称：2000年，纺织全行业共计71家国有及国有控股企业实施了债转股，当年实现盈利3283.7万元，资产负债率下降了10个百分点，为纺织行业整体扭亏脱困创造了条件。

参考文献

[1] 中华人民共和国第八个五年计划（1991—1995年）[EB/OL]. 中华人民共和国中央人民政府官网，2021-8-26.

[2] 叶水乔. "九五"我国纺织工业发展的大思路：访纺织总会会长吴文英 [J]. 中国国情国力，1996（4）：4-5.

[3] 任传俊. 关于"九五"化纤工业发展问题——在全国纺织行业工作会议上的讲话 [J]. 中国纺织经济，1995-2-20：20-23.

[4] 中国化学纤维工业协会. 中国纺织工业发展报告2001—2001：化纤制造业 [M]. 北京：中国纺织出版社，2001：24.

[5] LVD801型涤纶短纤维后加工联合机试生产技术小结 [J]. 合成纤维通讯，1975（1）：1-13.

[6] 孙志明. 1.5万吨/年聚酯固相增粘装置试车总结 [J]. 聚酯工业，1991（Z1）：75-77，69.

[7] 佚名. 中国石化上海石油化工股份有限公司企业简介 [OL]. 中国石化上海石油化工股份有限公司官方网站.

[8] 国内外消息 [J]. 合成技术及应用，1994（3）：62-63.

[9] 江镇海. 加入WTO前我国精对苯二甲酸的发展 [J]. 四川化工与腐蚀控制，2001（5）：52.

[10] 全国最大中空纤维生产基地在仪化建成投产 [J]. 纺织导报，1996（2）：30.

[11] 郑宁来. 仪化将建9万吨/年直纺丝生产装置 [J]. 合成纤维，1998（3）：27.

[12] 马殿阁. 纺织部举办"涤纶长丝技术干部培训班"[J]. 合成纤维，1983（1）：40.

[13] 涤纶短纤维油剂 [J]. 合成纤维通讯，1970（00）：25-27.

[14] 徐国玢，言敏达，汪鲁庆，等. 涤纶高速纺油剂研究 [J]. 合成纤维，1984（2）：75-80.

[15] 唐经学. 涤纶油剂发展概况 [J]. 黎明化工，1993（4）：11-12，15.

[16] 蔡继权. 世界化纤油剂换代进展与国内生产及应用 [J]. 化学工业，2012，30（5）：19-25，35.

[17] 马正敏，孙宇清. 涤纶工业丝及帘子线油剂的研制 [J]. 河北工业大学学报，1998（3）：83-88.

[18] H. U. 施米德林. 合成纤维的前处理和染色 [M]. 顾葆常，等译. 北京：中国财政经济出版社，1966：10-45，208-219.

[19] 奚旦立，马春燕. 印染废水的分类组成及性质 [J]. 印染，2010（14）：51-53.

[20] 刘桂春，王文科，孙淑华. 聚酯纤维的表面改性与染色 [J]. 聚酯工业，1998（3）：18-22，26.

[21] 王利. 氨纶的现状与国内需求 [J]. 化工新型材料，1988（1）：25-26.

[22] 中国纺织工业协会统计中心. 纺织工业统计年报（综合版）：2000 [R].

[23] 郑俊林. 氨纶从贵族到平民 [N]. 中国纺织报，2001-6-13（3）.

[24] 袁晴棠. 聚丙烯技术进展 [J]. 中国工程科学，2001，3（9）：29.

[25] 虞海靖. 国内外聚丙烯的生产和消费趋势 [J]. 石油化工技术经济，1996（1）：38-42.

[26] 卢尝椿. 膨体长丝（BCF）技术及簇绒地毯 [J]. 合成纤维，1987（3）：27-35.

[27] 行业动态 [J]. 合成纤维，2005，4（4）：55-56.

[28] 对丙纶短纤维生产的一些体会 [J]. 合成纤维工业，1978（1）：5-11.

[29] 吴建东，唐学敏. 用于餐饮用品的聚丙烯超短纤维研制 [J]. 金山油化纤，2005（1）：34-35，41.

[30] 徐晓辰. 我国聚丙烯长丝的生产现状和发展 [J]. 合成纤维，2001 (2)：17-20.

[31] 卢尝椿. 膨体长丝（BCF）技术及簇绒地毯 [J]. 合成纤维，1987 (3)：27-35.

[32] 王伟，高亚光，俞月莉，等. 细旦丙纶一步法拉伸丝试制工艺探讨 [J]. 合成纤维，1997 (1)：43-46.

[33] 黄美娜. 国内外丙纶细旦长丝的发展动向 [J]. 金山油化纤，1994 (1)：52-55.

[34] 许坤元. 辉煌的二十世纪新中国大纪录（纺织卷）1949—1999：第十一篇大事记篇 [M]. 北京：红旗出版社：1291.

[35]《中国化学工业大事记》编辑部. 中国化学工业大事记（1949—1994）[M]. 北京：化学工业出版社，1996：478，479.

[36]《中国化学工业大事记》编辑部. 中国化学工业大事记（1949—1994）[M] 北京：化学工业出版社，1996：390，478，479，482.

[37] 张金城. 芳砜纶短纤维通过中试技术鉴定 [J]. 合成纤维，1985 (2)：31.

[38] 本刊通讯员. 超高分子量聚乙烯纤维的研究通过鉴定 [J]. 纺织科学研究，1989 (12).

[39] 佚名. 科技成果登记表（应用技术类成果）[R]. 1999-10-31.

[40] 甘景镐，甘纯玑，等. 褐藻酸纤维的半生产试验 [J]. 水产科技情报，1981 (5)：8-9.

[41] 孙玉山，卢森，骆强. 改善海藻纤维性能的研究 [J]. 纺织科学研究，1990 (2)：28-30.

[42] 郑植艺. 中国化学纤维工业的发展与前景 [J]. 纺织信息周刊，2000 (2)：12-13.

第十一章

化纤工业高速发展的黄金十年

粘胶长丝生产线

涤纶长丝生产线

涤纶短纤维生产线

高速弹力丝机

图11-1 部分化纤生产线和设备

2001年是化纤工业“十五”规划的开局之年，也是我国加入世界贸易组织的元年，加入世界贸易组织给我国化纤工业带来了一场前所未有的冲击，它不仅仅是向世界先进技术的追赶，更是为适应国际形势而进行的一场体制的自我变革。经历了脱离政策保护后的阵痛，充分利用自由贸易带来的机遇，凭借国企改革、非公有制崛起带来的利好和自主创新成果的推广应用，化纤工业实现了“黄金十年”的跨越式发展。

中国化学纤维工业协会在总结这段高速发展时期的时候，曾提出一个“三动”的说法，即机制带动、技术推动、市场拉动，能够比较形象地描述这一阶段化纤工业发展的三个主要动力。

机制带动是指化纤行业经营主体逐步从全部国有企业，转换到国有企业、乡镇企业、境外资本投资企业并存，再到以民营企业为主导，国有和境外资本投资企业为辅的局面。这种机制的转换和完善极大地增加了行业活力，带动了化纤行业的快速发展。

民营企业的快速发展主要得益于国有企业的深化改革（破产重组、股份制改造等），乡镇企业的股份制改造，以及国家的投融资体制改革，即逐步放开对于化纤纺丝、聚合及其主要原料产业的限制，陆续允许民营企业进入化纤（聚酯、聚酰胺）聚合领域及其上游的精对苯二甲酸、己内酰胺行业，以及更上游的石油炼化、煤化工等行业。

同时，进入21世纪以来，境外资本投资企业继续加大进入中国的力度，主要集中在聚酯及其上游、锦纶原料、氨纶等领域，如厦门翔鹭、珠海BP、韩国晓星（嘉兴、珠海）、四川汇维仕、日本南通东丽、南通帝人、南京帝斯曼等公司。

技术推动主要是指化纤行业的技术进步特别是成套技术装备的国产化成为行业发展的支撑力量。特别是化纤聚合及纺丝工艺技术的国产化、工程化及持续的技术创新（图11-1）。从

最初的全套进口技术装备，到不断消化吸收再创新，到只进口部分关键设备、其余进行国产配套集成，再到实现大型成套技术装备的国产化和工程化。

这一阶段，化纤行业中比较典型的技术进步就是成套装备技术的国产化和工程化。如聚酯聚合与直接纺丝技术装备、粘胶短纤维成套技术装备、氨纶连续聚合纺丝技术装备、锦纶聚合技术装备的国产化和工程化都是在这一阶段完成并不断升级进步的。部分高性能纤维如碳纤维、芳纶1313、超高分子量聚乙烯纤维等也是在这一阶段完成了工艺技术的重大突破，基本实现了成套技术装备的国产化和工程化。

市场拉动主要是终端市场需求的快速增长成为化纤行业发展的拉动力。一方面是中国加入世界贸易组织后，给行业带来了快速增长的国际市场空间，纺织工业作为我国市场化程度最高、国际市场竞争力最强的行业之一，充分展现出了行业的整体实力，使世界市场份额快速增长，充分拉动了化纤工业的快速发展。另一方面是国内经济社会的快速发展带来的国内市场的迅速增长和需求不断升级，成为拉动行业持续快速发展的中坚力量。

第一节　产量迅速增加，效益不断提升

在21世纪的第一个十年里，我国化纤产量从2000年的695万吨提高到2010年的3090万吨，增长了3.4倍，年均增长率达到16.1%。我国化纤产量在世界化纤总产量的占比从2000年的22.3%，提升到2010年的59.7%，成了名副其实的化纤生产大国。

我国化纤产能和产量的增加主要贡献来自涤纶。2010年，涤纶的产量占到化纤总量的80%以上。涤纶产量从2000年的517.5万吨增长到2010年的2513.3万吨，增长3.9倍，年均增长率高达17.1%。

随着我国化纤产量的迅速提升，化纤行业的企业规模和生产效率都有了明显的提高，尤其是在聚酯行业。到2010年底，聚酯行业内年产能10万吨以上的企业共计80家，合计聚合产能占全行业比例已经达到93.8%，其中年产40万吨以上的企业达到27家，合计产能占全行业比例已近60%（表11–1）。

表11–1　2010年中国聚酯产能分布（按规模统计）

规模	厂家数	聚合年产能/万吨	占总年产能比/%
40万吨以上（含40万）	27	1750	59.7
10万~40万吨（含10万）	53	1000	34.1
10万吨以下	45	180	6.1
合计	125	2930	

资料来源：中国化学纤维工业协会

聚酯领域聚合的单线生产能力及企业规模的扩大，直接带动了纤维生产企业的发展。据中国化学纤维工业协会统计，到2010年底，行业内年产能5万吨以上的企业共计129家，合计产能占

全行业比例已经达到80%，其中年产20万吨以上的企业达33家，合计产能占全行业比例已近50%（表11-2）。

表11-2　2010年中国化纤产能分布（按规模统计）

产能	厂家数	抽丝能力/万吨	占总能力比/%
40万吨以上（含40万）	15	995.36	32.15
20万～40万吨（含20万）	18	522.90	16.89
10万～20万吨（含10万）	46	638.87	20.63
5万～10万吨（含5万）	50	320.45	10.35
合计	129	2477.58	80.01

资料来源：中国化学纤维工业协会

到2010年底，化纤行业内年度主营业务收入超过100亿元的企业有9家，超过50亿元的企业超过20家。经过多年的快速发展，我国已经形成涤纶行业中如恒逸集团、恒力集团、盛虹集团、桐昆集团、三房巷集团、荣盛集团、中国石化仪征化纤、新凤鸣集团、古纤道、翔鹭化纤等，锦纶行业中如福建恒申、福建锦江科技、义乌华鼎、平煤神马等，粘胶行业中如赛得利中国、唐山三友兴达化纤、新疆中泰等，氨纶行业中如华峰化学、晓星中国等，一大批营业收入超百亿元、产业链上下游配套较为齐全的骨干企业。

随着化纤行业的技术进步和产业升级的不断加快，企业生产率水平不断提升，单位产能的用人不断下降，行业的人均劳动生产率迅速提高。以涤纶行业为例，每万吨纤维用人数大幅度下降（表11-3）。

表11-3　中国涤纶行业劳动用工情况变化统计

项目	20世纪90年代中期	“十一五”期间
聚酯聚合（人/万吨）	10	2.5
涤纶长丝（人/万吨）	150	50
涤纶短纤维（人/万吨）	20	6

注　用工人数仅指主装置人员，不包括维修、化验等辅助装置人员。

在产量迅速增长的同时，化纤行业的生产效率也得到了快速提升。2000～2010年，我国化纤行业人均产值不断增加。2000年化纤行业的人均产值为27.89万元，2010年增加到112.76万元，增加了近3倍，年均增长率达到21.6%（图11-2）。化纤行业在我国加入世界贸易组织初期处于调整阶段，人均产值变化不大，然后进入快速发展期阶段。此外，从图中也能够明显看到2008年全球金融危机给化纤行业带来的较大影响。

这一阶段，除涤纶行业外，其他各个行业也取得了不俗的成绩。例如，年产4.5万吨的粘胶短纤维生产线、年产万吨的连续纺氨纶长丝生产线、日产200吨聚酰胺聚合生产线等成套技术装备都实现了国产化，并不断进行持续创新和提升。在高性能纤维行业，年产千吨级碳纤维生产线、年产500吨

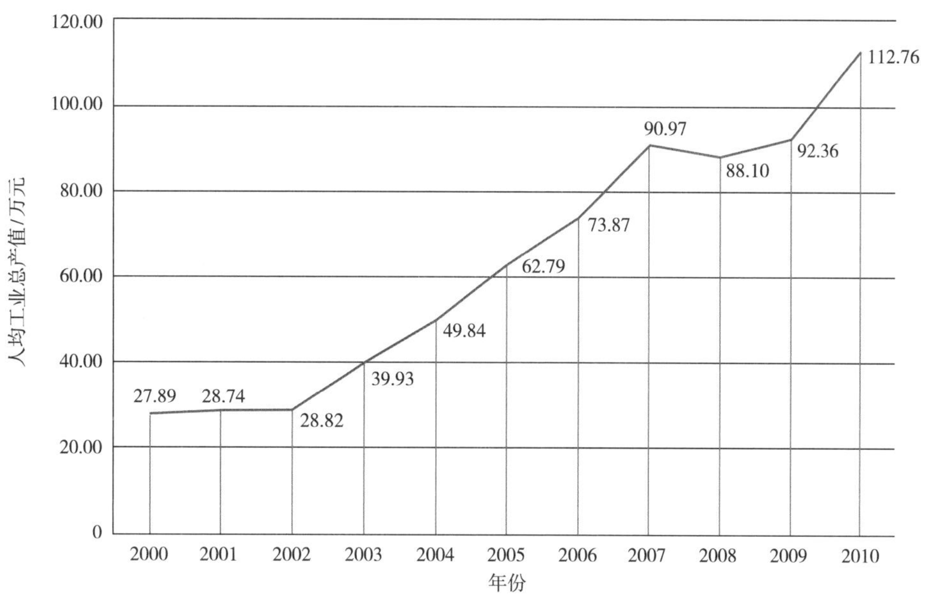

图11-2　化纤行业人均产值（2000～2010年）

间位芳纶生产线、年产300吨高强聚乙烯纤维干法纺丝生产线、年产300吨聚酰亚胺纤维生产线等均实现了国产化和工程化。

这一系列的持续科技创新成果有力地推动了我国化纤工业的发展，大大提升了产业的综合竞争力水平。21世纪头十年是我国化纤行业高速发展的十年，也是重大技术装备水平持续进步、行业运行质量不断提升的十年，极大地提升了化纤行业在我国纺织工业和世界化纤工业中的地位。

第二节　加入世界贸易组织给化纤工业带来的挑战和机遇

经过几代人的不懈努力，我国化纤工业从无到有，不断发展壮大。2000年，我国化纤产量为695万吨，在纺织纤维加工总量中的比重超过了60%，成为第一大纺织原料，化纤行业形成了品种较齐全、结构基本合理的完整工业体系，成为我国国民经济的重要产业之一。自1998年起，我国的化纤产能和产量就一直保持世界领先水平。然而，我国化纤工业的生产技术和装备大多从国外引进，2000年化纤工业总产能中，引进技术装备比例高达55%，涤纶长丝行业引进设备占比高达60%；企业创新能力不足，严重缺乏拥有自主知识产权的新工艺、新技术，尤其缺乏工程技术的开发能力；化纤企业普遍规模小，平均产能低，90%以上的工厂达不到经济规模，1998年，我国化纤产量占世界产量的18%，而化纤企业数量占比超过了45%；企业技术装备水平参差不一，连续化、自动化程度低；企业规模小，导致企业劳动生产率低下，以涤纶行业为例，涤纶短纤维生产线千吨平均用人数是韩国的4～5倍，涤纶长丝生产线的千吨用人数是韩国的8～9倍，这就使我国劳动力的优势大打折扣；企业缺乏现代化生产工艺和设备的管理经验，使化纤产品的质量与发达国家存在一定的差距；纤维品种比较单一，差别化率低于国际水平，2000年，我国的化纤差别化率约为22%，而同期发达国家的化纤差别化率为50%；化纤原料发展严重滞后于化纤工业的发展，原料高度依赖国际市场，2000年我国主要合成纤维原料进口454万吨，比上年增加近50%，合成纤维原料的整体进口依存度超过了50%，而且仍有逐年递增的趋势。

图11-3　中国加入世界贸易组织签字仪式

2001年12月11日，中国加入世界贸易组织，就意味着我们必须遵守其各项规则，并享受组织成员所赋予的权利（图11-3），无疑对发展中的化纤工业是一场严峻的挑战，同时，也为其提供了快速发展的机遇。

2000年，中国化学纤维工业协会组织行业力量开展了加入世界贸易组织对化纤行业影响的研究工作。经过一年多的研究分析，形成了《加入世界贸易组织对中国化纤行业的影响分析》的研究报告。报告的主体结论是：中国化纤行业已经基本形成了比较完整的工业体系，成为我国国民经济的重要产业之一，已经具备了一定的国际市场竞争能力。因此只要应对得当，“打开前门，堵住后门”（指打击化纤产品直接走私和利用加工贸易变相走私），加入世界贸易组织对于中国化纤行业而言是机遇大于挑战。

正是基于此次的研究成果，中国化学纤维工业协会形成了21世纪初特别是“十五”期间化纤行业的三项重点工作，即打击产品走私、规范加工贸易、开展对外反倾销。随后据此开展了大量工作，并取得了良好效果，有效规范了进出口贸易秩序，为我国化纤行业的发展创造了良好的环境。

《纺织品和服装协议》（*Agreement on Textiles and Clothing*，简称ATC）是乌拉圭回合（GATT）达成的一揽子协议中的一个重要文件，是发展中国家的纺织品出口国在世界贸易组织多边贸易谈判中取得重大利益的体现。该协议的宗旨是：①回归经强化的GATT规范；②以渐进方式解除配额限制；③最不发达国家享有特殊待遇。过渡时期内纺织品设限仍按照《多种纤维协定》模式进行，配额由出口国管理，十年后，纺织品贸易全部回归GATT规范。协议自1995年1月1日起开始执行，到2004年12月31日终止，分三个阶段逐步实施，第一阶段：1995年1月1日至1997年12月31日（3年），其解除比率为1990年总进口量的16%；第二阶段：1998年1月1日至2001年1月1日（4年），其解除比率为17%；第三阶段：2002年1月1日至2004年12月31日（3年），其解除比率为18%；到2005年1月1日全面回归GATT。步入21世纪的化纤业正处于关税大幅度调整的时期。

2000年，我国纺织品的平均进口税率为24.35%，到2005年下降至11.64%，每年平均下降2.5%。而化纤业相关的税率，化学纤维长丝及其织物、化学纤维短丝及其织物分别从26.51%、28.48%下降到7.39%和9.1%。

加入世界贸易组织以前，合成纤维原料进口主要实行数量限制的管理政策，聚酯切片为配额许可证管理，其他大部分合成纤维原料实行了限制数量和用途的“双限”暂定关税配额许可证管理，对于配额外的产品实行公开税率；合成纤维实行一般贸易进口，如涤纶和腈纶都采取许可管理。加入世界贸易组织后，聚酯切片于2001年取消配额许可证，初期的准入量为28.4万吨，年增长率为15%。

自2002年起，中国履行承诺，全面取消了化纤及其原料的进口配额和许可证管理（仅保留腈纶

的指定经营），改为重要工业品自动进口许可管理。据国家经贸委、海关总署2002年1月25日颁布实施的《重要工业品自动进口许可管理实施细则》，化纤行业纳入自动进口许可管理的有：聚酯切片，涤纶长丝、涤纶短纤维及其纱线，腈纶及其纱线，氨纶及其纱线共四大类，44个税号的产品。

在我国加入世界贸易组织的谈判中，化纤行业做出了较大牺牲，我国承诺的化纤进口关税减让速度大大高于平均水平。自2003年起，我国绝大部分合成纤维原料与其对应纤维的进口关税出现了明显倒挂，2004年化学纤维的关税已全部降至最低限的5%，大大低于平均关税10.4%，与上游原料的关税倒挂问题更加严重。其中最为突出的是精对苯二甲酸（PTA）、己内酰胺（CPL）、聚丙烯（PP）、丙烯腈（AN）、聚四亚甲基醚二醇（PTMEG）等化纤主要原料，按法定税率计算，2005年以上各主要原料进口关税与其纤维分别倒挂4.7、4、3.6、5.5个百分点。化纤产品与其原料税率的倒挂，不仅为化纤的进口开了绿灯，增加了与国内化纤生产者的竞争，同时严重影响了化纤的出口。

因此，在加入世界贸易组织后，中国化学纤维工业协会为了应对化纤进口关税快速减让到位而化纤原料逐步减让导致原料关税长期大幅高于化纤关税的不利局面，一直代表化纤行业向国家有关部门如经贸委、财政部、国务院税则办、工信部等积极反映和长期呼吁，在较长一段时间内为化纤行业争取到了上述主要化纤原料较低的公开暂定税率，有效缓解了国内化纤企业的生产成本压力。

加入世界贸易组织之后，贸易自由化促使我国纺织品高保护结构的解体，化纤业也如此。我国纺织工业自中华人民共和国成立以来，一直受到以限制进口为特征的高保护政策的庇护。这种政策对国内纺织业免遭外来冲击、维护就业容量、增加净额创汇起到了一定作用，20世纪末，纺织行业出口额约为我国总出口额的1/4，而且是贸易顺差的主要贡献者。随着我国加入世界贸易组织，为了遵循世界贸易组织贸易自由化的准则，国家对外贸易政策与体制做了调整，为了达到2000年我国平均关税降至15%、2005年平均关税降至11%左右的目标，国内纺织工业高保护政策不再继续。消除了进出口的限制，无疑使进口纺织品的供给增加，并传导至国内的纺织品生产及消费需求侧。关税减让和非关税措施的取消给纺织化纤行业带来的影响主要体现在进口数量上。

关税的降低及数量限制措施和其他对贸易造成障碍的非关税措施的减少，直接导致我国聚酯产品的市场竞争加剧。从全球看，当时聚酯生产主要集中在亚洲，亚洲的聚酯产量占全球的70%，亚洲的聚酯生产又主要集中在中国、韩国、日本。同时，亚洲又是聚酯需求量较大的地区，中国大陆及印度是合成纤维的净进口方，而中国大陆的进口量又高于印度。中国台湾、韩国、日本的产能远高于自身需求，尤其是中国台湾、韩国的化纤出口量占其总产能的70%左右。我国巨大的市场潜力是亚洲主要合成纤维生产国或地区主要的目标市场。加入世界贸易组织后，我国允许境外企业在注册地之外设立分销企业，为境外化纤产品进入国内市场开了方便之门，国内市场竞争进一步加剧。2002年化纤进口数量迅速增长，尤其是一般贸易进口数量激增，全年总计进口化纤172.3万吨，比上年增长17%。

取消配额的直接结果是国内化纤生产企业失去了政府政策的保护，将企业直接推向了市场。尽管国内化纤已经有了长足的发展，但与发达国家及地区相比，产品仍缺乏竞争力，相反，境外企业有资金、技术、质量和品种上的优势。关税的降低和配额的取消，使进口化纤产品比本地生产的产品更具竞争力，直接导致我国一大批不具有竞争力的小企业倒闭，优胜劣汰使化纤企业经历了一次自然淘汰。关税降低的好处是：引进技术、设备、仪器和零部件关税的降低，有利于我国聚酯化纤企业降低投资成本和运行成本，缩短企业技术更新改造的周期，提高产品质量，加快产品开发速度。

化纤原料市场的开放，使化纤生产企业的成本明显降低，也有利于消除高关税带来的走私现象，维护了化纤行业生产经营的正常秩序。另外，欧美国家和地区逐步退出聚酯业和粘胶纤维、氨纶等高污染行业，或推进绿色环保新工艺等，这种国际分工格局的改变也为我国化纤工业的发展提供了一个良好的机遇。

加入世界贸易组织对化纤行业的主要影响除关税之外，就是开放投资。加入世界贸易组织后，中国市场的开放度进一步扩大，对境外企业的吸引力大大增强，2001年以来，化纤行业吸引境外资本的势头持续增长。中国能在改革开放以来吸引众多的国际直接投资，主要原因在于具有劳动力优势、较完备的基础设施建设、对于境外资本的优惠政策和巨大的市场潜力。我国吸收境外资本的方式主要有合资经营、独资经营、控股经营、合作经营等。

境外资本的进入，一方面解决了我国当时资金不足及技术缺乏的困境，为化纤工业的快速发展开辟了一个新的途径；国内企业通过合资引入国外的先进管理体制及管理理念；同时，引进项目通常都具有较先进的生产工艺技术和设备，为以后的赶超打下基础。另一方面，全国各地为了吸引境外资本都采取了一些优惠措施，例如，在企业税负方面，据统计境外资本投资企业在我国的平均税负大约为12%，而我国一般内资企业的平均税负为24%左右，国有大中型企业的税负则高达30%。不同的税收待遇自然造成了不平等的竞争，促使我国化纤企业必须扬长避短，激发了企业技术创新的动力。加入世界贸易组织后，逐步放开了境外企业以收购兼并方式进行的投资，允许并鼓励境外企业以并购方式在中国投资，参与国企改革，向高新技术产业和服务业投资。因此，这一阶段境外企业以并购方式进行的投资比例日趋增加，国企改革成为境外企业投资的一个重要领域。

这一阶段，境外资本投资企业在中国投资化纤及其原料领域的步伐有所加快。一些较早进入中国市场的境外资本投资企业如厦门翔鹭、珠海BP、杜邦中国等纷纷加大投资，快速扩充其化纤产能，或转向投资上游的精对苯二甲酸（PTA）、对二甲苯（PX）等原料领域。一些国际化纤龙头企业也纷纷加快投资，例如，南通帝人、南通东丽在前期投资纺织厂的基础上，又在南通投资建设涤纶长丝工厂；韩国晓星加快在氨纶、涤纶工业丝领域的投资；韩国汇维仕在四川自贡投资建设聚酯和涤纶工厂；中国台湾远东在苏州投资建设涤纶工业丝工厂；韩国的泰光、东国在中国投资建设氨纶工厂；荷兰帝斯曼在南京投资建设己内酰胺工厂。同时，境外资本进入中国的方式也有明显变化，例如，日本东丽在上海建立了东丽纤维研究所，致力于从化纤研发到下游织造染整服装的全产业链技术的研发与应用；瑞士欧瑞康积极推进中国本土化经营战略，在苏州投资建设机械加工厂；荷兰帝斯曼收购国内超高分子量聚乙烯纤维的骨干企业——山东爱地，等等。当然，也有一些境外资本投资企业退出了中国市场，特别是2008年金融危机爆发以后，例如，青岛高合公司破产倒闭，杜邦公司退出了连云港杜钟氨纶公司，法国罗地亚退出了营口营龙公司、青岛中达公司，等等。

加入世界贸易组织带来的另一个问题就是不断加剧的贸易摩擦。随着我国纺织化纤产品市场竞争力不断提升，产品出口数量快速增长，化纤对国际市场依存度不断提高，化纤行业也成为贸易摩擦频发的“重灾区”。2006～2009年，我国化纤及其下游产品遭遇国外反倾销调查案件20余起，被调查产品涉及涤纶及其部分下游产品、粘胶长丝、粘胶短纤维、锦纶长丝、锦纶短纤维等品种，其中聚酯涤纶类产品被调查案件共10起，占被调查案件总数的近一半。在调查发起方中，除欧盟、美国等传统市场外，随着新兴经济体内化纤产业的发展及我国出口商品在以上市场的竞争加剧，印度、土耳其、巴西逐渐成为发起调查的主力军，其他新兴市场如阿根廷、南非也有后来居上的趋势。在

市场竞争的巨大压力下，特别是2008年金融危机以来，主要经济体在国内经济低迷不振的压力下，陆续采取各种贸易限制措施和保护措施，使得全球的贸易保护主义日益加剧，对我国化纤工业的发展造成了一定影响。

第三节　民营企业的发展壮大与化纤产业链的延伸

2005年2月，国务院颁布《关于鼓励支持和引导个体私营等非公有制经济发展的若干意见》（简称“非公经济36条”），这是中华人民共和国成立以来我国第一个促进非公经济发展的系统性政策文件，“非公经济36条”放宽了非公经济的市场准入并给予多方面的支持；此后，有关部门相继出台了40多个配套文件，形成了一整套鼓励非公经济发展的政策法规。2005年国务院国发〔2005〕3号文件指出：改革开放以来，我国个体、私营等非公有制经济不断发展壮大，已经成为社会主义市场经济的重要组成部分和促进社会生产力发展的重要力量；进一步解放思想，深化改革，消除影响非公有制经济发展的体制性障碍，确立平等的市场主体地位，实现公平竞争；进一步完善国家法律法规和政策，依法保护非公有制企业和职工的合法权益；贯彻平等准入、公平待遇原则。允许非公有资本进入法律法规未禁入的行业和领域。允许境外资本进入的行业和领域，也允许国内非公有资本进入，并放宽股权比例限制等方面的条件。在投资核准、融资服务、财税政策、土地使用、对外贸易和经济技术合作等方面，对非公有制企业与其他所有制企业一视同仁，实行同等待遇。允许非公有资本进入垄断行业和领域。加快垄断行业改革，在电力、电信、铁路、民航、石油等行业和领域，进一步引入市场竞争机制。鼓励非公有制经济参与国有经济结构调整和国有企业重组。大力发展国有资本、集体资本和非公有资本等参股的混合所有制经济。鼓励非公有制企业通过并购和控股、参股等多种形式，参与国有企业和集体企业的改组改制改造。

改革开放后，民营企业得到国家的承认和鼓励，但在政策方面仍存在许多不清晰的地方，尤其是交通、石化等对国民经济有重大影响的领域，一直没有对非公有经济开放，“非公经济36条”为民营企业进入化纤上游原料及石化领域开辟了先河。

化纤工业属于资本和技术密集型行业，一次性投资大，需要较高素质的技术人才等，化纤原料工业更是如此。化纤行业多年来一直存在原料对外依存度高的弊病，聚酯工业的飞速发展使原料紧缺加剧。造成这一现象有多方面的原因，一是存在着体制性因素的制约，化纤工业和石化工业的业务范围有明显的界线，除了早期国家投资的几大化纤，化纤工业的原料生产基本不在化纤行业管理范围内，因此，化纤企业无法规划原料生产；二是石油化工工艺流程长，要达到一定的经济规模就需要巨额投资；三是聚酯产业链上存在着效益分配不合理的现象，纤维生产企业能够以较小的投资，在较短时间内获得可观的回报，而化纤原料的生产企业投入大、回收周期长、短期效益较差，再就是技术问题，由于没有自有技术，必须高价从国外引进，别无选择。加入世界贸易组织后，知识产权问题也提到日程上。2000年以前引进的一套PTA装置，软件费（包括专利、设计和技术服务）平均每吨为130～150美元，后期每吨仍需100～120美元。这些高技术壁垒造成了PTA项目投资居高不下，技术难度很高，使一般企业特别是民营企业难以企及。

改革开放以来，除石化、石油等石油化工系统内的化纤仍然属于国有企业外，行业内的国有企业越来越少，而且化纤生产规模都偏小，相反，部分发展起来的民营企业已经积累了相当的财富，具备了对大项目的投资能力，但由于政策的限制一直未能进入石化领域。“非公经济36条”使民营企业加入石油化工领域成为可能，也由此兴起了一股对主要化纤原料的投资热潮。

浙江华联三鑫石化有限公司创立于2003年3月，既是由华联控股股份有限公司、浙江展望控股集团有限公司和浙江加佰利控股集团有限公司合资组建的特大型石化企业，也是首家国有控股、民营企业参股的大型石化企业。2005年3月，该公司60万吨/年PTA工程建成投产，成为当时全球单线投资规模大、建设工期短的PTA项目。

浙江逸盛石化有限公司成立于2003年，由浙江恒逸石化股份有限公司、浙江荣盛石化股份有限公司、佳栢国际投资有限公司、香港盛晖有限公司共同投资兴办。2005年3月，浙江逸盛第一套60万吨PTA装置建成投产，成为一家专业生产精对苯二甲酸（PTA）的现代化大型石化企业。

逸盛大化石化有限公司2006年4月正式成立，是由荣盛石化和恒逸石化共同投资兴办。2009年5月20日，年产120万吨PTA项目竣工试产，这是世界同类单套规模非常大的PTA装置。

重庆蓬威石化有限责任公司由东方希望集团投资控股，涪陵水电投资集团、光华科技公司、耀涪投资公司参股。公司成立于2006年9月15日，重庆蓬威石化百万吨级PTA项目是“十一五”国家发改委理想的大型石化装置国产化依托工程，项目于2007年9月11日动工建设，2009年12月1日建成投产。该项目是第一个全面采用中国纺织工业设计院联合研发的专有技术的大型PTA装置。

2005年，经国家发展和改革委员会审批，大连福佳·大化石油化工有限公司联合芳烃石化项目启动，这是全国首家民营控股的企业。项目采用法国AXENS专利，由中国石化工程公司设计，主要产品为对二甲苯、纯苯、邻二甲苯、液化气、氢气、混合二甲苯。其中，对二甲苯年产量140万吨，是全国最大的对二甲苯生产企业之一。

我国涤纶行业的发展起步于切片纺，其后引进了大型的聚酯合成装置，解决了切片来源问题。熔体直纺技术的推广应用使多家聚酯生产企业开始生产纤维。但作为聚酯主要原料的对苯二甲酸和乙二醇大部分都依靠进口。聚酯工业的快速发展，加剧了聚酯原料的缺口程度。随着我国多套PTA装置的陆续投产，大大降低了PTA的对外依存度。2001～2006年，我国PTA对外依存度分别为58.6%、64.5%、53.6%、56.4%、54.0%和51.0%，对外依存度都在50%以上，2010年已快速降低到32%。国内PTA生产量的迅速增加，造成了PX的紧缺，于是从PTA向PX延伸。化纤主要原料自给率的快速增加，基本稳定了我国聚酯工业的原料供应，也有效降低了企业的生产成本。

国产化聚酯技术的成熟和20世纪90年代末期行业高利润的驱使，民营企业快速进入聚酯行业，成为中国聚酯工业发展的一支重要力量。进入21世纪以来，这一趋势继续加快。到2005年，民营企业的聚酯生产能力占总产能的比例从2000年底的27%跃升至65.4%。从增量上看，2000～2005年的聚酯新增产能中，有84.8%是由民营企业实现的。

第四节　科技创新是行业高速发展的原动力

聚酯是我国化纤领域最大的品种之一，占化纤总量的80%以上，在化纤领域具有举足轻重的地位，聚酯行业的创新成果非常突出。一方面，我国注重科技攻关，布局了涤纶高速纺丝等工艺与设

备的国产化研究；另一方面，我国聚酯工业发展初期采用了“引进成套设备+国内配套”的建设模式，先后从9个国家（地区）的14家公司引进了84条生产线，包括了日本的东丽、帝人、钟纺，德国吉玛、意大利NOY和美国杜邦等世界著名公司的成套设备和技术。

1982~1995年，仪征化纤先后从德国、日本等引进10套聚酯装置。1992年起，公司对引进聚酯装置实施了30%的增容技术改造，项目的成功为实施自主研制大容量成套聚酯装置奠定了坚实的基础。1997年，中国纺织工业设计院联合仪征化纤、华东理工大学等对聚酯生产技术开展了一系列基础理论及工程技术研究。2000年，我国自行设计建造的10万吨/年聚酯装置投入运行，各类考核指标均达到当时的世界先进水平（图11-4）。随后，该项技术在仪征化纤、辽阳石油化纤和齐鲁石化等老旧聚酯设备改造中得到应用，随后迅速在浙江桐昆（一、二期）、珠海裕富通公司、浙江恒逸（一、二期）、浙江振邦、福建长兴等民营企业中推广应用。2000~2009年，中国纺织工业设计院先后在全国建成了40多套10万~18万吨/年的全国产化聚酯生产装置，合计年产能达到了560万吨，其后，继续在国内迅速推广，到2021年已合计建成300多套装置，总产能高达4000万吨。

图11-4 仪征化纤10万吨/年国产化聚酯装置建成投产

20世纪90年代初，我国引进了美国杜邦的三釜流程成套装备（从美国杜邦工厂拆除的设备）和技术，并在上海石化建成投产，随后河南洛阳、江苏、浙江、四川等地陆续引进该项技术和装备建设聚酯涤纶工厂。中国纺织科学研究院上海聚友工程公司在消化吸收此项引进技术的基础上，开发出了具有自主知识产权的低温酯化新三釜流程技术和装备，2004年在上海石化建成了一条年产15万吨的聚酯生产线，该生产线的产品质量和能源消耗及物耗等指标都优于引进技术，达到了国际先进水平。此后，这项技术不断完善，以适应各类用户的要求；单线产量可按照客户要求配置，能源的使用提供了多种选择，一头多尾的设计更适合差别化纤维的工业化生产。三釜流程技术和装备的成功为我国的化纤的发展提供了又一种选择，聚友公司的强大工程能力使该技术在旧聚酯生产线的改造方面发挥了重要作用。上海聚友工程公司先后承接了37个项目，形成了361万吨的产能。2020年起，该工艺又在可降解聚酯上大规模应用，现已实施12个项目，合计产能达到139万吨。

扬州惠通化工科技股份有限公司从承接早期的间歇流程聚酯合成工程开始，2015年与欧瑞康巴马格合资成立欧瑞康巴马格惠通（扬州）工程有限公司，建成了多项聚酯工程，以四釜流程工艺技术在国内推广。截至2022年8月，该公司新建加改造聚酯产能合计1753万吨，其中国外项目195万吨。

聚酯合成技术的不断提高，高质量的熔体使直接纺丝工艺成为可能。从2000年开始，直接纺丝工艺得到迅速推广，直纺比例稳步提高。2005年，涤纶长丝产能中直接纺已占48%，比2000年提高了32个百分点；非回料纺涤纶短纤维产能中直接纺占93.2%，比2000年提高了26.2个百分点。由于省略了一次冷却和干燥的过程，直接纺丝工艺可以使生产过程中的能源消耗大幅度降低，也使纤维的内在质量得到提升，同时还提高了纤维质量的稳定性。

在粘胶纤维行业，邯郸纺织机械有限公司、郑州纺织机械有限公司等纺机设备生产企业坚持走消化、吸收再创新的道路，逐渐掌握了工厂设计、关键装备制造等技术，“十五”期间又不断完善和创新，实现了山东海龙股份有限公司主导的单线年产4.5万吨粘胶短纤维装置国产化，并迅速在新建与扩建项目中大量采用，这标志着国产大型化粘胶短纤维生产技术的成熟，为粘胶纤维行业的快速发展打下了坚实基础。

同时，唐山三友兴达化纤公司在消化吸收公司全套引进的奥地利兰精年产2万吨粘胶短纤维生产线的基础上，在2003年10月实现了自主设计制造的国产化年产4万吨粘胶短纤维生产线成功投产，随后又陆续将单线产能扩大到年产6万吨、8万吨和15万吨，并在公司的发展项目中加以实际应用。

锦纶行业，主要技术突破集中在锦纶聚合技术装备方面。2000年前后，第一套国产化年产2万吨锦纶聚合生产线在岳阳化工总厂锦纶厂成功开车，全套工艺由巴陵设计院提供。2008年，温州邦鹿化工有限公司设计采用全国产化设备，在无锡长安高分子公司建成一条年产1万吨民用高速纺半消光锦纶切片生产线。2014年，福建中锦科技有限公司在其年产14万吨锦纶聚合生产线上，创造性设计串并联萃取干燥工艺，并采用二氧化钛自动循环加料技术，一举成功突破全消光锦纶6切片生产工艺，切片中二氧化钛含量可以达到1.6%，完全满足下游纺丝工艺要求。2017年，巴陵设计院提供成套聚合工艺，在岳阳化工总厂锦纶厂建设了一条年产5万吨聚合生产线，标志着国产聚合单线年产能突破5万吨。

1999年成立的三联虹普公司，在工程设计实践中采取强强联合的模式，后来居上，成为国内锦纶6聚合工程设计建设的龙头企业。2010～2020年，我国锦纶行业新增产能的80%由三联虹普提供总包服务。截至2020年12月，采用三联虹普自有技术及三联虹普国内配套技术的锦纶6聚合装置总产能达到180.5万吨，采用三联虹普纺丝技术的纺丝生产线达14000多个纺位，年产能220万～250万吨。

在氨纶行业，2000年，郑州中原差别化纤维有限公司（后改名为中远集团）采用自创技术建成了500吨/年干法氨纶生产线。近年来，通过技术创新，多头高速纺丝技术达到国际领先水平。2003年，成功开发出中国第一套连续聚合、直接纺氨纶生产线，打破了连续聚合纺丝工艺一直由境外资本投资企业垄断的局面。2009年9月，双良氨纶建成了年产1万吨连续聚合纺丝生产装置，这在当时是非常先进的工艺技术和设备，拥有多项自主专利技术，其成套工艺技术设备由江阴中绿化纤工艺技术有限公司提供。

在此期间，化纤设备制造业得到快速提升。以中国纺织科学研究院中丽制机工程技术有限公司为代表的化纤设备制造企业，以纺丝设备研究和开发为核心，进行各类纤维纺丝生产线的工程设计和工程承包。2000年，中丽制机具备了年1600个纺位的生产能力，到2005年增加到3000个纺位以上，相当于每年为企业提供90万吨的纤维生产能力。凭着良好的性价比和售后服务，国产化涤纶纺丝生产线快速进入市场，打破了由德国和日本企业一统天下的局面，也使纺丝设备的投资成本出现大幅度下降。

郑州纺织机械股份有限公司（简称郑纺机）是一家集开发、制造化纤、印染、织造、非织造布、烘燥、清梳联及非纺机成套设备为一体的大型纺织机械企业。公司成立于2002年5月28日，是在原郑州纺织机械厂、邵阳第二纺织机械厂、河南纺织机械厂、邯郸纺织机械厂的基础上改组设立的股份有限公司。郑纺机作为世界上最大的粘胶短纤成套设备供应商之一，在化纤成套设备的大型化方面始终走在前列。2004年，与山东海龙股份有限公司合作开发出国内首条年产4.5万吨粘胶短纤维生产线，随后又不断提升单线产能，目前单线年产能已提高到15万吨。

2000～2009年，化纤新增产能的主要技术、装备及工程建设的国产化率已达到80%以上。先进的国产化工程技术和装备为化纤工业的快速发展提供了有力的支持。以聚酯、涤纶行业为例，“十一五”期间，大型国产化聚酯成套装置及配套的长丝直纺设备，在技术上达到了国际先进水平。与“九五”相比，聚酯单线产能扩大了6倍多，建设周期缩短了50%以上，单位产能投资不到原来的1/（10～15），运行成本降低了25%～30%，产品竞争力明显增强。“十五”期间，我国新建成的1462万吨聚酯产能中，75%使用了国产化技术，25%采用了进口技术，而在这些进口技术中又有60%～70%使用了国产设备。技术装备国产化使聚酯及其纤维单位投资大幅下降，到“十五”末，聚酯万吨单位投资从“八五”“九五”期间的8500万元下降至1300万元，下降85%；国产化技术使得涤纶长丝、短纤维单位投资比“九五”期间下降92%。“十五”期间也成为我国聚酯及涤纶技术的突破期和快速发展期。“十五”“十一五”期间我国成套聚酯装备发展情况及涤纶长丝装备发展情况见表11-4、表11-5。

表11-4　“十五”“十一五”期间我国成套聚酯装备发展情况

项目	“八五”“九五”时期	“十五”时期	“十一五”时期
建厂规模/（万吨/年）	6	15～20	30～40
单位投资/（万元/吨）	0.74～1.5	0.14～0.13	0.12～0.11
建设周期/月	24～36	14	12～14
加工费用/（元/吨）	800～900	500～580	400～450
技术来源、工艺特点及水平	引进设备，间接纺工艺，高投入，工艺只适合生产DPF＞1的常规纤维	大容量国产化装备，以直接纺工艺为主，低投入，精密化（直接纺，可生产DPF=0.3～0.5的超细纤维）	大容量、高起点、低成本国产化聚酯工程，实现了规模效能化、短程化（酯化由600吨/天→1200吨/天，缩聚单线由600吨/天→900吨/天）

注　DPF为单丝纤度，即每根纤维的旦数。

资料来源：中国化学纤维工业协会

表11-5　“十五”“十一五”期间我国涤纶长丝装备发展情况

项目		“八五”“九五”时期	“十五”时期	“十一五”时期
建厂规模/（万吨/年）		0.5～2	6～20	30～40（与大型聚酯装置配套）
投资	总投资/亿元	3～13	0.9～3	
	单位投资/（万元/吨）	6～6.5	0.15	0.1～0.2
建设周期/月		24～36	12	10～12
技术来源、工艺特点及水平		引进设备，单机产能小，工艺控制差，半自动卷绕为主，主要生产UDY、DTY	大容量、多头纺、国产化工艺装备为主，自控水平高，生产效能好，主要生产POY、FDY	直纺大容量、多品种长丝技术，采用外环吹或中心环吹技术，能耗大幅度降低，产品质量明显提升

资料来源：中国化学纤维工业协会

我国氨纶生产起步于20世纪80年代，当时投资成本很高，引进一套年产500吨的干法氨纶生产线约需2亿元。2000年，郑州中原差别化纤维有限公司采用自创技术建设了500吨/年干法氨纶国产化生产线，投资仅为6000万元左右，为同期进口生产线的30%～40%。因此2000年以后，氨纶生产和设备制造技术的引进成本开始大幅度降低，年产500吨干法生产线下降50%，只需约1亿元。而同期我国自主开发的年产100吨氨纶熔融纺生产线，设备投资仅为100万～120万元。

改革开放以来，我国通过引进消化吸收再创新，使化纤工业装备的国产化率不断提高，并在"十五""十一五"期间得到充分展现。与此同时，从单台设备的改造，逐步深入对整套工艺流程的持续升级优化，工程化设计、工程承包能力迅速增强，装备的国产化和自主研发技术的推广应用，使化纤项目建设投资大幅度降低，更是倒逼引进设备和技术的大幅度降价。

因此，可以说，持续的科技创新和技术进步是我国化纤工业长期高速发展的原动力。

第五节　化纤差别化率迅速提高，产业用化纤发展加快

20世纪末，我国的化纤产量已经满足了国人的基本需求，随着化纤产能的迅速提升及人们对美好生活要求的不断提高，差别化纤维的开发成了一种必然的选择。

差别化纤维是指与常规纤维在形态及性能上带有明显差异性的一类纤维。这类纤维可以赋予织物特殊的手感、颜色及特殊功能。东华大学等科研机构对此进行了系统研究，如阳离子染料可染聚酯、异形纤维、多孔中空三维卷曲纤维、细旦和超细旦长短丝、高收缩纤维、蓄热保暖纤维、防紫外线纤维、抗静电纤维、抗菌防臭纤维、导电纤维等。

通过化学改性生产差别化纤维的典型代表是阳离子可染改性涤纶，它克服了涤纶只能用分散染料，不易获得鲜艳色彩的缺点。2006年，中国纺织科学研究院上海聚友化工有限公司为桐昆集团成功改造了一条万吨级差别化纤维生产线，实现了熔体直纺阳离子涤纶POY长丝，使阳离子可染改性纤维成为差别化纤维中的一个重要品种。磷系共聚阻燃涤纶是化学法改性的另一个重要的差别化纤维品种，它通过将阻燃剂以化学键的形式与聚酯主体相连接使聚酯纤维具有永久性阻燃效果。

差别化纤维的发展离不开化纤设备制造的创新，我国差别化纤维设备制造的创新和发展促成了差别化纤维的快速发展。其中最为突出的是国产化聚酯一头多尾的工艺流程和设备，结合各种添加装置，可以使一条生产线上生产多种产品，该工艺和设备是大批量生产差别化纤维的有效手段，全消光、原液着色等已经成为差别化纤维的重要品种。纺丝设备的更新换代，为细旦纤维规模化生产提供了技术保障。单丝纤度为1旦左右的纤维曾经是差别化纤维的一个重要品种，但随着技术的发展，1旦的纤维逐渐成为常规产品，0.3～0.5旦及以下的超细旦纤维进入市场，这类纤维甚至可以采用熔体直纺的方法生产；复合纤维设备和技术是差别化纤维生产的有效工具，是目前柔性化范围应用极为广泛的技术，它可以生产的纤维品种从聚合物种类的组合变化到纤维截面的变化，种类繁多。复合纤维按其截面形状可分为并列型、皮芯型、裂片型、海岛和共纺型。2010年，我国仅海岛纤维生产能力就达到了1.616×10^5吨/年[1]。

据中国化学纤维工业协会统计，2000年我国化纤产品的差别化率为22%，2005年达到31%，2010年增加到46.5%，比2000年提高了24.5个百分点。其中涤纶长丝、涤纶短纤维的差别化率分别达到55.9%和42.5%，比2000年分别提高了30.9和27.5个百分点（表11-6）。

表11-6　2000～2010年中国化纤产品的差别化率

项目	2000年	2005年	2010年
化学纤维的差别化率/%	22	31	46.5
涤纶长丝的差别化率/%	25	35	55.9
涤纶短纤维的差别化率/%	15	28.8	42.5

资料来源：中国化学纤维工业协会

当纤维的产量满足服用的基本需求后，其继续增加的空间会非常有限，因为人口的增加和生活水平的提高是一个缓慢的过程，高速发展的化纤业要为产品找到出路，只有向家纺和产业用领域发展，尤其是产业用。因此，产业用纤维的比例增加是行业高质量发展的重要标志。“十一五”期间，家纺用、产业用纤维成为新的增长点，特别是在产业用领域发展迅速，化纤在服装用、家纺用、产业用纤维的应用比例由2000年的58：26：16调整到2010年的49：28：23。其中产业用化纤比例提升了7个百分点（表11-7）。

表11-7　中国化纤三大终端领域应用比例变化

项目	2000年	2005年	2010年
服装用纤维的应用比例/%	58	54	49
家纺用纤维的应用比例/%	26	27	28
产业用纤维的应用比例/%	16	19	23

资料来源：中国化学纤维工业协会

我国将纺织品根据应用领域分为服装用纺织品、家用纺织品和产业用纺织品三大类。产业用纺织品是指用于工业、农业、基础建也设、医疗卫生、环境保护等领域的结构性、功能性纺织材料及制品，既是战略性新材料的组成部分，也是全球纺织科技创新的重点，还是纺织产业高端化的重要方向。欧美及日本等国家和地区将传统纺织品制造转移到低成本国家，但是依然保持了大量先进产业用纺织品的研发和生产能力，并占据全球高端市场。

根据应用领域和产品形态，产业用纺织品可分为医疗与卫生用纺织品、过滤与分离用纺织品、土工用纺织品、建筑用纺织品、交通工具用纺织品、安全与防护用纺织品、结构增强用纺织品、农业用纺织品、绳带线缆、包装用纺织品、文体与休闲类纺织品、工业用毡毯类、篷帆用纺织品、合成革用纺织品、隔离与绝缘类等十六大类。

产业用纺织品技术含量高，产业应用面广，对于保障其他相关产业供应链具有重要意义，“十二五”“十三五”和“十四五”期间，工业和信息化部（简称工信部）、国家发改委发布产业用纺织品发展规划或指导意见，将行业纳入国家重点发展体系。中国经济高速发展为产业用纺织品提供了巨大的、持续增长的内需市场，为行业的成长和应用提供了广阔市场空间；专用化学纤维的性能提高和产量的增加，国产先进装备的进步和纺织加工技术的成熟，为产业用纺织品的发展提供了坚实的技术基础。2001年，我国产业用纺织品行业的纤维加工量为190万吨，2010年已达到822万吨，年均增长17.8%，成为拉动化纤工业发展的主要力量。

产业用纺织品行业的发展对于增进人民健康福祉、保障职业安全、提高工程质量、加快国防现代化建设具有重要作用。其中女性卫生用品、婴儿尿裤和湿巾等卫生用品极大改善了人民的卫生状况和生活质量，已经成为生活必需品；医用敷料、口罩、手术衣、医用防护服不仅保障了人民生命健康，而且在非典、新冠病毒感染等公共卫生事件中为疫情防控做出了重要贡献；土工布、土工格栅、土工管袋、防水胎基布等土工与建筑用纺织品在青藏铁路、南水北调、首都新机场、京沪高铁等一系列国家重点项目中有效地提高了工程质量、减少传统建材使用、降低碳排放和建设成本；袋式除尘滤袋实现细颗粒粉尘排放浓度低于10毫克/立方米，滤袋使用寿命达到四年以上，成为火电、钢铁、水泥、垃圾焚烧等行业的主流除尘技术，为国家打赢蓝天保卫战发挥关键作用；高品质汽车内饰、安全带和安全气囊以及车用隔音隔热材料为我国汽车工业的发展提供了良好配套，在汽车安全性、舒适性和环保性方面均发挥了重要作用。

在新能源领域，产业用纺织品是风电叶片、锂离子电池的基础部件；在航天领域，航天服、航天货包、星载天线、降落伞等，在航天员生命保障、通信系统和回收着陆系统中发挥了重要作用；在国防军工领域，先进纺织材料在军需被服、单兵防护装备、伪装屏蔽装备、飞机、舰船中大量应用，为国防现代化建设做出贡献；在海洋方面，我国自主研发的绳缆产品已经成功应用于远洋捕捞、深海探测、石油开采、深水系泊等领域，服务国家海洋强国战略。

第六节　开创高性能纤维发展新阶段

高性能纤维是具有特殊化学及物理性能的一类纤维，曾被特指为强度大于17.6厘牛/分特克斯，弹性模量在440厘牛/分特克斯以上的纤维。随着高性能纤维的发展，低于上述强度指标，但具有特殊性能的纤维也被归入高性能纤维的范畴。高性能纤维类别很多，按性能可划分为高强高模纤维、耐高温纤维、阻燃纤维、耐强腐蚀纤维、新型特种功能纤维等。高性能纤维的产量虽然都不大，但其在现代国防、尖端科学等领域及诸多产业产品更新换代和产业升级中具有无可替代的作用，它也是衡量一个国家化纤工业先进程度的一个重要标志。

我国高性能纤维已有40多年的科技发展史，但在“十一五”之前，产业化进程缓慢。到20世纪末，我国高性能纤维基本都处于实验室研发或小试、中试阶段，基本没有实现产业化和工业化规模生产，严重制约了国防科技进步和高端材料领域发展。

“十五”“十一五”期间是我国常规纤维高速发展的十年，也是高性能纤维快速发展的十年。2000年以前，我国还没有可供市场应用的高性能纤维，经过多年的自主研发和艰苦奋斗，不仅实现了产量零的突破，而且实现了多个品种的工业化生产。到2010年，我国各类高性能纤维的总产量已经达到3万吨。

国家发改委发布的《化纤工业“十一五”发展指导意见》及《纺织工业“十一五”发展纲要》都对高性能纤维发展进行了重点规划。特别提出：化纤行业应结合市场需求，研发有自主知识产权的高新技术纤维，特别是要把高性能纤维及材料作为发展的重中之重，加快原创技术研发，采取多种方式推进技术发展，尤其是碳纤维、芳纶、玄武岩纤维、聚苯硫醚纤维和高强高模聚乙烯纤维等6个项目。到“十一五”中期，这6项技术都实现了产业化，特别是2007年以来，高性能纤维受到一

些大企业的关注和青睐，迎来了新的投资热潮，有效推进了我国高性能纤维产业化的进程。

中国化学纤维工业协会一直高度重视高性能纤维的技术研究与产业发展，早在2003年就成立了高新技术纤维专业委员会（后陆续派生出碳纤维分会、超高分子量聚乙烯纤维分会、玄武岩纤维分会等），汇集国内重点高校、研究院所的尖端力量及重点生产企业，并在推动高性能纤维的产业化技术攻关和工程化生产及应用推广过程中发挥了重要作用。

2005年中，国家发改委委托中国化学纤维工业协会研究我国碳纤维的发展现状及未来发展思路。当年的6~8月，时任中国化学纤维工业协会会长的郑植艺迅速组织力量，走访了当时我国碳纤维及其相关领域的20多家生产企业、研究院所和高校，逐一拜访了相关学者、专家和企业家。最终中国化学纤维工业协会向国家发改委提供了一份调查研究报告，报告提出了我国碳纤维“以民为主，以民养军，以军促民，军民融合”的发展思路。

2006年初，国家发改委为贯彻落实《化纤工业“十一五”发展指导意见》，设立了高性能纤维专项，重点支持我国碳纤维及其相关原料、设备的国产化和产业化。随后在专项的实施过程中，逐步将专项支持的范围从最初的碳纤维原丝、碳纤维的产业化，陆续拓展到芳纶、超高分子量聚乙烯纤维、聚苯硫醚纤维、聚酰亚胺纤维、连续玄武岩纤维等其他高性能纤维领域，再到高温炭化炉等关键零部件和相关成套技术装备的国产化等。

在上述专项的具体实施过程中，还逐步形成了“碳纤维原丝生产应以现有腈纶生产企业为主、允许民营企业进入碳纤维等高性能纤维领域”的行业共识，并在专项实施过程中加以切实落实和推进，重点支持了一批民营高性能纤维企业的发展。

2002年初，威海光威复合材料股份有限公司（简称威海光威）成立威海拓展纤维有限公司，专门从事碳纤维研发与生产，成为我国第一家进入碳纤维研究和生产的民营企业。公司在前期小试研究的基础上，2003年建立了吨级原丝小试线和碳化小试线，2004年碳纤维原丝中试线投产。期间，公司承担了威海市和山东省多项碳纤维及原丝的科研项目，并进入国家863计划，承担CCF-1碳纤维和百吨级碳纤维生产线项目。2005年底，CCF-1碳纤维项目通过验收，产品达到同类产品世界先进水平，实现了碳纤维的工程化、国产化生产，填补了国内空白。

2006年6月，江苏连云港鹰游纺机有限公司控股创建的连云港神鹰新材料有限公司，建成了年产500吨碳纤维原丝和220吨碳化能力的完整的碳纤维生产线。

2004年5月，玄武岩纤维被列入国家火炬计划，同年11月，被列入国家科技型中小企业创新基金项目。2007年，浙江石金玄武岩纤维有限公司（简称浙江石金玄武岩）建成了年产2500吨连续玄武岩纤维生产线。

2006年开始，以上海斯瑞聚合体科技有限公司、北京同益中特种纤维技术开发有限公司（简称北京同益中）、宁波大成新材料股份有限公司和湖南中泰特种装备有限责任公司为代表的生产企业陆续建成，到2010年，我国湿法工艺生产的高强聚乙烯纤维年产能已经达到1.2万吨，其中东华大学为此发展提供了关键的技术支持。2009年，东华大学和北京同益中特种纤维技术开发有限公司、宁波大成新材料股份有限公司、湖南中泰特种装备有限责任公司联合申报该项目获得了国家科技进步二等奖。2010年，由中国纺织科学研究院和中国石化仪征化纤股份有限公司合作开发的300吨/年干法高强聚乙烯纤维生产线投产，使我国高强聚乙烯纤维的生产技术步入了世界先进行列。

芳纶1313（间位芳纶）即聚间苯二甲酰间苯二胺纤维，是当今世界上耐高温纤维中发展最快、综合性能优良的高科技特种纤维之一。烟台氨纶股份有限公司经过近十年的磨炼，于2004年5月建成了500吨/年芳纶1313工业化生产线，并顺利投入生产；2006年，间位芳纶产能扩大到2500吨/年；2009年，生产能力进一步增加到4300吨/年，占国内70% 的市场份额。公司（后更名为烟台泰和新材料股份有限公司，简称泰和新材）也成为仅次于美国杜邦的间位芳纶生产商和供应商。其后，泰和新材又开始进行对位芳纶（芳纶1414）的产业化攻关。2006年，苏州圣欧采用东华大学的技术建成年产5000吨芳纶1313聚合、4500吨纺丝和330吨沉析纤维生产线，该技术获得2008年上海市科技进步奖一等奖、2009年中国纺织工业协会科技进步奖一等奖，2010年国家科技进步奖二等奖。

2005年，东华大学在上海建成对位芳纶1414百吨级中试装置，2008年开始在苏州兆达特纤科技有限公司进行产业化建设，2010年建成千吨级生产线。之后中化国际（控股）股份有限公司（简称中化国际）并购苏州兆达特纤，东华大学技术团队继续支持中化国际进行生产线搬迁及技术升级，并于2019年启动建设年产5000吨芳纶1414生产线。

2007年，威海拓展公司承担的国家863计划百吨级碳纤维生产线项目顺利通过验收。2007年，中复神鹰碳纤维有限责任公司（简称中复神鹰）万吨碳纤维首期工程开工，这是我国开始建设的首个万吨级碳纤维生产基地。2008年，中复神鹰与东华大学联合攻关突破千吨级T300碳纤维稳定生产技术并投产。2010年，中复神鹰牵头，东华大学和江苏新鹰游机械有限公司“千吨规模T300级原丝及碳纤维国产化关键技术与装备”获得中国纺织工业协会科学技术进步奖一等奖。2008年，江苏恒神纤维材料有限公司T300千吨级生产线投入运行。2008年8月，威海拓展公司承担的千吨级CCF-1碳纤维高技术产业化示范工程项目建成投产。这些项目的顺利投产，标志着我国碳纤维生产正式步入工业化稳定生产阶段。2010年，威海拓展公司突破CCF700（T700级）碳纤维生产关键技术。

2008年，1000吨/年耐高温芳砜纶在特安纶纤维有限公司投产，该项目是上海市纺织科学研究院、上海市合成纤维研究所的研究成果，也是我国自主开发的拥有完全自主知识产权的高性能纤维品种之一。

2009年，四川得阳和中国纺织科学研究院合作建成了5000吨/年国产聚苯硫醚（PPS）树脂及纺丝生产线。同年，江苏瑞泰科技有限公司4000吨/年PPS纺丝生产线的投入生产，使我国一跃成为PPS纤维的主要生产国。

这些产业化生产线的建成投产标志着我国在主要高性能纤维的技术装备和生产方面有了质的飞跃，打破了发达国家在高性能纤维领域的技术和市场垄断，使高性能纤维的生产成本和市场价格都出现了大幅度下降。从2005年初到2021年底，国内T300级（12K）通用型碳纤维市场价格已从50万元/吨降到15万元/吨，下降了70%；超高分子量聚乙烯纤维市场价格从20万元/吨降到12万元/吨，下降了40%；聚苯硫醚短纤维市场价格从15万元/吨降到8万元/吨，下降了46.7%。生产成本的大幅下降直接带动了高性能纤维的应用，使高性能纤维的发展和应用逐步步入了一个良性的循环轨道。

第七节　2008年世界金融危机对中国化纤行业发展的影响

2008年的世界金融危机对于我国化纤行业的运行与发展造成了较大的冲击。所幸这个影响比较短暂。

进入21世纪，中国化纤行业一直处于高速发展阶段，主要体现在技术快速进步，市场持续增长，产能迅速扩张，品质不断提升，行业整体竞争力明显增强。到2007年底，我国化纤产量已达2414万吨，比2000年695万吨增长2.5倍，年均增速高达19.5%。

2007年下半年，美国次贷危机爆发，由此引发的世界金融危机在2008年愈演愈烈，并迅速波及世界各国。我国化纤行业的运行与发展也受到了较大影响。主要体现在两个方面：一是原油价格的持续快速上涨和急剧回落给行业带来了巨大的成本压力和巨额的跌价损失；二是金融危机的逐步深入和发展，造成了全球经济发展陷入严重低迷阶段，绝大部分经济体的经济在2008～2009年都陷入了负增长，随之而来的是失业人数激增、居民收入下降、全球消费市场快速萎缩等，影响了我国化纤及其下游纺织品和服装的消费和出口市场。化纤行业出现了一些企业长期停产和破产倒闭现象，比较大的企业如华联三鑫、青岛高合、道道化纤、秦皇岛奥莱特、浙江金甬等相继停产并最终退出或重组。化纤行业的艰难运行严重影响了企业的投资信心，许多投资项目缓建进度、延后投产，新增投资意愿不强，行业投资额增速大幅减缓，并出现明显下降。

2008年，我国化纤行业的经济运行也快速陷入了困境。据国家统计局统计，当年化纤产量同比仅增长2.3%，增速比2007年大幅下降15.74%，这是近26年来化纤产量增长最慢的一年，几大主要品种产量增速都大幅回落。化纤出口170.78万吨，虽同比增长10.7%，但增速比上年大幅回落36.4%。当年化纤行业利润总额下降75%，亏损企业亏损额增长2.8倍，行业亏损面超过25%。

同时，我国化纤行业的发展也受到了较大影响。据国家统计局统计，2008年化纤行业规模以上企业实际完成固定资产投资278.1亿元，同比仅增长5.77%，增速比2007年大幅下降26.13%；2009年化纤行业规模以上企业实际完成固定资产投资273.3亿元，同比下降4.81%。化纤行业的固定资产投资出现负增长也是中国化纤发展史上特别是市场化改革以来极为罕见的。

世界金融危机全面爆发后，中国政府积极研判，并迅速应对，快速研究出台了一系列重大应对措施，比较快地稳定住了国内经济运行态势。2009年，工信部专门研究出台了《纺织工业调整和振兴规划》，其中明确提出了要实施“增品种、提品质、创品牌”的三品战略，为今后纺织化纤工业的升级与发展指明了方向。中国化学纤维工业协会积极研判各种错综复杂的经济形势，提出了一系列应对策略，同时积极向政府有关部门反映行业困难，并提出加大支持行业投资、提高化纤及其制品的出口退税率等具体政策建议。2009～2010年，国家陆续将化纤及其制品、服装的出口退税率从11%逐步多次上调到14%～15%。这些举措都有力支持着化纤行业和企业渡过危机。

在国家的大力支持和化纤行业、企业的共同努力下，中国化纤行业迅速企稳回升。据《2010年化纤蓝皮书》称：“2009年随着世界经济的复苏，以及《纺织工业调整和振兴规划》的实施，再加上化纤行业的共同努力，中国化纤行业平稳渡过危机，率先走出低谷，实现企稳、回升、向好，充分体现了化纤行业的竞争力。”2009年，化纤生产迅速恢复，行业开工率和产品产销率逐月快速恢复，到下半年已基本恢复到危机前的水平。据国家统计局统计，全年化纤产量增长14.31%，比2008年提高12个百分点；化纤进口量恢复增长5.47%，只有化纤出口量下降了13.53%。当年化纤行业利润总额大幅增长近2倍，亏损企业亏损额下降50%左右，全行业亏损面收窄到20%以下。

2010年，中国化纤行业继续平稳运行与发展，全年化纤产量增长15.55%，化纤进口量增长4.73%，化纤出口量也快速恢复，增速高达30.38%；全行业利润总额继续大幅增长1.2倍，亏损企业亏损额大幅下降50%，行业亏损面继续收窄到10%左右。更为可喜的是，化纤行业运行的快速企稳回升，明显提升了投资者的信心，行业固定资产投资得到了快速恢复。2010年，化纤行业施工项目达到495个，其中新开工项目340个，当年实际完成固定资产投资额390.22亿元，同比大幅增长42.78%，增速已明显超过金融危机前的年平均增长水平。

至此，中国化纤行业已经摆脱了世界金融危机的不利影响，基本恢复到了金融危机前行业的正常运行与发展水平。

参考文献

[1] 秦志忠. 聚酯差别化纤维产品的现状与发展 [J]. 合成技术及应用，2011（4）：24-26.

第十二章

从量变到质变的华丽转身

21世纪头十年是我国化纤工业发展速度非常快的时期，产量迅速增加，技术进步明显，装备日益精良，品种不断丰富，差别化率显著提高，高性能纤维进入了工业化生产。但这十年化纤工业的发展仍然以量的增长为主流，而对新技术和新产品开发和推广、节能减排、清洁生产、智能化、品牌和人才培养等方面的关注度与投入明显不够。造成这些差距有多方面的原因：一是化纤行业的投资有产出高、见效快的特点，几亿元的投资可以迅速创造出十几亿元的产值，在GDP作为重要考核指标的环境下，地方政府希望上技术成熟、有成功先例的项目，对纤维“量”的追求远大于对“质”的要求。二是资本的逐利性，在成本控制、规模扩张已能保证投资收益的情况下，企业显然更乐意将资金简单用于规模的扩大。三是发达国家在新产品开发方面仍然具有明显的优势，显然，模仿和学习比开发全新的产品和技术要容易得多，导致国内企业自身研发的动力不足。四是因差异化、高附加值产品主要以纺织外贸加工需求为主，对纤维品质和规格、种类的要求大多由下游用户和境外企业提出，化纤企业长期处于被动研发状态，致使自身主动研发的动力不足。

进入21世纪的第二个十年，世界化纤工业的格局发生了改变，很多发达国家的化纤工业开始萎缩，产业的萎缩导致了其研发和创新的弱化，结果是能够供我们学习和模仿的技术和产品越来越少。此外，随着国人生活水平的提高，中国经济进入双驱动力模式，中产阶级个性化和差异化的需求逐步成为消费的主流，国内市场对新产品的需求迅速增加，多种因素使单纯以扩张规模取胜的经营模式不再奏效。

在经历了十年超常规速度发展后，化纤工业的发展开始明显降速。2010年，我国的化纤产量为3090万吨，2021年增加到6524万吨，化纤的年均增长率从上十年的17.5%下降到7.0%。同时也注意到，聚酯纤维在化纤总量中始终占有重要地位，其比例一直保持在80%左右，因此，聚酯纤维的发展速度基本左右着整个化纤行业的发展。“十二五”“十三五”期间，化纤行业增长速度明显减缓，行业发展逐渐步入中低速增长的“新常态”。激烈的市场竞争环境倒逼着企业转型升级，特别是转换增长方式，化纤行业也逐步从以前的规模数量型增长为主向质量效益型发展转变。由此，化纤工业进入了高质量发展阶段。

第一节　加快淘汰落后产能，有效提高资源利用率

2010年前后，高速发展后的化纤工业存在严重的同质化现象，产品出现明显的产能过剩，严重影响了资源的利用率，这对于资源严重依赖于进口的我国化纤工业更是致命的。2000年和2010年，我国主要化纤原料的进口量分别为487万吨和1705万吨，十年间净增了2.5倍。以昂贵的进口原料制造廉价的大众产品显然缺乏市场竞争力，发展不可持续。因此，化纤行业从“十一五”后期就开始淘汰落后产能的工作。

2009年，工业和信息化部出台的《纺织工业调整和振兴规划》中，淘汰化纤落后产能是其中的一项重要任务，三年淘汰落后产能任务为230万吨。2011年，国务院出台了明确的淘汰目录。《产业结构调整指导目录》中，与化纤相关的限制类项目包括：单线产能小于10万吨/年的常规聚酯（PET）连续聚合生产装置；常规聚酯的对苯二甲酸二甲酯（DMT）法生产工艺；半连续纺粘胶长丝生产线；间歇式氨纶聚合生产装置；常规化纤长丝用锭轴长1200毫米及以下的半自动卷绕设备；粘

胶板框式过滤机等。淘汰类项目包括：2万吨/年及以下粘胶常规短纤维生产线；湿法氨纶生产工艺；二甲基甲酰胺（DMF）溶剂法氨纶及腈纶生产工艺；硝酸法腈纶常规纤维生产工艺及装置；常规聚酯（PET）间歇法聚合生产工艺及设备；常规涤纶长丝锭轴长900毫米及以下的半自动卷绕设备；直径小于或等于90毫米的螺杆挤出机；2000吨/年以下的涤纶再生纺短纤维生产装置等。《外商投资产业指导目录（2011年修订）》限制类项目包括：常规切片纺的化纤抽丝生产；粘胶纤维生产和一般涤纶长丝、短纤维设备制造等。

为加快产业结构调整升级，提高经济增长质量，深入推进节能减排，根据《国务院关于进一步加强淘汰落后产能工作的通知》（国发〔2010〕7号）的相关要求，工业和信息化部、国家能源局2011年5月4日出台了《淘汰落后产能中央财政奖励资金管理办法》，中央财政将继续安排专项资金，对经济欠发达地区淘汰落后产能工作给予奖励。化纤行业淘汰落后产能中央财政奖励范围为：2011～2013年采用锭轴长900毫米以下半自动卷绕设备的涤纶长丝生产线；2011年1万吨/年及以下的间歇法聚酯聚合生产线；2012年2万吨/年及以下间歇法聚酯聚合生产线；2013年3万吨/年及以下间歇法聚酯聚合生产线，等等。

淘汰落后产能的一系列政策有力地促进了化纤产业的结构优化，以新工艺、新设备替代落后产能，减缓了行业发展的速度，改善了企业经营状况和行业运行质量。

第二节　节能减排增效，走绿色发展之路

全球气候变暖，海平面升高，自然灾害频发，已经严重影响到人类的生存空间的安全。联合国大会1992年通过了《联合国气候变化框架公约》，公约于1994年3月21日生效，我国是最早的缔约国之一。公约的最终目标是将大气中温室气体的浓度稳定在防止气候系统受到危险的人为干扰的水平上。1998年，联合国气候变化框架公约第三次缔约方会议（COP3）上通过了《京都议定书》，作为《联合国气候变化框架公约》的补充条款。《京都议定书》在人类历史上首次以强制性法规形式限制温室气体排放,《京都议定书》规定，到2010年，主要发达国家二氧化碳等6种温室气体的排放量，要比1990年减少5.2%。2005年2月16日《京都协议书》正式生效。协议规定，发达国家从2005年开始承担减少碳排放量的义务，而发展中国家则从2012年开始承担减排义务。中国于1998年5月签署并于2002年8月核准了该议定书。

《巴黎协定》是2015年12月12日在巴黎气候变化大会上通过、2016年4月22日在纽约签署的气候变化协定。《巴黎协定》采取国家自主贡献的模式，主要目标是将21世纪全球平均气温上升幅度控制在2摄氏度以内，并将全球气温上升控制在前工业化时期水平之上1.5摄氏度以内,《巴黎协定》于2016年11月4日正式生效。作为负责任的发展中大国，中国在《巴黎协定》中提出了自主贡献的目标：二氧化碳排放2030年到达峰值并争取尽早达峰，单位国内生产总值二氧化碳排放比2005年下降60%～65%，非化石能源占一次能源消费的比重达到20%左右，森林蓄积量比2005年增加45亿立方米左右。2020年9月22日，中国政府在第七十五届联合国大会上提出：中国将提高国家自主贡献力度，采取更加有力的政策和措施，二氧化碳排放力争于2030年前达到峰值，努力争取在2060年前实现碳中和。

为了实现这一系列承诺，“十二五”“十三五”期间，国家均出台了资源环境的约束性指标。

工业是节能减排的重要领域，实际上化纤工业的节能减排工作从来没有停止过，不同的是，我国签署《京都协议书》和《巴黎协议书》后，节能减排成为国家强制性的要求，是企业必须做的。

化纤工业的节能减排工作是一项约束性的工作，它有力促进了化纤行业的科技创新，提升成套设备的单线生产能力是一项有效的措施。“十二五”“十三五”期间，化纤行业的成套设备在单线生产能力方面取得许多重大突破：单线年产能达到100万～120万吨的新型PTA成套国产化装备；单线产能40万～60万吨/年（套）聚酯成套技术与装备；单线产能7万～10万吨/年（套）锦纶6聚合技术与装备；日产30吨反应器及其纺丝氨纶生产线；单线年产10万吨及以上的粘胶生产线；单线能力在4万吨/年再生涤纶短纤维装置，等等。单线产能的扩大降低了企业的投资成本，减少了运行费用，为行业的节能减排做出了重要贡献。例如，聚酯聚合单线能力从20万吨/年上升至40万吨/年，使其单位产品综合能耗从150千克标准煤/吨下降至100千克标准煤/吨以下；粘胶短纤维装置单线能力从2.5万吨/年上升到8万吨/年，使其单位产品综合能耗从1200千克标准煤/吨下降至1000千克标准煤/吨以下，水耗从65吨/吨降低至40吨/吨以下；循环再利用涤纶短纤维装置单线能力2万吨/年上升到4万吨/年，使其单位产品综合能耗从210千克标准煤/吨下降至180千克标准煤/吨以下。锦纶6聚合大型化技术国产单线产能，从2万吨/年扩大至7万吨/年，可实现综合能耗降低24%。

除了设备的重大突破，技术的创新也为节能减排带来了显著的效果。例如，“十二五”期间，北京三联虹普新合纤技术服务有限公司开发的已内酰胺单体和低聚体解聚全回收工艺及配套装备，以三效蒸发器、低聚物分离器和解聚釜作为核心工艺装备，达到了单体和低聚体解聚全回用的目的，实现已内酰胺单耗水平达1.001吨/吨，每吨切片可降低40千克已内酰胺的消耗，单体回收量的增加意味着排放的减少，这项技术显著降低了原料消耗，减少了污染物的排放，并使能耗降低20%。

2012年，中国纺织科学研究院上海聚友化工有限公司开发了“聚酯酯化废水中有机物回收”技术。该技术将酯化废水中有机物回收技术嵌入整个生产过程中，增加了乙二醇、乙醛回收和分离装置，从酯化废水中提取乙二醇和乙醛。旧生产工艺中，这些废水都作为污水排放处理。利用该项技术一条年产15万吨的聚酯生产线每年可回收400～500吨乙醛和80～90吨乙二醇，仅这一项2～3年就能够回收建设投资。更重要的是，它可以使处理后的水COD从20克/升下降到5.5克/升，大幅度降低了污水处理的负担。生产现场的VOCs（挥发性有机物）从1500×10^{-6}降至8×10^{-6}，有效改善了工作环境。这项技术对于聚酯生产大国来说在节能减排方面有着非凡的意义。

唐山三友兴达化纤开发出了闪蒸结晶制取元明粉的工艺技术和装置，在粘胶纤维生产中实现了闪蒸结晶制取元明粉。闪蒸结晶“一步提硝”技术，可以使粘胶纤维纺丝酸浴在闪蒸浓缩过程中直接结晶出元明粉，彻底解决大量芒硝排放问题。闪蒸结晶制取元明粉，每吨元明粉闪蒸结晶的蒸汽消耗0.5～0.6吨，电力消耗30～35千瓦时，每套20吨蒸发量的闪蒸结晶装置每小时可产元明粉4吨左右，产率比老工艺增加15%～20%；与年产3.2万～4万吨元明粉的芒硝结晶焙烧老工艺比较，比酸冷结晶全年节约蒸汽4.35万吨，比水冷结晶全年节约蒸汽10.55万吨。

由郑州中远氨纶工程技术有限公司开发的氨纶工程节能减排集成技术，通过对高产能反应器的开发，配套高度自控连续聚合系统，使单线产能达到20吨/日，聚合段单位产品综合能耗下降了40%左右。同时，通过提高单甬道丝饼数，定制专用卷绕设备和新型纺丝换热器，提高纺丝卷绕速

度，使纺丝段单位产品能耗降低25%～50%，精制部分单位产品蒸汽消耗降低30%，电耗降低50%，DMAC回收率从97%提升到99%，降低溶剂消耗及排放，等等。

这些重大的创新技术，由于具有良好的经济效益和显著的节能减排效果，在化纤行业获得普遍推广应用。酸浴闪蒸一步提硝技术共计在82万吨粘胶短纤维装置上应用，占粘胶短纤维总产量22.6%；聚酯装置乙醛回收利用技术得到大面积推广，在超过2000万吨聚酯聚合装置上应用，已占聚酯总产能的42%；大型锦纶聚合装置己内酰胺回收利用技术已在210万吨锦纶聚合装置使用，已占锦纶聚合能力的55%。

除了化纤行业专用设备外，常规节能技术和装置也在化纤企业得到广泛应用。例如，浙江中孚环境设备有限公司开发的节能系统，采用新回风比例调节自动控制，实现焓值控制。在春、夏、秋三个季节，通过对新回风焓值的计算比较，自动调节新回风比例，可减少20%的冷风和80%的热量消耗；优化水泵、风机、管路设计，采用大温差冷水机组、大温差冷却塔等一系列措施，空调系统成套节能技术综合实施，可以减少空调系统综合能耗10%以上。随着中央空调能源管理控制系统技术、蒸发冷式氟系统直冷式空调技术等陆续应用，化纤行业节能水平大幅提高，二氧化硫、氮氧化物等排放大大降低。

化纤行业中，粘胶纤维是污染较为严重的行业。2010年，工信部出台了《粘胶纤维行业准入条件》及《粘胶纤维生产企业准入公告管理暂行办法》等文件，对行业进行管理。其中强调“严禁新建粘胶长丝项目”，并要求严格控制新建粘胶短纤维项目；对现有年产2万吨及以下粘胶短纤维生产线实施限期逐步淘汰或技术改造，鼓励有条件的企业通过技术改造后，形成差别化、功能性、高性能的粘胶纤维生产线，差别化、功能性产品占全部产品的比重高于50%；并对粘胶纤维工厂的资源消耗指标进行量化考核。

严格的环境要求促使粘胶短纤维企业开始投入更大的人力、物力、财力进行环保治理。现今的粘胶企业已普遍配备了“冷凝吸附+碱喷淋+活性炭吸附”的含硫废气治理工艺，并在此基础上进一步研究生物吸附、络合铁、燃烧等进一步治理低浓度含硫废气的手段。“十三五”期间，随着我国环保要求的进一步收紧，业内普遍使用的“冷凝吸附+碱喷淋+活性炭吸附”技术路线处理废气的能力逐步接近上限，于是企业开始探索针对“低浓度”含硫废气治理技术。生物吸附法是近年来逐步发展起来的技术路线。其通过培养特殊的噬硫菌群，可将CS_2、H_2S作为营养物质进行自我繁殖和新陈代谢，并转化为无害的CO_2气体、单质硫或硫酸盐，从而达到彻底治理CS_2、H_2S的目的。“十三五”期间，生物吸附法工业化装置已经在唐山三友兴达化纤、新疆中泰化学、四川丝丽雅等粘胶短纤维企业开始使用并取得了良好效果。生物吸附法也在粘胶长丝废气处理中展现出较好的发展前景，并有望一定程度上解决粘胶长丝生产中的废气污染问题。

扩大粘胶纤维的单线产能，不仅能够提高生产效率，而且使污染源更易集中控制，进而更有效处理废气和废水。先进的装备是节能减排的基本保证。随着我国工程化能力的增强，粘胶纤维的单线产能不断突破，2018年，单线12.5万吨/年粘胶短纤维生产线开车成功；2019年，单线15万吨/年粘胶短纤维生产线成功开车。粘胶行业的平均单线产能已经从“十二五”前的4万吨/年，提高到了6万～8万吨/年。粘胶短纤维的单线产能不断创新高，其节能降耗和除废的效果也进一步显现。粘胶行业正是通过不断技术创新，适应了越来越严格的环保要求，生存了下来，并且还有了不小的发展。

2010～2020年粘胶纤维生产综合能耗、水耗、全硫回收率情况见表12-1。

表12-1 粘胶纤维2010～2020年综合能耗、水耗、全硫回收率情况

年份		2010		2015		2020	
指标		短纤	长丝	短纤	长丝	短纤	长丝
综合能耗/（千克标准煤/吨）		1300	5500	1000	4000	840	2784
其中	电耗/(千瓦时/吨)	1100	5920	1000	5500	998	6150
	汽耗/（千克标准煤/吨）	1165	4772	877	3324	717	2028
水耗/（吨/吨）		90	283	65	250	43	246
全硫回收率/%		60	10	85	10	92	15

“十二五”“十三五”期间，化纤工业在节能减排工作中取得了可喜成绩，圆满完成了国家规定的约束性指标（表12-2）。

表12-2 “十二五”“十三五”期间化纤行业节能减排情况

年份	2010	2015	2020
化纤产量/万吨	3089	4831	6025
综合能耗/（千克标准煤/吨）	526.1	335.3	268.84
全行业水耗/（吨/吨）	14.3	8.5	5.73
废水排放/（吨/吨）	13.2	7.3	5.3
COD排放/（千克/吨）	5.2	1.1	0.95
SO_2排放/（千克/吨）	3.5	1.76	1.55
NO_x排放/（千克/吨）	2.61	1.14	1.02

从化纤主要产品单位综合能耗来看，“十二五”期间，纤维级聚酯聚合装置单位综合能耗降低24.1%，降低到110千克标准煤/吨；涤纶长丝和短纤的单位综合能耗分别降低了32.3%和29.1%，分别降到105千克标准煤/吨和124千克标准煤/吨；再生纤维素纤维长丝和短纤的单位综合能耗同比分别降低27.3%和23.1%，分别降到4000千克标准煤/吨和1000千克标准煤/吨；锦纶切片和民用长丝的单位综合能耗分别降低了16.7%和21.1%，分别降到200千克标准煤/吨和300千克标准煤/吨；氨纶聚合纺丝单位综合能耗同比降低了48.2%，降到1642.41千克标准煤/吨。化纤各品种单位综合能耗达到国际先进水平。

“十二五”期间，化纤行业SO_2、NO_x单位排放量分别降低了49.7%和56.3%，排放总量分别降低了28.0%和35.9%，排放量进一步降低。期间，受环境约束，化纤工业加强了废气治理力度，部分企业采用了低硫燃煤，减少了硫的排放，添加了脱硫脱硝装置，采用双碱法脱硫工艺等，提升了脱硫脱硝效率，从而使排放量大幅降低。“十三五”期间，化纤行业持续推进节能减排和提高清洁生产水平，加快制造方式的绿色转型，新材料、新技术应用范围持续增加，单位产品综合能耗显著下降，行业能耗水平已达到国际领先水平。31家企业、52种产品分别获评工信部绿色工厂和绿色设计产品，39家企业产品通过绿色纤维认证。

第三节　化纤及其成套设备出口迅速增长，行业国际化步伐加快

一、化纤产品出口快速增长

2000年我国化纤的出口量仅为10万吨，之后，化纤出口量开始不断增加，同时进口量逐步减少。2007年化纤出口量154.28万吨，进口量110.97万吨，出口首次超过了进口。此后，年进口量以较小的速度下降，基本稳定在80万~90万吨的水平，而出口量迅速增加。2010~2020年化纤年平均进口量为86.4万吨，而出口量的年平均值达到346.7万吨，年平均增速超过11%。2020年，我国化纤出口量近500万吨，占全球贸易的比重超过50%（图12-1）。

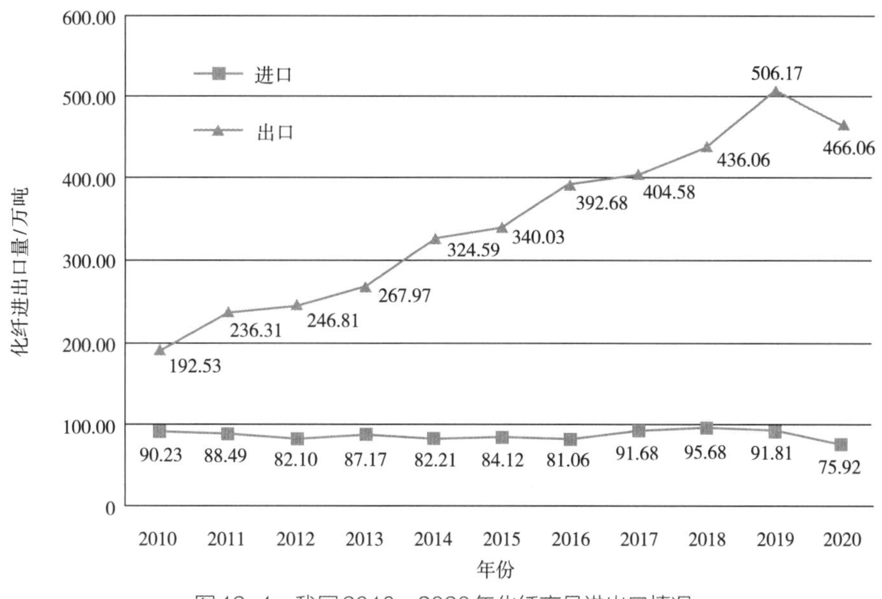

图12-1　我国2010~2020年化纤产品进出口情况

化纤出口产品几乎涵盖了所有的品种，其中以聚酯纤维和粘胶纤维最为突出，分别占出口产品的80%和10%左右。

化纤产品出口量的增加，充分说明我国化纤产业竞争力的提高。要在激烈的市场竞争中脱颖而出，不仅要有价格上的优势，更需要有优良的品质和良好的服务。

二、化纤成套技术装备走出国门

化纤装备的设计、制造及工程化能力在我国化纤工业高速发展的过程中得到了充分的发挥和提高。21世纪，我国化纤机械在满足国内用户需求的情况下，开始快速走向世界。

2004年5月11日，中国纺织工业设计院与印度JBF工业公司就年产18万吨纤维级聚酯项目在北京签约，这是该院在国外承包的首套聚酯工程，2006年3月23日，该项目一次投料试车成功。随后中国纺织工业设计院又陆续在伊朗、土耳其、印度、越南、印度尼西亚等国家成功承建了十几套聚

酯工程项目，项目以纤维级聚酯为主，也有瓶级聚酯和膜级聚酯项目。截至2021年底，承接海外项目合计年产能达到245万吨。

2010年，中国纺织科学研究院聚友公司利用自主开发的低温短流程聚合技术为印度SANATH公司建成18万吨聚酯熔体直纺长丝生产线，“十二五”“十三五”期间，上海聚友先后为埃及、伊朗、澳大利亚、越南及我国台湾的远东集团建成多条聚酯涤纶生产线，合计年产能达到128万吨。

中国纺织科学研究院北京中丽制机公司先后开发了BWA860型、BWA1035B型、BWA240型等高速卷绕头，技术上的突破不仅打破了我国卷绕头长期依靠进口的局面，在国内市场迅速推广，而且由于产品优异的性价比，开始被国外用户接受。“十一五”期间，北京中丽制机公司向印度、叙利亚、伊朗、孟加拉国、泰国等共计销售2222个纺丝位，合计年产能66万吨。2010年后，除了继续向上述国家出口外，又增加了韩国、土耳其、萨尔瓦多、印度尼西亚、俄罗斯、越南等国家，2010年至今已销售4105个纺位，合计年产能达到125.5万吨。在出口纺丝机的同时，还承接多个纺丝工程化项目。

2010年，由太平洋成套公司自行设计和制造日产200吨（年产6万吨）涤纶短纤维成套设备出口到印度。这一生产线是由北京三阳纺科技有限责任公司承包，仪征化纤设计院、北京宏大蒂玛化纤机械工程公司、郑州纺织机械厂、河南纺织机械厂、邯郸纺织机械厂、上海二纺机合作完成，项目不仅体现了中国化纤机械行业的技术水平，也充分体现了对于这类大项目的管理水平。

郑纺机作为世界上最大的粘胶短纤成套设备供应商之一，在化纤成套设备的大型化方面始终走在前列。先后开发出国内首条年产5万吨、6万吨、8万吨、10万吨粘胶短纤维生产线，2017年又成功推出年产12万吨生产线。2018年12月，郑纺机年产12.5万吨粘胶短纤维生产线在印度尼西亚顺利投产。2018年5月，郑纺机又与印度的GRASIM公司签订了2条单线年产10万吨粘胶短纤维成套设备生产线的出口供货合同，其中的大容量链板式烘干机更是首次成功出口并打入博拉集团。郑仿机为泰国TRC工厂、印度尼西亚IBR工厂提供粘胶短纤维成套设备，为该设备进一步拓展国际市场空间夯实了基础。

郑纺机和仪征华纬工程公司（原仪征化纤公司设计院）充分发挥自身的技术优势和设备成套优势，对产品不断改进提高，以适应不同国家、不同客户、不同工艺等的需要，先后完成了泰国日产70吨、印度Reliance两套日产70吨、巴基斯坦日产120吨、印度孟买三套日产150吨聚酯短纤维设备的供货、安装及调试工作。

成套技术设备的出口是一个行业乃至国家的综合实力的体现，它要在世界范围内进行公开的竞争，不仅要有精良的机械制造水平，而且要有先进的生产技术支撑，要有价格上的优势，可谓缺一不可。承包一个“交钥匙”工程更是对项目管理的全面考验，我国化纤成套设备出口的成功实施是行业高质量发展的充分体现。

三、行业国际化步伐明显加快，成效初显

随着国产化技术装备的逐步成熟和化纤龙头企业的发展壮大，一批具有战略眼光的企业家开始进行国际化布局与发展。主要体现在化纤企业直接走出国门，到海外去建设生产厂。比较典型的走出去项目主要集中在聚酯纺丝及其上游原料等领域。

（一）浙江恒逸集团有限公司赴文莱建设PTA及石油炼化项目

2014年2月，浙江恒逸集团有限公司（简称恒逸集团）与文莱达迈签署合资协议，在文莱大摩拉岛（PMB）分两期建设石油化工项目，其中一期项目年加工原油800万吨，于2019年11月投料试车一次成功，在全球石化行业中创造了千万吨级炼厂投料试车时间短、过程稳定和安全环保业绩优良的新纪录。该项目是“一带一路”重点项目，被誉为中文两国旗舰合作项目，恒逸集团持股70%，文莱政府持股30%。一期项目总投资约34.5亿美元，二期项目总投资136.54亿美元。项目包括炼油、芳烃、乙烯和聚酯四部分，全部建成后的产能为：炼油1400万吨/年、PX200万吨/年、PTA250万吨/年、PET100万吨/年和乙烯165万吨/年（图12–2）。

图12-2　恒逸集团—文莱PTA及石油炼化项目现场

（二）福建百宏实业控股有限公司赴越南建设年产70万吨聚酯瓶片及差别化化学纤维项目

2017年5月13日，福建百宏实业控股有限公司（简称福建百宏）正式签署“赴越南西宁省投资建设年产70万吨差别化化学纤维项目”的合作协议，公司新设全资子公司——越南百宏实业有限公司（简称越南百宏），总投资3.58亿美元，项目分两期进行（图12–3）。同年11月，越南百宏年产70万吨聚酯工程项目被列入2017年中越产能合作项目清单谅解备忘录，成为中越产能合作发展重点项目。

图12-3　福建百宏越南项目现场

目前，一期工程的两个项目已全部建成。其中，2019年9月29日，年产20万吨涤纶长丝及切片项目即聚酯装置CP2顺利投产。项目包括年产20万吨的聚酯聚合能力，配套2条FDY（全牵伸丝）和8条POY（预取向丝）生产线，以及130台DTY（拉伸变形丝）高速加弹机，目标是形成年产20万吨差别化化纤产能。聚酯采用中国纺织工业设计院最新聚酯聚合工艺技术，纺丝加弹采用北京中丽、宏源及德国巴马格等先进设备。纺丝生产线通过机器人落筒、机器人包装、自动产品外观检测、立体化自动仓储等一系列自动化手段，实现了生产的智能化控制和过程的自动化监测。2020年5月，年产25万吨聚酯瓶片项目即聚酯装置CP1、SSP也成功投产。二期工程的年产25万吨聚酯瓶片项目正在紧张的筹划建设中。

（三）浙江海利得公司新材料股份有限公司赴越南建设年产11万吨差别化涤纶工业长丝项目

2018年5月17日，浙江海利得新材料股份有限公司（简称海利得）发布公告，拟在越南投资成立子公司，实施年产11万吨差别化涤纶工业长丝项目。公告显示，该项目为海利得在越南差别化涤纶工业长丝生产基地一期项目，项目位于越南西宁省福东工业园，将新征土地33公顷，新建纺丝车间、仓库等建（构）筑物建筑面积107706平方米，购置固相聚合装置、差别化涤纶工业长丝生产线等生产设备，纺丝等配套设备、自动化成品立体仓库及水处理、变配电、制冷、供热等公用工程设备，形成年产11万吨差别化涤纶工业长丝的建设规模。项目总投资为1.55亿美元（约合人民币9.86亿元），其中，固定资产投资1.49亿美元，含新增建设投资1.43亿美元。

2020年8月6日，海利得工业长丝越南（一期）项目顺利投料开车，后续越南项目的产能在2021年底前分四批逐步投产。截至2021年8月，海利得越南项目已投产设计产能的2/3。由于越南新冠肺炎疫情比较严重，导致项目剩余产能的投产受到较大影响。已投产的产能目前都是满负荷生产。越南项目的生产目前还是普通工业丝为主，后期会随着客户车用丝订单的增加而转换成车用工业丝。

化纤企业的国际化布局的另一个主要举措就是收购国际化纤业界的公司、品牌和研究机构等。比较典型的案例如下：

（四）福建恒申控股集团有限公司收购荷兰帝斯曼的己内酰胺业务板块

2018年5月，福建恒申控股集团有限公司正式签约收购福邦特（Fibrant）己内酰胺相关业务。收购内容包括福邦特旗下原帝斯曼欧洲工厂28万吨己内酰胺生产装置、32万吨苯酚—环己酮生产装置、南京福邦特（原南京东方）40万吨己内酰胺生产装置，还包括苯酚法环己酮生产工艺、HPO PLUS己内酰胺生产技术、硫酸铵大颗粒技术等技术及知识产权。此次收购使得恒申集团在全球聚酰胺行业范围内率先完成从己内酰胺到染整全产业链整合，成为全球最大的锦纶产业链科技生态总部基地之一。

（五）山东如意集团收购美国英威达公司的莱卡—氨纶服饰业务板块

如意集团在2019年1月底完成了对莱卡的收购，耗资26亿美元，跨越2017～2019年三年。2017年10月28日，美国聚合物及纤维供应商英威达（Invista）宣布，与中国山东如意集团签署了最终协议，出售公司四大业务板块之一的服饰和高级纺织品业务。本次交易涉及的英威达业务包括：英威达服饰业务相关的纤维和品牌产品组合，包括LYCRA（莱卡）系列纤维，全球相关生产厂、研发中心和销售办事处所有相关的技术、运营、商务及职能部门人员。2018年7月，这笔交易获美国外国投资委员会（CFIUS）批准。2019年1月底，山东如意集团完成了对莱卡的收购。

（六）北京三联虹普新合纤技术服务有限公司收购瑞士Polymetrix公司

2018年，三联虹普并购世界知名的聚合物处理工艺技术公司——瑞士Polymetrix公司。瑞士Polymetrix公司是国际知名的原生与再生塑料系统解决方案供应商，拥有国际专利101项（覆盖19个国家）。在原生聚酯（vPET）瓶级切片领域，使用Polymetrix技术生产PET瓶级粒子的单位能耗降低40%。Polymetrix与德国巴斯夫、韩国乐天、印度Reliance等国际聚合物巨头，以及恒力、恒逸、华润等国内化纤龙头企业有过多起成功项目合作经验，并获得了可口可乐、雀巢、达能等世界级食品饮料企业食品级包装材料安全资质认证，国际市场占有率达90%。在再生rPET领域，Polymetrix是为食品级再生聚酯生产企业提供从脏瓶子到干净食品级瓶子原料，包括清洗、挤压、SSP、设备采购、管理、安装到交付使用的一站式系统集成解决方案的供应商。率先在国际上提供了年产万吨级“瓶到瓶”再生rPET解决方案，真正实现了符合最高食品安全等级的PET同等级回用的闭环循环，在食品包装生命周期绿色管理中具有突出价值。

第四节　高性能纤维进入高速发展阶段

“十一五”期间，国家和行业强力实施《化纤行业“十一五”发展指导意见》，特别是通过实施专项，不断强化“产学研用”一体化研发与应用体系，我国高性能纤维的研究及产业化进程明显加快，并取得了显著成绩。2001～2010年，多个高性能纤维品种的产业化技术获得了重大突破。进入21世纪的第二个十年，高性能纤维产业化的品种继续增加，产量迅速增长，更重要的是质量有了显著提高，它不仅体现在产品本身质量的提升，更体现在高性能纤维企业的运行质量上，企业从长期不懈的大量投入中，开始获得利润，企业运行与发展步入了良性循环轨道，它为更新更强的新一代高性能纤维的开发提供了保障。

2010～2020年，我国高性能纤维的产能从3.8万吨迅速增加到16.9万吨，年平均增长速度达到了16%（表12–3）。而且高性能纤维所有品种都得到了稳步发展，其中碳纤维、间位芳纶、超高分子量聚乙烯纤维、聚苯硫醚纤维、连续玄武岩纤维等实现快速发展，年产能都突破了万吨；对位芳纶、聚酰亚胺纤维、聚四氟乙烯纤维等都实现千吨级产业化生产，填补了国内空白，打破国外垄断。聚芳醚酮纤维、碳化硅纤维等均攻克了关键技术，为实现产业化奠定了良好基础。我国已成为全球品种覆盖面最广的高性能纤维生产国之一。

表12–3　2010～2020年我国主要高性能纤维产能情况　　单位：吨/年

年份	2010	2015	2020
碳纤维	6445	15000	36150
芳纶	9000	21500	29100
超高分子量聚乙烯纤维	7800	12100	34750
聚苯硫醚纤维	9000	10500	25000
聚酰亚胺纤维	100	3000	3300
聚四氟乙烯纤维	1800	4500	6000
连续玄武岩纤维	4200	18000	35000
合计	38345	84600	169300

资料来源：中国化学纤维工业协会

一、碳纤维行业

碳纤维是高性能纤维中生产工艺复杂、产品型号多的一种纤维。“十二五”“十三五”期间，我国碳纤维行业取得了骄人的业绩。

中复神鹰继SYT35（T300级）碳纤维生产线投入生产后，与东华大学联合攻关，于2013年在国内率先突破了干喷湿纺T700级碳纤维原丝工业化制造技术，建成了国内首条千吨级T700碳纤维产业化生产线。2014年，SYT49碳纤维性能指标达到日本东丽T700S碳纤维水平。2015年，SYT55碳纤维性能达到T800S指标，并实现了高强中模型SYM30碳纤维百吨级工程化。2016年，突破了T800级碳纤维工业化制造技术，并实现稳定生产。2017年，建成了具有完全自主知识产权的千吨级SYT55（T800级）碳纤维生产线，中复神鹰、东华大学和鹰游纺机“干喷湿纺千吨级高强/百吨级中模碳纤维产业化关键技术及应用”获得2017年度国家科学技术进步奖一等奖（图12-4）。2020年，中复神鹰、东华大学和鹰游纺机“百吨级超高强度碳纤维工程化关键技术”获得中国纺织工业联合会科技进步一等奖。

图12-4 “干喷湿纺千吨级高强/百吨级中模碳纤维产业化关键技术及应用”获得2017年度国家科学技术进步奖一等奖

2008年，威海拓展纤维有限公司千吨级碳纤维高技术产业化示范工程落成投产，碳纤维关键装备实现国产化。2009年，千吨级碳纤维高技术产业化示范工程通过验收（图12-5）。2010年，威海拓展纤维有限公司突破CCF700（T700级）关键技术。2013年，突破CCF800（T800级）、CCM40J关键技术，建立了从原丝到碳纤维的全产业链条。2015年，威海拓展自主研发制造出耐温3000摄氏度超高温石墨化炉，CCM46J石墨纤维进入工程化阶段；2016年，突破了CCM50J关键技术。2019年，威海拓展纤维有限公司与北京化工大学共同完成的“基于湿法纺丝工艺的高强PAN基碳纤维产业化制备技术”项目荣获中国纺织工业联合会2019年度科技进步一等奖。2021年11月，威海拓展纤维有限公司获得2020年度国家技术发明奖二等奖（专用项目）。

图12-5 2009年威海拓展承担的国家发改委“千吨级碳纤维高技术产业化示范工程”项目验收

“十二五”“十三五”期间，我国突破了T300级碳纤维工程化及航空航天应用关键技术，实现重点型号的自主保障。突破了湿法高强型（T700G级）碳纤维工程化关键技术，完成了部分装备的应用研究；开展了高强中模型（T800H级）碳纤维的工程化及其应用关键技术攻关，产品进入了重点型号考核验证和试用阶段；湿法生产24K、48K大丝束PAN基碳纤维原丝技术取得突破，并研发出相匹配碳化工艺，单线产能达到2000吨/年，24K碳纤维已进入市场，48K原丝已实现碳化试生产。在国家相关科技计划支持下，先后建立了M40J级、M55J级碳纤维工程化生产线，产品进入工程应用验证阶段。在国产M55J级高强高模碳纤维应用评价工作基础上，研制出主体性能与M60J碳纤维相当的国产高强高模碳纤维技术，实现国产高强高模碳纤维关键制备技术新突破。

截至目前，我国T300级、T700级、T800级碳纤维已实现产业化，M40、M40J、M55J等高强高模碳纤维已具备了小批量制备能力，涵盖高强、高强中模、高模、高强高模四个系列碳纤维，产品牌号不断丰富，其中T700级碳纤维已具备较强市场竞争力，已成功应用于碳纤维复合芯电缆、压力容器、建筑增强、机械配件、碳/碳复合材料等领域，T800级碳纤维性能基本与国外同类产品一致，高

模及高模高强碳纤维产品可基本满足国内市场应用需要。

在技术与市场双重因素推动下，近年来，国内碳纤维多家龙头企业在T300和T700相继完成工业化规划的技术突破后，主营业务保持稳定增长，实现营业收入和净利润双增。威海光威复合材料股份有限公司2020年实现营业收入21.16亿元，同比增长23.36%，净利润为6.42亿元，同比增长22.98%。中简科技股份有限公司2020年实现营业收入3.895亿元，同比增长66.14%，净利润2.32亿元，同比增长70.09%。吉林碳谷碳纤维股份有限公司2020年实现主营业务收入5.92亿元，同比增长91.35%，净利润1.44亿元，较上年同期增盈1.6亿元。

碳纤维行业经过优胜劣汰进入了良性循环阶段。尽管我国的碳纤维产量已经有了快速的增加，随着碳纤维应用领域的不断扩展，对碳纤维的需求也迅速增加。2020年，我国碳纤维的消耗量高达48800吨，进口量仍然占总消耗量的62%。技术上的突破，强大的市场需求迎来了新一轮的投资热潮。国内主要碳纤维生产企业均启动了扩产计划。上海石油化工股份有限公司在上海新建碳纤维项目已开工，总投资35亿元，建设内容包括2.4万吨/年原丝、1.2万吨/年48K大丝束碳纤维，计划2024年全部建设完成。吉林碳谷碳纤维有限公司（简称吉林碳谷）启动二期年产5万吨碳纤维原丝项目，总投资10亿元，拟建成5条大丝束碳纤维原丝生产线。吉林化纤股份有限公司启动了年产1.5万吨碳纤维项目，计划总投资24.4亿元（图12–6）。

常州宏发纵横新材料科技股份有限公司（简称宏发纵横）启动年产9000吨碳纤维拉挤复合材料结构件、9000吨高性能大丝束碳纤维多轴向经编织物项目，计划投资10亿元。中复神鹰碳纤维股份有限公司西宁万吨级碳纤维项目建设取得新进展，2021年，首条生产线一次性试产成功。此外，兰州蓝星纤维有限公司、江苏恒神股份有限公司（简称江苏恒神）等重点企业也计划新建碳纤维项目，碳纤维行业将迎来又一高速发展阶段。

图12-6 吉林化纤年产1.5万吨碳纤维项目

二、芳纶（芳香族聚酰胺纤维）行业

芳纶以其优异的综合性能在军事上有广泛的应用。烟台泰和新材料股份有限公司（2011年烟台氨纶股份有限公司更名，简称泰和新材）是我国芳纶主要生产企业，2012年，泰和新材的间位芳纶产能达到7000吨/年，成为全球著名间位芳纶生产企业。自2008年，持续开展了对位芳纶技术装备的产业化研究和开发。2011年6月，公司自主建设的年产1000吨对位芳纶产业化项目投产，2016年，产能又扩大至1500吨/年。

面对市场的需求，从“十二五”到“十三五”，对位芳纶的生产技术不断成熟，2012～2014年，中国石化仪征化纤、苏州兆达特纤科技有限公司、河北硅谷化工有限公司、蓝星（成都）新材料有限公司等先后成功建设了千吨级对位芳纶生产线。

2020年1月，泰和新材宁夏5000吨/年对位芳纶项目第一条纺丝线试车成功。

2020年11月，中化国际（控股）股份有限公司5000吨/年对位芳纶项目投料试车。

“十一五”期间，间位芳纶进入规模化生产。“十二五”期间，突破了对位芳纶和杂环芳纶关键技术，建成了多套工业化装置。基本型对位芳纶实现稳定批量生产和供应，高强型对位芳纶实现国产化供应，已在光缆、胶管、防弹等领域实现批量应用；杂环芳纶产品性能达到高端应用的要求，已在固体火箭发动机、高端防弹等领域实现批量应用。2020年，我国对位芳纶产量4000吨，间位芳纶产量达到11000吨，我国成为芳纶的主要生产国之一。

三、超高分子量聚乙烯纤维行业

超高分子量聚乙烯纤维是我国高性能纤维中实现工业化生产较早的产品，拥有两种工艺路线，“十二五”期间，在产能不断扩大的基础上，对工艺技术进行了大幅度改进，使纤维性能不断提高。

2018年，我国超高分子量聚乙烯纤维的合计产能超过了全球总产能的50%，成为全球著名超高分子量聚乙烯纤维生产国。

2020年，我国超高分子量聚乙烯纤维产能约为3.3万吨，产量为2.3万吨，技术装备和产品性能均达到国际先进水平，具备了一定的国际竞争力，2020年出口3881吨，且呈逐年递增的趋势。国产超高分子量聚乙烯纤维不仅可以部分替代进口，而且具备了一定出口创汇能力。

四、聚酰亚胺纤维行业

聚酰亚胺纤维具有优异的阻燃性能，因此，在军队、消防及环保等领域有广泛应用，也是我国高性能纤维发展较快的品种之一。

2011年，吉林高琦聚酰亚胺材料有限公司依托中国科学院长春应用化学研究所建成千吨级湿法纺丝聚酰亚胺纤维生产线。

2013年，江苏奥神新材料股份有限公司（简称奥神新材）依托东华大学的技术建设的千吨级干法纺聚酰亚胺纤维生产线开车成功，至2020年产能已达到2000吨/年。以“反应纺丝”新原理和新方法支撑的创新成果“干法纺聚酰亚胺纤维关键技术及产业化”获2016年国家科技进步奖二等奖。

2018年，江苏先诺新材料科技有限公司建成百吨级高强高模聚酰亚胺纤维生产线。

“十二五”“十三五”期间，我国的聚酰亚胺纤维生产进入产业化阶段，实现了从无到有的突破。

同时，我国高性能纤维复合材料应用技术日趋成熟，应用部位由次承力构件扩大到主承力构件，由单一功能材料向多功能、结构功能一体化转变，有效缓解了国家重大工程、国防重点装备等领域的迫切需求。高性能纤维及其复合材料产业也由开拓推广期向快速扩张和稳定成长期迈进，复合材料应用领域由航空、航天、兵器等扩展到了风力发电、轨道交通、汽车等众多民用领域，产业规模不断扩大。

高性能纤维规模化生产具有非常高的难度，不仅需要有多学科的技术人才，还需要有浑厚的经济实力，美国等国家把多个高性能纤维产品列入禁运范畴，包括生产这些纤维的设备，这给高性能纤维生产企业增加了额外的困难。我国在研究工艺的同时，还必须研制和生产相关设备。近年来，多个高性能纤维的成功开发意味着我国在高性能纤维设备制造上同样获得了重大突破，这为我国新一代高性能纤维的研究与发展奠定了坚实的基础。

“十一五”末，我国多个高性能纤维进入了产业化阶段，然而，产业化技术的突破并不意味着商业上的成功，巨大的投入，迅速增加的产量能否被市场所接受和消化，对高性能纤维的生产企业是开车成功后的又一个严峻考验。因为，高性能纤维的规模化生产存在需求和产能的固有矛盾，它在

航空航天、军事等领域有不可替代的作用，国家有急迫的需求，而从市场看，高端产品不仅需求量很小，而且对产品有极其苛刻的技术要求。要获得质量稳定的高端产品，必须有一定的规模化生产，否则很难保证高端产品的质量。需求量小，生产规模又要大，这一矛盾只能通过高性能纤维应用领域的拓展来弥补，在满足少量高质量军工、航天需求的情况下，将应用面延伸到民用产品上，这就是我国高性能纤维生产企业走出的一条良性循环发展的必由之路。

第五节　大力发展绿色纤维，走可持续发展道路

当今世界正面临着资源和环境两大问题的困扰，大量消耗的一次性资源及其制品所带来的环境污染非常严重，仅仅在海洋中形成的以合成材料为主的垃圾岛面积已经达到了300万平方公里。从微观看，饮用水中都含有为数惊人的微塑料和微纤维，合成材料对环境带来的危害正越来越受到人们的重视。目前占化纤产量90%以上的合成纤维既存在资源的问题，又存在白色污染问题，因此，开发生物基纤维及回收再利用纤维不仅迫在眉睫，而且是化纤行业可持续及高质量发展的必经之路。

我国是化纤生产大国，化纤产量已占世界总产量的70%以上，90%以上的化纤产品以石油为基础原料，而我国又是一个贫油国家，2021年我国石油对外依存度达到73%。因此，开发生物基纤维和回收再利用纤维对我国乃至全世界而言都具有非凡的现实意义，从更长远看，开发生物基纤维就是要为后石油时代的化纤工业的可持续发展探索出一条新路。

《“十二五”国家战略性新兴产业发展规划》把发展生物基化学纤维及其原料作为重要专项内容，提出了生物制造产业以培育生物基材料、发展生物化工产业和做强现代发酵产业为重点，大力推进酶工程、发酵工程技术和装备创新。突破非粮原料与纤维素转化关键技术，培育发展生物醇、酸、酯等生物基有机化工原材料，推进生物塑料、生物纤维等生物材料产业化。《化纤工业“十二五”发展指导意见》指出：有力推进生物质纤维及其原料的开发，在不与人争粮、不与粮争地以及环境安全的情况下，充分利用农作物废弃物、竹、麻、速生林及海洋生物资源等，开发替代石油资源的新型生物质纤维材料，突破纤维材料绿色加工新工艺和装备集成化技术，实现产业化生产。21世纪以来，我国已经开展了大量的生物基纤维和回收再利用纤维的研究和产业化生产，但多个品种走入工业化生产还是在“十一五”“十二五”期间完成的。

一、生物基纤维

（一）莱赛尔（Lyocell）纤维

莱赛尔纤维是生物基纤维中产量最大、发展速度最快的品种之一，它以无毒无味的NMMO为溶剂，实现了纤维素纤维的清洁化生产，莱赛尔纤维弃后可在自然界生物降解，纤维还具有优异的物理性能，因此，被誉为21世纪最具发展前景的纤维。我国对于莱赛尔纤维的研究工作从20世纪末就已经开始，而真正实现工业化生产是在“十二五”期间，生产技术的突破，迎来了莱赛尔纤维的高速发展。

2016年12月20日，中纺院绿色纤维股份公司（简称中纺绿纤）自行设计和制造的拥有自主知识

产权的3万吨/年莱赛尔纤维一期一次性投料试车成功，并于2017年7月达到设计生产能力。2020年10月29日，中纺绿纤6万吨/年生产线一次性开车成功，已形成了年产9万吨的生产能力。2021年，由中国纺织科学研究院北京中纺化工股份有限公司生产的NMMO溶剂成功用于新乡化纤股份有限公司莱赛尔纤维的工业化生产。溶剂国产化的问题得到了圆满解决。

“十三五”期间，国内多家企业通过引进国外技术或通过整合技术陆续实现了莱赛尔纤维的产业化生产。

2014年1月5日，保定恒天天鹅股份有限公司引进奥地利ONE-A公司技术的1.5万吨/年莱赛尔纤维生产线开车成功。

2015年4月16日，山东英利实业有限公司引进奥地利ONE-A公司技术的1.5万吨/年莱赛尔纤维生产线开车成功。

2019年12月，湖北新阳特种纤维股份有限公司引进韩国技术的年产2500吨莱赛尔纤维生产线投产。

2020年6月，江苏金荣泰新材料科技有限公司利用国内整合技术，年产2万吨莱赛尔短纤维实现正常生产。

2020年5月，赛得利（山东）年产2万吨莱赛尔纤维生产线投产。

2020年12月8日，湖北金环新材料公司引进ONE-A技术的2万吨/年莱赛尔纤维生产线投料试车成功[1]。

到“十三五”末，我国已经在产的莱赛尔纤维年产能达到20万吨，更有20万吨在建项目和百万吨的拟建项目。莱赛尔纤维迎来了一个高速发展的阶段。

（二）聚乳酸纤维

聚乳酸是目前产量最大的生物可降解材料之一，在全球禁塑限塑令的推动下，聚乳酸纤维已成为全球行业发展的热点。

2013年，河南省龙都生物科技有限公司采用国产装备建成了2万吨/年聚乳酸纤维生产线。

2014年，上海同杰良生物材料有限公司在马鞍山建成了万吨级生物质聚乳酸切片生产线和聚乳酸纤维中试生产线。

2015年，浙江海正集团有限公司（简称海江集团）1万吨/年聚乳酸切片生产线投产。2020年12月，3万吨/年聚乳酸切片生产线投产，使海正集团的聚乳酸切片总产能达到了4.5万吨/年。

2015年，恒天长江生物材料有限公司建设了万吨级聚乳酸熔体直纺纤维生产线和2000吨/年非织造布项目。

2019年，安徽丰原集团有限公司（简称丰原集团）建成了5000吨/年乳酸、3000吨/年聚乳酸示范性生产线并成功投产运行，同期建成了3000吨/年短纤维、1000吨/年长丝生产线。2020年5月，5万吨/年聚乳酸生产线试车投产成功。

2020年，江西科院生物新材料有限公司建成了年产3000吨高纯手性乳酸生产线、1000吨“乳酸—丙交酯—聚乳酸”一体化示范生产线。

2020年，浙江德诚生物材料有限公司在宁波生物基可降解新材料产业基地建设年产30万吨乳酸、20万吨聚乳酸、10万吨聚乳酸纤维的生产基地。

（三）聚酰胺56纤维

聚酰胺56纤维是我国首先成功实现产业化的聚酰胺家族中的新品种，因其具有许多独特的性能，尤其是阻燃性能，呈现了广阔的发展前景。生物基聚酰胺56纤维的发展高度依赖生物基戊二胺的生产技术，正是因为戊二胺生产技术的突破，才迎来了聚酰胺56纤维的迅速发展。

2018年，上海凯赛生物技术股份有限公司（简称上海凯赛）在中国新疆乌苏年产5万吨级的戊二胺和10万吨聚酰胺产业化装置投入运行。

2019年，黑龙江伊品生物科技有限公司采用中国科学院微生物研究所的技术，开始建设1万吨/年戊二胺及聚酰胺56的工业化装置，规划产能扩大至10万吨/年[2]。

2019年，中维化纤股份有限公司与韩国CJ合作开发戊二胺和聚酰胺56系列产品，建设2万吨/年戊二胺的产业化生产线[3]。

2020年，上海凯赛生物技术股份有限公司与山西合成生物产业生态园区签署合作协议，共同投资建设年产50万吨生物基戊二胺和年产90万吨生物基聚酰胺项目[4]。

2020年，辽宁恒星精细化工有限公司与北京三联虹普新合纤技术股份有限公司合作，利用山东凯赛生物公司生物基聚酰胺56工程产业化的技术，拟建设产能为20万吨/年的生物基聚酰胺56纺丝项目[5]。

（四）壳聚糖纤维

甲壳素和壳聚糖是存量仅次于纤维素的生物质，储量和新生成量巨大。壳聚糖纤维只有海斯摩尔生物科技有限公司建成的2000吨/年的生产线，这也是世界上规模最大的生产线之一。

2012年，海斯摩尔生物科技有限公司建成了2000吨/年的壳聚糖纤维生产线，实现了千吨级的产业化生产，并配套建设了部分非织造布及其下游制品项目。其高品质纯壳聚糖纤维与复合非织制品已在服装服饰和医疗卫生等领域获得规模化应用。这标志着我国壳聚糖纤维工业化技术已达到国际领先水平[6]。

（五）海藻纤维

海藻纤维具有阻燃、高吸湿、良好的生物相容性和生物可降解性等。到目前为止，青岛大学建设有年产800吨/年、5000吨/年两条大规模生产海藻纤维的生产线。

2012年，青岛大学海洋纤维材料研究团队对海藻纤维纺丝基础理论、工艺技术及成套装备进行了系统研究。经过小试、中试建成了年产800吨的全自动化柔性生产线，实现了海藻纤维全自动连续化生产。2018年，利用该技术建设的年产5000吨的海藻纤维生产线一次性投产成功。

国内参与海藻纤维开发和生产的企业还有绍兴蓝海纤维科技有限公司、广东百合医疗科技股份有限公司、青岛明月海藻集团有限公司、厦门百美特生物材料科技有限公司等。

（六）聚对苯二甲酸丙二醇酯（PTT）纤维

以淀粉为原料制备的1,3-丙二醇的开发和研究是PTT纤维发展的基础，而PTT纤维的快速发展则是在具有商用价值的生物质1,3-丙二醇进入市场后。

2008年2月，张家港美景荣化学工业有限公司的PTT装置建成投产。2013年，年产8000吨1,3-

丙二醇生产线正式投产，它是一家从生产1,3-丙二醇、PTT切片到生产PTT纤维的全产业链公司。

2009年，黑龙江辰能生物工程有限公司采用清华大学的技术，建成了我国首套发酵法生产1,3-丙二醇的产业化示范装置，产能为1000吨/年，之后，经过技术改造和提升，使产能提升到了2000吨/年，2010年形成了2万吨/年的生产能力[7]。

2013年，河南天冠集团和湖南海纳百川生物工程公司相继采用清华大学的技术建成了千吨级生产线；安徽力兴化工公司采用江南大学技术用生物法生产1,3-丙二醇；大连理工大学建成了5000吨/年的1,3-丙二醇的工业化生产装置。

2013年，江苏盛虹集团旗下的苏震与清华大学合作，以生物柴油的副产物甘油为原料，生物发酵生产1,3-丙二醇，建成2万吨/年的生物法1,3-丙二醇生产装置和5万吨PTT纤维生产线[8]，2015年二期投产，1,3-丙二醇生产能力达到了6万吨/年，PTT纤维年产能10万吨。

二、循环再利用纤维

当致力于开发生物基纤维时，一个不能忽视的事实是，石油基合成材料的巨大存量和在相当长一段时间内每年仍然会以较快的速度增长。由于大多数合成材料不能在自然环境中快速降解，如果不合理处理，合成材料垃圾会进一步对环境造成较大影响。开展循环再利用是减少污染、变废为宝的重要发展思路，也是可持续发展的必经之路。

2010年，《国民经济和社会发展第十二个五年规划的建议》中提出，要完善再生资源回收体系和垃圾分类回收制度，推进资源再生利用产业化。2012年，《纺织工业“十二五”发展规划》提出支持废旧纺织品循环利用。2015年，《国民经济和社会发展第十三个五年规划的建议》提出，要进一步优化回收循环体系，大力发展绿色再生循环纤维。工业和信息化部在《纺织工业发展规划（2016—2020年）》中提出，要以提高发展质量和效益为中心，大力发展绿色纤维以及回收循环纺织品。

（一）循环再利用聚酯

循环再利用化学纤维是利用回收的废弃聚合物材料和废旧纺织材料加工而成的化学纤维。其最突出的特点在于对资源的循环利用、显著降低固废和节能减排。以聚酯为例，与原生聚酯相比，每吨循环再利用聚酯对原油的消耗量减少39%，CO_2排放量减少3.2吨。

目前，中国废旧纺织品存量达2400万吨/年，其中化学纤维1700万吨（其中涤纶1120万吨），天然纤维700万吨。我国从20世纪90年代开始生产循环再利用化学纤维，目前是世界最大的循环再利用化学纤维生产国之一，2021年总产能超过1000万吨/年，其中循环再利用涤纶是主要品种，占总量的95%以上。

2011年起，山东龙福环能科技股份有限公司以回收的聚酯瓶片为原料，利用中国纺织科学研究院提供的技术，成功开发了连续增黏直接纺工业丝。其后，又逐步实现了规模化生产再生聚酯长丝（POY、DTY、FDY）等。

2014年12月，浙江佳人新材料有限公司化学法聚酯再生纤维生产线投入运行。废旧纺织品处理能力为7万吨/年。

2014~2018年，宁波大发化纤有限公司新建成了5条高端再生差别化纤维生产线，开发出高附加值的低熔点复合纤维等产品。2018~2019年，该公司在日本建立了两个瓶片处理基地，有效保证了

原料的供应。公司已经形成了年产50万吨再生差别化纤维的生产能力。

2010年，浙江海利环保科技股份有限公司成立，该公司拥有先进的瓶片清洗、分拣设备，目前废旧塑料瓶处理量达20万吨/年，年产15万吨再生涤纶长丝，是我国最大的再生聚酯涤纶长丝生产企业之一。

此外，江苏优彩环保资源科技股份有限公司、扬州天富龙集团股份有限公司、慈溪市兴科化纤有限公司、江苏国望高科纤维有限公司、苏州春盛环保纤维有限公司、江苏仲元实业集团有限公司、福建百川资源再生科技股份有限公司等都形成了规模化再生聚酯纤维生产的能力。聚酯循环再利用企业的不断壮大与技术创新密不可分，废旧聚酯纺织品和瓶高效前处理技术及装备、废旧聚酯调质调黏再生技术新工艺、再生聚酯在线全色谱配色调色及高效差别化技术、低熔点/再生聚酯皮芯复合纤维熔体直纺技术等，使再生纤维的品种和品质有了大幅度的提高，有力促进了再生聚酯的高质量发展。东华大学主持的“废旧聚酯高效再生及纤维制备产业化集成技术”项目获得国家科技进步二等奖。

近年来，除了再生聚酯纤维外，其他纤维的再生利用也取得了明显突破。

（二）循环再利用锦纶

2021年，我国已形成5万吨/年再生利用PA6纤维产能。其中再利用PA6长丝主要生产企业有浙江台华新材料股份有限公司、恒申控股集团有限公司、福建永荣锦江股份有限公司等，再利用PA6短纤维主要生产企业有恒天中纤纺化无锡有限公司等。

（三）循环再利用聚丙烯纤维

2009年，福建三宏再生资源科技有限公司等开始将废旧聚丙烯（PP）用于制备再生聚丙烯纤维，产品光泽度好，毛丝、松圈丝较少。该公司主导的“再生聚丙烯直纺长丝关键技术及装备产业化”项目，荣获2014年度“纺织之光”中国纺织工业联合会科学技术奖二等奖。

（四）循环再利用腈纶

循环再利用腈纶也取得进展。2017年，吉林化纤集团就组织开展再生利用腈纶废丝生产腈纶产品的工艺技术研究，2018年，成立河北艾科瑞纤维有限公司。同年，腈纶回收利用技术取得了突破性进展，并实现了规模化生产。2019年底，艾科瑞公司通过全球回收标准认证（GRS），是中国首款通过该认证的再生腈纶。再生腈纶是以废旧腈纶为原料，通过分类回收、溶解、提纯等一系列自有专利技术，用不低于50%的回收原料制造腈纶产品，各项性能指标达到原生同类产品的水平。目前，艾科瑞公司已在河北石家庄建成年产6万吨循环再利用腈纶的产能。

（五）循环再利用粘胶纤维

循环再利用粘胶短纤维取得可喜成果。唐山三友兴达化纤有限公司与相关原料企业合作，开展利用纯棉和含棉的废旧纺织品服装制造的浆粕生产粘胶纤维的研究，现已实现了利用再生浆粕（添加再生原料比例在20%～40%）生产粘胶短纤维的规模化生产，2021年已生产再生粘胶短纤维200多吨，2022年产量超过1000吨，产品主要用于部分终端国际知名品牌服装制造。目前，兴达化纤正在加快研究开发应用100%再生浆粕生产粘胶短纤维的工艺技术，并已经取得了许多可喜进展。

（六）循环再利用碳纤维

2015年，上海交通大学化学化工学院王新灵教授研究团队的杨斌副教授成功开发了国内第一项拥有完全自主知识产权的碳纤维复合材料废弃物新型裂解回收技术和装备，现已在上海建成一条中试生产线，碳纤维复合材料废弃物的年处理能力超过200吨。该项技术已达到具有国际水平的规模化生产能力，填补了国内该领域的空白。

三、原液着色纤维

纺织行业中，印染是环境污染的主要环节，而纤维的原液着色技术可以大幅度降低印染的负担。原液着色纤维在纺丝过程中不产生废气、废渣，原料利用率为100%。因为无废水产生，避免了印染过程可能产生的对环境的污染。据估算，生产1吨原液着色纤维的成本比后道染纤维节约30%～50%，因此，原液着色纤维不仅在经济上有良好的效益，更是纺织行业减少污染的重要途径。

由于近年来原液着色涤纶长丝在成本、环保等方面的优势，市场空间不断扩大，行业的产能、产量每年都以15%左右的速度增长。

2017年，我国原液着色纤维的年产量约为500万吨，约占化学纤维年产量的10%。涤纶、锦纶、再生纤维素纤维和腈纶等均实现了原液着色纤维的规模化生产。其中，涤纶占原液着色纤维产量的90%，约为440万吨，约占涤纶总产量的11.2%。锦纶行业加大原液着色纤维的研发力度，2015～2017年，锦纶原液着色纤维的产量年均增长率达到了28%。开发聚酰胺大容量装置的多元、多点在线添加模块化技术，深染、易染高色牢度色母粒、色浆及功能原液着色纤维制备技术等得到了进一步的开发与推广。

2016年，为了推动绿色纤维的健康发展，中国化学纤维工业协会组织开展了绿色纤维的认证挂牌活动，依据协会制定的《绿色纤维评价技术要求》（T/CCFA 02007—2019），对绿色纤维及其制品的生产企业开展认证。通过绿色产品认证的公司，在企业宣传、产品推广和销售等场景可以使用中国化学纤维工业协会注册的绿色纤维认证标志。绿色纤维认证旨在倡导产品的绿色设计、绿色材料和绿色制造，传导和带动从纤维到终端产品全产业链的绿色化进程，增加消费者对绿色纤维产品的信任度，促进环境保护和公共健康，进而实现企业发展和承担社会责任的双重目标。截至2021年底，已经有39家企业获得了绿色纤维认证证书。

2022年，Oeko-Tex®（国际环保纺织和皮革协会）中国官方代表TESTEX与中国化学纤维工业协会携手，开启了Oeko-Tex®相关认证与绿色纤维认证的合作。中国化学纤维工业协会近日发布的“关于绿色纤维（GF）认证企业续认证的通知”指出，近期（一年之内）获得Standard 100 by Oeko-Tex®证书的企业，产品检测可以免除。此次两大协会的携手将助力绿色纤维认证产品的推广，有效降低企业的检验检测成本。

第六节　紧跟时代潮流，加快建设智能化工厂

“十三五”以来，全球制造业正在悄然经历着一场深刻的革命，5G通信、云计算、智能机器人等

高新技术和装备的出现给传统的制造业带来了前所未有的挑战和机遇。工业和信息化部发布的《信息化和工业化深度融合专项行动计划（2013—2018年）》提出：推动信息化和工业化深度融合，以信息化带动工业化，以工业化促进信息化，破解当前发展瓶颈，实现工业转型升级。

随着我国化纤工业的快速发展，曾经以劳动力优势的发展模式已经一去不返。智能化工厂巨大的投入，曾经是发展缓慢的原因之一，随着企业规模的不断扩大和效益的增加，以及智能化技术的不断成熟和成本的下降，使得实现化纤企业的智能化生产和管理成为可能。过去的十年，我国化纤工业在智能化工厂建设方面迈出可喜的一步，建设现代化的化纤智能工厂已经成了诸多企业家的共识和追求，智能工厂也给企业带来了实实在在的效益。

“十三五”期间，我国化纤行业智能车间建设进展显著，智能检测及操作、化纤长丝落卷（筒）机器人、长丝生产自动生头机器人已逐步应用，自动送料、自动清板、自动检板等技术及系统、基于机器视觉技术在行业龙头企业中实现了卷装外观的在线智能检测（图12-7）。龙头企业还开发出MES、ERP互通集成平台，构建了基于工业互联网的信息共享及优化管理体系，建立生产模型化分析决策、过程的量化管理、成本和质量的动态跟踪系统。内外系统协同联动实现数据收集与共享，智能仓储系统实现无人化作业。化纤行业有2家企业被工业和信息化部评为智能制造试点示范企业，6家化纤企业的项目被工业和信息化部评为智能制造综合标准化与新模式应用项目，涵盖涤纶、锦纶、氨纶、PTT纤维、新溶剂法纤维素纤维和碳纤维等行业。

桐昆集团5G车间

新凤鸣集团中欣化纤未来工厂

恒力集团仿生、高差别化聚酯化纤智能生产车间

盛虹集团智能化纺丝、落筒生产线

恒逸集团化纤智能化检验包装生产线

荣盛集团化纤智能化检验车间

图12-7　部分化纤企业的智能化车间及生产线

2016年，福建百宏聚纤科技实业有限公司斥巨资投入智能化建设项目。2020年，5G智能化工厂建成，从无人车间，配备了自动化落筒机、AGV智能运转车、自动化检测、自动化包装、智能分配车，直至成品智能立体库，实现了从硬件到软件的立体化生产和监控。

2017年以来，恒逸集团逐步实施推进智能清板机器人、全自动智能纺丝落丝线、全自动智能包装线、自动智能装车机器人以及基于人工智能的产品外观检验、智能立体库等。2020年，海宁恒逸新材料100万吨/年聚酯项目投产，该项目欲打造一个“黑灯工厂、无人工厂”的智能化工厂。在生产过程中应用顶尖智能制造模式，并在能源的梯级利用、节能降耗、“三废”治理等方面实现提升，大力推进绿色制造。

恒逸石化股份有限公司不断加大对智能制造投入，积极建设智慧恒逸一体化平台，围绕精益生产、自动化、数字化等方面，大力打造智能制造绿色工厂。恒逸石化工业大数据服务平台不仅填补了中国在化纤行业智能制造大数据平台领域的空白，还结合自身雄厚的资源优势，实现了自动化设备和数据的高效集成。对于恒逸石化而言，智能化建设中的“机器换人”不是简单的替代，而是与生产流程优化、生产工艺改进、生产效率提升有机结合。

新凤鸣集团构建了“5G+工业互联网”平台——凤平台。平台赋能下，新凤鸣向上延伸了产业链，横向打通了供应链与物流链，向下延伸了金融与服务链，实现业务链、数据链、决策链一体化，塑造了化纤产业集群新模式，构建了“互联网+化纤”数字新生态。在生产方面，新凤鸣共有800台机器人，覆盖原料进厂、飘丝检测、外观检测、自动包装、立体入库、物流跟踪等14个工艺环节，基本实现了生产全链条自动化智能化。超10万台（套）设备互联，人机互联超97%，实现全链条生产自动化、智能化、稳定化。

2020年11月，桐昆集团携手联想集团正式成立了浙江恒云智联数字科技有限公司，致力于打造工业科技数字化服务领域的行业标杆，建造了覆盖五大业态和28家工厂的工业互联网平台，建立了“五横四纵”的数字化管理体系。通过大数据、人工智能、5G等技术综合应用，打通了研发设计、采购供应、生产制造、经营管理、仓储物流等多领域，实现了全链条、跨领域、跨区域的融合发展。桐昆集团不仅引进大量智能制造核心装备，如智能铲板机器人、华为5G巡检机器人、智能落丝系统、智能挂丝机器人、丝饼移送系统、聚酯预取向丝POY智能外观检测系统、智能包装系统、智能仓储系统、智能装载系统等，对原有的传统生产设备进行更新迭代，实现生产的自动化，还建成了桐昆特色的制造执行系统TK-MES与企业资源管理系统TK-ERP，并采集汇聚了集团85%的操作技术（OT）和信息技术（IT）数据，建立了桐昆数智运营中心，实现了管理的可视化、标准化、自动化、精细化、流程化。自2020年以来，项目的实施收到了良好的效果，新产品研发周期缩短了53%，单位人均年产值提高22%，产品不良率降低44%，单位产量能耗相比行业清洁生产Ⅰ级标准降低了11.2%。

2021年，盛虹集团旗下的江苏港虹纤维有限公司（简称港虹纤维）被评选为功能改性聚酯长丝智能工厂，成为制造业智能化、数字化的典型代表企业。港虹纤维结合现有装备及技术部署“智能制造”战略规划，成立专业自动化开发团队，利用MES、5G、人工智能、智能制造等技术，实现了对生产数据自动采集分析、全方位监控和订单全程追踪管理。建立设备管理系统，实现设备故障在线诊断、故障修复及预测维护。

恒力集团也是较早探索智能化制造的企业之一。集团计划通过“机器换人工”“自动换机械”“成

套换单台”“智能换数字”等方式，逐步把企业的发展模式从“人口红利”向“技术红利”转变，从而确保企业的可持续发展。

荣盛集团从2011年开始“机器换人”的陆续投入运行。设备全部投入使用后，可减少约40%的劳动力，相应的车间可实现“无人管理”，大大节约了劳动成本，同时较大幅度地提升了产品的质量。荣盛集团旗下子公司盛元差别化纤维项目的纺丝环节，一次性投资2.5亿元引进了德国4套高端工业自动化设备。这套设备具有卷绕自动落丝—输送—检测—中间立体仓储—包装等全自动一体化功能，具有国际先进水平，是中国首套应用在化纤行业的全过程智能化自动流水线系统。

以北京自动化研究所、中国纺织科学研究院北京中丽公司为代表的高端装备制造企业也研制出了适用于我国合纤需求的自动化生产线装置和数字化立体仓库。国产化纤装备正逐步向数字化、智能化方向发展。

第七节 “炼化一体”打造化纤行业的航空母舰

化纤行业进入PTA和PX领域，是我国化纤发展史上的重要里程碑。作为化纤的主要品种，聚酯的原料对外依存度一直很高。改革开放的政策和加入世规则的要求，使民营企业有可能进入石化行业。自2003年，浙江华联三鑫石化有限公司成了全国第一个建设PTA装置的民营企业以来，先后涌现出几十家民营PTA生产企业。民营企业的介入改变了PTA供需的格局。21世纪初，我国PTA的对外依存度在50%以上，2010年，我国PTA对外依存度下降到了31.5%，到2021年，我国PTA已经自给有余，还出口了257.5万吨。但PTA仍是聚酯原料的中间体，PTA的原料是PX，除石化企业外，化纤行业PTA生产企业仍然需要进口PX。2017年，我国的PX对外依存度近60%。因此，从根本上说聚酯的原料问题仍然没有彻底解决。

2014年8月8日，国务院发布的《关于近期支持东北振兴若干重大政策举措的意见》指出，地方和企业要做好恒力炼化一体化项目前期工作并力争尽早开工，这是我国民营企业在重大炼化项目上的突破，具有重要的历史意义。从2015年开始，油气改革深入推进，原油进口“双权”逐步放开，解决了炼化项目原材料的问题，也为民营企业进入大炼化提供了广阔的发展空间。2015年12月9日，恒力石化炼化一体化项目举行开工仪式，成为我国第一家进入石油炼化领域的民营企业。自此之后，很多来自化纤行业的民营企业，开始向上游炼化领域转型，他们当中的佼佼者更是打通了炼化一体的产业链，实现了规模和利润的飞跃。目前，民营大炼化板块已形成恒力石化、荣盛石化、恒逸石化、东方盛虹、桐昆股份等大龙头企业。这些企业通常已具备“纺丝—聚酯—精对苯二甲酸—芳烃—炼化”完整的产业链。国家对民营炼化项目的支持力度逐步加大，民营炼油企业频频获得政策红利，得以解开上游各类原料供给约束。

一、恒力集团

恒力集团是以炼油、石化、聚酯新材料和纺织全产业链经营为主业的国际型企业，拥有 20多家实体企业和多个生产基地。2020年，总营收6953亿元，位列世界500强第67、中国企业500强第28、中国民营企业500强第4。

恒力集团坚持全产业链发展，建成了涵盖“原油—芳烃、烯烃—精对苯二甲酸（PTA）、乙二醇—聚酯（PET）—民用丝及工业丝、工程塑料、薄膜—织造、塑料及薄膜加工”的完整产业链。恒力产业园（大连长兴岛）PTA项目产能达到了1200万吨/年；聚酯聚合产能500万吨/年；拥有超4万台纺织生产设备，产能达40亿米/年。在江苏苏州、宿迁，四川泸州，贵州贵阳等地建有生产基地。恒力国际研发中心和恒力产学研基地拥有强大的自主研发能力，拥有一支资深的国际化研发团队，在高端差别化纤维研发领域占据了领先地位。

2015年12月，恒力石化炼化一体化项目开工建设（图12-8）；2019年4月，2000万吨/年炼化一体化项目打通全部生产流程，优级品PX经管道直供位于大连长兴岛的恒力石化PTA工厂，该项目采用AXENS技术，芳烃联合装置产能450万吨/年，大幅提升了我国PX自给率。是我国七大石化产业基地中最快建成、最早达产的大型炼化项目。

图12-8　恒力石化炼化一体化项目开工

2019年8月，恒力炼化成为国内首家拥有原油进口权和进口原油使用权（即“原油双权”）的民营炼化一体化企业。2020年1月和6月，恒力石化500万吨/年PTA项目的4线、5线分别建成投产；同年4月，恒力（泸州）产业园在四川省泸州市开工建设，恒力集团在西南布局了第六个生产基地；同年6月，恒力集团与陕西省榆林市、榆神工业园区签署投资建设恒力（榆林）煤化一体化产业基地合作协议，布局步入煤化工产业。2021年1月，位于广东省惠州市大亚湾经济技术开发区的恒力（惠州）产业园开工建设，恒力集团开启了布局华南的征程。

二、浙江荣盛控股集团

浙江荣盛控股集团（简称荣盛集团）是拥有石化、化纤、房产、物流、创投等产业的现代企业集团，总资产2000多亿元，位列中国企业500强第102、中国民营企业500强第19、中国石油和化工民营企业百强第3；拥有荣盛石化、宁波联合等上市公司，上市产业涉及石化、房产等领域；2019年实现销售额2056亿元。

荣盛集团形成了从炼化、芳烃、烯烃，到精对苯二甲酸（PTA）、乙二醇（MEG）及聚酯（PET，含瓶片、薄膜）和涤纶丝（POY、FDY、DTY）的完整产业链。2015年建成了200万吨/年中金石化芳烃项目。2019年5月，浙石化4000万吨/年炼化一体化项目一期工程的第一批装置投入运行，该项目按“炼化一体、装置大型、生产清洁、产品高端”的要求建设，总投资超2000亿元；分两期建设，一、二期年加工原油2000万吨；一期年产芳烃520万吨、乙烯140万吨；二期年产芳烃660万吨、乙烯280万吨，其规模超过了中石化在建的国内最大的炼油厂之一——镇海炼化。项目全部建成后，将是世界级的现代化大型综合绿色石化基地。该公司位于宁波、大连和海南的三个PTA生产基地，年产能达到了1350万吨，是全球最大的PTA生产商之一。位于杭州的聚酯纤维基地拥有110万吨/年聚酯、纺丝、加弹等的产能及配套，技术装备属国内先进水平。此外，新的差别化功能性纤维项目也在筹划中。

三、浙江恒逸集团有限公司

浙江恒逸集团有限公司（简称恒逸集团）是生产石油化工化纤产品的大型民营企业，2020年位居中国企业500强前100名，连续16年名列中国民营企业500强前50位，2021年位列《财富》世界500强第309。

恒逸集团在全国民营企业中率先成功涉足聚酯熔体直纺和PTA项目，与中国石化合作建成己内酰胺项目。由此，恒逸集团在国内同行中形成了独一无二的“涤纶+锦纶”双产业链驱动模式。集团旗下参控股企业已具备年加工800万吨原油的能力和年生产150万吨PX、50万吨苯、1350万吨PTA、820万吨PET、60万吨涤纶DTY、40万吨CPL、46.5万吨PA6纤维的能力。

恒逸集团将在未来10年投入百亿元研发经费，以“总部+科研+基地”的模式，完成“创建1个平台、设立2个中心和打造6大基地”的建设任务。力争在2044年集团成立50周年时，跨入世界一流石化产业集团的行列。

四、江苏东方盛虹股份有限公司

江苏东方盛虹股份有限公司（简称东方盛虹）是国内的油头、煤头、气头原料全覆盖的龙头化工企业，是世界500强企业盛虹控股集团有限公司的核心上市子公司，主营业务包括民用涤纶长丝、PTA以及热电的生产、销售等，业务布局贯通炼油、石化、化纤、热电等行业。其中，聚酯化纤业务板块拥有230万吨/年差别化化学纤维产能，390万吨/年PTA产能；1600万吨/年炼油、280万吨/年对二甲苯和110万吨/年乙烯及下游衍生物产能。2022年5月，东方盛虹1600万吨炼化一体化项目正式投产。公司构建并完善以先进产能为基础的“原油炼化—PX/乙二醇—PTA—聚酯—化纤”全产业链，深耕高技术、高附加值、多样化的精细化工及化工新材料领域。

第八节　全方位构建创新体系，夯实创新基础

科研创新是一项极为复杂的系统工程，它需要有丰富的知识积累，有雄厚的财力支持，有专业的研发平台和良好的学术气氛，更要有适用的创新型研发人才。因此，良好科研体系的建立需要持之以恒地培育和各方的全力合作。

一、科技创新离不开科研投入

近十年来，化纤工业科研投入持续加大，新产品数量不断增加，新产品销售收入也同步增加，充分体现出化纤工业发展中质的提升。

根据国家统计局数据，规上化纤企业研发经费逐年增加，甚至在受病毒感染影响的年份，研发经费仍然增加。2011年化纤企业研发经费是58.76亿元，2020年增加到132.36亿元，十年间研发费用增加了1.25倍，年平均增长率达到9.5%。与此相呼应的是，专利申请数、新产品数量与新产品的收入也同步增加（表12-4、表12-5）。

表12-4　化纤行业规模以上企业研发费用（2011～2020年）

年份	研发费用/亿元	增长率/%
2011	58.76	
2012	63.44	8.0
2013	66.79	5.3
2014	75.01	12.3
2015	78.50	4.6
2016	83.82	6.8
2017	106.07	26.5
2018	112.12	5.7
2019	123.69	10.3
2020	132.36	7.0

表12-5　化纤行业规模以上企业专利申请数、新产品数及新产品收入统计（2011～2020年）

年份	专利申请数	新产品数	新产品收入/亿元
2011	2231	1563	1284.56
2012	2142	1764	1439.30
2013	3177	1980	1509.34
2014	3083	2056	1584.51
2015	2379	2086	1713.72
2016	2753	2342	1845.41
2017	2526	2948	2036.22
2018	3126	3154	2206.95
2019	3290	4032	2841.22
2020	3944	4526	2236.31

由表12-5可知，2020年规上化纤企业专利申请数为3944件，较2011年增长76.8%；2020年规模以上化纤企业新产品数量为4526个，较2011年增长189.6%；2020年规上化纤企业新产品收入为2236.31亿元，较2011年增长74.1%。科研投入产生了十分明显的经济效益。

二、越来越重视标准且参与度明显增加

目前，我国化纤行业现行标准合计358项，其中ISO标准5项，国家标准55项，行业标准250项，中国化学纤维工业协会团体标准58项。“十三五”期间，化纤工业共完成137项标准的制/修订工作，包括国际标准2项，国家标准24项，行业标准83项，中国化学纤维工业协会团体标准28项。“十三

五”期间，化纤行业现行标准从250项增至358项，增幅43%；基础方法标准从72项增至91项，增幅26%；化纤重点行业高性能纤维领域标准从13项增至19项，增幅46%；生物基纤维领域标准从9项增至25项，增幅178%；循环再利用纤维领域标准从10项增至17项，增幅70%。化纤重点发展领域标准增速均高于行业平均增幅。2020年，全国化学纤维标准化技术委员会（SAC/TC586）成立，团体标准技术组织及标准体系逐步完善，亚洲化纤联盟标准化工作机制步入常态化，国家标准、行业标准数量快速增加。它标志着化纤工业发展向规范化、标准化又迈进了一步。

三、科技创新离不开创新平台

高等院校和科研院所继续发挥着科研创新中的重要作用，更是通过与企业的合作促进了科研体制的改革，以企业为中心的研发体系正在崛起。他们针对行业或企业发展中的技术瓶颈开展研究，为自主创新提供了平台。

纤维材料改性国家重点实验室（东华大学），于1992年由原国家计委批准筹建，研究方向为高性能纤维与复合材料、功能纤维与低维材料、环境友好与生物纤维材料，为我国纤维学科和产业从小到大到强发展做出了重大贡献。持续引领我国纤维材料学科发展和化纤产业的技术创新，在航空航天国防急需的高性能纤维（碳纤维、芳纶、超高分子量聚乙烯纤维、聚酰亚胺纤维等）自主产业化、关乎民生的通用纤维（涤纶、锦纶、丙纶等）功能化与高品质化、生物基纤维（纤维素纤维、聚乳酸纤维、动物丝蛋白纤维等）的量产化与绿色化技术等方面取得一系列标志性成果；在前沿纤维新材料（纳米纤维、智能纤维、新碳基纤维等）、民用航空及汽车轻量化复合材料和能量管理功能材料等领域已形成新的增长点。

中国纺织科学研究院生物源纤维制造技术国家重点实验室自成立以来，以生物源纤维制造技术为重点研究方向，研究开发生物源纤维制造技术领域的关键工艺和设备，解决我国生物源纤维产业化过程中的技术瓶颈，获取具有自主知识产权的工程化技术。通过与企业的合作，为Lyocell纤维的发展做出了重要贡献。

2017年3月，东华大学依托纺织优势学科组建纺织科技创新中心，旨在以纺织学科为核心，搭建学科交叉融合平台，面向国家重大战略需求，面向上海建设具有全球影响力的科技创新中心需求，面向纺织科技发展前沿，开展科技创新，担当起我国纺织科技强国建设的使命责任。

2011～2017年，华峰集团分别成立了上海华峰材料科技研究院、重庆华峰新材料研究院有限公司和浙江省华峰纤维研究院。研究院除了解决本公司的关键技术研究外，还参与了多项国家、协会和省级新产品开发项目。

2017年，恒力研究院新型纤维研究所建成，该研究所从事民用功能纤维及高性能工业纤维产品及应用开发，已获得授权专利75个，其中发明专利52个。开发的循环再利用复合丝等多种新型纤维引领了中国纤维流行趋势，推动了聚酯化纤产业的发展，也为恒力集团聚酯化纤板块新产品研发做出了重大贡献。恒力研究院新型纤维研究所还将聚酯特种纤维及其聚合体、功能单体、精细化学品、生态环保型聚酯纤维及聚酯行业智能化的开发作为研究方向。

2018年5月21日，浙江恒逸石化研究院有限公司成立，建有国家级博士后科研工作站、国家级企业技术中心等高水平研发平台，还先后与浙江大学、东华大学等高校建立了校企合作的联合实验平台。

2020年5月13日，新凤鸣先进纤维新材料创新企业研究院成立。该研究院以“创造一流工作环境，吸引一流精英人才，产出一流科技成果”为宗旨，坚持走科技兴企、产学研相结合的道路。2021年3月12日，新凤鸣集团瑞盛科纤维新材料研究院成立，该研究院专注于废丝纤维循环再生利用，建设行业领先的中试实验线，为碳中和战略贡献技术攻关力量。

2020年1月23日，浙江桐昆新材料研究院有限公司成立，该研究院致力于新材料技术研发、新兴能源技术研发、工程化技术研究和试验。

2022年7月7日，盛虹（江苏）先进材料研究院有限公司成立，其研究范围包括新材料技术、资源再生利用技术、碳纤维再生利用技术研发、生物基材料聚合技术研发等。

2017年，桐昆集团股份有限公司和威海光威复合材料股份有限公司的企业技术中心被认定为国家级企业技术中心。

2019年6月25日，国家先进功能纤维创新中心获得工信部批复正式成立，这是江苏省首家国家级制造业创新中心。创新中心围绕高端用纤维材料及纺织品、功能纤维新材料、前沿纤维新材料等领域，构建功能性纤维研发的中试与产业化平台。

目前，我国化纤行业已有近30家化纤企业技术中心（技术分中心）获得国家级认定。

此外，行业内还成立了中国聚乳酸产业创新发展联盟、生物基聚酰胺产业技术创新战略联盟、再生纤维素纤维行业绿色发展联盟等，进一步汇集行业创新优势资源，形成推动行业上下游创新协同发展的合力。“十三五”期间，化纤巨头纷纷成立研究院、研究所，快速发展的中国化纤已经走过了引进消化吸收的路，未来的全新技术只有依靠自主创新。企业在转型过程中深刻体会到了科技创新的重要性，企业研究院所的建立构建起了上下、纵横贯通的合作网络，新型的创新体系正在形成并不断完善，为中国化纤的高质量发展打下了坚实的基础。

四、品牌是创新体系建设的重要一环

2012年，中国纤维流行趋势首次发布（图12-9），它是中国化学纤维工业协会打造的促进纤维品牌建设的平台。“十三五”以来，这一平台对推进产业链上下游供给侧结构性改革，实施增品种、提品质、创品牌的“三品”战略，驱动转型升级发挥了重要作用。在增品种方面，400余家企业参与申报，涵盖600多个纤维产品。申报企业数目和产品数量较“十二五”同期有明显提升，品种中增加了高性能纤维的比重，正在逐步打造中国高性能纤维品牌。在提品质方面，约22家入选企业的关键技术和产品获得中国纺织工业联合会“纺织之光”科学技术进步奖，有6家入选企业的相关技术与产品获得国家科学进步奖。在创品牌方面，众多企业建立并主动推荐产品自身的品牌，“十三五”以来，纤维流行趋势共发布64个品牌，为企业单独打造20余场发布会，成功地推出了企业“盛虹”“逸钛康”“泰纶”等化纤原创品牌。通过发布活动、系列展示、持续的上下游对接会使优质纤维得到广泛推广，提升了消费者对品牌的认知度。

图12-9　2012年中国纤维流行趋势首次发布

纤维流行趋势的发布，激发了化纤品牌企业研发投入的持续增加。以中国纤维流行趋势入围企业为例，入选2018/2019中国纤维流行趋势的产品销售利润率达到18.64%，是行业平均水平的4.25倍。化

纤品牌企业在市场推广和品牌建设方面的投入及热情持续增加。从2015年开始，企业在中国国际纱线展上举办单场企业发布会的意愿逐渐强烈，与媒体的互动大幅增加。

五、科技创新的核心因素是人才

作为工业化程度较高的化纤行业，对人才的要求普遍高于其他行业。行业对人才要求是全方位的，它不仅需要高级工程师，而且需要精于本职岗位的优秀操作工，化纤行业信息化、自动化、智能化的快速发展，对人才提出了更高的要求。

为加强行业基础教育和复合人才的培养，中国化学纤维工业协会从2016年开始举办全国纺织复合人才高级培训班，邀请知名院校的资深教授及行业专家联袂授课，并结合实地参观。高级培训班以普及化纤基础知识、促进化纤分行业间的技术交流、解读行业最新工艺及发展趋势为目的，全面提升纺织管理人员的综合实力，加强化纤管理人员对全产业链的了解，为培养行业复合型专业人才搭建了平台。

图12-10　中国化学纤维工业协会·恒逸基金设立仪式

2013年，中国化学纤维工业协会和浙江恒逸集团共同发起成立“中国化学纤维工业协会·恒逸基金”，开启了我国化纤行业公益基金的新纪元（图12-10）。该基金用于优秀学术论文奖，鼓励更多的研究人员开展理论基础和应用基础研究，鼓励行业在关键新材料、产业用纤维及应用、智能制造、绿色制造等领域的前沿基础研究，以弥补我国长期以来对基础理论和基础应用研究的缺失。

图12-11　中国化学纤维工业协会·绿宇基金设立仪式

2016年，为了响应国家绿色低碳的发展理念，中国化学纤维工业协会与浙江绿宇环保有限公司共同设立“中国化学纤维工业协会·绿宇基金”（图12-11）。该基金围绕“绿色制造、循环再生、前瞻性研究”三个方向设立了“绿色化纤金钥匙奖”，对推动化纤行业绿色低碳、再生循环科技进步等方面做出突出贡献的单位和个人进行表彰，鼓励和支持绿色制造化纤材料工程前沿技术研究，并组织系列绿色制造技术交流，旨在直面化纤工业的能源和环境挑战，引导行业走绿色低碳再生循环的发展之路。

图12-12　中国化学纤维工业协会携手“恒逸基金”和“绿宇基金”与中国纺织出版社签订战略合作协议

2016年，中国化学纤维工业协会携手“恒逸基金”和“绿宇基金”与中国纺织出版社共同谋划组织编写出版“化纤专业开放教育系列教材”（图12-12），为促进化纤行业技术进步，加快转型升级，实施行业高质量发展和提高人才培养质量等提供智力支持。2018年，《高性能化学纤维生产及应用》《生物基化学纤维生产及应用》《循环再利用化学纤维生产及应用》三种教材正式出版发行，为专业的普及和基础教育提供了支撑。

2017年，为了弘扬工匠精神，营造“尊重劳动、尊重知识、尊重人才、尊重创造”的社会氛围，中国化学纤维工业协会与三联虹普和义乌华鼎两家企业联合创立了“中国化学纤维工业协会·三联华鼎卓越基金”，表彰和奖励全国化纤行业生产建设中做出突出贡献的工程技术人员和一线生产工人，通过表率作用带动化纤行业技术水平的整体提升。

过去的十年是化纤工业转型升级与高质量发展的十年，淘汰落后产能，推进节能减排，发展绿色纤维、高性能纤维，建立智能化工厂，构建新型的研发和创新体系，加强人才培养等，使化纤工业的发展质量和运行质量都得到了显著的提升，中国的化纤工业已经基本完成了从量变到质变的华丽转身。

参考文献

[1] 湖北金环绿色纤维10万吨天丝项目一期正式建成投产[EB/OL]. 襄阳国资委微信公众号，2021-4-23.

[2] 大干快上　伊品生物基尼龙盐项目建设紧盯“高大优”[OL]. 黑龙江新闻网.

[3] 生物法制备戊二胺项目调研报告[R/OL]. 百变文库，2022-6-2.

[4] 年产50万吨生物基戊二胺，牛[OL]. 雪球，2020-10-14.

[5] 刘迪，李德和. 生物基聚酰胺的应用与开发现状[J]. 纺织导报，2015（11）：64-66.

[6] 马君志，安可珍. 生物质再生纤维发展现状及趋势[J]. 人造纤维，2014（5）：28-31.

[7] 黑龙江辰能生物与清华合作　技术挑战美国“杜邦”[OL].

[8] 杜姗姗，蔡晓翔，于轶. PTT纤维及其产品开发[J]. 聚酯工业，2011，24（6）：12-15.

第二篇

中国化学纤维工业进入新时代

第十三章

新时代的中国化学纤维工业

纺织工业是中国的母亲工业，自中华人民共和国成立以来，纺织工业在国民经济与社会发展中的重要地位一直没有改变，始终是支撑经济发展的基础产业，是重要民生产品的供给产业。作为纺织工业的源头，中国化纤工业在世界范围后来居上的过程中更是堪称奇迹，从被“忽略不计”到产量居全球第一，从最初的弥补棉花供给不足到现在的“上天入海”“美丽中国”，从跟跑到并跑、领跑，化纤大国乃至强国的建设取得了辉煌成就，中国化纤工业已开启新时代的华彩篇章。

第一节　波澜壮阔，铸就国际优势产业

70多年来，中国化纤工业走过了波澜壮阔的奋斗历程，沉淀着一个产业从无到有、从弱到强、从稚嫩到成熟的空前飞越，蕴含着几代化纤人永停歇的探索实践。

走过无数艰辛与沧桑，终于铸就今日的壮丽与辉煌，中国化纤工业拥有了“纺织产业链稳定发展和持续创新的核心支撑、国际竞争优势产业、新材料产业重要组成部分”的新定位，以及“创新驱动的科技产业、文化引领的时尚产业、责任导向的绿色产业”的新标签。中国化纤工业在全球的地位不断提升和巩固，产业结构持续优化调整，科技创新能力显著提高，为中国纺织强国建设提供了坚实保障，也为世界化纤工业的结构调整及技术进步做出了突出贡献。

一、行业体系不断强化，规模全球第一

中国化纤工业自20世纪50年代艰难起步，1978年中国改革开放拉开序幕，化纤工业也迎来了历史性的发展机遇，伴随化纤生产技术的进步，化纤工业规模效益持续增长，也在不断改变着全球的化纤产业格局。1998年，中国化纤产量达到510万吨，占世界化纤总产量的比例达到24%，至此，改革开放后中国用了20年的时间成为全球第一大化纤生产国，并形成了较完整的化纤工业体系，成为世界化纤业界最具活力、最具影响力的国家。

进入21世纪，特别是加入世界贸易组织以后，随着改革开放的力度加大，在市场需求的拉动、技术进步的推动和机制转变的带动下，中国化纤工业迎来快速发展的黄金十年，国产化大容量聚酯技术的突破造就化纤工业的规模“神话”。2010年，中国化纤产量突破3000万吨，占全球的比重近60%，其中化纤出口190万吨。2012年之后，化纤行业增长速度明显减缓，行业发展逐渐步入中低速增长的“新常态”，倒逼企业切实加快转型升级的步伐，行业从规模数量型增长向质量效益型发展转变，但中国化纤工业规模第一的优势持续保持（图13-1）。2020年，中国化纤产量突破6000万吨，占全球化纤产量的比重达70%以上，印度排名第二，化纤产量为570万吨，占全球的7%；2020年，中国化纤出口近500万吨，占全球贸易的比重超过50%，稳居全球第一。

二、品种覆盖面最广，多品种齐步发展

当前，中国化纤产业已形成品种齐全、产业链条完整的产业结构，是全球化学纤维品种覆盖面最广的生产国。其中，再生纤维素纤维、涤纶、锦纶、腈纶、氨纶等传统品种生产规模均位居全球第一，高性能纤维和生物基纤维近年来发展取得明显突破，成为行业新的增长点。

“十三五”期间，随着高性能纤维和生物基纤维产业化关键技术的不断突破，产品种类增加，产

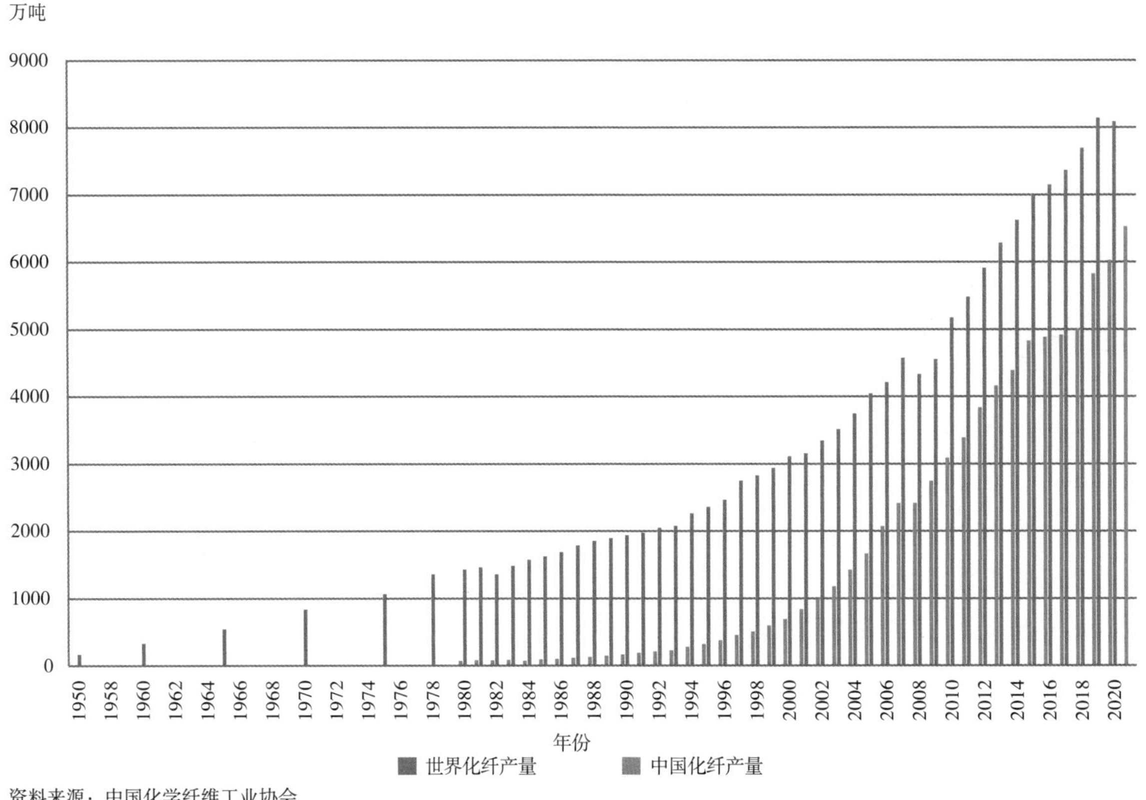

资料来源：中国化学纤维工业协会

图13-1　中国和世界化纤产量

量持续增长，显示出强有力的发展势头，中国也成为全球品种覆盖面最广的高性能纤维生产国。中国的高性能纤维产能和产量在“十三五”期间都实现了接近或超过100%的增长。碳纤维、芳纶、超高分子量聚乙烯纤维和连续玄武岩纤维等高性能纤维年产量均突破万吨，市场占有率跻身全球前三，聚苯硫醚纤维、聚四氟乙烯纤维等产品也稳步发展；Lyocell纤维、竹浆纤维、聚对苯二甲酸丙二醇酯（PTT）纤维、聚对苯二甲酸多组分二元醇酯（PDT）纤维、聚乳酸（PLA）纤维、生物基聚酰胺纤维、生物蛋白质纤维等生物基纤维已经实现规模化产业化生产，海藻纤维、壳聚糖纤维、生物基/聚乳酸（PHBV/PLA）共混纤维、麻浆纤维也实现稳定生产。中国化纤工业这种多品种齐步发展的特点是其他国家和地区无法企及的。

三、应用领域不断拓展，满足人民美好生活需求

中国化纤工业以弥补棉花不足、解决人民穿衣难问题为初衷发展起来，随着化纤产品种类的增加以及差别化、功能化产品性能的提升，化纤能够满足更多领域的需求，同时随着中国经济社会的发展，各领域对纤维材料的需求也发生了翻天覆地的变化，化纤产品已经突破人们的传统认知，从满足基本的衣被需求逐渐拓展到多领域应用，特别是产业用领域保持了较为突出的增长势头。2020年，服装用、家纺用及产业用三大终端产品纤维消耗量比重分别为40∶27∶33，相比改革开放之初有很大调整（图13-2）。这其中，化纤占纺织纤维消耗量的比例从1978年的13%提高到2020年的85%，相反，棉花占比则从81%下降至11%左右，化纤早已成为纺织工业中占主导地位的纤维原料，为中国纺织工业的“世界最完整、最先进产业链配套体系优势”提供了坚实的原料保障。

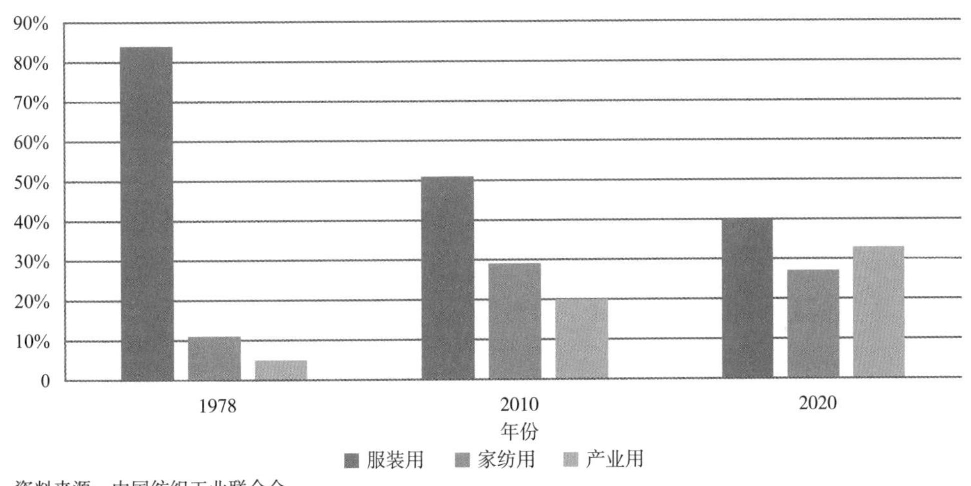

资料来源：中国纺织工业联合会

图13-2　三大终端产品纤维消耗量比重

化学纤维默默支持着我们的生活和社会经济发展，广泛应用于服装、家居用品、交通运输、医疗卫生、土工建筑、环境保护、新能源、航空航天、国防军工等领域，目之所及、手之所触，都有化学纤维的身影，从普通服装到消防战斗服，从汽车安全气囊到防弹装甲车，从潜水器到航天器……中国化纤工业实现了从满足相对单一的衣着类产品需求向为家用、产业用等全方位提供原料的跃变，实现了从满足国内人民需求到为全世界人民提供美好生活的国际化跃变。

四、产业链配套持续完善，改变世界格局

在中国化纤工业发展初期相当长的时间内，原料的发展一直滞后于纤维的发展，到“十一五”时期，产业链发展不协调、化纤原料缺口大的问题始终没有得到有效解决，化纤主要原料的进口依存度居高不下。随着民营资本的进入，在“十二五”期间，PTA（精对苯二甲酸）和CPL（己内酰胺）的瓶颈率先被打破，国产供应量快速增加。2015年，我国PTA产量3093万吨，较2010年增长119.4%，自给率达到97.6%；CPL产量185万吨，较2010年增长277.6%，自给率达到89.0%。但是，相较于快速增长的PTA和聚酯产能，上游原料PX（对二甲苯）产能投放仍然滞后，供需结构严重失衡，产能的错配极大地削弱了我国化纤和纺织产业链的竞争力。2013年12月，国务院发布《国务院关于取消和下放一批行政审批项目等事项的决定》（国发〔2013〕19号），开启了民营企业进入炼化产业的时代，恒力石化股份有限公司（简称恒力石化）、浙江石油化工有限公司（简称浙江石化）、盛虹炼化（连云港）有限公司（简称盛虹炼化）相继建成投产，我国PX产能快速增加，此外，恒逸更是继续发扬“敢为人先”的精神，践行“一带一路”倡议，布局文莱炼化，一期项目于2019年底全面投产。2020年，我国PX产量达到2037万吨，较2015年增长123.4%，自给率快速提高到59.5%（图13-3）。

2016年以后建设的民营大炼化装置，项目建设效率高，单位投资成本低，单套规模极大，并且采用最新生产技术及工艺路线，规模和技术优势明显，产品质量稳定，处于世界先进水平，具有较强的国际竞争力。随着炼化一体化发展，产业链配套持续完善，中国化纤工业实现了从原油炼化到化纤纺织的全产业链一体化发展模式，行业的竞争力、抗风险能力显著增强，产业链利润分配更趋均衡。预计到“十四五”末期，中国民营化纤企业主导的炼油产能合计可达1亿吨左右。民营企业进入化纤行业先是改变了中国乃至世界化纤产业的格局，后来改变了PTA的格局，未来也将改变世界化工的格局。

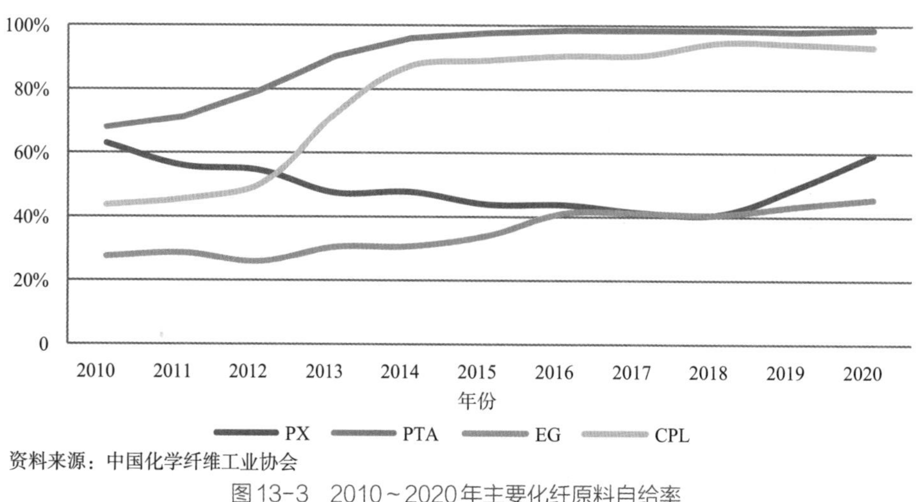

资料来源：中国化学纤维工业协会

图13-3 2010~2020年主要化纤原料自给率

五、产业集中度显著提高，头部企业具备全球竞争优势

伴随着中国化纤工业规模的扩张，产业结构调整也在持续推进，特别是“十三五”以来，行业内优势企业通过兼并重组实现快速扩张，新增产能大多也是以龙头企业为主导，产业集中度显著提高。截至2020年底，生产规模达到100万吨及以上的化纤企业有11家，合计产能占化纤总产能的47.0%，比2015年提高19.4个百分点；生产规模达到40万吨及以上的企业有31家，占总产能的63.4%，比2015年提高15.3个百分点。涤纶民用长丝领域的产能集中尤为突出，2020年，前六家企业产能集中度CR6达到57.5%，比2015年提高20.3个百分点，比2010年提高27.6个百分点（图13-4）。

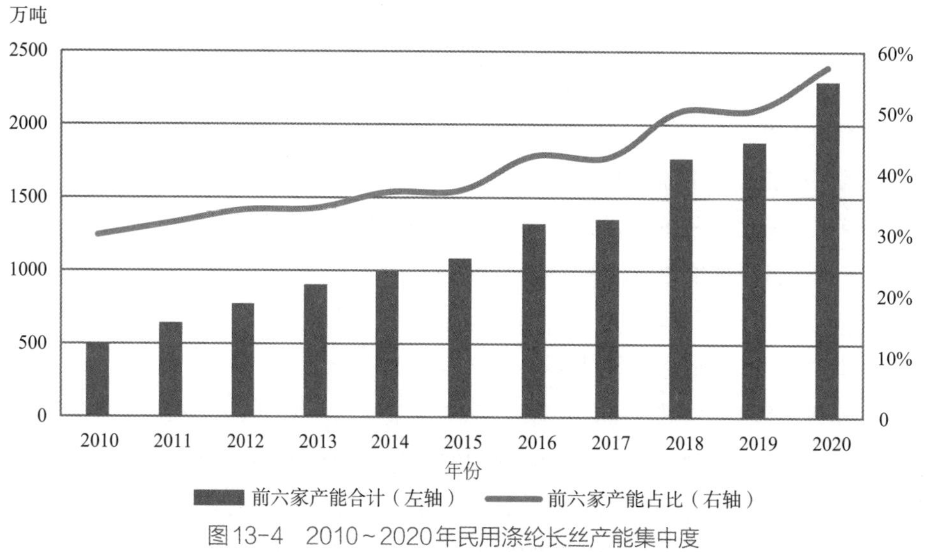

图13-4 2010~2020年民用涤纶长丝产能集中度

中国化纤行业的改革开放为企业的壮大和企业家的成长创造了良好环境，提供了有利的政策支持，促使他们成为推动行业快速发展的核心动力和不竭财富。截至2021年，中国化纤行业已形成了一批具有国际竞争力的大型企业集团，如以恒力集团、荣盛集团、恒逸集团、盛虹集团、桐昆集团、新凤鸣集团等为代表的涤纶头部企业，以恒申集团、锦江科技等为代表的锦纶头部企业等，它们在

生产规模、产业链一体化、创新能力、绿色制造、品牌建设等方面已具备全球竞争优势。以中复神鹰、光威复材、江苏恒神、吉林碳谷等为代表的碳纤维头部企业，其技术创新能力、产品应用领域等方面不断实现新突破。其中，恒力集团有限公司（简称恒力）、荣盛石化股份有限公司（简称荣盛）、浙江恒逸集团有限公司（简称恒逸）、盛虹控股集团（简称盛虹）占据了《财富》世界500强排行榜4个席位；桐昆集团股份有限公司（简称桐昆）、新凤鸣集团股份有限公司（简称新凤鸣）、神马实业股份有限公司（简称神马集团）、青岛中泰集团有限责任公司（简称中泰集团）、三房巷集团有限公司（简称三房巷）、恒申控股集团有限公司（简称恒申）、福建永荣锦江股份有限公司（简称永荣）、江苏华西村股份有限公司特种化纤厂（简称华西）、江阴市华宏化纤有限公司（简称华宏）等20余家化纤及相关企业跻身中国企业500强榜单。

龙头企业近年来的新建项目均采用世界最新技术、新工艺和新装备，代表着世界最先进的生产力，对我国化纤工业发展充分发挥了示范引领作用，推动我国化纤工业继续走在世界化纤工业发展前列（图13-5）。同时，随着龙头企业产能集中度的不断提高，国内市场竞争格局也随之改变，无序竞争明显减少，形成了强强联合的良性竞争，行业主动抵御周期起伏的能力大幅提高。

桐昆集团涤纶长丝自动化生产车间

义乌华鼎高效低耗规模化智能化锦纶生产车间

白鹭集团再生纤维素连续纺长丝生产线

白鹭集团氨纶智能生产线及自动落丝设备

吉林化纤腈纶纺丝生产线

吉林化纤碳纤维碳化生产线

图13-5

蒙泰高新丙纶生产线

光威复材碳风电碳梁生产车间

中复神鹰碳纤维生产车间

恒神股份碳纤维事业部退丝车间

图13-5 部分企业化纤生产线

六、科技水平持续提高，加速迈向化纤强国

科技是第一生产力，每一项技术的突破都会使我国向化纤强国更迈进一步，中国化纤工业的科技水平和创新能力持续提高。目前，我国在常规纤维领域保持国际领先水平，在表征先进功能纤维的五个方面——超高性能、智能化、多功能、绿色低碳、高附加值都处于全球领先或先进地位。高科技纤维实现重大突破，进入先进国家行列。中国化纤工业正以科技创新美化着人民生活、支撑着经济发展、锻造着“大国重器”。

（一）先进基础材料方面

聚酯、聚酰胺纤维广泛采用大容量、柔性化及高效制备方法，工艺技术总体达到国际先进水平；涤纶工业丝“管外降膜式液相增黏反应器创制及溶体直纺涤纶工业丝新技术”的研究及应用，使我国涤纶工业丝产业技术由跟跑型向领跑型转变；中国自主设计研发、装备全面国产化的12.5万吨再生纤维素纤维生产线已经全面成熟，成为国内外新上项目的首选；氨纶实现了120头/位高密度纺丝装置生产，生产效率大幅度提高，实现了氨纶纺丝工程的迭代发展；原液着色纤维解决了专用颜料及染料改性、超细化、稳定分散及色母粒制备技术，为高品质、产业化及大容量生产奠定了基础。此外，通用纤维的功能改性由单一功能向双功能直至多功能复合改性方向发展，超细旦、阻燃、抗静电、抗紫外、保型、抗菌、抗起球、相变储能等高效柔性化制备技术进一步优化，化纤差别化、功能性产品结构更加丰富，应用领域更加广阔。

（二）高性能化学纤维方面

碳纤维原丝生产工艺体系更加多元化，干喷湿纺和湿法纺丝工艺技术逐渐完善，纺丝速度进一步加快，生产效率进一步提升；T1100级、M55J级、M60J级等高性能碳纤维，24K以上工业用大丝束碳纤维关键技术实现突破，高端产品品种逐步丰富；2000吨级碳纤维整线装备和500毫米、1000毫米宽口高温石墨化炉设计制造技术实现突破。对位芳纶突破了千吨级工程化关键技术和装备，高强型、高模型对位芳纶产品实现国产化，且高强型对位芳纶在个体防护装备上完成应用验证；超高强对位芳纶（相当于Kevlar-KM2）制备技术取得突破，生产的主要用于军用防弹头盔。超高强、高模、细旦、耐热、抗蠕变及新一代超高分子量聚乙烯纤维专用树脂取得新进展，产品系列不断丰富。聚酰亚胺纤维突破了聚合物合成、纤维成型、后处理、生产装备等一系列关键技术，形成了高耐热型、耐热易着色型、高强高模型三大系列，覆盖超细、常规、粗旦等多种规格，并自主研发了聚酰亚胺纤维原液着色技术。聚苯硫醚纤维开发了细旦化产品（1.1旦），进一步提高了高温过滤材料的过滤精度。连续玄武岩纤维规模化池窑、一带多漏板技术取得突破，形成了高强型、高模型、耐碱型三大系列产品。

（三）生物基化学纤维方面

Lyocell短纤维高效低耗成套制备技术实现了全国产化，且突破了3万吨大容量薄膜蒸发器的设计制造能力，已建成国内首条单线年产3万吨Lyocell纤维示范线，纤维性能优良，应用技术成熟；Lyocell纤维用NMMO溶剂已实现国产化生产；Lyocell长丝技术实现百吨级规模，产品已实现第三代升级。我国已掌握拥有自主知识产权的生物法1,3-丙二醇（以下简称PDO）产业化技术，建成了5万吨/年从原料PDO、PTT聚合、PTT纺丝一条龙产业化生产线。生物基聚酰胺（PA56）纤维突破了生物法戊二胺技术瓶颈，建设了5万吨级戊二胺、10万吨级PA56聚合生产线和万吨级PA56纤维生产线。聚乳酸纤维聚合纺丝技术进一步成熟，建成了高光纯乳酸—丙交酯—聚乳酸产业化生产线。海藻纤维的物理性能达到了服用纤维要求，建成了5000吨级产业化生产线。纯壳聚糖纤维产业化向上游拓展原料来源，实现原料多元化、国产化；纤维向高质化发展，应用于医用敷料、战创伤急救、修复膜材、药物载体、组织器官等多领域。

（四）智能制造方面

优势企业建设了现代化智能工厂、智能车间，机器换人效果显著，节约了大量人力，也实现了数据采集的机器化；信息化和大数据在生产线上的应用，使数据成为可利用的资源，使实现产品开发的可逆和可塑、缩短产品开发周期、为客户提供大规模定制服务成为可能；智能制造的规范化带来的产品品质的提升，为行业高质量发展提供了重要支撑。江苏国望高科纤维有限公司“生物基纤维智能制造试点示范”、福建经纬新纤科技实业有限公司“涤纶短纤数字化车间试点示范”、嘉兴石化有限公司“聚酯智能制造试点示范”三个项目被工信部评为智能制造试点示范项目，新凤鸣集团“化纤行业5G+全要素一体化工业互联网平台——凤平台”入选工信部2020年制造业与互联网融合发展试点示范名单，此外还有7家化纤企业的项目被工信部评为智能制造综合标准化与新模式应用项目，涵盖涤纶、锦纶、氨纶、Lyocell纤维和碳纤维等行业。这些项目在推进化纤行业智能制造进程中发挥了积极的示范引领作用，为化纤行业数字化、智能化转型助力。

随着中国化纤工业不断自主创新，化纤领域多项技术取得重大突破，获得多项国家级和行业奖项。由山东海龙股份有限公司等单位完成的“年产45000吨粘胶短纤维工程系统集成化研究”荣获2006年度国家科学技术进步奖一等奖，随后该项目的技术与装备在行业内得到了大面积推广和应用，推动我国粘胶短纤维行业生产效率上了一个台阶。2014年，江苏盛虹科技股份有限公司荣获第三届中国工业大奖表彰奖（图13-6），作为全国化纤企业的龙头，盛虹凭借创新的纤维技术，在行业内率先大规模使用环吹风冷却工艺及技术生产超细及差别化纤维，开发的超细纤维直径接近头发丝的1/200，具有世界领先水平。

图13-6　在第三届中国工业大奖表彰大会上盛虹集团副董事长唐金奎（左五）上台领奖

2016年，义乌华鼎锦纶股份有限公司“高品质锦纶6高效低耗规模化智能化生产集成技术”荣获第四届中国工业大奖提名奖，该项目实现了锦纶6工艺、装备与工程集成创新，建成了国内首条年产10万吨锦纶6长丝智能化与自动化生产线，产品品质显著提升，综合能耗降低30%，整体技术居国际先进水平。中复神鹰有限责任公司在国内率先实现干喷湿纺的关键技术突破和核心装备自主化，建成了首条千吨级干喷湿纺碳纤维生产线，成为世界上第三家、国内第一家掌握干喷湿纺碳纤维产业化技术的企业，由其牵头完成的“干喷湿纺千吨级高强/百吨级中模碳纤维产业化关键技术及应用”项目荣获2017年度国家科技进步一等奖和第六届中国工业大奖表彰奖。10万吨/年聚酯成套技术、功能化系列共聚酯和纤维的研究开发、年产20万吨聚酯四釜流程工艺和装备研发暨国产化聚酯装置系列化、大容量聚酰胺6聚合及细旦锦纶6纤维生产关键技术及装备、废旧聚酯高效再生及纤维制备产业化集成技术等十余项技术先后获得国家科学技术进步二等奖。此外，高值化聚酯纤维柔性及绿色制造集成技术、对位芳香族聚酰胺纤维关键技术开发及规模化生产、化纤长丝卷装作业的全流程智能化与成套技术装备产业化、高品质熔体直纺PBT聚酯纤维成套技术开发、长效环保阻燃聚酯纤维及制品关键技术等百余项技术获得“纺织之光”中国纺织工业联合会科技进步奖。

第二节　任重道远，开创产业新格局

中国化纤工业历经数十年的发展，已经形成了良好的产业基础和稳固的产业优势，但是面对复杂多变的新形势，中国化纤工业的发展依然任重道远。工信部和国家发改委联合印发的《关于化纤工业高质量发展的指导意见》提出，“十四五”期间，将构建高端化、智能化、绿色化现代产业体系，全面建设化纤强国。2035年我国基本实现社会主义现代化国家时，我国纺织工业要成为世界纺织科技的主要驱动者、全球时尚的重要引领者、可持续发展的有力推进者，化纤工业将从原料端为这一

目标的实现提供坚强保障。

一、世界经济及产业发展格局发生深刻变革

当前和今后一段时期，我国发展处于重要战略机遇期，但在百年变局之下，国际政治经济格局加速演变，新冠肺炎疫情影响广泛而深远，各国经济战略将更多着眼于保障国家安全、公共安全、产业安全，国际产业链、供应链格局将发生深刻调整，各国间贸易、投资领域竞合关系更趋复杂。我国纺织行业作为国际化发展的先行产业，将在国际产业格局调整与贸易竞争中面临复杂考验，但随着我国构建面向全球的高标准自由贸易区网络，"一带一路"倡议、区域全面经济伙伴关系（RCEP）等区域合作将为纺织行业优化供应链布局赢得主动。

新形势下，化纤行业着力稳定优质纤维供给能力，提升核心技术自主掌控能力，是保障我国纺织产业链安全的重要基础，也是确保纺织行业在抗疫、防灾等突发公共事件中发挥应有作用的关键环节。我国化纤行业未来参与国际市场竞争和国际产业分工的难度将明显增加，不断提升并释放自身创新活力，主动发挥作用助推国内大循环向更高水平迈进，并以核心科技、先进制造、优质资本融入国际循环，是化纤行业必然的发展使命。

二、科技创新重塑中国化纤工业新动能

中国经济已由高速增长阶段转向高质量发展阶段，以往通过发展传统产业、增加要素投入和牺牲资源环境实现经济规模扩张的空间大幅缩小，有利于新动能成长的条件正在培育，新技术、新产品、新业态、新模式快速涌现，新动能正处于从分散到聚合、从缓慢到快速成长的孕育期。

新一轮科技革命深入发展，材料科技占据前沿位置，以高性能、多功能、轻量化、柔性化为特征的纤维新材料，为纺织行业价值提升提供重要路径，在促进经济和社会发展、保障国家安全等领域具有重要意义。我国化纤行业具备产品体系完善的布局优势，通过大力加强关键原料、技术及装备的研发突破，提升高端产品开发应用能力与品牌培育推广，行业完全有能力不断缩短与发达国家之间的差距，抢占产业科技制高点。5G移动互联、物联网、大数据、云计算、人工智能等新一代信息网络技术在制造产业应用更加广泛深入，在不断提升生产效率的同时，推动制造模式、服务模式、供应链模式、业态模式持续创新。我国在互联网基础设施、应用市场等方面具有优势，为化纤行业在智能制造领域赶超国际领先提供了珍贵的机遇窗口。纤维新材料仍是世界纺织强国竞相争夺的产业战略制高点，纤维新材料总体发展趋势是向资源多元化且可持续、可再生，加工技术与装备更高效、更环保、更智能，产品高性能化、高功能化、智能化、专业化定制方向发展。

三、消费升级为产业创新发展提供有益空间

受新冠肺炎疫情影响，世界经济增速中枢将较疫情前进一步下调，市场需求相对疲弱将是"十四五"时期国际市场的重要特点。但是，中国经济长期向好的基本面没有变，在全面建成小康社会基础上，人民群众对美好生活的需要持续释放，将推动内需市场稳步扩容升级。消费升级趋势下，消费者的个性化诉求与自我表达意愿正在提升，未来服装家纺消费或将呈现出个性化、多样化、体验化、高端化的趋势，国潮消费、绿色消费、健康消费、数字消费等需求新趋向，提供多角度、多元化的创新空间。我国产业用纤维比重与发达国家相比仍然较低，未来随着生态文明建设和新基建

的进一步推进，环保、交通、新能源、土工建筑等产业用领域将保持较为突出的增长势头（图13-7）。因此，在更加多元化、多层次、多领域的需求结构中，化纤行业仍然具有诸多创新发展空间。

回顾过去二十多年，全球纺织纤维加工量保持了3%的年均增长速度，而中国的增长速度一直高于全球。“十四五”期间，市场需求增速虽然会有所放缓，但全球纤维加工量仍将保持一定增长，而增量绝大多数还是由化纤来贡献。中国化纤工业将在保持适度发展速度基础上，在满足全球纤维消费需求中继续发挥重要支撑作用。

图13-7 部分高性能纤维的应用

四、绿色发展凸显产业责任担当

当前，绿色发展已经成为世界各国共识，绿色低碳、气候适应和可持续是世界经济发展的必然方向。建设人与自然和谐共生的“美丽中国”，既是我国推动高质量发展、向现代化国家迈进的必然路径，也是我国必然担当的大国责任，还是满足人民美好生活的重要组成部分。综合国内外绿色发展形势，我国化纤工业要从全球发展的视野、文明兴衰的高度，理解和看待行业的绿色发展。绿色发展不是权宜之计，而是长期战略，要将绿色理念全面纳入行业发展的战略体系、生产体系、创新体系。

化纤行业作为纺织产业链最为重要的原料环节，不仅要全面建立全流程清洁绿色的现代制造体系，开发多元化生物基原料资源、提高化纤工业循环再利用水平，解决石油原料比重过高问题，也是我国化纤工业面临的紧迫任务。国际品牌商对于纤维材料可再生问题的高度关注和应用选择，也将对纺织服装消费时尚形成方向引领。除了化纤行业自身的绿色发展之外，碳纤维广泛应用于风电、光伏、交通工具轻量化、氢能源汽车等领域，是其重要的支撑性材料，未来将为“双碳”目标做出更多贡献。

如今的中国，正处在历史和未来交汇的重要节点上，形势更加复杂，任务更加艰巨。未来，中国化纤工业要坚定不忘“满足人民美好生活需求”的初心，坚持以新发展理念引领高质量发展，致力于形成具有更强创新力、更高附加值、更安全可靠的产业链供应链，巩固提升纺织工业竞争力，满足国内国际两个市场消费升级需求，服务战略性新兴产业发展。要以勇于创新的胆魄、匠心实干的精神，挺立时代潮头，继续推进中国化纤工业伟大事业，为实现中华民族伟大复兴的中国梦做出贡献。

历史证明，中国化学纤维工业协会作为行业管理者、协调者和服务者的角色，在推进中国化纤行业健康、持续发展方面发挥了重要的、有益的作用。在未来的道路上，中国化学纤维工业协会仍将一如既往与中国化纤产业共同奋进新时代。

第十四章 中国纤维流行趋势研究与发布

纤维是构成纺织服装的原材料，是纺织产业链的源头，一直在前端默默为纺织行业的发展做出贡献。2012年3月，在工信部消费品工业司组织和领导下，中国化学纤维工业协会、东华大学、国家化纤产品开发中心联合推出了“中国纤维流行趋势”的研究与发布活动，让纤维正式从幕后走向台前（图14-1）。2013年，在“中国纤维流行趋势发布”尚在成长初期、在摸索中前行时，盛虹集团即以极具前瞻性的战略眼光给予了活动大力支持。2021年，桐昆集团接力盛虹集团，冠名“中国纤维流行趋势发布”，踏上新征程。经过2012～2021年的悉心培育和辛勤耕耘，“中国纤维流行趋势发布”从无到有，从有到优，时至今日已成为中国化学纤维行业发展的风向标，引领中国纤维在科技创新、绿色发展、时尚跨界、国际影响力等方面全方位提升，让“中国纤维”这一品牌在国际市场上的整体竞争力大大提高。同时也引导人们开始以全新视角审视纺织上游原料，逐步改变以往对纤维的认知。中国纤维流行趋势的十年实践，不仅开创了原料端流行趋势研究的先河，更为纺织化纤产业践行供给侧结构性改革和“三品”战略、依靠软实力驱动转型升级提供了有力、有益、有效的探索。2015年“中国化纤流行趋势战略研究”荣获“纺织之光”中国纺织工业联合会科学技术奖一等奖。

图14-1　2012/2013中国纤维流行趋势发布会现场

第一节　缘起及发展历程

一、定位和内涵

中国纤维流行趋势发布是发布差异化、高附加值、高性能和多功能新型纤维的平台，向世界展示中国纤维产业最有热度、最富科技性、最有市场潜力的纤维品种。具体说，就是以技术为核心、需求为导向，深入研究消费趋势，引导纤维企业加大对新型纤维产品的开发力度，并定期将国内最新、最前沿、差异化程度最高、国际领先的化纤新产品传递给下游专业制造企业，最终为终端消费者提供个性化、时尚化、功能化、绿色化的产品，从而不断创新扩大产品应用领域，促进产业升级，增加纤维品牌对纺织化纤产业发展的贡献度，最终从源头上满足人们对美好生活的追求。

二、先行探索供给侧结构性改革

经过多年的高速发展，尤其经历了2001～2010年的黄金十年后，中国化纤产量已占世界总产量的近70%，稳居全球第一。但中国化纤行业大而不强，技术创新、产品开发、品牌影响力等仍有一定发展空间，由此导致部分行业产能结构性过剩矛盾突出，行业逐渐步入中低速增长的“新常态”，这倒逼行业企业不再仰望规模“神话”，急需切实加快转型升级的步伐，为生存而战。调整中注定伴随着行业和企业的蜕变，切实让行业实现从规模数量型增长向质量效益型发展转变。

纺织产业链从纤维源头开始，历经数道加工环节，最终形成服装、家纺、产业用等终端产品。

从全球范围看，原料体现的是性能和功能，终端产品体现的是品牌和体验。而纤维在性能和功能等方面的科技创新可通过终端产品的品牌价值得以体现，纤维将成为未来纺织服装品牌竞争的主角。在打造终端产品科技加品牌的道路中，化纤产业无疑具有至关重要的作用。然而，国内化纤行业在新产品研发方面与传统化纤制造强国和地区相比，差距不仅表现在自身研发的能力和水平方面，还表现在纤维品牌建设和对新产品的市场推广的重视程度以及能力方面。“十一五”期间，前一种差距有逐渐缩小的趋势，后一种差距则没有明显的改观。而后一种差距即品牌建设和新产品市场推广的问题不解决，前一种差距即研发能力和水平也难以得到持续的大幅度提升。中国化纤（纺织）业暂时还走不了法国、意大利的时尚品牌之路，必须走德国、日本的科技品牌之路，通过纤维原料性能、功能等的科技创新提升品质、铸造品牌，促使纤维品牌与终端品牌相互促进，加速提升行业的整体制造水平和品牌价值，同时弥补化纤行业创品牌时间短的不足。

化纤行业供需、市场信息等不对称的现象层出不穷，一方面行业产能阶段性过剩，而另一方面部分差异化、功能化纤维需要进口；一方面企业不断研发、创新，产品甚至出口国外，而另一方面国内客户不使用或者不了解相关产品。将行业内、产业链上下游的供需、市场信息等渠道对接、畅通，让整个产业链联动协同，成为迫在眉睫的问题。

在上述背景下，中国纤维流行趋势的研究工作于2011年初开始酝酿和筹备，并于2012年首次举办了中国纤维流行趋势发布。

“中国纤维流行趋势发布是化纤行业的一个创举，是在化纤企业生产、营销传统模式的基础上，对行业引导和服务的一个具有前瞻性的突破，也是对整个纺织行业产业链携手发展的一个全新的、并且正在被证明是卓有成效的模式。”中国纺织工业联合会党委书记高勇说。

三、创建中国纤维流行趋势预测及发布体系

历经十年的探索与创新，中国纤维流行趋势建立了纤维流行的概念与特征研究方法；研究了宏观环境对纤维流行趋势的影响因素；建立纤维流行趋势的量化指标体系；形成了纤维流行趋势发布运行机制；搭建了纤维流行趋势传播与推广平台；构建了中国纤维流行趋势评价体系等，这些共同组成了中国纤维流行趋势预测及发布体系。如通过面料、服装流行的趋势与纤维内涵关联性研究，首次提出纤维流行趋势的概念，确定了纤维流行趋势的特征与要素；通过经济、科技、环境、文化、生活观念等宏观环境对纤维流行趋势发展与影响机制的研究，确定流行主题与范围，建立了宏观环境对纤维流行趋势发展的影响因子数字化阵列；通过纤维原料市场、后道品牌应用企业、市场消费等信息的收集与处理，结合纤维流行趋势的技术先进性、产品性能功能科学性、市场认可度、成熟度，建立纤维流行趋势的量化指标体系；通过对纤维流行趋势的相关品种流行要素的研究，建立纤维流行趋势发布的技术体系、应用体系；专业化与大众化相结合，确定推荐理由以及纤维流行内涵与范围，制作生动活泼的多媒体与文字发布稿，开创纤维流行趋势的传播与推广平台；建立大众传媒、互联网、权威专家、专业展会及品牌与宣传机构等对纤维流行趋势的协同系列传播体系，扩大与深化纤维流行趋势的宣传与解读，提升活动的作用与影响力；通过运行与发布后相关数据收集，研究中国纤维流行趋势发布对化纤产业的定量和定性贡献，以及对品牌培育、标准化工作的贡献，建立了纤维流行趋势发布贡献评价体系。

中国纤维流行趋势预测体系创建后，将国内最新、最前沿、差异化程度最高的化纤新产品及时

传递给下游制造企业，推动纤维原料品牌建设；切实推动化纤企业与面料企业、终端制品品牌企业协同创新，共同建立新产品的开发、设计、应用、推广新模式，逐步形成纤维、面料与下游服装、家纺、产业用等领域的相互促进、全产业链协同创新的新格局。

四、十年求索路

2012年3月，工信部消费品工业司、中国化学纤维工业协会、东华大学、国家化纤产品开发中心在北京联合发布了2012/2013中国纤维流行趋势，首次提出“纤维也有流行趋势”的观点。异形细旦吸湿排汗聚酯纤维、原液着色聚酯纤维、竹浆纤维、壳聚糖纤维等10种高性能、高技术含量、环保绿色新型纤维首入榜单，并一炮打响，鲜明传递出中国化纤工业对于未来发展方向和发展模式的新追求、新定位。

2013～2014年，中国纤维流行趋势发布会得到了盛虹集团的支持，发布会的内容和形式更加丰富。

2014年，中国纤维流行趋势首次提出“纤动世界，美丽中国”的口号，首次携手中国当代颇富盛誉的金顶奖设计师武学凯共同合作，打造盛虹·中国纤维（逸绵）创意时尚汇（图14–2），在中国国际纱线（春夏）展览会上设立中国纤维流行趋势概念区，并首次出版《中国纤维流行趋势报告》中英文版本，设立中国纤维流行趋势网站和公众号。

图14–2　盛虹·中国纤维（逸绵）创意时尚汇2014·华彩现场

2015年，盛虹集团开始整体冠名中国纤维流行趋势的研究与发布活动，并首次开展下游企业最佳年度合作伙伴的评选。

2016年，中国纤维流行趋势将发布会主题定为“纤维改变生活”，首次将主题视角由产业发展延伸至大众生活，更加注重生活质感和时尚前沿在发布形式上。中国纤维流行趋势与时尚充分结合，将行业的创新与融合、创新与品牌以更为立体、直观和感性的方式直接向下游和消费端展现。同时在江苏盛泽设立中国纤维馆，为中国纤维提供了一个固定的展示窗口与全产业链的交流平台。

2017年，首次在入选产品的基础上增加入围纤维产品，扩大企业参与度；首次入驻中国国际纱线展场馆，同期同馆举办发布会。

2018年，提出“纤维新视界”口号，第一次将国际顶尖的高定华服在中国的T台上展示，首次从科技创新及绿色纤维两种维度表彰下游最佳年度合作伙伴，加深与合作伙伴的互动与合作。

2019年，通过设计师的纤维应用、裁剪与配色，既点出了发布会“筑梦与制创”的主题，又与其核心价值“绿意、多元、匠心、卓越”相呼应，形象而生动地诠释了2019/2020十大流行纤维的强大魅力。中国纤维流行趋势坚持创新，不断解锁新的模式和方向。

2020年初，新冠肺炎疫情来袭，线下各种活动受到很大影响。中国纤维流行趋势因势利导开启了全方位数字化的“云”发布，以“守正与鼎新”为主题，发布了“纤·绿动”“纤·巧思”“纤·质尚”“纤·鼎制”四大篇章，九大流行纤维，展示出发布会的核心价值“绿动、巧思、质尚、鼎制”，全网平台累计总观看人次达3400万，同一时间段在线观看人数高达70多万。同时开发了“中国纤维流行趋势”小程序，方便下游企业寻找合适的纤维，开发了“纤维新视界直播间”打开线上发布通道。同年与中国棉纺织行业协会共同主办中国纱线流行趋势，中国纱线流行趋势是中国纤维流行趋势在产业链上的延伸（图14–3）。

图14–3 中国纤维流行趋势历届发布会精彩瞬间

一路走来，盛虹集团一直鼎力支持中国化学纤维工业协会、东华大学、国家化纤产品开发中心做中国纤维流行趋势，共同打造纤维流行趋势这个平台，使中国纤维成为一个公共品牌，站上世界舞台，受到国际认可。盛虹集团在其中发挥了不可磨灭的作用，充分体现了其主动担当的精神和社会责任（图14–4）。在与化纤行业、中国纤维流行趋势共成长的过程中，盛虹集团逐步成为差别化纤维企业里做得最大的，化纤大企业里差别化做得最好的企业之一，被誉为“全球差别化纤维专家”；更是打通产业链一体化布局，形成国内同行企业中独有的芳烃、烯烃“双链”模式。2020年，缪汉根荣获中国纤维流行趋势特殊贡献奖，中国纺织工业联合会原会长杜钰洲为他亲笔题词“家国情怀”。

2021年，桐昆集团接力盛虹，冠名中国纤维流行趋势，中国纤维流行趋势也从此开启了新的十年征程。桐昆·中国纤维流行趋势2021/2022发布是桐昆集团与中国纤维流行趋势的首次合作（图

14-5）。2021年，正值桐昆集团创立40周年。40年来，桐昆集团在董事长陈士良的带领下，经历了多次跨越式发展，从丙纶转产涤纶、从常规纺到高速纺、从低成本扩张到进军熔体直纺、从反周期发展到首次公开募股（IPO）上市、从做强主业到打造全产业链，贯穿其中的主线就是坚持做好一件事，“一根筋”做好“一根丝”，并将“一根丝”做大做强，走出了一条具有桐昆特色的稳健发展之路。在自身保持高质量发展的同时，桐昆集团更多地承担起支持行业发展的责任。未来几年，桐昆集团将与中国纤维流行趋势深度融合，在提升、完善中国纤维流行趋势的发布和推广等模式的同时，持续加大自主研发等方面的投入力度，提升、延展企业和产品的品牌效应，为行业和企业的高质量发展做出新的贡献。

图14-4　中国纤维流行趋势十周年回顾长廊

图14-5　2021年桐昆冠名中国纤维流行趋势

中国化纤行业第一次纤维流行趋势发布的成功，标志着我国化纤工业真正从过去“量”的增长转变到“质”的提高上来。自此，中国纤维流行趋势每年发布一次，中国化学纤维工业协会、东华大学及相关单位为此不遗余力，跨界、融合、创新、多维度呈现纤维特点、品质和内涵，他们不囿于T台形式，创造性地在纤维流行趋势的发布中融入诗、画、舞蹈、音乐等元素，让纤维不仅可以触摸、欣赏，还可以意会、品味。一路走来，中国纤维流行趋势的定位和概念越来越清晰，发布主题越来越明确，发布内容、形式、内涵及与下游的对接方式也越来越丰富时尚。

第二节　十年结硕果

一、深入践行供给侧结构性改革及“三品”战略

十年来，中国纤维流行趋势持续致力于引导化纤企业改善产品供给，引导企业生产出更好的、更加适应市场需求的化纤产品，引导企业注重品牌建设，为行业深入推进供给侧结构性改革、实施

“三品”战略、依靠软实力驱动转型升级指明了方向。现在，中国纤维流行趋势已成为化纤行业供给侧结构性改革和“三品”战略的重要实践典范。增品种方面，10年来总计有550多家纤维生产企业的900多个纤维产品进行了申报，260个产品在该平台上进行了发布；提品质方面，截至2020年，共有47家入选中国纤维流行趋势的企业的相关技术与产品获得省部级科学技术进步一等奖，10家入选企业的相关技术与产品获得国家科学技术进步奖；创品牌方面，10年来共有193多个纤维品牌在该平台进行了发布，得到了业内的一致认可。

“十三五”期间，在我国纺织行业包括化纤行业继续走转型升级之路、打造自主品牌、实现行业软实力提升的过程中，中国纤维流行趋势发布活动都在持续深入推进。“纤维的流行，实际上反映了科技发展的趋势，我们的科技进步很快，每年都会有一些科技创新的新产品开发出来，科技发展融入新产品中，特别是纺织产业链的后道产品会体现出科技的发展趋势和含量，所以这是一个最原生的动力。中国纤维流行趋势正是围绕着纺织产品的三个重点的方向——功能化和差别化、绿色化、高性能化进行引导和推广的重要平台，促进了中国由纤维大国向纤维强国、纺织强国的转变。”中国工程院院士蒋士成如此说。

二、打造中国纤维品牌，实现品牌联动

中国纤维流行趋势发展战略研究，把技术创新、品牌建设作为研究内涵，引领整个化纤行业乃至整个纺织行业关注纤维品牌、建设纤维品牌，开发品牌产品，占领国际高端应用领域，提升纤维产品附加值。通过中国纤维流行趋势发展战略研究，带动纺织产业链配套向以新产品开发、创新拉动需求为方向的价值链的整体提升和根本转变，提升产业链整体竞争能力，增加纤维品牌对纺织化纤产业发展的贡献率。

随着中国纤维流行趋势的持续引领，越来越多的纤维企业打破了“原料没有品牌”的禁锢，开始着手产品品牌的塑造和推广。在中国纤维流行趋势的引领下，盛虹控股集团（简称盛虹）、浙江恒逸集团有限公司（简称恒逸）、中国恒天集团有限公司（简称恒天）、唐山三友集团有限公司（简称三友）、三房巷集团有限公司（简称三房巷）、恒申控股集团有限公司（简称恒申）、永荣控股集团有限公司（简称永荣）、常州恒利宝纳米新材料科技有限公司（简称恒利宝）、赛得利（中国）纤维有限公司（简称赛得利）、江苏奥神新材料股份有限公司（简称奥神）、济南圣泉集团股份有限公司（简称圣泉）、太极石股份有限公司（简称太极石）、印度博拉集团（简称博拉）、浙江佳人新材料有限公司（简称佳人）等一大批有影响力的纤维企业推出了自己的新产品发布秀，通过时装秀场这一时尚前沿，充分展示了各自的产品特色（图14-6）。发布企业也由此得到了丰厚的回报，抽样调查表明，2019年，因参加中国流行趋势发布而获得的订单询价占比达20%。中国纤维流行趋势2020/2021入选产品的年度销售利润率达到22.63%，是行业平均水平的5.1倍，发布产品的产量增长率平均为72.96%，循环再利用纤维和抑菌防护类纤维增长尤为明显。可见，中国纤维流行趋势发布活动为我国化纤行业找到了利润提升的新支点，提供了行业发展的新动力。

经过十年的持续发布，至今，中国纤维流行趋势服务的纤维品牌已多达193个，引领了中国乃至全球纤维研发的方向，众多企业不仅建立了产品自身的品牌而且建立了公司的品牌体系，如盛虹集团的“盛虹”、桐昆集团的“桐昆”、三友的“唐丝”、中纺绿纤的“绿纤”、新会美达的“达丽伦”、丰原集团的“丰原绒”等都是其中的佼佼者，得到了业内特别是下游采购商的一致认可（图14-7）。

图14-6　部分企业新产品发布会（发布秀）

图14-7　中国纤维流行趋势推荐品牌

“十三五”时期，中国纤维品牌开始与品牌端合作，陆续与探路者、森马、迪卡侬、愉悦家纺等著名终端品牌联合设计开发发热服饰、卫衣、帐篷和家纺等产品，实现品牌联动协同。时至今日，中国纤维流行趋势已成为打造中国纤维品牌、提升纤维品牌影响力的权威平台，也是全球唯一的纤维发布平台，持续引领中国纤维在科技创新、绿色发展、时尚跨界、国际影响力等方面全方位提升，中国纤维品牌正在影响甚至引领整个时装界的流行趋势。

三、产业链协同创新，供给需求协调共进

当前，我国纺织业整体正朝着科技、绿色、时尚的方向转型升级，全产业链协同创新，共同打造行业软实力需要上下游各个环节共同努力。化纤是源头，只有纤维和终端产品的技术创新和品牌创立相互促进，产生叠加效应，才能加快提升整个纺织行业的整体水平，提升整个产业链的价值。

十年来，中国纤维流行趋势不仅提升了创新型中国纤维企业及中国纤维品牌的整体影响力，还受到了针织、服装、面料、家纺、产业用等下游行业的广泛关注，为我国纺织工业在转型升级的关键阶段实现产业链上下游集成创新提供了卓有成效的模式和新思路。中国纤维流行趋势始终强调与下游产业链、渠道、价值链的融合创新。通过这一平台，让整个纺织产业链了解我国最前沿、差异化程度最高的产品，而且是国际领先的纤维产品和技术。这一信息在产业链间顺利传递，一方面有助于引领化纤企业开发新产品，引导下游企业采用我国自主研发与生产的流行纤维，增加产品的价格竞争力和利润空间；另一方面为下游企业在生产、设计、采购等环节提供了更加全面的参考和决策依据，并且有利于终端消费者提升认知，帮助消费者建立全新的、舒适的、健康的消费生活理念，从而形成导向性需求，拉动内需增长。

十年来，随着中国纤维流行趋势的影响力越来越大，覆盖面越来越广，参与企业已经不仅仅局限于上游化纤企业，更多的下游企业也纷纷加入，上下游实现了更为密切的合作。它们已经直接与终端品牌企业对接，根据不同品牌的具体需求进行产品细分，如抑菌、吸湿速干、抗静电、高亲水等纤维，已经为李宁、安踏、美特斯邦威等企业提供差别化服务。它们不仅是化纤行业的龙头企业更是中国制造业践行转型升级和“三品”战略的杰出代表。在此过程中，纤维生产、分配、流通、消费各环节在逐步贯通，并在一定程度上形成需求牵引供给、供给创造需求的产业链的良性循环，从而促进产业进一步升级转型，供给更多好产品，引导中高端消费者消费升级，在当前加快构建以国内大循环为主体、国内国际双循环相互促进的新发展格局的背景下，这无疑对促进国内内循环做出了应有的贡献。

四、“纤”动世界，改变生活

纤维材料是材料科学中的重要分支，正经历着深刻变革，并孕育着巨大的创新机会。作为向世界展示中国纤维产业最有热度、最富科技性、最有市场潜力的纤维品种的权威平台，作为促进纤维产业链上下游协同创新的纽带，中国纤维流行趋势不仅是中国化纤行业的风向标，也引来世界的关注，成为国际纤维行业新产品开发的风向标，成为国际同行的重要参考。中国纤维流行趋势有潜力成为国家新材料推广、产业链协同创新示范的重要平台。

十年来，中国纤维流行趋势已经将纤维产品的研发扩展为社会化的活动。在这个过程中，中国工程院院士、中国科学院院士在内的许多科学家、设计师、纺织化纤专家、高校教授等协同参与（图14-8），中央广播电视总台（图14-9）、新华社、中国新闻社、《经济日报》《科技日报》《中国工

图 14-8　中国工程院院士、中国科学院院士、纺织化纤行业领导及专家参与中国纤维流行趋势活动

图 14-9　CCTV 新闻频道、CCTV 发现之旅频道报道中国纤维流行趋势

业报》《中国纺织报》《中国纺织》《纺织服装周刊》《中国化学纤维》等百余家媒体多维度传播报道，让纤维与科技时尚的结合更为紧密，进一步影响着人们的生活，改变着人们的生活方式。人们已悄然发现，纤维已经不仅仅局限于“衣”，更进入生活的方方面面，在衣食住行各个领域都迸发出磅礴的生命力。纤维材料已成为先进制造业、智能与功能消费品、医疗与健康、环境保护、安全防护、现代建筑业与农业、新能源业、基础设施建设等诸多领域的关键基础材料和核心材料，成为国家供给侧结构性改革的重要突破口（图14–10）。

作为国家供给侧结构性改革和“三品”战略实施的深入践行者，未来，中国纤维流行趋势发布活动将继续“不忘实业报国初心，牢记化纤强国使命”，再次踏上新的征程，为实现中国纤维梦塑心聚能，为化纤行业高质量发展打下健康底色，为实现化纤强国夯实基石，为促进国家新发展格局、践行新发展理念贡献更大的力量。

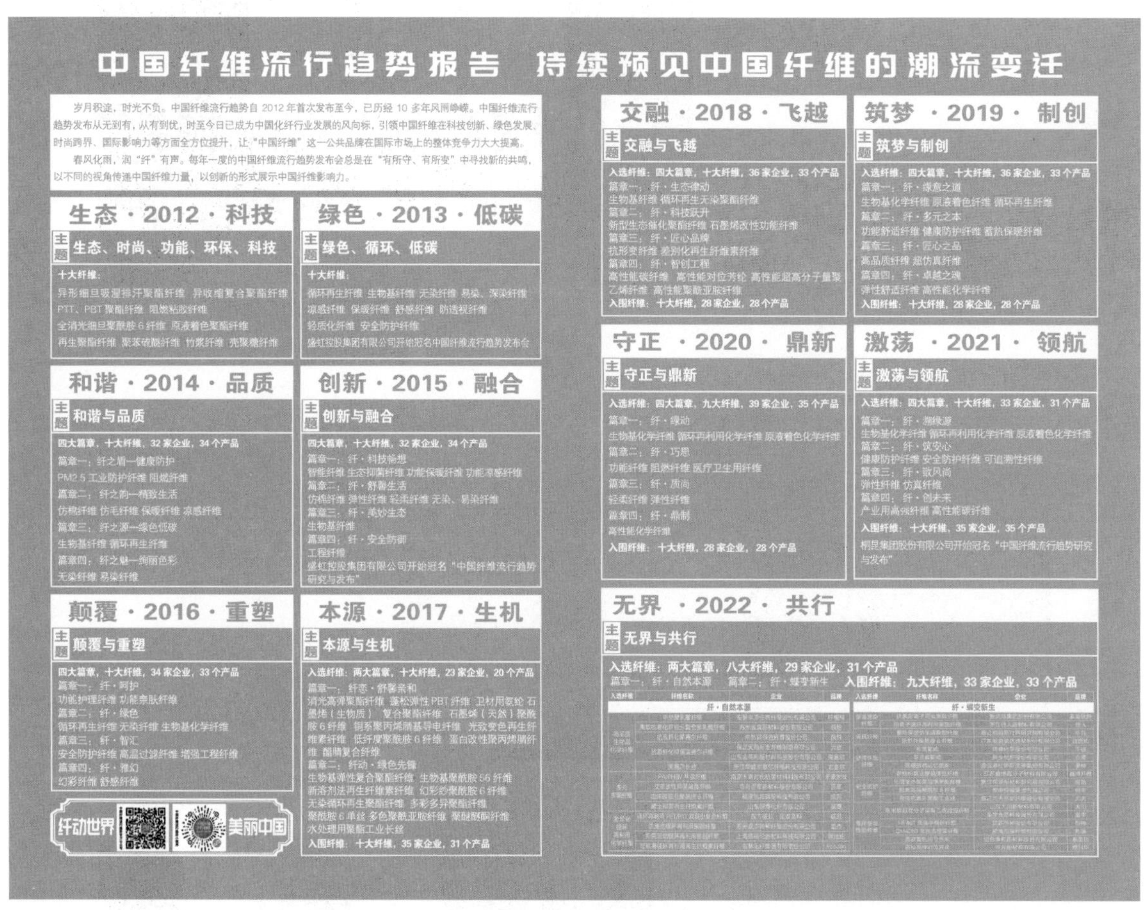

图14–10　2012～2022年中国纤维流行趋势主题、篇章一览

第十五章

快速发展的中国高性能化学纤维

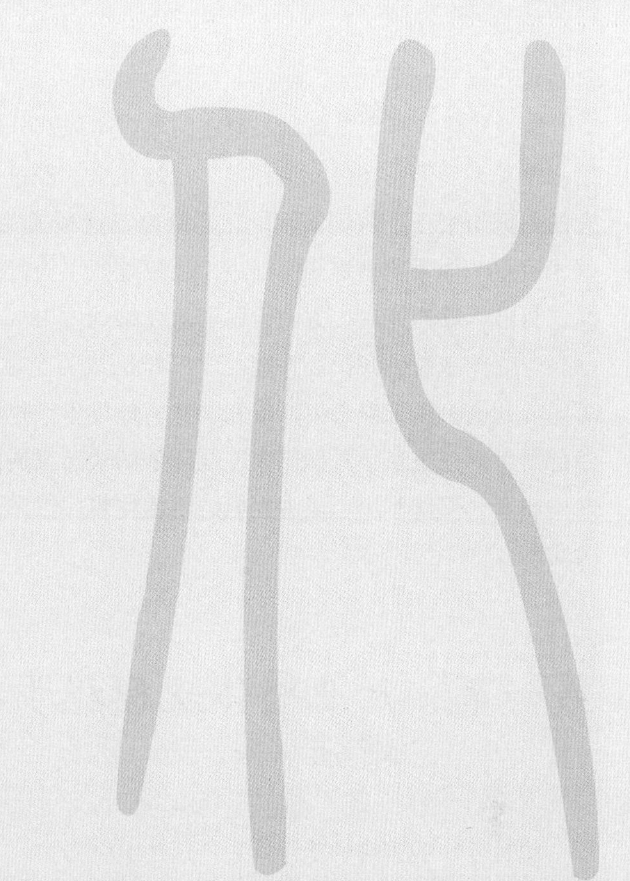

高性能化学纤维是新材料产业的重要组成部分，是我国化纤行业重点发展的关键材料，其发展水平关系到国民经济发展和国家战略安全。经过几十年的发展，在政府、企业、科研院所、协会的共同努力下，我国高性能化学纤维行业狠抓关键技术攻关，着力拓展下游应用，产业规模、技术进步、体系建设等全面推进，大幅缩短了与发达国家的水平差距，取得突破性进展和明显成就。目前全球产能占比方面，国产碳纤维约占28%，芳纶约占23%，超高分子量聚乙烯纤维约占66%。整体来看，我国高性能化学纤维已成为全球产品覆盖面及应用范围最广的国家，碳纤维、芳纶、超高分子量聚乙烯纤维和玄武岩纤维生产规模位居世界前三，主流产品技术水平和产量质量已居世界先进水平。国产高性能纤维的快速发展为我国制造业核心竞争力提升注入新动力，对航空航天、国防军工、风力发电、土木建筑、汽车轻量化、海洋工程等领域高质量发展做出了重大贡献。

第一节 产业整体规模稳步扩大，龙头企业实力大幅增强

2021年，我国高性能纤维总产能约19.5万吨，产量约10.2万吨，碳纤维、芳纶、超高分子量聚乙烯纤维和连续玄武岩纤维等产量已突破万吨（表15-1），其中碳纤维产量29000吨，产品可覆盖高强、高强中模、高模、高强高模型碳纤维（主要品种相当于T300级、T700级、T800级、T1000级、M40级、M40J级、M55J级等）。聚苯硫醚纤维、聚四氟乙烯纤维等产品稳步发展，聚醚醚酮纤维、碳化硅纤维、聚对苯撑苯并二噁唑纤维、全芳香族聚酯纤维等制备关键技术取得新进展。

表15-1 我国主要高性能化学纤维产量情况汇总表

高性能纤维	产量/吨		
	2010年	2015年	2021年
碳纤维	1500	3500	29000
芳纶	4000	10000	14000
超高分子量聚乙烯纤维	4000	7680	25200
聚苯硫醚纤维	3000	5000	7200
聚酰亚胺纤维	200	500	1200
聚四氟乙烯纤维	800	2000	3200
连续玄武岩纤维	2000	8000	22000

资料来源：中国化学纤维工业协会

经过多年发展与积累，我国培育了一批各行业的骨干龙头企业。例如，以中复神鹰、威海光威、江苏恒神、吉林碳谷等为代表的碳纤维生产龙头企业；以泰和新材、中化国际、中芳特纤股份有限公司为代表的芳纶生产企业；以江苏九州星际科技有限公司（简称九州星际）、北京同益中、仪征化纤为代表的超高分子量聚乙烯纤维生产企业；以四川安费尔高分子材料科技有限公司为代表的聚苯硫醚纤维生产企业；以奥神新材、长春高琦聚酰亚胺材料有限公司为代表的聚酰亚胺纤维生产企业；以浙江石金玄武岩、四川航天拓鑫玄武岩实业有限公司为代表的连续玄武岩纤维生产企业。形成了如江苏、吉林和山东等高新纤维及其制品的产业集聚地。同时，产业集中度也进一步提高，中复神鹰、威海光威、浙江宝旌炭材料有限公司、江苏恒神等企业的碳纤维产量已超过国产碳纤维总量的80%，宏发纵横、江苏澳盛复合材料科技有限公司等企业碳纤维年用量均已接近万吨；泰和新材、中化国际、中芳特纤股份有限公司等企业芳纶产量已达国产芳纶总量的90%；部分龙头企业的高性能纤维的产能产量已经位居全球领先地位。更为重要的是，这些龙头企业通过自主研发，掌握了具有自主知识产权的高性能化学纤维制备或应用工艺技术，为我国高性能化学纤维产业的快速发展提供了保障。中复神鹰的“干喷湿纺千吨级高强/百吨级中模碳纤维产业化关键技术及应用”获得2017年国家科技进步奖一等奖，威海光威自主创新开发的基于湿法工艺T700级碳纤维已应用于航空领域，其子公司威海拓展纤维有限公司获得国家技术发明二等奖（专用项目）。江苏恒神构建了碳纤维原丝、碳纤维、织物、预浸料、树脂、复合材料、结构件的完整产业链。此外，泰和新材、光威复材、中简科技、吉林碳谷已实现A股上市，北京同益中成功登陆科创板，中复神鹰也已在科创板上市，成功实现高性能化学纤维产业与资本市场的融合。

第二节　技术装备水平显著提高

高性能化学纤维产业技术不断提升，纤维质量以及系列化、差别化水平、生产稳定性等有了显著提高（表15-2）。

表15-2　2015～2020年“纺织之光”科技进步奖一等奖项目汇总

年份	项目名称	备注
2015	干法纺聚酰亚胺纤维制备关键技术及产业化（图15-1）	获2016年国家科技进步奖二等奖
2016	干喷湿纺千吨级高强/百吨级中模碳纤维产业化关键技术及应用	获2017年国家科技进步奖一等奖（图15-2）
2018	静电喷射沉积碳纳米管增强碳纤维及其复合材料关键制备技术与应用	
2019	基于湿法纺丝工艺的高强PAN基碳纤维产业化制备技术	
2019	对位芳香族聚酰胺纤维关键技术开发及规模化生产	
2019	多轴向经编技术装备及复合材料制备关键技术及产业化	
2020	百吨级超高强度碳纤维工程化关键技术	

资料来源：中国化学纤维工业协会

图15-1 “纺织之光”2015年度科学教育奖励大会上，东华大学张清华教授（左四）上台领奖

图15-2 中复神鹰董事长张国良在2017年国家科技进步奖颁奖现场

一、碳纤维

一是国产碳纤维原丝形成了二甲基亚砜（DMSO）、二甲基乙酰胺（DMAc）、硫氰酸钠（NaSCN）三种生产工艺体系，干喷湿纺和湿法纺丝工艺技术逐渐完善，使生产效率进一步提升；二是碳纤维核心技术不断突破，在实现T300级碳纤维产业化的基础上，又相继实现了T700级、T800级以及24K以上工业用大丝束碳纤维产业化，同时T1000级、T1100级、M55J级、M60J级、48K大丝束碳纤维等关键技术均实现了突破。我国二甲基亚砜系列产品基本全覆盖日本东丽同系列碳纤维品种。我国碳纤维产业的发展历程、部分产品及所处阶段见表15-3、表15-4。

表15-3 我国碳纤维产业发展历程

阶段	“九五”前（1996年前）	“九五”时期（1996～2000年）	“十五”时期（2001～2005年）	“十一五”时期（2006～2010年）	“十二五”时期（2011～2015年）	“十三五”时期（2016～2020年）
产业规模/（吨/年）	85左右	100左右	300左右	6400	8400	36150
单线产能/吨	10～70	10～100	10～100	突破1000	1000～1500	突破2500
品种结构	少量T300级小丝束碳纤维（小试）	T300级为主的小丝束碳纤维	T300级为主的小丝束碳纤维	1.T300实现产业化 2.T700级中试放大 3.T800级实验室研制 4.小丝束碳纤维为主	1.T300级为主 2.T700级工业化生产 3.M40J、M50J级等高模量碳纤维攻关试验 4.小丝束碳纤维为主	1.产品覆盖T300级、T700级、T800级、M40J级、M55J级 2.规格包括小丝束碳纤维和大丝束碳纤维
工艺技术	硝酸、硫氰酸钠为溶剂，湿法纺碳纤维原丝技术	突破二甲基亚砜碳纤维原丝新技术	二甲基亚砜为溶剂，湿法纺碳纤维原丝技术为主	1.突破二甲基乙酰胺碳纤维原丝技术 2.突破干喷湿法纺丝技术	1.二甲基亚砜、二甲基乙酰胺溶剂技术为主 2.湿法、干喷湿法纺丝技术	1.形成二甲基亚砜、二甲基乙酰胺、硫氰酸钠多种溶剂体系 2.湿法、干喷湿法纺丝技术
生产装备	原丝及碳化装置自主研发	尝试国外引进碳化装备	国外引进关键碳化装备	原丝装备自主研发，关键碳化装备国外引进	原丝装备自主研发，关键碳化装备国外引进为主	突破2000吨级碳纤维成套国产化装备技术

资料来源：中国化学纤维工业协会

表 15-4　我国聚丙烯腈基碳纤维系列化产品及所处阶段

细分品种	所处阶段	细分品种	所处阶段
T300级	产业化批量生产	M40级	工程化阶段
T700级	产业化批量生产	M40J级	工程化阶段
T800级	产业化初期	M55J级	工程化阶段
T1000级	工程化阶段	M60J级	实验室阶段
T1100级	实验室阶段		

注　根据《碳纤维技术成熟度等级划分及定义》（T/CCFA 03001—2020）团体标准，将碳纤维技术发展划分为实验室、工程化和产业化阶段。

资料来源：中国化学纤维工业协会

二、有机高性能化学纤维

对位芳纶突破了千吨级产业化关键技术，高强型、高模型对位芳纶产品实现国产化，高强型对位芳纶在个体防护装备上完成应用验证，开发了原液着色对位芳纶长丝，突破了超高强对位芳纶（相当于Kevlar-KM2级）制备技术，可用于军用防弹头盔。超高分子量聚乙烯纤维差别化技术进一步提升，超高强、高模、细旦、耐热、抗蠕变等新产品，以及新一代纤维专用树脂制备技术实现突破。聚酰亚胺纤维突破了聚合物合成、纤维成形、后处理、生产装备等一系列关键技术，形成了高耐热型、耐热易着色型、高强高模型三大系列，覆盖超细、常规、粗旦等多种规格，并自主研发了聚酰亚胺纤维原液着色技术。聚苯硫醚纤维开发了细旦化产品（1.1旦），可进一步提高高温过滤材料的过滤精度。突破了阻燃高强液晶聚芳酯纤维关键技术。聚四氟乙烯纤维通过形态结构控制、创新纤维制造技术和成套生产设备，提高了聚四氟乙烯纤维滤料的过滤精度和强度，发明了包含超细、催化、增强等不同纤维的多层次滤料，实现了工业排放烟气的一体化处理。我国三大高性能纤维2010～2020年发展对比见表15-5。

表 15-5　我国三大高性能纤维 2010～2020 年发展对比表

纤维品种	碳纤维		芳纶		超高分子量聚乙烯纤维	
	2010年	2020年	2010年	2020年	2010年	2020年
产业规模/（吨/年）	6400	36150	8000	29000	7800	34700
产能利用率/%	23	50	间位：40 对位：＜2	间位：70 对位：25	51	62
市场份额/%	12	37	间位：50 对位：＜5	间位：80 对位：28	86	98
技术水平	★★	★★★★	★	★★★	★★	★★★★
装备国产化率/%	＜30	＞80	＜20	＞80	＜50	＞95

资料来源：中国化学纤维工业协会

三、无机高性能化学纤维

连续玄武岩纤维规模化池窑、一带多漏板（24）技术取得新进展，形成了高强型、高模型、耐碱型三大系列产品。此外，漏板技术实现较大提升，漏板寿命提高到近6个月，整体生产成本消耗不断下降。同时，计算机模拟技术初步应用，实现对窑炉内温度、电流、气体及熔体流速等参数判别，进而优化窑炉结构设计，提升窑炉熔制技术水平。单回路智能表控制技术提高了温度、漏板、拉丝机等控制精度。连续碳化硅突破第二代产业化技术，并完成国家重点型号定型，同时在航空发动机、核电ATF事故容错材料组件等领域开展了复合材料试验。

四、高性能化学纤维装备

部分高性能化学纤维装备产线如图15-3所示。聚酰亚胺纤维批次聚合反应釜、纺丝组件、计量泵、卷绕机、热处理装备等关键零部件均已实现国产化；超高分子量聚乙烯纤维已实现成套装备的国产化，并逐步优化升级，单线产能超过300吨/年，并突破耐热、抗蠕变超高分子量聚乙烯纤维的成套装备设计制造技术；突破2000吨级碳纤维整线装备和500毫米、1000毫米宽口高温石墨化炉设计制造技术；间位芳纶和对位芳纶成套装备均已实现国产化；沥青基碳纤维生产设备制备技术取得突破。

九州星际超高分子量聚乙烯纤维生产线

中复神鹰碳纤维二期工程1000吨碳丝项目碳丝厂

泰和新材对位芳纶生产线

奥神新材聚酰亚胺生产线

图15-3 部分高性能化学纤维装备

第三节　创新平台作用持续发挥，产业政策环境日益完善

目前，我国高性能纤维领域已初步形成了涵盖基础研究、关键技术研发和应用示范的科技创新平台体系。我国现拥有国家碳纤维工程技术研究中心、碳纤维制备及工程化国家工程实验室、国家芳纶工程技术研究中心等研发平台，以及北京化工大学、中科院山西煤化所、中科院宁波材料所、山东大学、东华大学等科研院所，正在进一步深化产、学、研、用合作，积极开展“卡脖子”核心技术攻关，增加技术创新有效供给，在高性能化学纤维的基础理论研究、关键技术研发和应用示范推广等方面取得显著成果，对高性能纤维质量提升、高端产品研发、技术升级发挥了重要作用。2019年工信部批复成立了国家先进功能纤维制造业创新中心，进一步推动了化纤行业科技成果转化，特别是有利于促进我国高性能化学纤维产业的升级和可持续发展。

为加快突破高性能化学纤维行业技术瓶颈、缓解对国外进口的依赖、促进产业高质量发展，进入21世纪以来，国家陆续出台了一系列支持产业发展的政策，有效推动了高性能化学纤维行业发展。仅“十三五”期间，出台了《“十三五”国家科技创新规划》《“十三五”国家战略性新兴产业发展规划》《新材料产业发展指南》《工业强基工程实施指南（2016—2020年）》《“十三五”材料领域科技创新专项规划》等相关政策，进一步明确了关键新材料产业发展的目标和任务，并细化到具体材料、产品、技术指标等，为高性能化学纤维材料持续发展奠定了基础。高性能化学纤维的科技攻关、产业化及重点领域应用示范也被列入增强制造业核心竞争力、技术改造、工业强基、国家重点研发计划等，国防科工局和军委装备发展部也对国防军工用高性能化学纤维给予了专项资金支持，为高性能化学纤维行业提升基础研究能力，提高产业化发展水平，推动高性能化学纤维应用示范和市场推广发挥了重要作用。

第四节　产品应用能力不断提升，经济社会效益成效显著

随着国内对高性能化学纤维认识理解不断深入，国产高性能化学纤维质量不断提高，应用水平也持续提升。一是产品应用领域逐步拓展。目前高性能化学纤维已广泛应用于航空航天、国防军工、风力发电、土木建筑、汽车工业、轨道交通、海洋工程、光缆通信、安全防护、环境保护、体育休闲等领域，并已形成特定领域的稳定应用。二是产品应用规模逐步扩大。高性能化学纤维各细分领域市场应用均保持稳定，个别领域应用规模逐渐扩大，2020年国内高性能化学纤维的总消费量约为13.5万吨，碳纤维约为48800吨，芳纶约为25600吨，超高分子量聚乙烯纤维约为21700吨。其中2020年国内碳纤维应用总量达到48800吨，国产碳纤维用量占比为36.9%，特别是风电叶片用量达到20000吨，成为拉动我国碳纤维应用的主要驱动力，同时满足了国际风电叶片的使用需求，此外体育休闲领域用量约14600吨，建筑增强领域用量约2600吨，压力容器用量约2000吨，均呈现小幅增长。

国内芳纶实际用量超过20000吨，其中间位芳纶在高温过滤、阻燃防护、电气绝缘和蜂窝材料等领域用量保持平稳，对位芳纶在光缆通信、防弹材料、汽车工业等领域用量逐渐增长。超高分子量聚乙烯纤维在绳网、防切割手套、民用市场等领域用量保持增长，其中手套领域仍以出口为主。采用聚酰亚胺纤维开发的防护面料已成功应用于森林武警防护服。

我国高性能化学纤维行业的快速发展，有力推动了下游诸多领域技术水平的快速提升，取得了显著的经济社会效益。突出表现在：一是高性能化学纤维的国产化打破了日、美等发达国家长期对我国的技术封锁和市场垄断，为我国制造业核心竞争力提升注入了新动力，对航空航天、国防军工、风力发电、土木建筑、汽车轻量化、海洋工程、环境保护等领域高质量发展做出了重大贡献。相关资料显示，汽车车身重量每减轻100公斤，则CO_2排放量减少约5克/公里，而飞机机身重量每减少20%，则每年CO_2排放量减少约140吨，在碳达峰、碳中和政策背景下，碳纤维已应用于光伏、风电、氢能等绿色清洁能源领域，正逐步成为实现“双碳”目标的重要途径之一。二是随着国产高性能化学纤维市场认可度持续提高，不仅企业经济效益不断好转，逐渐步入良性发展阶段，同时高性能纤维及其制品出口量也不断增长，产品的国际市场竞争力持续增强。以碳纤维行业为例，2012年威海光威复合材料股份有限公司首次实现碳纤维企业盈利，2016年中复神鹰碳纤维股份有限公司首次实现碳纤维企业在民用领域盈利。2020~2021年在新冠肺炎疫情持续肆虐的大背景下，我国碳纤维行业逆势而上，持续保持产销两旺，业绩不断增长，连续两年实现了全行业盈利。

高性能化学纤维是实施制造强国的战略，推动制造业高质量发展不可或缺的关键基础材料，随着国产高性能化学纤维生产和应用技术不断进步，我国高性能化学纤维有望迎来新的发展机遇，全面进入国际先进行列，为满足国民经济建设发挥更加重要的作用。

第十六章

全面进入炼化时代

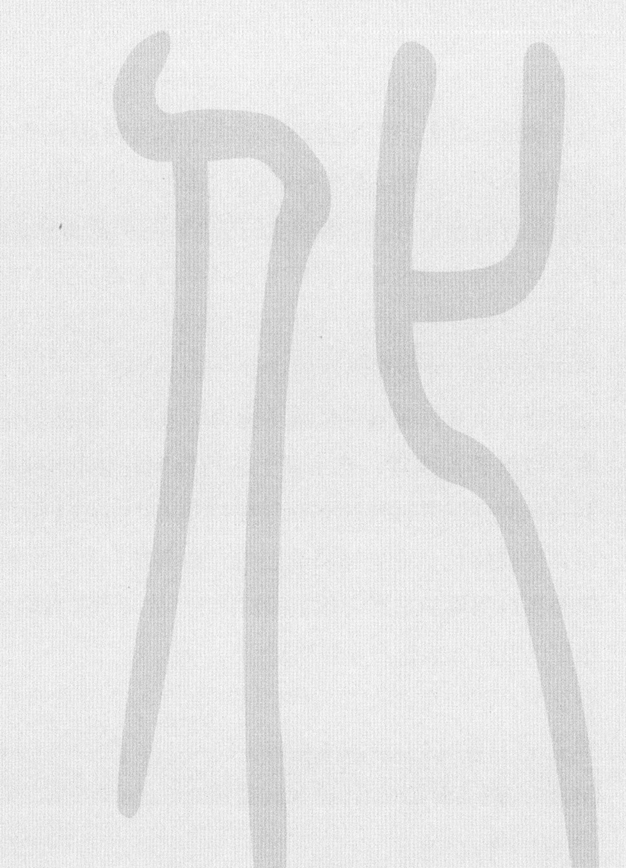

2010年以来，中国逐渐开放对PX等上游石化产品的投资主体限制，鼓励民营资本进入炼化领域。在宏观政策环境、市场需求和企业发展战略等各种因素驱动下，化纤龙头企业也不断推进全产业链战略。

化纤行业是与上下游产业关联程度很高的行业，尤其是聚酯企业所在的芳烃—PTA—聚酯—纺织产业链具有产业链条长、产品关联度高的特点，并具有明显的范围和规模经济效应。聚酯龙头企业需要有效地融入产业链，对上游原料和下游渠道有一定的掌控能力，尤其要解决上游PX和乙二醇原料瓶颈问题，才能在激烈的竞争中保持优势。

近十年来，荣盛、恒逸、恒力、盛虹、桐昆等化纤龙头企业实施炼化一体的全产业链的发展战略，以聚酯为起点，自下而上进行纵向一体化突破，打造千万吨级大型炼化一体化项目，实现从“一滴油”到“一根丝”全产业链布局的同时，做大和完善了中上游产业（表16-1）。面向新发展阶段，民营炼化企业更是瞄准国内“新消费”和“硬科技”催生的化工新材料领域，依托上游“大化工”平台提供的丰富“化工原料库”，布局下游高端化工新材料产业链，开启新一轮成长，也将重塑中国乃至世界炼化产业的格局。

表16-1　四大炼化一体化项目汇总

项目	规模	备注
恒力大连长兴岛炼化一体化项目	2000万吨/年原油加工能力，年产450万吨芳烃、992万吨汽煤柴油品，年产162万吨化工轻油、96万吨纯苯、54万吨润滑基础油、50万吨硫黄、85万吨聚丙烯、35万吨醋酸等化工品	2019年5月项目全面投产
恒逸文莱炼化一体化项目	一期800万吨/年原油加工能力，年产150万吨对二甲苯；二期项目计划新增1400万吨/年原油加工能力，年产150万吨乙烯、200万吨对二甲苯	2019年11月一期项目全面投产
浙江石化舟山炼化一体化项目	整体4000万吨/年的炼油能力；年产800万吨对二甲苯、280万吨乙烯	2019年底一期项目全面投产，2022年1月二期全面投产
盛虹连云港石化炼化一体化项目	总规模为1600万吨/年炼油能力；年产280万吨对二甲苯、110万吨乙烯	2022年5月16日投料开车

第一节　缔造四大项目

一、恒力大连长兴岛项目

恒力大连长兴岛项目是国务院批准的首个民营重大炼化项目，也是新一轮东北振兴的战略项目，总规模2000万吨/年。2010年4月10日，恒力（大连长兴岛）产业园（图16-1）奠基，是恒力集团迈出了进军石化产业的第一步，一期和二期PTA工程分别于2012年9月和2015年2月建成投产。2015年12月，恒力大连长兴岛项目开工建设；2019年3～4

图16-1　恒力（大连长兴岛）产业园

月，恒力大连长兴岛项目打通全部生产流程，PX优级品通过管道直供给了恒力石化PTA工厂，成为我国七大石化产业基地中最快建成、最早达产的大型炼化项目。恒力秉承高战略起点、高标准规划、高质量建设、高水平开车、高效率管理等理念，创造了世界石油化工行业工程建设速度、全流程开车投产速度和达产速度的行业纪录，成为石化行业高质量发展的标杆。

恒力大连长兴岛项目首次采用沸腾床渣油加氢裂化技术，总加氢能力超过2700万吨，年产450万吨芳烃、992万吨汽煤柴油品，同时年产162万吨化工轻油、96万吨纯苯、54万吨润滑基础油、50万吨硫黄、85万吨聚丙烯、35万吨醋酸等化工品。除了拥有规模成本、技术工艺优势，该项目在自有辅助配套与产能一体化方面也具有竞争领先优势，主要配套包括自备燃煤发电厂；自建煤制氢、煤制甲醇、煤制醋酸、煤制合成气；还包括自有原油码头（2个30万吨规模）、成品油码头等，产业配套的齐备程度国内领先，运行成本优势突出。

二、恒逸文莱大摩拉岛（PMB）石化项目

2010～2015年，恒逸集团在主业上进一步延长产业链，启动“一带一路”重点项目——恒逸文莱大摩拉岛（PMB）石化项目，此项目也被誉为中国和文莱两国的旗舰合作项目。2012年4月，恒逸集团正式宣布投资建设项目一期，一期项目于2019年11月投料试车一次成功，并投入商业运营（图16–2），为中国石化产业走向国际化树立了新的标杆。此外，2020年前三季度，该项目产值占文莱国内生产总值的4.48%，进出口额占文莱贸易总额的50.57%，对文莱的对外贸易、经济增长做出了重要贡献，更对发展油气下游产业做出重要贡献，打造了中文合作共赢的范本。

图16-2　恒逸文莱大摩拉岛鸟瞰图

恒逸文莱大摩拉岛（PMB）石化项目主要包括：一期建设800万吨/年炼化装置以及相应的原油、成品油码头、电站等配套工程，建成后主要产品的年产能为PX 150万吨、苯50万吨、柴油150万吨、汽油40万吨、航空煤油100万吨、轻石脑油150万吨；二期项目计划总投资136.5亿美元，建设期三年，投产后新增1400万吨/年炼油产能和200万吨/年对二甲苯（PX）、250万吨/年PTA、100万吨/年PET、165万吨/年乙烯、105万吨/年聚乙烯（PE）、100万吨/年聚丙烯（PP）等下游产能。

恒逸文莱大摩拉岛（PMB）石化项目有以下优势：一是运输成本低，公司项目建在文莱，而文莱属原油出口、成品油进口国，项目的原油炼化由原油当地提供1/3，直接管道运输，原油物流成本低，且油品就近在东南亚市场销售，销售半径小。二是生产成本低，项目自建电厂，电力成本仅为国内用电成本的1/4，且其他能耗成本优势明显。三是税收优惠优势，项目长时期内将无关税壁垒，增值税、所得税等均为零。

三、浙石化舟山炼化一体化项目

浙石化舟山炼化一体化项目由浙江石油化工有限公司（简称浙石化）投资兴建。浙石化是荣盛石化占股51%，巨化集团、桐昆股份及舟山海投参股组建的民企控股、国企参股的混合所有制企业。该项目规模目前在世界上炼油单体产业也名列前茅。

图16-3　浙石化（舟山）俯瞰图

项目分两期建设，总规模为4000万吨/年炼油、800万吨/年对二甲苯、280万吨/年乙烯。2017年7月10日，浙石化舟山炼化一体化项目一期工程正式开工。2018年，顺利进入基建和设备安装收尾阶段。2019年5月20日，《关于4000万吨/年炼化一体化项目（一期）投产的公告》正式对外公布，宣告备受业界瞩目的浙石化舟山炼化一体化项目（一期）经过两年时间基本建成并安全运营，二期全面开工，三期启动报批工作。2020年1月初，浙石化宣布其4000万吨/年炼化一体化项目一期工程炼油、芳烃、乙烯及下游化工品装置已全面投料试车，打通全流程，实现稳定运行并生产出合格产品，2022年1月，浙石化舟山炼化一体化项目（二期）全面投产（图16-3）。

四、盛虹连云港炼化一体化项目

盛虹连云港炼化一体化项目是国家《石化产业规划布局方案》重点推进项目（图16-4），项目位于连云港徐圩港区，加工沙特阿拉伯产轻质、重质原油，采用原油加工+重油加氢裂化+对二甲苯+乙烯裂解+IGCC的总工艺流程方案。2018年9月17日，盛虹集团获得国家核准炼化项目批件，12月在徐圩举行1600万吨炼化一体化项目开工典礼，2019年6月正式开始土建和桩基施工。2021年初完成国内最大常减压塔装置成功吊装，3月实现首批分项工程中交，6月顺利完成首批首套投运装置中交，2022年5月16日投料开车成功。

图16-4　盛虹连云港炼化一体化项目产业基地俯瞰图

项目规模为1600万吨/年炼油、110万吨/年乙烯、280万吨/年芳烃，下游同步建设LDPE/EVA、乙二醇等化工装置，1600万吨的单线规模是目前我国最大的单线产能，其单线规模是全球炼厂平均规模的2倍多，是我国炼厂平均规模的近5倍。项目建成后，盛虹集团将形成独有的油制烯烃、醇制烯烃“双链”并延、协同发展模式，为中国石化产业转型升级提供一条崭新的途径。该项目将重点聚焦于高附加值的芳烃产品和烯烃产品，将成品油产量降至约31%，化工品占比达到69%。盛虹连云港炼化一体化项目对二甲苯占炼油产能的比例达到17.50%，充分挖掘和发挥了产业链配套优势，实现原油精细化、经济充分利用。

第二节　铸就新的辉煌

一、实现上游原料自给自足，产业链综合竞争力全面提升

PX（对二甲苯）是重要的化纤基础原料，对整个炼化产业链的物料平衡和盈利能力有着至关重要的

影响，PX的自给自足也成为聚酯企业在炼化领域的“护城河”。多年来我国PX对外依赖度高达60%以上，长期大量进口加上议价权缺失，使我国整个聚酯产业链盈利的很大一部分被海外PX生产商获得。

化纤龙头企业炼化一体化项目的建成投产将彻底改变PX供需格局，从本轮炼化配套PX产能规模来看，浙石化一期400万吨/年，二期400万吨/年的规模；恒逸集团一期150万吨/年，二期200万吨/年；恒力集团单套系列450万吨；盛虹集团一期280万吨/年，共计将近1900万吨/年，约占目前我国PX总产能的60%。据有关机构预测：未来我国芳烃产业仍将保持稳步增长，预计2025年前，仍有盛虹炼化等大型炼油配套的PX装置投产，到2025年，我国PX产能将突破4500万吨/年，届时中国PX产能占世界的比重将进一步提高到45%以上，我国PX供需格局将面临巨大转变，有望迎来自给自足的新局面。

实现上游原料的自给自足意味着涤纶行业真正的一体化配套，将全面巩固提升我国聚酯行业龙头的全球竞争能力。此外，在上游原料定价权上，作为PX的主要消费者，民营大炼化PX产能建成后也摆脱了我国聚酯企业被动接受国际PX生产供应商定价的局面，在PX自给自足的情况下，民营大炼化板块逐步取得PX议价主动权，从海外PX供应商的合约定价转变为100%市场定价，也使我国PX市场从国际的高度垄断性定价回归大宗商品的强市场属性，全面提高了我国聚酯产业链的话语权。

二、“少油多化”，多元化产品战略凸显竞争优势

总体来看，化纤龙头企业发展炼化一体的原则是：能芳则芳、能烯则烯，“少油多化”，一方面是自下而上发展与自身产业配套；另一方面在产品结构上与大型国有或传统炼化企业形成差别化，充分考虑经济性及合理性。随着全球油品需求增速放缓，呈现“控炼增化”的大趋势，“控炼增化”成为全球炼化一体化发展的新常态，而从中国整个炼化产能的分布来看，炼油产能过剩，而烯烃和芳烃等基础化工原料产能不足。在此背景下，几个民营炼化项目均降低成品油的出产比例，增加具备高附加值化工品的产量，可以有效规避成品油过剩带来的威胁，从而保证项目的盈利能力。

从企业布局来看，恒逸集团已完成原油炼化—PX—PTA—聚酯和原油炼化—苯—己内酰胺—锦纶的双产业链布局；恒逸文莱炼化项目一期已于2019年9月投产，炼油产能达到800万吨/年，PX产能150万吨/年。在一期稳定运营的同时，全力推进文莱二期项目，项目规划1400万吨/年炼能，产品包括200万吨/年对二甲苯、255万吨汽油等，同时也包括165万吨/年乙烯、250万吨/年PTA、100万吨/年聚酯瓶片，项目建成后，恒逸集团将进一步强化上游产能基础与发展领先优势，提升经营业务结构和一体化协同运营，进而提升整体盈利能力。

荣盛石化实施原油—PX—PTA—涤纶长丝全产业链布局，并依托上游炼化丰富原料库，持续深化产业链，向下布局化工新材料业务。其中，浙石化一期布局9万吨/年MMA、26万吨/年PC产能；二期除布局26万吨/年PC外，还建设30万吨/年LDPE/EVA联产装置，产品附加值不断提升。

恒力石化加速布局下游高端化工新材料，进军锂电隔膜行业优势显著。根据恒力石化公告，目前具备2000万吨/年炼化生产能力、500万吨/年现代煤化工装置、150万吨/年乙烯项目，下游烯烃环节包括85万吨/年聚丙烯、40万吨/年高密度聚乙烯等。炼化基地的炼化装置、煤化工装置、乙烯装置和PTA装置都通过管道一体化连接贯通，节省了大量中间费用和运输成本，全产业链优势使得公司在锂电隔膜原材料方面能够实现自给自足，显著降低生产成本。

盛虹集团坚持从“一滴油”到“一根丝”的全产业链布局，未来业务将向EVA等新能源材料领域延伸，除1600万吨/年炼化一体化项目外，还拟新建2#乙二醇+苯酚/丙酮项目和POSM及多元醇

项目，进一步提高炼化项目化工品占比及附加值，形成炼化+聚酯+新材料的产业矩阵，并构建国内独特的“油头、气头、煤头”三头并举的产业格局。

强大的融资能力和资金保障是民营大炼化项目建设运营的关键因素。这些新跻身千万吨大炼化产业的民营企业都是上市公司，而且有的是在成为上市公司后才正式开工建设。从发展模式上，这种自下游聚酯起家打通中游再向上游炼化扩张的模式，在全球炼化发展史上也是独树一帜的。中国作为纺织化纤大国和炼化大国，同时兼具劳动力密集型和资本密集型两种优势，此外，中国作为制造业完备的超大型经济体，完整覆盖了化工各个子行业，提供了诞生从聚酯到炼化的全产业链巨头的沃土。

三、技术后发优势明显，项目创多个单项领先

四大化纤的炼化一体化已经从简单分散的一体化发展成为炼油与石油化工物料互供、能量资源和公用工程共享的一种综合精密一体化。炼化一体化集成度高，已发展出炼油芳烃一体化、炼油乙烯一体化等多种一体化模式，不论从单体装置还是总体规模看，都是国内领先、国际一流的超大型加工规模。

从规模上看，四大化纤的炼化装置规模均是世界一流，目前全球达2000万吨/年炼化规模的企业仅有20余家，国内仅有中石化的镇海炼化（2300万吨/年）和中石油的大连石化（2050万吨/年），技术和装置的后发优势使其跻身全球具有竞争力的炼化企业行列，并且由于采用了先进的生产工艺和更加合理的产品方案，盈利能力胜过已有产能。

根据中国石油化工研究院研究数据，通过实现炼油与石油化工物料互供、能量资源和公用工程共享，炼化一体化企业与同等规模的炼油企业相比，产品附加值可提高25%，节省建设投资10%以上，降低能耗15%左右。同时研究表明，民营炼化企业在沿海地区选址，企业自备原油及成品油码头，原料及产品进出的物流成本远低于内陆炼化企业。

此外，上述几大炼化项目的技术优势尤其突出，例如，恒力石化炼化一体化乙烯项目的全部原材料基本由上游2000万吨炼厂供应，乙烯装置全球最大之一，乙烯收率48%，极大程度发挥了炼化一体化的规模集成优势，生产出国内紧缺的各类高端化工品（包括180万吨/年乙二醇、72万吨/年苯乙烯、42.3万吨/年聚丙烯、40万吨/年高密度聚乙烯、14万吨/年丁二烯等），极大提升了恒力石化炼化一体化的深加工能力与产品附加值。

浙石化项目在重整装置单套规模、单缸循环氢压缩机、一拖三式压缩机等领域全球领先（图16-5）。

1 单套规模——全球领先

作为全球单套规模最大的重整装置，其单套的处理量达到380万吨/年，与之相应的，配有高达136米的反再框架用于安置反应与再生系统。

2 单缸循环氢压缩机——全球领先

浙石化重整装置配有全球最大的单缸循环氢压缩机，长7.09米，宽3.25米，高4.12米，重达269吨，功率达13356千瓦，可带动35万标立方米的气量。

3 一拖三式增压机——全球领先

浙石化重整装置中的增压机也是全球最大的一拖三式的压缩机，三台压缩机共达588吨，功率达到了33537千瓦，可带动30万标立方米的气量，可以说是庞然大物。

图16-5 浙石化项目的全球领先

盛虹集团的炼化一体化项目中，1600万吨/年的单线规模是目前我国最大的单线产能之一，单线规模是全球炼厂平均规模的2倍多，是我国炼厂平均规模的近5倍。根据行业内权威机构中国石化工程建设有限公司对500万～2500万吨/年炼油厂的盈利能力测算，1500万～1800万吨/年规模区间是炼油厂的最佳经济规模之一，项目处于最佳规模区间，能够发挥装置的规模优势。盛虹集团炼化一体化项目的多个装置在规模、技术先进性等方面均处于世界先进水平，拥有更多的化工品比例，项目单套产能大，成本更低，能耗水平低。

四、发展与降碳并举，建设高效绿色世界级炼化工厂

化纤龙头炼化企业具有较强的劣质原油处理能力，除轻质油外，还具备低成本中质油和重质油处理能力。有业界分析指出："民营炼化通过调和轻质、中质、重质原油比例，可加工全球80%～90%品种的原油，显著降低原油价格大幅波动带来的风险。同时，中质油、重质油比例的提升，也可有效降低原料端成本，增强盈利能力。"

恒力石化的炼化一体化项目采用Chevron、Lummus、GTC、Grace、Topsoe、Axens等国际先进且有成熟应用的工艺包技术，使用世界领先的法国Degremont公司环保污水处理技术，全力打造高效、节能、绿色、环保的世界级炼化工厂。恒力热电厂累计发电超过63亿千瓦时。另外，恒力平均发电煤耗只有164克/千瓦时，与先进的100万千瓦二次再热机组的发电煤耗256.8克/千瓦时相比，两年共节约标煤57.8万吨，减排二氧化碳160万吨。同时，二氧化硫、氮氧化合物粉尘等指标全面优于国家超低排放标准，在贯彻落实碳达峰、碳中和目标中率先垂范，走在前列。

浙石化项目二期采用世界领先的绿色生产工艺技术，从源头上确保清洁生产，产品质量好、收率高、能耗低，各项技术经济指标达到国内一流、国际先进水平。如浆态床加氢装置实现了重油高效、绿色清洁化利用，规模全球领先，有效提高渣油深度转化能力，实现了炼油提质增效。

此外，在"双碳"目标下，制造业的转型升级以及消费结构的变迁，将推动国内可再生能源、新能源汽车、5G技术、消费电子及集成电路等产业快速发展，也必然会带动相关化工新材料需求的提升，国内大型民营炼化企业更是积极布局新能源、新材料，通过丰富新业态拓展产业版图。

五、跨越式发展，四大龙头企业全部跻身世界500强

回溯国内化纤巨头产业链延伸炼化一体化发展的进程，会发现在近20年间，昔日这些名不见经传的企业已经跻身具有国际影响力的企业行列。根据"2021石油和化工民营企业销售收入百强"榜单，恒力集团、荣盛集团、恒逸集团分别以6953.35亿元、3086亿元和2660.76亿元的营业收入位列前三甲。

入列世界500强榜单是彰显中国企业发展成就的重要里程碑，恒力集团2021年迈进《财富》世界百强企业阵营，居第67位；浙江荣盛控股集团2021年居《财富》世界500强企业的第255位；恒逸集团2021年居《财富》世界500强企业的第309位；盛虹集团2021年居《财富》世界500强企业的第311位。

未来已来，中国化纤企业巨头将行而不辍，未来可期。

第十七章

先进化纤产业集群的高质量发展

改革开放四十多年来，我国化纤行业发展迅速，截至“十三五”末期，我国化纤产量达到6025万吨，占全球的70%以上，化纤在纺织纤维加工总量中的占比在85%左右，产品种类齐全，产业链供应链完整且稳定性和竞争力日益增强。在数十年的发展过程中，我国化纤行业历经国内外宏观经济环境变化、国际市场波动、行业转型升级和产业结构调整的重重考验，在并非坦途的情况下能够实现较为稳定的发展，逐步做大做强，化纤产业集群发挥了重要且积极的作用。

第一节　我国化纤产业集群的基本现状

集群式发展是常见的产业发展模式，我国化纤产业集群经历了集聚、形成、发展、提高、融合的过程。化纤产业集群的发展壮大不仅关乎个体企业的成长，还与地方经济的繁荣息息相关，也影响着整个中国化纤工业的升级与进步。在我国化纤产业快速发展的进程中，特别是“十二五”以来，我国化纤产业集群的发展逐渐形成了自己的特色和发展节奏。

一、化纤产业集群的类型

从集群的产业性质来看，我国化纤产业集群属于资金与技术结合型的产业集群，此类集群既有较明确的产业分工和紧密的市场联系，同时也依赖资金投入和技术产品研发水平作为基础支撑。

从行业认知角度来看，目前经中国纺织工业联合会认定的中国化纤名镇共8个，包括江苏宜兴市新建镇、江阴市周庄镇、太仓市璜泾镇、仪征市真州镇、常熟市碧溪街道，浙江萧山区的衙前镇、瓜沥镇和桐乡市洲泉镇。此外，由于化纤生产的自身特点和化纤企业的规模优势，更多的化纤产业集群在区域的定义上往往更加广泛，区域影响力和聚集度更高，因此也形成了一批更为广义的化纤产业集群，如在纺织业内熟知的浙江桐乡、萧山，江苏吴江盛泽、江阴，福建长乐、晋江等。

从产业组织结构来看，产业集群大体可分为大中小企业共生型和中小企业集聚共生型。前者既包括一些规模大、创新和竞争能力强的大企业，也包括一批开展细分市场产品生产或配套生产的中小型企业，这些企业共同构成一个由大企业带动，中小企业共生、互助、协调发展的产业聚集区。后者是由大量中小企业按照专业化分工和产业链逻辑在市场引导作用下形成的一个专注于同一大类产品的互动互补、具有整体性竞争力的产业群体。

在我国，以上两类产业集群都有突出代表。如浙江萧山、浙江桐乡、江苏盛泽、福建长乐等地区都属于典型的大中小企业共生型产业集群，此类集群依托当地大型化纤企业的发展，产业链结构相对完整，龙头企业对于当地化纤产业能级的提升和引领作用明显，并能够带动当地及周边地区纺织产业的发展和延伸，吸引后道和配套产业的聚集，成为地方经济和税收的重要支撑。

中小企业集聚共生型产业集群在我国化纤行业也不少见。比如，江苏海安市以锦纶产品为主要特色，太仓市璜泾镇以化纤加弹产品为特色，此类产业集群主要是因下游需求的带动、在市场的驱动下形成的企业聚集，以一定数量的企业聚集形成较大的产业规模，可以提供多样化、不同档次的产品，并形成了一定的区域市场口碑，积累了一定的发展实力和潜力。

二、化纤产业集群的分布及地域特点

由于经济基础、消费习惯和地理位置等诸多因素的影响，我国的化纤产业集群主要集中在浙江、江苏、福建等地。随着企业发展和产业升级，尤其是在经历了数轮行业洗牌之后，化纤产能进一步向优势企业和优势地区集中，产业的聚集度进一步提升。截至“十三五”末，浙江、江苏、福建三省的化纤产能之和已超过全国化纤总产能的86%，分别占比49.50%、26.31%和10.35%，集群化特征明显，对行业总体发展的贡献率和影响力显而易见。

从单一产业集群的区域产能总量来看，桐乡、萧山及临江工业区、盛泽、绍兴和长乐位居前五，江阴、晋江、仪征、太仓和宿迁的产能总量也达到了相当的规模，都达到或超过百万吨级。排名前十的化纤产业集群的产能之和达到全国化纤总生产能力的62.9%，全部来自浙江、江苏和福建三省。

可见，化纤集群大多地处东部沿海经济发达地区，在改革开放后的较长时间内，浙江、江苏和福建等地结合自身产业基础形成了较具特色的化纤产业集聚，且与当地的大型专业市场形成了良性互动，在更大范围内形成了产业链集群，从而带来了规模和效率的双重改进。这得益于这些地区拥有地理上、历史上的优势，特别是海运的优势和贸易传统，拥有相对稳固的经济基础、长期形成的产业生态等有利因素，是中国市场化程度最高的地区之一，是市场化和对接国际市场的前沿地区，当然也离不开其在优化营商环境、优化产业结构上长期的努力。

三、化纤集群的产能集中度

21世纪以来，以产业集群为基点，化纤行业形成了一批大企业集团，综合实力达到国际领先水平，抗风险能力明显提高，同时也带动了化纤行业整体竞争力明显增强。2020年，我国化纤行业抽丝能力超过100万吨的企业达到11家，占总能力的47%，抽丝能力在40万~100万吨的企业有20家，占总能力的16.44%，全行业抽丝能力超过5万吨的企业数量有167家，占总能力的91.4%（表17-1）。

表17-1　2020年化纤企业按规模统计

规模	企业数	抽丝能力/万吨	占总能力比/%
100万吨以上（含100）	11	3034	47.00
40~100万吨（含40）	20	1061	16.44
20~40万吨（含20）	29	777	12.04
10~20万吨（含10）	45	629	9.74
5~10万吨（含5）	62	399	6.18
合计	167	5900	91.40

从化纤品种来看，产业聚集在涤纶和锦纶两大领域的表现最为明显，其中桐乡、萧山及临江工业区、盛泽三地的涤纶产能占该品种总产能的47%；江苏江阴的化纤产业以涤纶短纤维为特色，当地产能占涤纶短纤维总产能的25%；福建长乐的涤纶和锦纶生产皆具规模，其中锦纶更为突出，产

能占比达到锦纶总产能的24.8%（表17-2）。

表17-2　2020年主要化纤集群情况统计

集群名称	集群产能在总量中占比/%	主营产品
浙江桐乡	18.62	涤纶
浙江萧山及临江工业区	11.67	涤纶
江苏盛泽	8.24	涤纶
浙江绍兴	7.25	涤纶
福建长乐	4.38	涤纶，锦纶
江苏江阴	4.20	涤纶短纤维
福建晋江	3.25	涤纶

第二节　我国化纤集群发展的主要特点和行业贡献

一、产业集群的发展为化纤行业的整体升级奠定基础

从我国化纤集群产能集中度可以看出，产业集群的发展在很大程度上为整个行业的发展奠定了基础、确定了基调。回顾我国化纤行业的发展历史，尤其是近二十年的发展历程，不难发现，化纤产业集群在科技引领、产品创新、绿色制造、品牌建设和数字化转型等方面都发挥着引领和导向的积极作用。在这其中，集群内龙头企业的示范作用显而易见，这也是我国化纤产业集群最为显著的特征之一。

除了夯实企业自身的发展之外，随着化纤行业的进一步升级，在虹吸效应和马太效应的双重作用之下，化纤龙头企业的发展也为周边的中小型企业和下游企业拓展了良好的发展环境和发展空间。近年来的综合行业数据显示，龙头企业的发展程度和战略选择对于产业集群以及地方经济的影响力在进一步增强。除了企业本身的影响力和贡献率之外，当地政府等职能部门对于企业和集群的配套服务和产业政策也在相应地提升和完善。从这个角度而言，核心大企业的健康可持续发展能够带动整个地区化纤产业链形成良好的整体发展态势。

二、化纤产业集群与纺织产业链协调发展

我国化纤产业集群的产品涵盖了大部分化纤品种，除涤纶、锦纶外，还包括纤维素纤维、氨纶、芳纶、碳纤维、高强高模聚乙烯纤维和聚苯硫醚等，能够为产业链下游提供丰富的纤维原料。同时，很多化纤产业集群同时也是纺织辅料、配套产品和下游终端产品的聚集地，有较强的市场作为支撑，能够叠加形成更强、更广的集群效应和综合竞争优势。比如，桐乡是化纤、毛衫、皮草等七大国家级产业名镇；萧山拥有化纤产业名镇称号的同时也是中国羽绒之都和中国花边之都；盛泽是重要的化纤集群，同时也是我国最大的纺织印染基地之一；长乐以化纤、棉纺和经编产业为特色，同时拥

有中国经编名城的称号等。从发展趋势上看，形成集纤维化工原料、化纤、纱线、面料、印染等配套产业和终端纺织产品为一体的现代化纺织产业体系，是很多地方政府产业政策的引导的主要方向。

三、向上整合趋势明显，产业链配套完善

对区域经济发展而言，当产业链足够长、足够强，将有助于当地产业更从容地应对突如其来的风险，以竞争优势拓展更大的市场。在我国化纤行业，近十余年来化纤产业集群地区的龙头企业垂直向上游发展势头明显，原料自主配套能力明显提升。

到2020年，我国对二甲苯（PX）、乙二醇（EG）、己内酰胺（CPL）和丙烯腈（AN）等原料的进口依存度较2015年分别下降15.57、11.42、4.21和5.64个百分点。其中PTA自给率由2005年的46%提高到2011年的71%，其中远东、恒逸、荣盛和三房巷投资的PTA项目产能合计达到855万吨，占2011年我国PTA产能总量的42%。

“十三五”期间，化纤龙头企业加速向产业链上游延伸，炼化一体化发展取得重要进展，聚酯产业链一体化已实现从原油到化纤纺织的全产业链一体化运作模式，锦纶产业链一体化也在加速推进。打造从原油到纺织的全产业链布局，不但能够确保龙头企业自身原料的稳定供应，提高抗风险能力，也切实带动了化纤集群的持续配套和完善，提升了我国化纤行业整体的原料安全保障。

四、推进产业基础高级化和产业链现代化

化纤产业集群因多数有龙头企业作为支撑，其技术水平的提升和研发方向通常具有更强的带动和示范效应，并有效带动周边市场和下游产业链开展协同研发。特别是随着近年来化纤行业供给侧结构性改革的深入推进，一批龙头企业完成了存量优化以及关键产能补短板、装置工艺上台阶、设备智能化升级和产业一体化协同的综合提升，不但巩固和扩大了企业自身的发展优势和经营内涵，也为与之配套的上下游产业链企业和合作伙伴开辟了更大的发展空间和成长可能。

以涤纶行业为例。2020年的年报显示，涤纶行业12家上市公司中，半数为产业集群核心企业，公司研发人数平均超过1800人，其中4家年度研发投入占比超过行业平均值，最高为2.54%。对于营业收入接近和超过千亿的企业来说，这个数字已经接近国际同业的领先水平。此外，化纤产业集群的核心企业基本都建有国家级或省级企业技术中心，并与国内外专业高校和研究院所开展了长期深入的产学研合作，其科技成果多次荣获“纺织之光”中国纺织工业联合会科学技术奖等奖项。目前，集群企业中，国家级、省级和县市级高新技术企业的梯队建设已经成型并形成了一定的规模，核心企业多次承担国家级技术攻关项目和火炬计划项目，成为我国化纤行业技术升级的骨干力量。近年来，化纤核心企业积极参与行业的数字化和智能化转型升级，成为地方产业升级的主要驱动力，推动传统产业搭上数字经济的快车。

经过数十年的成长，化纤产业集群中诞生了一批具有全球影响力的龙头企业，如以恒力集团、荣盛控股集团、恒逸集团、盛虹集团、桐昆集团、新凤鸣集团等为代表的涤纶头部企业，以恒申集团、锦江科技等为代表的锦纶头部企业等。这些企业在生产规模、产业链一体化、创新能力、绿色制造、品牌建设等方面已具备全球竞争优势，在各自的领域引领并主导着行业的发展。产业集群企业的持续成长夯实了区域产业发展的基石，企业的品牌价值也带动了集群品牌的提升，扩大了区域品牌的影响力和美誉度。比如，化纤集群中的核心企业连续多年入选各类500强企业榜单。2020年，

15家化纤相关企业入选中国民营企业500强企业，全部来自化纤产业集群。2021年，恒力集团、荣盛控股集团、恒逸集团、盛虹集团成功跻身《财富》世界500强企业排行榜。

五、承载我国化纤行业实现“双碳”目标的使命

21世纪以来，我国化纤行业绿色发展成绩显著，“十二五”期间，化纤行业单位产品可比综合能耗同比下降36.3%，“十三五”期间，绿色制造体系不断完善，31家企业获评工信部绿色工厂，52种产品获评工信部绿色设计产品，4家企业获评工信部绿色供应链企业。由于我国化纤产业聚集度高这一特点，在绿色生产方面，化纤产业集群特别是区内核心企业，一直发挥着示范和引领作用。

“十四五”期间，碳达峰、碳中和目标为行业高质量发展提出了新的要求，标志着化纤行业进入低碳发展加速期。在此背景下，一方面化纤产业集群承担着艰巨的低碳任务，特别是核心企业大部分也是全国或省级重点用能单位，各地对化纤企业的用能双控管理将被逐渐强化，这些企业的单位产品可比综合能耗的降低在很大程度上对本地区乃至整个化纤行业“双碳”目标的实现形成了较大影响。另一方面，由于化纤企业均为规上企业，化纤产业集群在整体技术水平、资金能力和装备实力方面处于全球领先水平，在绿色技术的采用以及产业能源结构调整等方面也将引领行业的整体进步。目前部分产业集群的核心企业在与品牌方积极合作，推进减碳工作，部分企业还提出了“零碳行动”或推出了“零碳纤维”；在行业能源结构方面，很多企业也已经开始向低碳化转型，未来天然气、风电、光伏等清洁能源消费比重将提升，在产业集群及其核心企业的带动下，化纤行业的能源结构也将进一步低碳化，清洁能源和可再生能源消费比例将继续增长。

六、产业结构优化促生新的产业集群

随着产业的进一步发展，我国化纤行业内的并购重组将进一步深化，化纤企业也将进一步向上或向下纵向拉伸产业链覆盖，继续优化资产配置和降低原料安全风险。同时，为了给企业的未来发展赢得更大空间，产业集群的核心企业也在逐步将部分重组产能或淘汰落后产能之后的新建产能转移到环境容量更大、能耗压力更小的地区。以涤纶行业为例，近几年，江苏南通、宿迁和安徽泗阳相继吸引了桐昆、恒力、盛虹等龙头企业的投资，成为化纤产能新的增长点，这些地区也有望逐步成为新的化纤产业集群。

“十四五”期间，结合“一带一路”建设、西部大开发等重大战略，化纤行业还将鼓励龙头企业在中西部布局煤化工路线化纤原料、炼化一体化等项目，完善产业链配套，在广西、云南、新疆等地建设石化聚酯纺织全产业链一体化原料供应基地，与周边国家和地区的纺织服装产业链形成高效协同的供应链体系。

第十八章

先进的行业组织——中国化学纤维工业协会

随着中国经济及化纤行业的发展，化纤行业迫切需要专业的行业组织为越来越多的化纤企业和政府部门提供更加专业精准和深入细致的服务。在国家各领域加快和深化改革以及适应对外开放、加强行业国际交流的大背景下，中国化学纤维工业协会应运而生。

图18-1　中国化学纤维工业协会标志

中国化学纤维工业协会，简称中国化纤协会，英文名称为China Chemical Fibers Association，简写为CCFA（图18-1），是经中华人民共和国民政部登记注册的全国性社团组织，由从事化学纤维生产和研究、上下游产业链、供应链的相关企事业单位和个人以及有关的社会团体等组成。

第一节　中国化学纤维工业协会的简要发展历程、宗旨和基本框架

一、中国化纤协会的简要发展历程

中国化纤协会于1989年由纺织工业部化纤司筹备组建，根据仪征化纤工业联合公司、浙江涤纶厂、保定化纤厂、丹东化纤工业公司、上海化纤公司、开山电化纤浆厂、福建维尼纶厂、平顶山锦纶帘子布厂、上海石化总厂、辽阳石油化纤公司以及新伦化纤公司等全国十一家大型化纤企、事业单位提出成立中国化纤协会的倡议，1992年11月经民政部批准成立，1993年3月5日召开成立大会。1994年，中国纺织总会化纤办成立，与中国化纤协会合署办公，这也是化纤行业由部门管理向行业管理过渡的重要举措，标志着我国化纤行业管理步入新轨。1998年，为了更好地适应社会主义市场经济发展的需要，中央决定对国家机构进行改革和精简，撤销中国纺织总会，成立国家纺织工业局，根据政企分开、依法行政和精简、统一、效能的原则，中国化纤协会独立办公。此后，中国化纤协会随着行业的发展壮大不断成长，持续提高服务能力、丰富服务内容，积极引导行业健康有序发展，努力推动化纤行业整体水平和国际竞争力的持续提升。2013年，民政部授予中国化纤协会5A级社会组织的称号（图18-2）。2020年10月，随着全国性行业协会商会与行政机关脱钩改革工作的深入实施，中国化纤协会完成脱钩任务，协会的发展也从此翻开了新的篇章。

图18-2　中国化纤协会被民政部评为5A级社会组织

二、中国化纤协会的宗旨和基本构架

中国化纤协会的宗旨是：维护会员的合法权益，贯彻执行国家的产业政策，促进技术进步，推动全行业的发展。

中国化纤协会的主要工作内容包括：制定行规行约，建立行业自律机制，维护行业整体利益。

受政府委托提出行业发展规划，产业发展政策和技术经济政策，制定和修订行业标准，推进行业标准贯彻实施，进行技术成果鉴定和推广工作。研究国内外化纤行业现状及发展趋势。组织开展技术经济和市场信息交流，咨询及发布。开展化纤新产品市场培育及推广工作，组织国内外市场促销及展览活动。组织国内外技术交流，培训活动。开展有益于本行业发展的公益事业。

中国化纤协会内设五个职能部门，包括综合部、信息部、发展部、科技部、市场推广部。同时下设20个专业委员会或分会，由对口的职能部门安排专人负责相关事务，包括涤纶长丝专业委员会、聚酯和涤纶短纤维专业委员会、腈纶专业委员会、帘子布分会、高新技术纤维专业委员会、生物基化学纤维及原料专业委员会、维纶专业委员会、氨纶分会、循环再利用化学纤维分会、纤维素纤维分会、锦纶分会、聚酯工业长丝分会、丙纶分会、玄武岩纤维分会、碳纤维分会、超高分子量聚乙烯纤维分会、PTA分会、非纤用聚酯分会、油剂助剂分会、莱赛尔纤维分会。其他分支机构包括：恒逸基金管理委员会、绿宇基金管理委员会、标准化工作委员会和华东办事处。

第二节　中国化学纤维工业协会开展的重点工作

自中国化纤协会成立以来，中国化纤产量从1992年的211万吨增长到2021年的6524万吨，产业地位从国际市场的跟随者成长为全球化纤产业的绝对主导，这期间，中国化纤协会也随着行业的发展壮大不断地成长、演化、融合。尽管时代的进步要求和行业的发展需求一直在变化和提升，但中国化纤协会始终将国家和行业的利益摆在首位，积极主动在行业、企业与政府部门之间搭建桥梁，坚定践行“发展、科技、绿色”理念，紧紧围绕行业实际需求，为行业和会员企业提供专业化服务，持续创新服务模式，努力引导和推动行业的可持续发展，在不同的发展时期，为行业的健康发展搭建各种平台。

一、以“发展”为核心，服务行业发展和政府决策

三十年来，行业的发展始终是中国化纤协会的基本要务。在不同的历史时期，我国化纤行业和企业的发展也面临着不同的问题。及时发现、研究和解决这些问题就成为中国化纤协会一以贯之的核心服务理念。

（一）及时开展重大问题研究

在做好日常数据采集和分析的基础上，中国化纤协会结合宏观经济形势和政策变化，及时开展很多行业研究，为行业和企业的决策和战略选择提供了有力依据。例如，1998年，《亚洲金融危机对化纤行业的影响》；1999年，陆续开展多起对外反倾销案件调查及多次组织国内企业应对国外对我国出口产品的双反调查；2005年，《加入世界贸易组织后过渡期及纺织后配额时代对中国化纤行业的影响》；2009年，《改革开放30周年中国化纤工业发展成就及未来发展建议》；2012年，开启“中国纤维流行趋势研究与发布”，应对行业发展步入中低速增长“新常态”；2015年，《关于我国纺织工业原料保障体系建设的研究》；2016年，率先在纺织行业内开展“绿色纤维认证”；2018年，《改革开放四十年与中国化纤工业》；2019年，《中美贸易摩擦对我国化纤行业的影响分析》；2020年，《新型冠状病

毒肺炎疫情对化纤行业的影响》；2021年，《关于化纤行业能耗双控政策的思考与建议》《我国碳纤维产业发展报告》等。百余篇行业专题研究报告，既鲜明地见证了我国化纤行业的发展历程，也记录了中国化纤协会逐步走向专业和成熟的成长之路。

（二）化纤蓝皮书

随着运行分析和调查研究工作逐步成熟和系统化，为了全面总结分析行业年度运行情况，并集中整理发布行业数据、产业政策等信息和协会部分研究成果，2005年，中国化纤协会首次组织编写《中国化纤经济形势分析与预测》（化纤蓝皮书），成为纺织行业最早一部集中反映化纤行业年度运行与趋势的行业研究报告合集，之后坚持每年出版一版（图18-3）。化纤蓝皮书通过行业运行、专题研究、产业政策、统计数据、风采展示等不同篇章的设置，汇集行业一年来的资讯信息和研究成果，读者可通过化纤蓝皮书快速而全面地了解中国化纤行业。书中还系统梳理相关的产业政策和统计数据，也可作为档案资料长期保存。

图18-3　2005～2022年化纤蓝皮书

（三）行业规划和化纤黄皮书

行业发展规划是把握行业总体发展方向、推进战略布局的重要手段，也是中国化纤协会凝聚全行业智慧、发挥统筹协调作用的重要体现。从20世纪90年代末“十五”发展规划周期开始，中国化纤协会积极配合国家有关部门，组织行业内的专家力量，研究制定化纤工业五年期发展规划，并由国家发改委和工信部等相关部门发布，包括：《化纤工业“十五”发展规划（2001～2005年）》《化纤工业“十一五”发展规划（2006～2010年）》《化纤工业“十二五”发展规划（2011～2015年）》《化纤工业“十三五”发展指导意见（2016～2020年）》和《关于化纤工业高质量发展的指导意见（2021～2025年）》。在行业五年发展规划研究工作中，从2006年开始，中国化纤协会还连续组织了贯穿“十一五”至“十四五”时期化纤各分/子行业的发展规划研究，发布了《化纤工业科技发展纲要》《化纤工业标准化发展规划》等专题规划研究。每期规划研究成果以《中国化纤行业发展规划研究》（化纤黄皮书）的形式向全行业发布（图18-4）。

图18-4　化纤黄皮书

（四）行业自律

行业自律是行业协会发挥行业组织协调作用的重要职能体现，也是我国化纤行业逐步走向成熟的标志之一。

20世纪90年代中后期，我国社会正处于经济转型期，市场经济初步建立，国内企业和市场尚不成熟。1998年9月，中国化纤协会在第二届第二次常务理事会议（萧山）上将“打击化纤走私、规范化纤加工贸易，建立长期‘信息’监控体系，对列入较敏感商品品种随时跟踪”列入年度重点工作。进入“十五”时期，针对行业投资领域过热导致阶段性结构性产能过剩问题，2004年5月11日，为配合国家对国民经济宏观调控和行业健康有序发展的客观需要，中国化纤协会正式启动了“中国化纤行业投资预警系统”，系统监测的品种涵盖化纤行业的主要原料和产品，分为红、橙、黄、绿、双绿五种类别，分别代表风险极大、风险较大、有一定风险、鼓励发展、重点扶持。该系统正式运行后，在引导行业理性投资、规范市场秩序、鼓励产业升级和技术进步等方面发挥了积极作用。2019年，面对全球经济的下行压力和国内外各种风险挑战因素，为进一步提高市场预见性，充分发挥信息引导作用，中国化纤协会持续发布《中国化纤行业重点敏感产品目录》，旨在防范经营风险、引导行业稳健投资，促进行业高质量发展。

每当市场出现较大波动或者行业进入深度调整期时，中国化纤协会都会主动指导、积极推动行业自律工作。2011年9月下旬，由于欧债危机蔓延引发全球系统性风险下跌，上游PTA期货价格大幅下跌，带动PTA现货和涤纶产品价格快速下滑，下游行业需求陷入低迷。中国化纤协会及时与重点企业沟通，推动倡导行业自律，避免进行恶性竞争、不公平竞争和不理性竞争，努力维护市场稳定，为11月中旬国内化纤市场止跌企稳打下了良好基础。2014年，针对多年来困扰锦纶民用丝及下游行业的“赊销顽疾”，中国化纤协会组织重点企业研究行业销售模式存在的问题，制定规范方案和工作计划，启动了锦纶行业规范赊销工作。自此项工作开展以来至2017年，行业共清理欠款22.5亿元，“重合同、守信誉”风尚在锦纶行业中已然形成，特别是重点集群已实现了95%以上的客户执行现款现货，行业市场规范步入良性健康的轨道。

（五）行业规范条件的研究与实施

为确保行业的可持续发展，有效避免低水平重复建设和迫使低效和不符合环保要求的产能逐步退出市场，中国化纤协会围绕粘胶纤维和再生涤纶纤维行业先后开展了行业准入和规范条件研究。

2010年，工信部发布了《粘胶纤维行业市场准入条件》，经过试行于2012年发布《工业和信息化部关于印发粘胶纤维行业准入公告管理暂行办法的通知》，委托中国化纤协会组织第一批企业申报工作，并于当年发布首批符合准入条件的粘胶纤维企业名单。2017年，中国化纤协会协助工信部完成《粘胶纤维行业规范条件（2017版）》及《粘胶纤维行业规范条件公告管理暂行办法》的修订，组织相关企业进行宣贯和申报，并组织专家进行评审。截至2021年底，工信部共完成三批符合规范条件的粘胶企业的公告及复审工作，共有19家粘胶企业进入公告名单，同时有4家企业退出名单。合理的行业准入和退出机制是行业发展和管理日趋成熟的标志之一。

2015年6月5日，受工信部委托，由协会组织制定的《再生化学纤维（涤纶）行业规范条件》经由工信部2015年第〔40〕号文公告颁布，相关准入条件和管理办法也编制完成。2016年，首批28家再生涤纶企业经审核符合条件并完成网上公示。2021年，中国化纤协会配合工信部完成《循环再利用化学纤维（涤纶）行业规范条件》的修订和公告管理工作，截至当时，共有34家再生涤纶企业进入公告名单。

（六）贸易救济与关税调整

化纤行业是较早利用贸易救济规则维护自身权益的行业，自我国1997年3月25日颁布《中华人民共和国反倾销和反补贴条例》后，中国化纤协会积极指导和帮助化纤企业，充分运用世界贸易规则和法律手段，在国际贸易领域维护化纤行业的合法权益，抵制和消除进口产品不公平贸易行为对行业和企业的损害（表18-1、表18-2）。

表18-1　中国化纤协会牵头或参与组织协助的对进口化纤及化纤原料的反倾销调查案件

涉及品种	立案公告时间	终裁日期	措施
聚酯切片和涤纶短纤维	2001年8月3日	2003年2月3日	自当日起对来自韩国的进口聚酯切片和涤纶短纤征收6%～52%以及2%～48%不等的反倾销税，期限5年
氨纶		2006年10月13日	对来自韩国、日本、新加坡、美国和中国台湾等国家和地区的进口氨纶征收2.31%～61%的反倾销税，为期5年。后经期终复审，商务部于2012年10月13日发布裁定，继续征收反倾销税，为期5年，2017年10月措施到期后终止
锦纶6及66长丝	2003年10月31日	2004年8月27日	初步裁定，原产于中国台湾地区的进口锦纶6、66长丝产品存在倾销，中国大陆产业存在实质损害，同时认定倾销和实质损害之间存在因果关系。后经进一步调查，所有被调查公司的倾销幅度均在2%以下，商务部最终裁定，原产于中国台湾地区的进口锦纶6、66长丝倾销幅度可忽略不计，并依法终止调查
锦纶66切片	2008年11月14日	2009年6月25日初裁，10月12日终裁	自2009年10月13日起，对原产于美国、意大利、英国、法国和中国台湾等国家和地区的进口聚酰胺66切片征收5.3%～37.5%不等的反倾销税，期限5年。后经日落复审调查，商务部于2015年10月发布裁定，继续征收反倾销税，为期5年
锦纶6切片	2009年4月29日	10月19日初裁，2010年4月21日终裁	自2010年4月22日起，对来自美国、欧盟、俄罗斯和中国台湾等国家和地区进口锦纶6切片征收5.9%～96.5%不等的反倾销税，期限5年。后经日落复审调查，商务部于2016年4月21日发布裁定，继续征收反倾销税，为期5年
对苯二甲酸（PTA）	2009年2月12日	2010年2月2日初裁，8月12日终裁	对来自韩国、泰国的进口PTA征收2.0%～20.1%不等的反倾销税，期限5年。后经日落复审调查，商务部于2016年8月11日发布裁定，继续征收反倾销税，为期5年，2021年8月措施到期后终止
腈纶	2015年7月14日	2016年7月13日终裁	自当日起，对来自日本、韩国和土耳其的进口腈纶征收4.1%～16.1%不等的反倾销税，实施期限5年

表18-2　中国化纤协会牵头或参与组织协助的我国化纤行业反倾销反补贴应诉主要案件情况

应诉案件	终裁日期	应诉结果
美国涤纶短纤维反倾销	2007年4月11日	慈溪江南0税率，宁波大发等17家企业获3%～5%税率。随后，宁波大发进行了三次复审，均获得了0税率，按照美国相关法律要求，反倾销令自动取消
欧盟聚酯高强力纱反倾销	2010年12月1日终裁	浙江海利得和杭州华春化纤的反倾销税率为零，浙江古纤道等其他合作企业税率为5.1%～5.5%
欧盟涤纶短纤维日落复审	2011年5月30日裁定	自2011年6月16日起，结束对中国涤纶短纤维的反倾销。期间，中国化纤协会的再生化纤专业委员会与宁波大发、慈溪江南等企业为主，做了大量的组织和应诉工作
印度粘胶长丝反倾销日落复审	2018年4月20日	印度商工部发布公告，本案以无损害结果终裁，并结束了长达13年的反倾销措施
腈纶应对土耳其反倾销和反补贴调查	2019年1月	土耳其贸易部公布了终裁结果，本案以对中国腈纶行业不征收任何双反税结案
尼龙长丝应对土耳其保障措施调查	2019年10月22日	土耳其调查机关发布终裁结果，决定对主要进口国家征收为期3年的保障措施税，税率为每公斤0.1～0.3美元不等。其中中国企业主要出口品种税率极低，仅为0.1美元，对应中国企业每公斤3.0～3.4美元的出口价格，尼龙产品保障措施征税仅为2.9%～3.3%
印度锦纶帘子布反倾销日落复审	2009年3月31日	维持反倾销措施，2011年1月，印度最高法院撤销了此反倾销决定

1999年以来，化纤行业共计开展聚酯切片、涤纶短纤维、锦纶长丝、氨纶长丝、对苯二甲酸、锦纶6切片、锦纶66切片、腈纶等8起对外反倾销案件调查。其中：2001年立案公告的聚酯切片和涤纶短纤维反倾销案件分别为我国第二、第三起反倾销案件，也是我国第一起以行业协会为申请人的反倾销案件。2009年的对苯二甲酸（PTA）反倾销案件涉案金额高达36亿美元案值相当高，且该案件原审启动时，正值世界金融危机肆虐之际，这一案件的立案和及时裁定对稳定化纤原料—化纤—纺织—服装整个产业链价格体系起到了支撑作用，对化纤行业在2009年3月就率先触底反弹起到了至关重要的作用。此外，中国化纤协会也多次组织国内企业应对国外对我国出口产品的双反调查。

同时，中国化纤协会积极与政府有关部门沟通，反映行业诉求，推动化纤行业相关产品关税税率的调整。例如，2000～2010年，在当时国内PTA、乙二醇、丙烯腈、CPL等主要原料发展不足、需要大量依赖进口的情况下，中国化纤协会每年向国家申请对重点原料执行公开暂定税率，最终实施的公开暂定税率比当年的法定进口税率下调1～4个百分点不等，这在很大程度上保障了行业主要原料的稳定供应，降低了企业生产成本，提升了行业竞争力。再如，2007～2008年全球金融危机爆发以后，纺织化纤行业的运行与发展遇到前所未有的困难，中国化纤协会及时向国家申请，陆续将化纤及其制品、服装的出口退税率从11%逐步多次上调到14%～15%；2018年9月，财政部发布通知，将碳纤维及其制品出口退税率由9%上调为13%，玄武岩纤维及其制品出口退税率由零上调为9%。这些措施有效降低了国内相关企业的运行压力和出口负担，提升了化纤行业特别是高性能纤维行业的国际竞争力。

二、以“科技”为动力　推动行业科技进步和转型升级

科技服务是中国化纤协会的核心基础工作之一。多年来，中国化纤协会积极参与、配合国家有关产业政策的研制、调整和修订，围绕产业结构调整指导目录、工业企业技术改造升级投资指南、增强制造业核心竞争力和技术改造专项、化纤行业补短板材料研究、重点新材料首批次应用示范指导目录、高性能纤维和生物基纤维攻关等重点领域实施方案和技术专题开展研究、提供意见和建议。同时，中国化纤协会深入参与协助和指导企业重点项目、优势项目开展立项、科技成果鉴定和技术论证等工作，推进科技成果转化，推进产学研深入合作，组织协调推进“先进功能纤维创新中心”的建设。2017年以来，工信部在全国制造业领域共批复建设了17家国家级创新中心，先进功能性纤维创新中心位列其中。

（一）化纤标准化

标准化工作是化纤行业发展的重要基础技术支撑。为满足不同层次的标准需求，中国化纤协会逐步建立了国家标准、行业标准和团体标准互为补充、协调发展的化纤标准体系的发展思路，同时大力支持和推动国内化纤企业主导和参与国际化纤标准的制修订。

2011年，中国化纤协会创新性地开展了团体标准即化纤协会标准的制订工作，开始尝试围绕有一定市场基础的新产品、新测试方法以及清洁生产评价指标体系等内容，在以中国化纤协会会员为主的范围内开展标准研制，逐步取得行业的认同。2015年6月，《国家标准委办公室关于下达团体标准试点工作任务的通知》（标委办工一〔2015〕80号）将中国化纤协会列入首批团体标准试点单位，在会员企业和行业标准化专家的支持下，试点任务于2017年顺利完成。至2021年底，中国化纤协会共发布团体标准71项，有效弥补了国标、行标申报周期长、对应市场需求标准供给不足等问题，为中国标准化事业的改革与发展贡献了一分力量。

在化纤标准化组织平台的建设方面，中国化纤协会在“十三五”期间取得重大突破。经过多年协调，2020年1月，国家标准化管理委员会发布2020年第5号公告，正式成立全国化学纤维标准化技术委员会（SAC/TC586）。第一届全国化学纤维标准化技术委员会（简称化纤标委会）由来自化纤生产、应用、研究、检测等多领域的94名委员组成，秘书处由中国化纤协会承担，由中国纺织工业联合会负责日常管理，由国家标准化管理委员会负责业务指导。化纤标委会的成立使化纤标准化组织的构架更加完善，工作平台和渠道更加完整，有利于协调化纤产业链在标准化领域的相关需求，有利于增强化纤行业在标准化领域的话语权和主动性。

同时，为满足团体标准进一步发展的需求，中国化纤协会于2015年组织成立了围绕团体标准工作的中国化学纤维工业协会团体标准化技术委员会，后根据具体工作需要于2018年组建成立生物基、高性能、循环再利用化学纤维和聚酯纤维四个分技术委员会，以专委会为支撑，进一步扩大企业的参与程度，更好地体现企业在标准化工作中的主体作用，同时更好地满足企业在细分领域和专用领域的标准化需求。

在化纤标准国际化方面，在2015年第十一届亚洲化纤会议上，在时任亚洲化纤产业联盟轮值主席端小平的倡议下，会议一致通过决定成立亚洲化纤联盟标准化工作委员会，希望以此为平台，推动亚洲化纤行业对标准化工作的认识和重视程度，鼓励共同关注领域标准的相互采用，全面提升亚

洲地区的整体标准化水平。亚洲化纤联盟标准化工作委员会会议一年一次，中国和日本担任联合秘书处，会议由两家化纤协会轮流主办。此后，该工作委员会成为各联盟协会沟通和共同推进ISO标准的信息合作平台，促成多项ISO项目的成功立项，为提升亚洲化纤行业在国际标准化领域的话语权发挥了积极作用。

（二）智能制造

“十三五”时期，中国化纤协会围绕关键工艺环节，积极支持企业进行智能制造项目建设，业内形成了一批新的智能制造装备或生产线，同时大力支持智能制造科技成果转化。其中，江苏国望高科纤维有限公司的生物基纤维智能制造项目获得工信部智能制造试点示范项目，桐昆集团、恒申集团分别获得纺织工业践行“智能制造示范企业和试点企业”称号。中国化纤协会还配合完成工信部批准的智能制造试点示范项目的总结，起草《中国化纤行业智能制造发展报告》，组织开展化纤行业智能制造现状及展望专项调研，探讨行业智能制造发展方向，逐步推进化纤行业智能制造标准的建设，并组织中国化纤行业智能制造系统技术及应用会议，获得行业的广泛认可。

通过这些智能制造项目的建设运行，化纤行业在业内树立了工业化、智能化、信息化融合的企业样板，为我国化纤行业推行智能制造起到了引领和示范作用。同时，为在“十四五”期间重点推动化纤行业数字化转型工作，中国化纤协会正在成立数字化转型推进工作组，专项推进化纤行业数字化转型工作，重点加强化纤行业智能制造及数字化转型服务商之间的联系，实现业务互补，共同开展制造业与互联网融合发展项目，重大科研项目联合攻关，智能制造、数字化转型相关标准研究，推动数字公共平台建设。

（三）军民两用纤维材料与产品推荐

为促进军民两用高新技术纤维材料服务于国防和军队建设，中国化纤协会自2018年起，连续三年研究制定和发布《军民两用纤维材料与产品推荐目录》（图18-5）。目录围绕先进纤维材料、关键战略纤维材料、前沿纤维新材料三大方向，总计收录110种纤维新材料，报送至国家发改委产业司、国防司和工信部消费品司、原材料司、军民司，以及火箭军、军需装备研究所等单位，作为军民两用产业对接、信息交流和项目推荐的重要参考，并适时组织军工科研院所、优势民营企业、高等院校、产业园区、军民两用投融资等机构开展相关推荐交流活动。

图18-5　军民两用纤维材料与产品推荐目录

通过持续的工作，中国化纤协会重点推荐了碳纤维、超高分子量聚乙烯纤维、对位芳纶、聚酰亚胺纤维等高性能纤维，将其列入了国家“十四五”军民两用发展重大项目。同时，中国化纤协会还持续推进废旧军服的回收再利用，向中央军委后勤保障部及中国人民解放军联勤保障部队提出《关于废旧军服无限次高质化绿色循环再生利用工作的建议》，并与后勤能源局围绕被装用纤维材料选择、性能检测等问题开展了专题交流与合作。

三、以“绿色”为理念，助力行业实现可持续发展

对于化纤行业来说，绿色发展并非新话题。事实上，随着我国成为全球化纤第一生产大国，如何在清洁生产、节能减排与产业发展之间找到恰当的平衡点，一直是我国化纤行业面临的现实性问题。中国化纤协会将绿色可持续确定为行业发展的基调，“十一五”到“十四五”时期，坚持通过多种方式持续推动行业的节能减排、绿色低碳发展。

（一）化纤白皮书

“十一五”时期，化纤行业的节能减排与循环经济成为行业发展的重要课题，为及时把握行业绿色化发展的趋势，2007～2008年，中国化纤协会组织行业内的专家学者和企业技术人员，开展了广泛的技术数据和节能减排、循环利用技术的实地调查和基础研究等工作，并组织编写出版了化纤行业第一本白皮书——《中国化纤行业发展与环境保护》。白皮书的主要内容从节能、降耗、节水、减排四个方面，阐述了化纤及其分行业节能减排情况，明确了发展目标，同时介绍了有益于清洁生产和循环经济的相关技术和工程。2011～2012年，中国化纤协会组织编写出版的《中国化纤行业发展与环境保护》（化纤白皮书2011版）明确了“十二五”化纤及其主要行业节能减排的各项目标，指出了需要着重解决的关键问题和技术难点，并提出了62项需要重点推广的技术和工程等。2016～2017年，中国化纤协会组织编写的《中国化纤行业发展与环境保护》（化纤白皮书2016版）对“十二五”期间我国化纤工业及9个子行业发展总体状况和环境保护进展、节能减排进展进行了系统总结，提出到2020年，化纤行业单位产品能耗、物耗、取水量、主要污染物排放等一系列指标和有针对性的措施及重点工作，还收集了重点领域的专题研究及国家有关部门出台的环保和绿色发展相关的产业政策和法律法规等（图18-6）。

图18-6　化纤白皮书

（二）绿色纤维认证

2016年，为倡导化纤产品的绿色设计、绿色制造、绿色材料和绿色消费，促进环境保护和公共健康，进而实现企业发展和承担社会责任的双重目标，中国化纤协会创新开展了绿色纤维认证工作，将循环再利用化学纤维、原液着色化学纤维和生物基化学纤维纳入绿色纤维认证体系。在此基础上，绿色纤维标志（图18-7）在通过认证的条件下也可以应用于纱线、面料、服装、家纺、产业用纺织品等化纤行业下游领域。

图18-7　绿色纤维标志

此后，经过不断完善认证程序，严格管理规则，绿色纤维认证于2019年引入国家级认证单位中纺标的参与，使认证过程更加严谨规范。2019年，中国化纤协会发布了《绿色纤维认证三年行动计划（2020—2022年）》，进一步明确了未来中短期绿色纤维认证工作的目标和路径。

2021年1月，中国化纤协会发布了《关于发布〈绿色纤维制品认证规则（试行）〉的通知》。至此，绿色纤维认证的规则体系建立完备，覆盖了从纤维制造到终端成品的全产业链条，成为纺织行业内为数不多的绿色认证体系。截至2021年11月，共有38家化纤企业和1家面料生产企业通过认证。

中国化纤协会每年通过发布绿色纤维最佳年度合作伙伴、绿色纤维主题对接交流会和专题培训和专题论坛等形式持续与下游和终端企业紧密合作，不断强化纺织产业链对绿色纤维的关注，扩大绿色纤维在下游应用领域和终端消费市场的影响力，切实践行“绿水青山就是金山银山”的理念。

（三）再生纤维素纤维行业绿色发展联盟（CV联盟）

“十三五”中期，我国再生纤维素行业持续受到了一些国际非政府组织的质疑。为给行业发展创造更为有利的国际环境和舆论氛围，经唐山三友集团、赛得利等行业龙头企业倡议，中国化纤协会、中国棉纺协会联合10家再生纤维素纤维企业，于2018年3月15日共同发起成立了再生纤维素纤维行业绿色发展联盟，简称CV联盟（图18-8）。联盟的宗旨是建立一个行业间互相监督、互相促进的绿色发展公共交流平台，以最大程度降低再生纤维素纤维生产及其下游的全生命周期对环境的影响。

CV联盟标志

CV联盟成立仪式

图18-8　CV联盟

CV联盟的成立，是再生纤维素纤维行业达成可持续发展共识后所实施的自发自主行为，CV联盟通过采取高标准、制定和发布绿色发展路线图、打破清洁生产技术壁垒、强化业内学习交流以及加强与国际组织交流合作等方式主动履行社会责任，积极打造行业绿色可持续发展的行业形象，代表了一种化纤行业推进可持续发展的新模式，也是集合行业力量主动应对质疑、开展行业危机公关的一次有益尝试。

以CV联盟为基点，我国再生纤维素纤维企业开始跳出传统的节能减排思维模式，企业的生产经营不再简单面对政府监管部门的监督，而是根据发展需要开始向包括政府部门、产业链上下游、终端品牌、广大消费者及相关非政府组织等讲述自己的可持续发展故事。随着可持续时尚成为全球流行趋势，CV联盟带领行业组团推动可持续发展的模式，对我国再生纤维素纤维企业推动可持续发展起到了极其重要的启蒙和推动作用。CV联盟运行后，赛得利、唐山三友、新乡化纤等联盟企业逐步开始制定和发布自己的可持续发展愿景，同时骨干企业持续推出优可丝、ECOTang、ECOJILIN、ECOBailu等高端绿色品牌，开始以纤维产品的绿色属性提升产品附加值，反哺于企业的可持续发展和高质量发展。

（四）绿宇基金

为应对中国化纤工业面临的能源和环境挑战，引导行业走绿色低碳、再生循环之路，中国化纤协会与浙江绿宇环保有限公司于2016年合作设立“中国化学纤维工业协会·绿宇基金”，简称绿宇基金（图18-9），基金的资助范围包括绿色制造、循环再生和前瞻研究，设有绿色化纤金钥匙奖、绿色制造纤维材料工程前沿技术研究和绿色制造交流与合作公益活动三个专题。

图18-9　绿宇基金标志

自2016年设立以来，绿宇基金共支持绿色制造基础理论研究课题8项、再生循环高质量发展研究课题5项、高等院校化纤生命周期研究课题5项，参与项目的企业、高校有20多家，奖励行业绿色发展领军人物和科技带头人23人，表彰绿色制造“金钥匙”“银钥匙”及“铜钥匙”奖企业38家次、优秀企业59家次。除支持项目外，绿宇基金还组织开展了“北京公交系统废旧工装循环综合利用工程”和“绿宇基金——走进高校绿色纤维产品创意设计大赛”等活动。

四、以“交流”为着力点，搭建国际国内高水平会展平台

为了及时了解和掌握全球化纤行业的发展趋势和科技动态，加强国际和国内化纤行业之间的交流与合作，中国化纤协会采用多种方式搭建化纤专业交流平台，打造和深度参与了多个品牌国际性专业会议和展览会。

（一）中国国际化纤会议

中国国际化纤会议始创于1985年，原名北京国际化纤会议，是由我国原纺织工业部和联合国工业发展组织共同发起的国际化纤会议，每两年一届，地点固定在北京。从1993年第五届北京国际化纤会议开始，中国化纤协会取代原纺织工业部化纤司成为会议的组织承办单位。该会议备受国务院及各部委领导的重视。2002年，会议更名为中国国际化纤会议（图18-10），会议举办地点不再局限于北京，自2004年开始，会议改为每年召开，行业影响力进一步扩大。至2021年，中国国际化纤会议已经成功举办了27届（图18-11，表18-3）。

图18-10　中国国际化纤会议标志

中国国际化纤会议的发展历程是中国乃至全球化纤工业的微缩发展史，它浓缩记录了全球化纤产业格局发生的深刻变化、中国化纤工业发展的艰辛历程和取得的辉煌成就。如今的中国国际化纤会议已成为全球化纤行业最具影响力的专业年度盛会，也是业界了解全球化纤工业发展动态的风向标。

第14届中国国际化纤会议

第20届中国国际化纤会议

第27届中国国际化纤会议

图18-11　中国国际化纤会议现场

表18-3　历届中国国际化纤会议/北京国际化纤会议简明信息

会议名称	时间	主题/主要内容
第1届　北京国际化纤会议	1985年11月18～22日	世界化纤的最新研究成果
第2届　北京国际化纤会议	1987年11月26～29日	涤纶和腈纶行业发展策略
第3届　北京国际化纤会议	1990年5月16～18日	差别化纤维、产业用纤维及功能纤维的制造及应用
第4届　北京国际化纤会议	1992年5月19～20日	世界化纤工业的发展趋势和战略
第5届　北京国际化纤会议	1994年5月10～14日	产业用化纤及产业用纺织品的应用及前景
第6届　北京国际化纤会议	1996年6月13～16日	世界化纤业的发展趋势、化学纤维的广泛应用、中国化纤工业的发展方向
第7届　北京国际化纤会议	1998年5月26～29日	化纤产业结构调整和发展趋势、化纤生产新工艺和新技术、化纤生产环保问题
第8届　北京国际化纤会议	2000年10月13～15日	面向21世纪化纤工业的发展趋势和结构调整、展望化纤工业新材料、新产品和新工艺以及在产业的应用前景、化纤生产中的环保问题和可持续发展
第9届　中国国际化纤会议（上海）	2002年9月10～12日	21世纪化纤工业的发展趋势和结构调整、展望产业用新材料、新产品和新工艺的应用前景
第10届　中国国际化纤会议（福州）	2004年10月14～16日	世界化纤市场向亚洲乃至中国转移的启示、化纤行业的国际贸易争端、世界化纤产业格局的战略调整、中国化纤工业“十一五”初步规划及2020年愿景预测

续表

会议名称	时间	主题/主要内容
第11届　中国国际化纤会议（沈阳）	2005年9月8～9日	深化研究新时期全球化纤产业循环经济、进行结构调整、寻求可持续发展的可行之路
第12届　中国国际化纤会议（江阴）	2006年9月7～8日	世界各国和地区化纤市场&产业定位及战略调整、资源和能源对世界化纤工业生存与发展的制约及战略对策、全球化纤产业结构的优化升级
第13届　中国国际化纤会议（绍兴）	2007年9月13～14日	环保、资源、创新和发展
第14届　中国国际化纤会议（萧山）	2008年6月12～13日	技术进步与节能环保
第15届　中国国际化纤会议（萧山）	2009年6月11～12日	金融危机与化纤产业——挑战与展望
第16届　中国国际化纤会议（吴江）	2010年9月2～3日	后金融危机时代全球化纤工业的发展以及“十二五”期间中国化纤工业发展规划
第17届　中国国际化纤会议（吴江）	2011年9月1～2日	转型升级、绿色低碳、创新驱动、和谐发展——中国化纤产业“十二五”规划深度解读
第18届　中国国际化纤会议（萧山）	2012年9月6～7日	在当今高成本时代背景下，化纤企业如何增强核心竞争力，实现可持续发展
第19届　中国国际化纤会议（桐乡）	2013年9月5～6日	为复杂环境下的化纤工业注入新的活力——技术、资源、低碳与品牌
第20届　中国国际化纤会议（萧山）	2014年9月3～4日	以创新和产业链合作驱动化纤产业的可持续发展——新趋势、新契机、新活力
第21届　中国国际化纤会议（盛泽）	2015年9月8～9日	创新驱动，融合共进——“新常态”下化纤行业发展的主旋律
第22届　中国国际化纤会议（福州）	2016年9月7～8日	联动发展的全球化纤工业——创新、协调、绿色、共享
第23届　中国国际化纤会议（萧山）	2017年9月26～27日	纤维——创新未来的基础材料
第24届　中国国际化纤会议（萧山）	2018年9月5～6日	纤维力量领创未来
第25届　中国国际化纤会议（蚌埠）	2019年9月3～5日	开放融合、联动发展——全球化纤产业的协同共进
第26届　中国国际化纤会议（青岛）	2020年9月7～9日	科技创新、产业升级——构建全球化纤产业命运共同体
第27届　中国国际化纤会议（泗阳）	2021年10月19～20日	新阶段、新格局——引领全球化纤产业新发展

（二）亚洲化纤联盟和亚洲化纤会议

亚洲化纤联盟是由亚洲主要化纤生产国家和地区的行业协会组成的松散式多边合作机制，成立于1996年，中国化纤协会是十个创始协会之一（菲律宾化纤协会于2005年退出后参与协会固定为九个）。该联盟旨在督促亚洲主要化纤生产国家和地区化纤同行定期会面、交流，主要交流机制为亚洲化纤会议。

图18-12 第12届亚洲化纤会议代表团团长合影

亚洲化纤会议每两年举办一次（图18-12），首届会议于1996年在日本召开，之后每届会议按照参与国家和地区英文名称首头字母顺序由中国大陆、印度、印度尼西亚、日本、韩国、马来西亚、巴基斯坦、中国台湾和泰国共九个国家和地区轮流主办。为方便会议的组织和筹办，联盟的轮值主席、副主席和秘书长由各成员协会的会长和秘书长轮流担任，每届任期两年。联盟各参与协会将组织业内重点企业以团组方式参加，共同交流行业发展情况，并就业界热点话题交换意见、寻求共识。2015年5月至2017年4月，由时任中国化纤协会会长端小平担任亚洲化纤产业联盟轮值主席。

自1996年亚洲化纤会议首次举办至今，世界化纤格局经历了结构性调整——发达国家逐步退出常规化纤生产领域，转向高科技、高性能纤维以及生命科学等崭新的领域，世界化纤生产的重心逐渐向发展中国家特别是亚洲转移、聚集。在这个过程中，亚洲化纤行业获得了巨大的发展机遇，但与此同时，近二十年来世界经济环境的复杂变化、原料价格的巨幅波动以及全球纺织产业链供求关系的变化也让亚洲化纤行业面临巨大的困难与挑战。在这样的背景下，亚洲化纤联盟和亚洲化纤会议有效推动了亚洲化纤行业之间在信息、投资、产品应用研发和循环再利用等方面的区域性合作，也为我国化纤产业未来的发展提供了更丰富的发展思路。中国化纤协会将持续在这一多边合作机制中发挥积极的建设性作用。

（三）中国化纤科技大会

“十三五”期间，为充分发挥科技创新的引领作用，加快科技创新的步伐，在中国纺织工程学会化学专业委员会年会的基础上，中国化纤协会将各个子行业在科技领域的热点和焦点进行了整合，精心打造推出了中国化纤科技大会（图18-13），首届会议于2016年6月在江苏省连云港市召开。大会结合中国工程院环境与轻纺学部高层论坛，聚焦化纤行业的基础研究、科技成果转化和前瞻性研究方向，同期还发布中国化学纤维工业协会·恒逸基金优秀学术论文。通过数年的培育，中国化纤科技大会已成长为中国化纤科技界高水平的学术性、技术性盛会，成为纺织化纤业界聚焦科技动态、分享前瞻性研究的平台（图18-14，表18-4）。

图18-13 中国化纤科技大会标志

图18-14 2021年中国化纤科技大会现场

表18-4　历届中国化纤科技大会简明信息

会议名称	时间	地点	主题
纤维新材料绿色设计与绿色制造工程前沿技术论坛暨2016年中国化纤科技大会	2016年6月16~17日	连云港	纤维新材料绿色设计与绿色工程制造前沿技术
中国化纤科技大会（江苏海安2017）	2017年6月20~21日	海安	新技术、新材料、新动能——打造"十三五"化纤强国
中国化纤科技大会（平顶山2018）	2018年6月21~23日	平顶山	纤维新视界——智·融科技、创·享未来
先进复合材料及轻量化材料应用高层论坛暨中国化纤科技大会（泉州2019）	2019年6月20~22日	泉州	科技驱动、融合发展、共享未来
中国化纤科技大会（青岛大学2020）暨第26届中国国际化纤会议	2020年9月7~9日	青岛	科技创新，产业升级——构建全球化纤产业命运共同体
中国化纤科技大会（南通2021）	2021年5月18~20日	南通	聚焦高端纺织化纤，科技引领绿色发展

（四）中国国际纺织纱线展览会

2004年，为连通纺织产业链，促进面料、服装行业与上游纱线、纤维行业的协作，中国化纤协会与中国国际贸易促进委员会纺织行业分会等单位共同创办了中国国际纺织纱线展览会（简称纱线展），首次与中国国际纺织面料及辅料博览会、中国国际针织博览会、中国国际服装展览会形成联动。经过十余年的发展，纱线展已成为亚洲地区最具影响力的国际专业时尚纱线展会，海内外参展企业、观众数量及展出面积逐年攀升（图18-15、图18-16）。如今，每年春季纱线展在上海联合面料展、家纺展、服装展、针织展五展联动共同展出（图18-17），秋季在上海联合面料展、服装展、针织展四展联动，两个展会联合打造了从纤维、纱线、面料，到服装和家纺的全产业链综合性的展示和贸易平台。

图18-15　纱线展观众入场

图18-16　中国纺织工业联合会党委书记高勇，副会长李陵申、端小平，中国工程院院士蒋士成、俞建勇等参观纱线展

图18-17　纱线展与面料展、家纺展、服装展、针织展五展联动

纱线展的发展在某种程度上印证了我国化纤企业品牌意识的觉醒、转变和成长。纱线展诞生伊始，大部分化纤企业的参展意愿和参展方式仍局限于纺织中间品的传统概念，展示手段也比较单一。中国化纤协会意识到，作为纺织产业的重要原料，行业品牌的打造同样可以提升产品的附加值，化纤需要以产品的多样和质量来引领产业链的发展，而参加展会是直观的品牌形象展示方式。2009年，中国化纤协会首次在纱线展设立展台，集中展示了国产的碳纤维、高强高模聚乙烯纤维、间位芳纶和对位芳纶、聚苯硫醚纤维等高性能纤维产品，反映了国内高性能纤维的研发和应用水平。此后，中国化纤协会持续深度参与纱线展的组织和展示，不断探索新的方式来展示我国化纤行业的整体实力，打造行业和企业品牌。2012年，中国化纤协会在工信部消费品司指导下，创新性开展了中国纤维流行趋势的研究与发布活动，并首次与当年的纱线展形成了联动。

此后，在中国纤维流行趋势的强势引导下，中国国际纺织纱线展览会逐步走向成熟，化纤企业的参展数量、展出面积和观展人数持续增长。以春夏纱线展为例，2019年，化纤区域展区面积突破1.5万平方米，是2013年的5倍，化纤企业单独参展数量翻番，达到185家，参展企业总数达到468家，专业观众近3万人，其中超过20%为海外观众。纱线展已经形成了更加稳定、高质的参展企业客户群，参展企业数量达到化纤行业规模以上企业总数的三成左右，形成了明显的龙头带动效应，并已成为全世界最大的纤维原料展。在此基础上，2020大湾区国际纺织纱线博览会以粤港澳大湾区为窗口，立足深圳，旨在打造覆盖全国、辐射世界的纺织服装行业的全产业链上下游国际型博览会，它的成功召开，也吸引了许多新的客户群体，为行业、企业开辟了新的视野和机会。

五、以深化供给侧结构性改革为目标，创新协会服务模式

（一）中国纤维流行趋势

2012年，在化纤行业增长速度明显减缓，行业发展逐渐步入中低速增长的“新常态”，倒逼行业企业切实加快转型升级步伐的背景下，由工信部消费品工业司指导，中国化纤协会、国家化纤产品开发中心、东华大学联合主办的“中国纤维流行趋势研究与发布”活动应运而生。其宗旨是建立一个纤维发布的平台，向世界展示中国纤维产业最有热度、最富科技性、最有市场潜力的纤维品种，不断满足人们对美好生活的追求；带动纺织产业链向以新产品开发、创新拉动需求为方向的价值链实现整体提升和根本转变，增加纤维品牌对产业发展的贡献率，引领行业关注纤维，打造中国纤维品牌，提升中国纤维在国际市场上的整体形象和影响力，提升产品竞争优势，进而引领消费和创造消费。

中国纤维流行趋势是一项全新的概念。纤维属于产业中间品，纺织原料也有“流行趋势”吗？伴随这样的质疑，中国纤维流行趋势在筹备初期也经历了不被看好和不被理解的阶段。事实证明，中国纤维流行趋势的研究与发布与我国化纤行业品牌建设的需求不谋而合。2012年，中国化纤协会的工作团队从第一次以PPT形式为主的新闻发布会做起，首次提出“纤维也有流行趋势”的观点，2014年首次提出“纤动世界，美丽中国”的口号。2013~2014年，中国纤维流行趋势发布会得到了盛虹集团的大力支持，发布会的内容和形式更加丰富。2015年，盛虹集团开始整体冠名中国纤维流行趋势的研究与发布活动。发布形式上，与时尚充分结合，将行业的创新与融合、创新与品牌以更加立体、直观和感性的方式直接向下游和消费端展现。同时在江苏盛泽设立中国纤维馆，为中国纤维

提供了一个固定的展示窗口与全产业链的交流平台。此后，中国纤维流行趋势坚持创新，不断解锁新的模式和方向（图18–18）。

图18–18　盛虹·中国纤维流行趋势发布会现场＆静态展

2020年初，新冠肺炎疫情来袭，中国纤维流行趋势因势利导开启了全方位数字化的“云”发布，开发了“中国纤维流行趋势”小程序，并与中国棉纺织行业协会共同主办中国纱线流行趋势，中国纱线流行趋势是中国纤维流行趋势在产业链上的延伸。2021年，桐昆集团接力中国纤维流行趋势的冠名，中国纤维流行趋势也从此开启了新的十年征程（图18–19）。

图18–19　桐昆·中国纤维流行趋势发布会现场＆静态展

中国纤维流行趋势活动发布十年来，共有550余家企业参与了申报，涵盖900多个纤维产品，共发布260个纤维产品。发布活动还推出了193个中国纤维品牌，引领了中国乃至全球纤维研发的方向，众多企业不仅建立了产品自身的品牌，而且建立了公司的品牌体系，得到了业内特别是下游采购商的一致认可。“十三五”时期，中国纤维品牌开始与直接面向终端市场的品牌端合作，与探路者、森马、迪卡侬、愉悦家纺等著名终端品牌联合设计开发发热服饰、卫衣、帐篷和家纺产品等，实现品牌联动协同。一大批有影响力的纤维企业还推出了自己的新产品发布秀，持续引领中国纤维在科技创新、绿色发展、时尚跨界、国际影响力等方面全方位提升。

历经十年积淀与淬炼，中国纤维流行趋势活动现已完成全方位升级，实现“破圈”走向大众，推动了化纤行业整体时尚度和影响力的快速提升。中国纤维流行趋势研究与发布不仅在中国纺织纤维行业影响巨大，而且成为国际纤维行业新产品开发的风向标，成为国际同行的重要参考，在中国纤维流行趋势的带动下，化纤企业更加注重品牌维护，更加注重产品开发和质量，更加重视与客户交流互动，更加重视产品展示与宣传。如今，中国纤维流行趋势研究与发布活动已成为备受关注的全球纺织大事件。

（二）恒逸基金

中国化学纤维工业协会·恒逸基金，简称恒逸基金，设立于2013年（图18-20）。2013年6月21日，中国纺织工程学会化纤专业委员年会在昆明举行，会上中国化学纤维工业协会和浙江恒逸集团签署合作意向书，标志着恒逸基金的诞生。

恒逸基金以推动行业技术进步为宗旨，通过评选优秀学术论文的形式，鼓励业内科技人员开展基础学术研究与应用，得到了纺织类高等院校、化纤企业和科研院所积极参与和纺织化纤业界的广泛认同，成为了全球化纤界唯一的学术技术大奖。随着活动开展的逐步深入，除优秀科技学术论文外，恒逸基金于2020年增设了优秀软课题奖。此后，为了鼓励我国化纤科技和教育工作者献身于纤维材料科学研究、成果转化和产业化，培养和造就我国纤维材料领域优秀人才以及在化纤行业科技创新中有突出成绩的青年教师和科技工作者，恒逸基金于2021年进行了战略调整，在保留原有项目的基础上，增加了杰出科技人才支持项目，与优秀学术论文隔年开展。

经过近十年的发展，恒逸基金已经获得全国纺织类高等院校、科研机构和企业的广泛认可和高度评价。自2013年设立以来，恒逸基金共征集论文2350篇，择优发布优秀论文865篇，表彰优秀科技论文作者4208人次（图18-21），表彰杰出青年教师3名、优秀青年教师5名，评选杰出工程师8名、优秀工程师12人、杰出技术工人6名、优秀技术工人7人。

图18-20　恒逸基金标志

图18-21　2018年恒逸基金优秀论文特等奖颁奖现场

同时，恒逸基金获奖论文的含金量也通过国家级和省部级的科技奖项获得验证，其中，获奖论文项目“干喷湿纺千吨级高强/百吨级中模碳纤维产业化关键技术及应用”获得国家科技进步奖一等奖，“废旧聚酯高效再生及纤维制备产业化集成技术”获得国家科技进步二等奖，“海藻纤维制备产业化成套技术及装备”“万吨级新溶剂法纤维素纤维关键技术研发及产业化”“聚酯酯化废水中有机物回收技术”“大容量锦纶6聚合、柔性添加及全量回用工程关键技术”“国产化Lyocell纤维产业化成套技术及装备研发”“静电喷射沉积碳纳米管增强碳纤维及其复合材料关键制备技术与应用”等获得

"纺织之光"中国纺织工业联合会科技进步奖一等奖。多篇论文成果在行业得到推广应用，对行业科技进步与技术创新起到了积极的推动作用，更为行业从跟跑、并跑到领跑的转型发挥了巨大作用。

此外，为促进化纤行业技术进步，实施创新发展和提高人才培养质量等提供智力支持，2016年5月16日，中国化纤协会携手恒逸基金和绿宇基金与中国纺织出版社签署战略合作协议，共同出版"化纤专业开放教育系列教材"。2018年6月，首批《生物基化学纤维生产及应用》《循环再利用化学纤维生产及应用》和《高性能化学纤维生产及应用》三种教材正式出版，这是我国化纤行业的一项基础工程，更是一件惠泽行业、承前启后、影响深远、意义重大的行业大事。

（三）卓越基金

为在化纤行业大力弘扬"工匠精神"，营造"尊重劳动、尊重知识、尊重人才、尊重创造"的行业氛围，2017年，在国家发改委产业司、工信部消费品司的指导下，中国化纤协会联合北京三联虹普新合纤技术服务股份有限公司和义乌华鼎锦纶股份有限公司共同发起设立中国化学纤维工业协会·三联华鼎卓越基金（图18-22），下设杰出工程师、杰出技术工人两个项目，用于表彰和奖励在全国化纤工业生产建设领域中做出突出贡献的工程技术人员和一线生产工人。卓越基金于2017年和2019年开展了两次活动，共评选出20名杰出工程师、20名杰出技术工人，以及43名优秀工程师、36名优秀技术工人。

图18-22　卓越基金标志

（四）全国纺织复合人才培养工程高级培训班

为全面贯彻《建设纺织强国纲要（2011～2020）》培养行业复合型人才的精神，落实人力资源和社会保障部《专业技术人才知识更新工程高级研修项目管理办法》人才培养战略的要求，满足行业对纺织复合型人才的需求，中国化纤协会于2016年联合中国纺织工程学会和北京服装学院共同创办了全国纺织复合人才培养工程高级培训班（图18-23），简称纺织高训班。纺织高训班的学员来自纺织产业链的不同领域，授课教师均为业内知名教授、专家和企业家，培训班将课堂理论学习与实地参观体验相结合，学习内容丰富，学习手段多样，不仅有效促进了学员之间、校企之间的交流、启发与合作，更受到相关行业和企业的高度认可。

图18-23　纺织高训班标志

"长知识、开眼界、交朋友"是纺织高训班已毕业学员对班级的整体评价。截至2021年底，共有来自纺织上下游的253名学员完成学习并建立了深厚的同学情谊，更重要的是，许多企业与信任的老师和同学建立了产业链研发合作关系。纺织高训班汇聚了纺织产业链的中、高级技术和管理人才，学员中中青年科技和管理骨干以及二代企业家的占比逐年上升。学习内容不仅包括纤维、纺织、染整、服饰等系统化的基础知识，还涵盖纤维新材料及应用新趋势、纺织新技术、染整新方法、织物结构与服装设计、服装面料流行趋势等内容。

纺织高训班经过六年的积累和发展，已经成功打通了纺织全产业链，形成从纺织原料到机械设备、从纤维生产到纱线织造、从面料研发到终端品牌的完整的产业链教育体系，成为纺织全产业链交流信息、提升技术、共享资源、展望趋势的大平台，对促进企业发展、推进纺织产业链的融合发挥着越来越显著的作用。随着纺织高训班学员队伍的不断扩大，纺织高训班的脚步已遍及19个省市的70余家纺织院校及企业，课程内容也逐渐形成了以基础理论学习、实地参观、主题交流为主，辅以经验分享、研习会、技术对接和海外短期交流的特色模式（图18-24）。

课堂学习

赴欧洲参观交流

在企业观摩学习

图18-24　纺织高训班课堂、实地观摩学习及赴国外参观交流

（五）产融合作

在中国化纤协会先试先行并取得初步成果的基础上，中国纺织工业联合会在2018年正式发布了《纺织工业促进产融合作三年行动计划》。根据总体部署，中国化纤协会筛选推荐了重点培育企业参与纺织工业产融合作重点培育，并利用协会各项平台和服务手段为重点企业提供支撑。目前纺织化纤行业的产融结合工作已经与国家发改委、工信部、证监会等有关部门建立起沟通机制，与上交所、深交所等建立良好的快速反应机制，并与多家券商、投资机构建立起了战略合作，行业的金融服务能力得到持续强化。

截至2021年6月，纺织行业共将77家企业纳入培育库，向社会发布纺织行业重点培育拟上市企业共50家，其中已推动成功上市企业11家、已过会5家、已问询3家、已报会1家，共20家，已占推荐名单企业的40%。化纤领域中，已有苏州龙杰特种纤维股份有限公司、中简科技股份有限公司、广东蒙泰高新纤维股份有限公司、优彩环保资源科技股份有限公司、苏州宝丽迪材料科技股份有限

公司5家企业成功上市。

此外，在期货交易方面，中国化纤协会持续挖掘金融产品服务实体经济的作用，根据证监会有关程序要求，联系企业围绕拟上市产品征求意见，协助完善拟上市品种的交易规则，如就期货上市品种和研发品种等领域与郑州商品交易所（简称郑商所）合作开展期货专题行业培训，特别是加强拟上市产品上市前的行业宣贯和培训，加强拟上市领域的专题研究，通过全面梳理聚酯产业链主要品种的中期发展趋势和特点，为现货和期货市场的健康稳定发展和有关政策制定提供了有力支撑。

（六）面对新冠肺炎疫情挑战，创新开展各种“云服务”

2020年开始，受到新冠肺炎疫情的影响，很多行业线下交流活动无法正常展开，协会及时调整工作思路，重点以“六朵云”模式——云招聘、云课堂、云发布、云展览、云调研和云会议为行业开展创新服务。

“云招聘”共为20余家知名化纤企业发布了800多个岗位需求信息，为8所高校百余名毕业生发布就业意向信息。

“云课堂”即“纤维空中大讲堂”，邀请业内知名专家、学者和企业家在线讲课，受到行业内外的广泛关注，单次课程同时在线听众人数平均达到3000人次，至2021年底已放送到第六季（图18-25）。

图18-25 纤维空中大讲堂

中国纤维流行趋势2020/2021采用“云发布”方式，打破空间限制，全平台累计观看总人次达到3400万，同一时间段在线观看人数达到70多万。

“云展览”则通过纱线展小程序在线发布参展商信息和在线召开新品发布会和专业对话及论坛。

2020年中国国际化纤会议和中国化纤科技大会首次并期召开，“云会议”的模式有效弥补了会议现场的人数限制，同时扩大了会议的参与范围。

“云调研”则充分运用了企业在线填报的数据和信息，为及时了解行业热点如新冠肺炎疫情对行业的影响以及化纤工业“十四五”发展等专项研究打下了坚实的基础。

这些创新尝试为协会服务打开了“云通道”，增长了“云经验”，也让中国化纤协会人才队伍的技能点进一步提升。

六、以加强党建工作为支撑，确保协会健康发展

一直以来，中国化纤协会高度重视党建工作，坚持将党的领导体现在协会的服务工作中。在国资委党委和中国纺织工业联合会（简称中国纺联）党委的正确领导下，中国化纤协会党支部带领全体党员、共青团员及广大员工，全面宣传贯彻和深入学习领会党的精神、路线、方针和政策，不断增强“四个意识”、坚定“四个自信”、做到“两个维护”，坚定捍卫“两个确立”，不断提高政治判断力、政治领悟力、政治执行力。不忘初心、牢记使命，坚定信心，锐意进取，踏实奉献。

中国化纤协会党支部充分发挥战斗堡垒和政治核心作用，全体党员起到模范带头作用，党支部

组织党员及员工，积极组织开展“两学一做”和“不忘初心、牢记使命”主题教育，持续开展党史学习教育，全面推进党的思想、组织、作风、反腐倡廉和制度建设，认真落实全面从严治党和履行主体责任；着重做好党内制度建设工作，用制度管理党员，用制度约束党员行为。根据国资委行业协会党建局及中国纺联党委的统一部署和要求，中国化纤协会党支部深入开展“标准化、规范化”系统建设。创新开展党建工作方式方法，组织形式多样的党员思想建设学习和主题党日活动，组织领导干部讲党课、党员及入党积极分子集体学习研讨和调研工作，创新开展支部同国家机关、科研院所、相关社会组织及纺织化纤行业内企业进行对接活动，加强党建工作交流，相互促进，相互提高，用党建引领行业发展，把党建融入行业各项工作中，努力使各项党的学习教育及活动落到实处、取得实效。

中国化纤协会积极组织和鼓励员工参加与工作相关的专业培训、在职学历教育，申报中、高级职称评定，提高员工专业水平，提升服务能力，同时根据年轻员工的成长需要，推出“师徒计划”，加强新老员工的“传帮带”，在提升员工个人价值的同时，加强协会人才队伍建设。

中国化纤协会鼓励员工从小事做起，积极参与公益活动。从2012年开始至今，组织员工对山西省吕梁市岚县社科乡中小学的贫困学生进行“一对一”帮扶，开展“‘精准扶贫’为新疆喀什地区送爱心活动”，鼓励全体员工为打好精准脱贫攻坚战，实现第一个百年奋斗目标贡献自己的力量。

2017年，中国化纤协会党支部被评为“中国纺联先进基层党组织”，并被北京市朝阳区北郎东社区授予“社会领域先进党支部”称号（图18-26）。2021年，中国化纤协会党支部被中国纺联党委评为“标准化、规范化”建设优秀党支部（图18-27）。

图18-26　2017年“社会领域先进党支部”奖杯

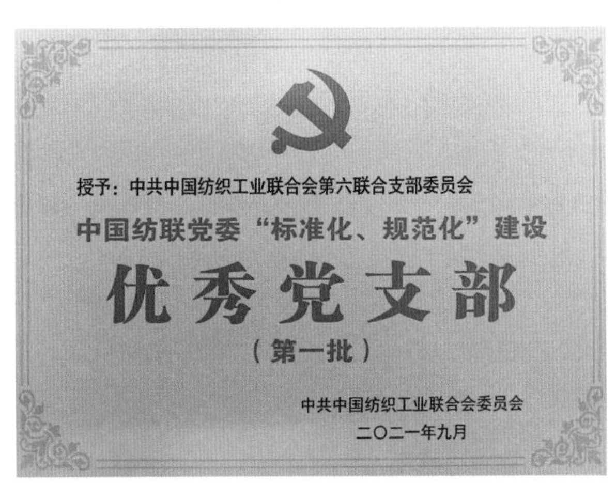

图18-27　2021年被评为“标准化、规范化”建设优秀党支部

第三节　出版物和信息平台

一、中国化纤协会会刊

中国化纤协会会刊有《高科技纤维与应用》和《中国化学纤维》（图18-28）。

《高科技纤维与应用》创刊于1976年，国际标准刊号ISSN1007-9815，国内统一刊号CN11-3926/TQ，为双月刊。2018年由中国化纤协会接管主办，是专注于高科技纤维及应用的科技学术期刊，被评为中国科技核心期刊。

《中国化学纤维》创刊于1989年，刊号CTN2012-017，是致力于化纤行业产经信息传播、影响面最广的行业主流期刊。2018年由半月刊改为月刊，2021年改为双月刊。读者群覆盖相关部委、化纤产业链的相关企业及科研院所等。

《高科技纤维与应用》　　《中国化学纤维》

图18-28　中国化纤协会会刊

二、中国化纤协会工具书

《中国化纤经济形势分析与预测》（化纤蓝皮书）、《中国化纤行业发展规划研究》（化纤黄皮书）、《中国化纤行业发展与环境保护》（化纤白皮书）。

三、化纤专业开放教育系列教材

《高性能化学纤维生产及应用》《生物基化学纤维生产及应用》《循环再利用化学纤维生产及应用》（图18-29）。

图18-29　化纤专业开放教育系列教材

四、中国化纤协会信息平台

中国化纤协会信息平台如图18-30所示。

官方网站：中国化学纤维工业协会（www.ccfa.com.cn）于2003年开始运营。目前主要设置有行业要闻、发展运行、专题研究、政策法规、科技创新、绿色低碳、会展资讯、风采展示等栏目。登录还可查询中国化纤协会的基本信息、公告信息和协会面向会员组织的行业活动等内容。受众覆盖纺织化纤上下游产业链、研究院所、投资机构等。

微信公众号：于2014年开始运营，每周推送3～5期，主要推送与化纤产业链相关的行业要闻、国内外前沿科技及成果、企业及人物风采、中国化纤协会重要活动及动态等。目前粉丝数量达2.9万，覆盖纺织化纤上下游产业链，受众面广、传播力度强，影响力大。

视频号：2021年3月创立，所发布视频主要服务于协会、行业企业重要活动及动态等。截至2022年底，共发布相关视频60余条，累计阅读量近30万次。

手机报：2011年7月推出，是中国化纤协会对会员的精准增值信息服务，每周四推送一次，及时传递协会声音，展示企业风采，传播新产品新技术，纵览海内外资讯。截至2022年底订阅客户为5700余人，覆盖相关部委、协会会员单位、化纤上下游产业链企事业单位。

中国纤维流行趋势微信公众号：于2014年开始运营，每月推送3～4篇文章，是中国纤维流行趋势发布活动的官方微信，及时将国内最新、最前沿、差异化程度最高，同时将国际领先的化纤新产品推荐给下游制造企业，介绍给终端消费者。目前粉丝量约3.7万人，覆盖化纤、面料、服装、设计、品牌及终端人群。

纱线展云展小程序：于2020年5月上线，主要配合中国国际纺织纱线展的年度系列实体展同步展示，进一步延伸实体展的价值，同时举办纤维流行趋势、纱线流行趋势、针织花式纱流行趋势、企业产品发布会、纺织材料创新论坛及商贸对接等精彩线上活动，40余家媒体全方位报道。目前小程序累计用户1.5万人，活动场次近50场，展商入驻数量986家。

纤维新视界直播间：于2020年开始运营，主要是对行业大型会议、企业发布会、纤维空中大讲堂及行业相关活动的视频及图片直播。目前总用户数量达2.56万人，覆盖纺织化纤产业链上下游、纺织高校研究院所，终端品牌企业等。截至2022年11月，共进行直播189场，总观看人次46.68万。

中国化纤协会官方微信　中国化纤协会微信视频号　中国纤维流行趋势微信公众号　纱线展云展小程序　纤维新视界直播间

图18-30　中国化纤协会信息平台

第三篇

中国化学纤维企业璀璨风采

第十九章

涤纶企业

第一节　中国石化仪征化纤有限责任公司：为美好生活添彩

中国石化仪征化纤有限责任公司（简称仪征化纤）是改革开放路线指引下建设发展起来的我国现代化化纤和化纤原料生产基地之一，是国家“六五”至“十五”期间重点建设项目。1998年加入中国石化集团公司，现为中国石化中高端聚酯、涤纶短纤维、特种纤维、熔喷布、生物可降解材料生产和研发基地，涤纶短纤维产销量持续保持全球前列。建厂44年来，仪征化纤累计生产聚酯产品5200多万吨，用它们制成衣服大约可给全国人民每人添104套“的确良”新衣。

一、历史性决策：借贷建厂，负债经营

中国是一个人口大国，解决十几亿人口穿衣问题，历来是同解决吃饭问题同样重要的头等大事，而解决全国人民穿衣问题的最大难点在于纺织原料。石油可以造“棉花”。20世纪70年代初，周恩来总理提出了“轻工重点抓纺织，纺织重点抓化纤”，这是我国把发展纺织工业的重点放到发展化纤工业上来的一次重大战略转移。中国化纤工业开始以煤化工、乙炔为主要原料生产维尼纶，转入以石油、天然气为主要原料生产涤纶、锦纶、腈纶、维尼纶等合成纤维的新阶段。

建设“四大化纤”基地是中国大规模发展石油化工、化纤的初战。经过“三省八地”综合比选，中央决定在仪征县（现仪征市）胥浦公社兴建江苏石油化纤总厂，被列入国家22个重点引进项目，这是一个相当于当时全国化纤总产能的项目，是从根本上解决人民的穿衣问题、改变中国化纤工业落后面貌的战略性措施。1978年7月4日，江苏石油化纤总厂筹建领导小组和指挥部正式成立。

之后，受国家财力所限，仪征化纤工程被迫停缓建。仪征化纤建设者解放思想，敢为人先，靠改革创新激活仪征化纤项目，通过运用国家拨款和国内外贷款共同建设涤纶一厂（图19-1）。1982年1月，中国国际信托投资公司在日本金融市场发行100亿日元债券，这是中华人民共和国成立后第一次在国外发行债券。第一笔外债，为仪征化纤筹集到可贵的第一期资金。仪征化纤成为中国第一家负债经营的大型企业。这种独特的投资建设方式，被称为“仪征模式”，开创了国有企业“借贷建厂、负债经营”的先河。

图19-1　1981年10月涤纶一厂聚酯楼破土动工

二、历史性贡献：衣被天下，利在民族

1984年12月30日，仪征化纤涤纶一厂第一条聚酯生产线投产成功。1990年，仪征化纤一、二期工程全面建成投产，形成年产50万吨聚酯生产能力，占全国合成纤维产量的1/3，涤纶产量的1/2，相当于全国棉花总产量的1/8，能给全国人民每人每年提供5米布料、添一套“的确良”新衣，基本实现了衣被天下的梦想。

1995年，仪征化纤三期工程全面建成投产，成为全国纺织行业唯一在“八五”期内立项、建设并如期投产发挥效益的国家重点工程，被国家计委誉为“一个投资省、速度快、效益好的典型”（图19-2）。

图19-2　仪征化纤建设工程全貌

1998年，仪征化纤随中国东联石化集团有限责任公司整体加入中国石油化工集团公司，资源优势、产业链优势和一体化优势进一步凸显。1992年以来，蒋士成组织和带领仪征化纤、中国纺织工业设计院、华东理工大学和南化公司产学研结合的技术团队，开展跨体制、跨部门的联合攻关，逐步消化吸收引进技术，承担了聚酯装置成套技术国产化攻关的重任。2000年12月，国家经贸委“九五”重大科技攻关项目和中国石化“十条龙”科技攻关项目——国内首套10万吨/年国产化聚酯装置在仪征化纤建成投产，一举打破了国外技术垄断，开创了中国聚酯装置建设国产化的道路，大大降低了聚酯项目建设的技术门槛和投资成本，带动了我国化纤工业的跨越式发展。

三、历史性考验：改革创新，砥砺奋进

2000年以来，受国产化聚酯成套技术突破和需求增长拉动等影响，我国掀起了聚酯产能快速扩张的“聚酯风暴”。仪征化纤深化改革调整，体制机制上求变，产品结构上求新，降本增效上求实，大力调整资产、管理、人员结构，壮士断腕，退出涤纶长丝业务，持续增强企业竞争力。坚持人无我有，人有我优，人优我特，加大产品结构调整，引领和带动聚酯产品逐步从服装、家纺向产业应用等领域拓展，向差别化、功能化、高附加值方向转型升级，实现从量的增长向质的提升转变，由“制造”到“创造”的转变。缝纫线短纤维、水刺短纤维、原生中空涤纶、膜级切片等一批特色、拳头产品产销量成为全国“单打冠军”。

心怀“国之大者”，主动担当作为。面对国外高端化纤产品技术的封锁，仪征化纤强化产学研用联合攻关，先后攻克干法纺超高分子量聚乙烯纤维、对位芳纶“卡脖子”关键核心技术，2008年、2011年年产300吨、千吨干法纺超高分子量聚乙烯纤维生产线先后在仪征化纤建成投产，使我国成为第三个掌握此项技术并实现产业化的国家。港珠澳大桥最终接头安装所用吊带就是由仪征化纤提供的超高分子量聚乙烯纤维制成。历经16年攻关，2019年，建成千吨级对位芳纶工业化示范装置。仪征化纤也成为中国石化特种纤维研发和生产基地。

四、历史性跨越：全方位推进高质量发展

2018年7月4日是仪征化纤建厂40年。仪征化纤举行了简朴而温馨的座谈会，重温40年艰苦创业奋斗历程，总结自立图强的宝贵经验，明确了做强高端、做大优势、改善常规、淘汰落后的发展思路和措施。

40多年前，仪征化纤为解决人民穿衣难而敢为人先、艰苦创业，40多年后，仪征化纤为人民健康而硬核跨界。2020年初，新冠肺炎疫情爆发后，口罩作为抗击疫情最重要的防护用品，需求量大

增，一罩难求。仪征化纤迅速贯彻国家号召和中国石化党组的部署，挺身而出，全力以赴抢建熔喷布生产项目，从零起步、不讲条件，攻坚克难、昼夜奋战，35天建成首条生产线，76天12条生产线全面投产，跑出了中国制造的加速度，助力中国石化成为全球最大熔喷布生产基地之一，展现了中央企业“压舱石”“顶梁柱”作用（图19-3）。2020年，仪征化纤生物可降解材料“花开三朵”，聚对苯二甲酸丁二醇酯共聚己二酸丁二醇酯（PBST）、聚对苯二甲酸丁二醇酯共聚丁二酸丁二醇酯（PBAT）、聚丁二酸丁二醇酯共聚己二酸丁二醇酯（PBSA）先后成功在万吨级装置工业化生产，进一步推动国内生物降解材料产业化进程。

图19-3 仪征化纤生产的熔喷布

进入“十四五”，迈上新征程。仪征化纤立足新发展阶段、贯彻新发展理念、融入新发展格局，围绕中国石化构建“一基两翼三新”产业格局，肩负起为美好生活添彩的新使命，更加自觉地将仪征化纤的事业与国家战略、时代要求、社会进步、人民需求紧密结合，加快推进“五个转型”，加快实施年产300万吨精对苯二甲酸（PTA）和400万吨高端绿色新材料一体化项目建设，着力满足人民美好生活新需要，全方位推进高质量发展，奋力打造“国内领先、世界一流”合成纤维及新材料专业公司，努力实现产值翻一番，五年建设一个“新仪化”。

第二节 浙江荣盛控股集团：因势而动，乘风破浪

浙江荣盛控股集团（简称荣盛集团）总部位于杭州市萧山区，始创于1989年，目前已发展成为拥有石化、化纤、房产、物流、创投等产业的现代企业集团，拥有总资产4000多亿元，居世界500强第180位、中国企业500强第59位、中国民营企业500强第10位、中国石油和化工民营企业100强第2位。目前荣盛集团已拥有荣盛石化股份有限公司、宁波联合集团股份有限公司等上市公司，上市产业涉及石化、房地产等领域。自上而下形成了石化上下游一体化完整产业链，炼油能力达4000万吨/年，芳烃产能达1380万吨/年，PTA产能1350万吨/年，聚酯产能425万吨/年。从一叶扁舟成长为引领石化、化纤行业的巨型航母，荣盛集团正凝心聚力迎击风浪，在时代浪潮中写下浓墨重彩的一笔。

一、扬帆起航，大胆掌舵向上游要效益

1989年创办至今，荣盛集团在创始人李水荣的带领下，一直紧跟市场行情，及时调整产品结构，经历了三个关键转折点。1996年，中国化纤业走入低谷，李水荣毅然决定放弃织造，全身心上马化纤项目，扩大涤纶弹力丝生产；2003年，当周围许多企业盲目投资，最终走向衰败时，荣盛集团却连续几年投入巨资，引进设备扩大产能，开始发展石化板块，向上游扩张生产PTA、芳烃；2015

年，开始筹划炼化一体化项目，形成完整产业链（图19-4、图19-5）。这一次次逆流而行的决定曾引起很多人的担忧和怀疑，但最终的结果是，荣盛集团每次都抓住了市场变革的绝好时机。

近年来，荣盛集团进一步加大结构调整和项目投资，在石油化纤板块，荣盛坚持“纵横双向”的发展战略。目前已布局从炼化、芳烃、烯烃到下游的精对苯二甲酸（PTA）、乙二醇（MEG）及聚酯（PET，含瓶片、薄膜）、涤纶丝（POY、FDY、DTY）完整产业链。在舟山布局的4000万吨/年绿色炼化一体化项目是世界级大型、综合、现代的绿色石化基地；位于宁波石化经济技术开发区的中金石化芳烃项目具备200万吨年产能，于2015年建成；位于浙江宁波、辽宁大连和海南洋浦的多个PTA生产基地具备2000万吨以上的年产能，并在投资成本、技术、单耗等多方面拥有明显的市场竞争优势；位于荣盛集团总部的聚酯纤维基地拥有110万吨聚酯及纺丝、加弹配套年产能，技术和装备具有国内先进水平，并在积极筹备新的差别化功能性纤维项目。另外，荣盛集团还有海南、辽宁大连聚酯瓶片，浙江绍兴聚酯薄膜等生产基地。

在深耕石化、化纤板块的同时，荣盛集团还将产业延伸到房地产、创投等多个领域。

图19-4　2002年建成聚酯直接纺丝项目

2005年第一个PTA项目投产

2015年第一个芳烃项目投产

图19-5　第一个PTA项目、芳烃项目投产

二、踏浪前行，数字赋能实现精准管理

面对严苛的环保要求，激烈的竞争环境，石油化工企业都开启了智能工厂的数字化之旅。通过智能工厂的建设，打通采购、生产、销售等环节，实现基于大数据分析的精准管理，将为公司带来更大的经济效益。荣盛集团深耕石化行业30余年，明白“安全、平稳、长周期、满负荷、优化运行”才是石化企业的最终目标，要想实现这一目标，又必须通过智能化工厂的建设来完成。

早在2011年，荣盛集团就在聚酯化纤板块一次性投资2.5亿元，引进了德国4套高端工业自动化设备。该设备具有卷绕自动落丝—输送—检测—中间立体仓储—包装等全自动一体化功能，是中国第一套应用在化纤行业的全过程智能化自动流水线系统。荣盛集团还进行了很多创新改造，比如，2018年在纺丝车间进行了智能铲板机器人安装和FDY 8千克丝饼自动包装改造，2021年在假捻车间进行了DTY自动包装设备安装等。

2020年，荣盛集团通过ERP系统新平衡业务模块的投用，实现了过磅、检验、入库、假捻领用、补纱等各环节的信息化闭环管控。除此之外，对ERP系统中设备管理模块进行升级改造，纵向建立生产环节的物料管控和掌握正常运行状态下的能耗指标，横向建立完整的设备全生命周期信息，确保装置的有效运行。

在可视化呈现方面，荣盛集团2021年建立了一套可视化管理系统，在这套系统上，不仅可以看到产量、废丝率、优等品率关键生产指标，还可以看到代表各班组生产效率的考核项目并形成对比。当然这套系统主要是能有效整合分析相关数据，通过远程终端进行在线监控和生产报表的多维度显示，为管理者在工厂决策和生产线能耗优化上提供精准辅助。

未来，在聚酯工厂中，荣盛集团还将开发全流程的智慧物流体系，根据聚酯产品物流特性，因地制宜开发大量的智能装备，全面实现从原料到装车的智慧物流系统。

在炼化板块，2019年，荣盛集团旗下浙江石油化工有限公司（简称浙石化）炼化一体化项目一期投产以来，通过全厂信息数字化、系统集成化、生产工艺模型化、生产决策科学化、生产自动化等建设，实现原料和产品进出厂、计量、物料平衡、公用工程等的全厂过程监控和管理，优化了生产计划和排产，优化和稳定了生产装置的运行，实现管理决策和生产过程的有效衔接。

智能化的建设是荣盛集团实现产业升级的支撑手段，是实现高质量发展的必经之路。当前，荣盛集团正处在数字化建设应用、智能化能力提升阶段，从炼化板块到PTA板块再到聚酯板块，荣盛集团将不断进行数字赋能。

三、乘风破浪，绿色发展迎接“双碳”时代

2021年，浙江荣盛控股集团首次上榜财富世界500强。作为行业龙头企业之一，荣盛正以“碳中和”为契机践行绿色承诺，积极探索资源利用最大化、过程管理智能化、产品结构最优化、园区环境生态化的新发展格局，通过上下游联动，共促产业链绿色高质量发展。

在“双碳”目标发布前，荣盛集团就已用实际行动探索企业的绿色发展：修订了《环境保护管理责任制》，全面落实“环保三同时”制度，发展循环经济，推进清洁生产；近两年进一步加大环保投入力度，并实现全年无污染事故发生；全力推进绿色低碳生产建设，加快子公司“绿色工厂”建设，加强碳排放管理，降低生产过程中CO_2排放，积极践行绿色低碳发展理念。

在聚酯板块，2016～2020年，荣盛集团通过投资超净改造、VOCs治理改造、管束除尘技改等降低污染物排放浓度，有效降低环境风险，其中，花费8000多万元用于燃煤（水煤浆）锅炉烟气清洁化改造后，烟气排放指标已经达到热电企业排放标准。

在炼化板块，荣盛集团旗下浙江石油化工有限公司4000万吨/年炼化一体化项目自2019年一期投产以来，按照“分子炼油”的设计理念，坚持“宜烯则烯、宜芳则芳、宜油则油”的原则，采用10多家国际著名公司的世界一流工艺包，一期采用固定床加氢工艺，二期采用石化行业“浆态床渣油加氢”工艺，通过先进工艺和系统集成优化实现C1～C9组分的物尽其用。

多年来，荣盛集团基于循环经济发展理念，不断在节能减排、资源利用方面创新技术，形成了多个先进自主知识产权，实现对资源的最大化利用。

对未来，荣盛集团已有清晰的规划。进一步做大产业链上游，巩固产业链中下游。在产业链上游，确保浙石化二期及远期项目运营，并根据产业发展做出下步发展的新规划；实现PTA产能的再扩大，形成2200万吨/年以上的PTA总产能。在产业链中下游，继续布局新型聚酯（含化纤、薄膜、

瓶片）产业，形成875万吨/年聚酯产能。并持续大力推进绿色低碳发展战略，实现产业升级和智能生产。重点加强在碳回收利用、高端新材料、产业前沿技术等领域的研究和开发，助力实现“双碳”目标（图19-6）。

图19-6　2022年浙石化炼化一体化项目二期全面投产

荣盛集团将向着“百年企业、万亿规模”目标继续推进，在继续深耕化工产业链上下游，进一步提升创新能力的基础上，积极打造有责任担当、有行业地位、有持续盈利能力的百年企业。用实绩为荣盛集团航母乘风破浪提供不竭动力，助力中国经济行稳致远。

第三节　浙江恒逸集团有限公司：专注主业，奋力实现“两个五十年”

浙江恒逸集团有限公司（简称恒逸集团）是一家专业从事石油化工与化纤原料生产的跨国大型民营企业集团，从1974年创办的萧山县（现萧山区）衙前公社针织厂起步，1994年组建集团公司。集团现有员工26000名，总资产1500亿元，形成了富有竞争力的涤锦“双纶”驱动模式和“柱状型”产业结构，拥有800万吨/年炼油加工能力、2200万吨/年PTA产能和1200万吨/年涤纶及锦纶产能，成为全球最大的PTA—聚酯和己内酰胺—锦纶双产业链化纤生产商之一，名列2022年中国民营企业500强第17位、中国企业500强第82位、《财富》世界500强第264位。

一、咬定青山不放松

1974年，杭州袜厂与衙前公社“厂社挂钩”，对口支援手工袜机，创办萧山县衙前公社针织厂。安排14名杭州市棉纺局系统干部职工子女知青劳动就业，配套缝合袜口。1983年，购置2台梭织机，开始生产服装面料，更名为萧山色织厂。后来由社办企业变为乡镇企业，但因观念束缚，至20世纪90年代初陷入亏损泥潭。

危难之际，衙前镇党委做出一个大胆的决定，启用一位名叫邱建林的年轻人。就这样，1991年8月，享有“扭亏厂长”之美誉的邱建林被调至萧山色织厂担任厂长。根据衙前镇工业办公室提供的资产清查报告显示，色织厂当时年销售收入不到1000万元，职工200多名，总资产260万元，负债超过200万元，净资产还不到60万元，应收款坏账和库存贬值合计超过60万元，实际上已经是资不抵债、入不敷出了。作为一厂之长，邱建林变身“拼命三郎”，在狠抓现场管理的同时，紧跟市场潮流，扩大有效生产，当年年底一举摘掉了“亏损帽”。

东方风来满眼春。1992年初，邓小平发表南方谈话。面对一股股“热浪”，邱建林却不赶“时髦”，认为既然选择了纺织业，就要“咬定青山不放松”，不断做大、做强、做精主业。

1993年6月18日，本着“老厂办新厂、一厂办多厂”的发展方式和“多方联合、规模发展”的经营方针，杭州恒逸实业总公司成立（图19-7）。当年，恒逸关联企业销售收入一下子就突破了亿元大关。1994年10月18日，浙江恒逸集团有限公司宣告成立，成为《中华人民共和国公司法》施行后浙江省首家省批企业集团。1997年上半年，由乡镇企业转制成民营企业，邱建林成为真正意义上的“恒逸掌门”。

图19-7　1993年成立的杭州恒逸实业总公司

然而，就在企业如雨后春笋般壮大之际，东南亚金融风暴却席卷而来。1998年6月下旬，董事会做出了印染停业转产的重大决定，确立了向上游延伸的一体化发展战略。

二、开路先锋勇担当

“服装→纺织面料→涤纶长丝/短纤维→PET（聚酯）→PTA（精对苯二甲酸）/MEG（乙二醇）→PX（对二甲苯）→MX（混二甲苯）→石脑油→原油”，这是一条向上游延伸的完整化纤产业链。

恒逸集团董事长邱建林以独到超前的战略眼光和坚如磐石的战略定力，带领全体恒逸人不畏艰险，无惧风雨，奋力向产业链上游“破冰”逆袭，为推动改变中国乃至世界聚酯、PTA和石油化工产业格局做出了积极贡献。

1999年9月，恒逸集团与兴惠化纤集团有限公司（简称兴惠化纤）合作建设国内民营企业第一条聚酯熔体直纺生产线，于2001年5月顺利投产（年产17万吨），创造了国内同类工程建设速度最快的新纪录（图19-8）。2002年5月，由72台中国纺织科学研究院机械厂制造的BW635型卷绕机组成的纺丝生产线成功投产，打破了靠进口机才能高速纺的局面。恒逸集团作为主要承担单位完成实施的“年产20万吨聚酯四釜流程工艺和装备研发暨国产化聚酯装置系列化”项目，荣获2006年度国家科学技术进步奖二等奖。

图19-8　2001年中国民营企业首条聚酯熔体直纺生产线在浙江恒逸聚合物有限公司投产

2002年10月，恒逸集团与荣盛集团携手在宁波经济开发区建设全国第一个纯民营PTA项目，于2005年3月成功投产（年产53万吨）。此后，恒逸集团为了提升定价PTA“话语权”，又相继北上大连、南下洋浦建设PTA项目，成为国内首家自主研发应用单套实际年产能达到200万吨的PTA工程技术企业。如今，恒逸参控股企业PTA年产能达2200万吨，居全球前列。

2011年12月，恒逸集团与中石化达成合作协议，成立浙江巴陵恒逸己内酰胺有限责任公司，在杭州临江建设全球单体产能最大的年产20万吨己内酰胺（CPL）项目之一，于2012年8月顺利实现全流程贯通。这是国内民营企业与国有企业在CPL领域开展的首次合作项目，成为混合所有制企业成功合作的典范。随后，该项目分两期进行扩能改造，并于2018年、2019年先后顺利完成，恒逸集团CPL年产能达40万吨。由此，恒逸集团在国内同行中率先形成“涤纶+锦纶”双产业链驱动模式。

2014年2月，恒逸集团与文莱达迈签署合资协议，在文莱大摩拉岛（PMB）分两期建设石油化工项目，其中一期项目年加工原油800万吨，于2019年11月投料试车一次成功，在全球石化行业中创造了迄今千万吨级炼厂投料试车时间短、过程稳和安全环保优的新纪录。PMB项目列入首批“一带一路”重点建设项目，被誉为中文两国旗舰合作项目，并写入中文两国联合声明，为中国石化产业走向国际化树立了新标杆。一期项目年生产150万吨PX、50万吨苯、565万吨油品和60万吨液化石油气（图19-9）。

图19-9　文莱炼化一体化项目

三、走科技创新之路

近年来，恒逸集团抢抓供给侧结构性改革机遇，以“资本+并购+整合”的创新多元化方式，吸收整合业内优质产能以进一步完善产业布局。2017年至今，恒逸集团通过多次并购，合计整合了聚酯行业的8家企业，并以较低成本、较快速度实现复产，新增聚酯年产能400万吨，新增就业岗位7000多个。

在盘活存量资产的同时，恒逸集团主动拥抱互联网、大数据和人工智能新时代，持续加大智能制造投入，大力推进自动络筒、自动包装、智能外检、AGV小车、机器人、立体库等智能制造装置间的信息互联，搭建全流程智能化控制系统，自主成功开发单锭数据流系统，在化纤行业中率先应用的AI全检测样机入选2021智能经济高峰论坛产业智能化先锋案例。海宁恒逸集团项目是恒逸集团实施差异化产品布局的重要阵地之一，也是恒逸集团迈向“智”时代的典型代表。2020年2月，海宁恒逸集团百万吨纤维项目首套生产线投产。同时，集团发挥自身供应链配套优势，积极构建行业生态圈，打造“在线交易+在线金融+仓储物流”三位一体的化纤工业互联网“恒逸大脑”，推动传统制造业“老树发新芽”，引领化纤工业高质量发展。“恒逸大脑”以化纤工业互联网引领者为目标，为全球化纤行业提供数字管理、智能制造、线上交易、物流服务、市场分析、产供销协同、供应链金融等各类数字化解决方案。

恒逸集团自2002年成立研发中心以来，先后组建了国家级博士后科研工作站和国家认定企业技术中心，获国家科学技术进步奖二等奖1次、省部级科技成果奖4次，现有国家高新技术企业6家。通过全方位整合内外部资源，恒逸集团与浙江大学、东华大学等知名高校深入合作，建立产学研平台，加快核心技术攻关，加速创新成果转化，实现优势互补、资源共享、共同发展。2018年10月，由恒逸集团自主研发的环保型聚酯切片“逸泰康”首次在20万吨/年熔体直纺生产线成功投产。“无锑环保型聚酯熔体直纺关键技术及产业化项目”荣获2021年度中国纺织工业联合会科技进步奖一等奖。

未来，恒逸集团将坚持以“突出和强化主营业务，不断巩固和提升在同业中的竞争地位”为战略方针，秉持“内强总部、外拓基地”的发展思路，持之以恒地推进恒逸集团文莱二期项目和国内既定项目建设，走稳走深走好高质量发展之路，坚定不移地朝着“做国际一流的石化产业集团之一”的企业愿景逐梦前行。

第四节　新凤鸣集团股份有限公司：凤鸣长新，砥砺前行

新凤鸣集团股份有限公司（简称新凤鸣集团）是一家集PTA、聚酯、涤纶纺丝、加弹、进出口贸易为一体的现代大型股份制上市企业。从2000年创办的桐乡市中恒化纤有限公司起步，到2008年组建新凤鸣集团，再到2017年上市，十余载完成了从“白手起家”到“上市梦圆”；从专注化纤到整合中段产业链，从省内走向省外，二十余载实现了从规模到高质量发展的华丽转身。截至2022年底，PTA产能500万吨/年，涤纶长丝产能660万吨/年，短纤产能120万吨/年。

第一步　铸剑：励精图治，打造夯实基础

2000年，新凤鸣集团前身——桐乡市中恒化纤有限公司正式成立（图19-10），当时的公司基础薄弱，在行业里籍籍无名，年产能仅4万吨，且产品销路集中在周边地区，市场狭小，化纤厂扎堆，利润低微。公司党委书记庄奎龙正是在这样的条件下，带领着以13名党员为核心的管理团队，以破釜沉舟的勇气开启了一段艰苦的创业史。

图19-10　桐乡市中恒化纤有限公司

2001年，中恒化纤有限公司成立子公司——桐乡市中维化纤有限公司成立并引进FDY生产线，迈出了产品结构调整的第一步，并于2003年顺利竣工投产，公司当年实际产量突破12万吨，销售收入达到11亿元。与此同时，庄奎龙敢为人先，选择了一片当时人们眼里的“荒地”，创办桐乡首家企业园区——中驰化纤工业园，为公司进一步发展提前规划、留足空间。

2002年下半年，新凤鸣集团做出了一个“撑竿跳高”式的大胆决策，投资4.5亿元上马年产20万吨级聚酯直纺生产线，这笔在当时称得上巨额的投资使公司拥有了比切片纺更先进的熔体纺，一举跨入年产值30亿元的大型规模企业行列。

2006年，行业内充斥着产能过剩的疑虑，外界一致认定化纤行业难迎春天，新凤鸣集团在一片质疑声中投资5亿元组建中驰公司，引进美国杜邦和德国巴马格聚酯熔体直纺技术，上马年产20万吨的细旦差别化熔体直纺涤纶长丝项目，并充分利用行业低谷时机，在设备、技术的引进和谈判上牢牢占据有利位置，产品得到进一步丰富，实力得到进一步提升。

2008年，金融危机席卷全球，新凤鸣集团及时对原料、成品库存做出大手笔调整，有序确保了企业平稳过冬，同时瞄准国际经济复苏带来的进口设备价位低的好时机，结合行业对差别化产品的新需求，逆势而上，决策投资14.5亿元，引进当时世界先进的WINGS卷绕设备以及行业内领先应用

图19-11　行业内领先应用全自动包装线

图19-12　PTA项目平湖基地——浙江独山能源有限公司厂区

全自动包装线（图19-11），上马年产36万吨级差别化功能性纤维项目。

2011年11月，新凤鸣集团再次投资20亿元上马年产36万吨低碳环保功能性纤维项目，全年销售收入成功突破百亿大关；2012年底，随着该项目全面竣工投产，新凤鸣集团实际产能成功突破150万吨，顺利问鼎“双百”之梦。

为进一步降低经营风险、提升企业竞争力和影响力，新凤鸣集团的产业链向上延伸正式提上日程，2017年11月16日，PTA项目罐区起土动工，标志着独山能源有限公司（简称独山）正式落地，产业链整合迈出坚实一步（图19-12）。

2019年，随着湖州市中跃化纤有限公司（简称中跃）一期和独山PTA一期的顺利投产，新凤鸣集团聚酯年产能突破440万吨，PTA年产能250万吨，“一洲两湖”布局正式形成。到2020年，中跃项目和独山PTA二期顺利投产，公司PTA、聚酯产能双双突破500万吨规模，“三年再造一个新凤鸣”目标圆满达成！

2021年，“十四五”开局之年，新凤鸣集团徐州新沂项目正式开工落地，走出跨省发展第一步。同年，中跃HCP7、独山PCP1/2、湖州市中磊化纤有限公司（简称中磊）HCPD2先后顺利投产，这是新凤鸣集团历史上首次单年聚酯超百万吨项目投产！公司的化纤版图不断扩大、不断延伸，奋力朝着真正成为“行业管理最好、品质最优”的目标不断前进！截至2022年底，公司聚酯年产能已超700万吨，跻身行业第一方阵！

在短短二十年的时间里，新凤鸣集团产能规模和销售收入翻了数百倍，产品远销欧洲、美洲、中东等30多个国家和地区，成为化纤行业一支异军突起的后起之秀。

第二步　磨剑：科研创新，以智造换制造

新凤鸣集团的发展历程，靠的不是进入陌生领域扩展多元化经营，而是不断挖掘、发现和利用内部资源，做强做大主业，加快传统产业结构调整和优化升级的过程。新凤鸣集团创办二十余年来，专注做实业，专心做化纤，在不断总结中提升，在不断提升中超越。

2003年，新凤鸣集团技术中心——桐乡市化纤发展研究中心被评为省级科技中心，并在2020年获评国家企业技术中心，这无疑是对公司先进科创能力和技术水平的认可，也是对公司综合实力的充分肯定。依托技术中心为载体，以开发高性能、高技术、高附加值的差别化新产品为主要目标，公司进一步加大与东华大学、浙江理工大学等院校以及康泰斯、巴马格等工程公司的联系和学习，构建产学研平台，取得了卓有成效的业绩：成功开发出纳米抗紫外线功能纤维、仿羊绒纤维、Eacool吸湿排汗纤维、平桃绒纤维等新产品。这些产品分别获得省市科技进步奖，其中多项被列入国家火炬计划、国家星火计划、国家重点新产品等。2011年，新凤鸣集团成立嘉兴市级院士专家工作站；2012年，新凤鸣企业研究院顺利晋身为桐乡市唯一一家省级纤维材料技术研究院；2016年，获评嘉兴首家全国示范院士专家工作站；2017年，顺利晋级为省级重点企业研究院，共同着力于开展聚酯及涤纶技术创新、产品研发、节能降耗、产品升级、科研申报等工作，不断加速科技创新与成果转化，连续多次获得"纺织之光"中国纺织工业联合会科技进步奖一等奖、国家科技进步奖二等奖、中国发明专利优秀奖、"全国企业管理现代化创新成果"二等奖等荣誉。

2017年，嘉兴首家、浙江省内第二家诺奖工作站花落新凤鸣集团，与诺贝尔化学奖得主、美国国家科学院院士巴里·夏普莱斯教授及其团队顺利签约，这是新凤鸣集团在化纤领域致力科研创新的重要标志，不仅对公司的长远发展具有重要的战略意义，更对聚酯产业的科技发展、绿色发展，乃至整个民用长丝产业升级都具有重要的意义！

另外，自2007年起，新凤鸣集团设立百万创新基金，每年拿出100万元奖励创新项目及创新成果，2017年，调整为千万创新基金，奖励金额提至1000万元，在公司内部形成了积极钻研、全员求创新求突破的良好氛围，累计已收到合理建议和创新项目7500余项，为公司节省日常支出数亿元。截至2022年底，新凤鸣集团已获得国家专利530余项，其中发明专利35项，通过省级新产品鉴定两百余项，并被授予"国家级高新技术企业""浙江省级高新技术企业"等荣誉称号。

以"智造"换"制造"，紧扣时代发展需要，新凤鸣集团紧跟国家战略，在原有"堡垒、人才、品牌、创新、共享"五大战略的基础上，增加确立"以工业互联网为主线，建设智慧企业"的信息化战略，并将之作为企业创新发展的核心驱动力。2017年，董事长兼总裁庄耀中亲自挂帅担任信息化领导小组组长，顶层设计"55211"工程，打造"化纤行业首家5G+工业互联网平台——凤平台"，集主数据、实时数据、生产经营、客户服务、大数据及商务智能、标识解析和App于一体，全要素一体化打通了业务链、数据链和决策链，构建了"互联网+化纤+四链（产业链、物流与供应链、金融与服务链）协同"的数字新生态。数字化成果获评中华人民共和国工业和信息化部（简称工信部）"面向行业的特色工业互联网平台""大数据产业发展试点示范"等十余项国家级荣誉，是浙江省首批"未来工厂"、行业唯一入选工信部"智能制造标杆企业"和"2021年智能制造试点示范企业"的企业，并多次获得《人民日报》、新闻联播、焦点访谈报道和点赞，代表行业先进的生产力。

第三步　亮剑：脚踏实地做实业，志存高远谋发展

铸剑的沉默，磨剑的艰辛，换来了亮剑的风采。二十余年的努力，也让新凤鸣集团赢得了客户、供应商和社会各界的信任和赞誉，公司先后被授予全国五一劳动奖状、全国守合同重信用企业、全国模范劳动关系和谐企业、浙江省文明单位、嘉兴市长质量奖等荣誉称号，跻身"中国企业500强""中国民企500强""中国制造业500强""浙江省百强企业"之列。

大地有界、耕者无垠。新凤鸣集团将一如既往秉持"努力到竭尽全力，拼搏到感动自己"的精神，以"智造优质纤维，缔造美好生活"为企业使命，脚踏实地做实业，一心一意把主业做精、做优、做强，稳重而有魄力地迈向永续经营的健康发展之路，为中国化纤的振兴添砖加瓦！

第五节　桐昆集团股份有限公司：穿越周期，谱写时代精彩答卷

有人说，改革开放40年所创造的“中国奇迹”，最好地诠释了创新精神是中华民族最鲜明的禀赋。那么作为中国乡镇、民营企业代表的桐昆集团股份有限公司（简称桐昆集团），在改革开放中，从一家总资产不到500万元且资不抵债、连年亏损的化纤厂到傲立全球化纤行业，就是对中华民族的这种创新精神最好的诠释。

习近平总书记在庆祝改革开放40周年大会上的重要讲话中指出，改革开放40年来，我们以敢闯敢干的勇气和自我革新的担当，闯出了一条新路、好路，实现了从“赶上时代”到“引领时代”的伟大跨越。一路走过40年的桐昆集团，以敢为人先、蛇吞大象的气概，在以稳健著称的桐昆集团董事长陈士良的带领下，走出了一条具有桐昆特色的稳健发展之路：从1991年至今，实现了“五无”：无年度亏损、无对外担保借款、无销售应收款项、无产品积压库存、无欠薪欠税。

桐昆集团位于嘉兴桐乡市，地处浙北杭嘉湖平原腹地，自古便有“鱼米之乡、丝绸之府”的美称。桐昆集团前身——桐乡县（现桐乡市）化学纤维厂（简称桐乡化纤厂），成立于1981年，是由当时的青石、晚村、义马、永秀、大麻五个公社与桐乡县社队企业局在洲泉镇上联合创建的，是桐乡市第一家专业生产化纤的乡镇企业，也是中国最早的乡镇化纤厂之一（图19-13）。

图19-13　桐乡县化学纤维厂

由于经营管理等多种因素，到1990年，企业发展陷入困境，已经是全省化纤纺丝行业规模效益倒数第一的企业。

眼看企业难以为继，桐乡化纤厂200多名职工联名致信洲泉镇党委、政府，要求调整企业领导班子。洲泉镇党委、政府对此高度重视，镇领导多次找时任凤鸣化纤厂副厂长的陈士良谈话，要求其出任桐乡县化学纤维厂厂长，担负起重振桐乡化纤厂的重任。

陈士良，洲泉青石人。1981年，18岁的陈士良走进了桐乡化纤厂的大门。进厂后，他成了一名普通的机修工，凭借着天资聪颖和勤奋刻苦，一年后便被提拔为机修班长。1986年，他被抽调筹建凤鸣化纤厂，五年时间内，从设备科长、生产科长，升任主管生产的副厂长。

正如《出师表》中所言：“受任于败军之际，奉命于危难之间。”1991年，时任凤鸣化纤厂副厂长的陈士良刚从美国考察回来，上级领导就多次上门来找其谈话，希望他能担任桐乡化纤厂的厂长，担负起使桐乡化纤厂摆脱困境的重任。陈士良十分清楚自己面临的是怎样的一个选择，然而作为桐乡化纤厂的第一批员工，陈士良对这个企业也有着不解的情结，他说：“在人生的十字路口，我选择拼搏！”那一年，他29岁。

1991年3月5日，当地政府一纸“命令”，陈士良接过了这个摊子。在当时，清算小组清算后发现，总资产不到500万元的桐乡化纤厂已经资不抵债近100万元。

上任伊始，陈士良开始奔波于省市内外，进行深入细致的市场调研。当时全国化纤市场供销两旺，正处于繁荣时期，低档次的丙纶产品市场销路畅通无阻，交易频繁，经常供不应求。而以桐乡化纤厂当时的技术水平虽然没有走在同行业中的前列，但产品的销路应该可以看好，而且工厂尚有许多可以利用的闲置资源。于是，整顿内部管理，恢复正常生产，就成了陈士良破釜沉舟、背水一战的第一仗。

同时，陈士良以他独特的人格魅力努力聚拢涣散的人心。每天他都与员工摸爬滚打在一起，与员工以心换心、将心比心，使员工们看到企业新的希望。在同样的设备、同样的市场行情、同样的中层领导和职工队伍的情况下，在陈士良调任厂长后的第一个月，桐乡化纤厂的产量就增加了近四成，获利5万元。

随后，陈士良马不停蹄地扩大产能，利用企业自身积累，仅用一个月的时间就上了一条年产200吨的SKV101丙纶纺丝生产线，两个月收回全部投入，当年盈利100万元。首战告捷，他迈出了事业起步最为艰辛的一步。

1991年至今，桐昆集团经历了七次跨越式发展阶段。

第一个阶段：丙纶转产涤纶的转型发展

1992年，随着市场需求变化，涤纶长丝产品以其优越的性能和广泛的用途预示着广阔的市场前景，调整产品结构势在必行。为筹到技改资金，陈士良决定“借船出海”——北上寻找联营生产的合作伙伴。精诚所至，金石为开，陈士良三上江苏昆山，以满腔诚意和高度可行的合作方案赢得了支持和信任。先是从江苏昆山苏三山集团赊购了一台年产1000吨KP431涤纶纺丝机，紧接着江苏常熟化纤设备厂也与企业达成协议，将其研制的两台年产2000吨的SKV102涤纶纺丝机以试生产合作伙伴的形式在桐乡化纤厂试用。至1993年初，原本一个需要3000万资金和数年时间的技改项目仅用一年就顺利完成了。桐乡化纤厂当年实现产值6500万元，利税1000万元。企业从此脱胎换骨，初具规模。后来，为了让企业牢记这段来之不易的创业历程，同时表达对昆山苏三山集团、常熟化纤设备厂患难相助的感激，陈士良把企业更名为“桐昆”，志名以谢。

第二个阶段：升级发展阶段，从常规纺到高速纺

1995～1996年，桐昆集团初步奠定发展基础，从解决生存问题向提高企业发展质量、效益转变，从产能低、效益低的低速纺转向高速纺，提高产量和效益。在这个升级发展期，桐昆集团一跃成为桐乡市营业收入第一的企业。

最近两年，桐昆集团上马德国巴马格高速纺POY生产线和德国青泽公司DW-548高速牵伸卷绕生产流水线，从常规纺跨越到高速纺。通过这些项目的投产，桐昆集团进一步丰富并完善了产品结构，增强专业化生产能力，大幅提升产能，扩大市场份额，并向着“创中国名牌、争行业十强”的目标稳步迈进。

第三个阶段：1997年，实行低成本扩张，进入低成本发展阶段

1997年，亚洲金融危机爆发。桐昆集团从危机之中看到了机会，开始“低成本扩张”。

1997年，桐昆集团投入4000万元收购浙江华伦化纤厂，并进行技改，形成年产2万吨涤纶长丝生产能力。后又相继收购了天马化纤厂、之江被絮厂、佳履皮鞋厂、食品机械厂、电子仪器厂等，

通过兼并、收购等方式走“低成本扩张”之路，使有限的土地、人力资源得到了充分利用，迅速壮大了企业规模。

1998年，桐昆集团又投资1.6亿元引进日本98065B高速牵伸卷绕生产流水线，上马一步法FDY，改变了桐乡市化纤行业FDY涤纶长丝生产没有一步法工艺的局面。通过一系列技改项目的完成，企业产品结构得到了合理调整，设备装备水平提高到新的层次，规模空前扩大，企业由此跨上了涤纶长丝专业化、规模化的经营之路，一举赶超仪征化纤，并跻身化纤（长丝）行业十强行列。

第四个阶段：1999年，建设桐昆工业城，进军熔体直纺，进入接轨发展阶段

1999年，企业进行了股份制改造。2000年，在中国积极加入世贸组织的背景下，为加速企业接轨国际，桐昆集团投入10亿元进军桐乡，打造中国·桐昆化纤工业城（图19-14），同年10月，工业城一期工程——恒生公司第一个车间建成投产，至此，桐昆成为嘉兴营业收入第一的企业。2002年6月，第一条熔体直纺生产线建成，企业实现了从切片纺到熔体直纺的升级转型，完成集团首次产业链的垂直整合。至2004年，工业城基本建成，2006年，工业城全面建成投产，桐昆集团成为国内第一家采用有光熔体直纺POY的企业，第一家自主改造生产一步法涤纶高强工业丝的企业，第一家成功开发熔体直纺阳离子涤纶POY长丝的企业，推动了中国化纤行业的技术进步和产业升级。

也正是因为工业城的建成，桐昆集团一跃成为国内最大的差别化纤维生产基地之一。

图19-14　中国·桐昆化纤工业城

第五个阶段：2008年全球金融风暴时期，进入反周期发展阶段

2008年，全球金融危机爆发，在这样的大背景下，桐昆集团再一次逆势而上，投资12亿元打造单线产能年产40万吨“一头两尾”熔体直纺项目，2009年该项目顺利投产，桐昆集团也成为国内乃至国际领先的行业标杆，并凭借该项目成为嘉兴首个以第一完成人身份获国家科技进步奖二等奖的企业。

2009年12月，桐昆集团子公司——恒通化纤有限公司二期年产30万吨差别化纤维项目开工建设，项目投产后，桐昆集团一举超过印度信赖公司，成为全球最大的涤纶长丝生产商之一。

第六个阶段：2011年，首次公开募股（IPO）上市，进入借力发展阶段

2011年5月18日，桐昆集团股份在上交所A股挂牌上市（图19-15）。公司发展进入了资本市场，募集资金主要用于嘉兴石化有限公司（简称嘉兴石化）PTA项目的建设。多年来，桐昆集团一直处于石化产业链的下游，对于上游的PTA原料缺乏自主定价能力，无法自由转嫁，只能自我消化。嘉兴石化的投产改善了此种局面，降低了生产成本，扩大了生产规模，大大提高了企业抗风险能力和市场竞争力，同时也促进了嘉兴区域的发展，缓解了杭嘉湖甚至整个长三角地区的PTA缺口压力，对发展嘉兴港区经济具有里程碑意义。2017年底，嘉兴石化二期项目也顺利投产，桐昆已具备420万吨PTA的年生产能力（图19-16）。

图19-15　2011年桐昆股份上市

图19-16　嘉兴石化夜景

2012年10月，桐昆集团恒嘉厂区年产27万吨差别化纤维项目聚酯装置投入试生产；2013年1月，桐昆集团浙江恒腾差别化纤维有限公司年产40万吨差别化纤维项目顺利投产；2014年4月，桐昆集团恒邦厂区年产40万吨超仿棉差别化纤维项目聚酯装置一次性投产成功；同年9月，恒邦厂区加弹车间顺利开车投产。

至2014年底，桐昆集团已提前实现“十二五”再造一个新桐昆的目标。

在辅料配套方面，桐昆集团也形成了油剂、纸管、泡沫板、纸箱、木架子、液态钛白粉、黑母粒、铝垫滤网等较为健全的辅料配套项目。这些项目的投产，有效地降低了桐昆的生产成本，有力地提高了桐昆的市场竞争能力。

第七个阶段：2015年至今，桐昆又进入了“做强主业、拓展行业、延伸优化产业链、打造全产业链”的发展新阶段，开始进军上游炼化产业，拓展企业发展空间

2015年，桐昆再次向上游产业链拓展，参股浙江石油化工有限公司年产4000万吨炼化一体化项目，并于2017年中将所持有20%股权装入上市板块。

不仅是向上延伸产业链，为进一步完善产业链，桐昆集团近年来还积极做强主业，建设恒邦一期、二期、三期、四期项目及恒瑞项目、恒优项目、恒腾项目，为桐昆集团的发展注入源源不断的后劲，助力桐昆集团在涤纶长丝行业继续扩大市场占有率，巩固领跑者地位。2019年，桐昆集团又到江苏如东打造第二个“PTA—聚酯—涤纶长丝”一体化产业基地，进一步做强主业。

至2019年底，桐昆集团又提前实现“十三五”再造一个新桐昆的目标，并顺利突破了原有的产业格局，实现了从“一滴油”到“一根丝”的全产业链发展布局，特别是同一园区内实现了“PTA—聚酯”生产一体化，开创行业之先河。同时，围绕聚酯长丝，形成了纺丝油剂、乙二醇锑、钛白粉、雾化硅油、包装材料等较为齐全的配套产业。特别是纺丝油剂，桐昆集团经过十多年的努力奋斗终于突破行业技术瓶颈，成功解决国内化纤纺丝油剂产业的“卡脖子”难题，成为全国首家也是迄今为止唯一一家掌握化纤纺丝油剂核心技术的企业。

2020年，桐昆集团又到苏北布点，在江苏沭阳建设恒阳项目，形成年产240万吨涤纶长丝（短纤维）的生产能力，配置500台加弹机、1万台织机，配套染整及公共热能中心。通过实施该项目，桐昆集团开始涉足涤纶短纤维，并开始将产业链的触角伸向下游织造和染整环节。2021年4月，织造车间顺利投产，桐昆集团成功实现从“一滴油”到“一匹布”的全产业链布局。截至2022年底，桐昆集团具备PTA产能1020万吨/年，聚合产能1000万吨/年，涤纶长丝产能1050万吨/年。

“十四五”期间，桐昆集团将立足于“强基、强链、补链、延链”的发展战略，围绕现有优势聚酯化纤主业，打造下游完整的生态圈，努力提升上游核心原料的自给率，形成纵向一体化发展格局。在未来的发展道路上，桐昆集团将继续秉承“打造百年桐昆，实现永续经营”的宏伟愿景，把企业建设成为规模化、差别化、一体化、集约化的先进制造型企业、全产业链企业、绿色智能企业，以世界化纤行业航空母舰的姿态，引领中国化纤行业勇往直前驶向新征程。

第六节　苏州龙杰特种纤维股份有限公司：走“专精特强”发展之路

苏州龙杰特种纤维股份有限公司（简称苏州龙杰）成立于2003年，于2019年成功上市，是一家专业生产差别化聚酯长丝的高新技术企业，现拥有日本TMT、德国巴马格等先进生产设备，聚酯纤维产能15万吨。多年来，依托于强大的研发创新能力、先进的生产技术及设备，通过产品的持续创新，苏州龙杰走出了一条专业性强、高档次精品、产品有特色、竞争力强的“专精特强”发展之路，成为国内少数掌握仿真动物皮毛涤纶生产技术的企业之一，仿麂皮纤维、仿皮草纤维、生物基PTT纤维的规格种类丰富，细分市场占有率居行业前列。

一、独辟蹊径闯“蓝海”

2003年，苏州龙杰董事长席文杰携28位公司骨干共同出资成立了张家港市龙杰特种化纤有限公司（苏州龙杰前身）。基于当时国内市场上常规涤纶长丝产品竞争激烈的局面，苏州龙杰在成立时就确定了“高技术剑走偏锋、差别化独辟蹊径”的战略方针，果断放弃常规产品的“红海”，选择了差别化生产的“蓝海”，以差别化经营理念，走错位发展之路。2006～2008年，先后建成四个民用纺丝车间，引进当时世界先进的TMT公司生产的20头卷绕机，主要产品为各类单组分差别化涤纶长丝，产能达到7万吨/年。2008年，DTY车间建成，配备20套复合假捻设备。2009年，引进工业丝专用卷绕机20余台，采用国际先进连续固相缩聚切片增黏技术，建成投产2万吨/年各类差别化涤纶工业丝。2010年，复合纺丝大楼建成，主要生产各类复合涤纶长丝，产能6万吨/年左右。2011年，张家港市龙杰特种化纤有限公司正式更名为苏州龙杰特种纤维股份有限公司。2014年，又陆续引进30余套新型高速弹力丝机，建成DTY新车间，用以配套本公司POY纤维的假捻加工。

十几年来，苏州龙杰一直深耕切片纺，坚持物理改性、化学改性、工艺改性并举，通过技术改造、在线添加、功能复合等方式，赋予涤纶产品特定性能，实现产品的持续创新，开发出差别化涤纶长丝、PTT纤维等，涵盖FDY、DTY、POY品类，有上百个品种和规格，有效满足了市场对纺织面料在舒适、观感、功能等方面的个性化要求。

“仿棉、仿麻、仿丝、仿毛、仿皮”的“五仿”纤维，细旦吸湿性PTT纤维、全消光超细PTT纤维等高新技术产品，低碱量海岛纤维、弹性纤维和新型超/极细纤维等功能性纤维，以及利用生物基原料或循环再利用原料生产的环保型绿色纤维等，都是苏州龙杰差异化产品的代表。其中，仿羊毛/仿兔毛纤维织成的面料，在视觉、触感、风格等方面与皮草十分接近，效果逼真，对腈纶等进口高端纤维具有一定的替代作用；低碱量海岛纤维能节约原材料——水溶性切片的耗用量，并减少后道处理过程中的污水排放，更加绿色环保；PTT纤维具有良好的拉伸回弹性、较低的模量及低温染色性等特点，且环境友好、原料可再生。这些特色产品均获得了市场的广泛认可，销售网络也从江浙沪拓展到了广东、福建、山东等地。

系列差别化产品的市场占有率不断扩大，一步步驱动着苏州龙杰步入快速发展的争夺市场阶段。尤其是近些年，公司陆续引进多条日本TMT高速纺丝生产线和数十条德国巴马格加弹机生产线，规模逐步从原来的拥有员工500多人、年销售收入3亿元，快速发展成为拥有员工1000多人、年销售收入达十几亿元的规模型企业，形成了年产15万吨差别化涤纶长丝的产能（图19-17）。2017～2019年，公司营业收入分别为15.24亿元、17.43亿元、16.24亿元，归属于公司股东的净利润分别为1.35亿元、1.54亿元、1.68亿元。

图19-17　苏州龙杰自动化生产车间

图19-18　2019年苏州龙杰上市

2019年，苏州龙杰成功登陆A股市场，公开发行股票2973.50万股，募集资金总额为5.78亿元（图19-18）。募投资金投向两个重点项目。其中，“绿色复合纤维新材料生产项目”新建7万平方米的厂房，引进高效进口卷绕机组、纺丝机、离心式空气压缩机等先进技术装备，形成年产2.5万吨新型生物基聚酯PTT记忆纤维，以及年产2.5万吨弹性复合纤维的产能。该项目投产后，苏州龙杰的产能规模将进一步扩大，产品结构将更优化，效益也将得到提升。“高性能特种纤维研发中心项目”利用原有厂房，引进多功能卷绕机、纺丝机，以及先进的纤维测试仪器，用于开发国内领先的新型多功能纤维新产品。该项目建成后，有利于进一步提升苏州龙杰的生产技术和新产品开发能力，提升其研发创新实力和核心竞争力。两项目将于2023年7月底前建成投产。

二、创新创造大不同

苏州龙杰自成立以来，一直坚持“创新创造大不同”的发展理念，始终重视研发投入和产品创新，不断提升已有产品的性能，改进生产工艺，并结合市场需求和流行趋势持续开发新产品。2018～2021年，苏州龙杰每年研发投入占销售收入比例均达到4%以上，2020年更是高达5.1%。

在推动创新的过程中，苏州龙杰与苏州大学、大连合成纤维研究设计院等科研院所保持长期友好合作，陆续成立了“江苏省高技术差别化纤维工程技术研究中心”“江苏省企业技术中心”“江苏省企业研究生工作站”等研发机构。同时，苏州龙杰还通过与国内外优秀上下游客户合作开展新产品设计及开发工作，共同攻关新品开发过程中遇到的各类技术难题。其中，与苏州大学等联合研发的“单组分潜在可控卷曲涤纶长丝”“易染型海岛PTT牵伸丝”“涤纶高强度工业母丝”分别于2008年、2012年、2014年获得中国纺织工业联会科学技术进步奖；自主研发的“高弹力记忆型复合纤维”“高收缩弹性复合纤维”于2016年通过中国纺织工业联合会的验收；“抗熔滴阻燃型异形仿生纤维（仿毛纤维）”于2018年通过江苏省经济和信息化委员会的验收。2020年，苏州龙杰的涤纶FDY产品入选工信部第五批绿色制造名单（绿色设计产品名单）。

截至2021年，苏州龙杰已参与了14项国家标准与行业标准的制修订。作为第一起草人主持制定了《海岛涤纶牵伸丝》《三维卷曲涤纶牵伸丝》等4项行业标准，已取得国家专利80项，其中发明专利12项，多项产品获评江苏省高新技术产品。这些成绩的取得一方面得益于新产品持续开发带来的硕果；另一方面得益于研发体系完善，技术优势突出。苏州龙杰现已形成了一套完整的从信息收集、开发策划、样本试制、中试测试至批量生产的产品开发管理体系，建成了一支拥有149名专业研发人员的研发团队，涉及纺织工程、高分子材料、纺织印染、化纤机械等多个专业，为差异化新产品研发提供了强有力的技术支撑，更为形成公司差异化核心竞争力奠定基石。

展望未来，苏州龙杰将利用已建成的江苏省高技术差别化纤维工程技术研究中心等平台，在加强自主研发的基础上，不断加强与科研机构、高校合作，不断将研究成果产业化；将以现有产品为基础，通过对仿麂皮、仿皮草、PTT等纤维系列产品的深度开发、升级和新产品研制，进一步优化差别化、高附加值产品结构，实现“做大PTT、做强仿皮草、做精仿麂皮”的目标；将进一步丰富循环再利用纤维、生物基纤维、原液着色纤维等绿色纤维的产品结构，提高该类产品的占比，不断推进绿色发展。同时，苏州龙杰还将继续履行社会责任，重视安全生产、资源节约、环境保护，支持社会公益事业，为带动地区经济建设，促进企业、员工、社会与环境协调可持续发展贡献力量。

第七节　盛虹控股集团有限公司：领跑的密码

以创新智造领航民族工业，以国家战略打造世界强企，盛虹控股集团有限公司（简称盛虹集团）深耕实业三十余载，已形成石油炼化、新能源新材料、高端纺织一体发展的创新型高新技术企业集团，现拥有上市公司1家（东方盛虹，000301），实体公司超30家，员工5万余人。2022年，盛虹集团居世界500强第241位（图19-19）、中国企业500强第76位、中国民营企业500强第15位、中国民营制造业500强第9位，下辖苏州、连

图19-19　盛虹集团2020年首次入选世界500强获奖励

云港、宿迁三大产业基地，在泰州、张家港规划建设新型储能项目，业务遍及全球，是中国纺织产业引领者、国家石化产业战略发展践行者、新能源新材料全产业链生态缔造者。

一、始于印染业，做到行业绿色标杆

盛虹集团创立于1992年，起步于村办砂洗厂。秉持“一厂一品”策略，目前盛虹集团印染业已发展为全球产能规模领先、中高端印染产品的核心供应商，下辖19家分厂，年加工产能达24亿米，蝉联中国印染行业十强榜首，全国制造业单项冠军企业。在行业内率先通过国家质量/环境/职业健康安全管理体系认证、Oeko-Tex Standard 100国际生态纺织品认证及全球主流的多项生态认证，为海内外知名品牌的指定供应商，产品畅销全球。

凭借强大的企业实力，盛虹印染成为国内唯一一家担任国际标准化组织ISO/TC38的企业，并成为秘书处轮值单位，在国际标准化组织发出中国纺织产业的铿锵之音。

通过自主创新，盛虹集团印染业成功突破多项绿色生态发展关键技术，成为全国印染行业大气和废水治理示范企业。在江浙两地共投入8套规模化运行系统，中水产水规模达到4.5万吨/天，破解了废水回收率提高到70%以上的难题。“印染废水低成本处理与高效再生利用关键技术项目”荣膺中国纺织工业联合会科学技术进步一等奖，并于2020年底被评为国家级绿色工厂，成为行业绿色标杆。

近年来，盛虹集团印染业持续引领行业数字化转型，“智慧印染工业互联网”项目先后被国家工信部评为“国家级特色专业型工业互联网平台”“国家级服务型制造示范平台”，连续两年获得国家级平台荣誉。

二、投身化纤界，闯出功能化纤维“一片天”

2003年，盛虹集团向上拓展产业链，成立江苏盛虹化纤有限公司（简称盛虹化纤），20万吨/年熔体直纺项目开工建设标志着盛虹集团正式进军化纤行业。重点锁定中高端产品，主攻超细、差别化功能性民用涤纶长丝的生产和研发。盛虹化纤联合国内外顶尖行业专家，打破多项国际技术垄断，先后攻克超细纤维技术壁垒；建成拥有完整知识产权、世界领先的生物基PDO及PTT聚酯纤维产业链；在多种功能性纤维生产技术上拥有自主知识产权，实现全球技术领先。由盛虹化纤主导制定的国际标准《纺织品化学纤维长丝沸水收缩率试验方法》，更是中国化纤企业主导制定国际标准实现零的突破。

目前，盛虹化纤在苏州、宿迁设立产业基地，年产能310万吨。企业积极响应中央提出的碳达峰、碳中和号召，规划建设50万吨/年再生纤维产能，并率先在全球投产自主研发的由塑料瓶片到纺丝的熔体直纺生产线，2022年盛虹化纤再生纤维产能约35万吨/年，一年可消化200亿个（即40.6万吨）废弃塑料瓶，约占全国废弃塑料瓶回收利用总量的10%。2019年，盛虹化纤牵头组建全国第13个、江苏省首个国家级制造业创新中心，承担国家纤维产业发展与持续创新的使命，为中国化纤产业提升国际竞争力提供科技护航（图19-20）。

图19-20　国家先进功能纤维创新中心建设方案论证会

三、进军石化产业，打造新能源新材料产业高地

2010年，盛虹集团进军连云港，持续向上游产业链攀登，开启石化产业战略新篇章。在全国七大石化基地之一的连云港徐圩新区，盛虹集团重点打造15平方公里世界级石化基地，以炼油、乙烯、芳烃一体化为基础，全力建设原料多元化烯烃产业基地、中国最具影响力的聚酯原材料生产基地、国内领先的高端新材料产业基地，目前已先后完成投资超1000亿元（图19-21）。

图19-21　盛虹集团TPA项目及醇基多联产项目开工仪式

其中，盛虹集团斯尔邦石化有限公司（简称斯尔邦石化）240万吨/年醇基多联产项目，规模全球领先；虹港石化链接上下游，采用全球先进的英威达P8+技术，产能达390万吨；完整配套液体化工仓储、液体化工码头以及热电联产项目。盛虹石化形成了以乙烯大化工、合成树脂、基础有机原料、大宗化纤原料等产品为基础，以化工新材料和高端专用化学品为特色的产品体系，成长为目前国内领先的丙烯腈、全球领先的EVA高端新材料供应商，多项新技术产品实现进口替代，填补国内空白。

盛虹石化以1600万吨/年炼化一体化项目为龙头引领，被国务院列入“石化产业规划布局方案”，是国家重点支持的三大民营企业炼化项目之一，投资总额约677亿元。该项目包括炼油、芳烃工艺装置、乙烯及下游衍生物装置的炼化一体化项目和相关配套设施。该项目塔器、固定床反应器、常减压蒸馏装置、裂解炉等多项技术领先，化工品产出占比超过70%，已于2022年建成投产，预计可实现年产值约925亿元，年利税约240亿元。随着该项目建成投产，盛虹集团的新能源新材料战略实施将取得突破性进展，并将与斯尔邦石化形成独有的油制烯烃、醇制烯烃“双链”并延、协同发展模式，形成强大的战略协同和优势互补能力，循环互联的产业集群优势更加明显，为中国石化产业转型升级提供一条崭新的途径。

四、构建绿色产业链，提升核心竞争力

2021年9月27日，斯尔邦石化与冰岛碳循环利用公司“15万吨级二氧化碳捕集与综合利用项目”在北京签约。这是目前我国首条“二氧化碳捕集利用—绿色甲醇—新能源新材料”的产业链项目。

项目以回收捕集工业尾气中的二氧化碳为原料，采用全球先进的ETL[1]二氧化碳制甲醇工艺，

[1] ETL是北美安全认证标志，历史可追溯到1896年托马斯·爱迪生创建的电气测试实验室，在北美具有广泛的知名度和认可度。ETL标志是世界领先的质量与安全机构Intertek天祥集团的专属标志，获得ETL标志的产品代表满足北美的强制标准，可顺利进入北美市场销售。

每年可生产10万吨绿色低碳甲醇，供给位于连云港国家石化基地内的MTO装置，用以生产光伏级EVA、丙烯腈等高端新材料。

此外，依托炼化一体化产业平台，盛虹集团拥有充足的PTA（精对苯二甲酸）、正丁烷等可降解基础原料供应保障能力，适合布局建设PBAT、PBS等绿色可降解材料项目。目前，盛虹集团年产能34万吨顺酐、30万吨BDO、18万吨PBAT可降解塑料（一期）项目已经启动。未来还规划将PBAT、PBS等绿色可降解材料年产能提升到百万吨级，成为全球最大的绿色可降解材料生产基地之一，提升可降解材料的应用率，减少“白色污染”，实现社会、经济、环境效益的统一，助力我国在国际绿色“双碳”领域赢得更多话语权和核心竞争力。

此外，盛虹集团正在同步推进苏州、连云港、宿迁三大产业基地建设，重点布局高端聚烯烃、高性能工程塑料、高性能膜材料、绿色电子化学品、高性能纤维及其复合材料、纺织新材料等战略性新兴产业领域。

乘势而上、创新创造，盛虹集团以建设高端制造业强国为总目标，围绕国家战略方向和“双碳”目标要求，在“双循环”新发展阶段中，瞄准国家能源转型、产业安全和高端新能源、新材料短板，深入推进“1+N”新能源新材料战略布局。在“十四五”期间，将企业建设成为具有“强大基础原材料保障能力，世界一流的新能源新材料研发与供应能力”的高新技术产业集团，为国家、民族、社会的进步贡献力量，立志架起民族企业崛起的盛世长虹！

第八节　恒力集团有限公司：“从一滴油到一匹布”全产业链发展

办企业要保持家国情怀初心，在国家人民需要的时候顶得上、靠得住，做好表率。

——恒力集团有限公司董事长、总裁　陈建华

作为创造多项石化领域全球领先的民族工业巨子，恒力集团有限公司（简称恒力集团）是业内第一家实现“从一滴油到一匹布”全产业链布局的企业。恒力集团在全国布局九大生产基地，率先建成2000万吨/年炼化一体化项目，拥有全球产能最大的PTA工厂之一，恒力（恒力集团在全国布局苏州、大连、宿迁、南通、营口、泸州、惠州、贵阳等生产基地）产业园PTA项目年产能达到1200万吨；拥有全球领先的功能性纤维生产基地和织造企业之一，如聚酯新材料年聚合产能为600万吨，恒力纺织拥有超4万台生产设备，产能规模超过40亿米/年，企业竞争力和产品品牌价值均列国际行业前列。2022年，凭借6117亿元的总营收，恒力集团居世界500强第75位、中国民营企业500强第3位。

作为一家民营企业，恒力集团1994年从纺织起家，后从江苏一隅扩至辽宁大连，继而向全国进军，一步步成为行业高质量发展的标杆之一。恒力集团的发展道路，归根结底是一条突破瓶颈、强大民族工业的苦心求索之路。

一、于变局中开新局

凡成大业者，不惟善于谋势，亦善于谋时。在危机中育先机、于变局中开新局，善于把握大势、危中谋机、化危为机，在弯道中实现超车领跑，是恒力集团实现发展壮大的关键原因。

1994年，苏州纺织大企业众多，作为小企业，纺织处于被挤压的边缘。陈建华在收购吴江化纤织造厂后，就果断淘汰老旧设备，购买进口设备，扩大产能，最终脱颖而出。

1997年，亚洲金融危机爆发，国内许多准备不足的纺织企业短时间内集中倒闭。陈建华的企业虽然也受到了波及，但眼光独到的他却发现，虽然纺织企业的下游需求萎缩，但上游的织造设备以及纺织原料的价格也在冷却。为此，他瞅准时机大批购进织布机，并新建了两家新厂扩大生产。事实证明了他独到的眼光和胆略。随着亚洲金融危机较快褪去，这笔逆周期投资仅用半年就全部收回成本，恒力集团也借此完成了企业的第一次转型，实现在纺织业的由小变大。

2002年，陈建华投资22亿元，创立了江苏恒力化纤有限公司，从德国引进两套聚酯生产设备，配套120台DTY高速加弹机，引进具有国际先进水平的熔体直纺生产线，涤纶产品年生产能力达35万吨。2003年，在多元业务的基础上，恒力集团正式成立，将产业链进一步向上游延伸。

2008年，国际金融危机爆发导致国内外大批纺织企业倒闭，却加速了恒力集团再次转型的进程。只有倒闭的企业、没有倒闭的行业，人总归是要穿衣服的。就是在这样的坚信和执念下，恒力集团在全行业首先开始了供给侧结构性改革的攻坚，目标很明确，就是要加快填补和占领国内高端纺织市场。三年间，恒力集团建设的差异化高端纺织项目相继投产。其中，年产20万吨的工业丝项目甚至占全国产量近20%。通过精准的项目布局，恒力集团在危机中不仅站稳了脚跟，而且实现了新的长足发展，一跃成为国内纺织业的龙头企业之一。

与此同时，恒力集团也把目光投向制约纺织工业发展的PTA等石化原料。实现化纤纺织全产业链布局，化解上游PTA等原料市场剧烈波动风险，这是陈建华长久的夙愿，而随着国际金融危机的不期而至，原油价格暴跌，带动石化产业链价格重构，他敏锐意识到实现这个梦想的时机已经成熟。从2015年底开工到2019年5月全面投产，年产2000万吨炼化一体化项目为恒力集团的第三次成功转型圆满画上了句号（图19-22）。

图19-22　2000万吨/年炼化一体化项目

“恒力（大连长兴岛）产业园的建设，助推了恒力集团实现‘原油—芳烃、乙烯—PTA、乙二醇—民用丝、工业丝、聚酯切片、工程塑料、薄膜—纺织’的全产业链发展。”陈建华说。

二、创新红利促发展

在向着世界一流企业不断迈进的过程中，恒力集团切实将新发展理念贯彻至全产业链、各领域，把创新研发作为企业发展的核心，将人才培育作为提升企业竞争力的利器。

恒力集团旗下化纤板块核心子公司江苏恒力化纤股份有限公司（简称恒力化纤）是全球领先的涤纶牵伸丝生产企业，也是国内最大的超亮光纤维、涤纶复合纤维、高品质涤纶工业丝生产基地之

图19-23　仿生、高差别化聚酯纤维智能外检包装车间

一，是同时拥有民用纤维和工业丝开发和生产的高新技术企业（图19-23）。作为国内率先规模化生产高品质涤纶的企业之一，恒力化纤的产品利润率和竞争力跻身行业前列。此外，恒力化纤还是国内唯一一家能够规模生产规格7旦以下产品的公司，并且其50旦及以下产品的产量占公司总产量的25%左右。

作为行业龙头之一，恒力集团紧跟时代步伐，致力于全产业链发展模式下各板块协同创新。恒力集团突破"卡脖子"技术，打破了PTA、芳烃等被国外垄断的被动局面；逐步进军新材料领域，离型基膜、生物可降解材料等已实现量产；拓展化工新能源材料市场，布局锂电隔膜领域……在产品走向市场的同时，恒力集团自主研发的生产工艺及技术也形成了一大批知识产权成果，截至目前，其发明专利授权总数已超500件，为新产品研发提供了强有力的技术支撑。

截至2021年，恒力集团旗下化纤企业先后被评为"国家技术创新示范企业""国家火炬计划重点高新技术企业""全国纺织技术创新示范企业""中国化纤行业科技创新领军企业""国家制造业单项冠军示范企业"等荣誉称号。此外，以恒力集团核心子公司恒力化纤为主要完成单位的"高品质熔体直纺超细旦涤纶长丝关键技术开发项目"荣获2011年度国家科学技术进步奖二等奖；2016～2018年，恒力集团连续获得国家专利奖优秀奖、国家知识产权示范企业等荣誉。

三、绿色智能赢未来

走进恒力集团位于大连长兴岛的石化产业园，跑冒滴漏看不见，异常气味闻不见，甚至连机器噪声都听不见。在打造"最安全、最环保、内在优、外在美"的世界一流石化园区的目标下，绿色化和智能化为园区高效运营、赢得未来奠定了重要基础。

恒力（大连长兴岛）产业园已经投入数十亿元，建立了"软硬兼施"的环保体系，这也彻底改变了人们对传统石化企业的固有印象。全面配备油气回收设施，燃煤热电厂采用超净治理技术，烟气除尘、脱硫、脱硝处理均达到超低排放标准，整个园区排放仅为项目设计之初批复量的两到三成……拥有30%绿化率、4000亩绿化面积的产业园，是一座名副其实的低耗能及绿色制造工厂（图19-24）。

图19-24　恒力（大连长兴岛）产业园一角

11年过去了，长兴岛依然空气清新，依然绿水青山。正因其卓越的环保治理水平和能力，产业园成为东北地区首家国家级绿色工厂，并在业内率先通过了ISO环境管理体系认证和欧洲绿色环保认证。

除了绿色环保，恒力集团的智能化建设水平也已蜚声业界，尽管涉及危险化工工艺的装置较多，但因为装置设施高度自动化和智能化，杜绝了不受控的人工操作。园区内安全检测仪器和环境监测点全覆盖，严密的安全生产管理使园区处于本质安全和应急、备战的有效管控状态。

值得一提的是，在恒力集团炼化一体化项目上，华为公司还为其量身定制了独具特色、面向未来的园区网络解决方案。其数字孪生技术通过将物理世界中复杂的园区网络数字化，打破了物理和数字世界的边界，从而实现了对业务的监测预警、应急处理等环节的高效、可视化管理。正因如此，园区自建设至今从未发生安全环保事故。

走得再远都未曾忘记来时的路。未来，恒力集团将继续保持进取之心，着眼全球标杆，全面提升优化，打造出更多代表“中国制造”的新名片，为民族工业高质量发展砥砺前行，为中华民族伟大复兴接续奋斗。

第九节　滁州兴邦聚合彩纤有限公司：砥砺前行，锐意进取，激流勇进

滁州兴邦聚合彩纤有限公司（简称滁州兴邦）原隶属于霞客集团，公司占地600余亩，2021年短纤产能18万吨。自成立以来，滁州兴邦坚持以环保、绿色、科技理念为研发、生产、销售宗旨，以创造研发多彩、时尚、流行色彩为核心技术，以多纤维混纺，多彩色纤维混纺，多功能、多品种纤维混配为专有技术，以普通有色涤纶短纤维原料、功能性有色涤纶短纤维原料、功能性涤纶短纤维产品开发、销售为主营业务，以产品工艺不断优化，过程、产品更加环保为发展导向，努力成为国内乃至世界环保有色涤纶短纤维生产开发基地。

一、砥砺前行：滁州兴邦的成长跃迁

原霞客集团下属的滁州安邦聚合高科有限公司（简称滁州安邦）创立于2004年，总投资约为6亿元，主营业务为生产和销售石油原料、化工原料、聚酯原料，其2007年投产的20万吨/年聚合装置由中国纺织设计研究院设计建造，生产的聚酯熔体大部分供给滁州安兴环保彩纤有限公司（简称滁州安兴）进行熔体纺丝，另一部分直接切粒生产纤维级聚酯切片。

滁州安兴是2004年霞客集团为响应国家政策目标而建成的当时国内规模领先、技术领先的差别化和有色涤纶短纤维生产基地，填补了国内采用熔体直纺工艺生产有色和差别化涤纶短纤维的生产空白，对促进我国纺织、印染行业节能减排与产业升级，实现技术创新，培育新的经济增长点具有非常深远的意义。

为了更快、更好地发展，按照霞客集团总部的发展部署，2020年3月，集团将两大主体企业滁州安兴和滁州安邦合并，合并后的公司即为滁州兴邦，业务范围兼并原来两家公司的生产和销售，完成了从聚酯生产到熔体直纺短纤维的整条生产流程工艺顺序的全面贯通，这有利于集团管理和资源整合，也极大降低了运营和管理成本，对其发展意义重大。

截至目前，霞客集团已形成品种多样的色纺纱产业链，从有色纤维研发、制造到色彩开发混配，直至无染彩纱、无染彩棉的生产及销售全部可以实现集团内部自供应，产业链完备，技术领先。滁州兴邦作为霞客产业链中体量最大的生产基地之一，在霞客发展过程中贡献突出，目前形成了拥有20万吨/年的聚合能力，保证了18万吨/年的有色高品质原液着色纤维的生产，常年备有40多种有色

产品供应色纺纱线开发及生产，缩短色纺纱线开发及供货周期的同时，产品质量的提升也得以保证。此外，公司布局明确，紧紧依托江浙沪的纺织产业聚集区，在安徽、湖北等地集团均设立有生产基地，为后期扩大生产经营奠定了坚实基础。

二、锐意进取：技术攻坚战

传统印染的染色方法能耗大，效率低，污染严重，还容易出现色牢度差的问题，而采用涤纶熔体直纺在线添加技术生产有色差别化涤纶，是解决涤纶染色难的有效途径，具有节能减排、品质优良、保护环境的优点。该工艺通过在线添加技术把着色剂溶解并分散在聚酯纺丝原液中进行熔融纺丝，直接制得有色涤纶，着色完全充分，在同批或者相近批次的丝中，不会出现较大的色差情况，这是传统印染不具有的能力（图19-25）。

图19-25　有色涤纶生产车间

2007年，滁州安兴自主研发的熔体直纺在线添加技术，成功实现了纺前着色，避免了印染工序的疵病，缩短了工艺流程，产品物理指标稳定，着色均匀，色牢度强，颜色、品种多样。此外，其还将纤维的色彩与功能实现叠加，让无染彩棉、无染彩纱附加各种功能，探索研发了抗菌、阻燃、抗静电、高亲水、可降解、高色牢度等功能性纤维。

图19-26　有色涤纶产品

经过整合后的滁州兴邦，主要经营方向依然是新材料、新产品、新工艺的开发以及差别化有色涤纶短纤维的生产、销售（图19-26）。尤其是2016～2021年滁州兴邦与中国纺织科学研究院有限公司联合开发的“熔体直纺在线添加有色细旦短纤维”新工艺，让有色产品实现了细旦化、柔性化，为纺织下游的纱线、面料及其生产厂商提供了更多的选择机会，也让企业的竞争力进一步提升。

三、激流勇进：无畏时代浪潮

自创立以来，滁州兴邦始终秉持“环保、科学、奋发、创新”的理念，在早期被国外企业和行业巨头占据的主流市场里，打破传统，勇于创新，一开始就瞄准原液着色涤纶短纤维产业，多年以来始终不忘初心，一直坚持在原液着色涤纶短纤维产业发展的道路上。公司发展历程中，不断改良工艺技术，逐步以独特优势稳步于国内市场，并开始展望国外。2018年中美贸易战开展以来，国际市场受到挤压，国内市场竞争加剧，产能出现过剩迹象。此时，滁州兴邦及时调整战略，开始大力发展创新品种，改良工艺，选用更加优良的设备技术，瞄准缝纫线用短纤维细分领域，在原有的在线添加和原液着色的技术优势上研发出多个新品种，成功开发有色涤纶缝纫线涤纶短纤维、特黑涤纶短纤维、有色涡流纺用涤纶短纤维等，并投入市场，受到国内外客户的一致好评。

产业选型和运营发展，离不开其预见性决策和战略性调整，也正是这一次次的前瞻性决策，让滁州安兴这艘船没有在时代的激流中被冲垮，2020年合并新设的滁州兴邦，像是一艘崭新的大船，伸出了自己全新的船桨，向更加有挑战性的海域勇敢航行。

未来，滁州兴邦将结合下游纺织企业和高等院校、机构，利用现有优势继续开发新技术、新产品，提高生产标准，打造行业顶尖水平的产品，将更多质优的产品投放市场，并着眼海外，努力争取在国际上留下滁州兴邦的颜色，留下中国化纤的风采。

第二十章

粘胶纤维企业

第一节　新乡化纤股份有限公司：奋进新征程，成就白鹭梦

百年白鹭、始于梦想、兴于创新、成于实干。新乡化纤股份有限公司（简称新乡化纤，原国营新乡化学纤维厂）诞生于国家和民族百废待兴之际，成长于国家和民族奋斗之中，发展壮大于国家和民族振兴之时。六十多年来的砥砺奋进，新乡化纤书写了一部中国再生纤维素纤维的“逐梦传奇”。

一、织梦：风雨兼程，不辱使命

中华人民共和国成立初期，缺衣少食，粮棉争地一直是影响国民经济的一个主要因素，但当时我国化纤工业基本是一项空白。党和国家十分重视化纤工业，在逐渐恢复安东化纤厂（后来的丹东化学纤维股份有限公司）和上海安乐人造丝厂（后来的上海化纤四厂）生产后，还坚持依靠自身力量，自己设计、施工、建设一批化学纤维工厂，新乡化学纤维厂便是中华人民共和国最早建立的四个骨干化纤生产企业之一。

1960年9月26日，国家计委批复同意建厂，9月29日，纺织工业部将国家计委批准筹建国营河南第一化学纤维厂（后改为国营新乡化学纤维厂）设计任务书主送和抄送各有关单位，并要求抓紧筹建，安排施工。新乡化纤的开拓者们在一穷二白的情况下义无反顾地踏上了创业之路。

筹建初期，新乡化学纤维厂原设计是一个从生产纺织原料到生产纺织成品的大型联合企业，但由于当时国家经济极度困难，只建设了化纤原料生产这一部分，建厂工作要求高、任务重，直到1964年才成功试生产，形成再生纤维素长丝年生产能力2000吨，短纤维3400吨。

二、追梦：不忘初心，六十余载薪火相传

改革开放后，新乡化纤靠着“闯”劲，用发展壮大企业，提高经济效益，为国家做贡献。1985年，在“三个人的工作两个人干，抽出一个人搞扩建”的思想带动下，开始建设第二长丝车间，凭借坚韧不拔的意志和矢志不渝的精神，一边抓生产，一边搞扩建，保质保量、按期完成了建设任务，走出了一条靠企业内部挖潜搞扩建的成功之路，而且创下了全国同行业同规模扩建项目的最高水平。1988年底，第二长丝车间续建工程也投入了生产。

20世纪90年代，新乡化纤积极响应党中央号召，义无反顾地走上了改革之路。1993年，由新乡化学纤维厂发起成立了新乡化纤股份有限公司（图20–1），1999年，新乡化纤7500万A股股票成功在深交所挂牌上市，是新乡市首家上市企业，开启了资本市场融资的新篇章（图20–2）。

此后，新乡化纤坚持在建一批、筹建一批、谋划一批，按照接二连三上项目的发展思路，不但年年都有新项目，而且建一个成一个，良好的经济效益很快便得到显现。

1997年，纺织行业进入困难时期。为摆脱困境，新乡化纤委派相关技术人员到意大利、瑞士、奥地利等国多家企业考察连续纺再生纤维素长丝生产设备。1998年10月，连续纺再生纤维素长丝项目破土动工，1999年5月开始进行设备安装，员工面对意大利语的设备安装说明书，边查字典边看图纸边研究安装方案，仅用三个月时间，把从意大利运输过来的设备全部安装完毕，这让意大利SNIA公司不可置信，因为印度购进的12台纺丝机整整装了一年半还没完成。当SNIA公司负责人来到新乡

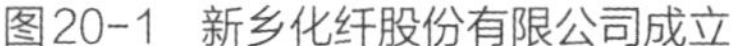
图20-1　新乡化纤股份有限公司成立

图20-2　新乡化纤股份有限公司上市

图20-3　2021年初5G+AGV搬运机器人在新乡化纤投入使用

化纤送配件时，看到装配整齐的设备，眼里的惊讶让他竖起大拇指赞到：“中国人了不起！”在双方的共同努力下，新乡化纤连续纺再生纤维素长丝车间于1999年12月成功投产（图20-3）。新乡化纤将进口的连续纺设备消化、吸收，逐渐实现国产化，并通过技术改造使公司具备了连续纺设备的自主研发能力，拥有多项创新成果和核心技术，新乡化纤连续纺再生纤维素长丝生产能力和装备水平居世界前列。

2003年，新乡化纤在新乡小店工业园区（现升级为国家新乡经济技术开发区）征地2600亩建设第二生产基地，拉开了“二次创业、跨越发展、再创辉煌”的序幕，为新乡化纤创造了广阔的发展空间，同样也在新乡化纤发展史上写下了更为精彩、更加辉煌、更富创意的一笔。

三、筑梦：思变求新，将主业做大做强

一部自强不息和不断自我否定、自我提高的奋斗史，书写了新乡化纤60年的风雨历程。新乡化纤60年的发展从不抱残守缺，敢于壮士断腕，果断关停淘汰一批落后的产能，退出再生纤维素短丝市场，整合资源，将目光对准技术含量更高、市场前景更好的长丝和氨纶。

图20-4　新乡化纤氨纶智能分拣线

2003年，新乡化纤涉足氨纶领域，是国内较早进入该领域的企业之一。随着氨纶应用领域越来越广、需求量不断增加，2014年开始，新乡化纤加大了对氨纶的投资力度，重点生产市场需求高的超细旦氨纶产品，致力于打造最具竞争力的氨纶企业。多项首创氨纶生产线在这里投产，截至2022年12月，新乡化纤氨纶总产能达到21万吨/年，成为国内生产技术和装备领先的生产企业（图20-4）。

2020年5月9日，新乡化纤年产2万吨再生纤维素长丝项目投产，再生纤维素长丝总生产能力达到10万吨/年。该项目采用目前国内先进的集约化再生纤维素制造工艺和酸浴工艺技术，制胶工艺属国内外纤维素长丝行业首家使用，节能效果显著。设备采用自主研发并享有自主知识产权的纺丝机，纺丝速度高，属目前国内外最先进成熟的纺丝设备之一，用于细旦长丝生产，可更好满足高端客户需求，巩固了行业地位。同时，新乡化纤新型高速络筒机的应用使半连续纺长丝更具生命力。延伸产业发展中的高端机织和针织面料、高档倍捻纱线及冷转移印染项目相继投产，并得到了客户的认可。

随着产业结构的不断调整，新乡化纤形成了以纤维素长丝、氨纶双轮驱动，集浆粕生产、高端织造、高档印染、新型绿纤研发于一体的新业态新模式蓬勃发展的新格局，进一步提升了发展质量和综合竞争力。

四、逐梦：相约百年，实现纺织强国梦

60多年来，新乡化纤始终专注主业，栉风沐雨、砥砺前行。从建厂初期的年生产能力5400吨，2022年发展到31万吨，再生纤维素长丝产能全球领先，氨纶后来者居上，进入国内氨纶行业第一方阵。产品远销德国、日本等40多个国家和地区，长丝出口市场份额超过40%。国有资产从建厂初期的6192万元，到2022年总资产过百亿元，实现了国有资产的保值增值。新乡化纤多年跻身河南省百强，先后荣获“全国环保先进单位”“五一劳动奖状”“全国就业先进单位”“全国化纤行业‘十三五’高质量发展领军企业”“全国化纤行业‘十三五’绿色发展示范企业”和“全国化纤行业智能制造示范优秀单位”等荣誉称号；“白鹭”牌商标荣获“中国驰名商标”。新乡化纤成功编织由纤维向时尚转变的一个又一个发展传奇。

不驰于空想、不骛于虚声。新一代白鹭人接过新乡化纤高质量发展的接力棒，站在新的历史起点，立足新时代，瞄准新定位，秉承建企初期全产业发展的初心，进一步强化责任担当，按照“做强纤维研发和生产，不断延伸产业链条”的发展思路，主业方面继续向着实现“20万吨再生纤维素长丝、30万吨氨纶”的发展目标大步迈进；延伸产业方面将进一步向高档面料、高端印染等关联项目产业延伸，实现新乡化纤全产业链发展，持续保持行业领先地位，为实现纺织强国梦贡献白鹭力量和白鹭智慧。

第二节　潍坊欣龙生物材料有限公司：创新赋能，扬帆远航

潍坊欣龙生物材料有限公司（简称潍坊欣龙）前身为建于1984年的潍坊化学纤维厂，作为历经40年历程的老企业，面对市场经济的洗礼和自身转型升级的考验，其坚持党建引领不动摇、改革创业不止步，围绕“三个聚焦”，通过创新赋能，走出了一条产能扩容、产品优化、产业升级的发展之路，在再生纤维素纤维领域深耕细作，扬帆远航。

纵观企业发展史，潍坊欣龙走过了近40年的历程。1984年6月，潍坊化学纤维厂成立，成为山东省三大化纤基地之一；1989年更名为山东海龙股份有限公司，此后于1996年12月在深交所挂牌上

图20-5　潍坊欣龙生物材料有限公司

市，成为潍坊市第一家上市企业；2012年12月，加入中国恒天集团有限公司，并随之整体并入中国机械工业集团有限公司，其发展平台越来越大，资源越来越丰富，道路越来越宽广；2017年，借助企业搬迁契机，潍坊欣龙生物材料有限公司正式成立。目前，潍坊欣龙正向着成为国内具有较高影响力的高性能、功能化新材料新产品研发平台努力，不断推动新材料产业技术进步，为客户提供更高质量的产品和更优质的服务（图20-5）。

一、聚焦主业，提升工艺创新水平

主业是发展之本。只有把核心技术掌握在自己手中，才能真正掌握竞争和发展的主动权。自成立以来，潍坊欣龙坚守创业初心，坚定发展方向，紧盯纺织行业，将再生纤维素纤维作为主攻方向，一代又一代欣龙人肩负使命、担当责任，心无旁骛、创新创造。面对国外技术垄断，其不断寻求突破，联合国内设备制造厂家，探索工艺改造方案，持续挖掘设备潜能，进行关键、核心设备的国产化改造。目前，粘胶短纤单线产能比20世纪80年代初增长10余倍，为“纺织大国”建设做出了积极贡献。

任何技术升级都不是一蹴而就的，历经时间沉淀才能厚积薄发。1986年，潍坊化学纤维厂建成投产了年生产能力为1万吨的粘胶短纤维生产线，结束了产棉大省——山东没有人造纤维的历史。经过改造，1993年该生产线提高到1.3万吨，1997年达到3.5万吨，是当时国内第一条单线年生产能力超过3万吨的生产线，成为国内粘胶纤维行业建设和发展的“风向标”。2005年，公司再建了一条单线年产4.5万吨粘胶纤维生产线，该条生产线开发了11项新技术、新工艺，研制了12种新型装备，当时实现了单线产能大、能源资源消耗低、国内废水综合治理效果好、自动化控制水平高、大容量国产化工艺装备柔性化生产。

图20-6　潍坊欣龙生产的粘胶纤维

潍坊欣龙产能增长的过程也是行业发展的一个缩影。在单线年产4.5万吨的基础上，粘胶纤维行业单线年生产能力逐步向8万吨、10万吨乃至12万吨扩容（图20-6）。

二、聚焦研发，增强科技创新能力

创新是发展之源。一直以来，潍坊欣龙将研发创新作为立足之本、竞争之要，不断深化对“创新就是未来”重要性的认识，瞄准前沿技术，坚持自主创新，发挥内创优势，多方式加强与高校及科研院所合作，走产学研用结合道路，创立了“以技术为纽带，以项目为载体，优势互补，共同攻关”的研发模式，为“纺织大国”向“纺织强国”转变提供了丰硕的技术成果。

图20-7　山东海龙技术开发中心

研发创新只有符合行业趋势、紧跟国家需要，才更有价值和意义。潍坊欣龙拥有国家级企业技术中心、博士后科研工作站及“泰山学者”“鸢都学者”岗位等优势科研平台，具有完善的科研开发体系，建有完备的中试生产线，培养、聚集了大批研发人才，先后承担完成了国家“863”计划、国家“火炬计划”项目、国家重点研发计划项目等国家级重点创新课题。其中，2006年，公司参与的“年产45000吨粘胶短纤维工程系统集成化研究”项目荣获国家科技进步奖一等奖；2017年，公司参与的“耐高温相变材料微胶囊、高储热量储热调温纤维及其制备技术”项目荣获国家技术发明二等奖，研发成果得到了充分的认可（图20-7）。

研发的目的在于应用，更多地将研发成效转化为经济和社会效益。在细化常规产品生产品种的同时，潍坊欣龙持续提升具有自主产权、科技含量高的阻燃纤维、高湿模量纤维、相变储能纤维等的生产与推广能力，打造“拳头”产品，激发企业活力，掌控行业细分市场的主导权和话语权。

三、聚焦转型，完善绿色创新模式

绿色是发展之势。在行业产能快速扩张、产业不断集中的背景下，如何谋划未来实现长远发展？潍坊欣龙借势发力，实施退城进园。这既是城市功能调整的需要，也是其转型升级千载难逢的机遇。搬迁伊始，其坚持高起点规划、高标准设计、高质量推进，坚决贯彻新发展理念，落实碳达峰、碳中和要求，改变传统观念，注重节能降耗，确保绿色发展、可持续发展。如今，搬迁项目已建成，潍坊欣龙也进入了崭新的发展阶段。

转型升级离不开先进的设备和领先的技术。新建项目选用先进的过滤设备、蒸发设备、打包设备，深入总结以往运行经验，在节能、节水、节电等方面通过专题研讨、技术攻关，将国内外领先的工艺技术加以改造应用，实现中水回用率88%，余热余压利用率80%，单位产品能耗大幅降低；做好废气、废水环保治理，综合利用活性炭吸附技术，杜绝无组织排放，采用物化+生化处理工艺确保污水达标排入园区污水处理厂；采用行业领先的安全生产管理模式及技术，装备自动化控制系统及紧急停车系统，全面实现安全标准化管理，为职工安全操作创造了条件。

过往可鉴，未来可期。站在“十四五”规划新起点上，潍坊欣龙将高举习近平新时代中国特色社会主义思想的伟大旗帜，心怀“国之大者”，做好“企之要者”，以实现高质量发展为目标，接续奋斗，砥砺前行，为纺织强国建设做出更大贡献。

第三节　唐山三友集团兴达化纤有限公司：梦随“纤”动，向绿而生

唐山三友集团兴达化纤有限公司（简称三友化纤），1998年正式投产运行，隶属河北省，属国有重点企业。三友化纤下辖唐山三友远达纤维有限公司。20余年来，通过引进、消化、吸收、再创新，

成功建设了11条大型生产线及3条试验线，年产能由2万吨提高至80万吨，成为可同步生产第一代普通粘胶短纤维、第二代莫代尔纤维、第三代莱赛尔纤维的企业，并被确定为国家循环经济示范试点单位、纤维素纤维新产品研发基地。

二十余年筚路蓝缕，二十余年风雨兼程，二十余年砥砺前行。

从单一品种、2万吨年产能到如今七大类百余个品种、80万吨年产能，从设备进口到自主制造，从畅销国内到覆盖国外……20余年间，三友化纤紧跟国家发展步伐，以创新为引领，不断做大做强绿化纤主业，抒写了一部艰苦卓绝的创业史、一部改革创新的发展史、一部淬火成钢的奋进史，谱写了令人瞩目的壮丽篇章。

一、自主创新，做大规模

万事开头难。三友化纤一期2万吨/年粘胶短纤维项目为河北省“八五”重点建设工程，是当时国内唯一从奥地利兰精化纤公司全套引进、具有国际先进生产技术水平的现代化粘胶短纤维生产线，1998年5月8日该项目正式投产。然而，仅有一条生产线、年产2万吨的生产能力与8.6亿元的投资规模极不匹配，生产能力低、规模效益差、投入产出比不合理，严重制约着企业的生存和发展。

面对经营亏损、举步维艰的自身现状和国内化纤行业各大厂家纷纷扩产，群雄涿鹿、千帆竞发的态势，三友化纤及时制定了“以规模求发展，做强必先做大”的战略思路，以项目建设为引擎，全面提升企业品质，实现公司规模化发展。

2003年开始，用了不到5年时间，三友化纤先后进行二期、三期、五线项目建设。技术人员大胆向进口设备挑战，全面消化吸收国外技术，融入更加优化的工艺技术，自主设计、制作了具有国际先进水平和自主知识产权的粘胶短纤维生产线，大大提升了我国粘胶装置生产水平。至2008年，公司产能达到16.5万吨/年，大中小试验线齐全。

按照“低谷上项目，高峰见效益”的发展理念，2009年11月，三友化纤启动远达纤维项目建设。在项目建设中，成功应用公司23项专利技术，做到了设备先进、单线产能、差别化率、产品质量、综合能耗五项历史突破。项目投产后，拉动公司综合成本大幅降低，带动行业技术装备升级。

2016年5月，25万吨/年功能性、差别化粘胶短纤维项目开工。该项目成功应用51项自有专利，12项自主研发新技术。2018年6月，生产线投入运行，在装备水平、单线能力、综合能耗、环保水平、单位成本、自动化程度等方面均达到了国际领先水平，实现了生产线的大型化与智能化、高效化与柔性化的完美结合。

2019年3月，莱赛尔纤维中试线项目正式投产。该项目攻克107项技术难题，突破五大核心技术，实现自控程序全部自主设计，关键核心设备全部自主研发、联合制造，自动化率、国产化率100%，成功打造莱赛尔纤维生产、研究中试平台，为推动行业科技进步注入强大动力。

截至2022年，三友化纤先后荣获省级以上科技奖项40余项，其中“新粘胶短纤维精练机”等10个项目荣获中国发明展览会金奖，“高效低碳环保粘胶纤维成套装备及关键技术集成开发”等14个项目荣获“纺织之光”中国纺织工业联合会科学技术奖。

从单套设备到工艺组合，从独立研发自动控制系统到生产线自主设计、自主制作、自主安装，

图20-8　具有完全自主知识产权的粘胶纤维生产线

经过艰难的消化、吸收、再创新，三友化纤形成了具有自主知识产权的技术集成，掌握了行业话语权（图20-8）。

二、中国制造，做强品牌

20余年来，在出口及纺织等行业强劲增长的需求拉动下，我国粘胶纤维行业发展迅猛。为抢占市场高地、赢得发展主动权，三友化纤准确把握市场规律、科学预测市场走向，本着“人无我有，人有我优，人优我转”的原则，提品质、拓品种、树品牌，做活了转型升级“有中生新、无中生有”大文章，从根本上增强了抵御市场风险的能力。

莫代尔纤维属第二代粘胶短纤维，具有强度高、可纺性与织造性好等特点，广泛应用于高端纺织市场。2010年9月，三友化纤自主开发的莫代尔纤维研制成功，各项指标达到了国际先进水平，一举填补了我国莫代尔纤维生产的空白，实现了我国粘胶短纤维在高端应用领域的重大突破。

2013年，采用莫代尔生产工艺，三友化纤首创竹代尔纤维，该纤维以优质竹浆为原料，同样是一种纯天然可降解的环保型纤维，且手感柔软舒适，面世后深受针织服装领域青睐。

2019年3月10日，三友化纤自主研发的莱赛尔纤维成功下线。莱赛尔纤维以天然纤维素为原料，通过有机溶剂纺丝法制得。该产品兼具天然纤维和合成纤维的多种优良特性，广泛应用于高端纺织领域。

2019年3月，三友化纤推出融合传统文化与“科技、时尚、绿色”理念的中国再生纤维素纤维原创品牌——“唐丝”，并重点打造唐丝Tangcell高端环保品牌。截至2022年，在唐丝Tangccll品牌矩阵中，三友化纤陆续开发了不同原料来源、多种功能性、多种颜色、适用于不同应用领域的差异化产品，如唐丝莫代尔、唐丝竹代尔、唐丝莱赛尔、唐丝ReVisco、唐丝彩纤、唐丝定制等，加快了从生产型制造企业向价值型品牌企业转型的步伐（图20-9）。

图20-9　三友化纤先后开发出七大系列百余个纤维品种

20余年来，三友化纤从建厂初期生产普通纤维的“单腿跳”，到现在的高端化、绿色化和定制化“多线并进”，产品结构不断优化，目前产品差别化率已达90%以上。

三、绿色发展，引领方向

聚焦碳达峰、碳中和目标，三友化纤在处理企业发展与生态环境保护关系上坚持算大账、算长远账、算整体账、算综合账，构建起企业高质量发展绿色格局。

（一）践行循环经济，树立绿色发展标杆

从2015年至今，三友化纤通过优化粘胶短纤维生产设计，强化环保和可持续发展理念，成为三友化纤“两碱一化”（纯碱、氯碱、化纤）特色循环经济的重要支柱。公司坚持“体外循环”与“体内循环”协调并进，着力构筑了能源、水资源、固体废物循环利用的“绿色制造”体系，成为“国家循环经济试点示范单位”（图20-10）。

图20-10　累计投入6.25亿元建成了多套碱洗硫化氢、活性炭去除二硫化碳装置

（二）落实“双碳”目标，逐“绿”前行

2003年，三友化纤通过欧洲生态纺织品Oeko认证；2016年，业内率先拿到FSC认证；2018年，取得STeP认证达到“绿色工厂”标准，并携手中国化学纤维工业协会等发起成立“再生纤维素纤维行业绿色发展联盟”；2019年以来，三友化纤Canopy纽扣排名连续三年持续上升，纽扣数已从22枚逐年增加至30枚，获得最高级“深绿色衬衫”评级……逐“绿”前行的三友，向全社会、全世界表达着为满足人类美好生活而奋斗的坚定信念。

2021年10月9日，三友化纤“可持续愿景发布会”在上海召开，发布企业首个《可持续发展报告》，承诺到2030年，单位产品实现碳减排30%，到2055年，实现碳中和。该报告将“可持续愿景”目标量化，并明确将其纳入企业发展战略，折射了当代化纤企业主动践行社会责任，坚定走可持续之路的企业发展观。

“纤”路花雨看今朝！站在新的历史起点，三友化纤将深入贯彻落实党的二十大报告精神，紧紧围绕“向海洋转身、向绿色转型、向高质量转变”战略思想，着力发挥创新对高质量发展的支撑引领作用，努力交出一份高质量发展的优异答卷，为新时代化纤强国建设做出更大贡献。

第四节　赛得利：“纤”动可持续未来

赛得利是目前世界上最大的再生纤维素纤维生产商之一，隶属于著名爱国华侨陈江和创办的新加坡金鹰集团，于2002年进入中国，是一家外商独资再生纤维素纤维的企业。赛得利在中国拥有六家纤维素纤维工厂，年产能超过180万吨，还经营莱赛尔纤维工厂、纱线厂和非织造布工厂，总部位于上海，拥有覆盖全球市场的营销和客户服务网络。

一、宝剑锋从磨砺出——建厂初创

陈江和曾说：“21世纪中华民族复兴的时代我们可以参与，这是一个机会，也是一个荣耀。我们海外华侨也可以为中国经济的发展尽一分力量。”正是出于这种难以割舍的亲情以及对中国发展的坚定信心，陈江和于20世纪90年代初回到中国投资。

中国加入世界贸易组织后，应当时江西省政府的邀请，陈江和前往九江考察，随后果断投资2.15亿美元兴建再生纤维素纤维工厂。2004年，赛得利（江西）化纤有限公司［简称赛得利（江西）］一期年产6万吨纤维素纤维项目建成投产，为中国纤维素纤维行业引入了国际先进的设备工艺和可持续发展经营理念。之后10年的时间里，赛得利积极扩大产业版图，深化布局，从行业新晋者，迅速发展壮大成为行业领导者之一（图20-11～图20-13）。

图20-11　2002年10月，赛得利（江西）奠基庆典

图20-12　2004年3月31日，年产6万吨的赛得利（江西）一期投入运营，第一包纤维下线

图20-13　2007年8月，赛得利（江西）二期6万吨差别化粘胶短纤维工程奠基

二、星星之火，可以燎原——发展壮大

随着中国经济发展，纺织行业对纤维素纤维有着巨大的需求。2010年，凝聚着陈江和赤忱桑梓情的赛得利（福建）纤维有限公司［简称赛得利（福建）］应运而生。2013年，赛得利（福建）位于福建莆田的工厂正式投产，填补了福建省在纺织和非织造原材料生产上的空白。

2015年，赛得利与九江市人民政府签署投资协议，收购停产企业，并加大投资打造赛得利（九江）纤维有限公司［简称赛得利（九江）］，提升原有技术、工艺水平，并在原有产能基础上扩建。赛得利（九江）工厂迅速恢复正常生产，在随后短短半年时间里便扭亏为盈。

2018年，赛得利在宿迁市政府支持下，收购停产企业，成立赛得利（江苏）纤维有限公司［简称赛得利（江苏）］，并对其进行合规改造、全面升级，使其产品质量、生产效率和安全环保合规性显著提高。赛得利（江苏）工厂的第一条产线于2019年恢复生产。

2019年，赛得利收购了南京（林茨）粘胶丝线有限公司的全部股权。该纱线厂是一个集研究、产品开发和客户定制化服务为一体的现代化生产中心，拥有多种纺纱技术。

赛得利同时积极扩大产业版图，布局绿色纤维——莱赛尔纤维及非织造业务。2020年，赛得利年产能2万吨的莱赛尔纤维生产线在山东日照成功投产，同时配备一条5000吨试验线用于莱赛尔纤维应用技术开发。同年，赛得利非织造业务的两家工厂在广东新会、江西九江分别建成投产，第三个非织造业务生产基地赛得利非织造（溧阳）工厂于2022年初投产，投产之后三个生产基地的非织造布总产能达到11.5万吨/年，位列中国水刺非织造布前三，标志着赛得利正式进入非织造行业头部企业行列。

自赛得利于2002年进入中国，已经有20载春秋和耕耘。赛得利由当年的1个厂、6万吨/年产能，发展到现在13个工厂、180万吨/年产能；由当年的300余人，发展到现在近9000名员工；由当年的单一纤维生产，发展到现在多种类纺织品，如莱赛尔纤维、纱线、非织造布等，串起产业链。当年的星星之火，已成燎原之势。

三、企业生命线——可持续发展

赛得利一直致力于可持续发展。赛得利是中国率先签署“建立绿色企业宣言”的公司，并积极促进负责任的森林管理，在获得PEFC-COC产销监管链认证的同时，于2015年6月正式颁布木浆采购政策，并不断改进，与供应商共同推动木浆全球供应链的可持续发展。赛得利旗下的五家纤维素纤维工厂均已通过ISO 9001、ISO 14001、ISO 45001认证，以及欧盟最佳可行技术EU-BAT、Higg FEM工厂环境模块和Higg FSLM社会劳工模块的合规审验，并获得由国际环保纺织协会Oeko-Tex®颁发的可持续纺织生产STeP认证并取得最高评级以及Standard 100 by Oeko-Tex® 纺织品认证证书，确认其产品不含有害物质，符合欧盟人类生态学的要求。赛得利是中国首家获得STeP认证和Made in Green可追溯吊牌使用权的纤维素纤维和莱赛尔纤维生产企业。

赛得利积极探索多重举措，降低能耗、减少碳排放。在工厂生产及原材料采购中，其不断探索降低能耗、物耗的方法，提升资源能源使用效率。例如，利用工厂闲置屋顶和空地，引入太阳能光伏发电项目；通过与上游浆粕伙伴合作研发，用废旧纺织品原材料生产出新一代循环再生纤维——纤生代®；其主流产品优可丝®功能优异，可纺性强，帮助下游纱线企业显著提高生产效率，降低能耗；开发莱赛尔纤维，作为环境友好的植物基纤维，其工艺流程可以最大限度地减少生产过程中化学品的使用和排放。此外，在全球主要发达和发展中国家努力推动禁止或限制一次性塑料制品使用的背景下，赛得利支持并倡导非织造布行业使用100%的可生物降解原材料，以减少对环境的影响，向无塑产品的方向迈进。

赛得利还特别重视员工与社区发展。在内部，坚持负责任的运营方式，在营造合规健康工作环境的同时，为员工提供个人发展、职场晋升与持续成长的支持；在外部，重视并积极履行企业社会责任。赛得利的工厂多位于三四线城市，其通过支持当地农户养殖振兴乡村经济、关注留守儿童教育和心理健康等公益项目，以企业发展回馈社会，帮助周边居民共同成长。

2020年，赛得利发布了“2030年可持续发展”愿景，以指导其未来10年的可持续发展。赛得利致力于从纤维源头开始，推动气候和生态保护与闭环生产，并承诺将在2030年实现30%的碳减排，在2050年实现碳中和。今后，赛得利会继续携手上下游伙伴，加强产业协同，共同努力打造绿色环保、稳定可靠的供应链，推动行业走向可持续发展之路，为2035纺织工业远景目标的实现贡献力量。

第二十一章

锦纶企业

第一节　义乌华鼎锦纶股份有限公司：绿色化、智能化发展探索

义乌华鼎锦纶股份有限公司（简称华鼎股份）成立于2002年9月，2011年在A股主板上市，是专业从事高品质、差别化民用锦纶纤维长丝研发、生产和销售的高新技术企业，具备年产30万吨民用锦纶长丝的生产能力，产能居国内前三甲，销售网络覆盖国内外主要化纤纺织品专业市场，包括美洲、西欧、中东等地。

一、竞争力稳步提升

华鼎股份自建设以来得到快速发展和壮大，通过了ISO 9001质量管理体系、ISO 14001环境管理体系、ISO 45001职业健康管理体系认证、GRS认证、Standard 100 by Oeko-Tex®认证等，建有差别化锦纶6研发生产基地、国家级博士后工作站、省级重点企业研究院、省级工程技术研究中心、省级企业技术中心等多个大型研发平台，独立研发的主要核心专利达到30多项，技术水平达到国内领先水平，若干关键技术达到国际先进水平。近几年，华鼎股份主要生产的高性能锦纶由四大类民用锦纶长丝产品变为六大民用长丝产品，即POY、DTY、FDY、HOY、ACY、ATY，产品生产范围覆盖也在不断扩大，由最初的8.8～444分特克斯到4～444分特克斯，自主研发的系列功能性纤维从单一功能到多功能复合，从后整理染色纤维到原液着色绿色纤维、再到一步法异色纤维，从传统的生产设备到全流程高智能化生产控制平台，无一不彰显着华鼎股份近十年来的巨大变化。2019年，华鼎股份锦纶弹力丝被工信部认定为“单项冠军产品”。

2021年，华鼎股份锦纶业务收入达27亿元，占企业销售收入总额的90%以上。随着人们物质生活水平的提高和消费观念的转变，产品得到了更多消费者的认可和接受。党的十八大以来，华鼎股份经过产业结构调整和升级，呈现出不断上升的良好发展趋势。产品技术不断创新，应用领域也随之拓宽，在国际市场的竞争能力进一步增强，华鼎股份在锦纶行业奠定了扎实的基础。2012～2022年，华鼎股份的营业务收入呈现出明显增长的发展形势（图21-1）。

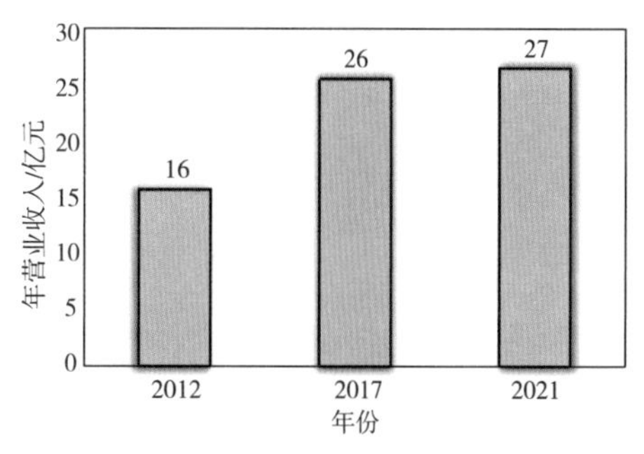

图21-1　党的十八大以来华鼎股份营业收入

二、绿色发展成效显著

华鼎股份在深入研究锦纶6加工技术特点的基础上，结合锦纶6输送、挤出、纺丝、卷绕、加弹等工程技术体系，融合全流程品质及物流、能源管理，全生命周期实现绿色化的生产集成技术。针对锦纶生产流程与品质管理的特征，将小线纺丝慢排节能改造，通过调整废丝排放频率，年节约废丝排放量20%～30%。对后纺加弹机热箱进行节能改造，一年可节约3948.8吨标准煤。将传统铝哈弗加热方式加热螺杆变为电磁加热，由于其特殊的加热方式，使热量基本控制在套筒内部，热效率达到95%，基本无能量损失。新型加热方式比传统电阻加热方式节电约30%，年节约552.8吨标准煤，

达到节能减排的经济效益和社会效益。冷冻机、空压机，全部采用进口设备，变频调节，极大降低运行能耗。安装光伏发电设备，年节约2112吨标准煤。自2014年起，企业多次通过浙江省“清洁生产”审核与ISO 50001能源管理体系认证，并获得“中国纺织行业设备管理优秀单位”称号。

华鼎股份注重绿化建设，美化厂容厂貌，改善厂区生产、生活环境，减少灰尘，阻隔噪声，在道路两侧、建筑物四周和零星空余地段均种植各类常绿乔木、灌木和四季花卉，特别在厂前区周围广植草坪、四季花卉，并适当配置花坛、喷水池等建筑，把工厂建设成花园般的现代化企业。积极开展创建浙江省“无废工厂”建设，响应政府号召，全公司实行垃圾分类，通过多种方式宣传引导绿色生活方式（图21-2）。

图21-2　绿色厂区建设

在绿色发展方面华鼎股份取得显著成果，除了入选工信部“绿色工厂”名单外，还获评化纤行业“十三五”绿色发展示范企业、浙江省绿色企业、绿色贡献度银钥匙奖、国家纺织行业节能减排技术应用示范企业、浙江省节水型企业等。其“绿色低耗锦纶6高效智能化生产集成技术”项目荣获“绿色贡献度银钥匙奖”等多项绿色奖项。公司的绿色发展水平得到了行业内的广泛认可，并有效地推动了行业进步与发展。

由华鼎股份和浙江理工大学合作开发的省重点研发计划“锦纶原液着色及其多功能复合生产关键技术”，减少了后道染色、高温高压染色、高排放程序，实现了高性能多功能原液着色锦纶的批量化生产，达到了节能降耗的目的。项目的实施和推广应用，符合国家绿色发展的基本方针，支持绿色清洁生产，推进了传统纤维及其纺织产业的绿色改造。对我国纺织工业由大到强的转变，对推动建立绿色低碳循环发展产业体系都有着十分重要的意义。利用该技术生产出来的纤维通过“绿色纤维”认证。

三、智能化发展持续推进

“全流程锦纶生产智能工厂”与联合体单位产学研用紧密结合、协同创新，解决了丝饼物流转运自动化程度低、工厂生产信息化程度低两个关键问题，突破了锦纶生产MES智能优化、丝饼智能在线检测、原料智能配送、智能仓储四项重大关键技术，实现了锦纶全流程智能化生产，产品质量稳定，产品能耗清晰可控，全流程智能化的新模式具有行业示范作用（图21-3）。项目建设完成后，根据华鼎股份建成前与建成后统计数据对比，单位产值能耗下降了20%左右。该智能制造技术获“2018年度化纤行业智能制造先进企业”“2021年度智能制造示范企业”称号。此外，基于技术的绿色、环保创新以及由“制造”向“智造”的转变工程，华鼎股份承

图21-3　智能运输系统

担的项目“高品质锦纶6高效低耗规模化智能化生产集成技术”荣获中国工业经济联合会颁发的“中国工业大奖提名奖”以及“纺织行业智能制造试点示范”称号。

华鼎股份母公司真爱集团有限公司是一家集差别化生态纤维材料及其毛毯织品的研究、设计开发、生产、销售于一体的高新技术企业，重点围绕“做强研发平台、做好产品质量、打造知名品牌、提升装备水平、深化管理创新、实施环保工程”六大着力点，以华鼎智能工厂为制造平台，以重点研究院、工程技术研究中心等研发平台为行业的绿色产品开发提供科学体系，提高产品的开发效率，加快推进产业绿色发展，提升行业整体节能水平，推动绿色技术及装备的优化升级，实现行业的可持续发展。

未来，华鼎股份将继续加快推进数字化、新材料的研发与应用，结合企业战略规划，秉承“让世界充满真爱”的愿景，以“科技锦纶引领时尚”为目标，在科研方面做前端技术攻关，结合政策引领方向，以绿色制造、智能制造、安全制造、可持续制造作为重点工作。以“担当”“挑战”“创效”“分享”的价值观奋力拼搏，推进行业结构优化和转型升级，推动高效柔性与功能性复合技术、再生技术、高性能关键技术产业化，提高生物基纤维技术水平，提高智能化制造水平，以此降低产业能耗。构建绿色制造体系，大力推广节能减排技术，加强品牌、产权、人才、标准建设，在市场、行业发展中做探索性研究，将取得的技术成果以专利、标准、论文等知识产权方式加以保护，并在行业内推广应用。

第二节　神马实业股份有限公司：尼龙66全产业链价值创造者

神马实业股份有限公司（简称神马股份），是国家“六五”引进重点项目，在尼龙新材料领域深耕40余年，是国内最大的尼龙66生产企业之一。在产业结构上横跨化工、化纤两大行业，形成了以尼龙66工业丝及帘子布、尼龙66盐和尼龙66中间体（己二酸、己二胺等）、工程塑料（尼龙66切片）、安全气囊丝、BCF地毯丝、帆布（输送带领域）、织带等主导产品为支柱，以原辅材料及相关产品为依托的新产业格局。2021年，尼龙66工业丝产能13.3万吨，帘子布产能9万吨，尼龙66切片产能19万吨，己二酸产能29万吨。其中，尼龙66长丝、浸胶帘子布生产规模居世界前列，尼龙66盐、尼龙66切片规模均位居亚洲前列，神马牌尼龙中间体己二酸产销量全国领先。

神马股份拥有完整的尼龙产业链，技术含量高，循环经济特征明显，是享誉全球的尼龙全产业链价值创造者之一。产品广泛用于汽车、家电、航空航天、高速铁路等领域。

一、破冰启航：中国有了自己的锦纶

1977年，中央召开农业机械化会议，提出发展轮胎工业的问题，国家计委决定采用国际上的先进技术生产尼龙66浸胶帘子布（俗称锦纶帘子布），河南平顶山锦纶帘子布厂（神马股份前身）等9个国家重点项目投资上马，该项目划归国家纺织工业部管辖。自1978年，国家计委与纺织工业部开始筹备选址、与日本旭化成进行引进谈判，到1981年12月，中国第一卷高品质尼龙66浸胶帘子布诞

生。1987年12月，帘子布二期工程完成交接，形成2.8万吨/年生产能力（图21-4）。

这一时期，依靠国家投入及改革开放政策，神马股份改写了国内高品质轮胎骨架材料完全依赖进口的历史，取得了令人瞩目的成绩，为年轻的中国实现工业现代化献出了自己的力量，也为企业自身的发展壮大奠定了坚实的基础。

图21-4 建厂初期帘子布厂北门场景

二、蓄势成长：突破国外的技术封锁

神马股份生产步入正轨后，对引进设备和技术进行了长达十几年的学习研究，在充分消化吸收、掌握关键技术的基础上，不断在国产化替代的道路上尝试突破。

1994年1月6日，公司股票在上海证券交易所挂牌交易，成为国内首批股份制试点企业，企业活力大增。1997年，完全国产化的三期项目正式投产，标志着神马股份贯通了尼龙66工业丝、帘子布的全部工艺流程。1998年，配套的尼龙66盐及切片生产线相继建成，结束了我国尼龙66盐原料长期受制于人的历史，彻底打破了国外封锁。

神马股份还率先通过了国家进出口商品检验局（CCIB）和法国国际质量认证公司（BVQI）的ISO 9001质量体系双认证，是我国帘子布行业第一家通过国际、国内双认证的企业，“神马”牌尼龙66工业丝和帘子布也成为国内、国际知名品牌。其中2100分特克斯帘子布、航空轮胎用帘子布获国家产业用布一等奖，研制开发的半钢丝子午胎用布、三股帘子布、缓冲层帘子布、涤纶帘子布、锦纶66NN帆布、锦纶66EP帆布、锦纶66细旦工业丝、涤纶工业丝等分别获国家科技进步“腾飞奖”、国家“七五”科技进步奖等荣誉。“神马”牌锦纶长丝荣获“中国名牌产品”称号，“神马”牌帘子布荣获全国“质量万里行荣誉奖牌”，“神马”品牌被认定为“中国驰名商标”，神马股份先后荣获国家一级企业、全国企业管理优秀奖金马奖、全国科技进步奖等50多项荣誉称号。

三、瞄准高端：厚积薄发的创新力量

进入21世纪以后，神马股份紧紧围绕尼龙主业，做强做大尼龙相关产业和特种纤维产业，以科技创新和产业升级为突破口，建设世界领先的尼龙化工基地。

为提高生产效率，神马股份积极探索尼龙66大容量聚合技术，聚合单线产能从建厂初期的6500吨/年不断增长，截至2018年，最高单线产能已突破4万吨/年（图21-5、图21-6）。2010年起，神马股份开始研究推广尼龙66工业丝、细旦丝的多头纺生产技术，细旦丝产品先后实现“四头纺”“八头纺”。2016年成功开发出填补国内空白的熔体一步法高速四头纺技术，2018年国内首套尼龙66工业丝“四头纺”自动落筒系统投用。2012～2019年，通过持续地工艺优化和技术改造，其环己醇单套装置产能从3万吨/年增长到18万吨/年。随着产能规模不断增长，中低旦丝、安全气囊丝、精己二酸等一大批项目先后建成投产，神马股份进入快速发展阶段。

凭借不断在生产技术、工艺流程、设施装备方面加大研发投入，神马股份充分发挥自身拥有的国家级技术中心、博士后科研工作站、尼龙研究院等科研平台作用，与中国科学院、清华大学、北京大学等一流高校和科研院所建立了战略合作关系，先后承担国家863等重要研发项目10

余项，负责13项产品的国家、行业标准的制定。神马股份自主开发的尼龙66高强超低缩中低旦工业丝、纺丝级尼龙切片26HD项目、芳纶高强尼龙复合浸胶帘布填补了国内空白，专用催化剂成功替代了国外进口产品，拥有自主知识产权的芳纶等一系列高精尖产品，为企业的发展注入了新的动力。

图21-5　2010年，2万吨浸胶帘子布奠基仪式

图21-6　2017年，平顶山神马帘子布发展有限公司4万吨工业丝项目、调度研发中心开工仪式

四、新的目标：锁定智能低碳新方向

作为行业领军企业之一，神马股份按照“生产一代、研发一代、储备一代”的战略，坚持市场导向研发客户需求型产品，根据上下游研发方向，不断加大研发投入，系统布局创新链，提供产业技术创新整体解决方案，强力支撑企业向智能化、可持续发展方向转型。其产品从20世纪80年代4个品种12个规格轮胎用尼龙66骨架材料，发展到涵盖尼龙66、芳纶、人造丝等多材质、近400个品种的系列，应用领域延伸到航空航天、军工装备、高铁、清洁能源、电子电器等领域。

2020年，神马股份着手建设尼龙及其工程塑料两项全流程重点实验室，不仅有利于创新和生产、销售紧密结合，研发出适销对路的产品，提升尼龙产业核心竞争力，而且将成为吸引人才、培养人才、发展关键技术、增强技术辐射能力、推动产学研相结合的重要平台，在推进科技创新产业化进程、助力尼龙产业快速发展方面发挥出重要作用。

2020年，神马股份在经济下行和新冠肺炎疫情的双重影响下，攻克己二腈自主生产技术，并开工建设了（20万吨/年）己二腈产业化工业示范项目一期工程，建成后将解决制约尼龙66发展的瓶颈问题；芳纶生产及应用技术取得重大进展；阻燃纤维、航空胎专用特高强丝、色丝以及军需纤维制品等系列产品也相继开发出来。

神马股份致力于加快推动新信息技术与制造技术融合发展，目前已建立了QIMS质量检测、ERP物流管理、动力能源云平台等信息化网络，初步实现了工业丝、帘子布生产、仓储等环节的智能化应用。未来，其将通过互联互通、数字化、大数据、智能装备和智能供应链，实现生产设备互联、物品识别定位、能耗检测、设备状态监测、产品远程运维、配件产品追溯、生产业绩考核、工厂环境监测等全方位的智能化应用，打造骨架材料生产的智慧工厂。此外，神马股份还大力推动上下游全产业链的绿色可持续发展战略，相继攻克了原丝油烟排放、捻织花毛收集、浸胶废气治理等行业难题，并在余热利用、清洁能源、中水回用、低碳减排等方面取得丰富成果。未来，秉持可持续发展的理念，神马股份将进一步扩展新能源利用、VOCs治理成果推广应用，深入开展绿色环保胶液、

尼龙66再生纤维、生物基原材料、高分子合成纤维纺制和应用、PBAT可降解材料等课题的研究，致力于打造环境友好型企业，承担社会责任。

第三节　辽宁银珠化纺集团有限公司：用银珠纤维，织人间锦绣

辽宁银珠化纺集团有限公司（简称银珠集团），组建于2004年7月，是以国有大型企业——营口化学纤维厂为母体，经资产重组成立的企业。银珠集团是集科研开发、生产销售于一体的国内规模大、实力强的锦纶66生产企业。主导产品为“银珠”牌和“营龙”牌锦纶66民用纤维，年综合生产能力2万余吨。产品广泛应用于织袜、服装服饰面料、装饰织品等民用及工业用领域。银珠集团拥有国家级企业技术中心和实验基地，科技开发能力强、管理基础好。在其员工队伍中，既有化纤行业内的技术专家和高级管理人员，又有经验丰富、技艺精湛的高素质生产人员。其高效务实的管理模式、稳健能干的团队、科学严谨的质量体系铸就了高品质的“银珠”品牌（图21-7）。

图21-7　辽宁银珠化纺集团有限公司

一、创业

1976年2月，经国务院批准，纺织工业部、辽宁省纺织厅决定，在营口人造丝厂的基础上扩建成立营口化学纤维厂。同年7月，营口化学纤维厂工程建设正式破土动工。由营口市各单位组成的施工队伍汇集现场，拉开营口化学纤维厂建厂大会战的序幕。

创业初期，工作环境、生活条件异常艰苦，全体建设者团结协作、攻坚克难，经过5年的艰苦拼搏，圆满完成了扩初设计、土建施工、设备安装调试等工作，达到首试生产的要求。

1981年12月，经过工程技术人员和工人师傅的共同努力，营口化学纤维厂历史上的第一束锦纶66丝束首次用国产设备生产出来。在此基础上，通过全厂各部门的大力配合与协作，第一条生产线于1982年5月全流程投料试车一次成功。

1986年6月，整个工程项目正式通过国家验收，全面完成为期10年的基本建设和试车生产任务，纳入正式生产轨道。在此期间，企业生产得到空前发展，经济效益逐步提高，技术改造和技术创新

取得长足进步，部分产品填补国内空白，并多次荣获国内和国际大奖。

1989年，对于全厂每名职工来说都是不平凡的一年，这一年全年完成产量达到设计能力，利税首次突破3000万元。全厂职工为之奋斗多年的目标终于实现了，他们用辛劳和汗水在营口化学纤维厂的创业史上描绘出光辉与不朽的篇章。

二、发展

党的十四大提出建立社会主义市场经济，把企业推向市场。面对迅猛的市场经济大潮，营口化学纤维厂领导班子审时度势，以战略目光，清醒地认识到，企业要生存发展，只能靠市场而别无选择，要转变观念，抢抓机遇，从计划经济的经营模式快速转变到市场经济的轨道上。为了企业的发展与壮大，1999年，其与法国罗地亚公司合资成立营口营龙化学纤维有限公司，锦纶66的生产能力从原来的8000吨/年提升到14000吨/年。

2002年6月，营口化学纤维厂发展遭遇困难时期，当时企业亏损严重。面对企业岌岌可危的严峻局面，新一届领导班子认真分析企业现状，清理工作思路，明确主攻方向，针对企业存在的问题，提出了“稳定、清理、挖潜、堵漏、盘活、再造”的12字治理措施。通过狠抓各项管理，堵塞各种漏洞，开展提质降耗，厉行节约挖潜，全力搞好生产，大力开发市场，领导班子团结带领全体员工经过两年的艰苦奋斗，提前一年完成市委、市政府下达的三年扭亏任务，使一个濒临破产的企业起死回生。

而其用两条生产线与法国罗地亚公司组建的合资公司由于管理不善，也濒临破产的严峻局面。为了不让企业参股资产遭受损失，新一届领导班子顶着各种压力，冒着经营风险，决定进行股权重组，整合资源。经过与外方三个月的艰苦谈判，终于将两条主生产线收了回来，营口化学纤维厂取得了对合资公司的控股权和经营权。针对合资公司存在的诸多问题，采取有效措施加以整治。通过强化管理，开发市场，实行多品种生产，生产经营很快出现好的转机。随着销售额的不断增多，生产经营形势越来越好，企业恢复了“造血功能”，创造了绝处逢生的奇迹。

2004年5月，根据企业发展的需求，按照现代企业制度，设立投资主体多元化的辽宁银珠化纺集团有限公司。银珠集团专心致力于化学纤维的研发和生产，具有丰富的锦纶66生产经验和雄厚的技术实力，同时拥有直接纺和间接纺两种生产方式。为满足市场产品不断变化的需求，提供了灵活的生产方式，也是具有间、直互换生产方式的企业（图21-8、图21-9）。

图21-8 银珠集团生产车间

图21-9 银珠集团锦纶生产线

银珠集团目前已形成了长丝、短纤维和树脂三大类，有光、半消光和全消光三大系列，民用型、产业用型和多功能型三大领域，多达40多种规格和种类的产品集群。

三、未来

银珠集团注重发挥品牌效应，不断拓展相关产品领域，根据“生产一代、规划一代、试制一代、预研一代”的发展战略，其陆续开发出了一系列差别化、功能型纤维。如耐热纤维、防切割纤维、量子能纤维、有色纤维、吸湿排汗功能纤维、凉感纤维等，这些新产品不但与主导产品行成了优势互补，还使主导产品的产业链得到延伸，对主导产品的产销发挥了积极的推动作用。

“十二五”期间，银珠集团抓住国家工业转型升级的有利时机，调结构，抓好几个新产品的创新工作，为其发展奠定基础。作为调结构的重点创新产品，阻燃无熔滴锦纶66是银珠集团与解放军总后勤部军需装备研究所的战略联盟项目“军警多功能锦纶及其织物研制与产业化”的成果结晶。另一个创新产品是产业用功能型锦纶，其研制与开发的产业用功能型锦纶66 FDY打破了少数跨国公司的技术垄断，具有自主知识产权，是民族品牌的高技术纤维。

银珠集团将继续发扬“团结、奉献、务实、创新”的企业精神，“用银珠纤维，织人间锦绣”，为人类社会霓裳之舞增色添彩。

第四节　恒申控股集团有限公司：创造美好生活奇迹

恒申控股集团有限公司（简称恒申集团）始建于1984年，在陈建龙董事长的带领下，从“草根工业”发展成为集化工、化纤、新材料为一体的先进制造业企业集团。现今，恒申集团已拥有申远新材料有限公司（简称申远新材料）、恒申合纤科技有限公司等40多家子公司。

恒申集团始终坚持“聚焦主业，布局全产业链”的发展战略，在全球范围内率先完成“环己酮、己内酰胺—聚酰胺—锦纶6纺丝—锦纶6加弹—整经、织造—染整”锦纶6八道产业链完整布局。截至2022年，员工超8000人，总产值超600亿元，2022年居中国民营企业500强第153位、福建省制造业民营企业50强第4位。

一、黎明前的曙光：筚路蓝缕，初具规模

恒申集团董事长陈建龙，18岁便白手起家，建立当地第一家蚊帐厂，从此他便和纺织结下了不解之缘。1984～1999年，他先后成立了龙河针织厂、天龙纺织公司、第二染整厂、贵夫人花边有限公司。在长达15年的时间里，陈建龙从“做一根尼龙绳”起步，坚守“一生只做一件事”的初心，带领员工不断发展壮大企业。

2003年，恒申集团正式进军锦纶制造领域。为了填补省内纺织业的空白，恒申集团相继成立力源锦纶实业有限公司、力恒锦纶科技有限公司、恒申合纤科技有限公司、申马新材料有限公司、恒诚新材料科技有限公司、恒聚新材料有限公司等子公司（图21-10），不断引进世界先进设备及工艺

进行锦纶6长丝、锦纶6切片、氨纶丝的研发生产。奋斗至今，恒申集团已成为锦纶行业的龙头企业之一。

在巩固集团化纤领域地位的同时，陈建龙董事长萌生出“化工化纤两手抓”的想法，使集团产业链逐步向上游延伸。2013年，申远新材料成立，让恒申集团从锦纶纺丝领域向其上游己内酰胺更进一步；2017年7月，申远新材料年产40万吨己内酰胺一体化项目全面建成投产，使恒申集团一跃成为全球最大的己内酰胺与锦纶聚合一体化生产基地之一，真正实现了8道产业链贯通。

2018年10月，恒申集团成功收购福邦特控股公司（简称福邦特），一跃成为全球最大的己内酰胺、硫酸铵生产企业（图21-11）。至此，恒申集团己内酰胺年产能达150万吨，占全球四分之一份额，与福州、南京三地联动，形成了以己内酰胺生产为核心的辐射全球的化工新材料产业集群。

图21-10　恒申合纤科技有限公司

图21-11　恒申集团收购福邦特交割仪式

恒申集团通过此次收购，弥补了我国多项技术空白，打破了相关技术受制于人的局面，实现了对锦纶全产业链全方位的控制，大大提升了中国企业在己内酰胺领域的话语权。2019年收购福建合盛气体有限公司，为申远新材料提供了强有力的气体配套。2020年，申马新材料有限公司一期年产20万吨环己酮项目成功投产，使恒申集团产业链得到进一步强化。此后，恒申集团以此为契机，利用国际化的视野、全球化的人才，为国家在新材料领域寻找更多尖端技术，推动了整个行业技术进步与转型升级。

二、整合产业布局：双管齐下，打造品牌集群

本着“一中心、四组团”的发展规划，恒申集团计划向综合一体化园区发展。2020年，恒申集团携15家全球合作伙伴，与长乐区、连江县政府签订10个重点产业项目组团投资协议，项目围绕化工新材料产业链集群化发展布局，截至2021年7月，已有电子特气等13个项目成功落地申远新材料一体化产业园。

2021年3月，申远产业园16个重点项目的开工，进一步提升了恒申集团整体竞争力，为打造千亿新型材料国际品牌产业集群奠定了良好的基础；恒申电子特气项目的投产，巩固提升了集团双主业布局的体系；2022年7月，恒申集团与安科罗工程塑料（常州）有限公司完成股权交割仪式，为国内工程塑料关键市场提供全面整合的开发和解决方案；2022年，恒诚新材料科技有限公司“年产22万吨聚酰胺项目”、恒聚新材料科技有限公司“年产3万吨差别化功能性氨纶生产项目”已着手施工，建成投产后，恒申集团生产能力将得到进一步提升。

截至2022年，恒申集团产业园区筹建项目达26个，投资总额超200亿元。现阶段，恒申集团将持续推进重点项目建设工作，大力建设总部及全球研发中心，重点打造PA6产业链、电子材料、双碳环保以及社会责任四大创新实验室，致力于推动化工化纤产品及电子新材料等“卡脖子”工程的创新智能化技术生产，加大智能制造创新研发力度，进一步发挥龙头企业优势，实现数字化、智能化转型，做大做强产业集群。

未来两年，恒申集团将重点打造新材料一体化产业园，以一家龙头企业带动一条产业链，再延伸出一个产业集群。预计到2023年，申远一体化产业园区全面建成，届时产品将超50种，恒申集团总产值将超千亿元，并将通过协同发挥产业链生态效能实现有限资源的循环利用，全力打造全国规模最大的新材料一体化产业基地。

园区一体化建成后，恒申集团将成为在一个园区内实现尼龙6的八道产业链全面贯通的企业，真正实现从一滴油到一匹布的行业创举。

另外，品牌是企业得以立足的根本。从创立到升级，恒申集团已构筑了清晰完整的品牌管理蓝图，立下了“协优品质、携想技术、协心前行、携创未来”的品牌承诺。2020年1月，恒申集团正式发布“HSCC”品牌标识。

多年来，恒申集团以质量铸就品牌，以创新引领品牌，以大爱成就品牌，共获得10多项国家级品牌荣誉；2022年，恒申集团以品牌强度907、品牌价值215.38亿元的成绩，位列中国品牌价值评价纺织服装鞋帽排行榜第八名，在福建省化纤行业中品牌价值位列第一。

三、顺应时代潮流：创新不止，步履不停

恒申集团注重以创新驱动企业发展，坚持以创新引领品牌。现有研发人员500余人，占员工总数的6.38%，近三年年均研发投入费用超过4亿元。近40年的发展历程中，恒申集团始终秉承着品牌承诺，如今已建立全产业链一体化研发体系。在化工领域，拥有荷兰己内酰胺技术研发中心，是目前全球领先的己内酰胺技术平台；在化纤领域，拥有3个研发中心，1个分析检测中心，1条日产1.2吨氨纶研发线，成为恒申集团高附加值产品的孵化器；同时恒申集团重视产学研合作，与多所国内知名大学共同研发适应市场要求的产品，推动企业及行业的科技进步，截至2022年，恒申集团已拥有世界先进的HPO Plus己内酰胺生产技术、443项国家专利，制（修）订17项国家及行业标准，恒申集团及旗下子公司共承担科技项目共18项。旗下子公司获得国家级知识产权优势企业、国家高新技术企业、省级企业技术中心、中国纺织标准化突出贡献企业等荣誉。

秉承着重品位、高质量的产品战略，遵循创新求实、以用户需求为导向的服务理念，恒申集团研发出的再生锦纶丝、石墨烯锦纶丝、胶原蛋白纱等特色产品，受到市场广泛的接受和认可。

此外，恒申集团还以实际行动支持化纤行业的科普创新工作，为化纤行业活动提供协助，成功协办“2021中国纺织创新年会——功能性新型材料国际论坛”，助力提升我国功能性纺织新材料产业发展水平；积极参加“全国针织创新技术研讨会”“中国国际化纤会议”“国家纺织产品开发基地成员日”等多项行业创新分享活动，助推我国化纤行业创新发展。

四、让爱成为力量：“软硬”兼施，与光同行

恒申集团在稳步发展的过程中，始终秉持“企业创造环境，环境造就人才”的理念，“软硬”兼

施，围绕衣食住行对工人生活进行全方位提升，增强工人对企业的认同感和归属感。

“栽下梧桐树，引得凤凰来。”一直以来，恒申集团坚持大力弘扬和构建“家文化”理念，切实落实员工需求。一方面，恒申集团通过打造“硬环境”，使旗下子公司连续多年被评为“全国绿化模范单位”“福州市最美单位庭院”，真正实现花园式厂区建设，改善工人居住环境；另一方面，恒申集团把员工关怀作为企业生生不息的文化精神一以贯之，荣获“先进集体”“先进职工之家”等荣誉称号，为人才的发展营造了舒心的“家”文化氛围。

恒申集团在飞速发展的同时不忘初心，将慈善视为“第二事业”。2009年成立长乐慈善总会力恒分会；2013年建立恒申慈善基金会。多年来，基金会不断在教育、救灾等方面开展慈善公益，旨在为更多人创造美好生活。恒申集团积极响应“国家精准扶贫”号召，从“香草计划”到“宽疾计划”，从“姐妹乡伴”到“乡创姐妹”，从“恒爱体育”到“力恒模范小学”，从“产业工人急救技能培训”到“领头雁计划”，不断扩大慈善版图。截至2022年，恒申集团向社会捐款累计达3亿元以上，用实际行动诠释大爱无疆，与人为善！

未来，恒申集团将继续秉承“同创共赢”的发展理念，聚焦全产业链发展，夯实己内酰胺产业版图，向工程塑料等新材料领域延伸，致力于成为令人尊敬的世界级百年企业，让科技创造美好生活！

第五节　广东新会美达锦纶股份有限公司：绿色发展打造舒适生活

广东新会美达锦纶股份有限公司（简称美达股份）始创于1984年，是全国首家引进锦纶6生产设备的厂家，目前已形成高分子聚合物为龙头、纤维新材料为主体的产业结构布局。美达股份是涵盖聚合、纺丝、针织和印染的锦纶企业，机型齐备，产品丰富，是国内锦纶行业的领跑者之一。美达股份现有员工3500人，年产能力为锦纶6切片20万吨、长丝7万吨、高档针织布0.48万吨，年产值约50亿元。除新会本部之外，美达股份还有四川南充美华尼龙有限公司、湖南常德美华尼龙有限公司和广东鹤山美华纺织有限公司三大生产基地及境外多个子公司。

一、国有控股夯实发展基础

改革开放初期，新会（现江门市新会区）处于广东省经济开放前沿，地方政府利用境内资本和境外资本，依靠境内和境外两个市场，于20世纪80年代将新会建设成了现代化化纤基地。

1984年，新会县（现江门市新会区）氮肥厂实行转产易名为新会县染织厂，这就是美达股份的前身。1985年，与瑞士EMS、德国巴马格合作，引进先进聚合、高速纺长丝项目先后建成投产。1986年，锦纶项目纳入纺织工业“七五”规划，新会县染织厂正式易名为广东新会锦纶厂。1992年11月8日，广东新会美达锦纶股份有限公司正式成立。1993年，美达股份全资子公司——德华尼龙切片有限公司开工建设（图21-12）。

1996年，美达股份入选全国300家国有重点企业、广东省70家重点扶持的大企业集团。1997年，美达股份A股股票在深交所挂牌，成为锦纶行业首家上市公司之一。1999年，聚酰胺纺丝新技术获

图21-12　德华尼龙切片有限公司奠基典礼

国家科技进步三等奖。2000年，首次成功开发无萃取物残渣排放的绿色聚合生产技术，实现了尼龙6切片行业清洁环保生产。近40年来，美达股份立足行业高端技术产品发展战略，整合内外资源，通过消化、吸收、再创新，形成了企业自主核心技术，拥有自主知识产权，为公司高起点发展奠定了基础，并进一步促进了产业升级。

二、民营控股做大做强

2002年，广东天健实业集团有限公司控股美达股份，公司由国有控股转为民营控股。2003年成功收购湖南临澧鑫昇高新材料有限公司，2004成立常德美华尼龙有限公司，进入全国布局战略发展，切片产能达18万吨/年，长丝产能7.5万吨/年，为当时国内锦纶6切片最大产出企业。2007年顺利完成股权分置改革，进入股份全流通时代；“锦帆牌”锦纶长丝被授予中国名牌产品称号。美达股份建有国家认定企业技术中心、博士后工作站和广东省企业重点实验室。2011年，美达股份锦纶企业技术中心通过了国家认证，是全国首个国家级锦纶企业技术中心；2011年被评为国家高新技术企业，2011年被评为广东省战略性新兴产业骨干企业。

2000年以来，美达股份围绕功能纤维新材料、高端用纤维及纺织品、前沿纤维新材料等重点领域，开展产业关键共性技术攻关，通过转型升级推动纺织业高质量发展（图21-13）。美达股份积极响应国家科技兴国的号召，扎实打造国家级研发中心，先后完成国家科技部“十二五”尼龙6功能性纤维制备关键技术、“十三五”高品质原液着色聚酰胺纤维产业化技术开发重点研发项目，成为国家锦纶6功能性纤维和面料开发基地。2017年，美达股份等承担的“纳米杂化技术及其在功能化聚酰胺6纤维的应用”项目获广东省科技进步奖一等奖。2020年，广东省科技厅批准美达股份组建广东省新型聚酰胺6功能纤维材料研究与应用企业重点实验室。同时美达股份紧跟国家发展规划，根据行业发展和市场需求，制定并实施绿色发展的战略目标，以研发带动产业发展，在行业内率先布局原液着色、再生等绿色产品研发的策略，最终实现量产。

图21-13　美达股份与荷兰DSM纤维中间体公司的4.5万吨/年尼龙切片合资项目签约并投产

三、绿色产品助力可持续发展

2016年，在中国化学纤维工业协会的绿色纤维标志认证工作刚刚启动的第一年，美达股份的原液着色纤维——达丽纶就通过了认证，成功跻身“绿色纤维”行列。达丽纶优势明显，一是低碳环保，采用原液着色技术，大幅降低废水和二氧化碳排放量，以及减少化学品使用量；二是母粒分散性好，色彩均匀，色牢度高；三是开发了多种颜色、多种规格的功能性和差异化纤维，如高强色丝、抗菌色丝、幻彩纱等；四是保持高弹特性，卷曲收缩率和卷曲稳定度与常规纺纤维一致，比染色锦纶弹性提高30%以上；五是缩短交货期。因此其受到下游市场的广泛关注。

2018年，美达股份围绕锦纶6原液着色纤维进行了诸多功能性的研发拓展和性能升级，相继开发出原液着色抗菌纤维和原液着色高强纤维，以及更多的绿色纤维品种，在业内保持领先地位，完成公司产品结构优化升级。目前，产品质量稳定，高强色丝和抗菌色丝的成功开发，破解了高强丝和功能丝下游应用匀染性差的技术难题，产品集安全性、功能性、舒适性于一体。

2021年，美达股份还发力再生锦纶6，成为国内锦纶6行业优先获得GRS认证的企业。同年，GRS再生纤维商标“睿亚”注册成功，公司今后也将继续聚焦再生和原液着色两大方向，布局可降解纤维研发，始终坚持绿色化的产业发展规划。

“十四五”是美达股份重要的发展时期，随着锦纶应用领域的不断拓展，高端化、智能化、绿色化等成为公司发展的立足点，美达股份将围绕“双碳”发展主题，探索建设化纤强国方法、路径，把握建设新时代新征程带来的契机，继续保持科技研发力量良好发展态势，为人民提供更加绿色、舒适、健康的产品。

第六节　福建永荣锦江股份有限公司：为“纤”而变，将锦纶做到极致

在中国的化纤版图上，福建长乐一定占有一席之地，要说到锦纶产业版图，那么即使放眼全球，福建长乐都举足轻重。

作为全球最大的聚酰胺纤维生产基地之一，福建长乐驻扎着数个锦纶龙头企业，其中福建永荣锦江股份有限公司（简称永荣股份）更是全球最大的锦纶新材料一体化解决方案提供商之一。

无论是过去、现在，还是未来，永荣股份为“纤”而变，在不断创新与完善中将锦纶做到极致。

一、初变：从小型民营企业到“行业翘楚”

无论是纺织界还是材料界，都知道“锦纶”是贵族纤维。聚酰胺材料上可通天揽月、下可入海采油，因此锦纶的“贵”，不仅指价格更意指其性能。虽然锦纶最早是由美国杜邦公司研制诞生并应用的，但是目前中国是锦纶及聚酰胺的最大生产国和消费国之一，其中位于福建长乐的龙头企业自然是中流砥柱，而永荣股份更是“行业翘楚”。

说到永荣股份，在行业里可谓家喻户晓。永荣股份成立于2006年，是一家专业从事高性能锦纶

新材料研发、生产、销售的大型高新技术企业，年产超100万吨高品质差异化锦纶，是全球最大的民用锦纶制造企业之一，也是行业内生产设备最为先进且具有自主研发能力的龙头企业之一。公司先后荣获“亚洲品牌500强”“中国驰名商标”“国家火炬计划重点高新技术企业”“福建省首批50家创百亿企业”“福建省百家重点工业企业”“2018年国家企业技术中心”“2018年国家技术创新示范企业”等荣誉。2018年，永荣股份荣登福建省首批制造业单项冠军企业名录，并成功入选国家级制造业单项冠军企业。

而谁又能想到这样一艘民用锦纶“航母”，曾经不过是福建长乐一个小渔村里的小工厂。发展至今，得益于改革开放，得益于福建人“爱拼才会赢”的奋斗信念，在董事长吴华新和众多永荣人的努力下，依托现代工业4.0和互联网技术，从一家乡镇企业发展成为全球最大的民用锦纶制造企业之一，可谓创造一段传奇。

二、智变：智能制造成就行业典范

智能制造是近年来化纤行业的“风口浪尖”，许多龙头企业纷纷开始智能化改造或者新建智能化项目。作为龙头企业代表之一，永荣股份的智能化也是走在锦纶行业前端，与德国巴马格共同开发了先进WINGS HOY/POY 24头设备，并配套20万吨/年德国AC自动化生产落筒、检验、包装生产线、全自动立体智能仓储系统以及EFK 384锭加弹设备，建成了国内锦纶行业规模最大的智能纤维生产线之一（图21-14）。纺丝、牵伸、卷绕、落筒、分析、检验、入库、出库全部由智能化AGV、机器人与智能系统完成，和传统纺丝工艺相比，节约人工90%，被纳入中国工程院和科技部2035科技预见性先进技术。此外，永荣股份在生产技术改进、营销系统打造、供应链物流等方面系统融入“互联网+”思维，深度推进两化融合，并入选国家两化融合管理体系贯标试点企业。

图21-14　永荣股份自动化生产车间

图21-15　永荣股份旗下锦逸超纤一期A线工程奠基动工仪式

在生产研发方面，永荣股份坚持走多元化的自主创新之路，以技术中心为核心，围绕生态环保、绿色发展的理念，建立理论研究、产品研制、产业化实施一体化的科技研发平台。截至2020年底，锦纶超细旦纺丝技术、锦纶多头纺丝（双胞胎）卷绕技术、大容量高效聚合装置、连续聚合在线添加技术、锦纶改性新技术、锦纶6熔体直纺技术等新技术已取得突破性进展，并已实现了规模化量产；多孔细旦锦纶6、环保型无染锦纶6、异形凉感锦纶6、阻燃锦纶、夜光锦纶、白竹炭锦纶等近200个拥有自主知识产权的新产品研发成功，并推出功能性产品“锦康纱”、差异化产品“锦逸纱”、绿色环保产品“锦生纱”，全方位满足了终端客户的个性化需求（图21-15、图21-16）。

在全球布局方面，永荣股份响应国家“十四五”号召，提出了全球智造战略，其认为全球化不仅体现在市场全球化、生产全球化，也体现在人才全球化、技术全球化、服务全球化、品牌全球化的智力合作上。截至2020年底，永荣股份产品已销往东亚、东南亚、南亚、欧洲和美洲的全球45个国家和地区。

图21-16 永荣股份年产7万吨绿色差别化锦纶项目开工现场

三、蜕变：定位“五化”，剑指高端民用纺丝“世界级航母”

纺织化纤业属于工业制造业，而近年来中国提出实施“中国制造2025”强国战略，永荣股份也提出了“永荣2025”战略，即到2025年，将永荣股份打造成100万吨/年高端民用纺丝“世界级航母”。

在打造高端民用纺丝“世界级航母”的过程中，永荣股份提出了“五化战略”，即终端化、一体化、科创化、数智化、全球化。在终端化方面，永荣股份致力于优化产品组合以及加强与客户及消费者的联系，同时刺激终端消费者需求增长，从传统的B2B纤维生产商正式转型成为B2B2C的品牌。提出“终端化”并非是搭建空中楼阁，而是其产品适合混纺且用途广泛。在日常生活所需的方方面面，如时尚内衣系列、户外运动系列、舒适家居系列、精美装饰系列、精粹奢华系列等，都可采用锦纶为原料。

追求卓越的路上没有终点，在短暂的思考和停顿后，永荣股份又开始了新一轮的挑战。为“纤”而变，永荣股份将锦纶做到极致。

以下为永荣股份发展历程：

2006年，锦江科技有限公司成立。

2011年，景丰科技有限公司成立。

2011年6月，欧瑞康—巴马格与锦江科技达成战略合作伙伴关系。

2012年12月，锦江科技20万吨/年聚合项目全部投产。

2013年10月，锦江科技纺丝384项目全部投产。

2013年12月，锦江科技被国家工商行政管理总局认定为“驰名商标”。

2014年9月，景丰科技有限公司纺丝第一期投产。

2018年，锦江科技荣获“2018年亚洲品牌500强”“2018年工信部单项冠军企业”“2018年国家技术创新示范企业”。

2019年，锦江科技获评“国家级企业技术中心”。

2020年，改制设立福建永荣锦江股份有限公司。

2021年，成为“国家功能性差别化聚酰胺纤维开发基地”。

2022年5月，永荣股份入选“智能制造示范先进单位”。

2022年5月，永荣股份荣获“全国五一劳动奖状”。

第二十二章 氨纶企业

第一节　连云港杜钟新奥神氨纶有限公司：氨纶成长史

连云港杜钟新奥神氨纶有限公司（简称杜钟新奥神）是连云港市工业投资集团控股的合资国有控股企业，连云港市工业投资集团（简称连云港工投集团）控股85%，其前身是1987年连云港氨纶厂与中国香港钟山公司合资成立的连云港钟山氨纶有限公司（简称钟山氨纶），于20世纪90年代初最早从日本东洋纺引进全套氨纶生产线，1992年10月，一期工程年产能500吨氨纶生产线正式投产，系国内继烟台氨纶股份有限公司投产后的第二家氨纶生产企业。

一、创业发展（1987~2000年）

钟山氨纶1987年成立，1992年投产，此后其把握先机相继投资建设二期、三期、四期生产线，不断丰富产品类型、扩大生产产能、提升品牌影响力，至1999年产能达到3500吨，发展成为当时全国最大的氨纶生产基地之一，在20世纪末改变了国内氨纶依靠进口的局面。

钟山氨纶采用先进的溶液干法纺丝技术，生产高品质弹性纤维“奥神”牌氨纶。自投产初期至2000年，其先后开发研制了耐氯型氨纶、有光氨纶、经编专用高性能氨纶、单孔纺氨纶、微细旦氨纶、机织专用氨纶等一系列新产品，共计开发了7个国家级新产品，有多项成果获省、市科技进步奖，承担多项国家级项目，连续多年被评为AAAA级资信单位。特别是，1992~2000年企业处于高利润期，集聚了大量氨纶高素质人才。

在国内氨纶行业最初十年的发展历程中，钟山氨纶作为元老级企业为行业技术、设备、人才、市场等全方位的发展做出了卓越贡献，见证了氨纶行业起步、发展、繁荣、竞争、阵痛的全部过程，成为国内同行竞相学习的标杆企业之一。

二、跨国合作（2000~2012年）

2000年，钟山氨纶与全球500强企业美国杜邦公司（以下简称杜邦）合资，成立连云港杜钟氨纶有限公司（以下简称杜钟氨纶），在杜邦的协助下成立TST（技术支持团队），致力于技术改进和管理提升。2003年，建成五期年产3500吨15~70旦差别化、超柔氨纶生产线。2004年，与美国英威达纤维有限公司合作，进一步引进先进的技术水平和管理理念，于2009年建成六期年产6000吨12~70旦差别化、耐高温氨纶生产线，当时该生产线在国内处于领先地位（图22-1）。

图22-1　2005年杜钟新奥神六期合资合同签约仪式

2000年与杜邦合资后的杜钟氨纶控股权掌握在杜邦手中，在此后的12年中，虽然杜邦注入其企业管理理念，并做了大量的技术试验，但没有及时注入新的资金发展壮大企业，同时国内氨纶企业如雨后春笋般发展起来，杜钟氨纶的管理、技术人才跳槽至其他氨纶企业。2009年，杜钟氨纶新建设了六期工程项目，聚合部分引进杜邦的连续聚合技术，纺丝沿用东洋纺技术，成功投产后未达到预期的经济收益，使其经营每况愈下，2012年江苏奥神集团做出回购美方股份的决定，企业管理权回到中方手中。

在此期间，杜钟氨纶建设了五期和六期工程，产能达到13000吨，成为国内氨纶行业技术领先企业之一，也成为国内氨纶行业管理、技术人才的“摇篮”，对于2000～2009年国内氨纶行业飞速发展做出了非常大的贡献。

三、再创佳绩（2012～2021年）

2012年，江苏奥神集团、江苏海外投资集团与美国英威达纤维有限公司签署收购协议。2014年，江苏奥神集团与连云港工投集团合并，杜钟氨纶成为连云港工投集团旗下的国有控股企业。在连云港工投集团的领导下，其大力实施自主研发、差别化战略，2015年更名为连云港杜钟新奥神氨纶有限公司（简称杜钟新奥神）。2016年七期工程投产，不但达到新增3000吨差别化无染氨纶的目标，还肩负起改造老生产线聚合体的使命，可以在不新增设备的条件下提高纺速30%，提高产品的品质，淘汰不适用溶剂，产能达到1.8万吨，同时在国内率先开发成功可染氨纶和卫材专用氨纶。

由于生产规模基本处于行业平均水平，杜钟新奥神的成本优势不大。为了增强竞争，在产能落后国内许多企业的情况下，其致力于实施差别化战略，以“创造精品弹性纤维、体验无拘无束生活”为使命，先后开发出超柔、高回弹、有色、耐高温、可染、卫材、石墨烯、低温热黏合等系列功能产品，产品连续6年入围或入选中国纤维流行趋势，成为国内品种最齐全的差别化氨纶生产基地之一，获批国家差别化功能性氨纶产品开发基地、国家新产品研发及推广创新企业等称号，其差别化无染氨纶的产业化建设获批江苏省成果转化项目，产品获得连云港市科技进步奖一等奖等。

2017年，杜钟新奥神开工建设1.2万吨产能的八期工程项目，氨纶总产能达到3万吨。新建的八期项目获批江苏省战略性新兴项目，该项目是在成功研发无染、易着色等差别化氨纶的基础上，采用连续聚合高速纺工艺新建智能化车间，满足新产品的产业化需要，该车间聚合控制部分新增APC控制系统，逐步建立专家系统的故障预测模型和故障索引知识库，实现装备过程无人操控、工作环境预警、运行状态监测、故障诊断与自修复。新建智能立体无人仓库，实现产品全自动入库、出库，同时在氨纶行业首创使用分布式能源系统综合供能系统，达到提高生产效率，减少用工，建成年产1.2万吨差别化氨纶纤维智能车间，为氨纶行业的智能化发展提供案例。

为了加大研发力度，提高产学研合作和产业上下游合作力度，2020年，杜钟新奥神与江苏省产业技术研究院签订《共建JITRI—杜钟氨纶联合创新中心合作协议》，利用双方资源进行应用研发与集成创新，解决共性关键技术难题，进而助力产业高质量发展（图22-2）。

图22-2　杜钟新奥神与江苏省产业研究院创建联合创新中心签约揭牌仪式

四、展望未来：阔步前行

“十四五”期间，杜钟新奥神将持续通过技术改造和加强基础管理，努力达到行业先进水平。同时加大研发投入，通过技术创新，实施“差别化”战略，在对后道深入研究的基础上，开发更多性能独特的差别化氨纶产品，避开竞争较为激烈的“大众化”市场；并考虑“双品牌”经营模式，对一些性能突出的产品采取“高端品牌”占领更多细分市场，提高企业竞争力，获得更大的利润空间。

具体来看，力争在3～5年内继续扩大氨纶生产规模，考虑与上游供应商合作开发PTMEG产品，注入HSHMPE部分优质资产；充分发挥研发中心具备国家级研究中心水平，开展HSHMPE、TPU的技术研发；开始“同心多元化”战略，新产品将扩大公司销售业绩和利润空间。至2025年，期待具备年销售收入30亿元，2.5亿元利润水平，并适时启动混合所有制改造，完成资本市场上市。

站在新起点，杜钟新奥神将放飞梦想，在差别化、绿色化、智能化的道路上不断进取、阔步前行。

第二节　华峰化学股份有限公司：氨纶“冠军”是这样炼成的

从1999年开始，华峰化学股份有限公司（简称华峰化学）涉足氨纶产业，2022年华峰化学氨纶年产量已突破20万吨，凭借突出的实力成就国内氨纶行业单项冠军，为我国纺织行业的高质量发展贡献了重要力量（图22-3）。

图22-3　华峰化学股份有限公司

回顾华峰化学的成长，它总能在不同的时期做出正确抉择。从1999年引入东洋纺氨纶技术后，用了7年的时间，华峰化学于2006年9月成功登陆深交所，成为主营氨纶业务的上市公司；2008年8月，公司年产1万吨纳米改性氨纶纤维技改项目陆续投产后，公司氨纶总产能达4.2万吨，规模居国内前列、全球前列；2013年，参与中西部大发展，在重庆涪陵投资建设新的世界级氨纶生产基地，为差异化、低成本、规模化战略发展奠定了坚实基础；2015年开始，在土耳其和韩国设立境外全资子公司，国际品牌拓展之路大步迈开；2019年，完成对华峰新材料的重大资产重组，从此跨进新的聚氨酯制品领域。2022年实现氨纶年产能突破20万吨，稳居全球前列。20多年来，作为一家土生土长的温州民营企业，华峰化学大跨步前进，逐渐练成单项“冠军”，成功背后的密码是什么？

一、创新发展，打开“冠军”之门

1999年创业初期，氨纶正是市场紧俏货，彼时华峰化学审时度势，引进国外先进技术，成为国内屈指可数的氨纶企业，并以最快速度实现了稳定生产，建设速度被世界知名氨纶技术提供商称为“世界氨纶行业建设的奇迹”。当年，氨纶产品可谓是不愁卖，但是华峰人居安思危，在国内氨纶行业专家、华峰化学董事长杨从登的带领下，华峰化学坚持“先进技术领跑行业”的信念，从创业初期就开始了对国外技术的消化和提升。

首期生产线投产后，华峰化学就对第二期工程进行了自主化改造，并逐步提升国产化设备的占比。如今，代表行业先进生产工艺和装备的新工程建设，国产化设备已经成了主角（图22-4）。在研发创新方面，华峰化学已打造出一支高水平的领军型创新团队。通过持续科研攻关，实现了经编用氨纶、低温易黏合氨纶、卫材用氨纶等10多个差异化产品的产业化，覆盖市场应用的各个领域，多项产品在行业内领先，并有多项产品打破国际企业垄断。在环保型产品领域，成功产业化的GRS产品，成为国内氨纶行业通过GRS国际回收标准认证产品的先行者，并与多家世界知名品牌商实现合作；成功研发的高均一经编氨纶，也打破了国外氨纶企业对高端市场的垄断；卫材氨纶产品，更是成为世界知名卫材品牌在国内最大的氨纶供应商之一，并与众多国际知名卫材品牌实现长期合作。

图22-4　氨纶生产车间

二、绿色发展，促进“冠军”健康成长

绿色发展，是企业履行社会责任的担当。华峰化学依靠技术创新和管理创新，以突出的绿色发展成就，成为国家首届“资源节约型、环境友好型”试点企业之一，并3次获得“中国工业行业履行社会责任五星级企业”荣誉。

绿色发展，是企业长远发展大计。多年来，华峰化学坚信绿色发展必须依靠技术创新，持续推进节能降耗，技术工艺走在了世界氨纶行业技术前沿。当前，华峰化学最核心的卷绕机技术采用了代表世界先进的120头工艺生产，相比多年前的36头、48头生产工艺，生产效率上有了极大提升，几乎同等规模的场地和人员配置，可实现产量提升2～3倍。同样，在工艺配方的软技术提升上，以前多头纺的纺速基本是800～900米/分，而在2021年，华峰化学就已经实现了120头生产工艺，最高纺速超1000米/分，这样的多头纺速度，代表了当前世界氨纶行业高纺速先进的技术成果，并且120头生产40旦产品。

节能降耗大投入、大技改，华峰化学全力以赴。2020年，华峰化学通过多措并举，实现了氨纶产品综合能耗下降10%以上，吨丝产品的综合能耗不足1吨标准煤，远低于代表清洁生产的国际先进标准，硬是把能耗高这一劣势做成了参与市场竞争强有力的优势。近年来，随着技改深入推进，吨丝综合能耗仍在下降。华峰化学的低能耗运行，也成为行业广泛认可的绿色标杆，瑞安和重庆生产基地分别被国家相关部委评为“绿色工厂”。

三、智能制造，培育“冠军”领跑新优势

智能制造不是喊出来的，而是干出来的，华峰化学智能化、自动化水平不断提升，逐步实现“机器换人”（图22-5）。早在2015年，华峰化学就建设了一座现代化全智能的立体仓库。立体仓库10层16800个储存库位，与同等储量9000吨的传统平库比较，投资节省4000多万元，提高土地空间利用率7倍，人力精简50%。立体仓库的运营，让华峰化学尝到了自动化的甜头，这也是国内氨纶行业以自动化立体仓库秀出的“智能”力量。

图22-5　自动化包装生产线

如今，智能制造已扩展到整体车间的全自动化生产。在新的生产车间，以前需要人工操作的各个工序，都实现了机器人操作，人工落筒操作变成了机械手自动操作，机器人自动识别的“背货托盘”转运代替人工推运……智能化改造没有先例可以借鉴，华峰化学自动化创新团队就自己出想法，自己提改进，与合作伙伴一道，历经数年时间，打造出全自动流水线，也是行业最先进的智能化流水线之一。

“机器换人”不仅实现了成本的有效降低，更是实现了劳动保护和高效高质的创新，“机器换人”是华峰化学践行创新驱动发展的成功实践，也已成为华峰化学的一张“金名片”，再造了传统行业新优势。突出的智能化成就，不仅快速深刻地改变着我们的工作方式，更为企业培育供给效率新优势插上了腾飞的翅膀。

面向“十四五”，华峰化学将继续执行聚焦客户、研产销联动的“同心圆”管理模式，努力实现由“国内氨纶行业龙头企业”向“国际氨纶行业龙头企业”跨越、“国际氨纶行业龙头企业”向“全球聚氨酯制品材料龙头企业”跨越、“优秀民营企业”向“卓越现代企业”跨越的“三大”跨越式发展。冠军之路，漫长而又艰辛，唯有奋斗，才能让华峰化学的冠军奖牌永不褪色。

第二十三章 高性能纤维企业

第一节　中复神鹰碳纤维股份有限公司：勇攀碳纤维产业高峰

碳纤维被誉为“新材料之王”“黑黄金”，它重量轻、强度高、耐腐蚀，被广泛应用于航空航天、光伏、氢能、风电、交通建设及体育器材等领域。

从20世纪90年代中后期，我国部分高校和企业就已经将目光瞄准了碳纤维新材料。可是直到21世纪初，国内碳纤维的产业化技术仍未能取得实质性突破，相关领域依旧被“卡脖子”，我国碳纤维的自主研发道路走得异常艰难。

而在此时，从江苏连云港飞出的“神鹰”给国产碳纤维的研发生产带来了好消息：2006年，中复神鹰碳纤维股份有限公司（简称中复神鹰）建成了年产20吨SYT35（T300级）碳纤维生产线；2007年，年产量上升至100吨；2008年，建成我国湿法千吨规模的T300级碳纤维生产线。2012年，自主突破干喷湿纺千吨级SYT49（T700级）碳纤维产业化技术；2015年，突破百吨级SYT55（T800级）碳纤维技术并稳定生产；2017年，实现千吨级SYT55（T800级）碳纤维的规模化生产和稳定供应……

之后，经过十多年坚持不懈的努力，中复神鹰实现了T700级、T800级、T1000级、M30级、M35级、M40级碳纤维稳定供应市场，在国产碳纤维市场的平均占有率连年达到50%。同时，中复神鹰实现了国产碳纤维在民用领域上的盈利，打破了国内碳纤维行业亏损的局面，国产碳纤维进入了良性发展阶段，国产碳纤维行业也迎来了新的生机与活力。

一、缘起：做出中国人自己的碳纤维

中复神鹰为何发展如此“神”速？这与现任中复神鹰董事长、总工程师张国良分不开。

将时间拉回到2005年，毕业于武汉理工大学机械制造专业的张国良偶然间听到碳纤维产业的情况，便被深深吸引，于是立志从纺织业转型，要“做出中国人自己的碳纤维”。

说干就干，2005年9月29日，中复神鹰便正式启动碳纤维项目，代号为“9·29”工程，与此同时，张国良还提出“为祖国争光、为民族争气”的发展目标（图23-1）。

图23-1　中复神鹰启动“9·29”工程开始碳纤维技术攻关

尽管张国良对研发生产碳纤维信心十足，但在外界看来，这几乎是不可能实现的目标。

但对于具有多年纺织机械生产经验的张国良而言，来自外界的质疑并没有让他打“退堂鼓”，相反，他敏锐地发现，碳纤维的生产原理与腈纶的生产工艺有相通之处，只是技术要求更加苛刻。

有了努力的方向，张国良便完全将自己沉浸于碳纤维的世界，甚至留下了连续74天不回家的纪录。

图23-2　建成千吨级SYT35（T300级）碳纤维生产线并稳定生产

在逐梦碳纤维的过程中，张国良的行动也吸引了央企中国建材集团的注意。2007年10月，中国复合材料集团有限公司增资入股，公司名称由连云港神鹰新材料有限责任公司变更为中复神鹰碳纤维有限责任公司，正式启动万吨级碳纤维工程化建设。

持之以恒的努力也终于结出了硕果。2007年，中复神鹰建成了年产100吨SYT35碳纤维生产线，实现产业化生产的第一批碳纤维成功下线；2008年，建成千吨SYT35（T300级）碳纤维生产线并稳定生产（图23-2），2009年开始进行干喷湿纺技术攻关；2010年，“千吨规模T300级原丝及碳纤维国产化关键技术与装备”获“纺织之光”科技进步奖一等奖……

二、突破：国产碳纤维研发生产步伐提速

阶段性的成功并没有让中复神鹰“沉迷”，而是更加坚定了目标，开始从产品性能、制造成本等多个维度学习，对标国际龙头企业，持续加大人力、财力投入，进行技术攻关。

正是这份对国产碳纤维的执着让中复神鹰得以快速成长。2012年，中复神鹰“干喷湿纺”高性能碳纤维SYT45下线并于当年开始生产线稳定运行，形成了年产500吨的产能，打破了国外的垄断，实现了自主化生产。

2013年，中复神鹰在国内率先突破了千吨级碳纤维原丝干喷湿纺工业化制造技术，建成了千吨级干喷湿纺碳纤维产业化生产线。

2015年，中复神鹰实现了T800级碳纤维百吨级工程化。

2017年，中复神鹰实现了具有完全自主知识产权的千吨级SYT55（T800级）碳纤维的规模化生产和稳定供应（图23-3）。

2019年，中复神鹰实现SYT65（T1000级，QZ6026标准）百吨工程化，在国内率先建成了基于干喷湿纺工艺的百吨级超高强度QZ6026（T1000G级）碳纤维生产线，实现了连续稳定运行。

图23-3　2017年实现千吨级SYT55（T800级）碳纤维的规模化生产和稳定供应

三、优化：持续推动高端应用领域布局

在2019年，中复神鹰又做出了重大部署，“年产2万吨高性能碳纤维及配套原丝项目”落户西宁。

据悉，该项目总投资50亿元，用地约800亩，总体规划分两期进行。一期设计年产高性能碳纤维1万吨。张国良表示：“西宁项目的生产线并不是连云港生产线的简单复制，而是瞄准‘高品质、低成本、更大规模化’的目标建设的。”

有了万吨碳纤维规模化的实践之后，中复神鹰持续推动碳纤维在高端新产品、新技术和高端应用上的战略布局。2020年1月，“碳纤维航空应用研发及制造”项目落户上海临港新片区，最终形成

连云港、西宁、上海三地错位协同发展。

张国良表示："过去这些年，我们把注意力一直放在碳纤维上。发展到现在，我们需要将碳纤维研发生产与下游应用更加密切地联系起来。所以，公司接下来大的发展战略，将会放在以应用研究牵引碳纤维生产技术进步和发展上。上海项目建成后，我们将针对碳纤维复材、航空树脂和相关中间制品如何在大飞机项目中展开应用进行更多研究。"

四、跨越：科创板碳纤维公司上市

2022年4月6日，对于中复神鹰而言，是一个值得铭记的日子，这一天，中复神鹰登陆科创板，发行1亿股股票，募集资金29.33亿元，筹建"西宁年产万吨高性能碳纤维及配套原丝项目""航空航天高性能碳纤维及原丝试验线项目"和"碳纤维航空应用研发及制造项目"（图23-4）。

图23-4　中复神鹰登陆科创板

在资本市场助力下，中复神鹰牢牢抓住国产碳纤维发展的机遇期，把"高端化、规模化、绿色化"作为战略定位，集中技术力量研发和突破新一代高强、高模高性能碳纤维，在生产装备的先进性、自动化、智能化等方面继续加大投入；把握好"更低成本、更大规模化、更高稳定性"这几大核心要素，进一步提高生产效率，提升规模优势，增强核心竞争力。

中国建材集团党委书记、董事长周育先表示，中复神鹰是集团新材料板块的重要一员，十多年来，中复神鹰心系"国之大者"，打造"国之大材"，在碳纤维领域不断提升自主创新能力，打破了国际垄断，成功解决了国家"卡脖子"的关键材料问题，对实现我国战略核心材料的自主可控具有深远影响。他希望中复神鹰能够借助上市契机，进一步提升企业技术实力、综合竞争力，以更优异的成绩回报股东、回馈社会。

张国良表示，随着中复神鹰的发展迈入新的历史阶段，公司将不断进行技术创新、产业升级、市场拓展，充分借助资本市场力量，紧紧把握产业快速发展机遇期，进一步提高生产效率、提升规模优势、增强核心竞争力，为我国碳纤维行业的高质量发展开拓新局面。

第二节　泰和新材集团股份有限公司：自主创新，让中国高性能纤维登上世界舞台

从"引进消化"到"自主创新"，从掌握"一般技术"到创造"核心技术"，中国特种纤维工业的开拓先锋——泰和新材集团股份有限公司（简称泰和新材）始终坚持创新驱动战略，勇字当头，实字为本，一次次打破国际垄断，让中国高性能纤维成功登上世界舞台。

一、攻克氨纶国产化技术，跳出重复引进窠臼

20世纪80年代前，高技术纤维的生产在中国尚属空白，各行业领域的相关需求完全依赖进口，严重受制于人。建设独立自主的高新技术纤维产业是国之重任，势在必行。

泰和新材的前身烟台氨纶厂率先引进国际先进技术，建成氨纶生产线，一期工程于1989年10月成功投产，国产"纽士达"牌氨纶横空出世。

氨纶一期工程为企业带来丰厚的经济和社会效益。1991年，即投产第二年，泰和新材便以人均利税5.11万元、人均利润3.4万元的经营业绩位居全国纺织行业前列，迅速成为明星企业。

一期工程300吨/年生产能力满足不了蒸蒸日上的市场需要，二期扩建迅速提到议事日程。是接受外商苛刻条件重复引进，还是打破国外垄断自主建设？面对这个关键抉择，泰和新材清醒地认识到，引进永远换不来最新技术，自主创新才是谋求长远发展的必由之路。

在对前期引进技术充分消化吸收的基础之上，经过充分认证和深入研究，泰和新材决心自主开发氨纶国产化技术，自主建设二期工程。

1993年，氨纶产业化技术开发与二期工程建设同步展开。二期工程的设计思路为产业化技术开发指示方向和目标，产业化技术开发的最新成果第一时间在工程建设中得以应用：主原料改用液体二苯基甲烷=异氰酸酯（MDI），避免了以往固体原料再溶导致的品质下降；采用DCS计算机集散控制系统取代传统程序控制，控制精度提高10倍；巧妙配置聚合设备，聚合能力提高一倍；自动落筒机代替人工操作，生产效率大幅度提高。

1995年5月，二期工程顺利建成投产。与一期引进工程相比，不仅节省投资1亿多元，而且整体技术水平进步一代，达到20世纪90年代国际先进水平，已经具备对外输出技术的能力。

同年，泰和新材承担的"氨纶纤维产业化技术"项目正式列入"九五"国家重大科技攻关计划，获得国家拨款支持。该技术在第二、第三期扩建工程中得到充分应用和验证，表现出的自主性、协调性、适应性、在线性、高可靠性、可扩充性，得到业内高度认可，并在1997年顺利通过国家科委验收，于2001年荣获国家科技进步奖二等奖。

凭借这项拥有完整自主知识产权的核心技术，泰和新材独立自主、得心应手地进行技改扩建，氨纶年产能迅速突破万吨，率先达到经济规模，装备水平、产品质量、生产效益在全行业遥遥领先（图23-5、图23-6）。

图23-5　氨纶纺丝车间

图23-6　氨纶产品

二、开启芳纶工业化生产，助力新兴产业发展

芳纶是国家战略急需的高性能纤维材料，在结构增强、电气绝缘、个体防护、环境保护、先进制造等关键领域具有不可替代的重要作用。长期以来，西方发达国家实行严密的技术封锁、严格的需求审查，对高端品种实行禁运，严重制约了相关领域的健康发展。我国许多科研院所也进行了研究开发，但只停留在小试、中试阶段。

在氨纶产业化如火如荼进行的同时，泰和新材正式确立了进军芳纶的奋斗目标。面对芳纶这一全新课题，站在前人肩膀上、拥有多年高新技术纤维研发生产经验的泰和新材，必然有着不一样的视角和理解。

1999年，间位芳纶小试获得成功；2000年，20吨/年规模间位芳纶中试线建成。几度春秋，泰和新材的研发工作一步一个脚印，工作台上摆放的丝束越变越白，中试生产线连续运转的时间越来越长，关键指标的测试结果一次比一次好。

2004年5月，500吨/年间位芳纶产业化项目建成投产，标志着泰和新材自主开发的“间位芳纶产业化技术”获得圆满成功；2007年，芳纶纸产业化项目建成投产。2011年，1000吨/年对位芳纶产业化项目正式投产。至此，泰和新材全面掌握了间位芳纶、对位芳纶、芳纶纸三大高性能纤维产品的产业化技术，成为当时实现芳纶通用产品全系列、规模化生产的高科技企业，实现了我国芳纶从实验室走向工业化的历史性跨越，使我国傲然跻身于世界芳纶生产国之列（图23-7）。

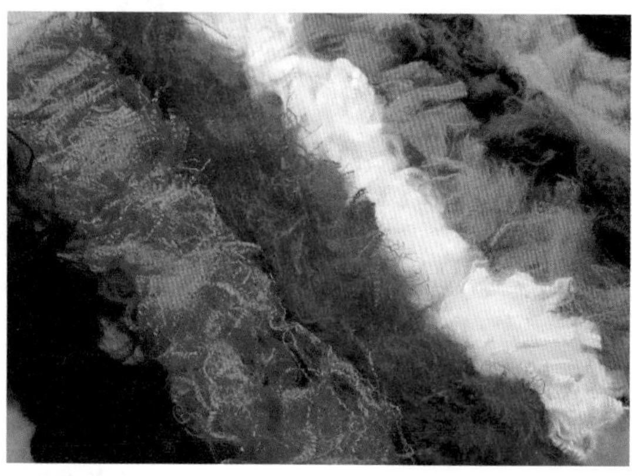

图23-7　泰美达®间位芳纶

三、加快新旧动能转换，推动企业高质量发展

自1987年成立以来，经过30多年的不懈努力，泰和新材已从单一产品结构发展到氨纶、间位芳纶、对位芳纶三大板块并驾齐驱的产品格局，初步建成上至精细化工、中至芳纶、下到芳纶纸及芳纶织物为主体的芳纶产品集群，形成国内完整的芳纶产业链条。

梳理泰和新材的发展历程不难发现，自主创新伴随着企业成长的每一步，“研发一代、生产一代、应用一代、储备一代”的循环研发模式，是企业取得丰硕成果的根本保障。以国家认定企业技术中心、国家芳纶工程技术研究中心、博士后科研工作站为代表的研发平台建设更是企业不断推陈出新的强力支撑。

随着“一带一路”倡议、新旧动能转换等重大工程的深入推进，泰和新材擘画了高质量发展新蓝图：“十四五”期间，聚焦高性能纤维主业发展，围绕存量业务提升、增量业务拓展、产业链条延伸三个方面，实施规模、营收、利润“两轮倍增计划”，做强做大存量业务，做新做优增量业务，间位芳纶、芳纶纸产能保持全球前两位，对位芳纶产能跻身全球前三位，氨纶产能保持全球前五位，巩固行业龙头地位。

科技永无止境，创新引领未来。一个开放、融合、创新的产业发展新格局正徐徐拉开帷幕，泰和新材正以科学的精神、昂扬的斗志，向着建设“百年泰和”的宏伟目标坚实迈进。

第三节　威海光威复合材料股份有限公司：铸就国之利器

碳纤维，被誉为新材料产业皇冠上的明珠，其“细如发丝、强如钢铁、贵如黄金”的独特属性，被日本、美国等少数国家长期实行技术封锁和垄断的冰冷现实，牵动着太多仁人志士的家国情怀，成为他们几十年如一日奋斗不息的动力源头。历经半个多世纪的洗练积淀，从碳纤维研发零起步、产业化长期推进缓慢、碳纤维需求严重依赖进口，到相继实现多个系列和级别的碳纤维国产化、产业化，解决了宇航级碳纤维的自主保障问题、自给率逐步提升，再到疫情背景下碳纤维市场逆势上扬、供不应求，我国碳纤维产业终于迎来“高光”发展时期，并交出了一份优异的成绩单。从无到有，从小到大……我国碳纤维产业跨越艰难发展历程的背后，威海光威复合材料股份有限公司（简称光威复材）无疑是一个特别的存在。

有人说，在2000年之前，中国碳纤维的研发仿佛处于“黑白胶片”时代，仍停留在实验室和小试阶段。但是，自从光威复材开始进行碳纤维研发，中国碳纤维的发展仿佛进入“彩色数码”时代，顿时变得生动多彩起来。的确如此，从建设宽幅碳纤维预浸料生产线到研发成功我国自己的碳纤维、缔造碳纤维全产业链、收获碳纤第一股……光威复材铸就了国产碳纤维及其复合材料的多彩传奇，深刻改变了中国碳纤维发展的历史进程，乃至改变了全球的碳纤维格局。

一、敢为人先：跳出院墙，围着院墙转

敢为人先的创新精神对企业弥足珍贵。在研发碳纤维之前，光威复材所属的集团公司光威集团就从事与碳纤维应用紧密相关的领域——碳纤维渔具产业。光威集团成立于1987年，从一家濒临倒闭的镇办小厂转型渔具产业并组建了光威鱼竿厂，在无资金、无技术、无设备的条件下，经过成百上千次的试验调试、设计制作，自行研制出鱼竿生产设备，突破鱼竿制造技术，生产出中国自己的鱼竿。1991年，“光威”作为一个中国渔具品牌亮相于美国洛杉矶举行的第34届世界渔具博览会上，其自主的产品、卓越的品质让世界见识到了“中国自主制造”的力量。

1992年时，光威钓鱼竿年利润已达千万元。为了更好地发展渔具产业，时任董事长兼总经理的陈光威主持成立了光威复合材料有限公司，主要从事复合材料的研发生产。1998年，他果断提出“跳出院墙，围着院墙转”的新思路，在继续发展钓具行业的同时还要围绕钓具行业的上下游和横向

领域进行发展，要将钓具形成系列化，包装、户外用品、饵料、漂等，原材料要向碳纤维方向发展，要跳出单一的鱼竿“小院墙”，去围绕新型复合材料“大院墙”转。

于是，光威集团在围绕“大院墙”上下足了功夫。1998年，光威集团以渔具产业为龙头，将产业链向上游延伸，建成了宽幅碳纤维预浸料生产线，开启了国产碳纤维复合材料制造和应用的先河。经过两年多的不懈努力和潜心研究，光威集团一举攻克树脂配方、PE覆盖薄膜、复合布生产工艺等七项技术难关，被科技部评为“在实施火炬计划中，做出重大贡献的单位”。与此同时，光威引进进口织机进行碳纤维织物的生产，这对当时国外先进企业造成极大震动。

经过30多年的经营发展，光威集团的钓具产品已经名扬四海，目前已具备年产钓鱼竿1000万支、渔线轮800万个的产能规模，是全球渔具行业的领军企业之一，是目前国内渔具产业综合产能最大的企业之一。同时，在光威钓具产业的带动下，威海逐渐发展为全球渔具制造的集散地，有1000多家企业和十几万产业大军从中受益，威海也荣获中国钓具之都等荣誉称号，真正做到了“以一个产业造福一方水土一方人”。

二、从军报国：脱富致贫，终成国之利器

在“跳出院墙，围着院墙转”的战略下，光威集团有了碳纤维预浸料生产线，但预浸料应用的原材料碳纤维依然受制于人，仍然要完全依赖进口。碳纤维除了可用于渔具中，更是国家安全、武器装备亟须的关键战略物资。长期以来，国外碳纤维供应商对我国实行产品、技术、装备三封锁，对我国碳纤维下游企业也采取“赏赐性供给、通知性涨价”等政策。

2001年，两院院士师昌绪等专家向中央建议，指出21世纪中国如果没有碳纤维将落后整个时代，呼吁立项，国家决定设立863碳纤维专项。就在同一时期，为了不被外国“卡脖子”，为了实现碳纤维的自给自足，解决自用问题，光威集团决定要自主研发碳纤维。2001年，光威完成小试研究，建成吨级原丝及碳化小试生产线。2002年，光威集团成立威海拓展纤维有限公司，取“开拓和发展”之意，同年开始进行中试研发。2003年，光威碳纤维进入国家视野，公司承担了国家的863项目。

2005年，光威拓展研制的CCF-1级碳纤维通过863验收，各项指标达到日本东丽T300级碳纤维水平，国产碳纤维迎来了历史性时刻，这标志着我国拥有了自己的产业化碳纤维，填补了国内空白，并且一举打破了国外的封锁垄断（图23-8）。由此光威复材成为实现碳纤维工程化的企业，我国也随之成为世界上少数掌握小丝束高性能碳纤维工程化关键技术的国家之一，改变了世界碳纤维产业的格局。这时，光威如果将碳纤维技术全面投入民用产品的生产，将迅速获取巨大的经济利益。然而，面对发达国家对碳纤维材料的全面封锁、我国航空航天领域亟须碳纤维的严峻现实，光威集团毅然决定研制军品碳纤维，开始进行航空应用验证，开启“民参军”的艰难历程。

军品用碳纤维与民用不同，研发投入巨大，且投入期长，见效缓慢。但因急国家之所急，陈光威义无反顾带领光威集团全身心踏上了国产碳纤维国防应用验证之路。此后数年，为了研发出中国自己的高质量碳纤维，陈光威不仅把鱼竿业务每年产生的利润全部投进碳纤维研发和生产，还贷款17亿元，总投资超过30多亿元，他称这条“从军报国”之路也是一条“脱富致贫，回头无岸”之路。他呕心沥血，带领团队摸爬滚打，日夜奋战在研发生产第一线……

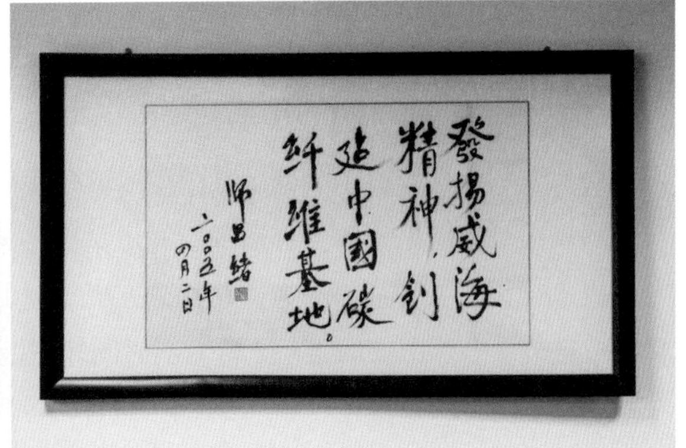

图23-8　2005年，两院院士师昌绪为光威集团题字“发扬威海精神，创建中国碳纤维基地”

图23-9　光威复材碳纤维生产线

2008年，光威拥有自主知识产权的千吨级碳纤维产业化示范线落成投产，碳纤维关键装备实现国产化。2009年，这套千吨级碳纤维产业化示范线通过验收，这在中国碳纤维发展史上具有里程碑意义。光威同年获批“碳纤维制备及工程化国家工程实验室”。

2010年，光威突破T700级碳纤维核心技术，并实现工业化生产。2011年，光威主持起草了碳纤维和碳纤维预浸料的国家标准。2013年，光威突破航空用T800级和航天用M40J级高强高模碳纤维关键技术，并实现了工程化生产。2016年，干喷湿纺工艺T700S碳纤维开始小批量试生产，后续实现原丝500m/min纺速。同年，公司在参研的两个一条龙项目全国评比中双双领先，牢牢占据国产碳纤维行业的领军地位。2017年，陈亮开始担任光威复材董事长，同年9月1日，光威复材在深圳证券交易所创业板上市，开启了实业与资本的对接之路，进入了新的发展阶段。

图23-10　光威复材参研的TP500无人运输机

随着T700、T800、T1000、M40J、M55J等高强高模高性能碳纤维关键技术相继突破并形成产业化（图23-9），我国终于实现了碳纤维材料的自主保障。特别值得一提的是，2010年至今，光威复材生产的CCF300碳纤维进入稳定供货阶段，2019年，光威复材交付AR500无人机平台；2021年，光威复材交付TP500无人运输机机身及尾翼……时至今日，光威复材已成为国内军工航空领域主要供应商，给国家战略装备提供保障，是当之无愧的国之利器（图23-10、图23-11）。

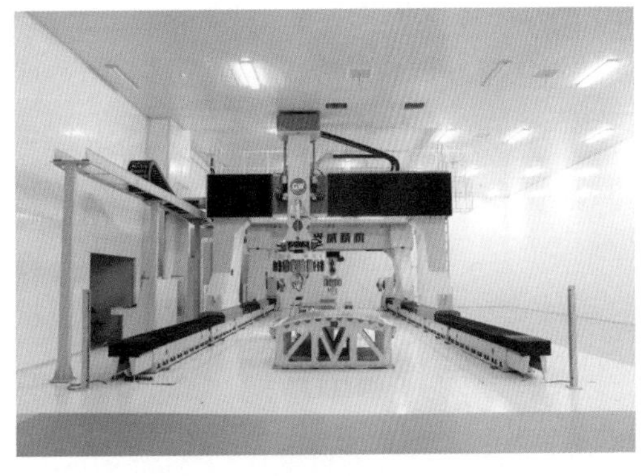
图23-11　光威复材自动铺丝设备

三、布局全链：从521到621，全面夯实“护城河”

随着上游产业源头原材料碳纤维的研发成功并实现产业化，光威复材开始全产业链布局，进一步丰富下游产品，逐步由军品发展向军民品互动发展转变。尤其是近几年，光威在保证军品正常生产的前提下，开始向新能源领域大举发力，自主研发风电碳梁产品。2014～2017年，光威复材从成立碳梁攻关团队、试验生产、通过验证、全球范围内批量供货，一步步成为世界风电巨头维斯塔斯的重要供应商，风电碳梁也成为其业绩新的增长点。2018年，光威复材成立了光威能源新材料有限公司，专注于在风电新材料领域的技术开发和市场开拓，6月，光威复材获得世界风电巨头维斯塔斯“最佳供应商”奖项。2012～2021年，光威复材营业收入从4.23亿元增长到26.07亿元，净利润从0.83亿元增长到7.58亿元。其中，上市后的2017～2021年，5年间营业收入复合增长率达到32.7%，净利润复合增长率达到30.6%。从保障国防装备发展所需形成了稳定的供货局面、确立市场先入优势到拓展民用领域，为民品业务的发展赢得市场空间，光威复材积淀了强劲的持续发展能力，进一步夯实了自己的“护城河”。

在新的发展阶段，光威复材将之前的“521”发展战略调整为“621”发展战略：“6”即全产业链布局生产实体，包括碳纤维、通用新材料、能源新材料、航空先进复合材料、航天先进复合材料、装备制造；“2”即技术创新引擎，包括国家工程实验室、国家级企业技术中心；“1”即碳纤维孵化园区，形成“产、学、研、用”立体多维军民品协同创新发展模式，使碳纤维全产业链拥有健康可持续发展能力，步入良性发展轨道，企业综合竞争能力和盈利能力稳步增强，走出一条自主创新的高质量发展之路。

“新一代光威人的使命就是继往开来，未来，我们要把人生理想融入国家和民族的事业当中，不忘初心、牢记使命，围绕碳纤维及复合材料这个发展核心，发扬团结拼搏、锐意进取的光威精神，撸起袖子加油干，把光威复材打造成世界一流的碳纤维及其复合材料企业，为中国装备制造业的强大、为国家综合国力的提升贡献一分力量。我相信，在前几代碳纤维人呕心沥血奋斗的基础上，在新时代，我国碳纤维人定会书写更加壮丽的篇章。”陈亮对未来的笃定源于我们恰逢最好的时代，恰逢碳纤维行业发展迎来宝贵窗口期，以及光威复材“强者恒强”的综合实力。

第四节　江苏恒神股份有限公司：矢志不移的产业报国情怀

忍过阵痛与坎坷，在无数次的努力与尝试之后，江苏恒神股份有限公司（简称恒神股份）逐渐成为国产碳纤维领域的“优等生”，并不断交出亮眼的成绩单：利用自主研发技术在国内实现了千吨级碳纤维生产线建设；在国内成功进行碳纤维及复合材料全产业链建设；在国外设立碳纤维研发平台；在江苏省内成功组建碳纤维及复合材料研发科技创新团队并承担国家级项目建设；让中国碳纤维预浸料进入国际民航制造市场（图23-12、图23-13）。

图23-12 江苏恒神股份有限公司

图23-13 碳纤维生产车间

回首恒神股份的成长之路，可以说是一部产业报国的爱国史，也可以说是一部从零起步、攻坚克难的创业史，更可以说是一部争创世界一流全产业链碳纤维企业奋勇拼搏的奋斗史。

一、勇挑国产碳纤维重担

将时光镜头拉回到1992年，恒神股份的创始人钱云宝毅然放弃了“铁饭碗”，从镇江前进印刷厂辞职，回到家乡创办起丹阳市信息记录纸厂。

当时记录纸厂承揽票证业务，效益很好，很快便为钱云宝积累了“第一桶金”。1998年，丹阳市信息记录纸厂更名为恒宝实业发展有限公司（简称恒宝），进入制卡领域，率先引进了先进的IC卡生产线并安装调试成功，开创了中国IC卡制造业的先河。

站在风口之上，恒宝快速发展，迅速成为当时业界的“黑马”，并于2007年成功上市，市值达到70多亿元。

在大多数人眼中，钱云宝只要守好恒宝这个“聚宝盆”便可以赚得“盆满钵满”，但作为一个老党员的钱云宝却反其道而行，他选择在功成名就之时“二次创业”，接下碳纤维这个“烫手山芋”，为国家排忧解难。

这一想法无疑遭到公司董事会一致反对。但钱云宝也并不气馁，“公司不搞，我就个人搞！”认准要走碳纤维这条路，钱云宝便通过减持个人股份、抵押个人房产等方法筹资，于2007年底以个人名义创办恒神股份。

二、十年投入46亿元

尽管已经做了充分的调研和了解，但对于从未涉猎过碳纤维产业的钱云宝而言，设备、资金、人才、技术，每一样都是摆在他面前的难题。

而钱云宝也早已做好“打硬仗”的准备。他先从人才着手，在恒神股份成立之初，钱云宝便花重金引进约60名技术专家和骨干，为碳纤维产业的技术研发打下坚实的基础。

人员就位，接下来便是如何生产。但当时在中国生产碳纤维并没有现成的模式，甚至没有可参考的范本，怎么办？

只能一步一步慢慢摸索。为了闯过设备配套关，恒神股份从纺织石化行业招聘熟练技术工人，从这些行业的生产线上借鉴摸索工艺路线。设备不行，就重新购置；匹配不合适，就重新调试。

持之以恒的努力终于结出了果实：恒神股份逐步造出了不同规格的碳纤维，并在国家有关部门组织的权威检测中获得认可。

尽管碳纤维取得的成果让钱云宝十分欣喜，但随之而来的资金压力又让钱云宝犯了难。

为了能够继续支持碳纤维的研究，钱云宝不断给恒神股份“供血”。在股市低潮的时候，钱云宝两次低价抛售自己名下的股票几千万股，损失起码在20亿元以上。同时，他持有的“恒宝股份”也由原来的75%的绝对控股降到了20%的相对控股，并全部质押出去。

钱云宝的家人为了支持其“碳纤维梦”也倾其所有。钱云宝夫人胡兆凤在银行签下了“个人连带责任担保”，将丹阳、镇江、上海的住宅房进行抵押。其儿子、儿媳也分别签订了“个人连带责任担保”，将房子抵押出去。

为了碳纤维的研发，钱云宝10年投入了46亿元，但他毫无怨言。钱云宝曾说，“为了国家，为了国防，我要砸这个钱。我的钱取之于民，用之于民，没有什么舍不得。外国人能做出碳纤维，我们中国人也能够做出来。”

三、带领国产碳纤维迈向高峰

2009年，恒神股份终于迎来了曙光，建设了3条千吨级生产线。2011年，产线完成试产，产品合格，设备进行改造升级（图23-14）。2013年，设备全面投产。

图23-14　2011年恒神股份发展成果发布会

正当大家以为可以歇歇脚、喘口气之时，钱云宝又做出了一个重要决定——“参军”。

2014年，恒神股份报名参加了首届军民融合发展高技术成果展，恒神股份以全新碳纤维产业链和产能规模闪亮登场，吸引了多家单位的关注。

2015年5月8日，恒神股份在北京“新三板”挂牌上市。随着开市的锣鼓敲响，钱云宝代表众多的恒神人发出强音：“我们将进一步筑牢资金链，打造最好的国产碳纤维。”

2016年10月，恒神股份参加第二届军民融合发展高技术成果展览，又赢得了广泛关注。

之后，在军民融合的道路上，恒神股份越走越广，并赢得了广阔的市场需求和更加有力的技术支持。据了解，到2022年为止，恒神股份已承担国家和省级科技计划16项，重大装备配套项目14项，参与863计划2项；已获有效授权专利115项，其中发明专利43项。同时，恒神股份还参与1项行业标准制定，2项国家标准制定，获得江苏省高新技术产品6项，国家重点新产品1项。

四、融入陕煤等“国资家庭”

为了国产碳纤维，钱云宝长期带病工作，积劳成疾，于2017年4月12日，不幸病逝。

而后，其子钱京已经接过了他的帅旗，担任恒宝董事长和恒神股份总经理。钱京表示，碳纤维新材料的研发是一代又一代人接力干的伟大事业。自己将继承父亲不屈不挠的精神和未竟的事业，全力以赴率领恒神国产碳纤维产业，带领员工撸起袖子加油干，早日实现父亲制造出国产碳纤新材料的愿望。

碳纤维事业的发展，需要源源不断的资金、资源维持。于是，恒神股份又做出了一个重大决策：融入陕煤集团与丹阳天惠等国资组成的大家庭中。

2018年12月，陕煤集团与恒神股份完成重组协议签订，2019年1月5日，与重组涉及的其他方面（镇江市、丹阳市、悦达集团、天惠投资、恒神股份）又进行了六方合作签约。

陕煤集团表示，重组恒神股份是为了“跳出集团当下较为传统的化工业务布局，跨越到高端、精细化细分领域的重要一步。”恒神股份则发布公告称，募集的15.78亿元，约四成用于偿还金融机构贷款，其余补充流动资金。

五、苦尽甘来终盈利

重组后的恒神股份对内深化改革、提升效能，对外积极扩张、抢占市场，终于在2021年迎来转折。

2021年，恒神股份实现营业收入9.06亿元，同比增长67.11%，净利润1.50亿元，同比扭亏为盈。

对于公司业绩大幅增长，恒神股份表示，一是受益于航空和航天业务市场的稳步增长，高附加值业务比例逐步扩大，销售结构得到进一步优化；二是受新冠肺炎疫情影响国外碳纤维进口减少，导致国内碳纤维供应短缺，民品碳纤维平均价格有所增加；三是报告期内公司通过提高设备和人员生产效率，提升了生产负荷，有效降低了产品平均单位成本，产品盈利能力大幅提升，公司整体毛利率水平增长明显。

2022年以来，尽管受疫情影响，但恒神股份愈挫愈勇，依然实现较大幅度增长，上半年完成营业收入5.05亿元，同比增长24.83%，净利润1.16亿元，同比增长124.73%。

日益优秀的“成绩单”让不少人对恒神股份的未来充满期待：“相信伴随着国产碳纤维的快速发展，以及下游应用领域的不断拓展，恒神股份一定会带给我们更多的惊喜。”

第五节　江苏奥神新材料股份有限公司：创新引领，绿色发展

20世纪60年代，美国杜邦公司研发了芳香族聚酰胺和聚酰亚胺两种高分子材料，将芳香族聚酰胺制成纤维，即芳纶。作为有机高性能纤维的典型代表，一直占据着阻燃耐热、柔性防弹材料的高端市场。而聚酰亚胺，虽然性能极为优异，制备成纤维材料后在阻燃防护、工业绝热、结构及复合材料等方面具有极广的应用前景，但因技术难度大，产业化十分艰难；在相当长一段时间，全球范围内只有赢创Lenzing公司实现了产业化。为了解决这一关键材料的国产化问题，我国在“十二五”期间将其列为战略性新材料，中国科学院、东华大学、北京化工大学等诸多科研院所投入了大量科研力量，试图解决产业化难题。

一、产学研合作，突破聚酰亚胺纤维产业化难题

2009年，江苏奥神集团与东华大学签署合作协议，共同研发聚酰亚胺纤维产业化技术。经过两年多的攻关，研发团队突破了干法纺聚酰亚胺纤维产业化关键技术，研发“反应纺丝”新工艺，成功完成中试研究。2011年，江苏奥神新材料有限责任公司（简称奥神新材）成立，开始了首期产业化线的建设；2013年7月，干法纺聚酰亚胺纤维千吨级生产线开车，成功实现量产（图23-15、图23-16）。

图23-15　江苏奥神新材料有限责任公司

图23-16　聚酰亚胺纤维生产线

2014年，“干法纺聚酰亚胺纤维工程化关键技术及成套设备”通过了中国纺织工业联合会的科技成果鉴定，被专家组一致认定项目技术水平处于国际领先；2015年，“干法纺聚酰亚胺纤维制备关键技术及产业化”项目获“纺织之光”中国纺织工业联合会科学技术进步奖一等奖。2017年，“干法纺聚酰亚胺纤维制备关键技术及产业化”获得了国家科技进步奖二等奖。干法纺聚酰亚胺纤维技术的突破，打破了国外的垄断，实现了我国高性能纤维研发从跟随到自主创新的转变，其产业化有效促进了我国高性能纤维领域的快速发展。2016年12月，二期项目“年产1200吨高速干法纺细旦聚酰亚胺纤维生产线”投产。2022年，“聚酰亚胺纤维的颜色构建及系列产品开发”项目通过了由中国纺织工业联合会的科技成果鉴定，被专家组一致认定项目技术水平处于国际先进水平，并获得2022年度中国纺织工业联合会科技进步奖一等奖。

在此期间，奥神新材多次承担国家重点项目，包括：战略性新兴产业（工业领域）2011中央预算内投资项目“高性能耐热型聚酰亚胺纤维”；国家科技部863计划“高强高模聚酰亚胺纤维制备关键技术之干法纺丝成形工艺技术设备”项目；江苏省科技成果转化项目“高温过滤及特种防护领域用聚酰亚胺高性能纤维研发及产业化”；国家发改委2015年产业振兴和技术改造专项资金项目“年产1200 吨高速干法纺细旦聚酰亚胺纤维”；2019年度江苏省产业前瞻与关键核心技术项目“高强高模聚酰亚胺长丝制备关键技术研发”；2021年度自然灾害防治技术装备工程化攻关专项项目“救火消防员防护装备——聚酰亚胺纤维”。至2022年底，奥神新材聚酰亚胺纤维生产规模达到2200吨/年。

二、差别化产品策略，助力市场推广

面向市场，持续不断的产品创新是制造型企业的核心竞争力。一直以来，奥神新材坚持市场导向，不断研发差别化产品。目前，其已经形成甲纶Suplon®耐热纤维、甲纶Fitlon®可染纤维、甲纶Hyplon®高强纤维三大系列、数十个品种的产品，可满足不同应用领域的需求（图23-17）。

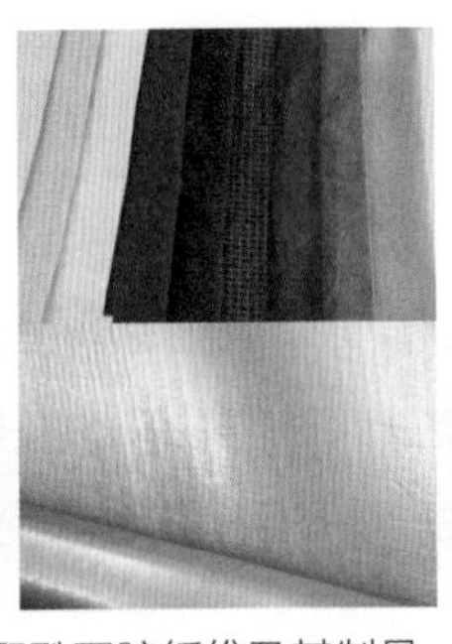
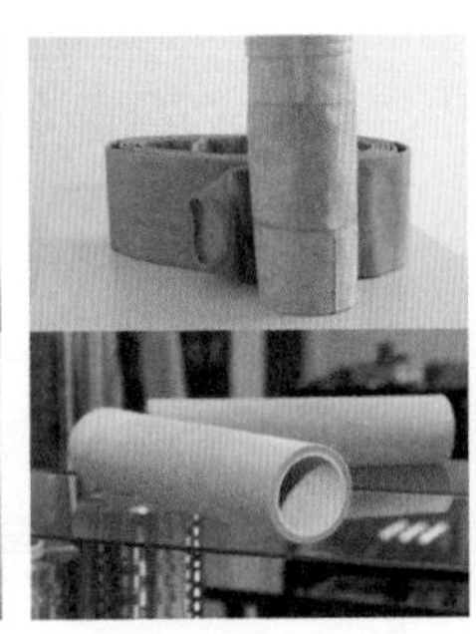

图23-17 聚酰亚胺纤维及其制品

甲纶Suplon®耐热纤维本质不燃，耐化学性能优异，耐温性能好，具有极好的耐候性能，各项性能指标优于进口P84，已广泛用于高温烟气过滤领域。甲纶Suplon®纤维具有远红外功能，有高达99%的抑菌性能和优异的保暖性能，通过了瑞士Oeko-Tex Standard 100认证，具有婴儿级的亲肤特性，可以用作内衣、薄型高保暖服装制作；高温碳化不融滴，烟气量极低且几乎没有毒性。原液着色聚酰亚胺纤维的色牢度达到4～5级，适合制作高档阻燃面料、阻燃防护服装等。

甲纶Fitlon®可染纤维本质不燃，各项指标优于间位芳纶，具有较好的着色性能，匹配其研发的后染技术，可广泛用于服用领域。

甲纶Hyplon®高强纤维具有强度高、模量大、耐候性好的特点，各项指标均达到或优于对位芳纶及进口聚芳酯纤维，尤其具有极为优异的耐紫外性能，在航天、军工及高端装备领域具有十分广阔的应用前景。

三、创新应用，砥砺前行谱新篇

尽管甲纶Suplon®纤维性能优异，但在进入市场初期几乎无人了解，市场推广极为困难，为此，奥神新材成立专门部门，分析市场，依据具体应用场景研发应用产品方案。2014年，完成了高性能针刺、水刺非织造布开发，并成功应用于水泥窑袋除尘系统；2015年，采用甲纶Suplon®耐热纤维制作的阻燃防护抓绒面料成功中标国家森林消防15式灭火战斗服，特战头套被国家武警特勤局选用；2017年，高性能机降救援绳用原液着色纤维定型；2018年，特种橡胶改性用抗烧蚀纤维研发成功，定型用于固体火箭发动机装备；2019年，聚酰亚胺纤维被写进了海军某型防护服标准，甲纶Suplon®纤维消防服面料通过了上海消防所认证；2020年，细旦原液着色聚酰亚胺长丝成功应用于国家重点太空项目；2021年，其面向某装备研发的高强高模型聚酰亚胺纤维及基材成功通过验收。

与此同时，奥神新材十分关注知识产权和标准建设工作。目前，其已经形成了覆盖产品工艺与装备的全套知识产权，拥有专利40项，其中发明专利20项；积极参与标准建设，主导编制《有色聚酰亚胺纤维》（GB/T 39025—2020）国家标准1项，参与编制《聚酰亚胺短纤维》（GB/T 33617—2017）、《聚酰亚胺长丝》（GB/T 35441—2017）、《高强高模聚酰亚胺长丝》（GB/T 39027—2020）国家标准3项，《聚酰亚胺纤维耐热、耐紫外光辐射及耐酸性能试验方法》（FZ/T 50047—2019）和《聚酰亚胺纤维本色纱线》（FZ/T 12070—2021）行业标准2项。

四、节能降耗，扎实推进绿色生产

近年来，以可再生能源和资源为代表的绿色经济成为全球发展的必然趋势。奥神新材在推进聚

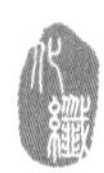

酰亚胺纤维产业化时，非常重视环保和绿色生产，采用的干法纺技术，生产效率高、能耗低，产品品质高、均一性好，溶剂回收率达到95%以上。

2017年，奥神新材开展清洁生产工作，并于2018年通过了连云港市经济和信息化委员会清洁生产审核验收。此外，其还多次荣获中国化学纤维工业协会·绿宇基金"绿色贡献度金钥匙奖"；原液着色聚酰亚胺纤维通过中国化学纤维工业协会、纺织化纤产品开发中心组织的绿色纤维认证。

十年磨一剑。目前，奥神新材已经打造了一支以董事长王士华为核心的特别能战斗的研发团队，形成了系统化、标准化的管理体系及两化深度融合的制造系统，成为中国高性能纤维企业的重要成员，在高性能纤维行业具备了一定的品牌影响力。

未来，奥神新材将继续坚持市场导向，在超耐热、高强中模、中强中模等纤维产品及改性方面继续加大研发力度，并将与后道厂商、终端用户一起加强应用研究，着力打造甲纶Suplon®纤维生态圈，汇集各方资源，引领行业发展。创新产品，创新应用，既要让甲纶Suplon®纤维上天入海，为国之重器助力，也要让甲纶Suplon®纤维走入寻常百姓家，为丰富百姓生活做出贡献。

第六节　吉林化纤集团有限责任公司：丝路远航，铸梦前行

64年不忘初心绘蓝图，64年砥砺奋进踏新程，64年踔厉奋发谱新篇，64年笃行不怠创未来。吉林化纤集团有限责任公司（简称吉林化纤），一个为解决穿衣问题而兴建的化学纤维企业，一个在东北老工业基地深耕着传统制造业的纺织国企，一个延续中国纺织丝绸之路的纤维世家正激情满怀地擘画着企业发展崭新蓝图。一个以吉林化纤为轴心，以全球领先的碳纤维、腈纶、竹纤维、粘胶纤维为底色的美丽画卷正在徐徐展开……

一、建设阶段：难忘艰苦岁月，追忆奋斗征程（1959～1985年）

数十载艰难探索，数十载拼搏创业，在物资贫乏、百废待兴的年代，吉林化纤以奋进之火点亮发展之光，用青春热血照亮公司前进的征程。

1959年12月5日，吉林市人民委员会发出《关于成立吉林市人造纤维厂筹备处的通知》，并正式成立吉林市人造纤维厂筹备处。

1960年9月6日破土动工，1963年8月3日，邓小平来厂视察，并做出"要巩固、要发展、要做新贡献"的指示，激发了全体干部职工创业的热情和激情。

一群人、一条心，一起拼。1964年4月19日，第一束洁白的银丝喷涌而出，经过老一辈吉林化纤人的深耕细作，粘胶短纤维以其品质和信誉荣获国家银质奖章、中国免检产品。公司1981年实现粘胶短纤维产量超万吨、正品率99.50%、一级品率99.18%，并被纺织工业部列为全国化学纤维行业"六厂一市"之列。伴随着1983年7月10日年产2000吨粘胶长丝项目破土动工，公司规模不断扩大。

从建厂初期蹒跚起步，到稳步扩建不断释放产能；从短纤维单一品种向长丝产品和短纤维系列产品的不断拓展。虽历经动荡年代，步履蹒跚，屡遭挫折，却折射出吉林化纤滚滚向前的历史沧桑，

描绘了吉林化纤永不休止的创新舞步。吉林化纤正顺着时间的指针坚定向前，发展的脚步从未停息（图23-18）。

1964年建厂初期

21世纪厂区新貌

图23-18　吉林化纤集团旧貌新颜

二、发展阶段：夯实发展根基，开创成功之路（1986~2002年）

17年风雨如晦、17年坎坷沧桑，在改革攻坚的年代，吉林化纤以“国有企业一定能够搞好”的必胜信念，在优秀带头人付万才董事长的带领下，勇于拼搏，开拓进取，以思想解放破除旧制，以敢闯敢试开创新图，实现了公司发展史上的重大转变（图23-19）。

图23-19　1984年吉林化纤正在建设中的粘胶长丝项目

1986年10月14日，粘胶长丝二期工程开车出丝。1987年10月24日，粘胶长丝三期扩建工程试车出丝，吉林化纤成为拥有年产3000吨粘胶长丝生产能力的公司，企业年利税首次突破1000万元。1988年成功打开了国外市场，签订首个750吨粘胶长丝出口合同；1994年9月，6万吨腈纶项目开始土建施工，项目总投资161940万元，该项目也是国家和吉林省“九五”重点工程之一。随后，公司又相继投产1400吨粘胶长丝改造项目、5600吨/年粘胶长丝项目，到1999年7月26日，公司粘胶长丝产量达2万余吨。

在公司生产经营不断攀升的同时，企业发展也得到了国家、省、市领导的高度关注。1991年4月26日，吉林省化学纤维厂作为全国工业企业唯一代表在北京人民大会堂召开的全国第二次质量工作会议发言，并被确定为国家二级企业；1995年6月24日，时任中共中央总书记、国家主席、中央军委主席江泽民视察公司时说，这个厂搞得不得了。1996年6月22日，时任中共中央政治局常委、书记处书记胡锦涛到公司视察时说，这个企业发展很快，搞得不错。

技术创新是企业进步的不竭动力，吉林化纤顺利通过了法国BVQI公司国际检验局的国际认证，

并成功进入“中国的脊梁”国有企业500强，荣获1995年度全国企业管理优秀企业（金马奖）；1998年11月，公司成功研发出了腈纶丝束系列产品，被吉林省工商行政管理局评为“商标管理先进企业”；“白山牌”产品商标被国家工商行政总局批准认定为“中国驰名商标”。

有耕耘就有收获，耕耘不休、收获不止。吉林化纤人不满足现状，坚持以创新支撑企业发展，以睿智与坚韧助企业向着更高更远的目标，不断开启新的征程。

三、跨越阶段：勇立时代潮头，再创历史辉煌（2002～2013年）

“企业的成功只有不断地创新与发展，唯一持久的竞争优势来自比竞争更快的革新。”2002年，公司实现利税23181万元，同比增长5.4%；利润9567万元，同比增长19.35倍。

在生产经营成果不断攀升的同时，项目建设的脚步从未停止。2002年11月15日，年产4万吨腈纶扩建工程开工建设；2003年11月20日，一辊双丝改造项目全部完成，改造后粘胶长丝生产能力达4500吨/年；2008年12月，公司投资5.5亿元，开始建设“年产5000吨聚丙烯腈基碳纤维原丝”项目。2009年3月19日，碳纤维生产线改造项目一次试车成功，产能由100吨提高到1500吨；2010年8月9日，5000吨/年碳纤维原丝项目正式开工建设；2010年11月10日，竹纤维长丝生产线开车成功，年产能达7000吨，开创了竹纤维长丝生产的历史先河；2011年9月5日，年产5000吨碳纤维原丝项目一次开车成功；2012年2月21日，年产4000吨原液染色腈纶生产线建成投产。

2003年8月2日，时任国务院总理温家宝到吉林视察时说，吉林化纤有基础、有希望、有潜力。在国家领导的殷切希望和关注下，公司取得了一项又一项引以为傲的成绩：2003年第一次在5吨竹浆粕中生产出900千克竹纤维，至此，具有自主知识产权的世界上唯一的真正利用每年可再生的竹资源制造的新型纤维素纤维诞生；2006年，集团公司年产5000吨碳纤维原丝项目总投资5.5亿元，采用自主研发的三元水相悬浮聚合法生产碳纤维原丝聚合物，湿法二步法生产碳纤维原丝，项目共建成一条年产500吨1K、3K碳纤维原丝生产线和三条年产1500吨6K、12K碳纤维原丝生产线，成为最大的碳纤维原丝生产基地之一。该项目也被列为《吉林市规模工业企业技术创新发展规划（2009—2012年）重大科技项目》。

历史的长河奔流不息，发展的脚步永无止境。面对国际化、信息化、市场化的汹涌大潮，吉林化纤科学发展、抢抓机遇，在战胜危机中不断壮大成长，逆势开启吉林化纤突破发展新篇章。

四、突破阶段：用实干谋突破，以奋斗谱华章（2013～2022年）

历经半个世纪洗礼的吉林化纤，不忘初心，牢记使命，在全国优秀企业家宋德武董事长的带领下，接续着“奉献、敬业、负责、创新、自律”的企业精神，传承创新的基因，在波涛汹涌的市场经济洪流中，掀起了再创业的新高潮！

粘胶纤维推进“细旦化、大型化、连续化、匀质化”四化工程，积极搭建营销体系，促进产销融合，CANOPY、FSC、RCS等多项产品认证及检测悉数过关，成功与世界大品牌同台共舞。腈纶推进差别化迭代升级工程，创新研发出再生腈纶，实现了腈纶长丝的工业化生产，完成仿羊绒系列、M系列的持续升级，锌离子抗菌纤维、有色纤维、储能发热纤维等腈纶新品逐步向市场推广。竹纤维持续推进创新联盟升级发展，依托联盟优势，实现了原生态、艾维、竹丽尔等竹纤维二次差别化升级，不断拓展应用领域，从纤维到纱线，从品质到品牌，实现在民用纺织品领域的全覆盖。

碳纤维强力推进一体化延伸工程，以项目带动实现原丝与碳纤维产能裂变式增长，以产销融合实现复合材料与下游紧密结合。公司抢抓战略性新兴产业发展机遇，开启了碳纤维全产业链项目建设新高潮（图23-20、图23-21）。2020年8月18日，1.5万吨碳纤维项目作为吉林化纤20万吨碳纤维全产业链（后期经发展规划增加到40万吨碳纤维全产业链）首个项目正式启动，该项目占地18万平方米，计划总投资24.4亿元，投产后年可实现销售收入17.6亿元，利税2.1亿元。

图23-20　2022年碳纤维项目建成投产

碳纤维原丝生产线

复材拉挤板生产线

图23-21　碳纤维原丝生产线

2021年4月28日，年产15万吨碳纤维原丝项目正式启动。随之600吨高性能碳纤维项目、1.2万吨碳纤维复合材料项目、0.6万吨碳纤维项目、6万吨碳纤维项目、2万吨碳纤维复合材料制品项目陆续开工建设。碳纤维板块产能逐步释放。截至2022年末，公司碳纤维原丝产能达16万吨/年、碳纤维产能达4.9万吨/年，原丝国内市场占有率达到90%。

与此同时，吉林化纤集团实现人造丝产能8万吨/年，占全球的31%；腈纶产能38万吨/年，占全球的32%；竹纤维产能达15万吨/年；是全国保健功能纺织品原料基地和国家差别化腈纶研发生产基地。公司先后荣获全国重合同守信用单位、全国先进基层党组织、全国纺织工业先进集体、全国文明单位、全国企业管理现代化创新成果一等奖等荣誉。

“十四五”期间，吉林化纤将继续加快建设40万吨碳纤维全产业链项目，坚定地向着33万吨原丝、10万吨碳纤维、6.5万吨复合材料规模目标迈进。

百年印记，跨过一甲子。64年的苦心孤诣，64年的初心坚守，果敢、睿智、拼搏的吉林化纤人正以实践纺织强国战略的豪迈，在打造百年强企的逐梦路上，在续写新时代中国纺织的丝绸之路上，继续踔厉奋发，不断勇毅前行，再创新的辉煌！

第七节　长春高琦聚酰亚胺材料有限公司：追求卓越，做聚酰亚胺产业的领跑者

长春高琦聚酰亚胺材料有限公司（简称长春高琦）是一家具备从聚酰亚胺原料合成到最终制品的全路线规模化生产能力的高新技术企业，下辖吉林高琦聚酰亚胺材料有限公司。目前，长春高琦已经开发出一条独具我国特色的高效聚酰亚胺合成路线，对聚酰亚胺材料及相关产品的研究和开发已经形成系列化、产业化，现已成为我国聚酰亚胺研究、开发、生产的重要基地。

“专注于聚酰亚胺材料产业”，这一直是长春高琦的不懈追求。正是在这样追求的引领下，长春高琦紧盯前沿科技，以市场需求为导向，锁定行业技术与产品的“空白点”和国家产业政策与市场现实需求的“结合点”，围绕我国聚酰亚胺材料产业发展中的“难点”，着力提高工程化、产业化能力，为我国高性能材料产业的发展提供技术支撑（图23-22）。

图23-22　长春高琦聚酰亚胺材料有限公司

一、坚守初心，慎终如始

长春高琦前身是1994年成立的中科院长春应用化学研究所特种工程塑料公司，该公司为中科院长春应化所全资子公司。2004年3月，根据中科院对下属研究机构成立的企业进行改制的精神，对原企业中科院长春应用化学研究所特种工程塑料公司进行整体改制，成立长春应化特种工程塑料有限

公司（简称应化特塑）。2008年，深圳市惠程电气股份有限公司（上市公司）为进入新材料领域，对应化特塑进行投资，为公司的发展奠定了雄厚的资金基础，并引入了成熟的管理经验。公司于2009年7月更名为长春高琦聚酰亚胺材料有限公司。

长春高琦依靠自主创新研发，打破了国外对聚酰亚胺技术和产品的封锁与垄断，实现了我国聚酰亚胺纤维产业化的突破。2008 年，在我国聚酰亚胺首席专家丁孟贤为代表的专家团队历时50余年研究聚酰亚胺材料的基础上，高琦开始聚酰亚胺纤维产业化攻关工作，包括纤维关键原料的制备、纺丝液合成制备技术开发、纺丝工艺开发开发，关键设备研制开发等，三年内集成创新了千吨级聚酰亚胺纤维成套技术和装备，工艺技术先进可靠，实现生产运行安全稳定。

作为一家采用湿法纺丝工艺生产聚酰亚胺纤维的企业，在最初没有成熟设备可用的情况下，长春高琦依照小试、中试的试验设备，同时参照其他纤维品种的纺丝设备对聚合釜、烘干机、卷曲机、热处理炉等关键设备进行设计和非标制造。该套生产装置从聚合、纺丝成型到后处理采用柔性制造的原则以满足生产不同品种需要，同时在操作上既能实现手动，又能实现自动以保证纤维质量，具备国际先进水平。

在发展的过程中，长春高琦不断投入资金搭建研发平台，新购置多台（套）先进的测试仪器和实验装备，建有聚酰亚胺材料工程研究中心和企业技术中心并通过省级认定，为企业技术提升和产品开发奠定了坚实的基础。同时，长春高琦建设了一支多学科互补、人才结构合理的研发团队，拥有完善的人才培养和激励机制，研发人数占比达24%，为企业蓬勃发展提供了源源不断的创新动力。此外，其还与多家院校和研究机构建立了专业的联合基地和联合实验室，聘请了多名国内材料领域内的知名学者、研究人员作为企业特聘研究员，开展聚酰亚胺材料基础研究和应用开发；与中科院长春应用化学研究所、中科院宁波材料与工程技术研究所、陕西科技大学等多家单位开展联合技术开发及合作，促进产学研用结合，在聚酰亚胺单体、聚酰亚胺3D打印材料、热塑性聚酰亚胺材料、耐高温聚酰亚胺纸基复合材料等方面取得进展。

二、深耕细作，夯实基础

长春高琦一直瞄准世界的前沿技术，致力于为用户提供应用于苛刻环境下的尖端高分子材料，其技术水平在国内具有领先优势。在服用市场，发挥聚酰亚胺纤维的优异特性——颠覆的保暖性能、原生抑菌驱螨、婴儿级亲肤以及原生远红外功能等，开发聚酰亚胺纤维面料，已经实现了部分产品在民用保暖服装、环卫保暖工装、消防战斗服隔热层等领域的销售；在医用防护市场，为积极应对新冠肺炎疫情，基于聚酰亚胺材料开发铁盾®口罩，不同于传统熔喷布作为过滤层的一次性防护口罩，采用聚酰亚胺纳米气凝胶作为核心过滤层材料，贴口层采用聚酰亚胺织物材料，对细菌、病毒等具有高效的抑、杀及过滤效果，可重复消杀和使用30次以上，为高端新材料的应用提供了新思路。

图23-23 “聚酰亚胺纤维产业化”项目获2013年度中国纺织工业联合会科学技术进步一等奖

长春高琦产品自产业化以来，已获得中国纺织工业联合会科学技术进步奖一等奖（图23-23）、国

家环境保护部环境保护科学技术奖一等奖、中国建筑材料联合会建筑材料科学技术奖二等奖，先后三次获得吉林省标准创新贡献奖二等奖。"轶纶聚酰亚胺纤维"被科技部认定为战略性创新产品及吉林省名牌产品。近年来，公司承担了国家863、国家重点研发计划项目及省市级多项科研项目，相关科研成果已取得中国、美国、日本、欧洲的发明专利，主导、参与聚酰亚胺短纤、长丝产品及检测的国家标准、行业标准以及地方标准起草并发布。

三、成果涌现，市场广阔

近年来公司不断有聚酰亚胺高技术产品投放市场，打破了国外的技术垄断，在我国纺织高新技术领域、环保领域和航空航天关键材料领域产生重要影响，提升了我国特种纤维产业的核心竞争力，对我国特种纤维及相关技术的发展与进步发挥了积极的促进作用。

市场推广至今，长春高琦收获行业广泛认可，凭借轶纶®品牌已成为海螺水泥集团、华润水泥集团收尘过滤系统指定供应商（图23-24）。在特种装备、个体防护领域，结合我国寒地气候环境特点及不同军种官兵作战、执勤及生活的需要，长春高琦"轶纶8121"超保暖、天然抑菌的防护产品，也持续小批量在我国高原高寒地区官兵试装。"十三五"期间，长春高琦紧跟国家政策引导，着力开发适用于高、精、尖苛刻环境下的聚酰亚胺工程塑料产品YGPI®，满足国家关键基础材料国产化、高端装备国产化的需求，产品已成功持续批量应用于我国特种车辆传动密封，航空军、民用飞机关键结构件和卫星太阳能帆板等。

图23-24　2014轶纶®95纤维新闻发布会

秉承"勇于创新、开拓进取、发展不息"的经营理念，长春高琦将继续以打造创新型科技产品为己任，为实现我国高性能聚酰亚胺材料生产制造向高端技术、高端品牌方向发展继续贡献力量，在科技创新推动企业高质量发展的道路上扬帆远航。

第二十四章

生物基纤维企业

第一节　中纺院绿色纤维股份公司：以科技进步和品质服务引领美好生活

中纺院绿色纤维股份公司（简称中纺绿纤）成立于2015年，为通用技术高新材料控股企业，是具有莱赛尔（Lyocell）纤维全自主知识产权、主机设备国产化的莱赛尔纤维制造商，拥有技术和全套装备自主设计制造的单线6万吨新溶剂法纤维素纤维生产线，该技术是中纺院的几代科学家、科研人员的汗水和智慧的结晶，更体现了通用技术人将一个纺织大国建设成为纺织强国的使命担当。砥砺耕耘终结硕果，截至2022年，中纺绿纤莱赛尔纤维总产能达9万吨/年，成为国内、国际产能规模领先的Lyocell纤维生产企业。

一、以初心践行责任担当

绿色、可持续是顺应时代的发展趋势。生物基纤维因原料可再生，相较于石油基原料，减碳效果更明显，大力发展生物基纤维对助力碳达峰碳中和具有非常重要的意义。Lyocell纤维是20世纪90年代发展起来的一种新型的再生纤维素纤维，因其生产过程无污染，所用溶剂无毒性，产品可降解，被誉为“21世纪的绿色环保纤维”。

Lyocell纤维产业化溶解条件苛刻，纺丝难度大，溶剂回收率要求高，装备和控制系统复杂，是对工业实力的综合检验。20世纪40年代，英国、苏联、奥地利等国家纷纷启动Lyocell纤维的研发工作，但实现工业化的只有奥地利兰精公司。

1998年3月，中国纺织总会（现中国纺织工业联合会）集中优势力量，组织了由中国纺织科学研究院、中国纺织大学（现东华大学）和纺织科技开发中心三家合作的科研开发队伍，在中国纺织科学研究院（简称中纺院）建立纺丝试验线，对溶液制备、喷丝组件、凝固成形等问题进行了基础研究（俗称983项目），后该项目因经费等问题被迫中止。2006年，中纺院组建了一支具有专业背景，以产业化为目标的工程化研究队伍，重启Lyocell纤维项目，开发适合NMMO溶剂法纤维素制备所需的系列设备，2008年9月通过了由中国纺织工业协会组织的“绿色（Lyocell）纤维关键设备与工艺的工程化研究”（10吨级/年连续化）小试科技成果鉴定，获得了从溶液制备、纺丝到溶剂回收整套装置的工程化设计参数。2009年，中纺院与新乡化纤合作，开发建成一条千吨级NMMO溶剂法纤维素准工业化试验生产线，并于2012年9月通过了中国纺织工业联合会组织的技术鉴定，标志着国产化的Lyocell纤维连续生产技术和关键核心装备的研发已具备基础，产业化条件基本建立。

二、用革心书写奋斗华章

为保证Lyocell纤维工业化的顺利推进，2015年中纺院与拥有丰富生产运行经验的新乡化纤和设备制造商甘肃蓝科三方组建了中纺绿纤，充分发挥各方生产工艺、生产运营、设备制造的优势，利用中纺院自主研发的成套工程化技术，开启Lyocell纤维产业化研究（图24-1）。2016年12月，1.5万吨全国产化生产线一次试车成功，并于2017年7月达到设计生产能力，产品质量达到了预定的要求，标志着中国自主开发、设计、建设的万吨级Lyocell纤维生产线实现了全产能开车运行，中国具备了自主建设、推广规模化Lyocell纤维生产线的能力，从此拉开了国内Lyocell纤维的快速发展之路。

2018年底，二期年产1.5万吨Lyocell纤维项目开车成功，中纺绿纤形成了年产3万吨Lyocell纤维生产规模，同年“国产化Lyocell纤维产业化成套技术及装备研发”项目获得中国纺织工业联合会科学技术进步奖一等奖。

2020年，为将中纺绿纤打造成具有全球竞争力的国际一流莱赛尔供应商，通用技术集团成立产业平台通用技术高新材料集团有限公司，增资控股中纺绿纤，引领莱赛尔纤维产业发展。

2020年10月，中纺绿纤三期6万吨莱赛尔生产线试车成功，标志着通用技术集团拥有自主知识产权的新溶剂法纤维素纤维技术完成了Lyocell纤维项目的建设（图24–2）。

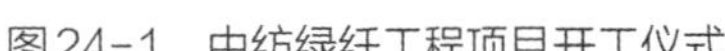
图24-1　中纺绿纤工程项目开工仪式

图24-2　中纺绿纤三期6万吨莱赛尔生产线开车成功

作为通用技术高新材料控股下属企业，中纺绿纤紧密依托中纺院的技术支撑，在Lyocell纤维产业化项目开发过程中，解决了诸多技术难题，攻克了多项共性关键技术，发挥了行业引领作用，促进了国内Lyocell纤维产业的蓬勃健康发展。在浆粕原材料的多元化开发、关键设备的国产化制造、自动化控制及安全监测等方面，创立多种解决方案，培育了国内的一批机械加工企业，为国内投资Lyocell纤维的企业提供设备和技术帮助。

三、用匠心引领创新发展

“逆水行舟用力撑，一篙松劲退千寻。”在中纺院的技术支持下，中纺绿纤充分发挥主观能动性，磨砺出绿纤人“想做事、能做事、敢做事”的工作风格，不断使项目取得重大进展。通过多年的探索，中纺绿纤已实现浆粕多元化，降低浆粕的渠道依赖；溶剂实现高效回收，效率达到99.7%以上；能源消耗大幅下降，综合能耗达到国际领先水平；开发出超短纤、低原纤化、竹纤等差异品种，获得下游客户认可。

图24-3　中纺绿纤莱赛尔纤维生产线

目前，中纺绿纤拥有国内最大单线产能生产线之一，产品质量国内先进，差异化产品基本覆盖Lyocell纤维的下游应用，生产成本国内领先，为企业高速发展打下了坚实基础（图24–3）。

匠心是一种情怀、一种态度、一种责任，中纺绿纤的发展史也是一部绿纤人的奋斗史。目前，Lyocell纤维处于蓬勃的快速发展过程中，技术水平迅速提升、装备能力不断提高、

产品差异化日新月异，产品成本持续下降。下一步，中纺绿纤将继续增强差别化产品研发力度，加速实施纤维差别化，持续推进阻燃Lyocell纤维和Lyocell长丝的开发，不断满足人民对美好生活的追求。

在“十四五”新征程上，中纺绿纤将秉持匠心精神，坚持守正创新，以“科技、绿色、时尚”为发展底色，以只争朝夕的干劲、水滴石穿的韧劲，以新时代新担当、新作为的决心和勇气，坚持做好企业，走可持续发展道路，为纺织强国建设和社会经济发展做出新的贡献。

第二节　苏震生物工程有限公司：创国内一流生物基原材料制造企业

苏州苏震生物工程有限公司（简称苏震生物）成立于2011年，是世界500强盛虹控股集团旗下江苏国望高科纤维有限公司全资子公司，国家高新技术企业，江苏省民营科技企业。公司主要从事生物质差别化纤维PTT及其原料1,3-丙二醇（PDO）的研发、生产、加工与销售。公司先后获得省级智能车间，苏州市智能工厂，化纤行业“十三五”技术创新示范企业等荣誉。

一、构建从1,3-丙二醇生产到聚对苯二甲酸丙二醇酯纺丝的完整产业链

聚对苯二甲酸丙二醇酯（PTT）是一种极具发展前途的高分子材料。在化纤应用领域中，PTT纤维综合了锦纶的柔软性、腈纶的蓬松性、涤纶的抗污性能，以及氨纶的弹性恢复能力。在工程塑料领域，PTT树脂抗撕裂性能好、结晶性能优良，脱模性能好。总体性能优于PET、PBT工程塑料。2009年美国将PTT列为特种高分子材料。由于原料（1,3-丙二醇）（PDO）可通过生物法制备，PTT作为绿色资源可再生聚酯工程塑料及纤维品种，具有广阔的发展前途。PDO、PTT合成技术的开发和产业化对提升我国化纤产业和工程塑料产业整体水平具有重大意义，是近年来化纤及工程塑料行业核心技术的重大突破和创新。长期以来关键原料PDO的工业化生产技术掌握在国外公司的手中，使我国生物基PDO及PTT纤维产业发展缓慢（图24-4）。

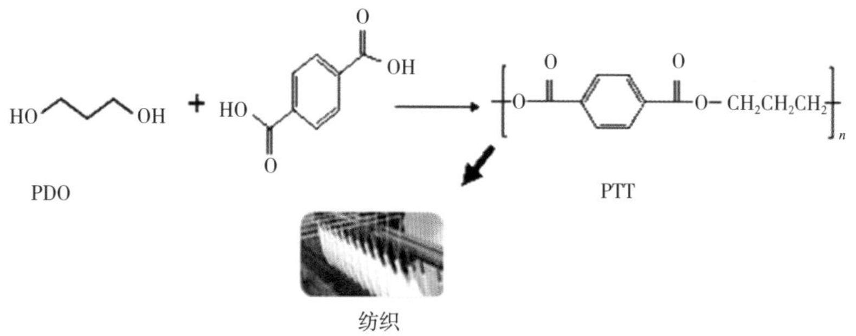

PDO　PTT　纺织

图24-4　PDO反应生成PTT示意图

为突破国外公司技术壁垒，推动我国生物基PDO及PTT纤维产业的发展，苏震生物与清华大学合作，开发了具有自主知识产权的基因工程菌，以生物柴油副产物甘油为底物发酵生产PDO，另外

采用盛虹集团公司自主开发的PTT连续聚合、纺丝技术，构建了从原料PDO生产到PTT聚合、PTT纺丝的完整产业链（图24-5）。

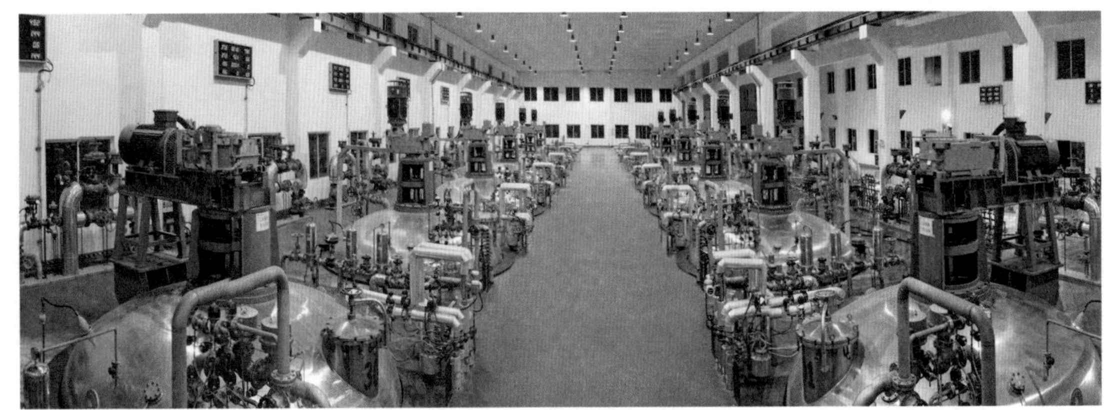

图24-5　PDO发酵车间

自项目筹备以来，总经理张赟组建并带领技术团队，与清华大学紧密合作，确保了项目建成达产，各项技术指标达到预期，产品质量更是超过进口产品质量标准，项目2016年中标国家工业强基工程项目，2019年顺利完成项目验收。

二、持续创新突破技术难题

十年砥砺前行，持续创新实现技术突破是苏震生物立足的根本。在创新模式方面，苏震生物与清华大学等科研院校长期保持紧密合作关系，共建生物基PDO产业化工程技术研究中心，针对PDO产业化过程中遇到的困难，联合清华大学以及下游产业技术人员进行联合科研攻关，充分发挥科研人员、产业化技术人员的协同作用以及PDO及PTT纤维产业链的优势，解决了诸多困扰PDO产业化生产的技术难题。

在创新投入方面，苏震生物聘请清华大学知名教授担任公司技术顾问，引进清华大学研究生负责公司工艺技术改进优化，组建了一支科研能力强、生产经验丰富的研发团队。公司2019年和2020年的研发投入均达到了1200万元，购置了发酵罐、膜过滤实验机、电渗析实验仪、气质联用色谱仪、高效液相色谱仪等研发设备，为新工艺开发提供了良好条件。

高质量的研发投入极大地推动了生物基PDO及PTT产业的发展，使苏震生物的产品质量不断提升，PDO产品纯度达到99.9%，PTT切片和纤维产品质量超过进口产品，PDO生产过程废水排放显著减少，能耗显著降低,PDO综合生产成本显著下降，为PTT纤维的推广和普及创造了有利条件。此外，苏震生物作为第一起草单位制定了中国化纤协会团体标准——纤维用聚合级1,3-丙二醇团体标准；累计申报专利37项，获得授权专利30项，其中PCT专利1项，国内发明专利6项，实用新型专利23项；发表科技论文7篇。

作为盛虹集团的子公司，为推进高性能纤维行业发展、抢占产业技术制高点，苏震生物克服了诸多困难，攻克了多项技术难题，建设了具有我国自主知识产权的生物基PDO及PTT纤维生产装置，突破了国外公司的技术壁垒。未来，苏震生物将秉持坚持做实业、干实事的企业精神，持续加大科研投入，进一步优化生产工艺，降低生产成本，扩大苏震生物PDO及PTT纤维的市场占有率，时机

成熟后继续扩大产能，力争5年内将PDO的产能扩大到5万吨，PTT纤维产能扩大到15万吨；10年内产能再翻一番，做到全球产能最大的生物基PDO及PTT纤维生产商，创国内一流生物基原材料制造企业。

第三节　保定天鹅新型纤维制造有限公司：从粘胶长丝企业走向莱赛尔纤维的领跑者

60多年前，为摆脱人造纤维只能依赖进口的局面，天鹅人义无反顾接受光荣而艰巨的建厂任务；60多年后，为了蓝天绿水和赖以生存的生态环境，天鹅人迈出绿色转型发展的脚步。从2014年自主开车生产出莱赛尔纤维，创出“元丝”品牌，再到2019年顺平退城进园项目第一包莱赛尔纤维下线，保定天鹅新型纤维制造有限公司（简称保定天鹅）由粘胶长丝生产企业成功转型为莱赛尔绿色纤维制造商，2022年产量25524吨（图24-6）。

图24-6　保定天鹅新型纤维制造有限公司

一、有作为：大型粘胶长丝企业的先行者

保定天鹅的前身为国营保定化学纤维联合厂，始建于1957年10月，是我国“一五”计划期间156项重大建设项目之一，全套引进民主德国粘胶长丝生产线（图24-7）。1966年，该厂完成人造丝产量6049吨，达建厂以来最高峰。至此，该厂的初建工程基本结束，进入后续运行阶段。保定化学纤维联合厂是中华人民共和国成立后，为完善工业布局而建设的大型化学纤维联合企业。它的建成不仅为发展我国的化纤工业奠定了基础，而且改变了我国长期依赖进口的状况，同时，对建立我国完整的工业体系，促进社会主义事业的发展，丰富人民的物质生活，都具有重大的意义。

图24-7　保定化纤厂一期工程投产仪式（1960年7月1日）

作为大型粘胶长丝生产企业的先行者，保定天鹅为我国粘胶纤维产业的孕育、发展、壮大做出历史性贡献。60多年来，全方位、多层次狠抓产品质量，确保了原主导产品“天鹅”牌粘胶长丝的内在质量和品牌价值，在国内外市场享有美誉。“天鹅”牌粘胶长丝于1979年荣获国家银质奖章，1980年荣获国家著名商标，2000年被国家工商行政管理局认定为中国驰名商标。2007年，“天鹅”牌粘胶长丝又喜获“中国名牌”荣誉称号，成为同行

业中的佼佼者。保定天鹅坚持实施名牌战略，创驰名商标，努力实现产品开发市场化、开发成果商品化、质量标准化、生产品种多样化，使“天鹅牌”粘胶长丝成为国内外市场享有较高信誉的名牌产品。产品畅销国内20多个省、直辖市、自治区以及香港地区，出口到韩国、日本、土耳其、意大利、印度、巴基斯坦等十几个国家和地区。

二、有担当：开启绿色转型之路

随着技术进步和产业发展，粘胶长丝的环保压力、供需失衡等矛盾日益显现，同时由于京津冀协同发展、雄安新区设立、保定市规划调整变化等因素，产业升级刻不容缓地摆在了天鹅人的面前。

面对突如其来的变局，保定天鹅党委和经营班子深刻认识到，发展是解决一切问题的“金钥匙”，转型是发展的关键。企业已到滚石上山、爬坡过坎的艰难时期，也是加快发展、转型升级的历史机遇期，不进则退，不能辜负广大干部职工对企业的期望。

在统一认识的基础上，保定天鹅决定率先落实新发展理念与“三去一降一补”的任务要求，积极推进供给侧结构性改革，于2015年6月关停了粘胶长丝全部生产线，同时积极培育发展绿色、健康新型纺织材料——莱赛尔纤维。

在转型升级的关键五年中，保定天鹅经历了建厂以来最残酷的严冬，企业到了关停倒闭的边缘。粘胶长丝生产线全部关停，停产损失巨大、5000余名待岗职工需要安置、历史包袱沉重、资金极度短缺，对外融资严重受阻。面对重重困难，天鹅人勇于担当，主动作为：一方面努力做好职工队伍稳定与安置工作；另一方面不忘转型升级的初心，全力推进退城进园项目建设，以实际行动践行企业改革发展。按照战略转型的既定方向，保定天鹅莱赛尔纤维项目建设不断有序推进。

三、有远见：做莱赛尔纤维的领跑者

2014年，保定天鹅通过引进消化吸收、创新优化工艺，关键技术实现突破，1.5万吨莱赛尔纤维生产线自主开车成功且稳定运行，成为率先掌握该技术的企业，打破了国外公司对我国的技术封锁。

2015年，保定天鹅成功推出莱赛尔纤维高端品牌——“元丝”，实现了纤维素纤维“自然再生，品质再造”的绿色升级，开启了我国再生纤维素纤维绿色制造之路。“元丝”的原料来自天然纤维素，生产过程无毒、无污染、低耗能，制成品可以自然降解，不存在二次污染。同时，该纤维产品还具有天然纤维的舒适性与化学纤维的诸多优点，被誉为21世纪的绿色纤维。

图24-8　6万吨溶剂法纤维素纤维退城进园技术改造项目签约

在此基础上，保定天鹅6万吨退城进园项目开工建设。2015年10月，保定天鹅与顺平县签署合作协议，总投资25.57亿元，在河北顺平经济开发区建设年产6万吨溶剂法纤维素纤维退城进园技术改造项目（图24-8）。2017年3月，退城进园项目一期工程破土动工；2019年8月3日B线投料试生产，8月5日产品正式下线；9月18日A线开车投料试生产，至此3万吨/年溶剂法纤维素纤维生产线全线贯通。2019年底，保定天鹅

完成退城进园搬迁工作。

秉承绿色发展理念，聚焦传统产业的绿色转型，依靠60年的积淀，经过天鹅人的努力奋斗，攻克技术难题，保定天鹅终成为一家万吨级产业化生产莱赛尔纤维的企业，开创了我国溶剂法纤维素纤维生产的历史，开启了我国纤维素纤维3.0时代。值得一提的是，其“新溶剂法再生纤维素纤维产业化技术”项目获中国纺织工业联合会科技进步奖一等奖。“莱赛尔纤维产业化技术”获化纤绿色发展贡献奖优秀成果奖；“莱赛尔纤维溶剂回收关键技术开发”获河北省高企协会科技进步奖一等奖；《莱赛尔短纤维》企业标准获河北省企业标准“领跑者”称号。“元丝”品牌获得“绿色纤维”认证，连续7年入选中国纤维流行趋势，荣登2019年度中国孕婴童服饰原料环保实力榜。公司荣获中国化学纤维工业协会“中国化纤新产品研发及推广创新企业”称号、省级制造业单项冠军称号、“中国化纤‘十三五’绿色发展示范企业”称号、2021年度中国纺织工业联合会产品开发贡献奖、2021年度中国化学纤维工业协会标准化先进单位。2022年，公司通过高新技术企业认定、河北省“专精特新”中小企业认定、河北省创新型中小企业认定。

“十四五”期间，我国莱赛尔纤维产业在规模、技术、产品上将会有突破性的发展，差别化功能性产品的开发将成为莱赛尔纤维产品技术发展的重要内容。保定天鹅将充分利用莱赛尔纤维生产技术优势与生产研发设施，开展新品技术的研发，增加产品品种，优化产品结构，拓展莱赛尔纤维的应用，以多元化产品推进其莱赛尔纤维主业高质量发展。

不忘初心，砥砺奋进。站在新起点，今天的天鹅人已经接过老一辈人手中的接力棒，踏上新征程，秉承几代天鹅人艰苦奋斗、无私奉献、开拓进取、勇于创新的“天鹅”精神，攻坚克难，奋力拼搏，不断推动保定天鹅行稳致远。

第四节 安徽丰原集团有限公司：以生物产业助推绿色发展

1994年，以李荣杰为核心的丰原研发团队攻克了玉米发酵柠檬酸专利技术，使柠檬酸产品成本大幅下降，改变了我国柠檬酸行业发展的历史。该项技术先后获得安徽省科技进步奖一等奖及中国发明专利金奖。新技术的应用也使原蚌埠柠檬酸厂的产能发展到22万吨/年，位居全球前列。1999年，安徽丰原集团有限公司（简称丰原集团）成功发起上市公司丰原生化，后又于2000年成功发起上市公司丰原药业。

一直以来，丰原集团深耕于生物化工领域，历经20多年的科技创新与发展，依托两个国家级研发中心——发酵技术国家工程研究中心和国家级医药研发企业技术中心，重点打造淀粉糖、有机酸、氨基酸、维生素系列、原料药、生物材料、生物能源七大类产品。

丰原集团生物可降解材料乳酸、聚乳酸技术实现重大突破，多项技术国际领先，已全面掌握乳酸菌种选育、发酵控制、分离纯化、聚合反应以及聚乳酸下游应用开发（生物布料、生物塑料、生物皮革、生物涂料等）全产业链核心技术和生产管理经验，成为全面掌握聚乳酸生产全产业链的企业，先后承担多项国家及省级科技攻关项目，已获授权发明专利500多项，重大工艺技术发明专利170多项，主持或参与制定国家标准、行业标准60多项。

2019年11月，丰原集团建设的5000吨/年乳酸、3000吨/年聚乳酸全产业链示范线成功投产运行；2020年5月，5万吨/年聚乳酸生产线建成投产，目前10万吨/年聚乳酸产能位居全球前列。预计2023年实现年产40万吨聚乳酸规模，届时将成为全球最大的生物材料聚乳酸供应商。

一、生物技术，促进能源与材料变革

后石油时代是能源与材料的变革，新能源汽车有望逐步替代汽柴油车，生物材料有望逐步替代石油化工材料。发展生物技术，可减少对化石能源、化工材料的依赖，促进化石能源向可再生能源转变，促进化工材料向生物材料转变。

生物可降解材料聚乳酸向下游加工应用可以部分替代传统塑料和石油基化学纤维。聚乳酸纤维俗称玉米纤维，是以农作物或秸秆为原料，经生物发酵技术制取乳酸再聚合得到高分子材料聚乳酸，再通过熔融纺丝等加工工艺所获得。聚乳酸纤维原料来源充分且可再生，与传统的化学纤维和棉等天然纤维相比，其具有抑菌、抗螨、防过敏；难燃、少烟、不回潮；环保、无毒、可降解；保暖、透气、亲肤性好以及抗紫外线等优越性能，被认为是极具发展前景的“绿色纤维”之一（图24-9）。

图24-9　聚乳酸纤维

丰原集团在聚乳酸原料生产技术取得突破后，于2016年7月成立安徽丰原生物纤维股份有限公司（简称丰原生物纤维），主要从事生物新材料——聚乳酸纤维及其制品的研发、生产、推广和销售业务。经过几年的持续研发和不懈努力，丰原生物纤维成功建立了聚乳酸短纤维示范线、聚乳酸长丝示范线、聚乳酸烟用丝束示范线、聚乳酸纺纱示范线，打通了聚乳酸材料在纺织品领域从聚乳酸切片—纤维（短纤维、长丝）—纱线—织造—染色—成衣应用的全产业链（图24-10），掌握了从聚乳酸切片纺丝、纤维纺纱、长丝加弹、纱线织造、布料染整、成衣缝制等全产业链技术，并联合下游纺织企业先后开发了聚乳酸内衣、休闲运动服饰、床上用品、卫材产品以及婴童服饰等系列化产品达到了商品化、市场化条件。目前，丰原生物纤维申请聚乳酸纤维相关发明专利多项，创新开发的“超细旦聚乳酸短纤维制造关键技术”“超低条干不匀聚乳酸长丝制造关键技术”达到国际领先水平，并主持、参与制定了（FZ/T 43057—2021）《聚乳酸丝织物》《T/CTCA 10—2021可水洗聚乳酸纤维/棉复合絮片》等行业、团体标准。此外，近年来丰原生物纤维及相关产品获得众多荣誉和奖项，其中2017年荣获中国循环经济协会科学技术奖一等奖；2018年聚乳酸纤维AB获得安徽省第五届工业设计大赛产品类金奖；2018年聚乳酸产品荣获第三届国际创新创业博览会优秀创新成果奖；“聚乳酸大提花产品四件套”荣获2019世界制造业大会创新产品金奖；2021年丰原生物纤维荣获中国化学纤维工业协会颁发的化纤行业“十三五”技术创新示范企业；2021年度丰原生物纤维“聚乳酸纤维在针织服装产业的应用及关键技术的突破”荣获山东省纺织服装行业

图24-10　聚乳酸短纤维生产线

协会科学技术奖一等奖；丰原生物“聚乳酸纱盖丝针织家居服”产品荣获2022年度十大类纺织创新产品荣誉称号。

二、生物产业，助推绿色经济发展

党的十八大以来，我国生物经济发展取得巨大成就，一批生物产业集群成为引领区域发展的新引擎，生物领域基础研究取得重要原创性突破，创新能力大幅提升。“十四五”时期是我国开启全面建设社会主义现代化国家新征程、向第二个百年奋斗目标进军的第一个五年，也是生物技术加速演进、生命健康需求快速增长、生物产业迅猛发展的重要机遇期，生物经济发展前景广阔。

近年来，丰原集团大力发展生物化工、生物材料产业，除聚乳酸全产业链技术之外，已经掌握了聚乳酸、生物基聚氨酯、生物基碳酸酯三大高分子材料平台（图24–11）。采用生物发酵技术生产的聚乳酸多元醇替代石油基聚酯型或聚醚型多元醇，采用氨基酸生产的生物基异氰酸酯替代石油基芳香族或脂肪族异氰酸酯，实现化学品聚氨酯向生物基聚氨酯转变；利用二氧化碳与生物发酵技术生产的二元醇催化制备生物基碳酸酯，实现创新技术路线开发。

图24-11　丰原产业园

三、非粮生物质利用，助力实现乡村振兴

聚乳酸材料是丰原集团的发展重点，产能已达到10万吨/年，2023年产能将达到40万吨/年。丰原集团已攻克以秸秆纤维素为原料制备聚乳酸副产黄腐酸高效有机肥关键核心技术，2022年建成1.5万吨/年秸秆制糖联产黄腐酸有机肥示范工厂，以农作物秸秆纤维素为原料生产混合糖制备聚乳酸，并创造性地提出在乡镇建立分布式秸秆制糖厂建设思路，改变了几千年来农耕文明产业结构，带动农业经济发展，振兴乡村经济。

依托丰原集团的秸秆制糖技术，以非粮生物质原料加工生物材料和生物能源，替代化石资源，保障粮食安全，助力全球限塑、禁塑需求以及碳中和目标，实现农民增收、乡村振兴，以工业的方式推动农业发展。种出粮食和“绿色油田”，践行“两山”理论，实现绿色发展、可持续发展、生态文明发展。联产的黄腐酸高效有机肥可以全部还田，有利于改善土壤有机质、有利于高标准农田建设、有利于黑土地保护，减少使用化学肥料，大幅减少碳排放，具有良好的环境效益、社会效益和经济效益。

第二十五章 其他细分行业企业

第一节　浙江佳人新材料有限公司：变废为宝，留住“绿水青山”

“我欲因之梦吴越，一夜飞渡镜湖月。”浙江绍兴是一座融合了历史感与现代化的城市。在美丽的镜湖畔，化学法循环再生领域的一颗璀璨新星——浙江佳人新材料有限公司（简称佳人新材料）冉冉升起。

习近平总书记在2005年提出“绿水青山就是金山银山”的理念，这一历久弥新的理念随着时代车轮滚滚前进，彰显出强大的生命力。在这样的历史背景下，佳人新材料勇立潮头、敢为人先、专注主业，向党和国家交出了一份满意的答卷。

一、以创新为驱动，实现三次技术革新

佳人新材料成立于2012年，由中国民营500强企业精工控股集团投资建立，是一家利用涤纶化学法循环技术实现规模量产的生产企业。在化学法再生纤维领域，佳人新材料从零起步，历经9个春秋，逐渐升级为再生纤维行业的领军者之一。其研发的化学法再生循环技术以废旧纺织品为原料，通过彻底的化学分解还原成聚酯原料，重新制成新的具有高品质、多功能、可追溯、不断循环的涤纶（图25-1），符合国家绿色发展理念，在缓解资源和环境的巨大压力等方面体现了显著的社会和经济效益。

图25-1　化学法再生涤纶生产车间

（一）实现从技术理念到落地投产的华丽转身

为谋求转型升级，寻求传统纺织业发展新生，佳人新材料对化学法循环再生技术进行研发，经过不断的技术攻坚，形成可投产的生产工艺路线，具有DMT单体回收率高、纯度高、质量稳定的特点。产品可再次作为原料进行回收利用，真正实现了无限循环再生。生产过程的高精度过滤、精制再聚合等工艺过程确保了再生纤维无害无毒，制成的产品通过了英国和瑞士的健康安全认证，达到了日本、美国纺织品婴幼儿级的健康安全要求，受到国内外市场青睐，在全球范围内打开了化学法再生纤维规模量产的突破口，对整个化纤行业突破发展瓶颈，开启绿色制造之路具有里程碑意义。

（二）实现从单一性到差别化的优化升级

实现投产是佳人新材料进军化纤再生领域的第一步，为进一步打开市场，实现规模量产，其以差别化为目标，以市场需求为导向，全力开发研究各种功能性产品，提升再生纤维附加值，研制出了具有凉感、蓄热、抗菌、吸湿等多种性能的再生纤维，成功研发出循环再生超仿棉、仿麻、仿羊毛、WAVERON（兼有抗紫外、防风防透、耐水等功能）、CALCULO（吸汗速干）、阻燃、中空等异

图25-2 再生涤纶

形、高牢度色丝、阳涤复合等差异化品种，得到了市场的良好反馈（图25-2）。同时已量产的黑色、黄色、红色等有色环保纤维，能够满足客户对多色彩纤维的大量需求。

（三）实现从原料端去除重金属锑的重大突破

近年来，江浙地区不少印染厂由于重金属锑超标排放引发关停潮。实现无锑生产，成为纺织产业的迫切需求。对此，作为纺织产业链的上游企业，佳人新材料通过自主研发，成功研制出无锑再生聚酯切片，实现了从原料端去除重金属锑的重大突破。其采用钛系催化剂，历经一年的优化确保产品品质稳定，生产的长丝级无锑再生聚酯产品品质与锑系催化剂产品无异，保障了从源头解决了纺织品重金属锑超标的问题，成为国内乃至全球领先的生产化学法循环再生无锑聚酯切片的企业。随着该产品在佳人新材料聚酯装置生产线上的全面推广，全球再生聚酯行业将掀起一场新革命。

二、以绿色为核心，破冰三大产业难题

目前，佳人新材料已被认定为国家高新技术企业、浙江省隐形冠军培育企业、浙江省节水型企业，并建立了产、学、研一体的开发机制，如2018年与中国工程院院士蒋士成、2020年与中国工程院院士陈文兴分别成立院士工作站和院士领衔的专家工作站，与东华大学、四川大学、浙江理工大学等高校展开合作，为其科技创新提供技术支撑，以强大的科技动力助推企业振翅翱翔（图25-3）。特别是，其参与的“废旧棉、涤纺织品清洁再生与高值化利用关键技术和工程示范”项目列入2020年度国家重点研发计划“固废资源化”重点专项项目。此外，佳人新材料还利用自身技术优势向社会传播“旧衣是资源”的节能环保理念，打造省级中小学质量教育社会实践基地项目，多次邀请绍兴市多家学校、公益组织参观考察，在更多人心中播撒绿色循环的种子。

图25-3 佳人新材料实验室

（一）打通环保关，破解行业发展与环境保护矛盾

当前国内大部分废旧纺织品被当作日常生活垃圾，通过填埋或焚烧进行简易处理，传统的化纤行业与地球环境保护之间存在着此消彼长的矛盾。佳人新材料在技术研发过程中坚持以绿色环保为核心和发展方向，化学法循环再生技术从源头到末端的设计都遵循了低能耗、低排放、低污染的原则，一方面大幅减少化纤原料对石油资源的消耗，另一方面也有效减少了对环境造成的破坏。

（二）打通成本关，提升品质破解生产成本与企业效益矛盾

再生纤维的生产成本高一直是个世界难题，为此佳人新材料投入数千万元对工艺和设备进行多次技改，不仅使流程缩短1/5，实际产能提高60%，原料到产品的利用率提升20%，还实现了产品成本下降30%。同时，佳人新材料生产的再生纤维很多关键指标（黏度、色相等）控制标准均超过再生纤维国家标准，大幅提高了化学法再生纤维的市场竞争力。凭借高品质的循环再生化学纤维产品，其成功和众多国际品牌展开合作，实现了再生纤维市场的做大做强。

（三）打通源头关，突破上下游错位与产业链壮大的矛盾

佳人新材料不仅与中国化学纤维工业协会合作，积极担当技术研发重任，还纵深推进循环再生纤维产业化体系建设。目前，其已分别与迪卡侬等品牌开展废布回收项目、环保回收项目，同时联合京东、宜家、利乐、保洁等共同加入“万物新生”计划，建立线上线下一体化回收平台，涵盖了再生纤维从源头到末端“循环再生、生生不息”的产业全链条，助推国内消费者更好地了解购买再生纤维制品的价值和意义，有效促进了中国废旧纺织品循环再利用事业的快速发展，为留住纺织化纤行业“绿水青山”贡献力量。

第二节　宁波大发化纤有限公司：创建废旧聚酯再生的中国特色方案

海纳百川，集天地之大成，融入大发，享幸福之天成。宁波大发化纤有限公司（简称大发化纤），1995年起步于慈溪匡堰镇（图25-4），2002年扩展于胜山工业区，2006年立足于长三角黄金节点杭州湾新区，2014年再次腾飞，在中意（宁波）生态园新建高性能聚酯瓶片及低熔点产品生产线，成为其发展新的增长点。经过20多年的不懈努力，大发化纤已发展成为全球最大的再生中空涤纶短纤维生产企业之一，拥有员工1000余人，国际先进的涤纶短纤维生产线12条，年产能达到40万吨，可生产100余种填充用涤纶短纤维产品，畅销国内20多个省、市、自治区，并出口欧洲、美洲和东南亚等地区，广受好评。“大发”牌再生涤纶短纤维被评为中国纤维流行趋势十大品牌、浙江省名牌及出口名牌。

图25-4　大发化纤匡堰厂区

在大发化纤20多年的发展历程中，浓重的社会责任感贯穿始终。在掌舵人杜国强的带领下，其始终坚持“诚信、务实、敬业、创新”的企业精神，以健康的心态创循环经济大业，勇攀行业一个又一个巅峰。

一、瞄准再生资源，打造绿色品牌

大发化纤以资源高值化循环利用、绿色制造和生态环保为发展方向，打造再生化纤行业绿色品牌，是中国化学纤维工业协会首批绿色纤维标志认证企业和浙江省绿色企业。

我国是纺织大国，每年废旧纺织品产生量巨大，但回收利用率不足10%。大发化纤再生产品的主要原料是纺织类企业生产时产生的边角料、废旧纺织品、废旧PET聚酯瓶、化纤类企业生产时废弃的浆块废丝等。这些原料经过聚酯瓶片的分离清洗或聚酯纺织品的摩擦成粒，连续干燥、熔融、过滤、调质调黏等工艺，生产加工成再生涤纶弹性以及复合短纤维。数据表明，PET废料自然降解要超过50年，利用1吨PET废料，相当于节约6吨石油资源，减少加工过程中3.2吨二氧化碳排放，因此，大发化纤将废旧资源转变为再生聚酯的方式是典型的绿色低碳循环实践，对“3060”碳达峰、碳中和目标的实现有很大的促进作用。同时，大发化纤在原料来源广泛、成分复杂、品质差异大的情势下，通过物理化学相结合的方法生产出高品质的再生涤纶弹性以及复合短纤维产品，有力促进了纺织产业链末端废品—原材料（纤维—纤维或瓶片—纤维）的闭合循环，推动了纺织行业绿色循环低碳发展（图25-5）。

图25-5　大发化纤生产区

二、率先制定行业标准，领头建立标准体系

2008年，大发化纤主持起草了再生涤纶行业标准《再生涤纶短纤维》，从根本上改变了行业发展30多年无标可依的尴尬局面，领头建立了再生化纤的国家、行业标准体系，为企业、检测机构、进出口、商业仲裁提供了必要的技术支撑，也为我国再生涤纶行业向标准化方向发展开了个好头。此后，大发化纤坚定走在标准制定的道路上。2014年主持制定了《再生涤纶工业清洁生产评价指标体系》行业标准，2016年主持制定了《循环再利用化学纤维（涤纶）行业绿色采购规范》，2018年主持制定了《聚酯涤纶单位产品能源消耗限额》国家标准和《绿色纤维评价技术要求》，2019年主持制定了《取水定额　第45部分：再生涤纶产品》国家标准等，这些标准有力推动了行业节能节水、清洁生产和绿色发展。

2020年，大发化纤参与《再生涤纶短纤维》标准的外文制定工作，助力再生行业标准制定由中国走向世界，引领全球各国的再生涤纶短纤维行业向标准化迈进。

三、突破绿色瓶颈，提出中国方案

“以科技促转型升级，用创新促绿色发展”是大发化纤一直努力的方向。以宁波再生化纤工程技术中心、纺织行业再生聚酯纤维技术创新中心和余姚大发复合纤维工程（技术）中心为依托，其与

东华大学、浙江理工大学等科研院校共同合作，参与国家“重点基础技术提升和产业化”专项“再生聚酯纤维高效制备技术”项目下“物理化学法再生聚酯纤维高效柔性化制备技术”课题，获国家科技专项资金扶持。并且，大发化纤牵头研发的“废旧聚酯高效再生及纤维制备产业化集成技术”项目荣获国家科技进步奖二等奖。项目紧扣循环经济建设战略需求，聚焦纺织绿色发展瓶颈。围绕废旧聚酯综合利用，另辟蹊径，以均匀化稳定化为核心，集高效前处理、品质调控、染化料和混杂高分子原位利用及专业定制等系统创新，构建“分、调、合、高、洁”一体化再生新体系，创建了废旧聚酯再生的中国特色方案，实现了我国废旧聚酯纺织品高效回收与高值利用，大幅度提升了聚酯再生纤维技术水平，有力支撑了我国全面禁止固体废物进口后的纤维资源再生行业发展，提升了我国纺织循环经济的大国形象与地位。

此外，大发化纤还先后承担了1项国家研发计划、3项国家重点新产品计划、5项国家火炬计划、1项科技部863计划，以及数十个中国纺织工业联合会科技项目和宁波市科技项目。研发的超柔软赛绒复合再生涤纶短纤维、仿生态棕纤维，低熔点再生涤纶短纤维等20多个再生化纤新产品收获省部级、市级等众多奖项。大发化纤也先后被评为全国纺织行业质量奖、“十三五”绿色发展示范企业、“十三五”高质量发展领军企业、宁波市制造业单项冠军等荣誉称号。

点滴细致，敢为人先。大发化纤的成功离不开其特有的企业文化——“大家发文化”“健康文化”“良心文化”，三个文化相辅相成，为企业的发展奠定了坚实的基础，展现出大发员工蓬勃的风貌。未来就在眼前，大发人当不忘初心，聚力有为，以崭新的精神面貌踏上转型升级的新征途，厚植未来发展新优势，以争做百年老店的姿态，创造属于大发发展的新时代。

第三节　湖北博韬合纤有限公司：勇当全国丙纶短纤行业“排头兵”

湖北博韬合纤有限公司（简称博韬合纤）是主要从事丙纶短纤生产加工、营销的大型股份制企业，截至2022年，年产0.7～150旦丙纶短纤80000多吨，可创产值近80000多万元。2012年，中国化学纤维工业协会丙纶专业委员会与博韬合纤合作修订丙纶短纤维产品的行业标准，2014年5月，该标准由国家工业和信息化部正式发布。2014年，博韬合纤被认定为高新技术企业，生产的丙纶短纤维产品被认定为“湖北名牌”产品。2016年，“博韬合纤”商标被评为“湖北省著名商标”。

一直以来，博韬合纤坚持技术创新引领发展，引进新型技术人才，其与武汉纺织大学和徐州师范大学等院校合作研发，产学研成果丰硕。近年来，其致力于打造高端品牌，紧跟市场需求，研发的汽车内饰、高铁土工布用丙纶短纤不断填补国际国内市场缺口。此外，其雄厚的技术力量，严格的质量检测体系和强大的自主研发、生产及营销能力，使其一直处于行业领军地位，产销量名列国内前茅（图25-6、图25-7）。

图25-6 湖北博韬合纤有限公司

图25-7 丙纶生产车间

一、初创艰难，挫折不改初心

从一家名不见经传的小厂发展为现在的大型股份制企业，博韬合纤一步一个脚印走到今天，逐步发展壮大，历经磨砺，为引领丙纶行业的发展做出了自己的贡献。

博韬合纤坐落于湖北省荆门市，区位优势明显。一是这里有中石化这样的大型石化企业，就近购买原材料有保障；二是中部地区汽车工业发展必然会带动汽车内饰材料市场的崛起；三是中部地区物流成本具有优越条件，运输半径很大，运输成本相对较低。

与许多企业家的经历相似，创业之初非常艰难曲折。为了盘活一家倒闭了的国有企业，企业掌门人几乎使出了浑身解数，企业效益一天天好起来，却遭遇到“堵门、拉闸、挨打”等无奈尴尬的事件，但一切困难都随着企业的发展迎刃而解，向着好的方向阔步向前。

二、快速发展，服务大开“绿灯”

2004～2006年，博韬合纤的发展步入正轨，但发展空间不足的问题日益突显。为了扩大生产规模，2007年初，其回购一批大型纺丝设备，政府部门为推动企业良性发展，为企业疏导、挡驾……一路为企业发展提供大力支持，所有问题都得到了很好的解决。

在这个时期，丙纶短纤进入了一个新的领域——汽车内饰市场。汽车行业的发展给博韬合纤带来了巨大的商机。湖北是汽车大省，发展前景更为广阔。以前，丙纶都用来制作色彩缤纷的地毯；现在，博韬合纤开发的新产品可满足汽车内饰这一巨大的市场需求，同时其开发的丙纶短纤土工布，还可满足高速铁路工程建设的需要。面对两大产品供不应求的喜人局面，博韬合纤的生产规模和产能不断扩大。

经过一番快速发展，博韬合纤迎来新的机遇，变成了一个全新的现代化企业，丙纶短纤产品通过质量管理、环境体系认证；产能初具规模，2020年实现产值超50000万元，是湖北省荆门市高新区的“固定资产投资明星企业”和“成长明星企业”。

三、转型发展，进军环保领域

产品档次要提升，要做就做高附加值的产品，要向丙纶短纤下游产品延伸。聚丙烯深加工这条产业链大有文章可做，这是博韬合纤长期以来研究的方向。

从2011年开始，博韬合纤加快了转型升级的步伐——向环保型企业方向发展，向环保产品开发进军。开发环保产品，一是采用来自农产品、能够降解、对环境影响小的原材料，替代一部分化工原料，开发生产一次性使用的饮食用、卫生用、医用非织造布高端产品的替代品，减少产品对环境的影响；二是回收大量废弃塑料制品，按照绿色纤维加工制作工艺生产的丙纶短纤产品，可用于各种非织造布和高档的汽车内饰材料。

看清了发展方向，找准了发展路径，打好了发展基础，博韬合纤以汽车内饰、土工布、卫生材料这三大环保产品的开发为主要目标，自主研发生产加工，补齐了国内多项丙纶短纤短板，走上了新的发展征程。

在发展中创新，在创新中发展。回顾这些年走过的路，博韬合纤的成功有迹可循。一是抓住机遇，果断出手。市场瞬息万变，面对机遇，其用精准、敏锐、独到的眼光，果断地抓住丙纶行业新应用领域伸出的橄榄枝。二是充分发挥丙纶短纤产品发展优势，坚定信念，将产业做大做强。"咬定青山不放松，立根原在破岩中"，长期根植丙纶行业，有汗水、有心血、有辛酸、有辛苦，更重要的是有快乐、有成绩。三是逐步拓展销售渠道，形成稳定的产品销售市场格局。四是完善产业链，打造短纤产品新"航母"。产品多样化、规模化、产业化是博韬合纤长期以来的奋斗目标，把产业链向后延伸，形成良性发展的产业链才是其奋斗的最终目标。

四、抓住机遇，培育"专精特新"

近年来，博韬合纤抓住发展机遇，在丙纶短纤产品成为"隐形冠军科技小巨人"和"专精特新"方面得到了有效培育和发展。在发展过程中，其不断调整产业结构，大力发展超细旦丙纶短纤、低气味中空、轻质GMT板专用丙纶短纤等产品，努力拓展超细旦产品的高端市场，通过部分产品自产自销，逐步形成阶梯式发展格局，产品利润空间和经济效益得到稳固提升。通过加大创新和研发力度，开拓新兴产业，开发各种功能性丙纶短纤维产品，博韬合纤得以持续满足市场需求，不断增强企业竞争力。

作为国内丙纶行业的龙头企业之一，博韬合纤已发展建设成为集生产、营销以及各项功能健全的丙纶产业园区，并不断为化纤行业的发展起到助推作用。

第四节　广东蒙泰高新纤维股份有限公司：厚积薄发，丙纶长丝第一股的成长之路

广东蒙泰高新纤维股份有限公司（简称蒙泰高新）成立于2013年，位于广东省揭阳市，是一家专业从事聚丙烯纤维（丙纶）的研发、生产和销售的高新技术企业，在国内丙纶长丝行业中的产量、市场占有率均名列前茅。虽然丙纶的总产量只占化纤总产量的一小部分，属于化纤小品种，但蒙泰高新始终致力于推动丙纶行业的持续发展，产品在工业滤布、土工布等工业领域以及箱包织带、水管布套、门窗毛条、服装等民用领域应用广泛，逐渐成为丙纶长丝行业的龙头企业之一，见证了中国丙纶行业的发展（图25-8）。

2020年8月，蒙泰高新登陆资本市场，也使丙纶这个化纤小品种正式登上资本市场的舞台，而这一步，蒙泰高新用了27年的时间。得益于资本市场深化改革和创业板注册制，蒙泰高新迎来了新的发展机遇。

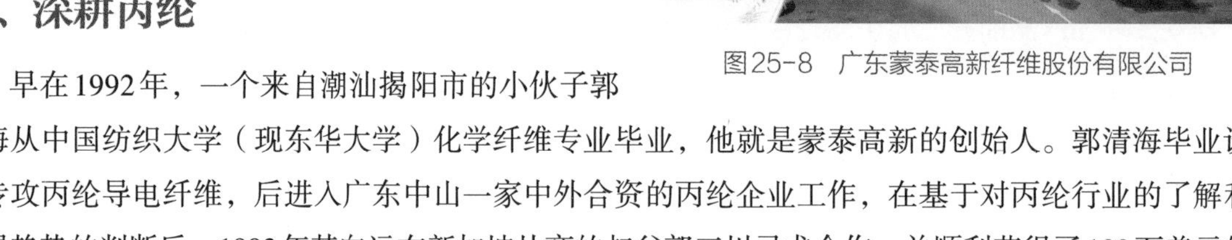

图25-8　广东蒙泰高新纤维股份有限公司

一、深耕丙纶

早在1992年，一个来自潮汕揭阳市的小伙子郭清海从中国纺织大学（现东华大学）化学纤维专业毕业，他就是蒙泰高新的创始人。郭清海毕业设计专攻丙纶导电纤维，后进入广东中山一家中外合资的丙纶企业工作，在基于对丙纶行业的了解和发展趋势的判断后，1993年其向远在新加坡从商的叔父郭三川寻求合作，并顺利获得了100万美元的启动资金，回乡创办了中外合资企业揭阳市粤海化纤有限公司，这便是蒙泰高新的前身。凭借专业的技术背景和专注的经营积累，粤海化纤渐渐在市场上有了自己的一席之地，2013年，其叔父郭三川计划退出国内生意，因此，郭清海于2013年9月成立了广东蒙泰纺织纤维有限公司。

公司设立后，通过承接粤海化纤业务，延续其在聚丙烯纤维领域的工艺技术和丰富经验，业务规模迅速发展壮大。一方面，通过对设备的一步法、色母熔体自动注射、功能母粒自动注入等改造，产品产量不断提升；另一方面，不断推动差别化丙纶长丝的研发和应用，驱动业绩持续增长（图25-9）。

图25-9　丙纶生产车间

在郭清海的带领下，蒙泰高新逐渐形成具有自身特点的技术体系，掌握具有自主知识产权的多项核心技术，并围绕客户需求，开展产学研交流合作，充分调动各方创新资源，提高自身的研发能力和技术水平。其凭借良好的产品研发设计和精良的制造工艺，迅速构建了市场知名度与品牌影响力。目前，蒙泰高新已被认定为国家知识产权示范企业、专精特新小巨人、广东省聚丙烯纤维新材料工程技术研究中心、省级企业技术中心、广东省中小企业创新产业化示范基地、中国化学纤维工业协会新产品研发及推广创新企业等，并与东华大学、广东工业大学、汕头大学等高等院校建立了稳定的产学研合作关系。

二、专注科技

近年来，蒙泰高新在科技创新方面持续投入，收获了一系列创新成果。一方面，不断提升高强低收缩、高强高断裂伸长等差别化丙纶的强度，不断突破粗旦、细旦、超细旦等丙纶的直径极限；另一方面，已开发出具备异形截面、抗菌防霉、夜光、远红外、阻燃、抗静电、抗紫外老化、导电、抗海水老化、感光、感温、相变储能、防伪、光变橘色、夜光大红等特殊功能的丙纶。

在善用丙纶质轻、高强度、耐酸碱、不吸水等固有优势的同时，蒙泰高新不断创造性地赋予丙纶新功能，从而不断开拓丙纶应用新领域、新市场。在功能性纺织品领域，其使用超细旦丙纶、远

红外超细旦丙纶等与其他纤维混纺，可开发出多种功能性面料，应用于速干衣、保健内衣等功能性服装。同时，蒙泰高新也在推进海岛结构复合型聚丙烯纤维的开发并应用于锂电池，其具有海岛结构的PP/PET 复合纤维，经编织和复合之后，可得到具有纳米级微孔的非织造布，可制成高孔隙率、低内阻和高安全性的复合高性能隔膜，对提升锂电池续航能力、寿命和安全性具有重要意义。目前，蒙泰高新在锂电池隔膜新应用领域已取得四项相关专利。此外，蒙泰高新紧随流行趋势，通过颜色配方、结构创意，使丙纶的颜色和光泽度变化层出不穷，不断满足下游创意需求。

三、做大做强

从全球范围来看，丙纶产业主要集中于西欧、中国、美国、日本等国家及地区。全球聚烯烃纤维（主要为丙纶）年产量接近300万吨，且主要应用于工程土工布、过滤布等工业领域，而我国近几年丙纶产量不到年产30万吨，主要应用于箱包织带等民用领域，行业企业呈现出小而散的特征，这使我们与生产与工艺水平与发达国家相比还存在一定的差距。

虽然凭借家族的力量获得第一桶金，但郭清海看到，要想让蒙泰高新走得更加长远，要推动中国丙纶行业做大做强、改变小而散的局面，必须要让公司朝着现代化治理的方向前行，继续依靠家族式经营的模式，管理方式和水平已经面临瓶颈，家族内部的利益分割也会产生不必要的矛盾。2016年，蒙泰高新启动股份制改造，家族成员除持有公司股权外，全部退出公司经营，一方面使家族成员的应有利益可以通过持股体现，另一方面公司的管理也可以变得公开透明，内部控制更加完善。经过四年的筹备和规范，蒙泰高新于2020年8月24日登陆资本市场，按照计划，其拟IPO募资3.89亿元，用于年产2.3万吨聚丙烯纤维扩产项目、研发中心建设项目等方面，扩展和延伸其现有的业务。实际募集资金总额4.82亿元，这不仅体现了投资者对蒙泰高新的认可，也使其拥有了充裕的资金可以扩大生产，使用更加高端的设备，提高产品的生产效率、品质和适用范围，有助于其产品应用到更多领域，更好地服务社会（图25-10）。2022年11月，蒙泰高新成功发行3亿元可转换公司债券，用于年产1万吨BCF和0.5万吨DTY项目，进一步丰富公司产品结构，为蒙泰高新成为一站式丙纶采购供应商奠定坚实基础，两次融资完成后，蒙泰高新的丙纶长丝产能将达到6.8万吨，进一步巩固市场地位和竞争力。

图25-10　蒙泰高新在创业板上市网上路演

作为首批创业板注册制的企业之一，蒙泰高新丙纶长丝领域积累了丰富的技术、生产经验和客户资源，将进一步以核心技术和产品创新研发为基础，逐步扩大产能，优化生产工艺，提高效率。同时，其将凭借现有的品控体系与品牌形象，进一步巩固现有优势，增强产品竞争力。郭清海在上市之际说道："我们深刻感受到体制、机制改革带动的创新、高效和活力，我们更感到任重道远。希望借助资本的力量壮大，从而能在未来比肩国际水准。未来，我们将继续坚持创新、砥砺前行，肩负历史使命，履行社会责任，为丙纶行业，乃至中国化纤工业的行业发展贡献自己的力量。"

第五节　安徽皖维高新材料股份有限公司：引领中国维纶行业高质量发展

安徽皖维集团有限责任公司（简称皖维集团）是安徽省国资委监管的大型国有企业，前身为安徽省维尼纶厂，始建于1969年，是国家“四五”期间投资建设的重点项目。经过50多年的发展，皖维集团已发展成为全国化纤行业科技领军企业之一、中国化纤工业新产品研发及推广创新企业之一，主导产品聚乙烯醇、高强高模聚乙烯醇纤维2021年的产能分别为31万吨、3万吨，市场占有率分别位居国内国际前列。

皖维集团50多年的发展史，是一代代皖维人不忘初心、接续奋斗的艰苦创业史。1985～1992年，在以张开慧为代表的第一代皖维人的带领下，完成了国家在安徽省布局维纶生产线的重大建设任务，并于1986年实现盈利。1992～2008年，在以陈信生为代表的第二代皖维人带领下，开启了轰轰烈烈的“二次创业”，使聚乙烯醇（PVA）年产能从1万吨增加到8万吨；高强高模PVA纤维从无到有，年产能达1.5万吨，并使这两项产品出口量达国内领先，企业实力跻身行业前列。2008年至今，在以吴福胜为代表的第三代皖维人带领下，按下皖维集团发展的加速键，投资蒙维、收购广维，建成目前全球最大煤基PVA生产基地（图25-11）之一、生物基PVA生产基地，发展五大产业链，将PVA应用领域从过去传统纺织业拓展到液晶显示、安全玻璃、高性能纤维、绿色建材等多个新兴产业，极大提升了企业高质量发展水平，将皖维集团发展成为行业的领军企业之一。

图25-11　煤基PVA生产基地

皖维集团近10多年来的快速发展，主要得益于企业坚持新发展理念，围绕主业抓创新、谋发展。具体做法有：

一、在PVA产品功能化开发和产业化方面

“十二五”以来，皖维集团重点实施了三个重点项目：功能型聚乙烯醇研发及产业化项目，广西皖维5万吨/年酒精、10万吨/年醋酸乙烯酯（VAc）、5万吨/年PVA项目，蒙维科技45万吨/年VAc、20万吨/年PVA项目。通过这些项目的实施，建成了年产25万吨聚乙烯醇生产装置，突破了电石乙炔法大型固定床VAc合成技术，大幅提升单台产能和产品质量；开创了生物质聚乙烯醇生产技术；

开发出高黏度、低黏度、低醇解度、低灰分、易溶解等功能型聚乙烯醇系列产品30多个，产品产能国内领先、品种丰富国内。通过项目实施，主持制定国家标准3项，相关技术获省部级科技进步一等奖3项，获授权专利26项，其中发明专利10项。

二、在拓展PVA产业化方面

皖维集团分别于2008年、2015年主持实施了安徽省十大产业技术攻关项目“醋酸甲酯羰基合成醋酐技术开发及产业化”和安徽省科技重大专项“煤制气经醋酸制乙醇技术开发”，解决了PVA生产副产品醋酸甲酯水解能耗高的难题，提供了两种向其高附加值领域发展的新路径，并打通了“醋酸甲酯—乙醇—乙烯—醋酸乙烯—PVA”生产路线，为聚乙烯醇制造提供了一种新路线选择，获2012年度合肥市科学技术一等奖1项，相关技术获授权专利10项，其中发明专利4项。

三、在延伸PVA产业链方面

“十二五”以来，皖维集团实施了国家火炬计划项目“胶片级PVB树脂研发及产业化”、国家重点研发计划子课题“混凝土适用型高强高模PVA短纤制备技术”、安徽省科技攻关项目“聚乙烯醇光学薄膜研发与工业化集成”、安徽省科技重大专项“TFT液晶显示偏光片用聚乙烯醇（PVA）光学膜”和“年产2万吨可再分散性胶粉”共5个重大项目，建成了年产1万吨聚乙烯醇缩丁醛（PVB）树脂、500万平方米PVA光学薄膜、2万吨高强高模PVA纤维、2万吨可再分散性胶粉生产装置（图25-12），实现了胶片级PVB树脂产品生产技术国内领先、PVA纤维生产技术及装置国际先进。产品市场占有率、可再分散性胶粉成套生产技术国内领先，高强高模PVA纤维生产技术，特别是汽车级PVB树脂、PVA光学薄膜卡脖子材料的开发成功，极大提升了安全玻璃、液晶显示等产业链的安全性。相关技术获省部级科技进步奖一等奖2项，获授权专利45项，其中发明专利18项。

图25-12　PVA光学膜薄膜生产车间

四、在节能减排绿色制造方面

“十二五”以来，通过PVA副产物醋酸甲酯深加工制醋酐、乙醇、精甲酯技术及固定床合成技术等的研究与应用，皖维集团实现了PVA生产蒸汽消耗下降40%，并牵头制定国家标准《乙酸乙烯酯单位产品能源消耗限额》（GB 30529—2014）。此外，皖维集团实施电石渣水、粉煤灰渣水、循环水、污水处理场等水系统技术改造项目，实现了渣水、有机废水、中水闭路循环利用，年减少污水排放400万吨以上；实施有机罐区安全改造项目，消除了企业一大安全隐患，提升了企业的本质安全；成功开发出高强度高模量PVA纤维替代石棉，被工信部、环保部、科技部列入《国家鼓励的有毒有害原料（产品）替代品目录》（工信部联节〔2012〕620号），推动PVA产业绿色发展。相关技术获授权专利12项，其中发明专利5项。

图25-13　皖维集团与中国科大组建联合实验室签约仪式

2020年，皖维集团实现营业收入76亿元，利润总额8.25亿元。企业拥有国家级企业技术中心、国家级博士后科研工作站、中国科大—皖维PVA新材料联合实验室等10个研发平台（图25-13），先后承担了国家重点产业结构调整项目、国家重点产业振兴项目、国家重点研发计划项目及多项省市科技攻关项目的建设，获得多项自主创新成果。截至2020年底，皖维集团拥有有效专利172项，其中国内授权发明专利56项、国外授权发明专利1项。近年来，其获得中国专利优秀奖2项、安徽省专利金奖1项、安徽省专利优秀奖2项；省级科学技术一等奖5项、省级科学技术三等奖1项；主持制定国家、行业标准11项；开发国家重点新产品2项、省级新产品15项。

“十四五”时期，皖维集团将以打造世界同行业一流“品质皖维”为目标，瞄准行业技术制高点，持续提升“卡脖子”技术攻关能力，发展新型液晶显示、高性能化工新材料、生物基材料，做强做优做大五大产业链，持续提升企业核心竞争力，积极参与国际竞争，为制造强国建设贡献力量。

第二十六章

化学纤维工程装备企业

第一节　中国昆仑工程有限公司：圆梦绿色发展，创新引领未来

中国昆仑工程有限公司（简称昆仑工程，英文简称CKCEC）创建于1952年，前身为纺织工业部设计院（简称设计院），历经70年奋斗历程，为新中国的纺织和化纤工业发展与进步做出了卓著贡献。2000年划归国务院国资委直接管理，2007年重组进入中国石油集团，2009年重组更名为中国昆仑工程公司，2016年重组改制更名为中国昆仑工程有限公司，2020年8月东北炼化工程有限公司划入。公司发展定位为打造国际一流的环境工程和纺织化纤综合服务商。

作为高新技术国有骨干企业，昆仑工程长期致力于环境工程、芳烃工程、纺织化纤、特色炼油化工等领域的建设、创新与发展，承担各类大中型工程项目4800余项，其中，国外工程100多项，业绩遍及全国及30多个国家和地区，是集咨询、研发、设计、工程总承包及管理、技术服务等多功能于一体的国际工程公司。

一、艰苦创业，茁壮成长

（一）创始维艰，迎来第一个春天

1952年，新中国百业待兴，为迎接建设高潮的到来，纺织工业部决定组建设计院，其业务范围是从事纺织工业建设项目工程勘察和工程设计。从此，中国纺织工业有了自己行业的工程勘察设计单位。

1953年，设计院开始实施第一个五年计划。纺织工业部下达在北京、石家庄、郑州和西安兴建纺织厂的任务，担当此工程设计任务为设计院迎来了第一个春天。在以后的四五年内，设计院新增印染、毛纺织、麻纺织及丝绸等工艺专业，开展印染和毛、麻、丝等建设工程的勘察设计业务。

（二）跨出国门，为国争光

1955年，设计院接受了纺织工业部的援外项目——缅甸直迈棉纺织厂的勘察设计任务。我国援建的工厂用缅甸自产棉花作原料，生产运转正常，产品一投入市场就受到欢迎，当年盈利。

在援助蒙古、越南、柬埔寨、斯里兰卡、阿富汗、阿尔巴尼亚、苏丹、叙利亚、朝鲜、古巴、泰国等国家的纺织项目中，设计院职工满怀国际主义激情，为发展受援国纺织工业无私奉献，赢得了受援国政府和人民的信任。

（三）自力更生，进军化纤领域

国家三年经济困难时期，纺织工业原料不足，纺织工业部决定依靠我国自己的力量，自行设计、制造化纤生产成套设备，在南京、新乡、上海等地建设化纤生产厂。从此，设计院的业务范围进入化纤领域，并逐步成为其主要市场。

设计院承担的第一个化纤项目——南京化纤厂工程勘察设计，也是我国依靠自己的力量建设的化纤工程，该项目作为轻纺工业建设项目的样板向全国推广，这标志着设计院逐渐走上稳健发展道路。

二、逆境搏击，勇挑重担

（一）身处逆境，拼搏不止

在1966年至1971年最惨淡的日子里，设计院仍承担少量援外工程和湖北化纤厂、大庆腈纶厂工程设计及万吨维纶厂通用设计等任务。

湖北化纤厂是年产万吨级粘胶强力帘子布工厂，是“三线建设”项目。该项目在小型样机基础上，放大到年产万吨规模，经对工艺进行改进，帘子线质量达到国际公认的“两超”强力帘子线质量标准。

（二）不畏艰难，为建设化纤基地挑重担

1973年，国家计委批准兴建上海石油化工总厂、辽阳石油化纤总厂、天津石油化工总厂、四川维纶厂四个石油化纤基地，总生产规模为年产涤纶、腈纶、锦纶共35万吨，塑料13万吨。那时，纺织工业部设计院已更名为轻工业部第二设计院，先后承担了三个基地的勘察设计任务。

1975年，轻工业部第二设计院参加了年产4000吨纺丝——后加工成套设备的研制工作，并将其成果用于工程设计中。1977年，辽化涤纶生产线建成和投产，使我国涤纶短纤维生产技术、装备和工程设计水平提高一大截。

三、高速发展，铸就辉煌

（一）深化改革，转换经营机制

1980年，设计院进行企业化取费试点，从此抛开了依靠国家财政拨款的“铁饭碗”。1983年试行技术经济责任制，明确岗位责任。20世纪90年代初，生产处室实行内部超产盈利分成的承包办法，由部分成本核算完善为全成本核算。1995年，实行“自主经营、独立核算”的承包责任制。1997年，实行工效挂钩的经营机制。1999年，设计院交由中央企业工作委员会管理。

（二）确保重点工程，增收创效益

改革开放的政策为我国基本建设行业带来空前繁荣，设计院抓住机遇，深化改革，转换经营机制，开拓进取，确保国家重点工程建设，实现持续超产增效，进入历史最好时期。从20世纪90年代至今承担的主要工程有：仪征化纤工业联合公司一、二、三、四期工程，平顶山锦纶帘子布厂一、二、三、四期工程，辽阳石油化纤公司二期及技改工程、天津石化二期工程、洛阳石油化工总厂化纤工程和抚顺、淄博、秦皇岛、茂名、宁波千法腈纶等国家重点建设项目及北京盈科中心大型民用建筑项目。

1.石油化工

从20世纪60年代开始从事石油化工工程设计，设计院具有丰富的工程设计经验，完成了常减压、催化重整、芳烃抽提、加氢裂化、汽油加氢、苯乙烯、对二甲苯、精对苯二甲酸等百余项大中型项目的工程设计（图26-1）。重庆市蓬威石化有限责任公司年产百万吨级PTA工程是自有技术的

PTA项目，被列为“十一五”期间国家重点示范工程。

图26-1 江苏虹港石化有限公司年产150万吨PTA项目

2.合成材料

设计院在合成材料工程上取得了骄人的业绩，完成了100多项大型聚酯、聚乙烯、聚丙烯、聚苯乙烯、ABS、顺丁橡胶等项目的工程设计与承包，尤其是聚酯装置，在大型化、系列化、柔性化、功能化方面持续保持国际领先地位。2000年至今，采用自主开发专有技术建成的聚酯产能，占国内80%以上市场份额，占同期国外40%以上市场份额（图26-2）。

图26-2 盛虹集团聚酯工程项目集群

3.化纤纺织

从20世纪50年代开始从事化纤纺织工程设计，设计院完成了数百项涤纶、锦纶、腈纶、粘胶纤维、醋酸纤维、氨纶、碳纤维、芳纶等各类化纤项目，以及棉、毛、麻、丝、化纤为原料的各类纺织印染项目的工程设计，遍布全国及世界30多个国家和地区。

4. 环境保护

环境保护工程是设计院的传统优势领域，多年来技术水平和工程能力在同行业一直处于领先地位。公司开发的厌氧—好氧—生物炭流程处理印染废水技术，于1992年获国家科技进步奖二等奖（图26-3）。

图26-3 浙江华联三鑫石化有限公司PTA二期污水处理工程

5. 工程承包

从20世纪80年代开始从事工程承包，设计院提供技术、设计、供货、施工安装、调试、开车、工程管理等服务，完成了精对苯二甲酸、聚酯、聚乙烯、聚丙烯、顺丁橡胶、污水处理、炼化中间罐区及空分空压等百余项大中型项目的工程管理和工程承包。

（三）推进技术进步，科技铸就辉煌

成立70年来，昆仑工程始终积极进行新技术、新设备的开发及应用，成功开发了一批国内领先、国际上具有较强竞争力的专有技术，其中包括百万吨级PTA装置工艺技术和成套装备、大型聚酯装置工艺技术和成套装备、各类功能性聚酯生产技术、顺丁橡胶工艺技术和装备、ABS工艺技术、粘胶短纤维工程系统集成化技术、1-己烯工艺技术、化纤纺织及炼油化工污水处理技术等，已广泛应用于生产实践中，产生了良好的经济效益和社会效益。

2016年，中国昆仑工程有限公司作为中国石油集团工程股份有限公司全资子公司重组改制上市，形成了环境工程、合成材料、芳烃及其衍生物三大主营业务，拥有多项自主知识产权成套工艺及装备技术。公司先后取得专利330余件（其中发明专利140件），获国家科技进步奖7项、国家及省部级各类奖励600余项；主、参编国家及行业标准规范70余项。其中，“年产20万吨聚酯四釜流程工艺和装备研发暨国产化聚酯装置系列化”项目获2006年度国家科技进步奖二等奖，“百万吨级精对苯二甲酸（PTA）装置成套技术开发与应用”项目获2014年度国家科技进步奖二等奖。

四、圆梦绿色发展，创新引领未来

一直以来，昆仑工程以创新驱动促进发展，不断从多方面推动技术成果落地。

一是科学业务布局。公司设立中国石油“芳烃工程技术中心、水资源综合利用中心、挥发性有机物（VOCs）技术支持中心”三大中心，并以此为平台，探索运营管理新模式，开辟高质量发展新路径。

二是强化科研攻关。“十三五”以来，公司承担国家级科研课题3项，牵头中石油重大专项课题2项，在芳烃成套技术、二氧化碳捕集、炼化污水及“三泥”处理等方面取得了突破性进展。

三是实施人才强企。与中科院、天津大学等20多家高等院校和科研院所合作交流，与吉林大学共建院士专家工作站，形成“产、学、研、用”相结合的创新和人才培养模式。

历史的波涛滚滚向前，时代的脚步永不停歇。历经几代人的艰苦创业，从纺织工业部、轻工业部到中央企业工作委员会、国务院国资委，再到中国石油，每一次重组整合，昆仑工程都不忘初心；每一次跨越升级，都牢记使命。未来，昆仑工程将以“打造精品工程，助力能源发展”为己任，不断向国际一流环境工程及纺织化纤综合服务商迈进！

第二节　欧瑞康化纤：与中国化纤工业合作的成功历程

一、创新驱动发展的百年企业

欧瑞康是一家有着100多年历史的高科技装备集团，是全球表面工程、聚合物加工和增材制造的创新中心。集团通过综合的技术解决方案和广泛的服务及先进材料，改善并最大化地提升关键行业领域客户的产品、制造工艺和可持续性。作为一家跨国企业，欧瑞康在全球35个国家拥有170多个分支机构。

100多年来，以欧瑞康巴马格和欧瑞康纽马格品牌提供的纺织设备和系统不断为化纤生产提供创新支撑。在全球各地化纤企业的工厂里，都可以看到“欧瑞康制造”的高科技、高质量设备。

二、跨越半个世纪，深耕中国化纤行业

自20世纪60年代起，中国已逐步成长为世界领先的纺织大国，是全球最重要的纺机市场。中国市场记录下了欧瑞康很多重要发展时刻。

欧瑞康巴马格与中国市场的共同发展也由此开始。当时，一位公司代表随欧洲行业代表团对中国进行了为期五周的访问，并与中国政府代表进行了接洽，这促成了巴马格于1965年将锦纶纺丝机通过国际工程公司交付到山西化纤研究所。自此，欧瑞康巴马格便伴随着中国化纤业的发展一路前行，在此后近60年的发展中，不仅成就了巴马格市场的大幅拓展，也更好地推动了自身装备技术的持续发展。

1978年，巴马格涤纶POY高速纺丝机交付给北京涤纶实验厂。纺丝速度由UDY/MOY的几百米/分提高到3000～3300米/分，大幅提高了POY纺丝质量和生产效率。

几十年来，许多化纤行业重要的、面向未来的创新技术都来自巴马格。例如，用于POY和FDY的紧凑型卷绕机WINGS是长丝生产中一系列革命性创新中的典型案例（图26-4）。以WINGS POY为

例，该技术可以降低单位能耗20%以上、减少用工、提高产品质量从而显著降低生产成本。2009年，欧瑞康巴马格WINGS POY生产线在浙江桐昆投入运行。此后，几乎所有的中国化纤企业，如恒力、恒逸、盛虹、新凤鸣、百宏等都使用了欧瑞康巴马格先进的WINGS技术。2010年，WINGS FDY解决方案的推出，也使欧瑞康巴马格成为这一技术领域的领军企业。

纽马格技术和市场发展同样很好地融入了中国化纤产业的发展之中。1982年，纽马格新型聚酯短纤维生产线产能达日产150吨，两丝束设计，每条丝束1500000旦（图26-5）。这一产品技术开启了中国化纤新的时代。1995年，纽马格推出新型短纤维卷曲机，宽度达到460毫米，由此，150吨的日产能只需一台卷曲机即可。2002年，首台日产超200吨的短纤维系统投入运行。欧瑞康纽马格自此进入了注重生产力和生产效率的全新时代，并于2010年，推出日产能达300吨的短纤维系统，开启了该技术领域新的发展阶段。这个新开发的更高性能纺丝系统提供了一种新的解决方案：牵伸单元（拉力280千牛，长度2400毫米、直径650毫米的导丝辊）和680毫米宽的卷曲机。2011年，由外而内的外环吹单元取代了由内而外的内环吹单元，提高了棉型纤维的质量和能源效率。

图26-4　欧瑞康巴马格FDY生产线

图26-5　欧瑞康纽马格一步法短纤生产线

三、坚信中国未来，与中国化纤行业携手前行

在中国市场近60年的发展，欧瑞康始终以技术创新驱动发展，产品技术、装备工艺不断迭代升级，在为中国化纤行业发展壮大带来了新机会和新优势的同时，也收获了自身的壮大与发展。

自20世纪70年代开始，巴马格就开始了公司在远东和中国的国际化布局。1973年，巴马格远东公司成立；1984年开始与上海第二纺织机械厂、无锡宏源纺织机械厂开始了技贸合作，生产涤纶POY纺丝机和加弹机（图26-6）；1985年，巴马格技术服务部在北京成立，1986年，巴马格北京办事处成立；1995年、1996年成立合资公司进一步发展业务；1999年，巴马格纺织机械（苏州）有限公司在苏州工业园区成立。此后，公司的中国本土化战略加快推进，陆续整合成立了欧瑞康纺织技术（北京）有限公司、欧瑞康纺织机械（无锡）有限公司和欧瑞康（中国）科技有限公司。2015年，与中国合作伙伴合资

图26-6　欧瑞康巴马格eFK加弹机

成立欧瑞康巴马格惠通（扬州）工程有限公司；2018年，为加大在中国的研发投入和聚焦中国市场，欧瑞康加弹机全球研发中心在苏州落成并投入运行。

如今的欧瑞康（北京）在过去的37年里从7名员工发展到今天的近300人，业务范围从零配件销售和部分安装服务发展到成为工程服务解决方案提供商，公司年销售额已超10亿元人民币。欧瑞康巴马格惠通（扬州）工程有限公司从2015年成立以来发展迅速，员工人数从31人增加到112人，目前，公司销售额已近6亿元人民币/年。

目前，欧瑞康在中国拥有约2300名员工，在中国25个地方设有公司高效的营销和服务机构，其中最大的生产和服务基地位于苏州、北京、上海、无锡、杭州和扬州。

在中国近60年的发展过程中，欧瑞康与中国的许多企业都建立了牢固和彼此信任的联系。中国是欧瑞康集团充满活力的市场，正如欧瑞康聚合物加工解决方案板块首席执行官、欧瑞康集团执行委员会成员兼首席可持续发展官乔治·斯图亚特贝格（George Stausberg）所说："中国有我们最重要的客户，作为技术先锋，我们将继续坚定地支持他们，以实现共同的发展和持久的共赢。"

欧瑞康坚信，随着中国经济的持续发展，中国仍将是一个最具吸引力的市场。虽然目前中国市场面临着挑战，基于欧瑞康百余年的历史经验，公司将继续在中国进行投资，并将以欧瑞康最具创新和最先进的技术服务于中国企业，满足其在提高效率、产品轻量化、更耐用和环保等方面的需求，持续实现与中国客户、市场和行业共同发展与共赢的战略目标。

第三节　北京中丽制机工程技术有限公司：国产化纤装备的先行者

1949年初，物资匮乏，自1953年开始，国家凭布票限量供应棉布。进入20世纪70年代，为了解决人们的衣被问题，国家开始大力发展化纤产业，于是，在1970年11月，在纺织工业部研究院棉纺试验厂的基础上建设了北京化纤机械厂，这就是北京中丽制机工程技术有限公司（简称北京中丽）的前身，北京中丽为国计民生，应运而生。

一、岁月更迭，传承使命

50多年来岁月更迭，沧桑巨变，北京中丽也几经变迁，先后更名为北京化纤机械厂、中国纺织科学研究院机械厂、北京中丽制机化纤工程技术有限公司、北京中丽制机工程技术有限公司，但是企业的主业始终未变，从早期的专件、部件生产厂到现在的化纤成套高端装备制造和工程技术服务的国际化公司，北京中丽始终深耕于化纤装备制造领域，传承使命。

20世纪90年代中末期，纺织行业经济环境、技术条件、产业政策都发生了巨大变化。1995年，北京中丽也开始了自我革命、企业变革、技术进步。当时恰逢建厂25周年，公司与日本东丽合资设立了中日合资北京中丽化纤机械有限公司，日本先进企业管理理念，尤其是质量管理对公司日后的发展产生了推动作用。1995年，中国纺织科学研究院（简称中纺院）在资源整合时将国家合成纤维工程技术研究中心这块金字招牌、国家级技术中心落户北京中丽。于是公司由常规纺设备制造转变到高速纺设备研制，由单纯化纤装备制造企业转型为化纤装备制造的工程化公司，为用户提供交钥

匙工程。卷绕机是高速纺的关键设备，北京中丽经过坚持不懈的艰苦攻关，攻克了关键核心技术和关键零件制造，掌握了高速卷绕机机电联调技术和高速纺丝工艺，打破国外技术垄断，1998年成功推出了国产BW435，1999年推出了BW635、BW1235，一大批高速半自动卷绕设备大放异彩。随后BWA860、BWA1260、BWA40Ⅱ等一大批BWA系列全自动卷绕头几乎媲美进口品牌。纺丝速度由20世纪80年代末90年代初的1000米/分升级到3000米/分，4000米/分，甚至5000米/分，纺丝卷绕向高速、多头、大卷重方向发展，纺丝效率和单位面积产量大大提升，卷绕锭长由90年代初期的200毫米增加到600毫米、900毫米、1200毫米、1500毫米、1680毫米，直到现在的1800毫米。北京中丽自主研发成功BWA系列全自动换筒卷绕头，打破了国际垄断，达到世界先进水平，标志着我国化纤工业自主开发能力和国产化纤机械设备水平又达到一个新的水平（图26-7）。

1800毫米卷绕头

BW635卷绕头

双胞胎卷绕头

图26-7　北京中丽研发的国产卷绕头

二、砥砺前行，领跑纺机业

2005年11月20日，北京中丽“化纤长丝纺丝机机电一体化关键装置”荣获2005年度国家科学技术进步奖二等奖，央视新闻对此进行了报道。

聚酯装备国产化，化纤高速纺产业化，打破了国外技术垄断，使聚酯涤纶行业万吨单位投资由“八五”“九五”期间的8500万元降低到1300万元，降幅高达85%，促进了化纤行业的快速发展（图26-8、图26-9）。

2012年，《科技日报》全国两会特刊发文以《中丽制机：中国纺机业的领跑者》为题报道了北京中丽。2005年，公司基本利用自有资金成功建设了百亩规模的新厂，2006年顺利实现搬迁，2012年企业营收达到14亿元，累计有效合同近60亿元，达到历史新高。

在国内市场取得成功的基础上，北京中丽积极实施“走出去”战略，积极拓展国际市场。东南

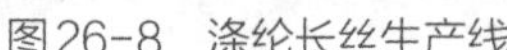
图26-8　涤纶长丝生产线

图26-9　复合纺纺丝生产线

亚是仅次于中国的主要化纤市场，公司将印度、叙利亚、伊朗等国家作为目标市场，并在印度取得成功，国外市场占到20%。

为了开拓印度市场，2008年北京中丽创办印度办事处，为客户提供设备维修、人员培训服务，解决用户在设备使用过程中遇到的实际问题，消除用户后顾之忧。

“哪里有化纤，哪里就有中丽人的身影”，国内国际两个市场遍地开花。2010年前后北京中丽化纤装备国内市场占有率高达50%以上，占世界第二大化纤市场印度的30%，在伊朗市场达到70%。

三、与时俱进，合纤绿纤齐发展

进入新时代，绿色纤维方兴未艾。北京中丽作为主要研制单位，参与了中纺院和中纺绿纤“Lyocell纤维产业化成套技术的研究开发”项目的小试、中试直至万吨级生产线建设。

自2017年开始，北京中丽独立承担了绿纤项目产业化工作，开始了EPC工程总包和关键设备研制工作。

2017年7月17日，拥有自主知识产权、全套设备国产化的1.5万吨新溶剂法纤维素纤维产业化项目实现全线开车达产。同年8月29日，项目通过鉴定，荣获“纺织之光”2018年度中国纺织工业联合会科学技术奖一等奖。目前已建成9万吨产能生产线。

值得一提的是，北京中丽与中纺院、宁波大发、东华大学等单位联合利用废旧聚酯再生技术生产绿色纤维也取得了成效，率先攻克了废旧聚酯纤维制品再生成本与品质难兼顾的产业难题，制备的废纺再生纤维性能达原生级别，可媲美国际废旧聚酯回收再生方案。项目荣获2018年度国家科技进步奖二等奖。

近年来，北京中丽实施双主业战略，公司业务范围涵盖了涤纶、丙纶、锦纶等合成纤维和Lyocell绿色纤维的装备制造和工程服务，现为国家高新技术企业，具有国家建设部颁发的甲级工程设计资质，拥有国家科技部认定国家合成纤维工程技术研发中心，与东华大学合办博士后工作站，是中国纺织工业联合会评定的“纺织行业智能制造系统解决方案优秀集成商”、纺织行业熔纺成套装备制造技术重点实验室。先后获评国家科技进步奖二等奖、中国化纤行业“十一五”技术突破奖、“改革开放三十年推动中国纺织产业升级重大技术进步”企业、中国纺织十大品牌、中央企业先进集体、全国五一劳动奖状、中央企业抗击新冠肺炎疫情先进集体和先进基层党组织、全国文明单位、国家级专精特新“小巨人”企业等荣誉称号。

50多年在化纤装备制造领域深耕不辍，北京中丽已成为国际化纤行业机械研发、制造和工程技术服务的龙头企业。

四、智能制造，迎头赶上

近年来，北京中丽积极推进智能化纤装备的研制，为客户提供智能制造解决方案。《化纤长丝全流程自动生产装备和数字化生产管理系统》《高速卷绕机智能运维系统》《丝饼外观缺陷智能检测系统》，实现化纤生产全流程的自动生头、自动落丝、丝饼外观自动检测、自动包装、组件自动装夹、卷绕机故障诊断与预测性维护以及设备管理、生产信息管理的信息化和智能化，提高了生产效率，降低了人工成本。

2019年9月，北京中丽制机工程技术有限公司被中国纺织工业联合会评为2019年纺织行业智能制造系统解决方案优秀集成商。公司智能制造方案已在用户现场得到大量使用。

除此之外，公司还在积极推动自身智能制造水平，重点打造小型数控智能制造加工区，实现了工件自动装夹，立体库和自动物流、MES系统等运用为公司精细化管理、智能化发展奠定了数字化的基础。

五、抗疫保供，践行初心使命

2020年初，新冠肺炎疫情突然暴发，北京中丽在通用技术集团领导下，落实习近平总书记重要指示、党中央和国务院部署。自1月27日起，公司紧急转产。北京中丽先是为中纺新材料防护服面料稳产、增产提供关键设备，使产能扩大了20倍。2月7日，按照国资委、工信部部署和集团要求，火力开启了防护服压条机、全自动平面口罩机、医用N95立体口罩机、熔喷非织造布生产线的研制生产，在随后的100天里，生产销售医用防护服压条机发往用户104台，医用平面口罩机68台，其中出口9台，立体口罩机10台，熔喷非织造布设备7台套，公司成为工信部首批疫情防控重点保障企业。

3月12日，国务院、国资委领导调研时，赞誉企业在关键时刻“冲得上、顶得住、能打胜仗”。

站在新的起点上，北京中丽将以习近平新时代中国特色社会主义思想为指导，贯彻落实党的二十大精神，对标世界一流，在中国化纤强国的发展道路上，树立行业标杆，打造百年品牌，书写新的辉煌！

第四节　北京三联虹普新合纤技术服务股份有限公司：专注工程技术服务，助力行业发展

北京三联虹普新合纤技术服务股份有限公司（简称三联虹普）是国际先进的聚合物生产工艺技术提供商之一，在合成纤维、塑料、膜等合成高分子材料领域拥有完善的研发体系及工程化成果转化实力，不断为客户的创新需求提供专业定制化系统集成服务，涵盖从方案咨询、研发设计、生产制造、施工管理、集成应用到运营管理的全周期系统集成解决方案。此外，三联虹普率先整合新一

代信息通信技术与人工智能技术，将工业互联网“端—边—云”协同计算模式有机融入核心装备及产线控制系统，形成基于工业互联网的“化纤工业智能体解决方案V1.0”，助力行业智能化升级。

一、初创阶段

1993年，一家按国际标准建立的专业化纤工程公司——北京三联纺织化纤新技术集团公司由三家国资企业联合创建；1995年，该公司开始与世界著名的聚合物工程技术公司——德国吉玛公司合资，设立了北京吉玛三联纺织化工工程有限公司（简称吉玛三联），刘迪（现任三联虹普董事长）任合资公司董事，主管中国区销售；1999年，该公司协议解体。

吉玛三联解体后，刘迪于1999年创立了三联虹普，业务定位为专业工程技术服务。彼时，国内的专业工程技术服务基本空白，但在国外成熟工业体系中已经成为一种典型的商业模式。该模式着力提供成熟先进的技术，通过专有技术、专利技术结合工艺设计、核心装备、项目管理、装置开车工程经验，为客户提供最符合成本效益的EPC工程解决方案。工程技术公司擅长工艺技术的规模化、产业化放大，结合先进的机理计算模型及非标核心装备设计经验形成技术工艺包，从而掌握行业关键工艺诀窍，享有不可替代的技术引领地位，是产业升级的推进者。

以刘迪为代表的三联虹普核心团队，均来自吉玛三联，主要技术骨干在该公司工作多年，并参与吉玛三联在仪征化纤、天津石化等大型涤纶熔体直纺工程项目的全部工程建设。在参与这些工程实施的过程中，核心团队人员的工艺思维方式、工艺模拟开发能力及工程管理模式逐渐形成。

二、积累阶段

2000年，以中国工程院院士蒋士成为首的科技团队研制的国产化大容量聚酯装置成功开车投产，开启了我国聚酯行业的爆发式发展模式。而当时聚酰胺聚合和锦纶纺丝工程的关键技术及装备仍掌握在欧美及日本等国外工程公司手中，国内的聚酰胺聚合及纺丝生产线均需成套引进技术和装备，单线产能低（聚合单线5000吨/年，纺丝4头纺、6头纺），投资成本高。由于投资门槛高，基本上都是国有企业投资建设，因此我国聚酰胺行业整体发展缓慢，2000年的锦纶总产量仅有37万吨。

涤纶的发展是锦纶的一面镜子，三联虹普成立后，刘迪带领团队致力于锦纶行业技术及装备国产化研究，并迅速将国外的高速卷绕头生产技术与纺丝技术进行嫁接，嫁接锦纶纺丝装置于2000年开车成功。与成套引进相比，嫁接模式大幅降低了单位投资，并且在技术及产品质量上完全达到国际水平。随着投资门槛的大幅降低，大量民营企业进入锦纶行业，锦纶纺丝得到了一轮高速发展。

在此期间，三联虹普一直走在行业前端，不断研发并引领锦纶纺丝技术的革新与发展，在国内开创了一系列锦纶纺丝整体技术解决方案，大幅提升了行业整体技术水平及产品品质，进一步促进了锦纶纺丝的高速发展，主要包括：

（1）8丝饼、10丝饼、12丝饼、16丝饼、24丝饼锦纶6-POY、FDY、HOY（半消光、全消光）纤维生产工艺技术及装备。

（2）20旦以下多孔细旦锦纶6-POY、FDY（半消光、全消光）纤维生产工艺技术及装备。

（3）10旦以下超细旦锦纶66-POY、FDY（半消光、全消光）纤维生产工艺技术及装备。

（4）高档皮革用锦纶6与PET复合超细短纤维生产工艺技术及装备。

（5）高速纺一步法锦纶6-FDY单丝生产工艺技术及装备。

（6）煤基己内酰胺高性能锦纶短纤维生产工艺技术及装备。

然而，纺丝原料聚酰胺切片仍长期依赖进口。三联虹普通过与国外合作、消化吸收、再创新，突破了国产化聚酰胺6大容量聚合技术，降低了单位投资成本及物耗能耗，产品质量达到国际先进水平，打破了聚酰胺切片长期依赖进口的局面，为我国聚酰胺行业的发展注入新的动力。正因如此，“大容量聚酰胺6聚合及锦纶6纤维生产关键技术及装备”项目形成了数十项知识产权成果，并获得了2011年度中国纺织工业联合会“纺织之光”科学技术奖一等奖及2012年度国家科技进步奖二等奖（图26-10）。

图26-10 “大容量聚酰胺6聚合及锦纶6纤维生产关键技术及装备”项目获2012年度国家科技进步奖二等奖

在技术创新的道路上，三联虹普从未停歇，不断研发出多项具有自主知识产权的聚酰胺聚合及纺丝成套工艺及装备技术，大幅提升了我国聚酰胺行业的整体技术水平和国际竞争力，为我国聚酰胺行业的科技创新及产业升级贡献了企业智慧。凭借高质量装备与工艺技术深度融合为特征的专有技术，三联虹普与行业龙头企业保持长期合作，在高端锦纶聚合和纺丝领域的市场占有率不断提升。截至2022年12月，其已完成聚合195万吨/年，在建28万吨/年；纺丝16000+纺位，250万～280万吨/年。目前，三联虹普拥有包括国内外发明专利在内的知识产权共计258项，获得国家级、省部级科技奖多项，是国家“火炬计划”重点高新技术企业、国家先进功能纤维创新中心发起单位、国家合成纤维新材料技术服务基地。

三、腾飞阶段

2014年，三联虹普在深圳证券交易所创业板上市，是一家以聚酰胺行业工程技术服务为主业的上市公司（图26-11）。上市后，其借助资本市场力量，通过外生和内延相结合的方式，迅速实现高速发展，逐步形成“新材料及合成材料”“再生材料及可降解材料”和“工业AI集成应用”三大板块齐头并进的发展战略。

图26-11 三联虹普在深圳证券交易所创业板上市

（一）立足聚酰胺，拓展其他新材料技术领域

三联虹普是聚酰胺行业的工艺技术引领者之一，具备全面的自主知识产权核心竞争力，已形成己内酰胺—聚合—纺丝全产业链一体化工程服务体系，能够贴合用户的个性化、高品质需求，提供更为精准的系统解决方案。除聚酰胺以外，三联虹普还拓展了全新的合成材料技术服务领域，并斩获里程碑项目订单，在聚碳酸酯（PC）及聚酰胺66（PA66）等领域，实现国际先进水平的自主技术

在国内应用落地。同时，其长期关注高性能新材料的应用发展方向，储备了一批工程化工艺技术方案，根据市场情况适时推出，不断拓展新材料技术领域。

凭借引领国内成纤聚合物工艺技术发展的专业研发能力，以及20余年工程实施经验积累的关键物性数据，三联虹普在生物质高分子材料领域也取得了重大工艺技术突破，形成了具备国际竞争力的国产化大容量高效Lyocell纤维生产工艺技术，并于2019年成功落地国内单线年产4万吨的Lyocell纤维项目。未来，其将利用专业的研发能力及丰富工程经验，持续优化工艺，提升装备国产化率，降低投资成本，提升产品质量，推动行业高质量发展。

（二）瞄准绿色，开启再生材料技术服务

瑞士Polymetrix公司是国际知名的原生与再生塑料系统解决方案供应商，拥有国际专利101项，覆盖19个国家。在原生PET领域，使用Polymetrix技术生产PET瓶级粒子的单位能耗降低40%。Polymetrix与德国巴斯夫、韩国乐天、印度Reliance等国际聚合物巨头，以及恒力、恒逸、华润等国内化纤龙头企业均有成功的项目合作经验，并获得了可口可乐、雀巢、达能等世界级食品饮料企业食品级包装材料安全资质认证，国际市场占有率达90%。在再生PET领域，Polymetrix是为食品级再生聚酯生产企业提供从废瓶子到干净食品级瓶子原料，包括清洗、挤压、SSP、设备采购、管理、安装到交付使用的一站式系统集成解决方案的供应商。

2018年，三联虹普并购瑞士Polymetrix公司，将业务范围延伸到PET瓶片及再生PET技术服务领域。2018年以来，Polymetrix食品级再生PET业务快速增长，业务占比逐年提升，在国际市场占有率超40%。2020年以来，Polymetrix在亚洲食品级再生PET业务取得突破，在国际再生PET市场占有率进一步提升。在“双碳”背景下，塑料等原生材料的二次利用将成为未来发展趋势，其也会密切关注Polymetrix食品级再生PET技术在国内的商用机会。

（三）落地工业AI集成应用，引领化纤行业数字化转型

在推进行业工业互联网发展方面，三联虹普与华为云战略合作，打造了化纤行业基于工业互联网的数字化智能制造解决方案。2019年10月17日，在工业和信息化部、中国工程院、中国纺织工业联合会等相关政府、协会领导与专家见证下，三联虹普携手华为云及日本TMT公司正式发布了“化纤工业智能体解决方案V1.0”（图26-12）。方案旨在将新一代信息通信技术与人工智能技术通过工业互联网“端-边-云”协同计算模式有机融入化纤行业核心装备及产线，搭建人机业务闭环，推动化纤产线数字化、网络化、智能化升级；与日本TMT机械株式会社联合研发智能体解决方案，能够实现实时接入全球超过10万台套高价值、精密复杂的化纤生产设备的在线生产数据，适配化纤行业80%以上大、中、小型企业，可提供“1柜+1屏+1平台+N应用”的软硬一体产品组合，构建了化纤产业链从原材料到最终产品的连续、高速、高效、数据自动采集与智能分析优化的绿色生产系统，实现工厂生产过程的物质流、能量流、排放等信息数字化采集

图26-12　化纤工业智能体解决方案V1.0发布

监控，并通过数据分析和复杂工艺场景分析，形成落地的工程设计与实施方案，全面提升工厂能效、水效、资源利用率等绿色制造水平。

目前，三联虹普在工业AI集成应用解决方案中重点开发的主要产品系列，如“化纤工业智能体解决方案V1.0”“Birdie智能机器人”“Creel智能机器人”等均在行业头部企业实际生产线中展开应用测试，等到核心产品正式投放市场，将大幅助力化纤行业数字化转型。

第五节　郑州中远氨纶工程技术有限公司：中国氨纶工程技术的开拓者和领航者

郑州中远企业集团（简称郑州中远）是全球知名的溶液纺丝工程公司，是具有工程咨询与设计、产品开发及应用、设备制造及安装、自动化控制及软件开发、技术培训及开车调试等交钥匙工程服务能力的高新技术企业，下辖郑州中远氨纶工程技术有限公司。该集团前身是1992年成立的郑州中原干燥设备工程有限公司。1998年，郑州中远的掌舵人桑向东凭借敏锐的判断力，预感到氨纶行业发展广阔，于是大胆决策，开始启动氨纶工程技术的研发。

历经20余年的不断努力，郑州中远经历了从跟随者到领航者的华丽蜕变。在激烈的市场和技术竞争中，其逐渐从一叶扁舟发展成为一艘行业巨轮，完成了“启航新时代、奋楫勇争先、扬帆立潮头、领航新征程”的光辉航程。

一、启航：启航新时代，奋进新征程

1998年，郑州中远氨纶工程技术有限公司（简称中远公司）成立，开始启动氨纶工程技术的研发。结合当时国内氨纶行业的主流工程技术，中远公司通过消化吸收、自主研发，在设备国产化、工艺路线的优化及效率方面，做出了开拓性的工作。

2000年初，中远公司的氨纶试验厂开车调试，实现100%工程国产化率，做到24丝饼生产70旦产品。

氨纶试验厂为中远公司培养和输送了大量工艺技术、工程设计、机械制造、电气控制、软件开发方面的人才，为其后续发展奠定了人才基础。

中远公司开发出氨纶工程技术国产化批次聚合干法纺丝生产线，完成了中远人在氨纶行业大潮中的首次启航，为后续一系列的发展打下了坚实的基础，为氨纶工程的国产化做出了重大贡献。

二、奋楫：百舸争流，奋楫者先

中远公司氨纶工厂的成功运行，直接带动我国氨纶行业进入了投资和发展的高峰期。但是，这一时期氨纶行业全部为间歇聚合技术，普遍存在生产技术落后，低水平重复性建设问题。

“百舸争流，奋楫者先。”经过中远人不懈的努力，2003年中远公司氨纶连续聚合高速纺丝工程技术取得突破，此前仅美国杜邦和韩国晓星拥有氨纶连续聚合技术。中远公司连续聚合技术的开发成功，荣获2006年度中国纺织工业联合会科技进步奖二等奖。

从2004年开始，中远公司采用该连续聚合氨纶工程技术，先后建设了杭州邦联、绍兴五环、厦门力隆、新乡化纤、山东如意、杭州蓝孔雀、印度INDORAMA等氨纶工厂，直接促进了我国及世界氨纶行业的发展和繁荣（图26-13）。

图26-13　氨纶项目聚合车间

三、扬帆：风好正是扬帆时，不待扬鞭自奋蹄

由于整个行业依然存在发展良莠不齐、新旧技术并存、品牌认可度低等问题，国内氨纶品牌依然无法与国外品牌相提并论。持续提升我国氨纶工程技术，提升氨纶行业竞争力，成为中远人的使命与担当。

2013年，中远公司投入上亿元资金，建设新的连续聚合溶液纺丝研发中心，依托研发中心的建设，开发成功氨纶高效连续聚合高密度纺丝技术，在保证产品品质的同时，大幅度提高生产效率，降低生产成本，促进节能降耗绿色生产。

中远公司不仅是研发“强引擎”，更是产业“推进器”。2014年，中远公司与新乡化纤股份有限公司建立了战略合作关系，并将新的氨纶工程技术应用于新乡化纤白鹭氨纶项目，推动了我国氨纶行业进入高质量发展快车道。截至2022年底，新乡化纤20万吨/年项目已经投产，带动了氨纶行业整体效率和品质的提升。

通过双方合作，既促进了技术成果的转化，降低了项目投资者的建设周期和生产工艺风险，促进了投资项目产品质量和生产效率的提升，也让中远公司获得了稳定的研发环境，实现双赢。

四、领航：不畏浮云遮望眼，自缘身在最高层

“将工艺与装备进行完美匹配是我们的核心竞争力。”郑州中远拥有全套自主知识产权核心工艺技术，并不断优化工艺、装备和服务，以保证客户项目的成功实施。截至2021年，中远公司在国内外完成和承接氨纶项目年总产能超过40万吨，单线聚合产能最高达50吨/年；单个纺丝位丝饼数达120头，纺速超过1000m/min。工程技术配套自有专利设备、自动控制系统、安全联锁系统、节能减排清洗系统、智能落丝分级包装系统，氨纶工程整体技术达到国际先进水平，部分达到国际领先水平（图26-14、图26-15）。

图26-14　氨纶项目纺丝卷绕

图26-15　氨纶项目精制现场

2020年，中远公司高效率氨纶工程技术荣获行业科技进步奖一等奖。氨纶工程技术先进性，是中远公司最核心的竞争力。20多年的氨纶工程设计和工厂运行经验，使其氨纶技术能够适用于广泛的终端用户，并有能力参与行业相关标准制定工作。

“不畏浮云遮望眼，自缘身在最高层。”中远公司不断突破自我，在科技创新的道路上勇攀高峰。

五、远航：扬帆远航风正劲，砥砺前行正当时

20多年来，郑州中远始终坚持在氨纶产业链及高分子材料创新应用方面深耕研发，除氨纶工程技术领域以外，在可再生材料、降解材料、生物基纤维、高强材料等领域，都取得了长足发展。如在新型聚酯材料、回收瓶片材料、可降解材料的干燥方面，持续发力；具有自主知识产权工艺技术的超高分子量聚乙烯产业，已经应用军工防弹领域，成为企业新的利润增长点；莱赛尔纤维产业，已经完成国内国外两个短纤生产线的EPC总包项目；在醋酸纤维、腈纶方面的研发，也取得了初步的成果。

在其500余名员工中，大专以上学历科技人员数占员工总数的35%以上，研发人员占员工总数的比例达22%以上。此外，其还聘任了四位国外科学家作为学术技术带头人，从基础研究方面对公司的工程技术服务进行指导和把关。其研发中心已被认定为纺织行业溶液纺丝技术创新中心、氨纶工程技术合作共建基地、河南省工程技术研发中心。

凭借创新的技术、产品和服务，郑州中远为全球市场提供先进的技术和工程服务，协助用户应对各种全球性挑战，为用户提供先进的工艺、安全、能耗、品质、生产效率等完整工厂解决方案，为客户创造新的价值。

“扬帆远航风正劲，砥砺前行正当时。”郑州中远这艘稳健的航船，乘着我国经济发展的东风，在技术和市场的大潮中，正劈波斩浪，扬帆远航。

附录

附录一　中国化学纤维工业协会历任会长/理事长

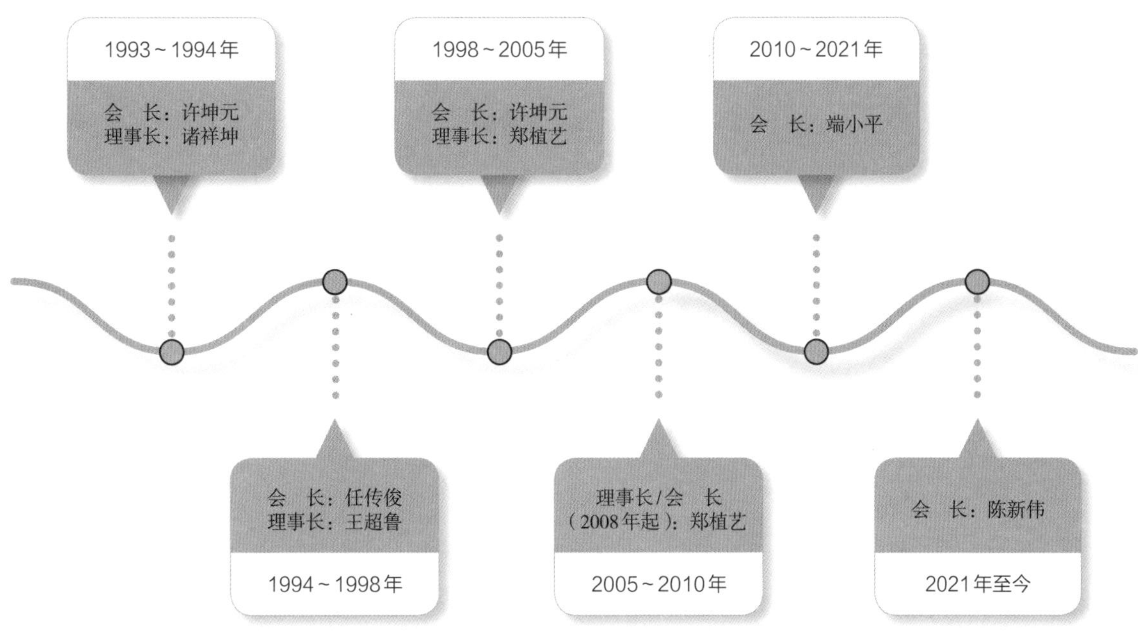

附录二　21世纪中国化纤分行业重大事件简录

一、涤纶行业

2000年，涤纶产量为517.5万吨，到2021年产量达到5363万吨，年平均增长率达到了12.7%。

2000年底，仪征化纤10万吨/年聚酯国产化项目顺利建成投产，改变了我国长期依赖引进技术和成套设备的局面。2000～2009年，全国迅速建成40多条10万～18万吨/年的国产聚酯装置，采用直接纺丝技术的长丝、短纤维的生产经营由国企、三资企业快速转向民营企业。

2001年1月31日，天津石化聚酯纺丝综合性工厂竣工投产，项目包括总产量为20万吨/年的两个聚酯缩聚工厂以及拥有11条纺丝生产线的年产9万吨FDY和POY的直纺工厂。

2001年5月18日，浙江恒逸集团的浙江恒逸聚合物有限公司一期年产15万吨国产化聚酯及直接纺长丝项目顺利投产，率先在民营企业中成功引入聚酯熔体直纺长丝的技术。

2002年6月，桐昆集团股份有限公司投资5.8亿元的中国·桐昆化纤工业城二期工程竣工，桐昆第一条熔体直纺生产线投产。

2002年6月，黑龙江龙涤股份有限公司引进日本东丽1万吨/年生产线投产，标志着中国涤纶工业长丝高速扩容的开始。

2003年9月，浙江海利得新材料股份有限公司引进日本东丽1.5万吨/年以及晓星化纤（嘉兴）有限公司9000吨/年等项目相继投产。

2003年，恒逸集团联合浙江荣盛集团进入聚酯原料产业，开始筹建宁波逸盛PTA项目，成为国内率先进入PTA产业的民营企业，2005年3月，宁波逸盛第一套PTA装置建成投产。

2003年7月14日，浙江振邦化纤有限公司年产3万吨涤纶短纤维试车成功。该项目由太平洋（机电）集团有限公司承接设计、制造、安装、调试。这是我国首条国产化单线年产3万吨涤纶短纤维生产线❶，标志着我国大型成套装备制造达到了国际水平。

2003年9月9日，英国石油（BP）公司在中国珠海投资3.6亿美元筹建PTA项目，一期工程设计能力为35万吨/年，后经技术改造产能达到了50万吨/年。这是英国在中国的第一个PTA生产合资企业。

2004年8月，上海石化15万吨/年聚酯项目一次投料开车成功。该项目由中国纺织科学研究院承担基础设计，上海工程公司（SSEC）承担详细设计，项目具有高效节能的特点，是我国第一条拥有自主知识产权的三釜流程生产线。

2006年，桐昆集团开发成功了国内第一家有光聚酯熔体直纺POY的生产技术。

2006年12月19日，作为聚酯（PET、PTT、PBT）主要原料的PTA在郑州商品期货交易所上市，成为全球首个化工期货品种。

2007年1月，江苏恒力化纤有限公司年产20万吨超亮涤纶长丝项目正式投产，填补了国内高档有光丝生产领域的空白。

2007年7月，盛虹控股集团有限公司二期40万吨/年熔体直纺超细纤维生产项目成功投产，使熔体直纺细旦长丝总能力达到了60万吨/年，成为全球产能领先的涤纶超细长丝生产基地。

2007年，江南高纤引进德国纽玛格设备建设1.5万吨/年复合纤维项目，生产海岛、ES纤维（皮芯复合低熔点短纤维）和并列中空纤维。

2008年，桐昆集团成功开发了熔体直纺阳离子涤纶POY长丝，该技术由中国纺织科学研究院提供，是国内第一家采用这项技术的企业。

2008年10月，江苏恒力化纤有限公司年产20万吨工业丝项目奠基，2010年1月正式投产，成为我国当时最大的涤纶工业丝生产企业。

2009年，桐昆恒通年产40万吨“一头两尾”熔体直纺项目顺利投产，这是当时世界单线产能最大的生产线。

2009年5月20日，世界同类单套装置规模最大的辽宁逸盛大化公司年产120万吨PTA项目竣工试产❷。该项目由浙江恒逸集团、荣盛化纤集团与大化集团合资建设。

2009年5月26日，由上海石化和上海石油化工研究院合作研发的钛系催化剂，应用于年产15万吨聚酯装置生产。

2009年6月21日，大连福佳·大化石油化工有限公司采用法国AXENS专利技术的年产70万吨PX项目正式投产运营，这是中国首个民营企业控股的石化项目。

2009年12月1日，重庆蓬威石化百万吨级PTA项目建成投产❸。该项目是第一个全面采用国

❶ 柏松. 首条国产涤短生产线诞生［N］. 中国纺织报，2003-07-14.

❷ 钱伯章. 辽宁120万吨PTA项目竣工试产［J］. 合成纤维，2009，38（7）：55.

❸ 钱伯章. PTA技术装备国产化标志性工程在四川投产［J］. 合成纤维，2010，39（1）：51.

产技术的大型PTA装置，项目由东方希望集团与重庆市涪陵水利电力投资集团公司合资建设；由中国纺织工业设计院提供技术并承担基础设计、详细设计和设备采购服务等，实施EPL工程总承包。

2009年12月，通辽金煤化工有限公司20万吨/年世界首创煤制乙二醇项目投产。随后，通辽金煤化工有限公司与河南煤业化工集团共同出资组建成立了永金化工投资管理有限公司，并在河南省永城、安阳、濮阳、新乡、洛阳等地开工建设了5个20万吨/年乙二醇项目。

2010年8月，由大连合成纤维研究设计院股份有限公司自行研究开发和制造的年产5500吨利用再生PET（聚酯瓶片）纺粘针刺非织造布生产线整套产业化装置在山东省浩阳新型材料有限公司投产。

2013年，由浙江古纤道新材料股份有限公司、浙江理工大学、扬州惠通化工技术有限公司共同完成的年产20万吨液相增黏熔体直纺涤纶工业丝项目投入生产。

2013年，美景荣公司自主开发的生物法1,3-丙二醇正式投产，年产能8000吨，成为一家从生产1,3-丙二醇、PTT切片到PTT纤维的全产业链的制造公司。

2013年5月，盛虹集团旗下的苏州苏震生物工程有限公司与清华大学合作，以生物柴油的副产物甘油为原料，生物发酵生产1,3-丙二醇，一期项目年产能1,3-丙二醇2万吨和PTT纤维5万吨，二期工程年产能PTT纤维10万吨。

2018年6月1日，仪征化纤10万吨/年环保型差别化缝纫线型、水刺非织造布专用等短纤维生产线开车成功❶。

2018年12月10日，乙二醇期货在大连商品交易所正式上市交易。

2018年12月，采用AXENS工艺技术的恒力450万吨/年芳烃项目投入运行，直接为恒力石化的PTA工厂提供原料。

2019年9月7日，恒逸石化控股子公司恒逸实业（文莱）在文莱达鲁萨兰国（Brunei Darussalam）大摩拉岛（Pulau Muara Besar）投资建设的200万吨/年PX、250万吨/年PTA和100万吨/年PET项目投产。

2019年10月28日，福建百宏聚纤科技实业有限公司，在越南西宁省鹅油县福东社福东工业区的20万吨/年聚酯长丝项目投产。

2019年12月30日，荣盛石化控股子公司浙江石油化工有限公司在舟山绿色石化基地投资建设的660万吨/年芳烃一期投产，二期于2021年投入运行。

2020年1月2日，桐昆（洋口港）聚酯一体化项目开工，规模为年产500万吨PTA及240万吨新型功能纤维❷，该项目2021年底已形成部分产能，预计2023年全面达产。

2020年10月12日，涤纶短纤维期货正式在郑州商品交易所上市交易。

2020年12月5日，桐昆集团股份有限公司与江苏省宿迁市沭阳经济技术开发区管理委员会签署合作合同，投资150亿元建设240万吨/年差别化涤纶长丝、90吨DTY长丝和25万吨高档面料生产基地，该项目已形成部分产能。

---

❶ 钱伯章. 仪征化纤推出环保型差别化涤纶短纤维［J］. 合成纤维，2018，47（7）：56.

❷ 钱伯章. 总投资200亿元的桐昆聚酯一体化项目开工［J］. 合成纤维工业，2020，43（1）：31.

2021年1月20日，总投资180亿元的新凤鸣集团新沂产业基地项目签约仪式举行，该项目拟采用大容量、柔性化聚合工艺技术，以期形成年产270万吨聚酯（长丝、短纤维、薄膜、切片等）的生产能力。

2021年7月20日，由盛虹集团旗下江苏芮邦科技有限公司、国望高科纤维（宿迁）有限公司投资建设的年产25万吨再生加弹50万吨超仿真纤维项目同时开工。2022年9月15日，国望高科纤维（宿迁）有限公司50万吨/年超仿真功能性纤维项目正式投产。

二、锦纶行业

2000年，锦纶总产量40.36万吨，到2021年产量达到415万吨，年平均增长率达到了11.7%。

2003年，浙江宁波舜龙锦纶有限公司引进德国阿加菲（Aquafil）的浓缩液直接回用技术（Lactam Direct Returning，简称LDR），建成国内第一套单线年产2万吨的锦纶6高速纺民用切片聚合装置。

2005年，浙江宁波享润聚合有限公司引进德国阿加菲的LDR技术，建成一条年产3万吨的锦纶6高速纺民用切片聚合生产线。

2006年，杭州宏福锦纶公司引进德国PE技术，建成一条年产5万吨的聚合生产线，主要生产民用高速纺切片。

2007年，辽宁银珠化纤公司锦纶66纤维的年产能突破1万吨。

2009年，福建恒申年产8万吨聚合装置正式投产。

2012年，巴陵石化与浙江恒逸集团合资建设的年产20万吨己内酰胺项目开车成功，标志着中国民营资本正式进入己内酰胺生产领域。

2012年，福建长乐力恒锦纶科技有限公司引进德国吉玛聚合工艺，聚合单线产能达到7万吨/年。

2013年，由北京三联虹普新合纤技术服务有限公司设计的国内首条高速纺锦纶6单孔单板单丝生产线在福建长乐开车成功。

2013年，福建锦江科技有限公司牵伸—卷绕一体化升级项目投产，使用WINGS卷绕技术生产POY，单线产能2万吨/年。

2014年，福建长乐景丰科技有限公司建成全球第一套全自动智能纺丝装置和立体仓储系统，实现了行业单一车间最大纺丝产能20万吨/年。项目首创锦纶DIO技术、大容量288头生产线、槽车输送技术、WINGS卷绕技术、智能仓储应用、集约化厂房设计等新技术。

2015年，福建莆田中锦科技有限公司建成全球第一套单线产能超过10万吨/年的全消光锦纶6聚合装置，最高生产负荷达到14万吨/年。

2015年，福建锦江科技有限公司首款原液着色产品开发成功，公司进入绿色低碳纤维的生产。

2016年，国内第一条锦—锦（锦纶6+锦纶66）复合纤维N400生产线在福建长乐开车成功，技术由三联虹普提供。

2018年，福建锦江科技有限公司突破环吹风生产超细旦锦纶丝技术，建成2条实验生产线，2021年扩展到8条。

2019年7月，华峰建成了国内首套产业化的5万吨己二腈生产装置，这是国内首个己二腈工业化生产项目，也是首个采用我国自有技术研发的己二腈生产项目。

2021年，福建永荣锦江股份有限公司纺丝五期项目正式投产，将WINGS 技术升级应用到FDY生产上，建成全国第一个可生产7～10旦、单丝纤度（DPF）为0.3～0.8旦超细旦锦纶丝的生产线。车间采用工业4.0技术，全部使用自动化智能生产系统，在锦纶行业率先进入工业4.0技术。

2011～2020年，我国锦纶6聚合年产能从154万吨增长到534万吨，年均增长率达到24.7%。锦纶6长丝的年产能从188万吨增长到450万吨，年均增长率为11.96%。锦纶66长丝的年产能从19万吨增长到58.1万吨，年均增长率超过11%，产能增长较快。

三、粘胶纤维行业

2000年，粘胶纤维产量为54.18万吨，到2021年产量达到403.1万吨，年平均增长率达到了10.0%。

2001年，在粘胶长丝行业率先启动“生产自律”，主动调整市场供需关系。

2004年前后，以富丽达为代表的民营资本及以赛得利为代表的境外资本开始进入粘胶短纤行业。

2000～2005年，“十五”期间，粘胶短纤维生产线“冷凝吸附+碱喷淋+活性炭吸附”及“冷凝吸附+燃烧制硫酸”含硫废气治理工艺逐步成型，大幅度降低了含硫废气排放量，为后续行业发展打下基础。

2006年，山东海龙股份有限公司主导的“年产45000吨粘胶短纤维工程系统集成化研究项目”荣获国家科技进步奖一等奖。其标志着国产大型化粘胶短纤维生产装备全面成熟。

2007年，吉林化纤与德国恩卡合资5000吨/年粘胶长丝连续纺生产线投产。其后，邯郸纺机厂通过消化吸收再创新，研制出了KR432型纺丝机并量产，实现了粘胶长丝连续纺纺丝机国产化。

2010年，工业和信息化部出台《粘胶纤维行业准入条件》及《粘胶纤维生产企业准入公告管理暂行办法》等文件，对行业进行管理。其中强调“严禁新建粘胶长丝项目”，并要求严格控制新建粘胶短纤维项目；对现有年产2万吨及以下粘胶短纤维生产线实施限期逐步淘汰或技术改造，鼓励有条件的企业通过技术改造后，形成差别化、功能性、高性能的粘胶纤维生产线。要求差别化、功能性产品占全部产品的比重高于50%；并对粘胶纤维工厂的资源消耗指标进行量化考核。

2010年，粘胶短纤维产能突破200万吨。

2013年，唐山三友集团公司16万吨/年差别化粘胶短纤维扩建项目投产，单线产能达8万吨/年，是当时世界上单线产能最大的粘胶短纤维生产线。

2015年，全球最大的年产10万吨粘胶短纤维生产线在宜宾丝丽雅公司开车成功，项目原液、纺炼、酸站等关键设备全面实现国产化。

2015年，三友化纤与合作伙伴实现生物法废气处理技术工业化。H_2S去除率达到95%以上，CS_2尾气去除率达到90%以上。

2015年，粘胶纤维产能达到370万吨。

2017年，工业和信息化部开始实施《粘胶纤维行业规范条件（2017版）》及《粘胶纤维行业规范条件公告管理暂行办法》。“十三五”期间，在“中央环保督察”影响下，落后产能加速淘汰，龙头企业进一步加大环保装备投入力度，行业吨产品“三废”排放水平进一步降低。

2018年，粘胶纤维核心企业与中国化学纤维工业协会、中国棉纺织行业协会联合成立了“再生纤维素纤维行业绿色发展联盟”，通过行业内互相监督、互相促进的合作模式，共创绿色发展公共交流平台，绿色可持续发展成为行业共识。

2018～2019年，三友集团化纤公司、赛得利先后投产单线年产12.5万吨的粘胶短纤维生产线（扩产改造后可达15万吨），再次刷新了单线产能纪录。

2020年，粘胶纤维产能达到520万吨。

四、腈纶行业

2000年，腈纶产量为47.4万吨，2021年产量为48.5万吨，年平均增长率仅为0.1%。

2008年，世界金融危机爆发，全球腈纶行业加速调整，经历了一轮萎缩，我国也有腈纶企业如秦皇岛奥莱特腈纶有限公司和浙江金甬腈纶厂相继停产，并最终退出了腈纶生产。

2008～2009年，日本三菱丽阳在华的合资企业——宁波丽阳化纤有限公司经历了停产和股东撤资等困境，最终由宁波中新腈纶有限公司收购。

2009年后，我国腈纶行业步入结构调整的新阶段，国内腈纶行业加速淘汰落后产能，企业不断加大技术改造和产品开发力度，但终端市场对差别化腈纶的需求加大及国外进口腈纶的低价倾销造成这一时期腈纶进口量不断攀升，尤其是2013年，腈纶进口量一度突破21万吨，进口依存度高达23%。

2014年，国内主要腈纶生产企业向商务部提起对有关国家地区进口产品的反倾销调查申请。

2015年7月14日，商务部发布立案公告，决定对原产于日本、韩国和土耳其的进口腈纶进行反倾销立案调查。

2015年，吉林化纤集团腈纶总产能24万吨，2017年增至36万吨，保持至今。

2016年7月13日，商务部发布年度第31号公告，决定自2016年7月14日起，对原产于日本、韩国和土耳其的进口腈纶征收反倾销税，实施期限5年。

2017年11月7日，应国内腈纶产业申请，商务部发布年度第71号公告，决定对原产于韩国的进口腈纶所适用的反倾销措施进行倾销及倾销幅度期间复审。

2018年11月6日，商务部〔2018〕第74号公告，肯定对原产于韩国的进口腈纶倾销及倾销幅度期间复审的裁决。反倾销措施对腈纶行业发展和市场规范起到了积极的作用，提振了市场信心。企业开工率提高，盈利水平转好，并加大投入进行新产品研发，进一步促进我国腈纶行业的升级发展、产品结构优化和企业核心竞争力的提升。

至2020年底，生产企业仅剩9家，包括：中国石化3家（上海石化、齐鲁石化、安庆石化），中石油大庆石化腈纶厂，吉林化纤集团3家（吉林吉盟化纤有限公司、吉林奇峰化纤股份有限公司和河北艾科瑞纤维有限公司），以及宁波中新和杭州湾两家民营企业。

2020年，根据国家相关产业政策要求，齐鲁石化腈纶厂完成了DMAc溶剂替代DMF工艺技术改造，实现干法腈纶生产工艺变革。DMAc溶剂法干法腈纶生产综合技术属国内首创，具有自主知识产权。

此外，碳纤维原丝领域也是腈纶企业发展的战略方向之一，未来随着风电叶片、压力容器、汽车轨道、太阳能等工业应用的发展，PAN基碳纤维将迎来蓬勃发展的态势。

“十三五”末，我国丙烯腈总产能约247万吨，按生产企业所占比例划分，国有企业占63.2%，其中中石化约占34.9%，中石油约占28.3%，民营企业约占36.8%。

五、丙纶行业

2000年，丙纶产量为29.4万吨，到2021年产量达42.8万吨，年平均增长率达1.8%，增长速度不快。

20世纪初至今，江西东华机械有限责任公司、江西荣华纺织机械有限公司、常州市富邦化纤机械厂、江苏帝达智能科技有限公司等都相继研发了一步法纺牵联合机、普强和高强丙纶纺丝机、BCF纺机等成套设备。

2001年，中国纺机集团邵阳第二纺机厂提供了一种专用于生产丙纶烟用丝束的联合机，年生产能力为2500吨。

2004年，中国石化上海石油化工股份有限公司塑料部成功研发餐饮包装用丙纶超短纤维生产工艺，孔数为9万孔，纤维长度8厘米以下。

2008年，北京中丽制机工程技术有限公司推出了一步法丙纶高强丝国产化设备，纺丝速度为2500米/分，可生产强度在7.0厘牛/分特克斯以上的高强丙纶长丝。

2012年，广东蒙泰高新纤维有限公司丙纶长丝年生产能力达到3万吨，成为实际产量较大的丙纶长丝生产厂家，并于2020年成功登陆深交所创业板，目前为丙纶行业唯一的上市公司。

六、氨纶行业

2000年，氨纶产量为0.93万吨，到2021年产量达86.8万吨，年平均增长率为24.11%，是所有品种中年均增长速度最快的品种。

2000年，郑州中原差别化纤维有限公司（后改名为中远集团）建成500吨/年干法氨纶项目，技术水平达到国际领先水平，其后在国内外进行广泛推广。

2001年3月，连云港钟山氨纶与美国杜邦公司合资成立连云港杜钟氨纶有限公司，2003年，其第五期工程建成投产，总产能达到7000吨/年。

2001年9月，辽源得亨股份有限公司引进日本日清纺三菱氨纶技术，一期工程建成投产，2003年总产能达到5000吨。

2001年，绍兴龙山氨纶有限公司成立。一期工程投产，年产能1000吨。二期年产能2000吨于2003年投产，年产能达到3000吨。

2001年12月，韩国晓星集团在浙江嘉兴市经济开发区独资成立的晓星氨纶（嘉兴）有限公司，一期工程投产，年产能4000吨。二期工程2003年建成投产，增设年产能4000 吨；2003年8月投产三期工程，增加6400吨年产能，年总产能达到14400吨。

2003年，萧山青云纺织有限公司氨纶一期工程3000吨/年投产，后又连续进行两次扩建，2004年总产能达到9000吨/年。

2003年，华峰氨纶四期2500吨和五期2000吨/年产能建成投产，年总产能达到11000吨。

2003年11月，晓星氨纶（广东）有限公司在珠海成立，一期工程2004年9月投产，年产能7300吨。

2003年，日本旭化成株式会社在杭州经济技术开发区兴建1200吨/年的氨纶生产线。第二阶段扩增至5000吨/年。

2003年，杜邦（上海）氨纶有限公司二期4000吨/年氨纶项目建成投产，产能达到8000吨/年。

2003年，绍兴开普特氨纶有限公司一期4500吨/年氨纶项目建成投产。

2003年底，诸暨华海氨纶有限公司一期2000吨/年氨纶生产线投料试车。至2005年总产能达到12000吨/年。

2004年7月，韩国东国贸易株式会社与中国香港荣昌贸易公司组建的东国氨纶（珠海）有限公司在珠海三灶镇海澄工业区建成投产，年产能为6000吨。

2005年9月，新乡白鹭一期3000吨/年氨纶项目投产。

2006~2015年，是国内氨纶长足进步的10年，氨纶产能从2005年底的18.3万吨上升到2015年底的64.1万吨，年平均增速高达13.4%。

“十三五”期间，国内氨纶行业进入相对稳健的发展阶段，也进入一个优胜劣汰的整合阶段。

进入“十四五”氨纶行业又迎来一次快速发展。2021年成为氨纶行业下一阶段大跨步发展的启动之年。

2020年6月，华峰重庆氨纶项目一期6万吨/年投产，2021年二期4万吨/年投产。

2021年12月，新乡白鹭投资集团有限公司年产10万吨超细旦氨纶纤维项目一期工程投产。

2021年12月，晓星氨纶（宁夏）有限公司一期3.6万吨/年氨纶生产线投产。项目二期至五期计划陆续增建9个氨纶生产厂，全部项目氨纶年产能将达到36万吨/年。

2022年，泰和新材料股份有限公司在建宁夏基地二期3万吨/年绿色差别化纤维和烟台基地1.5万吨高效差别化粗旦氨纶生产线建成投产。

附录三　中国化学纤维历年产量

年份	中国化纤产量/万吨	世界化纤产量/万吨	中国占世界比例/%
1950		168.1	
1957	0.023		
1958	0.03		
1959	0.54		
1960	1.06	336.7	0.3
1961	0.53		
1962	1.36		
1963	1.89		
1964	3.21		
1965	5.01	548.6	0.9
1966	7.58		

续表

年份	中国化纤产量/万吨	世界化纤产量/万吨	中国占世界比例/%
1967	5.22		
1968	3.60		
1969	6.66		
1970	10.09	839.4	1.2
1971	11.99		
1972	13.73		
1973	14.88		
1974	14.26		
1975	15.48	1067.7	1.4
1976	14.61		
1977	18.98		
1978	28.46	1360.0	2.1
1979	32.63		
1980	45.03	1430.1	3.1
1981	52.73	1463.1	3.6
1982	51.70	1359.7	3.8
1983	54.07	1485.0	3.6
1984	73.49	1576.4	4.7
1985	94.78	1625.9	5.8
1986	101.72	1688.6	6.0
1987	117.50	1786.4	6.6
1988	130.12	1854.3	7.0
1989	147.82	1894.4	7.8
1990	164.82	1938.0	8.5
1991	191.04	1973.8	9.7
1992	211.12	2048.1	10.3
1993	226.86	2076.5	10.9
1994	280.33	2261.3	12.4
1995	320.22	2359.4	13.6

续表

年份	中国化纤产量/万吨	世界化纤产量/万吨	中国占世界比例/%
1996	375.81	2468.0	15.2
1997	460.90	2752.3	16.7
1998	510.00	2829.6	18.0
1999	602.04	2940.0	20.5
2000	695.41	3113.3	22.3
2001	841.48	3156.6	26.7
2002	990.74	3345.9	29.6
2003	1181.14	3514.8	33.6
2004	1425.51	3747.2	38.0
2005	1664.79	4044.5	41.2
2006	2073.18	4211.2	49.2
2007	2413.91	4571.4	52.8
2008	2415.00	4330.0	55.8
2009	2747.28	4552.3	60.3
2010	3090	5176.1	59.7
2011	3390	5485.0	61.8
2012	3837	5912.6	64.9
2013	4160	6287.3	66.2
2014	4390	6622.5	66.3
2015	4832	7009.1	68.9
2016	4886	7160.1	68.2
2017	4919	7378.6	66.7
2018	5011	7688.8	65.2
2019	5827	8138.1	71.6
2020	6025	8105.5	74.3
2021	6524	8820.9	74.0

资料来源：国家统计局，中国化学纤维工业协会，*The Fiber Year*

附录四 化学纤维名词释义及产品分类

化学纤维已历经上百年的发展，由于发展阶段的不同，人们对其认知也不同，化学纤维的分类和名词术语不是一成不变的，同时还存在一些俗称和行业习惯性叫法。为了便于读者阅读和理解，现将本书涉及的主要化学纤维名词释义整理如下。

化学纤维名词释义

名词	释义
化学纤维	除天然纤维以外的，由人工制造的纤维 化学纤维按产品分为再生纤维、合成纤维和无机纤维；按资源利用可以分为原生纤维与循环再利用纤维
再生纤维	以天然产物（纤维素、蛋白质等）为原料，经纺丝过程制成的化学纤维
合成纤维	以有机单体等化学原料合成的聚合物制成的化学纤维
无机纤维	以矿物质等为原料制成的纤维
再生纤维素纤维	以天然纤维素为原料，经纺丝过程制成的再生纤维 早期也称人造纤维或人造丝
粘胶纤维	由粘胶工艺得到的再生纤维素纤维 粘胶纤维是迄今为止生命周期最长、工艺最成熟、产量最大的再生纤维素纤维品种
莱赛尔纤维	由有机溶剂（NMMO）纺丝工艺得到的再生纤维素纤维 20世纪90年代开始发展，因其生产过程环境友好、产品性能优异，成为再生纤维素纤维产业的“新宠”
聚酯纤维（PET俗称涤纶）	聚酯是由多元醇和多元酸缩聚而得的聚合物的总称。聚酯纤维是指由分子链中至少含有85%（质量分数）的对苯二甲酸二醇酯的线型大分子构成的纤维 其中，聚对苯二甲酸乙二醇酯（PET）纤维是最早实现工业化的聚酯纤维，也是目前最大的一类化学纤维，我国通常称为涤纶
聚酰胺纤维（锦纶、尼龙）	聚酰胺（PA）是分子链中含有重复酰胺基团的高分子聚合物的统称。美国杜邦公司最先发明了聚酰胺并命名为Nylon，中译为“尼龙”。根据二元酸和二元胺单体所含碳原子数，或内酰胺中的碳原子数，分为尼龙6、尼龙66、尼龙56、尼龙610、尼龙1010等品种。聚酰胺纤维是指以聚酰胺为原料，经纺丝加工制成的纤维，我国通常称为锦纶
聚丙烯腈纤维（腈纶）	以聚丙烯腈（PAN）或85%以上的丙烯腈和其他第二、第三单体的共聚物为原料，经纺丝加工制成的纤维，我国通常称为腈纶
聚氨酯弹性纤维（氨纶）	由至少85%（质量分数）聚氨基甲酸酯链段构成的纤维，我国通常称为氨纶
聚丙烯纤维（丙纶）	以丙烯单体聚合而成的聚丙烯（PP）为原料，经纺丝加工制成的纤维，我国通常称为丙纶
聚乙烯醇纤维（维纶）	以聚乙烯醇（PVA）为原料，经纺丝加工制成的纤维，我国通常称为维纶
循环再利用化学纤维	采用回收的废旧聚合物材料和废旧纺织材料加工制成的纤维
高性能化学纤维	本身力学性能、热性能突出或具有某些特殊性能的纤维，习惯称为高性能纤维。主要包括碳纤维、芳纶、超高分子量聚乙烯纤维、聚酰亚胺纤维、聚苯硫醚纤维、聚四氟乙烯纤维、连续玄武岩纤维等
碳纤维	通过对有机纤维母体的热碳化得到的碳含量（质量分数）至少为90%的纤维。以前驱体来分类，主要包括聚丙烯腈基碳纤维（PAN—CF）、粘胶基碳纤维（P—CF）、沥青基碳纤维（R—CF）等

续表

名词	释义
芳香族聚酰胺纤维（芳纶）	由酰胺或亚酰胺键连接芳香族基团所构成的线型大分子组成的纤维，至少有85%的酰胺或亚酰胺键直接与两个芳环相联结。我国通常称为芳纶。主要包括聚对苯二甲酰对苯二胺纤维（也称对位芳纶或芳纶1414，PPTA）、聚间苯二甲酰间苯二胺纤维（也称间位芳纶或芳纶1313，PMIA）等
超高分子量聚乙烯纤维	通常指相对分子质量大于10^6的线性聚乙烯所制得的纤维，也称高强高模聚乙烯（UHMWPE）纤维或高强PE
生物基化学纤维	以生物质为原料或含有生物质来源单体的聚合物所制成的纤维。主要包括生物基再生纤维：如莱赛尔纤维、竹浆纤维、壳聚糖纤维、海藻纤维、再生蛋白质纤维、再生纤维素酯纤维等；生物基合成纤维：如尼龙56纤维、聚乳酸（PLA）纤维、聚对苯二甲酸丙二醇酯（PTT）纤维等

化学纤维产品分类

化学纤维	再生纤维	再生纤维素纤维：包括粘胶纤维、铜氨纤维、莱赛尔纤维、莫代尔纤维、竹浆纤维等
		再生蛋白质纤维：包括酪素纤维、牛奶纤维、大豆纤维等
		纤维素酯纤维（半合成纤维）：包括硝酸纤维素纤维、醋酸纤维素酯纤维（醋酯纤维）等
		其他：包括壳聚糖纤维、海藻纤维等
	合成纤维	包括涤纶、锦纶、腈纶、氨纶、丙纶、维纶、芳纶、超高分子量聚乙烯纤维、聚酰亚胺纤维、聚苯硫醚纤维、聚四氟乙烯纤维、聚乳酸纤维等
	无机纤维	包括碳纤维、玻璃纤维、石墨纤维、碳化硅纤维、玄武岩纤维、金属纤维等

附录五　中国化纤行业科学技术奖

国家科学技术进步奖（化纤相关）

一等奖

年份	项目名称	主要完成单位	主要完成人
2006	年产45000吨粘胶短纤维工程系统集成化研究	山东海龙股份有限公司、中国纺织机械（集团）有限公司、中国纺织工业设计院	逄奉建、曹其贵、陈孟和、张志鸿、刘玉军、王寿增、邱华云、申孝忠、刘传河、孙守江、许　深、胡伟红、李华敏、宗先国、孟凡建
2007	年产20万吨大规模MDI生产技术开发及产业化	烟台万华聚氨酯股份有限公司、宁波万华聚氨酯有限公司、华陆工程科技有限责任公司	丁建生、廖增太、杨万宏、华卫琦、马德强、侯　刚、杨光军、陈毅峰、徐宝学、于天勇、孙敦孝、杜严俊、张　戈、孙少文、曹庆俊
2017	干喷湿纺千吨级高强/百吨级中模碳纤维产业化关键技术及应用	中复神鹰碳纤维有限责任公司、东华大学、江苏鹰游纺机有限公司	张国良、张定金、陈惠芳、刘　芳、刘宣东、张斯纬、席玉松、陈秋飞、金　亮、连　峰、郭鹏宗、于素梅、张家好、李　韦、裴怀周

二等奖

年份	项目名称	主要完成单位	主要完成人
2002	10万吨/年聚酯成套技术	中国石化仪征化纤股份有限公司、中国纺织工业设计院、华东理工大学、中国石化集团南京化学工业有限公司化工机械厂	蒋士成、孙今权、戴干策、张万山、沈有根、黄志恭、朱中南、程继后、欧树森、祖荣祺
2004	功能化系列共聚酯和纤维的研究开发	东华大学、上海第十化学纤维厂、北京服装学院、上海芳可馨化纤有限公司	顾利霞、施丹琴、孙苏榕、郑琪贞、肖　茹、杨卫忠、仲蕾兰、解德诚、张　斌、张根敏
2005	二醋酸纤维素浆液精细过滤及高密度生产技术研究	南通醋酸纤维有限公司	陈旭东、杨占平、王振寰、王　军、徐　坦、曹建华、黄建新、袁慰椿、周　庆、许统林
	化纤长丝纺丝机机电一体化关键装置	中国纺织科学研究院、北京中丽制机化纤工程技术有限公司、北京中纺精业机电设备有限公司	周全忠、束学遂、钟向军、涂兆华、王　敏、彭森林、刘福安、张长栓、沈　玮、李学庆
	一锭多丝技术研究	宜宾丝丽雅集团有限公司	冯　涛、廖周荣、谢增颖、段太刚、邓传东、刘　忠、张仁友、廖建军、章胜宗、陈玉贵
2006	年产20万吨聚酯四釜流程工艺和装备研发暨国产化聚酯装置系列化	中国纺织工业设计院、南京化学工业有限公司化工机械厂、浙江恒逸聚合物有限公司、天津大学、北京化工大学	罗文德、周华堂、刘金宝、张　莼、洪学立、梅兆林、张慧书、万网胜、顾爱军、黄家琪
	PA6/PE共混海岛法超细纤维及人造麂皮的系列化产品开发和产业化	北京服装学院、山东同大海岛新材料有限公司、中国纺织科学研究院、巴陵石油化工有限责任公司化纤厂	王　锐、王乐智、张大省、阎瑞平、董瑞华、陈广顺、朱德金、陈　放、卢彩华、张　汇
	热塑性高聚物基纳米复合功能纤维成形技术及制品开发	东华大学	朱美芳、王华平、陈彦模、张　瑜、张玉梅、吴文华、孙　宾、俞　昊、王　彪、邢　强
2007	大豆蛋白复合纤维纺织染整关键技术研究及产品开发	苏州大学、东华大学、纺织工业科学技术发展中心、上海市毛麻纺织科学技术研究所、西安工程大学、上海圣瑞斯针织有限公司	李金宝、唐人成、俞建勇、徐新荣、王华杰、方雪娟、程隆棣、姚世忠、邢建伟、赵建平
	高导湿涤纶纤维及制品关键技术集成开发	东华大学、泉州海天轻纺有限公司	王华平、王启明、张连京、张玉梅、王　彪、杨崇倡、陈南梁、王朝生、许贻东、王　其
2009	凝胶纺高强高模聚乙烯纤维及其连续无纬布的制备技术、产业化及应用开发	东华大学、宁波大成新材料股份有限公司、湖南中泰特种装备有限责任公司、中纺投资发展股份有限公司、中国人民解放军总后勤部军需装备研究所	杨年慈、吴志泉、陈成泗、刘兆峰、黄献聪、冯向阳、周　宏、胡祖明、高　波、王依民
	复合型导电纤维系列产品研制与应用开发	中国纺织科学研究院、天津工业大学、中国人民解放军总后勤部军需装备研究所	程博闻、施楣梧、李　杰、黄　庆、丁长坤、盛平厚、肖长发、杨春喜、金　欣、崔　宁

续表

年份	项目名称	主要完成单位	主要完成人
2010	聚苯硫醚（PPS）纤维产业化成套技术开发与应用	四川得阳科技股份有限公司、四川省纺织科学研究院、中国纺织科学研究院、江苏瑞泰科技有限公司、四川得阳特种新材料有限公司、武汉科技学院、四川华通特种工程塑料研究中心有限公司	王　桦、黄　庆、蒲宗耀、戴厚益、陈　松、崔　宁、覃　俊、代晓徽、冯　军、徐鸣风
	聚间苯二甲酰间苯二胺纤维与耐高温绝缘纸制备关键技术及产业化	东华大学、圣欧（苏州）安全防护材料有限公司、广东彩艳股份有限公司	胡祖明、陈　蕾、钟　洲、陈伟英、刘兆峰、于俊荣、潘婉莲、诸　静
2011	高品质熔体直纺超细旦涤纶长丝关键技术开发	东华大学、江苏恒力化纤有限公司	王华平、陈建华、丁建中、丁永生、王朝生、刘志立、王山水、张玉梅、刘　建、郝矿荣
	汉麻秆芯超细粉体改性聚氨酯涂层材料关键技术及产业化	辽宁恒星精细化工有限公司、中国人民解放军总后勤部军需装备研究所	郝新敏、张建春、严欣宁、赵鹏程、马　天、樊丽君、严自力、张　华、唐　丽、陶忠华
2012	碳/碳复合材料工艺技术装备及应用	上海大学	孙晋良、任慕苏、张家宝、李　红、潘剑峰、陈　来、周春节、沈建荣、凌宝民、杨　敏
	竹浆纤维及其制品加工关键技术和产业化应用	东华大学、河北吉藁化纤有限责任公司、苏州大学、吴江市恒生纱业有限公司、常州市新浩印染有限公司、浙江圣瑞斯针织股份有限公司	俞建勇、宋德武、唐人成、程隆棣、郑书华、周向东、李振峰、崔运花、王学利、李毓陵
	大容量聚酰胺6聚合及细旦锦纶6纤维生产关键技术及装备	北京三联虹普新合纤技术服务股份有限公司	刘　迪、李德和、张建仁、吴清华、冯常龙、于佩霖、陈　军、吴　雷、董建忠、周顺义
2013	功能吸附纤维的制备及其在工业有机废水处置中的关键技术	苏州大学、天津工业大学、苏州天立蓝环保科技有限公司、邯郸恒永防护洁净用品有限公司	肖长发、路建美、李　华、徐乃库、蒋　军、封　严、王丽华、程博闻、徐庆锋、杨竹强
	超大容量高效柔性差别化聚酯长丝成套工程技术开发	桐昆集团浙江恒通化纤有限公司、新凤鸣集团股份有限公司、东华大学、浙江理工大学	王朝生、陈士良、庄奎龙、王华平、韩　建、汪建根、赵春财、王秀华、赵宝东、沈健彧
2014	百万吨级精对苯二甲酸（PTA）装置成套技术开发与应用	中国昆仑工程公司、重庆市蓬威石化有限责任公司、浙江大学、天津大学、西安陕鼓动力股份有限公司、中航黎明锦西化工机械（集团）有限责任公司、南京宝色股份公司	周华堂、罗文德、姚瑞奎、许贤文、李利军、汪英枝、马海洪、王丽军、肖海峰、郑宝山
2015	PTT和原位功能化PET聚合及其复合纤维制备关键技术与产业化	盛虹控股集团有限公司、北京服装学院、江苏中鲈科技发展股份有限公司	王　锐、缪汉根、张叶兴、梅　锋、朱志国、边树昌、张秀芹、周静宜、徐春建、王建明
2016	干法纺聚酰亚胺纤维制备关键技术及产业化	东华大学、江苏奥神新材料股份有限公司	张清华、王士华、詹永振、陈大俊、陶明东、郭　涛、董　杰、赵　昕、苗　岭、陈　斌

续表

年份	项目名称	主要完成单位	主要完成人
2018	废旧聚酯高效再生及纤维制备产业化集成技术	宁波大发化纤有限公司、东华大学、海盐海利环保纤维有限公司、优彩环保资源科技股份有限公司、中国纺织科学研究院有限公司、中原工学院	王华平、钱　军、陈　浩、金　剑、戴泽新、王少博、陈　烨、仝文奇、邢喜全、方叶青
2020	高导热油基中间相沥青碳纤维关键制备技术与成套装备及应用	湖南大学、航天材料及工艺研究所、湖南东映碳材料科技有限公司、中国石油化工股份有限公司长岭分公司、北京卫星制造厂有限公司、湖南长岭石化科技开发有限公司	冯志海、刘金水、叶　崇、王妙云、朱世鹏、樊　桢、刘洪新、佘喜春、黄　东、余　洋

国家科学技术发明奖（化纤相关）

二等奖

年份	项目名称	主要完成单位	主要完成人
2016	管外降膜式液相增黏反应器创制及熔体直纺涤纶工业丝新技术	浙江理工大学、浙江古纤道新材料股份有限公司、扬州惠通化工技术有限公司	陈文兴、金　革、严旭明、刘　雄、王建辉、张先明
2020	有机无机原位杂化构筑高感性多功能纤维的关键技术	东华大学、上海德福伦化纤有限公司	朱美芳、孙　宾、周　哲、相恒学、成艳华、杨卫忠

“纺织之光”中国纺织工业联合会科学技术进步奖（化纤相关）

2012年度获奖名单

一等奖

项目名称	主要完成单位	主要完成人
纤维/高速气流两相流体动力学及其应用基础研究	东华大学	郁崇文、曾泳春、裴泽光、郭会芬
年产40万吨差别化聚酯长丝成套技术及系列新产品开发	桐昆集团浙江恒通化纤有限公司、浙江理工大学	陈士良、汪建根、许金祥、王秀华、陈士南、赵宝东、孙燕琳、李红良、沈建伦、沈富强、屠奇民、费妙奇、张尚垛、王剑芳
大容量短流程熔体直纺涤纶长丝柔性生产关键技术及装备	新凤鸣集团股份有限公司、东华大学、浙江理工大学	赵春财、王华平、沈健彧、韩　建、王朝生、张顺花、刘春福、崔　利、孙建杰、王青翠

续表

项目名称	主要完成单位	主要完成人
废聚酯瓶片液相增黏/均化直纺产业用涤纶长丝关键技术与装备开发	龙福环能科技股份有限公司、中国纺织科学研究院、上海聚友化工有限公司、北京中丽制机工程技术有限公司、扬州志成化工技术有限公司	段建国、沈　玮、汪少朋、仝文奇、邸刚利、郝兴武、王兴柏、雷景波、李传迎、那芝郁、冯希泉、甘胜华、许贤才、王景飞、郑　弢
高效节能环保粘胶纤维成套装备及关键技术集成开发	唐山三友集团兴达化纤有限公司	么志义、于捍江、于得友、毕绍新、刘福安、张会平、孙林东、马连明、王培荣、陈学江、刁敏锐、张东斌、曹　杰、李百川、彭宴星
年产20万吨熔体直纺涤纶工业丝生产技术	浙江古纤道新材料股份有限公司、浙江理工大学、扬州惠通化工技术有限公司	王建辉、陈文兴、严旭明、曹　文、张　朔、金　革、刘　雄、黄天峰、胡智暄、高　琳、陶家宏
功能吸附纤维的制备及其在工业有机废水处置中的关键技术	苏州大学、天津工业大学、苏州天立蓝环保科技有限公司、邯郸恒永防护洁净用品有限公司	肖长发、路建美、李　华、徐乃库、蒋　军、封　严、王丽华、程博闻、徐庆锋、杨竹强、纪顺俊、赵　健、李娜君、安树林、徐小平

二等奖

项目名称	主要完成单位	主要完成人
三醋酸纤维素用棉浆粕的研制	山东银鹰股份有限公司	陈忠国、曹知朋、臧贻朋、郑春友、吕兴华
熔体直纺涤纶长丝纺丝工程模拟计算系统及工艺优化	福建百宏聚纤科技实业有限公司、东华大学	裘大洪、王华平、叶敬平、王朝生、侯向东、叶明军、张玉梅、陈阿斌、刘雪峰、李建武
利用废聚酯类纺织品生产涤纶短纤维关键技术研发及产业化	宁波大发化纤有限公司	钱　军、王朝生、王方河、邢喜全、杜　芳、贾同伟、林世东
防透视化学纤维及视觉遮蔽纺织品研发	浙江新建纺织有限公司、舟山欣欣化纤有限公司、总后军需装备研究所、东华大学、江苏阳光集团有限公司、青岛即发集团股份有限公司	施楣梧、王　妮、朱鸣英、张正松、肖　红、王府梅、曹秀明、胡中超、俞　玮、韩大鹏
功能性彩色涤纶长丝生产技术	浙江华欣新材料股份有限公司	曹欣羊、钱樟宝、周全忠、许文群、严忠伟、段亚峰、赵江峰、刘万群、韩建强、乔志强
医用海藻酸盐纤维的研究及应用开发	中国纺织科学研究院、泰州市榕兴抗粘敷料有限公司	孙玉山、骆　强、朱庆松、李月茹、陆伊伦、周　杰、褚加冕、陈功林、李方全、褚省吾
年产5万吨涤纶短纤维成套国产化装备和技术	上海太平洋纺织机械成套设备有限公司	陈　鹰、来可华、沈文杰、许云华、肖海燕、孙　葵、冯晓华、刘雄雄、哈承左、王勇民

三等奖

项目名称	主要完成单位	主要完成人
粘胶纤维工业废水物化处理工艺	宜宾丝丽雅股份有限公司、宜宾海丝特纤维有限责任公司	徐绍贤、邓传东、瞿继丹、张　扬、冯　涛、袁　灿、张岷青
新型再生纤维素纤维及其产品的对比研究	河南工程学院	周　蓉、刘　杰、杨明霞、毛慧贤、邹清云、刘　云、普丹丹
易染型海岛PTT牵伸丝的研制	苏州龙杰特种纤维股份有限公司	席文杰、赵满才、秦传香、秦志忠、关　乐、周正华、王建新
细旦粘胶长丝技术开发	保定天鹅股份有限公司	张志宏、张双辰、杜树新、荣春光、张　锋、田文智、李　利
耐氯氨纶纤维的制备技术及产业化	浙江华峰氨纶股份有限公司	席　青、梁红军、费长书、张礼华、吴国华、李建通、李震霄
轻质、高强碳纤维复合材料传动部件	连云港鹰游碳塑材料有限责任公司、连云港鹰游纺机有限责任公司	张国良、徐　艳、许太尚、王宏亮、陈连会、赖晶岩、张文权
竹炭纤维（POY-DTY）关键技术及产业化开发	江苏鹰翔化纤股份有限公司、苏州大学	高永明、管新海、沈家康、赵广斌、王国柱
阳离子高收缩涤纶短纤维关键技术及产业化开发	上海德福伦化纤有限公司	杨卫忠、冯忠耀、陆正辉、邱杰锋、贺聿金、孔彩珍、周桂章
混凝土用改性高强高模聚乙烯醇（PVA）纤维的研发及产业化	安徽皖维高新材料股份有限公司	高祖安、冯加芳、李康荣、陈晓明、黄鲁军、张俊武、崔明发

2013年度获奖名单

一等奖

项目名称	主要完成单位	主要完成人
聚酰亚胺纤维产业化	长春高琦聚酰亚胺材料有限公司、吉林高琦聚酰亚胺材料有限公司、中国科学院长春应用化学研究所	杨　诚、丁孟贤、邱雪鹏、刘建国、滕仁岐、李国民、高连勋、张国慧、刘　斌、卢　晶、孙锐锋、刘芳芳、杨军杰、康传清、林书君
高性能聚乙烯纤维干法纺丝工业化成套技术	中国石化仪征化纤股份有限公司、南化集团研究院、中国纺织科学研究院	孙玉山、陈建军、储　政、郝爱香、孔令熙、杨　勇、魏家瑞、张　琦、王祥云、毛松柏、陈功林、周桂存、高玉文、李方全、孔凡敏
负载金属离子杂化材料设计制备及功能纤维与制品开发	东华大学、上海德福伦化纤有限公司、太仓荣文合成纤维有限公司、上海康必达科技实业有限公司	朱美芳、孙　宾、孔彩珍、张佩华、周　哲、蔡再生、陈　龙、全　潇、俞　昊、戴彦彤、叶益红、吴文华、张　瑜、陈彦模
年产5000吨PAN基碳纤维原丝关键技术	吉林碳谷碳纤维公司、长春工业大学、中钢集团江城碳纤维有限公司、吉林市吉研高科技纤维有限责任公司	王进军、敖玉辉、马　俊、张会轩、庄海林、周宝庆、王继军、李连贵、王红军、杨　光、张永明、赵春田、赵宏林、解治友

续表

项目名称	主要完成单位	主要完成人
千吨级纯壳聚糖纤维产业化及应用关键技术	海斯摩尔生物科技有限公司	胡广敏、周家村、王华平、张明勇、朱新华、黄伦强、林　亮、刘　琳、张　恒、姚勇波
熔融纺丝法聚偏氟乙烯中空纤维膜制备关键技术及其产业化应用	天津工业大学、天津膜天膜科技股份有限公司、天津创业环保集团股份有限公司	肖长发、林文波、胡晓宇、张宇峰、环国兰、唐福生、刘　振、黄庆林、安树林、刘建立、戴海平、李娜娜

二等奖

项目名称	主要完成单位	主要完成人
高回弹经编氨纶纤维	浙江华峰氨纶股份有限公司	席　青、李　娟、张所俊、赵晓阳、李晓庆、刘京奇、费长书、温作杨
32头平行纺FDY关键技术与装置产业化	大连合成纤维研究设计院股份有限公司、常熟恒意化纤有限公司	郭大生、陈建云、刘　政、吉建德、刘　旭、马英杰、马铁峥、张　凯、谢竹青、胡长虹
连续纺多孔细旦粘胶长丝技术开发	恒天天鹅股份有限公司	张志宏、李建伟、师春生、杜树新、张红江、谭晓军、林　涛、张志涛、田文智、秦喜军
多元共聚酯连续聚合和柔软易染纤维制备及染整技术	东华大学、上海联吉合纤有限公司	顾利霞、何正锋、蔡再生、朱　毅、王学利、杜卫平、王华平、邱建华、付昌飞、谢宇江
高湿模量纤维素纤维关键技术研究与产业化	唐山三友集团兴达化纤有限公司	于得友、么志高、毕绍新、张会平、于捍江、高　悦、林紫丽、赵秀媛、郑会廷、徐广成
海藻酸盐纤维及其生物医用敷料产业化	广东百合医疗科技有限公司	王晓东、王　锐、岑荣章、郭思栋、莫小慧、陶炳志、徐海涛、罗予东、廖伟军、石小玲

三等奖

项目名称	主要完成单位	主要完成人
棉/PPT/PET纤维弹力免烫色织面料加工关键技术及其产业化	鲁泰纺织股份有限公司	倪爱红、任纪忠、张建祥、郭　恒、王美荣、郑贵玲、王　东
红豆杉粘胶型纤维及其功能针织面料的研发与产业化	无锡红豆居家服饰有限公司、山东海龙股份有限公司、江南大学	王潮霞、王乐军、周文江、蒋春熬、马君志、郝连庆、赵　华
高档全消光功能性聚酰胺66树脂和纤维的研制与开发	辽宁银珠化纺集团有限公司	杜　选、林福海、姜立鹏、钟　涛、胡翱翔、徐　洁、张　喻
环保型阻燃再生纤维素纤维关键技术研究	中原工学院、新乡市长弘化工有限公司、新乡化纤股份有限公司、山东银鹰化纤有限公司	张瑞文、张旺玺、刘承修、宋德顺、崔世忠、徐元斌、焦明立

续表

项目名称	主要完成单位	主要完成人
高效滤用皮芯型热熔性聚合物单丝的研制及产业化	南通新帝克纺织化纤有限公司、南通大学	马海燕、杨西峰、马海军、张　军、马海冬、栾亚军、金　鑫
混凝土增强聚丙烯纤维及关键应用技术的产业化开发	绍兴中纺院江南分院有限公司、北京中纺纤建科技有限公司	史小兴、崔桂新、李翠萍、张孝南、许增慧、王尧峰、张小云
生态亲和型功能纤维系列产品设计与产业化技术开发	苏州金辉纤维新材料有限公司、东华大学	谈　辉、王华平、李崇保、王　彪、陈　龙、张弘诚、张玉梅
吸湿型彩色仿棉涤纶DTY产品产业化	浙江华欣高科技有限公司	曹欣建、钱樟宝、严忠伟、乔志强、潘　葵、王军奇、许天恩
细旦聚苯硫醚纤维技术与装备开发	四川安费尔高分子材料科技有限公司、四川大学	李文俊、付登强、刘鹏清、李亚儒、宋召碧、叶光斗、甘　为
锦纶66纤维用高频热辊及温控系统的开发和应用研究	北京中纺精业机电设备有限公司、神马实业股份有限公司	束学遂、段文亮、王　平、薛　学、张鲁亚、吴运梅、李　新

2014年度获奖名单

一等奖

项目名称	主要完成单位	主要完成人
新型聚酯聚合及系列化复合功能纤维制备关键技术	盛虹控股集团有限公司、北京服装学院、江苏中鲈科技发展股份有限公司	王　锐、缪汉根、张叶兴、梅　锋、朱志国、边树昌、张秀芹、周静宜、徐春建、王建明、王建华、董振峰、朱军营、王　然、陈　思
高模量芳纶纤维产业化关键技术及其成套装备研发	河北硅谷化工有限公司、东华大学、国网冀北电力有限公司、国网冀北电力有限公司电力科学研究院	余木火、宋福如、宋志强、叶　盛、孔海娟、宋利强、宋聚强、游传榜、滕翠青、韩克清、鲍饴训、蔡俊娥、刘新亚、马　禹、陈　原
膜裂法聚四氟乙烯纤维制备产业化关键技术及应用	浙江理工大学、上海金由氟材料有限公司、浙江格尔泰斯环保特材科技有限公司、总后勤部军需装备研究所、西安工程大学、上海市凌桥环保设备厂有限公司	郝新敏、郭玉海、黄斌香、陈美玉、黄　磊、徐志梁、冯新星、张华鹏、茅惠东、孙润军、陈观福寿、来　侃、马　天、朱海霖、陈　晓
低旦醋酸纤维制备关键技术及产业化	南通醋酸纤维有限公司、东华大学	杨占平、覃小红、徐　坦、黄建新、黄　骅、王荣武、张　丽、张弘楠、赵从涛、王跃飞、宋敏峰、吴德群、肖　峰、李鹏翔、吴佳骏
中国化纤流行趋势战略研究	纺织化纤产品开发中心、中国化学纤维工业协会、东华大学	王　伟、端小平、王华平、缪汉根、王玉萍、陈新伟、张叶兴、梅　峰、赵向东、刘　青、戎中钰、陈向玲、李东宁、靳高岭、李增俊
细菌纤维素（BC）高效生产与制品开发	东华大学、上海奕方农业科技股份有限公司、嘉兴学院	王华平、黄锦荣、洪　枫、陈仕艳、顾益东、颜志勇、丁　彬、张玉梅、杨敬轩、李　喆、洪永修、雷学峰、李丽莎

二等奖

项目名称	主要完成单位	主要完成人
低温可染异型中空聚酯纤维关键技术及其产业化	绍兴文理学院、绍兴市云翔化纤有限公司、浙江红绿蓝纺织印染有限公司、浙江越隆控股集团有限公司	刘　越、占海华、胡玲玲、段亚峰、王维明、虞　波、周建红、陈宇鸣、黄新明、王荣根
基于强化分散混合的高品质熔体直纺功能性聚酯纤维开发	中国纺织科学研究院、中国石化仪征化纤股份有限公司、江苏恒力化纤股份有限公司	李　鑫、孔令熙、尹立新、井连英、徐相宏、任怀林、薛　斌、李　健、金　剑、汤方明
涤纶高强度工业母丝	苏州龙杰特种纤维股份有限公司、苏州大学、广东出入境检验检验局检验检疫技术中心	席文杰、秦传香、关　乐、秦志忠、李　淳、徐醒我、潘正良
高吸液型壳聚糖纤维关键技术研究及产品开发	青岛即发集团股份有限公司	杨为东、黄聿华、衣宏君、万国晗、王占锐、徐红梅
再生聚丙烯直纺长丝关键技术及装备产业化	福建三宏再生资源科技有限公司	张振文、沈来勇、汤华锋
FDY无油牵伸新技术的研发和产业化	桐昆集团股份有限公司	陈士南、赵宝东、孙燕琳、沈建伦、屠奇民、费妙奇、曹立国、李红良、薛银华、张玉勤
基于高强耐磨型割草（灌）线材的大直径共聚聚酰胺单丝与关键技术研究	南通新帝克单丝科技股份有限公司、南通大学	马海燕、孙启龙、樊冬娌、马海军、张　军、邵小群、徐　燕

三等奖

项目名称	主要完成单位	主要完成人
FZ/T 51001—2009《粘胶纤维用浆粕》	上海市纺织工业技术监督所、山东海龙股份有限公司、山东银鹰化纤有限公司、宜宾长毅浆粕有限责任公司	陆秀琴、夏坚琴、邢春花、陈忠国、黄　俊、李红杰
FZ/T 14022—2012《芳纶1313印染布》	陕西元丰纺织技术研究有限公司、上海市纺织工业技术监督所、烟台泰和新材料股份有限公司、奉化市双盾纺织帆布实业有限公司、无锡市远东纺织印染技术服务有限公司	张生辉、贺美娣、宋西全、马建超、王云佚、是伟元
中国化纤行业发展与环境保护（化纤白皮书）	中国化学纤维工业协会	端小平、赵向东、王玉萍、李伯鸣、李德利、林世东、邓　军
多功能丙纶及其复合纱线的研发与产业化	浙江省现代纺织工业研究院、新凤鸣集团股份有限公司	汪乐江、胡克勤、郑世睿、陶仁中、范艳苹、冯新卫、崔　利
聚酯地毯纱（PTT—BCF）关键技术研究及产业化	常州灵达特种纤维有限公司、东华大学	周　吕、王朝生、蒋韶贤、薛小平、陈向玲、郑耀伟、陆惠林
新型再生纤维素/蛋白质复合纤维的纺制及其产业化	恒天海龙股份有限公司、武汉纺织大学	王乐军、李文斌、马君志、李昌垒、孙东升、刘　欣、秦翠梅
扁平易收缩系列涤纶纤维的开发	荣盛石化股份有限公司、浙江理工大学	郭成越、孙　福、徐永明、焦岩岩、李岳春、周先何、吴维光

续表

项目名称	主要完成单位	主要完成人
高强度大伸长气囊用涤纶工业用丝开发及应用	浙江海利得新材料股份有限公司、浙江理工大学、嘉兴学院、北京胜邦鑫源化纤机械有限公司	马鹏程、颜志勇、姚玉元、孙永明、李长琦、顾　锋、韩　峰
改性竹炭系列功能纤维的技术研究	中原工学院、新乡化纤股份有限公司	张旺玺、王艳芝、曹俊友、张瑞文、邵长金、谢跃亭、焦明立
车用低雾化有色涤纶长丝FDY技术	浙江华欣新材料股份有限公司	曹欣羊、钱樟宝、赵江峰、项利民、顾点飞、樊伟良、王国萍
储能/麻浆新型吸湿发热功能纤维针织面料的技术开发	上海帕兰朵纺织科技发展有限公司	林润琳、方国平、高小明、张佩华、季立新、赵树松

2015年度获奖名单

一等奖

项目名称	主要完成单位	主要完成人
干法纺聚酰亚胺纤维制备关键技术及产业化	东华大学、江苏奥神新材料股份有限公司、江苏奥神集团有限公司	张清华、王士华、詹永振、陈大俊、陶明东、郭　涛、方念军、张卫民、董　杰、赵　昕、苗　岭、陈　斌、严　成、王发阳、陈　桃
高品质纯壳聚糖纤维与非织造制品产业化关键技术	海斯摩尔生物科技有限公司、东华大学	胡广敏、周家村、陈　龙、李进山、张明勇、朱新华、黄伦强、林　亮、杜衍涛、王　信、李　喆、吴开建、陈　凯、陈　芳
高品质聚酰胺6纤维高效率低能耗智能化生产关键技术	义乌华鼎锦纶股份有限公司、广东新会美达锦纶股份有限公司、北京三联虹普新合纤技术服务股份有限公司、东华大学	朱美芳、封其都、肖　茹、于佩霖、赵维钊、丁尔民、王宏志、陈　欣、林世斌、张青红、马敬红、刘学斌、宁佐龙、谌继宗、王朝生

二等奖

项目名称	主要完成单位	主要完成人
日产200吨涤纶短纤维数字化成套设备	恒天重工股份有限公司、邵阳纺织机械有限责任公司、中原工学院、邯郸宏大化纤机械有限公司	刘延武、李新奇、刘顺同、崔世忠、王志兵、朱素娟、王泽亮、张秋苹、王玉昌、袁文发
国产节能型柔性化工业丝成套装备技术开发与产业化应用	北京中丽制机工程技术有限公司、晋江市永信达织造制衣有限公司、海西纺织新材料工业技术晋江研究院、中国纺织科学研究院	仝文奇、李学庆、满晓东、邵德森、姜　军、丁程源、陈立军、张丙红、周晓辉、李秀宾
废涤纶织物并列复合柔软再生纤维生产技术研究及产业化	宁波大发化纤有限公司	钱　军、秦　丹、王方河、邢喜全、史春桥、李晓东、杜　芳

续表

项目名称	主要完成单位	主要完成人
高效节能短流程聚酯长丝高品质加工关键技术及产业化	新凤鸣集团股份有限公司、嘉兴学院	沈健彧、庄耀中、赵春财、薛　元、颜志勇、许纪忠、崔　利、刘春福、郑永伟、钱卫根
含杂环的芳香族聚酰胺纤维（F-12纤维）50吨/年产业化技术	内蒙古航天新材料科技有限公司、中国航天科工六院四十六所	冯艳丽、李九胜、王宝生、柴永存、胥国军、牛　敏、邹纪华、白玉龙、焦李周、汤建军
高保形弹性聚酯基复合纤维制备关键技术与产业化	南通永盛纤维新材料有限公司、永盛新材料有限公司、东华大学、杭州汇维仕永盛化纤有限公司、杭州汇维仕永盛染整有限公司、嘉兴学院 、吴江市天源织造厂	赵继东、王华平、石红星、陶建军、陶志均、徐　华、王朝生、颜志勇、马青海、叶洪福
有色间位芳纶短纤维工业化	东华大学、圣欧芳纶（江苏）股份有限公司	胡祖明、于俊荣、王　彦、诸　静、钟　洲、车明国、杨　威、刘立起、王丽丽、颜　言
抗氧化改性聚苯硫醚纤维界面技术及其产业化	苏州金泉新材料股份有限公司、太原理工大学	樊海彬、张蕊萍、李文俊、戴晋明、郭利清、连丹丹、相鹏伟、张　勇、秦加明、张建英
彩色差别化涤纶丝熔体直纺产品多元化工程技术	浙江华欣新材料股份有限公司	曹欣羊、周全忠、段亚峰、钱樟宝、薛仕兵、汪森军、赵江峰、喻　平、严忠伟、叶　雷
粘胶行业高效节能酸浴处理技术	唐山三友集团兴达化纤有限公司	刁敏锐、曹　杰、冯林波、苏宝东、姜德虎、杜红莲、苏文恒、徐瑞宾、徐广成、王大明

三等奖

项目名称	主要完成单位	主要完成人
直纺半光多孔扁平纤维的研制与产业化技术	桐昆集团股份有限公司	邱中南、孙燕琳、彭建国、沈洪良、倪慧芬、张子根、苏汉明
超高收缩涤锦复合超细纤维及高密度高性能无尘布生产技术	营口三鑫合纤有限公司	梅艳芳、刘洪娟、庄　辉、金朝辉、王明坤、杨　哲、洪名汉
连续纺单纤1.11dtex粘胶长丝技术开发	恒天天鹅股份有限公司	李建伟、张志宏、杜树新、陈洁龄、田文智、张志涛、鲁士君
低过冷度相变材料纳胶囊及相变保温粘胶短纤维的产业化开发	恒天海龙股份有限公司、天津工业大学、联润翔（青岛）纺织科技有限公司	王乐军、张兴祥、姜　露、马君志、王建平、吴大伟、李昌垒

2016年度获奖名单

一等奖

项目名称	主要完成单位	主要完成人
海藻纤维制备产业化成套技术及装备	青岛大学、武汉纺织大学、青岛康通海洋纤维有限公司、绍兴蓝海纤维科技有限公司、山东洁晶集团股份有限公司、安徽绿朋环保科技股份有限公司、邯郸宏大化纤机械有限公司	夏延致、朱　平、王兵兵、张传杰、全凤玉、隋淑英、隋坤艳、刘　云、纪　全、崔　莉、薛志欣、王荣根、田　星、金晓春、林成彬
千吨级干喷湿纺高性能碳纤维产业化关键技术及自主装备	中复神鹰碳纤维有限责任公司、东华大学、江苏鹰游纺机有限公司	张国良、张定金、陈惠芳、刘　芳、刘宣东、席玉松、陈秋飞、李　韦、金　亮、连　峰、郭鹏宗、张斯纬、于素梅、张家好、肖　茹
万吨级新溶剂法纤维素纤维关键技术研发及产业化	山东英利实业有限公司、保定天鹅新型纤维制造有限公司、东华大学、山东大学、天津工业大学、山东省纺织设计院、上海太平洋纺织机械成套设备有限公司、山东建筑大学	朱　波、李发学、韩荣桓、高殿才、宋　俊、路喜英、于　宽、曾　强、郑世睿、李永威、梁　勇、魏广信、蔡小平、陈　鹰、孙永连
高品质差别化再生聚酯纤维关键技术及装备研发	海盐海利环保纤维有限公司、中国纺织科学研究院、海盐海利废塑回收处理有限公司、北京中丽制机工程技术有限公司	陈　浩、仝文奇、方叶青、沈　玮、金　剑、蒋雪风、姜　军、张吴芬、董凤敏、翟　毅、朱华生、周晓辉、吴海良、刘永亭、吴昌木
聚酯酯化废水中有机物回收技术	上海聚友化工有限公司、桐昆集团股份有限公司、江阴华怡聚合有限公司、中国石化上海石油化工股份有限公司涤纶部、桐乡市中维化纤有限公司、中国纺织科学研究院	汪少朋、张学斌、白　丁、李红彬、孟　华、武术芳、甘胜华、严宏明、李传迎、郑　弢、钱文程、矫云凤、赵新葵、李　辉、冯秀芝

二等奖

项目名称	主要完成单位	主要完成人
聚己二酰丁二胺单丝的关键技术研究及产业化	南通新帝克单丝科技股份有限公司、南通大学	马海燕、高　强、陈玥竹、季　涛、卫　尧、马海军、杨西峰
锦纶一步法分纤母丝产业化成套设备及工艺技术	北京中丽制机工程技术有限公司、无锡佳成纤维有限公司、中国纺织科学研究院	沈　玮、宣红华、许海军、刘凯亮、张明成、陈立军、常亚玲、朱进梅、武　彦、王从云
单线年产10万吨复合竹浆纤维素纤维节能减排集成技术开发及应用	成都丽雅纤维股份有限公司	李雪梅、赵必波、龙国强、辜庆玲、付金丽、刘　芳
循环再利用聚酯（PET）纤维鉴别技术研究	上海市纺织工业技术监督所、上海纺织集团检测标准有限公司、上海市合成纤维研究所	陆秀琴、付昌飞、李红杰、申世红、徐逸群、刘慧杰、周祯德、庄盈笑、张新民、张宝庆
低熔点特种长丝的研制及产业化	绍兴文理学院、凯泰特种纤维科技有限公司、绍兴禾欣纺织科技有限公司	占海华、许志强、朱　昊、王锡波、詹莹韬、孙西超、尚小冬、董荣誉、刘　越、陈亚君

三等奖

项目名称	主要完成单位	主要完成人
聚酯共聚改性及新型化纤关键技术	浙江恒逸高新材料有限公司、浙江理工大学、东华大学	徐锦龙、王华平、张顺花、缪国华、吉　鹏、李建武、王朝生
全消光涤纶长丝熔体直纺柔性关键技术及产品开发	新凤鸣集团股份有限公司、浙江科技学院	庄耀中、崔　利、沈健彧、郑永伟、吴阿林、赵春财、刘春福
粗旦导电纤维单丝一步法纺丝成套技术开发	北京中纺优丝特种纤维科技有限公司、凯泰特种纤维科技有限公司、中国纺织科学研究院	焦红娟、王　勇、许志强、李　睿、刘建兵、高　扬、杨春喜
低缩率复合纤维（ITY）的研制与产业化技术	桐昆集团浙江恒盛化纤有限公司	李圣军、卢新宇、于汉青、马骁伦、沈惠丽、陆云飞、庄剑锋

2017年度获奖名单

一等奖

项目名称	主要完成单位	主要完成人
大容量锦纶6聚合、柔性添加及全量回用工程关键技术	福建中锦新材料有限公司、湖南师范大学	吴道斌、易春旺、陈万钟、郑载禄、瞿亚平、林孝谋、潘永超、王子强、彭舒敏、刘冰灵、詹俊杰、张良铖
废旧聚酯纤维高效高值化再生及产业化	浙江绿宇环保股份有限公司、宁波大发化纤有限公司、优彩环保资源科技股份有限公司、东华大学、浙江理工大学、中原工学院	王华平、钱　军、张　朔、戴泽新、陈文兴、王少博、陈　烨、石教学、邢喜全、王学利、戴梦茜、姚　强、王方河、王朝生、张须臻
聚丙烯腈长丝及导电纤维产业化关键技术	常熟市翔鹰特纤有限公司、东华大学、中国石油天然气股份有限公司大庆石化分公司	陶文祥、陈　烨、王华平、曲顺利、徐　洁、王蒙鸽、张玉梅、王　彪、郭宗镭、徐　静、邢宏斌、刘　涛

二等奖

项目名称	主要完成单位	主要完成人
异型超短再生纤维素纤维关键技术研发	唐山三友集团兴达化纤有限公司	么志高、杨爱中、赵秀媛、孙郑军、郑付杰、刘　辉、冯林波、韩绍辉、董　杰、韦吉伦
废聚酯瓶片料生产再生涤纶BCF膨化长丝关键技术及产业化	龙福环能科技股份有限公司	段建国、郭　利、冯希泉、王云平、王登勋、邸刚利、马云兵、王耀村、相恒学、刘玉文
生物基石墨烯宏量制备及石墨烯在功能纤维中的产业化应用	济南圣泉集团股份有限公司、东华大学、青岛大学、黑龙江大学	唐地源、曲丽君、张金柱、付宏刚、唐一林、王双成、王朝生、郑应福、吕冬生、马君志

续表

项目名称	主要完成单位	主要完成人
导电间位芳纶制备关键技术及其在防静电阻燃服中的应用	中国石油化工集团公司劳动防护用品检测中心、烟台泰和新材料股份有限公司、宜禾股份有限公司	王观军、宋西全、于新民、毕景中、刘灵灵、盛　华、马金芳、杨　雷、陈　磊、任晓辉
高导热化纤长丝及其新型凉感织物生产关键技术	江阴市红柳被单厂有限公司、湖南中泰特种装备有限责任公司、温州方圆仪器有限公司	肖　红、黄　磊、高　波、程　剑、槐向兵、代国亮、王翰林、周运波、张远军、庄嘉齐

三等奖

项目名称	主要完成单位	主要完成人
水处理功能用涤纶工业长丝的技术开发	浙江海利得新材料股份有限公司	马鹏程、顾　锋、孙永明
PBT预取向丝的研制与产业化技术	桐昆集团股份有限公司	俞　洋、屈汉巨、李国元、杨卫星、杨金良、屠海燕、劳海英
PA6/PE定岛型海岛纤维及超细纤维革基布的研发及产业化	泉州万华世旺超纤有限责任公司、北京服装学院	李　革、王　锐、蔡鲁江、朱志国、曾跃民、李　杰、吴发庆
可循环再生生物质酪素纤维关键技术研发	上海正家牛奶丝科技有限公司	郑　宇、许振雷、王爱兵、马　洁、陈池明、朱小云、王伟志
多功能纳米复合阻燃聚酯纤维关键技术及产业化	上海德福伦化纤有限公司、东华大学	周　哲、刘　萍、闫吉付、冯忠耀、相恒学、陆育明、李东华
隧道用耐高温耐腐蚀工程材料技术开发及产业化应用	宏祥新材料股份有限公司	崔占明、孟灵晋、刘好武、王　静、郑衍水、孟灵健
PBO纤维应用关键技术研究及产品开发	陕西省纺织科学研究院	马新安、蔡普宁、张　莹

2018年度获奖名单

一等奖

项目名称	主要完成单位	主要完成人
国产化Lyocell纤维产业化成套技术及装备研发	中国纺织科学研究院有限公司、中纺院绿色纤维股份公司、新乡化纤股份有限公司、北京中丽制机工程技术有限公司、宁夏恒达纺织科技股份公司	孙玉山、徐纪刚、程春祖、徐鸣风、赵庆章、贾保良、蔡　剑、白　瑛、迟克栋、邵长金、金云峰、骆　强、郑玉成、李克元、安　康
超仿棉聚酯纤维及其纺织品产业化技术开发	中国纺织科学研究院有限公司、东华大学、中国石化仪征化纤有限责任公司、鲁丰织染有限公司、徐州斯尔克纤维科技股份有限公司、江阴市华宏化纤有限公司、江苏大生集团有限公司、江苏国望高科纤维有限公司、桐昆集团股份有限公司、江苏微笑新材料科技有限公司	李　鑫、王学利、卢立勇、金　剑、张瑞云、张战旗、孙德荣、吉　鹏、邱志成、赵瑞芝、戴钧明、李志勇、张江波、唐俊松、沈富强

续表

项目名称	主要完成单位	主要完成人
静电喷射沉积碳纳米管增强碳纤维及其复合材料关键制备技术与应用	天津工业大学、威海拓展纤维有限公司	程博闻、陈　利、康卫民、徐志伟、周　存、张国利、刘　雍、刘玉军、王文义、王宝铭、刘　皓、孙　颖、陈　磊、李　磊、赵义侠
粗旦锦纶6单丝及分纤母丝纺牵一步法高速纺关键技术与装备	长乐恒申合纤科技有限公司、长乐力恒锦纶科技有限公司、东华大学	李发学、陈立军、刘　智、丁闪明、吴德群、李云华、张振涛、高　洁、袁如超、杨前方、毛行功、朱惠惠、赵　杰
热塑性聚合物纳米纤维产业化关键技术及其在液体分离领域的应用	武汉纺织大学、昆山汇维新材料有限公司、联合滤洁流体过滤与分离技术（北京）有限公司、佛山市维晨科技有限公司	王　栋、刘　轲、李沐芳、赵青华、郭启浩、程　盼、梅　涛、罗　刚、徐承彬、蒋海青、刘琼珍、王雯雯、王跃丹、鲁振坦、吴兆棉

二等奖

项目名称	主要完成单位	主要完成人
ISO 17608：2015《纺织品　氨纶长丝　耐氯性能试验方法》	上海市纺织工业技术监督所、浙江华峰氨纶股份有限公司、长乐恒申合纤科技有限公司、江苏双良氨纶有限公司、中国化学纤维工业协会	周祯德、李红杰、赵晓阳、陆秀琴、王丽莉、蒋同德、李晓庆、刘桂英、万　蕾、张宝庆
ISO 18067：2015《纺织品　合成纤维长丝　干热收缩率试验方法（处理后）》	上海市纺织工业技术监督所、桐昆集团股份有限公司、荣盛石化股份有限公司、义乌华鼎锦纶股份有限公司、纺织化纤产品开发中心、江苏盛虹科技股份有限公司、上海纺织集团检测标准有限公司	陆秀琴、周祯德、李红杰、孙燕琳、陈国刚、卢　卓、李德利、高国洪、杨　艳、吴凯琪
高新技术纤维发展战略研究	中国恒天集团有限公司、中国纺织工程学会	胡　克、刘　军、许　深、王玉萍、张洪玲、王乐军、李增俊、舒　伟、白程炜、吕佳滨
低纤度原液着色尼龙6纤维及功能产品开发关键技术与产业化	东华大学、浙江台华新材料股份有限公司、海安县中山合成纤维有限公司	黄莉茜、徐丽亚、吉　鹏、王成翔、丁　彬、马训明、王　宁、王学利、王　均、许　斌
铜离子抗菌改性聚丙烯腈纤维研发及应用研究	江阴市红柳被单厂有限公司、上海正家牛奶丝科技有限公司、苏州市纤维检验院	黄　磊、郁　敏、周小进、郑　宇、倪国华、槐向兵、李健男、茅　彬、陈晓华、朱小云
涤纶工业丝品质提升关键技术及产业化	东华大学、浙江尤夫高新纤维股份有限公司、江苏恒力化纤股份有限公司	张玉梅、宋明根、王山水、于金超、杨大矛、蒋　权、陈　康、徐龙官、尹立新、王华平
竹浆制高湿模量再生纤维素纤维工艺技术开发	唐山三友集团兴达化纤有限公司	于捍江、高　悦、杨爱中、么志高、孙郑军、徐瑞宾、赵秀媛、张东斌、张浩红
改性聚氨酯弹性纤维的关键技术研究与产业化	浙江华峰氨纶股份有限公司	杨晓印、杨从登、陈厚翔、刘亚辉、温作杨、梁红军、晋中成、费长书、张所俊、薛士壮

续表

项目名称	主要完成单位	主要完成人
耐磨型抗水解聚酯单丝研发及产业化	南通新帝克单丝科技股份有限公司、南通大学	马海燕、张　伟、张　军、陆亚清、马海军、卫　尧、金　鑫
海藻生物医卫材料关键技术及产业化	青岛明月海藻集团有限公司、嘉兴学院、青岛明月生物医用材料有限公司	秦益民、刘洪武、李可昌、胡贤志、邓云龙、刘　健、郝玉娜、张　妮、尚宪明、莫　岚
产业纺织品用单组分低熔点纤维制备关键技术及应用开发	武汉纺织大学、湖北省宇涛特种纤维股份有限公司、成都海蓉特种纺织品有限公司	王罗新、殷松甫、李　峰、殷晃德、熊思维、庞旭章、陈少华、殷先泽、薛茂安、许　静

三等奖

项目名称	主要完成单位	主要完成人
纤维级聚酯切片国家标准样品复制	中国石化仪征化纤有限责任公司	陈　达、叶丽华、蒋　云、王　清、王新华、姜兴国、陈锦国
中国化纤产业现状及竞争力分析	中国昆仑工程有限公司、中国纺织工程学会	许贤文、伏广伟、万网胜、张洪玲、吴文静、李利军、文美莲
定岛超细纤维材料高效制备技术	上海华峰超纤材料股份有限公司	胡忠杰、张其斌、孙向浩、韩　芹、杜明兵、杨银龙、彭超豪
一种双面毛逸绒用纤维制备的工艺技术产业化	桐昆集团浙江恒通化纤有限公司	陈士南、赵宝东、孙燕琳、张玉勤、张子根
石墨烯原位聚合功能化聚己内酰胺切片制备及纺丝关键技术	常州恒利宝纳米新材料科技有限公司	蒋　炎、黄荣庆、马宏明、曹建鹏、戴树洌、周　露
基于聚酯纤维结构模块化智能集成控制的特种长丝关键技术及应用	绍兴文理学院、浙江佳宝新纤维集团有限公司、凯泰特种纤维科技有限公司、浙江佳人新材料有限公司、绍兴禾欣纺织科技有限公司	占海华、许志强、顾日强、王锡波、余新健、楼利琴、姚江薇
粘胶纤维厂污水处理及综合利用技术	唐山三友集团兴达化纤有限公司	李百川、张浩红、苏宝东、庞艳丽、张　伟、张银奎、郑东义
胶原蛋白改性聚丙烯腈差别化纤维制备及性能研究	河北科技大学、河北善缘羊绒制品有限责任公司、石家庄晟辰纺织科技有限公司	胡雪敏、徐智策、张连兵、陈振宏
矿物质太极石改性纤维素纤维制备技术	太极石股份有限公司	林荣银、王荣华、吕志军、王俊科

2019年度获奖名单

一等奖

项目名称	主要完成单位	主要完成人
基于湿法纺丝工艺的高强PAN基碳纤维产业化制备技术	威海拓展纤维有限公司、北京化工大学	徐樑华、陈　洞、丛宗杰、张大勇、李常清、张月义、王国刚、曹维宇、沙玉林、王　炜、李日滨、童元建、孙绍桓、李松峰、黄大明

续表

项目名称	主要完成单位	主要完成人
高值化聚酯纤维柔性及绿色制造集成技术	桐昆集团股份有限公司、新凤鸣集团股份有限公司、东华大学、上海聚友化工有限公司、嘉兴学院、中国纺织科学研究院有限公司、浙江恒优化纤有限公司、新凤鸣集团湖州中石科技有限公司、桐乡市中维化纤有限公司、桐乡市恒隆化工有限公司	庄耀中、陈士南、孙燕琳、吉　鹏、陈向玲、杨剑飞、甘胜华、管永银、沈富强、王华平、梁松华、肖顺立、颜志勇、朱伟楷、张厚羽
对位芳香族聚酰胺纤维关键技术开发及规模化生产	东华大学、中化高性能纤维材料有限公司	胡祖明、于俊荣、曹煜彤、宋数宾、刘兆峰、赵开荣、张　浩、祁宏祥、顾克军、戚键楠、李正启、陆春明、刘战武、高元勇、王　彦
复合纺新型超细纤维及其纺织品关键技术研发与产业化	浙江古纤道股份有限公司、浙江理工大学、江苏聚杰微纤科技集团股份有限公司、浙江恒烨新材料科技有限公司	王秀华、沈国光、张大省、仲鸿天、张须臻、李为民、张新杰、袁建友、郭福江、张增松、李　蓉、魏明泉
化纤长丝卷装作业的全流程智能化与成套技术装备产业化	北自所（北京）科技发展有限公司、东华大学、福建百宏聚纤科技实业有限公司、浙江恒逸高新材料有限公司、北京机械工业自动化研究所有限公司	王　勇、冯　培、侯　曦、江秀明、吕　斌、杨崇倡、吴振强、徐　慧、王永兴、满运超、曹晓燕、王丽丽、王生泽、王峰年、何鸿强

二等奖

项目名称	主要完成单位	主要完成人
熔体直纺高品质深染原液着色聚酯纤维产业化技术开发	中国纺织科学研究院有限公司、中国石化仪征化纤有限责任公司、苏州宝丽迪材料科技股份有限公司、滁州安兴环保彩纤有限公司、浙江恒逸石化有限公司、北京化工大学、沈阳化工研究院有限公司	金　剑、毛绪国、徐毅明、吴鹏飞、丁　筠、王永华、张文强、徐锦龙、盛平厚、孙华平
耐切割、抗蠕变、原液着色超高分子量聚乙烯纤维关键技术及产业化	江苏锵尼玛新材料股份有限公司、南通大学、江苏昌邦安防科技股份有限公司、赛立特（南通）安全用品有限公司	沈文东、曹海建、陈清清、高　强、车俊豪、张玲丽、严雪峰、宋兴印、袁修见、李建红
中空异形再生纤维素纤维产业化关键技术	山东银鹰化纤有限公司、东华大学	徐元斌、周　哲、成艳华、胡　娜、郭伟才、相恒学、李　娟、鹿泽波、杨利军、马峰刚
生态硅氮系阻燃纤维素纤维产业化及多功能制品集成开发	北京赛欧兰阻燃纤维有限公司、东华大学、嘉兴学院、上海大学、浪莎针织有限公司、山东银鹰化纤有限公司	陈　烨、冉国庆、刘承修、姚勇波、姜　沪、刘爱莲、柯福佑、胡金龙、徐元斌、张慧颖
高湿模量纤维界面处理技术研究及应用	河北科技大学、唐山三友集团兴达化纤有限公司	张林雅、于捍江、顾丽敏、米世雄、崔海燕、郑晓晨、安　娜、田健泽、李燕青、李学苗

续表

项目名称	主要完成单位	主要完成人
毛纺领域用高强竹浆纤维毛条制备技术	河北吉藁化纤有限责任公司、河北艾科瑞纤维有限公司	徐佳威、陈达志、李振峰、赵坤庆、申增路、杨红卫、刘柱君、高彦欣、张焕志、马军峰
高强度锦纶6短纤维制备关键技术及其多功能系列产品开发	恒天中纤纺化无锡有限公司、东华大学	赵　岭、王华平、吉　鹏、张建民、林　敏、余　志、薛　建、陈向玲、陈　烨、王朝生
风电叶片碳纤维复合材料大梁板材高效拉挤制备技术及产业化	江苏澳盛复合材料科技有限公司、东华大学、上海华渔新材料科技有限公司	余木火、许文前、严　兵、张　辉、张可可、孙泽玉、郎鸣华、唐　许、施刘生、余许多
高品质原液着色聚酯纤维应用技术开发	中国纺织科学研究院有限公司、天津工业大学、鲁丰织染有限公司、际华三五四三针织服饰有限公司、花法科技有限公司、中纺院（天津）科技发展有限公司、纺织化纤产品开发中心	廉志军、刘建勇、张战旗、李宁军、王　忠、王　雪、张子昕、马崇启、齐元章、和超伟
JCTX300型千吨级碳纤维生产线	浙江精功科技股份有限公司	金越顺、吴海祥、王永法、卫国军、傅建根、陈慧萍、张鹏铭、孙海梁、孙兴祥、庄海林

2020年度获奖名单

一等奖

项目名称	主要完成单位	主要完成人
120头高效率超细氨纶纤维产业化成套技术及装备	郑州中远氨纶工程技术有限公司、新乡化纤股份有限公司、中原工学院	桑向东、邵长金、孙湘东、魏　朋、宋德顺、张一风、崔跃伟、姚永鑫、季玉栋、孟凡祎、袁祖涛、贾　舰、张运启、张建波、章　伟
高品质熔体直纺PBT聚酯纤维成套技术开发	东华大学、无锡市兴盛新材料科技有限公司	俞新乐、王华平、吉　鹏、俞　盛、王朝生、李建民、薛月霞、乌　婧、吴固越、陈向玲、伊贺阳、陈　烨、陆美娇、梅　勇、伍国庆
长效环保阻燃聚酯纤维及制品关键技术	北京服装学院、江苏国望高科纤维有限公司、上海德福伦化纤有限公司、四川东材科技集团股份有限公司、德州常兴化工新材料研制有限公司、浙江海利得新材料股份有限公司、江苏中鲈科技发展股份有限公司	王　锐、梁倩倩、朱志国、冯忠耀、边树昌、柴志林、葛骏敏、董振峰、张秀芹、陆育明、江　涌、毕新春、王建华、郝应超、朱文祥
聚酯复合弹性纤维产业化关键技术与装备开发	江苏鑫博高分子材料有限公司、四川大学、北京中丽制机工程技术有限公司、扬州惠通化工科技股份有限公司	兰建武、沈　鑫、沈　玮、程　旻、仝文奇、林绍建、史科军、张　源、阎　斌、任玉国、张建纲、任二辉、姜胜民、周晓辉、金　剑

续表

项目名称	主要完成单位	主要完成人
百吨级超高强度碳纤维工程化关键技术	中复神鹰碳纤维有限责任公司、东华大学、江苏鹰游纺机有限公司	张国良、刘　芳、陈秋飞、陈惠芳、连　峰、郭鹏宗、金　亮、张斯纬、席玉松、李　韦、夏新强、刘　栋、李智尧、王　磊、杨　平

二等奖

项目名称	主要完成单位	主要完成人
GB/T 36020《化学纤维　浸胶帘子线试验方法》	上海市纺织工业技术监督所、上海纺织集团检测标准有限公司、神马实业股份有限公司、骏马化纤股份有限公司、烟台泰和新材料股份有限公司、杭州帝凯工业布有限公司、浙江古纤道绿色纤维有限公司、中国化学纤维工业协会	李红杰、孙　静、何泽涵、郝振华、朱晓娜、徐小波、杨志超、万　雷
碱法浆粘胶纤维生产废液中半纤维素的高值利用	唐山三友集团兴达化纤有限公司、河北科技大学	么志高、张林雅、庞艳丽、郑东义、于捍江、张浩红、宋　杰、周殿朋、张荣生、韦吉伦
多功能高仿毛特种长丝的研制及产业化	凯泰特种纤维科技有限公司、绍兴文理学院、中国纺织科学研究院有限公司、中纺院（天津）科技发展有限公司、北京中纺优丝特种纤维科技有限公司	占海华、许志强、李顺希、王　勇、张　艳、黄　芽、孙睿鑫、李志勇、孟　旭、尹　霞
PTT/PET双组分弹性复合长丝产业化技术开发	桐昆集团股份有限公司、浙江理工大学	俞　洋、刘少波、张须臻、黄华福、杨卫星、胡建松、劳海英、吕惠根、钱跃兴、陆晓丽
高品质多功能原液着色聚酰胺纤维制备关键技术及产业化	中国纺织科学研究院有限公司、广东新会美达锦纶股份有限公司、浙江金彩新材料有限公司、福建景丰科技有限公司、南京理工大学、中纺院（天津）科技发展有限公司、沈阳化工研究院有限公司	金　剑、宋　明、孙　侠、邱志成、金志学、姜　炜、李文骁、甘丽华、陈　欣、张堂俊
熔体直纺高效柔性添加成套装备及工艺开发与产业化	新凤鸣集团股份有限公司、东华大学、无锡聚新科技有限公司	崔　利、吉　鹏、顾自江、李国平、陈向玲、陈志强、李　群、姚敏刚、冯　斌、崔恒海
环保型再生纤维及纺织制品的生产关键技术与产业化	浙江理工大学、浙江敦奴联合实业股份有限公司、浙江海利环保科技股份有限公司、杭州新天元织造有限公司、杭州硕林纺织有限公司、浙江港龙织造科技有限公司	张红霞、祝成炎、王浙峰、汤其明、金肖克、孙　伟、姚海鹤、徐青艺、田　伟、贺　荣
基于物理循环利用的聚合物改性及其大直径单丝研发与产业化	南通新帝克单丝科技股份有限公司、南通大学	马海燕、杨西峰、高　强、马海军、朱海燕、邵小群、徐　燕、王　城

附录六　中国化学纤维工业协会基金奖励

恒逸基金获奖项目

2013年度获奖学术论文

二等奖

序号	论文题目	作者	单位
1	PA6/LDPE/PE-g-MAH共混纳米纤维的制备及结构研究	靳高岭、张秀芹、王　锐、朱志国、董振峰	北京服装学院材料科学与工程学院、服装材料研究开发与评价北京市重点实验室
2	低成本碳纤维制备新技术——增塑熔融纺丝法制备PAN纤维及其结构性能研究	田银彩、韩克清、刘淑萍、张文辉、张静洁、陈　磊、余木火	东华大学材料科学与工程学院、纤维材料改性国家重点实验室
3	溶解方式对纤维素/[BMIM]Cl溶液流变特性的影响	夏晓林、姚勇波、巩明方、王华平、张玉梅	东华大学材料科学与工程学院、纤维材料改性国家重点实验室
4	1-乙基-3-甲基咪唑醋酸盐溶剂小间隙干湿纺	李晓俊、李念珂、徐纪纲、段先泉、孙玉山、赵　强	东华大学纺织学院，中国纺织科学研究院生物源纤维制造技术国家重点实验室
5	拉伸工艺对聚四氟乙烯膜裂纤维性能的影响	郝新敏、杨　元、黄斌香、黄　磊	总后勤部军需装备研究所，上海金由氟材料有限公司
6	熔纺聚乙烯醇粗旦纤维结构性能及应用研究	向鹏伟、陈　宁、王华全、李　莉、王　琪	中国石化上海石油化工研究院川维分院、四川维尼纶厂研究院，四川大学高分子材料工程国家重点实验室、四川大学高分子研究所
7	涤纶工业丝液相增黏新技术研发与应用	马建平、陈文兴、王建辉、胡智暄、高　琳	浙江古纤道新材料股份有限公司，浙江理工大学"纺织纤维材料与加工技术"国家地方联合工程实验室

三等奖

序号	论文题目	作者	单位
1	PPS/HNTs纤维热氧稳定性初步研究	孟　思、胡泽旭、邢雪宇、陆秋旭、周　哲、季　平、朱美芳	东华大学材料科学与工程学院、纤维材料改性国家重点实验室
2	高亲水共聚酯的制备及性能研究	吉　鹏、史　原、刘红飞、王　琼、王朝生、王华平	东华大学材料科学与工程学院、纤维材料改性国家重点实验室
3	耐盐性海藻酸钙纤维的制备及性能研究	朱立华、夏延致、全凤玉、李海宁、孙　哲、王兵兵	青岛大学纤维新材料与现代纺织国家重点实验室培训基地
4	液晶聚芳醚酯/聚醚醚酮原位复合纤维的制备及性能研究	刘鹏清、李若松、徐建军、叶光斗	四川大学高分子科学与工程学院、高分子材料工程国家重点实验室

续表

序号	论文题目	作者	单位
5	含相变材料微胶囊的丙烯腈—丙烯酸甲酯熔纺纤维的结构与性能研究	韩　娜、张兴祥、高希银	天津工业大学改性与功能纤维天津市重点实验室、功能纤维研究所
6	PES及其共聚酯的合成与性能研究	李邵波、秦艳分、沈金科、周　翔、王秀华	浙江理工大学先进纺织材料与制备技术教育部重点实验室
7	废旧纺织品循环回收利用新技术	钱　军、秦　丹、王方河、邢喜全、杜　芳	宁波大发化纤有限公司
8	芦苇用于生产溶解浆的试验研究	马伟良、曹知朋、臧贻朋	山东银鹰化纤有限公司
9	吸收法处理预氧化含氰废气的应用研究	席玉松、郭鹏宗、张国良、张家好、李艳华	中复神鹰碳纤维有限责任公司
10	对位芳纶纤维多层次结构特性及其对浆粕性能的影响	王　芳、秦其峰、王　伟	中国石化仪征化纤股份有限公司

2014年度获奖学术论文

一等奖

论文题目	作者	单位
超高分子量PPTA树脂及其高模量芳纶纤维的结构与性能	孔海娟、叶　盛、刘　静、秦明林、李双江、刘新东、杨　鹏、沈伟波、滕翠青、韩克清、余木火	东华大学材料科学与工程学院、纤维材料改性国家重点实验室，民用航空复合材料协同创新中心，河北硅谷化工有限公司

二等奖

序号	论文题目	作者	单位
1	大型化纤企业价值创造型财务管理模式创新研究——基于恒逸集团案例研究	倪德锋	江西财经大学会计学院
2	取向对聚左旋乳酸/聚右旋乳酸复合物纤维结晶性能的影响	张秀芹、熊祖江、刘国明、尹永爱、王　锐、王笃金	北京服装学院材料科学与工程学院，中国科学院化学研究所北京分子科学国家实验室工程塑料院重点实验室，中国皮革和制鞋工业研究院
3	碳纤维表面结构调控对其增强复合材料力学及湿热性能的影响	钱　鑫、支建海、张永刚、杨建行	中国科学院宁波材料技术与工程研究所，碳纤维制备技术国家工程实验室
4	乙烯—三氟氯乙烯共聚物纤维结构与性能研究	潘　健、肖长发、赵　健、黄庆林、张志英	天津工业大学，中空纤维膜材料与膜过程省部共建国家重点实验室培育基地
5	基于同步辐射和分子模拟方法探讨提高聚芳砜酰胺纤维力学性能的结构因素	于金超、陈晟晖、汪晓峰、张玉梅、王华平	东华大学材料科学与工程学院、纤维材料改性国家重点实验室，上海特安纶纤维有限公司

续表

序号	论文题目	作者	单位
6	碳纤维表面处理对复合材料界面性能的影响	任呈祥	浙江恒逸高新材料有限公司
7	芳香族聚酯热致液晶纤维的纺丝与固相缩聚	覃　俊、王　桦、陈丽萍	四川省纺织科学研究院
8	轶纶®聚酰亚胺纤维的性能及在滤料中的应用	张国慧、丁孟贤、杨　诚、卢　晶、张　娜	长春高琦聚酰亚胺材料有限公司
9	蚕丝蛋白纤维的仿生制备及其性能研究	刘　琳、姚菊明	浙江理工大学材料与纺织学院
10	用聚合—溶解—析出法制备强疏水性聚酯	王　雪、金　剑	中国纺织科学研究院生物源纤维制造技术国家重点实验室

三等奖

序号	论文题目	作者	单位
1	化纤企业品牌培育实践与思考	谈　辉、程海燕	苏州金辉纤维新材料有限公司
2	低温等离子体处理对PBO纤维润湿性的影响	李　健、杨建忠	西安工程大学，纺织与材料学院
3	聚丙烯腈相对分子质量及分布的测试	张　娜、王微霞、皇　静、陈礼群、李德宏	中国科学院宁波材料技术与工程研究所，碳纤维制备技术国家工程实验室
4	基于非控股模式下的混合所有制企业制度安排研究与实践	郑新刚	恒逸石化股份有限公司
5	碳纤维表面生长N掺杂BiOBr纳米片用于可见光辐射下降解有机污染物	江国华、李　霞、魏　珍、江腾腾、杜祥祥、陈文兴	浙江理工大学材料与纺织学院材料工程系、先进纺织材料与制备技术教育部重点实验室
6	电纺制备聚己内酯/稀土超细杂化纤维结构与性能研究	王延伟、于　翔	河南工程学院材料与化学工程学院
7	生物基聚酯单体异山梨醇合成的多相催化剂构效关系	余定华、张小伟、赵锦波、董云海、黄　和	南京工业大学生物与制药工程学院、材料化学工程国家重点实验室
8	低聚物含量对聚乳酸熔纺成形工艺的影响	王世超、相恒学、费海燕、冯琦云、朱美芳	东华大学材料科学与工程学院、纤维材料改性国家重点实验室，南通九鼎生物工程有限公司
9	大肠杆菌利用甘油生产1,2-丙二醇合成途径的构建及代谢网络调节的研究	申晓林、袁其朋	北京化工大学生命科学与技术学院、化工资源有效利用重点实验室
10	环氧基扩链剂对P（3HB-co-4HB）的改性研究	郭　静、宋朝阳、高　欢、陈园余、刘孟竹、杨利军	大连工业大学纺织与材料学院
11	经验模态分解法在织造过程质量数据拟合中的应用研究	邵景峰、王进富、白晓波、雷　霞、刘聪颖	长安大学信息工程学院，西安工程大学管理学院
12	聚苯胺/涤纶复合导电织物的制备与表征	薛　涛、张宝宏、孟佳光、李辉概	西安大学材料学院

续表

序号	论文题目	作者	单位
13	生物基尼龙56与尼龙6、尼龙66纤维结构和性能对比研究	郭亚飞、郝新敏、李岳玲、陈　晓、杨　元	总后勤部军需装备研究所
14	均聚—共聚法合成*L*—乳酸-乙醇酸共聚物结构控制与性能研究	尹会会、王　锐	北京服装学院材料科学与工程学院、服装材料研究开发与评价北京市重点实验室
15	玄武岩纤维防火保温板外墙外保温系统的创新研究	胡显奇	浙江石金玄武岩纤维有限公司
16	MAPE增容BF-WPC复合材料的力学性能及其影响机理	陈锦祥、王　勇、顾承龙、刘建勋、刘玉付、李　敏、鲁　云	东南大学土木工程学院、城市科学技术研究院，浙江理工大学机械与自动控制学院，东南大学材料学院，日本千叶大学工学研究科
17	生物基聚酯的热降解行为及其机理研究	相恒学、王世超、闻晓霜、缪晓辉、朱美芳	东华大学材料科学与工程学院,纤维材料改性国家重点实验室

2015年度获奖学术论文

一等奖

论文题目	作者	单位
干法纺丝制备聚酰亚胺纤维及其结构与性能	王士华、徐　圆、李振涛、董　杰、赵　昕、张清华	东华大学材料科学与工程学院，江苏奥神新材料股份有限公司

二等奖

序号	论文题目	作者	单位
1	原位交联/接枝法制备聚乙二醇/聚乙烯醇相变储能纤维的结构与性能	李　昭、贾二鹏、刘鹏清、叶光斗、徐建军、姜猛进	四川大学高分子国家重点实验室
2	混合二甲苯制备聚酯的技术开发及其性能研究	周向进	中国石油化工股份有限公司
3	利用筛网装置纺制中间相沥青基碳纤维的微结构演变机制研究	姚艳波、余木火、刘安华	上海市轻质结构复合材料重点实验室，厦门大学材料学院特种先进材料实验室、高性能陶瓷纤维教育部重点实验室
4	生物可降解聚酯PBST在不同热力场中的结构演变	魏真真、林金友、田　丰、李发学、俞建勇	东华大学纺织学院、现代纺织研究院，中国科学院上海应用物理研究所
5	网络增强UHMWPE/PVDF/SiO_2三元中空纤维疏水膜的结构与性能研究	李娜娜、师艳丽、肖长发、赵秀朕、封　严	天津工业大学纺织学院、分离膜与膜过程国家重点实验室
6	耐高温吸波碳化硅纤维的设计合成与性能研究	刘安华、陈剑铭	厦门大学材料学院特种先进材料实验室、高性能陶瓷纤维教育部重点实验室

续表

序号	论文题目	作者	单位
7	磷系阻燃纤维素酯及其纤维的制备与阻燃性能研究	郑云波、程博闻、宋 俊、方小林、刘 芳、刘 美	天津工业大学中空纤维膜材料与膜过程教育部重点实验室
8	静电纺纳米纤维的三维构建及其功能化应用研究	丁 彬、斯 阳、闫成成、洪菲菲、俞建勇	东华大学纺织学院
9	装备国产化专题调研分析报告	林世东	国家纺织化纤产品开发中心
10	两化融合下纺织产业创新驱动发展突破路径实验研究	邵景峰、王进富、白晓波、雷 霞、刘聪颖、马创涛、刘 勇	西安工程大学管理学院，动力与能源部咸阳华润纺织有限公司

三等奖

序号	论文题目	作者	单位
1	HAZOP与LOPA联合分析在PTA生产装置中的应用	谢 萍	中国昆仑工程公司
2	具有多重形状记忆性能与自修复性能的两性离子型聚氨酯	莫富年、陈少军	深圳大学材料学院
3	有机阻燃粘胶纤维产业化开发及应用研究	冉国庆、罗 威	北京赛欧兰阻燃纤维有限公司
4	我国“十三五”连续玄武岩纤维产业发展规划探讨	胡显奇	浙江石金玄武岩纤维有限公司
5	国内芳纶Ⅲ项目的现状与纺丝机开发	高占勇	邯郸宏大化纤机械有限公司
6	聚氨酯脲弹性纤维的干法纺丝及其应用	陈厚翔、周建军、梁红军、费长书、席 青、赵 婧	浙江华峰氨纶股份有限公司
7	新型可染细旦聚丙烯纤维的研制	潘 丹、陈 龙、何厚康、朱美芳	东华大学材料科学与工程学院、纤维材料改性国家重点实验室
8	保暖发热聚酯纤维的开发	缪国华、李龙真	浙江恒逸高新材料有限公司
9	液固相法纤维素氨基甲酸酯的合成与表征	尹翠玉、岳 军、熊立坤、苏立炜、余国民	天津工业大学改性与功能纤维重点实验室
10	电纺纳米丝球结构聚醚砜的研制及其低阻过滤性能研究	王娇娜	北京服装学院材料科学与工程学院，北京市服装材料研究与评价重点实验室
11	透明质酸修饰的静电纺纳米纤维用于癌细胞的捕获	赵毅丽、范章余、沈明武、朱晓玥、史向阳	东华大学纺织面料技术教育部重点实验室、化学化工与生物工程学院
12	我国化纤产业两化融合应用研究	邱奕博、孙 坚	浙江恒逸集团有限公司
13	PAN原丝成型工艺与碳纤维晶体结构和性能的关联性研究	连 峰、刘 栋、陈秋飞、郭鹏宗、林 康、戴慧平	中国复合材料集团有限公司，中复神鹰碳纤维有限公司
14	CA/PEI/PAA纳米纤维/QCM氨气传感器的构建及其传感敏感性机理探讨	贾永堂、张玉梅、于 晖、陈丽珠、聂伟利、董凤春	五邑大学纺织服装学院

续表

序号	论文题目	作者	单位
15	高模低缩涤纶工业丝的结构与性能比较	刘亚涛、赵慧荣、宋光坤、汤方明、尹立新、邵惠丽、张耀鹏	东华大学材料科学与工程学院，江苏恒力化纤股份有限公司
16	BiOBr/AgBr修饰纳米碳纤维的制备及其降解罗丹明B的研究	江国华、魏　珍	浙江理工大学先进纺织材料与制备技术教育部重点实验室、材料与纺织学院材料工程系
17	熔体直纺275分特克斯/288f细旦涤纶POY生产工艺	郭成越、方千瑞、李岳春、魏中青、和登科、孙学江、康忠良、杨美娟	荣盛石化股份有限公司，浙江盛元化纤有限公司
18	超高效聚合物色谱—激光光散射联用测定聚酯分子量及其分布	刘　梅、吕汪洋、刘　雄、陈世昌、李　楠、陈文兴	浙江理工大学纺织纤维材料与加工技术国家地方联合工程实验室，浙江古纤道新材料股份有限公司
19	国产碳纤维炭化装备的发展现状与趋势	刘永华	西安富瑞达科技发展有限公司
20	壳聚糖季铵盐纳米材料的制备及在柞蚕丝功能整理中的应用	路艳华、程德红、卢　声、黄凤远、李　刚	辽宁省功能纺织材料重点实验室，辽东学院化学工程学院
21	静电纺丝射流理论研究进展	张　罗、谭　晶、李好义、丁玉梅、杨卫民	北京化工大学机电工程学院

2016年度获奖学术论文

二等奖

序号	论文题目	作者	单位
1	基于光子禁带及米散射效应的结构色胶体纤维	袁　伟、周　宁、石　磊、张克勤	苏州大学纺织与服装工程学院、现代丝绸国家重点实验室，复旦大学物理系、微纳光电子结构教育部重点实验室、应用表面物理国家重点实验室，南京大学人工微结构科学与技术协同创新中心
2	闪蒸法UHMWPE纳微纤维的高效制备及性能研究	夏　磊、西　鹏、程博闻	天津工业大学纺织学院、教育部先进纺织复合材料重点实验室、材料学院
3	中国纤维流行趋势研究	陈向玲、王华平、王玉萍、刘　青、戎中钰、靳高岭、王朝生、吉　鹏	纺织产业关键技术协同创新中心，东华大学材料科学与工程学院，中国化学纤维工业协会
4	“互联网＋化纤行业”的发展模式与实施路径研究	倪德锋、徐增亮	恒逸石化股份有限公司，浙江恒逸集团有限公司
5	硼交联湿法纺聚乙烯醇高强高模长丝技术研究	王华全	中国石化上海石油化工研究院川维分院、四川维尼纶厂研究院
6	双层锥面熔体微分静电纺丝电场分析及实验研究	陈宏波、张艳萍、李好义、杨卫民、马小路、谭　晶	北京化工大学机电工程学院、有机-无机复合材料国家重点实验室

续表

序号	论文题目	作者	单位
7	消防服用芳纶隔热层面料的热防护性能研究	蔡普宁、林　娜、赵领航	陕西省纺织科学研究所
8	基于海量数据的纺纱质量异常因素识别方法	邵景峰、王进富、马创涛、王瑞超、王希尧	长安大学信息工程学院，西安工程大学管理学院

三等奖

序号	论文题目	作者	单位
1	双组分并列复合纤维弹性形成机理	张大省、周静宜	北京服装学院
2	水滑石改性PA6电纺纳米纤维复合膜的制备与性能研究	王娇娜、李从举	北京服装学院材料科学与工程学院、北京市服装材料研究开发与评价重点实验室
3	过渡金属硫化物核壳结构/碳纳米纤维宏观体的结构设计和调控及其电解水研究	万　萌、顾　丽、王　娟、李　涛、朱　罕、张　明、杜明亮、姚菊明	浙江理工大学材料与纺织学院、先进纺织材料与制备技术教育部重点实验室
4	丝素蛋白基载药肛瘘修补纤维膜的制备及药物缓释性能研究	刘　磊、谢旭升、刘　清、李　翼、郅　敏、朱美芳、王晓沁、李　刚	苏州大学纺织与服装工程学院 现代丝绸国家工程实验室，曼彻斯特大学材料学院，中山大学附属第六医院，东华大学纤维改性国家重点实验室
5	通过构建分区模型和截面Raman揭示γ射线辐照下碳纤维微观结构的演化机制	隋显航、徐志伟、刘梁森、胡传胜、陈　磊、匡丽赟、马美君、赵立环、李　静、邓　辉	天津工业大学纺织学院
6	静电纺聚偏氟乙烯树枝状纳米纤维的制备及其微滤性能研究	厉宗洁、康卫民、程博闻	天津工业大学纺织学院、分离膜与膜过程国家重点实验室
7	$ZnCo_2O_4$/Ag-GO-CNFs复合柔性电极材料的制备	陈　华、江国华、俞伟江、刘德朋、刘永坤、李　磊、黄　琴、童再再	浙江理工大学纺织纤维材料加工技术国家工程实验室、先进纺织材料与制备技术教育部重点实验室、材料与纺织学院材料工程系
8	海藻/南极磷虾蛋白复合体系氢键的研究	郭　静、杨利军	大连工业大学纺织与材料工程学院、辽宁省功能纤维及其复合材料工程技术中心
9	CNTs强化碳纤维/环氧复合材料界面过渡层及其对界面性能的影响	赵忠博、姚红伟、钟盛根、李显华、陈　磊、徐志伟、邓　辉	天津工业大学纺织学院、先进纺织复合材料教育部重点实验室
10	国产M55J级高强高模碳纤维的制备及其结构性能研究	钱　鑫、张永刚、王雪飞	中国科学院宁波材料技术与工程研究所，碳纤维制备技术国家工程实验室

续表

序号	论文题目	作者	单位
11	PCL/PEG核/壳药物缓释纳米纤维制备研究	于　晖、贾永堂、董凤春、罗行斌、陈桂钊、叶秋颖、曾思敏	五邑大学纺织服装学院
12	民营化纤企业国内贸易信用保险管理	李水荣、俞传坤、寿柏春、李彩娥、郭成越、俞凤娣、陆展华、雷正位、陈国刚、倪雪刚	浙江荣盛控股集团有限公司，荣盛石化股份有限公司，荣盛国际贸易有限公司
13	含碳纳米管上浆剂的制备及对碳纤维/环氧树脂复合材料界面的影响	李　娜、王志平、刘　刚、张兴祥	天津工业大学改性与功能纤维天津市重点实验室、功能纤维研究所，中国民航大学天津市民用航空器适航与维修重点实验室
14	熔喷非织造用聚乳酸/尼龙11双组分生物基材料的结晶性能、热稳定性和相形态	朱斐超、于　斌、苏娟娟、王明君、韩　建	浙江理工大学材料与纺织学院、“产业纺织材料制备技术”浙江省重点实验室
15	高强高模聚乙烯醇（PVA）/氧化石墨烯（GO）复合纤维的制备与表征	张圣昌、赵祥森、贾二鹏、叶光斗、徐建军、刘鹏清	四川大学高分子科学与工程学院
16	聚苯硫醚皮芯复合纤维的性能研究	崔华帅、史贤宁、吴鹏飞、崔　宁	中国纺织科学研究院
17	纤维素/蛋白质再生纤维的共溶解制备与结构性能研究	曹长林、姚勇波、张玉梅、王华平	东华大学材料科学与工程学院、纤维材料改性国家重点实验室，嘉兴学院材料与纺织工程学院
18	聚左旋乳酸（PLLA）/聚丁二酸丁二醇酯（PBS）共混物的结构与性能研究	梁宁宁、熊祖江、王　锐、李　根、朱志国、张秀芹	北京服装学院材料科学与工程学院，中国皮革和制鞋工业研究院
19	新溶剂法再生纤维素纤维产业化技术开发	高殿才、路喜英、王华平、张玉梅、魏广信、田文智	保定天鹅新型纤维制造有限公司，东华大学材料科学与工程学院、纤维材料改性国家重点实验室
20	上浆剂种类及含量对碳纤维表观性能的影响	刘　芳、黄　兴、齐　磊、孙　巍、欧阳新峰	中国复合材料集团有限公司，中复神鹰碳纤维有限责任公司
21	速效纯壳聚糖纤维功能机理研究及产业化发展	周家村、林　亮、杜衍涛、陈　凯	海斯摩尔生物科技有限公司
22	基于ASPEN PLUS的精对苯二甲酸氧化反应系统模拟	谢　萍、陈学佳、崔国刚	中国昆仑工程公司
23	物化结合法高值利用废旧聚酯纺织品生产超柔软再生复合短纤维的研究	钱　军、杜　芳、邢喜全、王方河、林世东	宁波大发化纤有限公司，中国化学纤维工业协会
24	300t/d聚酰胺6聚合成套设备及工艺技术特点	刘　迪、李德和	北京三联虹普新合纤技术服务股份有限公司
25	海藻纤维用不同溶剂处理后分散性的研究	朱顺生、王兵兵、田　星、李　凯、姚久勇、潘若才、夏延致	青岛大学化学科学与工程学院，海洋生物质纤维材料及纺织品协同创新中心
26	热轧黏合非织造土工布横向收缩率和最大拉伸强度的影响因素研究	孙世元、吴建中、付春红、付少辉、赖苏萍	嘉兴市产品质量检验检测院，嘉兴市方圆公正检验行，嘉兴学院材料与纺织工程学院

2017年度获奖学术论文

特等奖

论文题目	作者	单位
耐服役自清洁协同双效应彩色碳纤维的高效和宏量制备及其性能研究	陈凤翔、杨辉宇、刘　欣、李青松、邓　波、王世敏、张克勤、徐卫林	武汉纺织大学纺织新材料与先进加工技术国家重点实验室培育基地，湖北大学功能材料绿色制备与应用教育部重点实验室与有机化工新材料湖北省协同创新中心，苏州大学现代丝绸国家工程实验室及纺织与服装学院

一等奖

序号	论文题目	作者	单位
1	民营企业母子管控绩效考核体系建设	李水荣、俞传坤、郭成越、俞凤娣、寿柏春、李居兴、谢　淳、刘亿平、朱太球、陈国刚、倪雪刚、李伟慧	浙江荣盛控股集团有限公司，荣盛石化股份有限公司，荣盛国际贸易有限公司
2	废旧涤/棉混纺织物近红外定量分析模型的建立及预测	时　瑶、李文霞、赵国樑、李书润、王华平	北京服装学院材料科学与工程学院，北京城市矿产资源开发有限公司，东华大学材料科学与工程学院
3	具有形状记忆功能的超轻陶瓷/碳复合纳米纤维气凝胶	丁　彬、单浩如、斯　阳、石飞豪、俞建勇	东华大学纺织学院
4	激光隧道炉碳纤维超高温石墨化处理方法	谭　晶、姚良博、杨卫民、沙　扬、黎三洋、李好义、曹维宇	北京化工大学机电工程学院
5	化学法连续再生聚酯技术的研究	高　美、刘　雄、周爱萍、温国奇、张　朔、姚　强	浙江绿宇环保股份有限公司
6	通用合成纤维高值化功能化基础问题与发展趋势	王松林、相恒学、徐锦龙、成艳华、周　哲、孙　宾、朱美芳	浙江恒逸集团有限公司，纤维材料改性国家重点实验室，东华大学材料科学与工程学院
7	仿植物卷须结构螺旋多孔纤维的制备与原油吸附研究	缪夏然、林金友、赵跃跃、李秀宏、边风刚	中国科学院上海应用物理研究所
8	浅谈我国化纤行业绿色制造与制造绿色关键技术	陈　烨、陈向玲、吉　鹏、王华平	东华大学研究院，纺织产业关键技术协同创新中心
9	高导热聚乙烯长丝及其凉感织物研究	肖　红、代国亮、李　丽、槐向兵、施楣梧	后勤保障部军需装备研究所，北京大学，天津工业大学，江阴红柳被单厂有限公司

二等奖

序号	论文题目	作者	单位
1	PTT/PANI复合导电纱的电学与力学性能	洪剑寒、韩　潇、彭蓓福、苏　敏、惠　林、梁广明	绍兴文理学院纺织服装学院，苏州经贸职业技术学院
2	有机硅氮阻燃再生纤维素纤维的远红外及抗菌功能研究	冉国庆、王华平、刘承修、毕慎平、田　远	北京赛欧兰阻燃纤维有限公司，东华大学材料科学与工程学院
3	生物基聚酰胺56（PA56）的相转变行为研究	康宏亮、刘瑞刚、郝新敏、乔荣荣	中国科学院化学研究所，北京分子科学国家实验室，高分子物理与化学实验，中央军委后勤保障部军需装备研究所
4	基于海绵体结构静电纺毡布的高性能摩擦型纳米发电机	俞　彬、俞　昊、王宏志、张青红、朱美芳	东华大学材料科学与工程学院，纤维材料改性国家重点实验室
5	层状结构石墨烯纤维的可控制备及其电化学性能研究	贾芸铭、张　梅、李宏伟、王建明、关芳兰	北京服装学院材料科学与工程学院
6	煤制乙二醇技术及在聚酯纤维的应用	孟继承	浙江振亚控股集团有限公司
7	三维柔性纳米纤维基高压敏性人工电子皮肤	钟卫兵、吴永智、李沐芳、王　栋	东华大学化学化工与生物工程学院，武汉纺织大学材料科学与工程学院
8	具有空气滑移效应的纳米纤维材料的制备及其PM2.5净化性能研究	赵兴雷、李玉瑶、丁　彬、俞建勇	东华大学纺织学院，东华大学现代纺织研究院纳米材料研究中心
9	多孔纳米碳纤维负载阿霉素对肿瘤细胞的化学—光热协同治疗	戴家木、李　光	东华大学材料科学与工程学院，纤维材料改性国家重点实验室
10	石墨烯改性聚苯硫醚纤维光稳定性及其增强机理	胡泽旭、陈姿晔、相恒学、邱　天、汤宇泽、周　哲、朱美芳	纤维材料改性国家重点实验室，东华大学材料科学与工程学院，上海绪光纤维材料科技有限公司
11	基于纤维素/聚芳砜酰胺合金纤维的相形态调控其阻燃性	吴开建、于金超、陈晟晖、汪晓峰、张玉梅、王华平	东华大学材料科学与工程学院，纤维材料改性国家重点实验室，上海特安纶纤维有限公司
12	对位芳纶应用领域技术标准现状与发展	黄钧铭、于游江、王忠伟、冷向阳	烟台泰和新材料股份有限公司，国家芳纶工程技术研究中心
13	柔性TiO_2纳米纤维膜的制备及其光催化应用研究	宋　骏、丁　彬、俞建勇、孙　刚	东华大学材料科学与工程学院、纺织学院、现代纺织研究院、纳米纤维研究中心
14	消防服用织物对人体皮肤的放热危害作用研究	何佳臻、陈　雁、李　俊	苏州大学纺织与服装工程学院、现代丝绸国家重点实验室、现代服装设计与技术教育部重点实验室
15	涤纶织物的氧化石墨烯功能整理及防熔滴性能	朱士凤、曲丽君、田明伟、施楣梧	青岛大学纺织服装学院，山东省海洋生物质纤维材料及纺织品协同创新中心，中央军委后勤保障部军需装备研究所
16	“微醇解—相增黏”制备高品质值再生聚酯的研究	钱　军	宁波大发化纤有限公司
17	海藻资源制取纤维及海藻纤维纺织品开发研究进展	夏延致、王兵兵、全凤玉、纪　全、薛志欣、田　星、赵志慧、赵昔慧	海洋纤维新材料研究院，青岛大学

续表

序号	论文题目	作者	单位
18	多功能特殊浸润性纺织品及其在防紫外、自清洁和油水分离领域应用	黄剑莹、李淑荟、葛明政、王鲁宁、邢铁玲、陈国强、刘新芳、S. S. Al-Deyab、张克勤、陈　涛、赖跃坤	苏州大学纺织与服装工程学院、现代丝绸国家工程实验室、物理与机电学院，中国科技大学材料科学与工程学院，苏州大学沙特阿拉伯国王大学科学工程化学系
19	带磺酸基团聚酰胺6的制备及其静电纺丝	任　顺、刘冬青、苗瑞祥、封其都、尹翠玉	天津工业大学分离膜与膜过程国家重点实验室、材料科学与工程学院，义乌华鼎锦纶股份有限公司
20	PEG1000/PP相变材料制备及性能表征	董振峰、陈小春、王　锐、张大省、王　然、王柏华	北京服装学院材料科学与工程学院，北方华安工业集团有限公司
21	我国差别化涤纶长丝发展近况与发展趋势	刘　青、张　凯、汪丽霞	中国化学纤维工业协会，大连合成纤维研究所

2018年度获奖学术论文

特等奖

论文题目	作者	单位
超轻超弹耐火陶瓷纳米纤维气凝胶的制备及其隔热性能研究	丁　彬、斯　阳、王雪琴、窦绿叶、成效塔、俞建勇	东华大学纺织学院

一等奖

序号	论文题目	作者	单位
1	我国化纤智能制造发展趋势	陈向玲、张叶兴、吉　鹏、陈　烨、梅　锋、王华平、王朝生	东华大学纺织产业关键技术协同创新中心、材料科学与工程学院,江苏国望高科纤维有限公司
2	石墨烯诱导PAN基碳纤维碳化过程的反应分子动力学模拟	姚良博、杨卫民、谭　晶、程礼盛	北京化工大学机电工程学院
3	原位研究拉伸状态下HMLS涤纶工业丝的结构演变及断裂机理	刘亚涛、赵慧荣、宋光坤、汤方明、尹立新、邵惠丽、张耀鹏	纤维材料改性国家重点实验室，东华大学材料科学与工程学院,江苏恒力化纤股份有限公司
4	高模碳纤维成形过程中石墨结构的演变及国产M60J的制备	钱　鑫、王雪飞、郑凯杰、张永刚、李德宏、宋书林	中国科学院宁波材料技术与工程研究所,碳纤维制备技术国家工程实验室
5	PEPA/ZDP协同阻燃PA6的性能及其纺丝工艺	刘　婷、张安莹、王　锐、董振峰、朱志国、王照颖	北京服装学院材料科学与工程学院,恒逸石化股份有限公司
6	皮芯型涤纶/PU-超细羊毛粒子复合纤维的高效和宏量制备及其织物综合服用性能研究	陈凤翔、程远佳、王亚玲、刘可帅、肖杏芳、曹自权、刘　欣、徐卫林	北京航空航天大学仿生智能界面科学与技术教育部重点实验室与生物医学工程高精尖创新中心，武汉纺织大学纺织新材料与先进加工技术国家重点实验室培育基地，中国科学院仿生材料与界面科学重点实验室与中国科学院理化技术研究所仿生智能界面科学实验室

续表

序号	论文题目	作者	单位
7	保暖强化功能聚丙烯纤维（蒙泰丝®）的研发及应用	郭清海、陈　龙、潘　丹	广东蒙泰高新纤维股份有限公司，东华大学材料科学与工程学院

二等奖

序号	论文题目	作者	单位
1	我国对二甲苯产业链的市场需求和技术发展综述	罗文德	昆仑工程公司
2	基于绿色低碳的差别化纤维生产工艺优化模型	邵景峰、马创涛、王蕊超、袁玉楼、王希尧、牛一凡	西安工程大学管理学院，咸阳纺织集团有限公司
3	聚丙烯腈长丝及其导电纤维产业化研究	陈　烨、陶文祥、宋　非、王华平、徐　洁、王蒙鸽	东华大学材料科学与工程学院，常熟翔鹰特纤有限公司，东华大学研究院
4	再生聚酯纤维VOC的形成机理及控制技术	柯福佑、陈　烨、胡继月、刘珊珊、高玲玲、王华平	东华大学材料科学与工程学院，东华大学研究院
5	PET/PEN合金纤维制备探究	钱　军、邢喜全、王方河、杜　芳、秦　丹	宁波大发化纤有限公司
6	结构可控、可伸缩柔性应变传感器成型构筑及其应用研究	赵壬海、田明伟、卢韵静、郝云娜、朱士凤、曲丽君	青岛大学纺织服装学院、海洋生物质纤维材料及纺织品协同创新中心，纤维新材料与现代纺织国家重点实验室培育基地
7	共单体接枝聚乳酸增容聚乳酸/尼龙11共混材料及其柔韧熔喷非织造材料的研究	朱斐超、于　斌、苏娟娟、Munir Hussain、韩　建	浙江理工大学丝绸学院、材料与纺织学院，浙江大学高分子科学与工程系
8	PET/Cu_{20}纳米复合纤维的抗菌性能	周家良、王成臣、徐锦龙、胡舒龙、陈　伟、周　哲、孙　宾、朱美芳	东华大学材料科学与工程学院，纤维材料改性国家重点实验室，浙江恒逸高新材料有限公司
9	纤维状三维互穿结构纳米纤维基应变传感器	刘　翠、钟卫兵、李沐芳、王　栋	东华大学化学化工与生物工程学院，武汉纺织大学湖北省纺织新材料及其应用重点实验室
10	具有简易制备方法和多种环境友好型可持续应用的聚合物纳米纤维气凝胶	陈佳慧、刘琼珍、梅　涛、王　栋	武汉纺织大学
11	耐熔滴性阻燃聚酯的制备及性能研究	靳昕怡、朱志国、王　颖、王　锐、刘彦麟	北京服装学院材料科学与工程学院，服装材料研究开发与评价重点实验室，北京市纺织纳米纤维工程技术研究中心
12	高速纺生物基聚酰胺56纤维的结构与性能	康宏亮、王　宇、刘瑞刚、郝新敏、乔荣荣、闫金龙	中国科学院化学研究所北京分子科学国家实验室高分子物理与化学国家重点实验室，军事科学院系统工程研究院军需工程技术研究所
13	以NMMO水溶液为溶剂制备醋酸纤维素纤维及其结构性能研究	元　伟、刘　娜、娄善好、马君志、刘长军、张玉梅、王华平	东华大学材料科学与工程学院，纤维材料改性国家重点实验室，恒天海龙（潍坊）新材料有限责任公司

续表

序号	论文题目	作者	单位
14	聚酯工业丝蠕变性能与微观结构关系的研究	陈　康、于金超、宋明根、蒋　权、姬　洪、邹家熊、张玉梅、王华平	东华大学材料科学与工程学院，纤维材料改性国家重点实验室，浙江尤夫高新纤维股份有限公司
15	有机钛—硅催化剂合成聚酯动力学	娄佳慧、王　锐	北京服装学院材料科学与工程学院
16	简易制备可折叠静电纺聚丙烯腈基纳米碳纤维用于柔性锂离子电池	陈仁忠、胡　毅、沈　桢、潘　鹏、何　霞、吴克识、张向武、程钟灵	浙江理工大学先进纺织材料和加工技术教育部重点实验室,教育部纺织品生态染整工程研究中心，染整研究所,北卡罗来纳州立大学纺织工程化学和科学系
17	纤维素氨基甲酸酯法再生纤维素纤维的制备及其性能研究	曾　岑、侯　伟、滕　云、尹翠玉	天津市先进纤维与储能技术重点实验室，天津工业大学材料科学与工程学院
18	吸湿改性PET的研发	郭　治、王国军、杨宝华、谢利峰、李　奎	浙江盛元化纤有限公司
19	阳离子染料可染改性涤纶及其面料的研究进展	张淑军、李　刚、张　鸿、张明奇、刘燕平、潘志娟	苏州大学纺织与服装工程学院，现代丝绸国家工程实验室，苏州麦克成纺织有限公司,东华大学纺织面料技术教育部重点实验室
20	原油上油在涤纶FDY长丝生产中的应用探讨	杨美娟、邢小伟、冯家骏、娄俊杰	荣盛石化股份有限公司
21	利用废弃聚酯面料降解产物制备水溶性聚酯的研究	鲁　静、李梦娟、李思明、葛明桥	江南大学纺织服装学院，生态纺织教育部重点实验室
22	凝胶吸附法制备耐久性有色抗菌腈纶	冯德军、姚勇波、张玉梅、王华平	东华大学材料学院，纤维材料改性国家重点实验室,嘉兴学院
23	废旧纺织品化学法循环再生重合工艺探讨	余新健、徐允武、叶建荣、楼宝良、符学州、官　军	浙江佳人新材料有限公司,浙江逸含化纤有限公司，金华市恒兴化纤有限公司
24	以NMMO H_2O为溶剂制备聚芳砜酰胺/纤维素阻燃纤维	程　筒、陈忠丽、靳　宏、吴开建、王乐军、刘怡宁、张玉梅	东华大学材料科学与工程学院,纤维材料改性国家重点实验室,恒天纤维集团有限公司

2019年度获奖学术论文

一等奖

序号	论文题目	作者	单位
1	水/湿气响应型扭转纤维基驱动器及其在能源和智能操控领域中的应用	王　文、向晨雪、薛　丹、王　栋	东华大学化学化工与生物工程学院，武汉纺织大学湖北省先进纺织材料及应用重点实验室
2	聚对苯二甲酸乙二醇酯工业丝在生产过程中复杂应力—温度场耦合作用下的结构—性能演化	马建平、陈世昌、张先明、陈文兴	浙江理工大学材料与纺织学院、丝绸学院、纺织纤维材料与加工技术国家地方联合工程实验室，无锡索力得科技发展有限公司
3	基于聚吡咯@TEMPO氧化细菌纤维素/还原氧化石墨烯纤维的柔性全固态超级电容器	盛　楠、陈仕艳、姚晶晶、关方怡、张茗皓、王宝秀、吴擢彤、吉　鹏、王华平	东华大学

续表

序号	论文题目	作者	单位
4	激光诱导石墨化沥青基碳纤维导电性研究	张政和、杨卫民、谭　晶、程礼盛、曹维宇、高晓东、王　安、贾海波	北京化工大学机电工程学院，有机无机复合材料国家重点实验室、材料科学与工程学院
5	再生纺环吹系统VOCs的产生和减量技术的研讨	钱　军、林　峰、张孟江、黄绍荣、赵洋甬、邢喜全	宁波大发化纤有限公司，浙江易测环境科技有限公司
6	基于碳排放核算的涤纶低弹丝生产工艺优化	邵景峰、马创涛、王蕊超、袁玉楼、王希尧、牛一凡	西安工程大学管理学院，咸阳纺织集团有限公司
7	多重刺激响应性GO-CNT/PDMS柔性复合薄膜及其在仿生驱动领域中的应用	王　栋、向晨雪、李沐芳、王　文、阎克路	武汉纺织大学湖北省先进纺织材料及应用重点实验室，东华大学化学化工与生物工程学院
8	碳纤维的十六个主要应用领域及近期技术进展	周　宏	军委后勤保障部军需装备研究所
9	木质素基碳纤维网络作为柔性超级电容器电极的快速储能性能研究	周　曼、蔡再生	东华大学

二等奖

序号	论文题目	作者	单位
1	基于模块化的化纤产业升级路径研究	倪德锋、应南茜	浙江恒逸集团有限公司
2	基于希夫碱反应的多孔有机骨架制备的多孔碳的氮氧共掺杂及微孔对其超级电容器电极性能综合影响的研究	周　曼、李晓燕、赵　红、王　俊、赵亚萍、葛凤燕、蔡再生	东华大学
3	制备大通量PSF/GO疏松纳滤中空纤维膜用于染料废水处理	冀大伟、肖长发、安树林、赵　健、郝俊强、陈凯凯	天津工业大学
4	改善吸湿染色性的聚酰胺/聚酯皮芯复合纤维的研究开发	甘　宇、姬　洪、徐锦龙、张玉梅	东华大学材料科学与工程学院，纤维材料改性国家重点实验室，浙江恒逸石化有限公司
5	兼具超长服役寿命和超高化学稳定性的新型抗紫外芳纶纤维的可控制备及其性能研究	陈凤翔、杨辉宇、杨金雷、陈夏超、余臻伟、朱忠鹏、赵晓璐、汪　灿、刘　欣、徐卫林	北京航空航天大学仿生智能界面科学与技术教育部重点实验室与生物医学工程高精尖创新中心，武汉纺织大学纺织新材料与先进加工技术国家重点实验室培育基地，中国科学院仿生材料与界面科学重点实验室与中国科学院理化技术研究所仿生智能界面科学实验室
6	化学纤维新材料发展趋势与专利分析研究	吉　鹏、王华平、王强华、王玉萍、冯　丽、刘灯胜、王守瑞、杜　亚	东华大学纺织产业关键技术协同创新中心、材料科学与工程学院，纤维材料改性国家重点实验室，上海统摄知识产权代理事务所，纺织工业科学技术发展中心
7	静电纺丝制备聚乳酸/聚酰胺4超细纤维及其性能研究	张媛婷、钟郭程、韩　脉、胥传邦、赵旭东、王开艺、陈　涛	华东理工大学材料科学与工程学院、上海市先进聚合物重点实验室

续表

序号	论文题目	作者	单位
8	用于耐磨导电涤纶织物的三明治微结构涂层	赵洪涛、田明伟、李增庆、张玉莹、曲丽君	青岛大学纺织服装学院、山东省海洋生物质纤维材料及纺织品协同创新中心、生物多糖纤维成形与生态纺织国家重点实验室
9	化纤企业以“浙江制造”模式为导向的企业管理实践	俞传坤、陈国刚、李水荣、李彩娥、李学清、俞凤娣、周先何、朱太球、李伟慧、宋　鑫、沈可可、胡阳阳	浙江荣盛控股集团有限公司
10	阳离子可染涤纶短纤维染色性能研究	韩春艳、吴旭华、季　轩、陈建梅、戴钧明	中国石化仪征化纤有限责任公司
11	四丁基氢氧化铵/二甲基亚砜水溶液体系中的纤维素特征黏度与分子量关系	补大琴、杨智杰、杨　雪、胡翔洲、韦　炜、姜　曼、周祚万	西南交通大学材料科学与工程学院、材料先进技术教育部重点实验室
12	硅基非水介质分散染料PET染色中促染剂的促染机理	程文青、罗雨霓、裴刘军、王际平	浙江理工大学，上海工程技术大学
13	晶态结构对聚酯纤维黑度的影响	曹　敏、陆未谷、潘　丹、孙俊芬、陈　龙	东华大学材料科学与工程学院,纤维材料改性国家重点实验室
14	中国化纤行业绿色贡献度评价指标体系设计	刘世扬、王玉萍、付文静、万　雷、王永生	中国化学纤维工业协会
15	3D打印热固性材料及其心肌组织工程和智能化应用	雷　东、杨　阳、叶晓峰、赵　强、游正伟	东华大学材料科学与工程学院,纤维材料改性国家重点实验室，上海交通大学医学院附属瑞金医院
16	立体编织管状预制体编织纱轨迹理论分析与三维参数化几何模型建立	王志鹏、张国利、朱有欣、张丽青、史晓平、王伟伟	天津工业大学，威海光威复合材料股份有限公司
17	废旧棉纤维/Bi_2WO_6复合膜用于染料去除	秦　琴、郭荣辉、林绍健、姜绶祥、兰建武	四川大学
18	生物质基Polyschiff Vitrimers的制备及其性能研究	耿宏伟、叶德展、徐卫林	武汉纺织大学技术研究院
19	具有智能调温功能的超疏水聚氨酯纳米纤维防水透湿膜	余　西、斯　阳、俞建勇、丁　彬、王先锋	东华大学纺织学院、纺织科技创新中心
20	新型阻燃织物热传递特性测评装置的研制	苏　云、杨　杰、李　睿、宋国文、李　俊	东华大学服装与艺术设计学院、功能防护服装研究中心、现代服装设计与技术教育部重点实验室，爱荷华州立大学，西安科技大学安全科学与工程学院
21	生物基PTT聚酯环状低聚物及其对聚酯结晶行为的影响	王晶晶、王华平、王朝生、乌　婧	东华大学材料科学与工程学院、纤维材料改性国家重点实验室、纺织产业关键技术协同创新中心
22	聚丙烯腈/凹凸棒石双功能纳米纤维膜的制备及空气过滤和吸附重金属离子的性能研究	汪　滨、孙志明、孙　青、王　杰、杜宗熙、李从举、李秀艳	北京服装学院
23	丝素纳米银抗菌/显色功能阳离子涤纶混纺面料的制备及其性能研究	赵泽宇、杨梓嘉、郑兆柱、王晓沁、潘志娟、李　刚	苏州大学纺织与服装工程学院、现代丝绸国家工程实验室

续表

序号	论文题目	作者	单位
24	竹节结构中空单丝设计制备及其压缩性能	张晓会、马丕波、缪旭红、蒋高明	江南大学教育部针织技术工程研究中心
25	HMLS聚酯工业丝蠕变性能测试分析	陈　康、甘　宇、姬　洪、宋明根、蒋　权、于金超、张玉梅、王华平	东华大学材料科学与工程学院，纤维材料改性国家重点实验室，浙江尤夫高新纤维股份有限公司
26	E玻璃纤维聚四氟乙烯环氧树脂基透波复合材料制备研究	陈立瑶、郑天勇、艾　丽、宁飞翔、付志刚、杨开道、范金土	中原工学院，河南省纺织服装协同创新中心，康奈尔大学
27	开纤化水刺滤料的制备及关键技术研究	何丽芬、于淼涵、刘建祥、夏前军	南京际华三五二一特种装备有限公司，南京际华三五二一环保科技有限公司
28	丙纶原配色丝及其制备关键技术研究	皮凤东、李文刚、廖　壑、宋洪征、王玉娟、黎劲宏、汤方明、甘学辉	东华大学机械工程学院、材料科学与工程学院、纺织学院、纺织装备教育部工程研究中心，江苏恒力化纤股份有限公司
29	水溶性聚合物PVA纳米纤维基PM2.5过滤材料研究	李芳颖、任　倩、黄　政、郝　铭、田文军、刘延波	武汉纺织大学纺织科学与工程学院，天津工业大学纺织学院
30	深入贯彻落实党的十九大精神，切实推动化纤行业高质量发展	万　雷	中国化学纤维工业协会

2020年度获奖学术论文

一等奖

序号	论文题目	作者	单位
1	循环再利用聚酯（PET）纤维鉴别方法的研究	付昌飞、李红杰、陆秀琴	上海市纺织科学研究院有限公司
2	具有快速水敏形状记忆效应和应变传感性能的纤维素/碳纳米管/聚氨酯杂化复合材料	吴官正、古彦甲、侯秀良、李瑞青、柯慧珍、肖学良	江南大学生态纺织教育部重点实验室，深圳数字生命研究院，福建省新型功能性纺织纤维及材料重点实验室
3	基于新型MXene制备导电织物及其电热、电磁屏蔽和传感性能研究	张宪胜、王西凤、雷志伟、贺桂芳、刘　硕、王莉莉、曲丽君	青岛大学纺织服装学院
4	熔融纺丝—拉伸法绿色制备PVDF中空纤维膜	冀大伟、肖长发、安树林、陈凯凯、高翼飞、周　芳、张　泰	天津工业大学纺织科学与工程学院、省部共建分离膜与膜过程国家重点实验室
5	阻燃共聚酯固相缩聚分子量与磷含量协同作用的动力学研究	姬　洪、陈　康、张　阳、张　玥、张玉梅、王华平	东华大学纤维材料改性国家重点实验室
6	生物可降解PBS纳米纤维膜的等离子体改性及其润湿性能研究	郭雪松、顾嘉怡、魏真真	苏州大学纺织与服装工程学院
7	新时代民营化纤航母企业核心价值观的审视与重塑——以“浙江恒逸集团有限公司”为例	何邦阳、沈　慧、黄　莹、王玄	浙江恒逸集团有限公司

续表

序号	论文题目	作者	单位
8	儿童口罩的标准与特点	刘　颖、鲁谦之、张　楠、赵　奕、靳向煜	产业用纺织品教育部工程研究中心
9	氧化石墨烯共聚改性PET纤维的制备与表征	刘圆圆、马晓飞、胡红梅、吕媛媛、郝克倩、石禄丹、俞建勇、王学利	吉祥三宝高科纺织有限公司，东华大学机械工程学院、纺织科技创新中心、纺织学院
10	基于PVDF-HFP微孔膜与玻纤机织物的锂离子电池复合隔膜	秦　颖、黄　晨	东华大学纺织学院

二等奖

序号	论文题目	作者	单位
1	并列复合纺丝用原料及纤维性能研究	严　岩、朱福和、孙华平、陈　培、潘晓娣、陈小红	中国石化仪征化纤有限责任公司，江苏省高性能纤维重点实验室
2	利用非织造针刺工艺将废旧牛仔布回收成高性能的复合材料	孟　雪、樊　威、马艳丽、魏同学、窦　皓、杨　雪、田荟霞、于　洋、张　涛、高　黎	西安工程大学纺织科学与工程学院，功能性纺织材料与产品重点实验室
3	基于钛系催化聚酯的结构性能分析优化纤维生产技术	徐锦龙、甘　宇、姬　洪、王松林、张玉梅	浙江恒澜科技有限公司，东华大学材料科学与工程学院，纤维材料改性国家重点实验室
4	新型室温液态金属/纤维复合材料研究进展	余臻伟、张旭东、吴　楠、葛伟涵、张毅博、阙浩然、周　严、陈凤翔	北京航空航天大学化学学院仿生智能界面科学与技术教育部重点实验室和生物医学工程高精尖创新中心，西安工程大学纺织科学与工程学院，功能性纺织材料与产品重点实验室
5	纳米砖墙石墨烯填充的层层自组装涂层在棉织物上的构筑及其阻燃性、抗静电和抗菌性能研究	曾凡鑫、秦宗益、李　涛、陈园余、杨利锋	东华大学材料科学与工程学院
6	新型长碳链聚酰胺1211的非等温结晶动力学	陈广建、唐开亮、马士洲、张丽丽、冯新星	北京化工大学化学工程学院，军事科学研究院防化研究院、军需工程技术研究所
7	扭转结构GO/SA纤维基柔性驱动器及其在光/湿气刺激下的仿生应用研究	王　文、李沐芳、王　栋	东华大学化学化工与生物工程学院，武汉纺织大学湖北省先进纺织材料及应用重点实验室
8	用于太阳能海水淡化的光热转换ZrC/PVA-co-PE复合纳米纤维膜的制备	梅　涛、宋银红、赵青华、王　栋	江南大学纺织科学与工程学院，武汉纺织大学湖北省纺织先进材料与应用重点实验室
9	高强，高韧细菌纤维素超薄膜及宏观多功能纤维的制备	吴擢彤、陈仕艳、吴荣亮、盛　楠、张茗皓、吉　鹏、王华平	东华大学
10	高性能长寿命锂硫电池用嵌入了超细极性ZrO_2的多孔氮掺杂碳纳米纤维夹层	李　雅、王昱晓	浙江理工大学纺织科学与工程学院（国际丝绸学院）

续表

序号	论文题目	作者	单位
11	热定型对并列复合再生聚酯短纤维性能的影响	钱　军、邢喜全、王方河、李　军、阮佳伦	宁波大发化纤有限公司
12	CaO和MnO_2双修饰的γ-Al_2O_3催化再生乙基蒽醌工作液	程　义、梁希慧、朱朝莹、王　韩、徐锦龙、李　希	浙江恒澜科技有限公司，浙江巴陵恒逸己内酰胺有限责任公司，浙江大学化学工程与生物工程学院
13	4轴3D打印类纤维编织管状支架及其气管软骨的组织工程应用	雷　东、徐　勇、周广东、游正伟	东华大学材料科学与工程学院、纤维材料改性国家重点实验室，上海交通大学医学院附属第九人民医院
14	多尺度取向热响应纤维强健水凝胶:水下快速自恢复和超快速响应	田晓康、穆齐锋、张青松、陈冰洁、于　雯	天津工业大学材料科学与工程学院、分离膜与膜过程国家重点实验室、纺织科学与工程学院，东华大学化学纤维及高分子材料改性国家重点实验室，北海道大学生命科学研究生院
15	纤维素纤维在苎麻有机溶剂脱胶中的分离与表征	屈永帅、张瑞云、秦智慧、赵树元、施朝禾、刘　柳	东华大学纺织学院、纺织面料技术教育部重点实验室、纺织科技创新中心
16	复合纤维纺丝组件孔道熔体流动速度场分布数学模型建立	冯　培、魏大顺、杨崇倡	东华大学纺织装备教育部工程研究中心，浙江恒澜科技有限公司
17	鹿角菜提取液直接制备卡拉胶纤维的可行性分析	董　敏、薛志欣、夏延致	青岛大学化学化工学院、海洋纤维新材料研究院、生物多糖纤维成形与生态纺织国家重点实验室
18	湿气响应性PVA-co-PE纳米纤维基柔性复合膜及其在仿生和智能驱动领域中的应用	向晨雪、王　文、王　栋	武汉纺织大学湖北省先进纺织材料及应用重点实验室，东华大学化学化工与生物工程学院
19	非液晶纺丝法宏量制备高性能天然矿物基石墨烯杂化纤维及其应用研究	陈国印、艾玉露、陈　涛、危培玲、张　扬、侯　恺、朱美芳	东华大学纤维材料改性国家重点实验室，纤维材料改性国家重点实验室
20	垂直阵列灯芯草基全方位太阳能水蒸发器件	张　骞、任李培、肖杏芳、陈亚丽、夏良君、赵国猛、杨红军、王贤保、徐卫林	湖北大学功能材料绿色制备与应用教育部重点实验室、有机化工新材料湖北省协同创新中心，武汉纺织大学省部共建纺织新材料与先进加工技术国家重点实验室
21	芳纶纤维二维编织绳索拉伸性能试验研究	丁　许、孙　颖、魏雅斐、刘俊岭	天津工业大学纺织科学与工程学院、先进纺织复合材料教育部重点实验室
22	不同截面玉石聚酯长丝及针织面料的性能研究	章为敬、杨　阳、张佩华、程隆棣	东华大学纺织学院
23	聚丙烯纤维产业现状及发展思考	陈　龙、李增俊、潘　丹	东华大学材料科学与工程学院、纤维材料改性国家重点实验室，中国化学纤维工业协会
24	口罩对新冠病毒的防护作用及灭菌后重复使用方法	刘延波、郝　铭、刘玲玲、刘　垚、蔡秉燚、陈志军	武汉纺织大学纺织科学与工程学院，化学与化工学院，田纳西大学

优秀软课题

一等奖

课题名称	申请人	单位
关于化纤工业“十四五”发展调查的分析报告	付文静、端小平	中国化学纤维工业协会

二等奖

课题名称	申请人	单位
服装终端发展趋势推动化纤产业互联网平台建设——基于化纤生产型企业的化纤产业互联网逻辑分析	倪德锋、应南茜	浙江恒逸集团有限公司

杰出青年教师获奖名单

序号	单位	姓名
1	东华大学	相恒学
2	天津工业大学	王春红
3	北京化工大学	谭　晶

优秀青年教师获奖名单

序号	单位	姓名
1	东华大学	陈　烨
2	大连工业大学	吕丽华
3	西安工程大学	樊　威
4	北京服装学院	王　阳
5	青岛大学	全凤玉

杰出工程师获奖名单

序号	公司名称	姓名
1	桐昆集团股份有限公司	李国元
2	江阴市华宏化纤有限公司	张江波
3	湖北绿宇环保有限公司	温国奇

续表

序号	公司名称	姓名
4	新疆雅澳科技有限责任公司	付金丽
5	广东蒙泰高新纤维股份有限公司	郭清海
6	江苏恒神股份有限公司	殷伟涛
7	新凤鸣集团股份有限公司	梁松华
8	浙江恒澜科技有限公司	王　文

优秀工程师获奖名单

序号	公司名称	姓名
1	江苏澳盛复合材料科技有限公司	严　兵
2	中复神鹰碳纤维股份有限公司	郭鹏宗
3	浙江佳人新材料有限公司	顾日强
4	新乡化纤股份有限公司	邢善静
5	浙江古纤道绿色纤维有限公司	杨志超
6	山东金英利新材料科技股份有限公司	李玉波
7	安徽丰原生物纤维股份有限公司	陈中碧
8	广东秋盛资源股份有限公司	马俊滨
9	吉林碳谷碳纤维股份有限公司	李　凯
10	上海水星家用纺织品股份有限公司	沈守兵
11	浙江荣盛控股集团有限公司	陈国刚
12	桐昆集团股份有限公司	朱　炜

杰出技术工人获奖名单

序号	公司名称	姓名
1	荣盛石化股份有限公司	孙建江
2	苏州盛虹纤维有限公司	杨国显
3	吉林碳谷碳纤维股份有限公司	齐　巍
4	宜宾丝丽雅集团有限公司	胡华力
5	上海德福伦化纤有限公司	周永华
6	苏州龙杰特种纤维股份有限公司	石建兵

优秀技术工人获奖名单

序号	公司名称	姓名
1	桐昆集团股份有限公司	钟林虎
2	华峰重庆氨纶有限公司	钱　锦
3	宁波大发化纤有限公司	李　振
4	北京中丽制机工程技术有限公司	张　良
5	徐州斯尔克纤维科技股份有限公司	朱延伟
6	福建永荣锦江股份有限公司	薛伟仁
7	浙江恒澜科技有限公司	饶　雷

绿宇基金获奖项目

2016年度“绿色化纤金钥匙奖”获奖名单

奖项	项目名称	主要完成单位
金钥匙奖	PTT聚合及其复合纤维制备关键技术及产业化	江苏盛虹科技股份公司
银钥匙奖	海藻资源制取纤维及深加工产业化成套技术及装备	青岛大学
	再生聚酯异截面FDY长丝	海盐海利环保纤维有限公司
铜钥匙奖	聚酯废料的优质短流程回收技术研究及产业化	浙江绿宇环保股份有限公司
	废聚酯瓶直纺产业用差别化涤纶长丝关键技术开发与应用	龙福环能科技股份有限公司
	再生复合多元功能性纤维及产品的研发	上海德福伦化纤有限公司
优秀奖	再生丙纶直纺长丝关键技术及装备产业化项目	福建三宏再生资源科技有限公司
	废涤纶织物并列复合柔软再生纤维生产技术研究及产业化	宁波大发化纤有限公司
	再生功能性涤纶短纤的研发和产业化	张家港市安顺科技发展有限公司
	无染功能异形聚酯纤维制备关键技术开发及产业化	浙江金霞新材料科技有限公司
	环保原液着色锦纶纤维的技术开发及下游应用研究	广东新会美达锦纶股份有限公司
	海藻酸盐纤维及其生物医用敷料产业化	广东百合医疗科技股份有限公司

学术带头人

获奖人	单位	负责项目
夏延至	青岛大学	海藻资源制取纤维及深加工产业化成套技术及装备
陈　龙	东华大学	无染功能异形聚酯纤维制备关键技术

2016年度绿色制造纤维材料工程前沿技术研究项目

项目名称	主要承担单位
无染纤维的快速测色和配色系统构建	东华大学
再生聚酯纤维材料碳足迹评价产品类别规则（PCR）	Intertek天祥集团
废旧聚酯纤维制品近红外快速高效识别技术	北京服装学院

2017年度绿色化纤金钥匙奖获奖名单

奖项	单位
金钥匙奖	浙江绿宇环保股份有限公司
银钥匙奖	海斯摩尔生物科技有限公司
	义乌华鼎锦纶股份有限公司
铜钥匙奖	海盐海利环保纤维有限公司
	张家港美景荣化学工业公司
	山东英利实业有限公司
	天津膜天膜科技股份有限公司

科技带头人

获奖人	单位
张　朔	浙江绿宇环保股份有限公司
韩荣桓	山东英利实业有限公司

2018年度绿色贡献度金钥匙奖获奖名单

奖项	单位
金钥匙奖	江苏国望高科纤维有限公司
银钥匙奖	义乌华鼎锦纶股份有限公司
	唐山三友集团兴达化纤有限公司
铜钥匙奖	海斯摩尔生物科技有限公司
	宁波大发化纤有限公司
	浙江华峰氨纶股份有限公司

2018年度绿色发展带头人获奖名单

获奖人姓名	单位
丁尔民	义乌华鼎锦纶股份有限公司
张叶兴	江苏国望高科纤维有限公司

2017～2018年度绿色制造纤维材料工程前沿技术研究课题

课题名称	所属单位
涤纶/再生涤纶生命周期评价规范与数据库研究	成都亿科环境科技有限公司
建立生物基PTT纤维绿色评价体系	江苏国望高科纤维有限公司
丝素蛋白载药抗菌医用缝合线的研究	苏州大学
再生聚酯纤维VOC的形成机理及控制技术	宁波大发化纤有限公司
废旧有色涤纶纤维的乙醇脱色体系构建及脱色机理研究	武汉纺织大学

2018年度"绿宇基金·绿色化纤生命周期评价专题竞赛"获奖名单

奖项	题目	课题组	指导教师	参赛学校
一等奖	原液着色黑色PA6丝袜生命周期环境评价	李伟培、黄楚云、张小明、邵志远、琚家豪	严玉蓉	华南理工大学
二等奖	生物基PEF-PEG共聚酯纤维的制备生命周期评价	张圣明、张婉迎、黄家鹏	吉　鹏、王朝生	东华大学
	粘胶纤维生命周期环境评价	张　秀、魏宇翔	陈　晨	塔里木大学
三等奖	基于LCA的粘胶短纤维生产水资源环境负荷核算与评价	朱菊香、何琬文、田泽君、钱佳鸿、陈芳丽、储　江、冀　祥	王来力、李　一	浙江理工大学
	活化法再生有色聚酯短纤维的生命周期评价	刘姗姗、胡继月、高玲玲	陈　烨	东华大学

2018～2019年度绿色贡献度金钥匙奖获奖名单

奖项	单位
金钥匙奖	新凤鸣集团股份有限公司
银钥匙奖	宁波大发化纤有限公司
	长乐恒申合纤科技有限公司
	中国石化仪征化纤有限责任公司

续表

奖项	单位
铜钥匙奖	吉林化纤股份有限公司
	广东蒙泰高新纤维股份有限公司
	江苏奥神新材料股份有限公司
	新疆富丽达纤维有限公司
	成都丽雅纤维股份有限公司

2018～2019年度绿色发展领军人物和领先人物

奖项	获奖人	单位
领军人物	孙燕琳	桐昆集团股份有限公司
	钱　军	宁波大发化纤有限公司
领先人物	李雪梅	成都丽雅纤维股份有限公司
	杨卫忠	上海德福伦化纤有限公司
	周先何	浙江盛元化纤有限公司
	宁佐龙	福建锦江科技有限公司
	冯文军	新疆富丽达纤维有限公司

2018～2019年度绿色贡献度金钥匙奖先进企业名单

序号	单位
1	河北邦泰氨纶科技有限公司
2	诸暨清荣新材料有限公司
3	福建凯邦锦纶科技有限公司
4	浙江汇隆新材料股份有限公司
5	福建经纬新纤科技实业有限公司
6	赛得利（福建）纤维有限公司
7	赛得利（九江）纤维有限公司
8	浙江金汇特材料有限公司
9	浙江海利得新材料股份有限公司
10	江阴市华宏化纤有限公司
11	福建省长乐市立峰纺织有限公司
12	山东雅美科技有限公司
13	广东秋盛资源股份有限公司

2019～2020年度绿色贡献度奖获奖单位

奖项	单位名称
金钥匙奖	桐昆集团股份有限公司
	安徽东锦资源再生科技有限公司
银钥匙奖	荣盛石化股份有限公司
	威海拓展纤维有限公司
	长乐力恒锦纶科技有限公司
铜钥匙奖	浙江华峰氨纶股份有限公司
	吉林化纤股份有限公司
	江苏索力得新材料集团有限公司
	宜宾丝丽雅集团有限公司
	广东蒙泰高新纤维股份有限公司

2019～2020年度绿色贡献度奖获奖名单

奖项	姓名	单位	职务
领军人物	庄耀中	新凤鸣集团股份有限公司	总　裁
	高殿才	保定天鹅新型纤维制造有限公司	董事长
先进人物	俞　洋	桐昆集团股份有限公司	总经理
	谢跃亭	新乡化纤股份有限公司	技术中心主任
	吴金亮	荣盛石化股份有限公司	荣翔化纤总经理
	金东杰	吉林化纤集团有限责任公司	副总经理
	李永威	山东金英利新材料科技股份有限公司	总经理
	李东华	上海德福伦化纤有限公司	副总工程师
	贺　敏	宜宾丝丽雅股份有限公司	董事长、总经理
	陈建新	海阳科技股份有限公司	总经理

2019～2020年度化纤再生循环高质量发展前沿技术研究课题

课题名称	课题承担单位	项目负责人
再生聚酯黄化规律研究及色度调控关键技术	浙江理工大学、浙江绿宇环保有限公司	张须臻
基于再生聚酯纤维的相变调温吸音材料制备关键技术	大连工业大学、大连天鑫合纤技术发展有限公司	郭　静

续表

课题名称	课题承担单位	项目负责人
化学法回收聚酯纤维及纺织品的脱色技术研究	江南大学	李梦娟
食品包装用再生循环聚酯（rPET）的研发	华润化学材料科技有限公司	宗建平
高品质无锑再生聚酯切片的开发和产业化	浙江佳人新材料有限公司、东华大学	楼宝良

2020～2021年度绿色贡献度奖获奖名单

奖项	获奖人	单位
突出贡献个人	汪建根	福建永荣锦江股份有限公司
	沈建松	桐昆集团股份有限公司
	席文杰	苏州龙杰特种纤维股份有限公司
优秀个人	邢朝东	安徽东锦资源再生科技有限公司
	薛　斌	中国石化仪征化纤有限责任公司
	吴维光	浙江荣盛控股集团有限公司
	郑世睿	山东金英利新材料科技股份有限公司
	董庆奇	浙江恒逸高新材料有限公司
	刘志麟	厦门翔鹭化纤股份有限公司

2020～2021年度突出贡献成果奖和优秀成果奖获奖名单

奖项	成果名称	申报单位
突出贡献成果奖	华峰重庆氨纶有限公司绿色制造工厂建设	华峰重庆氨纶有限公司
	绿色差别化聚酯纤维关键技术集成创新及产业化	新凤鸣集团湖州中石科技有限公司
	绿色低碳多色系原液着色与循环再利用彩色功能性纤维技术开发产业化	浙江华欣新材料股份有限公司
优秀成果奖	原液着色循环再利用聚酯纤维	福建省百川资源再生科技股份有限公司
	年产20万吨绿色产业用聚酯新材料及制品研发生产项目	湖北绿宇环保有限公司
	康绿环保复合短纤维	江苏江南高纤股份有限公司
	原液着色聚乳酸纤维	上海德福伦化纤有限公司
	差别化功能性聚酯工业纤维新材料关键技术研发	山东华纶新材料有限公司

续表

奖项	成果名称	申报单位
优秀成果奖	英力士精对苯二甲酸生产技术	珠海英力士化工有限公司
	废旧聚酯高效再生及纤维制备产业化集成技术	宁波大发化纤有限公司
	粘胶行业废水分级分类处理及综合利用	唐山三友集团兴达化纤有限公司
	高清洁水刺涤纶短纤维	江苏华西村股份有限公司特种化纤厂
	产业用绿色环保纤维产业化	福建经纬新纤科技实业有限公司
	再生聚酯改性差别化涤纶长丝研发和应用	浙江海利环保科技股份有限公司
	空压节能降压改造项目	杭州逸暻化纤有限公司
	莱赛尔纤维产业化技术	保定天鹅新型纤维制造有限公司
	高性能聚乙烯醇绿色制造关键技术研究与产业化示范	内蒙古双欣环保材料股份有限公司
	高密度菌阵生物法废气处理技术	朗昆（北京）新环保科技有限公司
	恒力化纤江苏省绿色工厂能力设计与建设	江苏恒力化纤股份有限公司

附录七　中国化纤行业工信部奖励

绿色制造体系获奖名单（化纤相关）

绿色工厂

序号	企业名称	批次	获批时间
1	江苏国望高科纤维有限公司	第一批	2017年
2	济南圣泉集团股份有限公司	第一批	2017年
3	恒力石化（大连）有限公司	第一批	2017年
4	内蒙古双欣环保材料股份有限公司	第一批	2017年
5	宜宾海丝特纤维有限责任公司	第二批	2018年
6	徐州斯尔克纤维科技股份有限公司	第三批	2018年
7	新凤鸣集团湖州中石科技有限公司	第三批	2018年
8	龙福环能科技股份有限公司	第三批	2018年
9	广东秋盛资源股份有限公司	第三批	2018年
10	福建经纬新纤科技实业有限公司	第三批	2018年
11	辽宁胜达环境资源集团有限公司	第四批	2019年
12	亚东石化（上海）有限公司	第四批	2019年

续表

序号	企业名称	批次	获批时间
13	南通醋酸纤维有限公司	第四批	2019年
14	义乌华鼎锦纶股份有限公司	第四批	2019年
15	浙江海利环保科技股份有限公司	第四批	2019年
16	浙江华峰氨纶股份有限公司	第四批	2019年
17	安徽东锦资源再生科技有限公司	第四批	2019年
18	福建申远新材料有限公司	第四批	2019年
19	福建省百川资源再生科技股份有限公司	第四批	2019年
20	逸盛大化石化有限公司	第四批	2019年
21	威海拓展纤维有限公司	第四批	2019年
22	江苏索力得新材料集团有限公司	第五批	2020年
23	盛虹集团有限公司	第五批	2020年
24	江苏恒科新材料有限公司	第五批	2020年
25	福建永荣锦江股份有限公司	第五批	2020年
26	长乐恒申合纤科技有限公司	第五批	2020年
27	湖南湘投金天钛金属股份有限公司	第五批	2020年
28	凯赛（乌苏）生物技术有限公司	第五批	2020年
29	恒力石化（大连）炼化有限公司	第五批	2020年
30	厦门东纶股份有限公司	第五批	2020年
31	江苏太极实业新材料有限公司	第五批	2020年
32	江苏恒力化纤股份有限公司	第六批	2021年
33	桐昆集团股份有限公司	第六批	2021年
34	华峰重庆氨纶有限公司	第六批	2021年
35	阿拉尔市中泰纺织科技有限公司	第六批	2021年
36	宁波大发化纤有限公司	第六批	2021年

绿色设计产品名单

序号	企业名称	产品名称	产品型号	批次	获批时间
1	华祥（中国）高纤有限公司	FDY	—	第四批	2019年
2	新凤鸣集团湖州中石科技有限公司	涤纶长丝	POY	第四批	2019年
3	四川润厚特种纤维有限公司	聚酯涤纶包覆纱	B7721	第四批	2019年
4	江苏太极实业新材料有限公司	聚酯工业长丝	1100~4400dtex	第五批	2020年

续表

序号	企业名称	产品名称	产品型号	批次	获批时间
5	江阴市华宏化纤有限公司	涤纶短纤维	荧光增白 1.33dtex×38mm	第五批	2020年
6	江阴市华宏化纤有限公司	涤纶短纤维	红光型荧光增白 1.33dtex×38mm	第五批	2020年
7	江阴市华宏化纤有限公司	涤纶短纤维	原生黑色 1.56dtex×38mm	第五批	2020年
8	江阴市华宏化纤有限公司	涤纶短纤维	黑色 1.33dtex×38mm	第五批	2020年
9	江苏索力得新材料集团有限公司	涤纶工业长丝	粗旦高强涤纶工业丝	第五批	2020年
10	苏州龙杰特种纤维股份有限公司	涤纶 FDY	10个型号	第五批	2020年
11	江苏国望高科纤维有限公司	全消光涤纶长丝	POY FDY DTY	第五批	2020年
12	江苏国望高科纤维有限公司	大有光涤纶长丝	POY FDY DTY	第五批	2020年
13	桐昆集团股份有限公司	涤纶拉伸变形丝（DTY）	（10~1000）dtex/（1~800）根	第五批	2020年
14	桐昆集团股份有限公司	涤纶全拉伸丝（FDY）	（10~1000）dtex/（1~800）根	第五批	2020年
15	桐昆集团股份有限公司	涤纶预取向丝（POY）	（10~1000）dtex/（1~800）根	第五批	2020年
16	杭州栋华实业投资有限公司	涤纶纤维	阳离子长丝 POY	第五批	2020年
17	杭州栋华实业投资有限公司	涤纶纤维	阳离子短纤维	第五批	2020年
18	桐乡市中盈化纤有限公司	涤纶长丝	POY	第五批	2020年
19	浙江汇隆新材料股份有限公司	免染环保原液着色涤纶低弹丝（DTY）	（50~600旦）DTY	第五批	2020年
20	浙江古纤道绿色纤维有限公司	聚酯切片	高黏聚酯切片	第五批	2020年
21	浙江古纤道绿色纤维有限公司	涤纶工业长丝	4个型号	第五批	2020年
22	滁州兴邦聚合彩纤有限公司	熔体直纺差别化有色涤纶短纤 维	YFR/TBF	第五批	2020年
23	福建经纬新纤科技实业有限公司	PET-POY-纤维	140dtex/36根	第五批	2020年
24	福建经纬新纤科技实业有限公司	PET-POY-纤维	140dtex/72根	第五批	2020年
25	福建经纬新纤科技实业有限公司	PET-POY-纤维	183dtex/48根	第五批	2020年
26	福建经纬新纤科技实业有限公司	PET-POY-纤维	275dtex/96根	第五批	2020年
27	福建经纬新纤科技实业有限公司	涤纶短纤维	常规 1.56dtex×38mm	第五批	2020年
28	福建经纬新纤科技实业有限公司	涤纶短纤维	常规 1.56dtex×32mm	第五批	2020年
29	福建经纬新纤科技实业有限公司	涤纶短纤维	常规 1.33dtex×38mm	第五批	2020年
30	福建经纬新纤科技实业有限公司	涤纶短纤维	常规 1.33dtex×32mm	第五批	2020年
31	福建经纬新纤科技实业有限公司	涤纶短纤维	水刺棉 1.56dtex×38mm	第五批	2020年
32	福建经纬新纤科技实业有限公司	涤纶短纤维	涡流纺棉 1.56dtex×38mm	第五批	2020年

续表

序号	企业名称	产品名称	产品型号	批次	获批时间
33	福建经纬新纤科技实业有限公司	涤纶短纤维	涡流纺棉 1.33dtex×38mm	第五批	2020年
34	福建经纬新纤科技实业有限公司	涤纶短纤维	环保 1.56dtex×38mm	第五批	2020年
35	慈溪市亚太化纤线业有限公司	涤纶短纤维	中空涤纶短纤维	第五批	2020年
36	厦门翔鹭化纤股份有限公司	低熔点聚酯复合短纤维（涤纶 短纤）	4.4dtex×51mm	第五批	2020年
37	江阴市华宏化纤有限公司	再生涤纶短纤维	黑色 1.33dtex×38mm	第五批	2020年
38	江苏国望高科纤维有限公司	再生涤纶长丝	POY FDY DTY	第五批	2020年
39	浙江海利环保科技股份有限公司	循环再利用涤纶全牵伸丝（FDY）	167dtex/96根	第五批	2020年
40	浙江佳人新材料有限公司	再生涤纶长丝 FDY	RSD-20旦/24根、RBB56/36、RBB83/36、RBB84/36	第五批	2020年
41	福建省百川资源再生科技股份有限公司	再生原液着色涤纶DTY	150旦/36根	第五批	2020年
42	浙江古纤道绿色纤维有限公司	低缩型涤纶工业长丝	低缩型、超低缩型、超低有色型	第六批	2021年
43	浙江汇隆新材料股份有限公司	免染环保原液着色涤纶牵伸丝（FDY）	（50~600旦）FDY	第六批	2021年
44	上海德福伦化纤有限公司	原液着色再生涤纶短纤维	＞1.33dtex，＜6.67dtex	第六批	2021年
45	浙江佳人新材料有限公司	循环再生阳离子切片	CD-R	第六批	2021年
46	杭州奔马化纤纺丝有限公司	原液着色环保抗菌再生涤纶短纤维	C20001-1X	第六批	2021年
47	安徽翰联色纺股份有限公司	再生涤纶色纺纱	32英支	第六批	2021年
48	宁波大发化纤有限公司	充填用再生涤纶短纤维	0.8~33.3dtex	第六批	2021年

绿色供应链管理示范企业

序号	企业名称	批次	获批时间
1	新凤鸣集团湖州中石科技有限公司	第四批	2019年
2	浙江海利环保科技股份有限公司	第五批	2020年
3	福建经纬新纤科技实业有限公司	第六批	2021年

工信部制造业单项冠军名单（化纤相关）

单项冠军企业名单

序号	年份	单项冠军企业	主营产品	所处细分行业
1	2017	桐昆集团股份有限公司	涤纶长丝	涤纶
2	2017	新凤鸣集团股份有限公司	涤纶长丝	涤纶
3	2017	长乐力恒锦纶科技有限公司	锦纶长丝	锦纶
4	2018	福建锦江科技有限公司	锦纶长丝	锦纶
5	2019	江苏恒力化纤股份有限公司	涤纶牵伸丝	涤纶
6	2020	山东银鹰股份有限公司	化纤棉绒浆粕	粘胶纤维
7	2021	宁波大发化纤有限公司	再生涤纶短纤维	循环再利用

单项冠军产品名单

序号	年份	单项冠军产品	生产企业	所处细分行业
1	2017	氨纶	浙江华峰氨纶股份有限公司	氨纶
2	2018	锦纶弹力丝	义乌华鼎锦纶股份有限公司	锦纶
3	2018	长碳链二元酸	凯赛（金乡）生物材料有限公司	生物基化学纤维
4	2019	锦纶66工业丝	神马实业股份有限公司	锦纶
5	2020	超高分子量聚乙烯纤维生产技术及成套装备	江苏神鹤科技发展有限公司	高性能纤维
6	2020	间位芳纶	烟台泰和新材料股份有限公司	高性能纤维
7	2021	超高分子量聚乙烯	江苏九九久科技有限公司	高性能纤维

工信部专精特新“小巨人”企业（化纤相关）

工信部专精特新“小巨人”企业名单

序号	年份	单项冠军企业	主营产品
1	2019	辽宁胜达环境资源集团有限公司	再生涤纶短纤维
2	2019	徐州斯尔克纤维科技股份有限公司	功能性涤纶POY/FDY异收缩混纤丝
3	2020	内蒙古双欣环保材料股份有限公司	维纶
4	2020	江苏天鸟高新技术股份有限公司	碳碳复合材料

续表

序号	年份	单项冠军企业	主营产品
5	2020	中简科技股份有限公司	碳纤维
6	2020	江苏澳盛复合材料科技有限公司	碳纤维复合材料
7	2020	浙江千禧龙纤特种纤维股份有限公司	超高分子量聚乙烯纤维
8	2020	湖南中泰特种装备有限责任公司	超高分子量聚乙烯纤维
9	2020	中蓝晨光化工研究设计院有限公司	芳纶
10	2021	北京中丽制机工程技术有限公司	化纤长丝装备
11	2021	北京同益中新材料科技股份有限公司	超高分子量聚乙烯纤维
12	2021	上海凯赛生物技术股份有限公司	生物基纤维
13	2021	江苏三联新材料有限公司	涤纶长丝
14	2021	苏州宝丽迪材料科技股份有限公司	功能母粒
15	2021	浙江格尔泰斯环保特材科技股份有限公司	聚四氟乙烯纤维
16	2021	浙江佳人新材料有限公司	再生涤纶长丝
17	2021	福建百川资源再生科技股份有限公司	循环再利用纤维
18	2021	威海拓展纤维有限公司	碳纤维
19	2021	烟台民士达特种纸业股份有限公司	芳纶纸
20	2021	中维化纤股份有限公司	锦纶66
21	2021	广东蒙泰高新纤维股份有限公司	丙纶
22	2021	重庆华峰新材料有限公司	氨纶

后记

2020～2022年，历时近三载，《中国化纤简史》终于完稿付梓。这是一部关于中国化学纤维工业发展历程的记录。

鉴古而能知今，传承方可创新。中华人民共和国成立70余年，在时光的长河中不过一瞬，却深刻改变了全球的发展格局，改变了历史进程。伴随着中华民族从站起来、富起来到强起来的伟大飞跃，纺织工业作为母亲工业，持续发挥着稳定经济运行、平衡国际收支、促进民生改善等重要作用，成为我国国民经济和社会发展的稳定器、压舱石。作为纺织工业的源头，我国化纤工业走过了波澜壮阔的奋斗进程，几代化纤人从一无所有、一穷二白起步，一路艰苦奋斗、筚路蓝缕，始终朝气蓬勃、勇往直前，不断学习进步、探索实践，化纤行业从无到有、从小到大、从弱到强，逐步攻克了一个又一个技术难关，培育出了一批行业骨干龙头企业，造就了中国目前世界第一大化纤生产国和出口国的行业地位。这样的奋斗历程光辉灿烂，这样的丰硕成果无比辉煌，这一切都非常值得每一位从业者骄傲和自豪，更值得被历史铭记和传播。整理和出版《中国化纤简史》，就是要真实记录化纤行业70多年的发展历程，总结历史经验和教训，既可以告慰每一位化纤行业的缔造者、贡献者和亲历者，又可以供化纤行业内的广大从业者回味，也可以让更多关注纺织化纤工业发展的人们所了解；既可为当前的行业工作者提供一些历史的经验参考，更能为行业的后来者提供学习和借鉴资料。这也是中国化学纤维工业协会组织策划编写《中国化纤简史》的初心。

经过紧张的前期筹备后，中国化学纤维工业协会于2021年2月在北京组织召开了《中国化纤简史》专家研讨会，进一步厘清了编写思路，完善了编写大纲。3月，面向社会各界、全行业广泛征集相关历史资料，同时邀请参与、见证全行业各阶段发展的领导、专家、学者、企业家、科研管理人员、生产一线人员等以各种可能的形式参与到本书编写中。4月，《中国化纤简史》编委会成立。甫后，众多编者开始收集、阅读数量可观的相关化纤历史资料，大家或在一些纺织史、传记中挖掘、收集线索，或跑图书馆、档案馆查找、借阅资料，或找当年的见证人或企业采访、核实情况，紧张有序的编写正式开启。

知责于心，担责于身，履责于行。这是每一位参与组织编写、出版《中国化纤简史》的一份执念。穿越70余年历史风云，编委会孜孜追寻我国化纤工业发展的脉络，在那些远去的行业故事中徘徊斟酌、筛选酝酿，时而激动振奋，时而陷入沉思，仔细品味、思考，经常流连忘返。我国化纤工业从20世纪50年代开发粘胶纤维起步，60年代开始生产维纶、腈纶、锦纶；70年代在大规模引进国外技术和设备的基础上，陆续建设了上海、辽阳、天津、四川等大型化纤生产基地和一批配套工厂；80年代，在党的改革开放方针指引下，充分发挥了中央和地方两个积极性，我国化纤工业得到了快速发展；90年代，化纤行业持续快速发展，至1998年化纤产量达到510万吨，成为世界第一大化纤生产国，并基本形成了能满足纺织工业需求的产业结构。21世纪之初，国产化大容量聚酯技术取得突破，改变了我国长期依赖引进技术和成套设备的局面。加入世界贸易组织以后，我国化纤工业改革开放力度进一步加大，形成了民营企业为主导，国有及“三资”企业共同竞争的格局，同时出现了一批混合所有制的化纤企业，大大增强了产业发展活力，迎来高速发展的黄金十年，在这十年间，我国化纤产量年增长率达到13.2%。2011年以来，我国化纤工业规模稳居全球第一，产业结构调整持续推进，产业集中度显著提高；在常规纤维领域保持国际领先水平，其在表征先进功能纤维的五个方面——超高性能、智能化、多功能、绿色低碳、高附加值都处于全球领先或先进地位；高科技纤维实现重大突破，进入先进国家行列；已形成品种齐全、产业链条完整的产业结构，是全球化学纤维品种覆盖面最广的生产国。随着炼化一体化发展，产业链配套持续完善，我国化纤工业实现了从原油炼化到化纤纺织的全产业链一体化发展模式，行业的竞争力、抗风险能力显著增强，产业链利润分配更趋均衡。2021年，我国化纤产量突破了6500万吨，占全球化纤产量的比例达到70%以上；纤维加工总量中化纤占比达到85%；化纤出口量超过500万吨，占全球贸易的比例超过50%……

70余年来，我国化纤行业的发展史、各细分行业的大事件、重点领域取得的丰硕成果、重要企业的发展历程以及行业众多项目、人才获得的各类荣誉奖项等，最终均以翔实的资料和统计数据再现于本书中（第三篇各章节相关企业分别以企业全称的拼音排序）。在撰写过程中，编委会坚持整体关照和重点书写相结合，即把70余年来发生的行业故事整体地反映出来，并吸收、挖掘新时代我国化纤工业的最新成果，进行重点突出撰写。在定稿过程中，编委会几经商议，反复修改，多次增删，数人校改，几易其稿，历时近三载，终于付梓面世，恰逢中国化学纤维工业协会成立30周年，本书亦成为协会与行业一路同行30年的一份见证。蒋士成院士在为本书所作的序中写道：“阅读《中国化纤简史》的过程中，我常常被感动，既感动于组织者和作者高度的化纤情怀和历史责任感，将70余年的化纤工业发展脉络、各细分行业的大事件、众多重要企业的发展历程等融汇其中，脉络清晰，内容翔实；又时时感动于书中描述的诸多细节，有党和国家领导人的亲切关怀，有行业奋斗者的青春奉献，有许多重要的科技成果，非常引人入胜，不由得让人深入文中，不断追寻，细细品味；我也常常陷入对往事的深深回忆中，时而激动，时而兴奋，甚至又唤回了久违的壮志豪情……”编者们深深感到“耗思笔耕”后的轻松、畅快和愉悦，更因自己为行业做了一件有意义的好事而倍感振奋和自豪！

本书的出版凝聚了众多参与者的智慧和汗水，在此一并向所有为本书付出辛苦和努力的组织者、策划者、编写者、审稿者致以诚挚的谢意，向所有为本书提供珍贵文字和图片资料的企业和业界同仁们致以诚挚的谢意，向给予本书许多指导和帮助的中国纺织出版社有限公司致以诚挚的谢意，向给予本书大力支持的吉林化纤集团有限责任公司、新乡化纤股份有限公司、神马实业股份有限公司、福建永荣锦江股份有限公司致以诚挚的谢意。还要感谢长乐恒申合纤科技有限公司、广东新会美达锦纶股份有限公司、广东秋盛资源股份有限公司的支持。

由于编者水平有限和时间关系，书中难免有疏漏之处，祈请指正。

本书编委会

2022年12月

本书撰稿及支持人员

第一篇

第一章至第九章　端小平　周　宏　陈新伟

第十章　端小平　周　宏　赵庆章　郑俊林　王鸣义　易春旺　张曙光　陈　龙　吴福胜　陈　烨　王华平　吕佳滨　李增俊　付文静　张子昕　李德利　万　雷　张凌清　封其都　何卓胜　桑向东　孙湘东　季柳炎　陈　平　黄翔宇　王立诚　车宏晶　孙常山　宋冠中　严　红　柳巨澜

第十一章至第十二章　周　宏　赵庆章　郑俊林

第二篇

第十三章　吴文静　付文静　吕佳滨

第十四章　靳高岭　靳昕怡　张冬霞　王永生　杨　涛　窦　娟

第十五章　吕佳滨　靳高岭　张子昕　袁　野

第十六章　付文静

第十七章　关晓瑞　戎中钰

第十八章　关晓瑞

第三篇

第十九章　翟瑞龙　陆科怡　王晨晨　陆旗方　同利娜　宁翠娟　张冬霞　顾金菊　张文强

第二十章　吴贵林　郑逢善　王洪俊　张小燕　吴文斌

第二十一章　张雪华　徐蓓蕾　钟　涛　陈立军　陈伟明　季　雅

第二十二章　孟旭东　吴海峰　戴慧丽

第二十三章　马　艳　张　伟　张冬霞　薛德帅　王士华　焦莉莉　吴　岩

第二十四章　王晓东　张　赟　周东升　王　舒

第二十五章　陈国明　钱　军　张世博　朱少芬　吴福胜　柳巨澜

第二十六章　谢　斌　孟宪博　韩　武　宁翠娟　孙湘东

附　录

附录一　关晓瑞

附录二　赵庆章　王鸣义　易春旺　张曙光　陈　龙　吴福胜　陈　烨　吕佳滨　李增俊　付文静　张子昕　李德利　万　雷　靳高岭　王永生　邓　军　戎中钰　杨　涛　张凌清　袁　野　王军锋　崔家一　靳昕怡　窦　娟

附录三　吴文静　宁翠娟

附录四　吴文静　王华平

附录五　吕佳滨　万　雷　张子昕　袁　野

附录六　李增俊　万　雷　张子昕　刘　青　袁　野

附录七　刘世扬　吕佳滨